국가정보

비밀에서 정책까지

명인문화사

국가정보: 비밀에서 정책까지

1쇄 펴낸날_ 2008년 8월 6일
3쇄 펴낸날_ 2016년 2월 28일

지은이_ Mark M. Lowenthal
옮긴이_ 김계동
펴낸이_ 박선영
펴낸곳_ 명인문화사

편집 및 표지디자인_ 엄수정
교 정_ 장효준, 최종현
등 록_ 제2005-77호(2005.11.10)
주 소_ 서울시 송파구 석촌동 58-24 미주빌딩 2층
이메일_ myunginbooks@hanmail.net
전 화_ 02)416-3059
팩 스_ 02)417-3095

ISBN_ 978-89-92803-09-0
가 격_ 19,000원
ⓒ 명인문화사

INTELLIGENCE: From Secrets to Policy (Third Edition)
Mark M. Lowenthal

Copyright ⓒ 2006 by CQ Press, a dicision of Congressional Quarterly, Inc.
Translated into Korean by permission of CQ press
Korean Edition ⓒ 2008 by Myung In Publishers

▶ 잘못된 책은 바꾸어 드립니다.

역자서문

 일반 국민들은 국가의 정책결정 배경 및 과정에 대하여 별 관심을 가지지 않는다. 그 정책을 추진함으로써 국가나 개인이 얻게 되는 득실만을 따져 보는 경향이 있다. 오로지 그 정책을 추진하여 목적한 결실을 도출하지 못할 때 또는 아무 것도 이루지 못한 채 실패하였을 때에만, 그 정책이 왜 어떠한 절차에 의하여 결정이 되었는지를 따져 보게 된다. 이 때에도 사실은 정책결정의 주요 자료가 되는 '정보'에 대하여는 그렇게 비중 있게 관심을 가지지 않는다.
 정보는 정책결정자의 요구, 첩보수집, 수집된 첩보의 분석 및 판단, 분석된 정보보고서의 정책결정자에게의 배포, 정책결정, 피드백의 순환과정을 거친다. 정보업무에 종사하는 정보관의 경우, 대체로 이 중의 어느 한 과정의 업무에만 종사하게 되고, 다른 과정에 어떠한 일이 발생하고 있는지, 자기가 한 업무가 다음 과정들을 거치면서 어떻게 변질 또는 완성되어 가는지에 대하여 별 관심을 가지지 않을뿐더러 알기도 어려운 경우가 많다. 예를 들어, 이라크에 핵무기 없을 것이라는 첩보를 수집하여 보고를 했는데, 정책결정은 이라크의 대량살상무기를 제거하기 위한 전쟁을 수행하는 것으로 되었을 때, 수집관은 왜 어떠한 과정을 거쳐서 그렇게 결정이 되었는지 의문은 가지겠지만, 구체적으로 알 수도 없을뿐더러 알려고 하지도 않는다.
 정보과정은 정책결정자의 요구에 의하여 시작된다. 정보기관은 이 요구를 충족시킬 수 있는 첩보를 수집하여 분석과정을 거쳐 정보보고서를 제공한다. 이때 정보기관은 간혹 정책결정자가 어떠한 결과를 원하는지 관심을 가지고 그 범위에서 크게 벗어나지 않는 분석결과를 도출하는 경우가 있다. 정책결정자의 입장에서는 자기가 추진하려는 방향을 합리화시킬 수 있는 정보가 보고되는 것을 선호하는 경우가 있다. 정보기관은 최고 정책결정자의 지원을 받아야 발전할 수 있고, 그의 의사에 반하는 결과를 도출하여 심기를 불편하게 하면 정보 담당자와 그 기관에게 불이익이 올 수 있기 때문에 정책결정자의 눈치를 보게 된다. 전문용어로 이를 '정보의 정치화'라 한다. 이 경우 정보기관과 정보관들은 국가가 아니라 정권의 기관 또는 충복이 될 것이라는 우려가 있다.

이 책은 이러한 점에 대하여 아주 구체적으로 다루고 있다. 이러한 문제점들이 발생하지 않도록 국가내에서 또한 의회에서 정보기관을 어떻게 감시하는지, 정보의 윤리 및 도덕적 기준은 무엇인지, 정보체계를 어떻게 개혁하는지에 대하여 매우 포괄적으로 다루고 있다. 그리고 정보기관의 역할중의 하나인 방첩에 대하여도 심층적 분석을 하고 있으며, 비밀공작에 대해서도 성공과 실패, 그리고 탈냉전 이후의 바람직한 방향에 대하여도 대안을 제시하고 있다.

이 책은 전 세계에 출판되어 있는 정보관련 책 중에서 가장 읽기 쉽고 내용이 풍부한 서적이다. 정보를 전공하는 전문가뿐만이 아니라 일반인들도 국가 정책 결정과정의 핵심요소인 정보에 대한 관심을 기울이기 시작하기 위한 훌륭한 지침서가 될 것으로 확신한다. 이 책이 완성되기까지에는 많은 분들의 노고가 깃들어져 있다. 우선 한글판 번역 판권을 제공한 CQ Press측에 감사드린다. 인기 있는 주제가 아닌데도 출판을 해 주신 명인문화사의 박선영 사장과 직원여러분들, 그리고 교정을 담당한 조교들에게도 감사드린다. 마지막으로, 불철주야 국가의 안위를 위하여 헌신적인 노력을 기울이고 있는 정보 관련 업무 종사자들, 특히 국가정보원 직원들께 이 책을 바치고 싶다.

2008년 7월
옮긴이 김 계 동

간략목차

1. 정보란 무엇인가? ... 1
2. 미국정보의 발전과정 ... 15
3. 미국 정보공동체 ... 41
4. 정보과정-거시적시각 ... 71
5. 정보수집과 수집방법 ... 89
6. 분 석 ... 147
7. 방 첩 ... 203
8. 비밀공작 ... 221
9. 정책결정자의 역할 ... 247
10. 감시와 책임 ... 269
11. 냉전의 유산 ... 307
12. 새로운 정보 의제 ... 323
13. 정보의 윤리적·도덕적 이슈 ... 355
14. 정보개혁 ... 383
15. 해외정보기관 ... 405

세부목차

역자서문 ..Ⅲ
저자서문 ..ⅩⅢ
약   어 ..ⅩⅦ

1. 정보란 무엇인가?   1
   정보기관의 필요성 ..2
   정보는 무엇에 관한 것인가 ..6
   주요 용어 ..13
   더 읽을거리 ..13

2. 미국정보의 발전과정   15
   주요 논제들 ..16
   주요 발전사 ..25
   주요 용어 ..39
   더 읽을거리 ..39

3. 미국 정보공동체   41
   정보공동체 기능의 분류 방법 ..45
   다양한 정보기구들 ..47
   정보공동체의 중요한 관계 ..51
   정보예산과정 ..65

주요 용어 ..69
　　　더 읽을거리 ..70

4. 정보과정-거시적시각: 누가 무엇을 누구를 위하여 하는가?　71

　　　정보요구 ..73
　　　정보수집 ..78
　　　처리와 개발 ..79
　　　분석과 생산 ..81
　　　배포와 소비 ..82
　　　피드백 ..85
　　　정보과정에 대한 고찰 ..85
　　　주요 용어 ..88
　　　더 읽을거리 ..88

5. 정보수집과 수집방법　　　　　　　　　　　　　89

　　　정보수집에 대한 주요 주제 ..90
　　　정보수집방법의 장점과 단점 ..105
　　　결 론 ..139
　　　주요 용어 ..141
　　　더 읽을거리 ..142

6. 분 석　　　　　　　　　　　　　　　　　　　147

　　　주요 논제 ..148
　　　분석의 이슈들 ..171
　　　정보분석: 평가 ..194
　　　주요 용어 ..198
　　　더 읽을거리 ..199

7. 방 첩　　　　　　　　　　　　　　　　　　　203

　　　내부 안전장치 ..205
　　　외부적 징표와 대간첩활동 ..209

    방첩의 문제점   ..211
    주요 용어   ..218
    더 읽을거리   ..218

8. 비밀공작   221
    비밀공작 결정과정   ..223
    비밀공작의 범위   ..229
    비밀공작의 이슈   ..233
    비밀공작 평가   ..242
    주요 용어   ..244
    더 읽을거리   ..244

9. 정책결정자의 역할   247
    국가안보정책과정   ..247
    누가 무엇을 원하는가?   ..251
    정보과정: 정책과 정보   ..255
    더 읽을거리   ..267

10. 감시와 책임   269
    행정부의 감시   ..270
    의회의 감시   ..275
    의회 감시의 이슈   ..285
    의회 감시의 내부 역동성   ..293
    결 론   ..303
    주요용어   ..304
    더 읽을거리   ..304

11. 냉전의 유산   307
    최우선적 소련 문제   ..307
    소련 군사력에 대한 강조   ..310
    통계정보에 대한 강조   ..314

    소련의 붕괴 ..315
    정보와 소련 문제 ..318
    주요용어 ..320
    더 읽을거리 ..321

12. 새로운 정보 의제   323
    냉전 이후 국가안보정책 ..323
    정보와 새로운 우선순위 ..328
    결론 ..350
    주요용어 ..352
    더 읽을거리 ..352

13. 정보의 윤리적·도덕적 이슈   355
    보편적인 도덕적 질문들 ..355
    정보수집과 비밀공작에 관련된 이슈들 ..362
    정보분석 관련 이슈 ..371
    감시 관련 이슈 ..375
    미디어 ..378
    결론 ..379
    더 읽을거리 ..380

14. 정보개혁   383
    개혁의 목적 ..384
    정보개혁의 이슈들 ..387
    결론 ..402
    더 읽을거리 ..403

15. 해외정보기관   405
    영국 ..405
    중국 ..410
    프랑스 ..413

이스라엘 ..415
러시아 ..419
결론 ..423
더 읽을거리 ..424

- 부록1 추가적인 참고문헌과 웹사이트 ..427
- 부록2 정보에 대한 주요 검토와 제안..433
- 찾아보기 ..439
- 번약자 소개 ..461

도해목차

표
5-1 수집방법 비교   140

도표
3-1 정보공동체: 조직 체계   43
3-2 정보공동체 기능의 분류 방법: 기능적 흐름도   46
3-3 다양한 정보공동체들: 기능적 분류   48
3-4 정보공동체를 이해하는 대안적 방법: 예산의 관점   67
3-5 정보예산: 3년에 걸친 네 단계   68
4-1 정보요구: 중요성 대 가능성   76
4-2 정보과정   86
4-3 체계적 정보과정   87
4-4 다층적 정보과정   87
8-1 비밀공작 단계   230

분석상자
· 2001 9·11 테러: 또 다른 진주만인가?   4
· 정책과 정보의 구분: 대분류   7
· "진리를 알지니…"   10
· 정보의 실질적 개념   12

- 정보의 간결성　　　　　　　　　　　　　　　　　　　47
- 동시에 존재하는 8개의 예산　　　　　　　　　　　　69
- "왜 비밀분류를 하는가?"　　　　　　　　　　　　　 98
- 사진 판독관의 필요　　　　　　　　　　　　　　　　112
- SIGINT 대 IMINT　　　　　　　　　　　　　　　　　 120
- 몇몇 정보 유머　　　　　　　　　　　　　　　　　　137
- 분석에 대해 생각하는 은유적 표현　　　　　　　　　175
- 누가 누구에게 스파이 행위를 하는가?　　　　　　　204
- 왜 스파이활동을 하는가?　　　　　　　　　　　　　207
- 암살: 히틀러 사례　　　　　　　　　　　　　　　　 241
- 암살금지: 현대적 해석　　　　　　　　　　　　　　 242
- 정책결정자와 정보수집　　　　　　　　　　　　　　257
- 정보의 불확실성과 정책　　　　　　　　　　　　　　259
- 올바른 기대 설정　　　　　　　　　　　　　　　　　261
- 언어적 여담: 감시의 두 가지 의미　　　　　　　　　270
- 의회의 유머: 허가자 대 승인자　　　　　　　　　　 277
- 정보예산 공개: 최고 또는 최저?　　　　　　　　　　288
- 이라크의 핵 프로그램–하나의 교훈적 이야기　　　　337
- 분석관의 선택: 문화적 차이　　　　　　　　　　　　375

저자서문

지난날에는 정보 과목을 가르치는 학자들이 모였을 때, 서로에게 가장 먼저 물어보던 질문이 "당신은 교재로 무엇을 사용하십니까?"였다. 정보에 대한 책 중에 기준이 될 만한 교과서가 없었기 때문에 이러한 질문을 한 것이다. 그나마 쓸 수 있는 책들은 학부나 대학원생들이 볼만한 책이 아니었고, 수업 교과서로는 충분하지 않은 내용의 일반적인 역사에 관한 것이거나 실제 그 분야 종사자나 애호가들을 위해 쓰인 학술적 논의가 대부분이었다. 나의 동료들과 마찬가지로, 나는 개론서의 필요성을 오랫동안 느껴왔다. 따라서 나는 이러한 정보 관련 문헌의 간극을 메우기 위해서 이 책을 쓰게 되었다.

『국가정보: 비밀에서 정책까지 Intelligence: From secrets to policy』를 읽음으로써 독자들이 스파이가 될 수 있는 능력을 갖추게 되거나 더 나은 분석가가 되지는 않는다. 그보다 이 책은 정보가 국가안보정책의 형성에 있어서 어떤 역할을 하는지에 대한 이해를 높이고, 정보의 강점과 약점에 대한 통찰력을 제공하기 위한 목적으로 고안되었다. 이 책의 주된 주제는 정보가 정책에 도움이 된다는 것과 특히 명확히 이해된 정책 목표와 연결되었을 때 분석적으로나 활동적으로나 정보의 역할이 최대화된다는 것이다.

이 책은 미국의 사례를 많이 활용하였다. 나는 미국 정보기관과 가장 친숙하며, 미국 정보기관은 세계에서 가장 크고, 부유하며, 다양한 활동을 하는 정보조직이다. 동시에, 미국이라는 범주를 넘어선 관심을 가진 독자들은 이

책을 통해서 정보 수집과 분석, 비밀공작, 그리고 정보와 정책 간의 관계에 대한 이해를 증진할 수 있다.

이 책은 정보를 어떻게 정의할 것인가에 관한 논의와 미국 정보공동체에 대한 간단한 역사와 개괄로 시작한다. 이 책의 핵심은 대부분의 정보기관에서 실제 사용하는 정보과정의 흐름, 다시 말해서, 요구, 수집, 분석, 배포 그리고 정책으로 구성되어 있다. 이 모든 측면들은 역할, 강점 그리고 문제점의 관점에서 또 세세하게 다뤄진다. 이 책의 구조는 독자들로 하여금 전반적인 정보과정과 과정의 각 단계에서 발생하는 구체적인 이슈들을 이해하도록 도우며, 비슷한 맥락에서 비밀공작과 방첩활동도 다룬다. 세 개의 장은 냉전기간의 그리고 이후의 미국의 정보활동과 그로부터 유발되는 도덕적·윤리적 이슈들을 탐구한다. 이 책은 또한 정보 개혁과 기타 국가들의 정보기관에 대해서도 심층 분석을 한다(제15장에서 영국, 중국, 프랑스, 이스라엘, 러시아의 정보기관을 별도로 다룬다).

'정보'는 내가 오랜 기간 동안 가르친 두 개의 교과 과정에서 비롯되었다. 컬럼비아 대학의 국제 및 공공문제 학교School for International and Public Affairs, Columbia University에서 가르쳤던 '미국 외교정책에서 정보의 역할'과 조지 워싱턴 대학의 엘리엇 국제문제 학교Elliott School for International Affairs, George Washington University에서 가르쳤던 '미국 정보의 역사'의 산물이라 볼 수 있다. 내가 항상 학생들에게 이야기하듯이 나는 정보를 비판하는 논쟁거리를 제공하지도 않고, 정보를 변호하지도 않는다. 이 책은 정보를 정부의 정상적인 기능으로 본다. 이 기능이 잘 발휘될 때도 있고, 잘 되지 않을 때도 있다. 미국을 포함한 어떠한 나라의 정보기관일지라도 마땅히 찬양이나 비판의 대상이 된다. 나의 목표는 중요한 이슈들을 제기하고 그들에 대한 논쟁을 조명하는 동시에 그 논쟁을 위한 맥락을 제공하는 것이다. 나는 교수나 학생 개개인이 자기만의 결론에 도달하길 바란다. 정보라는 주제에 대한 개론서로서 이 책은 독자들에게 저자의 관점에 동의할 것을 요구하지 않음으로써 올바른 접근 방식을 채택하고 있다고 믿는다.

개론서로서 이 책은 이 주제에 대한 결정판이 되고자 하지 않는다. 정보 관련의 본질적인 여러 가지 이슈들에 대하여 진지한 학문적 탐구를 시작하는 계기가 되도록 하는 것이 목적이다. 각 장은 관련 이슈들에 대해 더 깊이 연구해 보도록 추천문헌 목록을 나열함으로써 마무리된다. 추가적인 참고문헌과 웹사이트 목록은 부록 1에서 찾아볼 수 있다. 부록 2는 1945년 이후 정보공동체의 변화를 위한 가장 중요한 검토와 제안들을 나열하고 있다.

『국가정보』제3판은 세계적으로 정보가 눈에 띄는 변동과 변화를 겪었던 시기에 저술된 것이다. 2001년 9월 11일의 알카에다 공격, 2003년 이라크에 대한 군사 작전 개시 - 그리고 전쟁 시작 이전에 수집한 정보와 다르게, 결국 이라크에서 대량살상무기 프로그램을 찾기에 실패한 일 - 등의 조합은 정보의 커다란 구조적 변화를 이끌어냈다. 2004년 정보개혁법에 의한 정보의 변화는 제3판이 마무리 될 즈음에 실행되기 시작하였다. 따라서 제3판에서는 개혁이 실행된 결과에 대해서 많이 다루지 못했다.

정보의 역동적인 성격에 비추어 볼 때 이 주제를 다루는 어떠한 교과서라도 구식의 정보를 담고 있을 위험성이 있다. 이것은 새로운 정보개혁의 시도에 의해 유발된 더욱 유동적인 이 상황 속에서 더 큰 문제가 될 수 있다. 그럼으로써 변화하는 상황 속에서 완성된 정보를 생산해야 하는 정보 분석가들의 딜레마를 반복시킨다. 이러한 위험성은 피해 갈 수 없다. 그러나 나는 정보에 대한 대부분의 관점들 - 그리고 여기서 논의된 주요 이슈들 - 은 보다 보편적이고, 보다 지속적이고, 정보의 변화하는 성격 보다 빠른 속도로 구식이 되어 버리지 않을 것이라는 점을 확신한다.

이제 감사의 말을 순서대로 전하고자 한다. 먼저 나의 부업인 이 학술적 관심으로 인해 수많은 저녁식사를 함께 하지 못하는데도 불구하고 지원해준 나의 아내 신시아Cynthia와 우리의 아이들 새라와 아담Sarah and Adam에게 감사를 전한다. 신시아는 예리한 시각으로 내용을 검토해 주었으며 이 책의 출판에 이르기까지 많은 도움과 지원을 제공해 주었다. 다음으로는, 나의 초안을 검토해 주고 질적인 향상을 가능하게 해준 나의 세 친구들과 동료들인 고故

핼편Sam Halpern, 존슨Loch Johnson, 그리고 심스Jennifer Sims에게 감사를 전한다. 아래의 학자들도 이전의 판들을 발간하는데 극히 많은 도움이 되는 비평들을 해주었다. 그들은 캘리포니아 주립대학(San Bernadino)의 그린William Green, 캘리포니아 주립대학(Irvine)의 모건Patrick Morgan, 앨라배마 대학의 스노우Donald Snow, 텍사스 대학(San Antonio)의 칼더James D. Calder, 켄터키 대학의 프링글Robert Pringle, 그리고 유타 주립대학의 부쓰L. Larry Boothe 등이다. 미 의회조사국Congressional Research Service의 베스트Richard Best는 참고문헌을 새롭게 만드는 데 도움을 주었다. 이들 중 어떤 개인도 이 책의 오류 또는 표현된 시각에 대해 책임이 없다. 메릴랜드에 있는 로욜라 대학의 훌라Kevin Hula, 아메리칸 대학의 넬슨Anna K. Nelson, 그리고 미 공군대학의 웬젤Robert L. Wendzel 등 제3판을 재검토해준 분들에게도 감사를 전하고 싶다. 또한 CQ Press의 편집자들 중 이번 판 작업을 함께 한 키노Charisse Kiino, 개니Colleen Ganey, 샤르트Anna Schardt, 그리고 이전 판들에서 함께 했던 오브달Jerry Orvedahl과 존스Elizabeth Jones와 함께 일할 수 있었던 것은 내게 큰 행운이었다. 그들과 함께 작업하는 것은 매우 즐거운 일이었다. '다윗의 별Star of David' 사진을 제공해준 미국 CIA에도 감사를 전하고, 샌디에이고의 상공에서 촬영한 여러 이미지들을 제공해준 우주영상회사에게도 감사를 전한다.

이번 제3판을 마치면서 나는 CIA의 분석 및 생산 담당 차장, 그리고 국가정보위원회National Intelligence Council 평가단의 부위원장으로서의 3년간의 의무 또한 마쳤다. 나는 나에게 많은 가르침을 주고 이 분야에 매우 헌신하는 정보 사회의 모든 동료들에게 감사를 전하고 싶다. 마지막으로, 많은 의견제시와 열띤 토론으로 나의 수업과 이 책을 풍성하게 해준 나의 학생들에게 감사한다. 다시금 강조하지만, 이 책의 부족함에 대해서는 나한테만이 그 책임이 있다.

Mark M. Lowenthal
Reston, Virginia

약 어

ABM	탄도탄 요격미사일(Antiballistic missile)
AIDS	후천성면역결핍증(Acquired immune deficiency syndrome)
Aman	이스라엘 군사 정보(Agaf ha-Modi'in, Military Intelligence [Israel])
AOR	책임부담구역(Area of responsibility)
ASAT	위성공격용(Anti-satellite)
BDA	전쟁 손해 평가/전투 피해 평가(Battle damage assessment)
BW	생물 무기(Biological weapons)
CBW	화생 무기(Chemical and biological weapons)
CCP	통합 암호 프로그램(Consolidated Cryptographic Program)
CDA	의회가 지시한 행동(Congressionally directed action)
CEO	최고경영자(Chief executive officer)
CI	방첩/방첩활동(Counterintelligence)
CIA	중앙정보국(Central Intelligence Agency)
CIARDS	CIA 은퇴 및 장애 제도(CIA Retirement and Disability System)
CIG	중앙정보그룹(Central Intelligence Group)
CMA	공동체 운영계정(Community Management Account)
CNA	컴퓨터 네트워크 공격(Computer network attack)
CNE	컴퓨터 네트워크 활용 (Computer network exploitation)
COI	정보협력국(Coordinator of information)
COMINT	통신정보(Communications intelligence)
COO	최고운영자(Chief operating officer)
COS	지부장(Chief of station)
CRS	미의회조사국(Congressional Research Service)

CSRS	대감시탐지시스템(Counter Surveillance Reconnaissance System)	
CW	화학 무기(Chemical weapons)	
D&D	부인 및 기만(Denial and deception)	
DARP	국방공수정찰 프로그램(Defense Airborne Reconnaissance Program)	
DBA	압도적 전장 상황 인식(Dominant battlefield awareness)	
DC	차관급 위원회(Deputies Committee) (NSC)	
DCI	중앙정보국장(Director of central intelligence)	
DCIA	중앙정보국장(Director of the Central Intelligence Agency)	
DCP	국방암호 프로그램(Defense Cryptologic Program)	
DGIAP	국방일반정보응용 프로그램(Defense General Intelligence Applications Program)	
DGSE	프랑스 대외안보총국(Directoire Generale de la Securite Exterieure) (General Directorate for External Security) (France)	
DHS	국토안보부(Department of Homeland Security; Defense Humint Service)	
DI	정보분석국(Directorate of Intelligence)	
DIA	국방정보국(Defense Intelligence Agency)	
DIA/Humint	국방인간정보서비스(Defense Humint Service)	
DICP	국방마약정보 프로그램(Defense Intelligence Counterdrug Program)	
DIMP	국방영상지도 프로그램(Defense Imagery and Mapping Program)	
DIS	영국 국방정보참모(Defence Intelligence Staff) (Britain)	
DISTP	국방정보특별기술 프로그램(Defense Intelligence Special Technologies Program)	
DITP	국방정보전술 프로그램(Defense Intelligence Tactical Program)	
DMZ	비무장 지대(Demilitarized zone)	
DNI	국가정보국장(Director of national intelligence)	
DO	공작국(Directorate of Operations, CIA)	
DOD	국방부(Department of Defense)	
DOE	에너지부(Department of Energy)	
DPSD	프랑스 국방 보호 및 안보국(Directoire de la Protection et de la Securite de la Defense) (Directorate for Defense Protection and Security) (France)	

DRM	프랑스 군사정보국(Directoire du Renseignement Militaire) (Directorate of Military Intelligence) (France)
DS&T	과학기술국(Directorate of Science and Technology) (CIA)
DSRP	국방우주정찰 프로그램(Defense Space Reconnaissance Program)
DST	프랑스 국토감시국(Directoire de Surveillance Territoire) (Directorate of Territorial Surveillance [France])
ELINT	전자정보(Electronic intelligence)
EO	전자광학(Electro-optical)
	행정명령(Executive order)
EU	유럽연합(European Union)
FAPSI	러시아 연방통신첩보국 (Federalnoe Agenstvo Pravitelstvennoi Sviazi I Informatsii) (Federal Agency for Government Communications and Information [Russia])
FBI	연방수사국(Federal Bureau of Investigation)
FBIS	해외방송청취기관(Foreign Broadcast Information Service)
FCIP	외사방첩 프로그램(Foreign Counterintelligence Program-DOD)
FISA	해외정보감시법(Foreign Intelligence Surveillance Act)
FSB	러시아 연방안보국(Federal'naya Sluzba Besnopasnoti) (Federal Security Service [Russia])
GCHQ	영국 정부통신본부(Government Communications Headquarters [Britain])
GDIP	일반국방정보 프로그램(General Defense Intelligence Program)
GEOINT	지형공간정보(Geospatial intelligence)
GNP	국민총생산(Gross national product)
GRU	중앙정보행정부(Glavnoye Razvedyvatelnoye Upravlnie) (Main Intelligence Administration [Russia])
HSC	국토안보회의(Homeland Security Council)
HSI	초미세분광 영상정보(Hyperspectral imagery)
HUMINT	인간정보(Human intelligence)
IAEA	국제원자력에너지기구(International Agency for Atomic Energy)
I&W	징후와 경고(Indications and warning)
IMINT	영상(또는 사진)정보(Imagery (or photo) intelligence)
INF	중거리 핵무기(Intermediate nuclear forces)

INR	국무부 정보조사국(Bureau of Intelligence and Research, State Department)
INTs	정보수집방식(Collection disciplines: HUMINT[인간정보], IMINT[영상정보], MASINT[징후계측정보], OSINT[공개정보], SIGINT[신호정보])
IR	적외선 영상정보(Infrared imagery)
IRA	아일랜드 공화국군(Irish Republican Army)
ISG	이라크조사그룹(Iraq Survey Group)
ISR	정보활동, 감시, 정찰(Intelligence, surveillance, and reconnaissance)
IT	정보기술(Information technology)
JCS	합동참모본부, 합참(Joint Chiefs of Staff)
JIC	영국 합동정보위원회(Joint Intelligence Committee [Britain])
JICC	합동정보공동체위원회(Joint Intelligence Community Council)
JMIP	합동군사정보프로그램(Joint Military Intelligence Program)
KGB	국가안보위원회(Komitet Gosudarstvennoi Bezopasnosti) (Committee of State Security [Russia])
KJs	주요판단(Key Judgments)
MAD	상호확실파괴(Mutual assured destruction)
MASINT	징후계측정보(Measurement and signatures intelligence)
MID	군사정보요약(Military Intelligence Digest)
MI5	영국 안보부(Security Service [Britain])
MI6	영국 비밀정보부(Secret Intelligence Service [Britain])
MON	통지서(Memorandum of notification)
Mossad	Ha-Mossad Le-Modin Ule Tafkidim Meyuhadim 이스라엘 정보와 특별작전을 위한 협회 (Institute for Intelligence and Special Tasks [Israel])
MSI	다중분광 영상정보(Multispectral imagery)
NATO	북대서양 조약기구(North Atlantic Treaty Organization)
NCIX	국가방첩처(National Counterintelligence Executive)
NCPC	국가확산대책센터(National Counterproliferation Center)
NCTC	국가대테러센터(National Counterterrorism Center)
NFIP	국가해외정보프로그램(National Foreign Intelligence Program)

NGA	국가지형공간정보국(National Geospatial-Intelligence Agency)
NIC	국가정보회의(National Intelligence Council)
NIE	국가정보평가(National intelligence estimate)
NIMA	국가영상지도국(National Imagery and Mapping Agency)
NIO	국가정보관(National intelligence officer)
NIP	국가정보프로그램(National Intelligence Program)
NIPF	국가정보우선순위구상(National Intelligence Priorities Framework)
NOC	비공직 가장(Nonofficial cover)
NRO	국가정찰국(National Reconnaissance Office)
NRP	국가정찰 프로그램(National Reconnaissance Program)
NSA	국가안보국(National Security Agency)
NSC	국가안보회의(National Security Council)
NSPD	국가안보정책지침(National security policy directive)
NTM	국가기술수단(National technical means)
ODNI	국가정보국장실(Office of the Director of National Intelligence)
OMB	운영예산실(Office of Management and Budget)
OSD	국방장관실(Office of the Secretary of Defense)
OSINT	공개출처정보(Open-source intelligence)
OSS	전략정보국(Office of Strategic Services)
P&E	처리와 개발(Processing and exploitation)
PC	각료급 위원회(Principals Committee) (NSC)
PDB	대통령 일일보고(President's daily brief)
PFIAB	대통령해외정보자문이사회(President's Foreign Intelligence Advisory Board)
PHOTINT	사진정보(Photo intelligence)
PIOB	대통령정보감시이사회(President's Intelligence Oversight Board)
QFR	기록에 남기기 위한 질의(Question for the record)
RMA	군사업무의 혁명(Revolution in Military Affairs)
SALT	전략무기제한협정(Strategic arms limitation talks)
SAM	지대공미사일(Surface-to-air missile)
SARS	중증급성호흡기증후군(Severe acute respiratory syndrome)
SAS	영국 공군특수기동대(Special Air Service [Britain])

SBS	영국 해군특수기동대(Special Boat Service [Britain])
SCIFs	국가정보 기밀차단시설(Sensitive compartmented information facilities)
SDI	전략방위구상(Strategic Defense Initiative)
SEIB	고위 정보보고(Senior Executive Intelligence Brief)
SGAC	상원 정무위원회(Senate Governmental Affairs Committee)
Shin Bet	이스라엘 국내안전부(Sherut ha-Bitachon ha-Klali) (General Security Service [Israel])
SIGINT	신호정보(Signals intelligence)
SIS	영국 비밀정보부(Secret Intelligence Service [Britain])
SMO	군사작전지원(Support to military operations)
SMS	장관조조요약(Secretary's Morning Summary)
SNIE	특수국가정보평가(Special national intelligence estimate)
SOCOM	특수작전사령부(Special Operations Command)
SPA	특별정치활동(Special political action)
START	전략무기감축조약(Strategic Arms Reduction Treaty)
SVR	러시아 대외정보국(Sluzhba Vneshnei Razvedki) (External Intelligence Service [Russia])
TECHINT	기술정보(Technical intelligence)
TELINT	원격측정정보(Telemetry intelligence)
TIARA	전술정보활동(Tactical Intelligence and Related Activities)
TOR	참고의 조건(Terms of reference)
TPEDs	착수, 처리, 개발 및 배포(Tasking, processing, exploitation, and dissemination)
TTIC	테러위협통합센터(Terrorism Threat Integration Center)
TUAVs	전술적 무인항공기(Tactical unmanned aerial vehicles)
UAVs	무인항공기(Unmanned aerial vehicles)
UN	유엔(United Nations)
UNSCOM	유엔특별위원회(United Nations Special Commission)
USDI	정보담당 국방차관(Undersecretary of defense for intelligence)
VoIP	인터넷음성패킷망(Voice-over-Internet-Protocol)
WMD	대량살상무기(Weapons of mass destruction)

1

정보란 무엇인가?

정보intelligence 란 무엇인가? 왜 정보를 정의하는 것이 중요한가? 실제로 정보에 관한 주제로 저술된 대부분의 책들은 서두에서 '정보'가 뜻하는 바를 논의하는 것으로 시작하거나, 또는 최소한 그 용어를 어떤 의미로 사용할 것인지에 대해 기술한 다음에 내용을 전개한다. 이 같은 정보의 정의 혹은 의미에 대한 설명은 정보가 다루는 분야에 대해 많은 점들을 시사한다. 만약 이 책이 국방, 주택, 교통, 외교, 농업 등 행정부의 여타 기능에 관한 교과서라면 무엇이 논의될 것인지에 대해 혼동하거나 굳이 설명할 필요도 없을 것이다.

정보는 적어도 다음의 두 가지 이유에서 행정부의 다른 기능들과 차이점이 있다. 첫째, 정보 분야에서 일어나고 있는 일의 상당 부분은 비밀에 해당한다. 정보는 자국 정부가 타 정부로부터 어떤 정보를 숨기고자 하기 때문에, 그리고 역으로 타 정부들이 여러 수단을 동원하여 비밀로 유지하고자 숨겨놓은 정보를 찾아내고자 하기 때문에 존재한다. 이러한 정보의 비밀스러움으로 인해 일부 저자들은 자신이 기술할 수 없거나 알 수 없는 사안들이 있다고 생각한다. 따라서 이들은 자신의 저술의 한계를 기술할 필요를 느낀다. 그러나 비록 정보의 많은 부분들이 비밀로 유지되고 그럴만한 가치가 있다고 여겨지더라도, 이러한 비밀성이 정보의 기본적인 역할, 과정, 기능, 사안 등을 기술하는데 장애가 되지는 않을 것이다.

둘째, 행정부의 여타 기능들과 다른 이러한 비밀성은 특히 미국과 같은 민주주의 국가에서 문제의 대상이 될 수 있다. 미국의 정보공동체는 상대적으로 최근에 생긴 정부 기관이다. 1947년에 설립된 이래 미국의 정보공동체는 양면성을 지닌 모호한 대상이었다. 일부 미국 시민들은 견제와 균형을 기반으로 하면서 외형적으로 공개성을 추구하는 미국 정부 내에 비밀을 특징으로 하는 정보의 존재를 쉽게 받아들이지 못한다. 더욱이 정보공동체는, 미국이 여타 국가들의 모델로서 모범적인 국가가 되어야 한다고 믿는 일부 미국 시민들의 생각과는 정반대로 간첩행위, 도청, 비밀공작과 같은 활동들을 수행하고 있다. 이러한 연유로 일부 시민들이 미국의 이상 및 목표를 정보활동의 현실과 조화시키는데 있어서 어려움을 느끼는 것도 사실이다.

많은 사람들은 비밀성을 지닌다는 것 이외에 정보 intelligence 가 첩보 information 와 다른 점을 구분하지 못한다. 그러나 두 용어 간의 차이점을 구분하는 것은 매우 중요하다. 첩보는 수집되는 방법에 관계없이 알려질 수 있는 모든 것을 지칭하는 반면, 정보는 정책결정자들이 명시하거나 혹은 이들의 암묵적인 요구를 충족시키는 첩보이자, 정책결정자들의 요구에 맞게 수집, 처리, 정제된 첩보를 뜻한다. 따라서 정보는 넓은 범주의 첩보의 일부에 해당한다. 정보뿐만 아니라, 정보를 식별, 수집, 분석하는 것을 포함하는 정보생산의 전 과정은 정책결정자의 필요에 부응해야 한다. 모든 정보는 첩보이지만, 모든 첩보가 정보일 수는 없다(intelligence와 information의 차이점은 위의 단락에 의거한다. 이후의 번역시 intelligence는 '정보' 혹은 '정보활동'으로 표기하며, information은 intelligence가 되는 과정에 있는 경우 intelligence와의 구분을 위해 '첩보'로 해석한다 – 역자 주).

정보기관의 필요성

정보는 오로지 정책결정자를 지원하기 위해서 존재한다는 것이 이 책의 핵심 주제이다. 그 밖의 활동은 소모적이거나 불법적인 것이다. 이 책은 정보의 모든 측면과 정책결정의 관계에 초점을 맞추어 기술될 것이다. 여기서 정책결정자는 단순히 수동적인 정보수혜자가 아니며, 모든 정보활동 양상에 대해 능동적으로 영향을 미치고 있다는 점을 이해하는 것이 매우 중요하다.

정보기관은 최소한 네 가지 이유로 존재하는데, 그들은 전략적 기습을 당하지 않기 위해서, 장기적인 전문성을 제공하기 위해서, 정책과정을 지원하기 위해서, 그리고 마지막으로 첩보, 요구사항 그리고 활동방식의 비밀성을 유지하기 위해서이다.

전략적 기습을 당하지 않기 위해. 어떤 정보공동체든지 간에 국가의 존립을 저해할 수 있는 위협, 군사력, 사건 전개 등을 지속적으로 추적하는 일을 제일의 목표로 한다. 이러한 목표는 어쩌면 지나치게 원대하고 광범위한 것으로 들릴 수도 있지만, 우리는 지난 한 세기 동안 국가들이 적절한 대비책을 마련하고 있지 않았기 때문에 적대국으로부터 직접적인 군사 공격을 당했던 사례들을 여러 차례 목격했다. 1904년 러시아가 일본으로부터, 1941년 미국과 소련이 각각 일본과 독일로부터, 1973년 이스라엘이 시리아와 이집트로부터 군사적 기습을 당했다. 비록 제한적인 규모였지만, 2001년 미국을 상대로 발생한 9·11 테러사건 역시 또 다른 예가 될 것이다 (분석상자 "2001 9·11 테러: 또 다른 진주만인가?" 참조).

전략적 기습 strategic surprise 은 규모 면에서 다른 전술적 기습 tactical surprise 과 혼동되지 말아야 한다. 컬럼비아 대학의 베츠 Richard Betts 교수가 "분석, 전쟁과 결정: 왜 정보실패가 불가피했나? Analysis, War and Decision: Why Intelligence Failures Are Inevitable?"에서 지적했듯이, 전략적 기습은 완전히 피할 수 없는 것이다. 두 가지 유형의 기습 간의 차이점은 다음의 예를 통해 설명할 수 있을 것이다. 스미스와 존스는 사업 파트너이다. 매주 금요일마다 스미스가 고객과 정례적으로 점심을 먹으러 나가는 사이에 존스는 사무실에 남아서 돈을 착복하는 범행을 저지른다. 어느 날 오후 스미스가 예정시간 보다 빨리 점심을 마치고 사무실로 돌아왔고, 스미스는 존스의 범행을 발견했다.

두 사람 모두 동시에 "깜짝이야!"라고 외쳤을 것이다. 이 상황에서 존스는 자신이 무엇을 하고 있는지 알고 있었지만, 그것이 들통 나리라고는 예상하지 않았기 때문에 존스의 놀람은 전술적 tactical 이라고 할 수 있다. 반면, 스

> ### · 2001 9·11 테러: 또 다른 진주만인가? ·
>
> 2001년 9월 11일, 뉴욕 시와 미 국방부 펜타곤을 상대로 발생한 테러사건 직후 많은 사람들이 이 사건을 또 다른 진주만이라고 일컬었다. 9·11 테러사건이나 진주만 습격 모두 기습공격이었다는 점에서 이러한 표현은 감정적인 차원에서 이해할만 하다. 하지만 두 사건 간에는 중대한 차이점이 존재한다.
>   첫째, 진주만은 전략적 기습이었다. 미국의 정책결정자들은 일본의 움직임을 이미 파악하고 있었지만, 감히 미국을 상대로 기습을 하리라고 예상은 하지 못했다. 미국은 소련이 일본의 공격대상이 될 가능성이 있다고 생각했고, 동남아시아에 있는 유럽 식민지들을 일본이 공격하리라 확실히 예상했고 이를 가장 크게 두려워했다.
>   반면 9·11 테러공격은 전술적 기습에 더욱 가깝다. 빈 라덴Osama bin Laden의 미국에 대한 증오와 미국을 공격하고자 하는 의지는 9·11 테러사건 이전에 이미 동부 아프리카의 미국 대사관들과 미군함 콜USS Cole호를 대상으로 한 공격에서 충분히 표출되었다. 2001년 여름 내내 미국 정보관들은 빈 라덴이 미국을 상대로 또 다른 공격을 감행할 가능성에 대해 경고를 해왔다. 알려지지 않았거나 추측되지 않았던 것은 단지 빈 라덴이 어디를 무엇으로 공격할 것인가에 대한 것이었다.
>   둘째, 일본과 제2차 세계대전 추축국들은 미국의 국력과 미국인들의 삶을 송두리째 파괴시킬만한 역량을 당시 보유하고 있었다. 하지만 테러리스트들은 이와 동일한 수준의 위협을 제기하지는 않았다.

미스의 놀람은 전략적 strategic 이다. 왜냐하면 그는 횡령이 일어나고 있었다는 것을 전혀 생각하지 못했기 때문이다.

    전술적 기습은 그것만으로 국가의 존립이 위태로울 정도의 규모와 심각성을 지니고 있지는 않다. 하지만 전술적 기습이 계속 반복된다면 이는 정보 상에 심각한 문제가 있음을 의미한다.

    장기적인 전문성을 제공하기 위해. 영구적인 행정관료직에 비해 고위정책결정자들의 임기는 모두 한시적이다. 미국 대통령의 평균 재임 기간은 5년이다. 국무장관과 국방장관의 재임기간은 이보다 짧으며, 부장관, 차관, 차관보들의 재임기간은 더욱 짧은 편이다. 비록 이들이 자신의 분야에 상당한 정도의 배경지식을 갖추고 임기를 시작하더라도, 임기 동안 다루게 될 관련 사안들 모두에 정통해 있기란 사실상 거의 불가능하다. 따라서 이들은 특정 사안에 대해 더 많은 지식과 전문성을 가지고 있는 사람들의 도움을 요청할 수밖에 없다. 이런 의미에서 분석 분야의 기초가 견고한 정보공동체는 국가안보 사안에 대한 상당한 정도의 지식과 전문성을 보유하고 있다. 특히 정보공동체의 고위직은 외교나 국방 등 다른 분야 보다 더 안정적인 경향을 띤다. 또한 국무부나 국방부와 달리 정보기관의 경우 정치적인 임명이 훨씬 적은 편이다. 그러나 이러한 두 가지 인사 면에서의 차이점(안정적이고 비정치적)은 지난 10년 동안 다소 불분명해져왔다.

정책과정을 지원하기 위해. 정책결정자들은 자신들의 특정 요구에 맞는 시의 적절한 정보들을 지속적으로 필요로 한다. 이 정보에는 사건의 배경, 정황, 첩보, 경고, 그리고 위기와 이익 및 예상되는 효과에 대한 평가 등의 내용이 포함될 것이다. 정보공동체는 정책결정자들의 이러한 정보요구를 충족시킬 수 있다.

정보공동체의 기풍 속에는 정보와 정책 간의 엄격한 분할선이 존재하며 이 둘은 별도의 기능을 지니고 있는 것으로 간주된다. 무엇보다도 정부는 정책결정자에 의해 운영된다. 정보는 지원역할support role에 충실해야 하며 정책 선호도를 지지하는 입장을 취하지 말아야 한다. 정책결정자를 지원하는 역할을 하는 정보관은 객관성을 견지해야 하며, 특정 정책, 선택이나 결과를 강요하지 말아야 한다. 그러한 행위는 자신이 제공한 분석의 객관성을 위협하게 될 것이다. 만일 정보관들이 어떤 특정 정책결과에 대해 강한 선호를 보인다면 그들의 정보분석은 상당한 편견을 노출하게 될 것이다. 이것이 정보공동체가 받을 수 있는 가장 심한 비난 중의 하나인 바로 '정치화된 정보'라는 것이다.

정책과 정보 간의 구분에는 다음의 세 가지 단서들이 덧붙여져야 한다. 첫째, 정보가 정책과 다르다는 생각은 정보관들이 정책결과에 관심을 두지 않거나 정책결과에 영향을 주지 않는다는 의미가 아니다. 정책결정 과정에 정보를 제공함으로써 영향력을 행사하려는 것과 정책결정자가 특정 선택을 취하도록 정보를 조작하려는 것은 엄연히 다르다. 전자는 용인되는 것인 반면 후자는 그렇지 못하다. 둘째, 고위정책결정자들은 고위정보관들에게 그들의 의견을 물을 수도 있고 종종 그렇게 한다. 셋째, 이 분리는 정보가 정책에 조언을 제공하는 방향으로만 유효하다. 즉 정책결정자들은 자신이 제공 받은 정보를 무시할 수 있고 자신만의 정보를 정책결정과정에 활용할 수도 있는데, 이는 정책결정자가 자신의 견해를 정보생산 과정에 투입하는 것과는 다른 행위이다. 이것 또한 정보의 정치화 문제를 낳을 수가 있다. 정보의 정치화는 정책결정자들과 정보관들이 피하고 싶은 비난인데, 그 이유는 정보의 정치화가 정책의 정당성과 결정과정의 기반에 대한 의문을 불러일으키기 때문이다. 볼튼 John Bolton 을 미국의 주 유엔대사로 지명한 데에 대한 2005년 논쟁에서 핵심적이었던 것이 바로 그가 정보를 무시해 왔다는 비판이었다. 이 지명에 반대하는 사람들은 볼튼이 국무차관으로 재직할 당시 자신이 선호한 답을 정보가 제공하지 않으면 이러한 정보를 무시하는 행동을 보였다고 비판했다(분석상자 "정책과 정보의 구분: 대분류" 참조).

첩보, 요구사항, 활동방식의 비밀성을 유지하기 위해. 비밀성으로 인해 정보는 독특한 위치를 차지한다. 이러한 맥락에서 정보기관을 필요로 하는 주요한 이유는 다음과 같다. 다른 나라들이 당신들로부터 중요한 첩보를 수집하기 때문이며, 당신들이 특정 종류의 첩보를 필요로 하고 이를 필요로 한다는 것이 비밀로 유지되기를 원하기 때문이며, 당신들이 첩보를 수집하는 수단을 보유하고 있고 이 수단이 비밀로 유지되기를 원하기 때문이다.

정보는 무엇에 관한 것인가

정보라는 용어는 주로 국가안보와 관련된 사안들, 즉 국방과 외교정책, 그

· 정책과 정보의 구분: 대분류 ·

정책과 정보를 구분하는 한 가지 방법은 정부의 활동을 반투과성 막으로 분리된 두 영역으로 나누어져 있다고 생각해보는 것이다. 정책결정자들은 이 막을 넘어서 정보 영역으로 건너갈 수 있지만 정보관들은 정책 영역을 침범할 수 없기 때문에 이 막은 반투과성이라 할 수 있다.

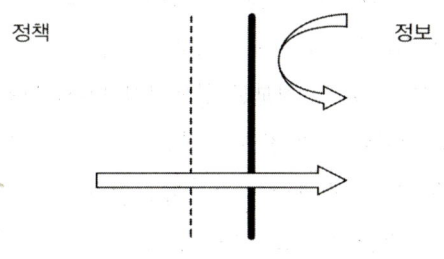

리고 2001년 테러공격 이후 점점 중요해지고 있는 국토안보의 일부 사안들을 일컫는다.

다른 국가들과 주요 비국가 단체들(국제기구, 테러조직 등)의 활동, 정책, 역량 등이 정보의 주요 관심 영역이다. 그러나 정책결정자들과 정보관들은 적대적으로 알려져 있거나 정책목표가 자국에 해가 되는 국가들만을 정보활동의 대상으로 한정시킬 수는 없다. 중립적 혹은 우호적이거나 심지어 동맹이더라도 특정 상황에서 경쟁하고 있는 국가들까지도 이들은 파악하고 있어야 한다. 예를 들면, 유럽연합 EU: European Union 은 대부분 미국의 동맹국들도 이루어져 있다. 그러나 미국은 지구상의 자원과 시장을 놓고 유럽연합 회원국들과 경쟁관계를 유지하고 있다. 일본 역시 미국의 동맹국이지만 미국과 경쟁하고 있기는 마찬가지이다. 심지어 우호국들의 행동과 의도를 지속적으로 추적해야 할 필요가 있는 상황이 전개될 수도 있다. 예를 들면, 어떤 동맹국이 제3국과 분쟁에 휘말리게 되는 정책을 추진할 수도 있다. 자국에게 불리한 상황이 오거나 자국이 그 문제에 개입하지 않을 수 없는 상황으로 전개될 경우, 동맹국이 무엇을 하고 있는지에 대해 가급적

빨리 알고 있는 것이 좋을 것이다. 예를 들면, 히틀러Adolf hitler가 그의 동맹국인 일본의 1941년 진주만 공격 계획을 미리 알고 있었더라면 그는 전쟁에서 더 나은 결과를 얻을 수도 있었을 것이다. 히틀러는 미국이 적극적인 교전국으로 되는 것을 원하지 않고 있었기 때문에 사전에 알았다면 일본의 직접적인 공격을 반대했을 것이다. 20세기 후반과 21세기 초반에 들어서면서, 테러리스트, 마약 거래상 등 비국가 행위자들의 활동을 추적하는 것이 미국에게 점차 중요해지고 있다.

국가는 경제, 군사, 사회 등 다양한 분야에 걸쳐서 이 행위자들과 그들의 예상되는 활동과 역량에 관한 첩보를 필요로 한다. 어떤 첩보는 국가가 얻고 싶어도 얻을 수 없으며 상대국이 철저히 보안을 유지하고 있어 획득이 불가능하기 때문에 국가들은 정보기관을 설립한다. 다시 말해서, 어떤 국가가 관심을 가지는 첩보는 대부분 비밀에 속해 있으며, 첩보를 보유하고 있는 국가는 어떻게 해서든 비밀을 유지하려 할 것이다.

따라서 비밀첩보를 추적하는 것이 정보활동의 주축을 이룬다. 하지만 냉전의 종식으로 인해 근본적인 정치적 변화가 발생했고, 특히 소련의 동맹국이나 위성국가들에서 과거에 비밀이었던 엄청난 양의 첩보들이 오늘날 공개되고 있다. 진실로 비밀첩보가 공개되는 비율이 획기적으로 늘어났다. 그럼에도 불구하고, 아직도 많은 국가들과 행위자들이 중요한 첩보들을 비밀로 유지하고 있다. 이와 같이 공개되지 않는 정보들은 적대적인 국가에 대한 것만은 아니다.

일반적으로 사람들은 정보를 군대 이동, 무기 성능, 기습공격을 위한 계획 등과 같은 군사첩보로 생각하는 경향이 있다. 물론 정보기관이 필요한 첫 번째 이유가 기습공격에 대비하기 위해서라는 사실을 고려할 때, 군사첩보는 정보의 중요한 구성요소임에는 틀림없지만, 정보의 전부는 아니다. 정치, 경제, 사회, 환경, 보건, 문화 등 서로 다른 다양한 분야의 정보들이 모두 분석관들에게 매우 중요하다. 따라서 정책결정자들과 정보관들은 정보의 범위를 대외정보에 국한시키지 말고 보다 넓게 생각해야 한다. 정보활동은 전복, 간첩활동,

테러리즘 등과 같은 내부보안문제에도 초점을 맞추어야 한다.

내부보안문제를 제외한 국내정보활동은 적어도 민주국가에 있어서, 법집행상의 문제가 될 수 있다. 이러한 사실이 바로 전체주의 국가의 정보활동과 서방민주주의 국가들의 정보활동을 구분시켜준다. 예를 들면, 소련의 KGB는 내부 비밀경찰 기능을 능히 수행했던 반면, 미국의 CIA는 이러한 활동을 하지 않는다. 요컨대 여러 관점에서 이 두 정보기관은 동등한 비교대상이 되지 못한다.

정보가 의미하지 않는 것은 무엇인가? 정보는 진리에 대한 것이 아니다. 만일 어떤 것이 사실로 알려져 있다면, 국가들은 첩보를 수집하고 분석하기 위한 정보기관을 굳이 필요로 하지 않을 것이다. 진리는 절대적인 의미를 지니는 용어로서 정보가 거의 도달할 수 없는 위치에 서 있다. 따라서 정보를 사실에 유사한 것 proximate reality 으로 생각하는 편이 보다 낫고, 더 정확한 표현이라 할 수 있다. 정보기관은 사안 혹은 의문점들을 계속 접하게 되며, 현재 어떤 일이 벌어지고 있는지를 확실하게 이해하기 위해 최선의 노력을 기울인다. 하지만 정보기간들이 최선을 다해 최대한 신중히 분석을 했다고 하더라도 이 분석이 사실이라고 아무도 확신할 수 없다. 이러한 의미에서 정보기관은 신뢰할 만하고, 편견이 없으며, 정직한 정보의 생산(즉 정보의 정치화를 지양)을 목표로 한다. 이러한 것들 역시 모두 유익한 목표임에는 틀림없으나, 여전히 진리와는 다르다는 것을 인지해야 할 것이다(분석상자 "진리를 알지니…" 참조).

과연 정보가 정책결정 과정에 필수적인 요소인가? 정보에 관한 저서에 이 같은 질문은 불필요한 것으로 들릴 수도 있겠으나, 사실상 이는 아주 중요한 질문이다. 한쪽 측면에서 볼 때, 이 질문에 대한 답은 "그렇다"이다. 비록 여러 국가들이 정보기관을 보유하고 있음에도 불구하고 전략적 기습을 당하긴 했지만, 정보는 임박해 있는 전략적 위협에 대한 경고를 할 수 있으며 그러한 의무를 가진다. 또한 정보관들은 성숙하고 경험이 많은 조언자로서 유용한 역할을 수행할 수 있다. 정보관들이 수집하는 첩보들 또한

> · "진리를 알지니..." ·
>
> 미국 CIA 본부의 구 정문을 들어서면 왼쪽 대리석 벽에 새겨진 다음과 같은 글귀를 볼 수 있을 것이다.
>
> "진리를 알지니, 진리가 너희를 자유케 하리라."
>
> 요한복음 8장 32절
>
> 이 글귀의 취지는 아주 훌륭하지만, 이 글귀는 이 빌딩 안에서 혹은 다른 정보기관에서 일어나고 있는 일들을 과장하고 있으며 잘못 묘사하고 있다.

비밀리에 첩보를 수집하는 기관 없이는 획득할 수 없다는 점에 주목을 해야 한다. 여기서 일종의 아이러니가 생긴다. 즉 정보기관은 단순히 첩보를 수집하는 것에만 머무르려 하지 않고 그 이상의 역할을 하기 위해 노력한다. 비록 정책기관에서도 마찬가지로 유능한 분석관들을 발견할 수 있더라도, 정보기관들은 비밀첩보에 자신들의 분석이 첨가된다는 가치를 강조한다. 이 두 종류의 분석관들 사이의 차이점은 정보와 정책결정이라는 담당하는 업무와 그 결과물의 특성에서 기인한다.

이와 함께 정책결정자들이 볼 때 정보는 자체적인 기능들을 약화시키는 여러 잠재적 약점들을 가진다. 이 약점들 전부가 항시 나타나는 것은 아니며, 때로는 아무런 약점도 드러나지 않을 수 있다. 이러한 것들은 여전히 잠재적인 위험일 뿐이다.

첫째, 어떤 종류의 정보분석은 주어진 이슈에 대해 현존하는 일반통념 conventional wisdom 보다 더 구체적이지 못할 수도 있다. 하지만 사람들은 일반통념을 자주 간과하며, 때로는 실수로 무시할 수 있다. 그럼에도 불구하고, 정책결정자들은 일반 통념 이상의 정보를 요구하며, 이는 일면 정당한 요구이다.

둘째, 분석이 자료 data 에 과도하게 의존하게 되면, 쉽게 파악되기 힘들지만 아주 중요한 부분을 놓칠 수 있다. 예를 들면, 13개의 작고 통합되지 않았던 식민지들이 1770년대 영국의 식민통치에서 벗어날 수 있을 가능성에 대한 탁월한 분석조차도 식민지들의 패배가 불가피하다고 결론지었을 것이다. 무엇보다도 영국은 당시 최대 산업국이었으며, 식민지에 훈련이 잘된 군대를 주둔시키고 있었고, 식민지들은 단합이 안 되어 있는 상태였기 때문이다. 그리고 무엇보다도 영국은 인디언들을 지원군으로 활용할 수도 있었다. 그러나 이러한 단순한 정치·군사적 분석은 여러 가지 다른 요소들을 놓쳤을 공산이 크다. 가령, 영국 내 의견 대립의 정도, 프랑스의 미국 지원 가능성 등 미처 파악하지 못했던 요소들이 결국 미국의 독립 쟁취에 매우 중요한 것으로 드러났던 것이다.

셋째, 다른 국가나 개인들 역시 우리가 하는 방식대로 사고하고 행동할 것으로 가정하는 것은 분석 상의 오류를 야기할 수 있다. 이를 '미러 이미지 mirror image'라고 한다. 이 같은 문제는 기본적으로 납득할만한 것이다. 일상 속에서 운전을 할 때, 인파가 많은 길을 걸을 때, 가정 혹은 사무실에서 다른 사람들과 일할 때, 사람들은 상대방이 어떻게 반응하고 행동할 것인지에 대해 수 없이 많은 판단을 내린다. 사람들은 다른 이들의 행동과 반응이 일반적인 특정 원리에 기초하고 있다고 판단한다. 이러한 판단은 사회적 규범, 규칙, 예절, 경험에 바탕을 두고 있는 것이다. 분석관들 또한 이러한 일반적인 사고방식을 정보분석에 너무나도 쉽사리 그대로 사용한다. 이는 정보에 있어서 일종의 함정이 된다. 예를 들면, 1941년 미국의 어떤 정책결정자도, 미국에 비해 열세한 일본이(미국 영토를 우회하면서 자신의 세력을 확장해 나가는 것이 아니라) 미국을 상대로 직접 전쟁을 벌이리라고는 생각치도 못했다. 미국 정책결정자들이 이유로 삼았던 국력의 차이라는 요소가 오히려 일본에서는 늦기 전에 미국과 전쟁을 벌여야 한다는 주장에 아주 큰 기여를 했다. 미러 이미지로 인해 파생되는 또 다른 문제는 상대방 또한 일정 수준의 합리성을 보유하고 있다고 가정하는 것이다. 그 결과, 비합리적인 행위자, 혹은 우리와 다르거나 우리에게 익숙하지 않은 합리성을 가진 개인 혹은 국가들에 대한 분석에 오류가 있을 수밖에 없다.

넷째, 아마도 가장 중요한 점으로서 정책결정자는 자신에게 제공된 정보를 거부하거나 무시할 재량권이 있다는 것이다. 만일 자신의 정책이 나쁜 결과를 야기한다면 불리한 입장에 처하게 되겠지만, 정책결정자에게 정보에 귀를 기울이도록 강요할 수는 없는 노릇이다. 따라서 정책결정자는 자의적으로 정보 없이 정책을 결정할 수 있고, 이 같은 경우 정보관은 정보생산물을 정책결정에 다시 반영하도록 압력을 가할 수 없다.

지금까지 서술한 정보의 약점들은 정보가 가지는 긍정적인 면들을 압도하는 것처럼 보일 수 있다. 위의 서술은 확실히 정보의 취약점들을 제시하고 있으며 강조하고 있다. 그렇다면 정보가 실로 중요한 것인지 아닌지를 어떻게 해야 확고히 말할 수 있을까? 회고해 보건대 가장 좋은 방법은 다음과 같은 질문을 하는 것이다. 정책결정자들이 특정 정보가 있었다면 혹은 없었다면 정책결정을 할 때에 과연 다른 선택을 할 수 있었을까? 만약 이 질문에 대한 대답이 '그렇다' 혹은 '아마도 그럴 것'이 된다면, 그 정보는 중요하다고 할 수 있다(분석상자 "정보의 실질적 개념"참조).

정보란 무엇인가? 정보를 고찰하는 방법에는 여러 가지가 있다. 이 모든 방법들이 이 책을 통틀어, 때로는 동시에, 활용될 것이다.

- 과정process으로서의 정보: 정보는 국가안보에 중요한 특정 유형의 첩보들이 요구, 수집, 분석, 유포되는 수단이자, 특정 유형의 비밀공작이 계획되고 수행되는 방법으로서 생각될 수 있다.
- 생산물product로서의 정보: 정보는 이러한 과정의 생산물 즉, 분석과 정보활동 자체의 생산물로서 생각될 수 있다.
- 조직organization으로서의 정보: 정보는 다양한 기능을 수행하는 단위체들로서 생각될 수 있다.

· **정보의 실질적 개념** ·

정보는 국가안보에 중요한 특정 유형의 첩보들이 요구, 수집, 분석되어 정책결정자에게 제공되는 과정이다. 또한 정보는 이러한 과정의 생산물을 의미하기도 한다. 그리고 정보는 이러한 과정과 첩보를 보호하는 방첩을 뜻하기도 한다. 마지막으로 정보는 합법적인 권위체가 요청한 공작의 수행을 의미하기도 한다.

주요 용어

미러 이미지mirror image 정치화된 정보politicized intelligence
정보intelligence

더 읽을거리

각각의 읽을거리들은 정보의 역할의 기능을 통해 각각 다른 방식으로 정보의 정의를 내리기 위해 심혈을 기울였다. 어떤 것들은 자신의 용어로 정보를 다루었으며, 다른 것들은 좀 더 큰 범위의 정책과정과 연결시키려 시도했다.

Betts, Richard. "Analysis, War, and Decision: Why Intelligence Failures Are Inevitable." *World Politics* 31 (October 1978). Reprinted in *Power, Strategy, and Security.* Ed. Klaus Knorr. Princeton: Princeton University Press, 1983.

Hamilton, Lee. "The Role of Intelligence in the Foreign Policy Process." *Essays on Strategy and Diplomacy.* Claremont: Claremont College, Keck Center for International Strategic Studies, 1987.

Herman, Michael. *Intelligence Power in Peace and War.* New York: Cambridge University Press, 1996.

Heymann, Hans. "Intelligence/Policy Relationships." In *Intelligence: Policy and Process.* Ed. Alfred C. Maurer and others. Boulder, Colo.: Westview Press, 1985.

Hilsman, Roger. *Strategic Intelligence and National Decisions.* Glencoe, Ill.: Free Press, 1958.

Kent, Sherman. *Strategic Intelligence for American Foreign Policy.* Princeton: Princeton University Press, 1949.

Laqueur, Walter. *A World of Secrets: The Uses and Limits of Intelligence.* New York: Basic Books, 1985.

Scott, Len, and Peter Jackson. "The Study of Intelligence in Theory and Practice." *Intelligence and National Security* 19 (summer 2004): 139~169.

Shulsky, Abram N., and Gary J. Schmitt. *Silent Warfare: Understanding the World of Intelligence.* 2d rev. ed. Washington, D.C.: Brassey's, 1993.

Shulsky, Abram N., and Jennifer Sims. *What Is Intelligence?* Washington,

D.C.: Consortium for the Study of Intelligence, 1992.
Troy, Thomas F. "The 'Correct' Definition of Intelligence." *International Journal of Intelligence and Counterintelligence 5* (winter 1991~1992): 433~454.

2

미국정보의 발전과정

개별 국가는 그 국가만의 유별난 것은 아니더라도 각자 고유한 방식으로 정보활동을 수행한다. 미국, 영국, 캐나다, 호주 등 유사한 정보체계를 지니는 국가들 간에도 고유한 정보활동 방식이 있다. 미국 정보체계는 다른 나라들에게 일종의 모델이자 경쟁 상대이며, 많은 다른 국가 정보기관들의 목표대상으로서 전 세계에서 가장 대규모이고 영향력이 있기 때문에, 미국이 어떻게 그리고 왜 현재와 같은 정보활동을 수행하고 있는가에 대해서 보다 잘 이해할 필요가 있다(기타국가들의 정보활동에 대해서는 제15장에서 논의할 것이다). 이를 이해하기 위해서는 무엇보다도 먼저 미국 정보체계를 형성하고 기능 수행방식을 결정하는데 기여한 핵심적인 논제들과 주요 역사적 사건들에 대한 이해가 선행되어야할 것이다.

미국정보를 논하는 대부분의 다른 저술들과 마찬가지로, '정보공동체intelligence community'라는 용어가 이 책에서도 계속 언급될 것이다. '공동체community'라는 용어는 미국정보를 묘사하는데 특히 적합하다. 공동체는 업무적으로 관련이 있거나 때로는 연합된 기관 및 부서들로 구성되지만, 이들은 각기 다른 정보사용자들을 위해서 그리고 여러 계선조직의 명령 및 지휘체계 하에서 활동한다. 이는 무엇보다도 미국의 정보공동체가 어떤 종합적인 계획 없이 여러 가지 다양한 수요들을 충족시키는 가운데 형성되었기 때문이다. 정보공동체는 고도로 기능적이지만 때로는 역기능적인 측면도 있다. 헬름즈Richard Herms, 1966~1973 전 중앙정보국장은 의회에서, 현 정보공동체의 구조와 기능에 대한 많은 비판에 대해 정보공동체가 누군가에 의해 새로 만들어지더라도 또 다시 지금과 유사한 형태가 될 것이라고 말한 바가 있다. 이러한 헬름즈의 주장은 정보공동체의 구조에 초점을 둔 것이 아니라, 정보공동체가 다수의 통제를 받으면서 수많은 다양한 서비스를 제공하고 있다는 점을 강조한 것이다. 비록 다른 국가들이 미국 정보체계를 모방하고 있지만, 이 같은 정보에 대한 접근 방식은 미국만이 독특하게 보유하고 있는 것이다. 국가정보국장DNI 직위를 만든 2004년 정보법 역시 정보공동체의 상부구조에 있어서 변화를 모색하긴 했으나 다양한 기관들의 기능에 변화를 꾀하지는 않았다(제3장 참조).

주요 논제들

미국 정보체계의 발전과정에 있어서 다음과 같은 주요 논제들을 살펴볼 수 있다.

미국정보의 새로운 경험. 20세기와 21세기 주요 강대국들 중에서 미국은 전시 긴급 상황을 제외하고 정보에 대한 역사가 매우 짧은 편이다. 영국의 정보활동은 엘리자베스 1세Elizabeth I : 1558~1603시대까지 거슬러 올라간다. 프랑스의 정보활동은 리슐리외Cardinal Richelieu: 1624~1642시대로부터, 러시아의 정보활동은 폭군 이반 황제Ivan the Terrible: 1553~1584시대부터 시작되었다. 미국의 역사가 1776년부터 시작되었다고 하더라도, 미국정보의 역사는 매우 짧다. 1940년까지 미국의 정보활동은 극히 미미한 정도였다. 영구적인 조직으로 해군 및 국방정보기관이 대략 19세기 말경에 설립되었지만, 미국의 포괄적인 국가정보력이 발동하기 시작한 것은 제2차 세계대전 당시에 설립된 전략정보국OSS: Office of Strategic Services 의 전신인 정보협력국COI: Coordinator of Information 이 설립되면서부터이다.

미국 역사에서 거의 170여 년 동안 정보조직이 없었다는 것을 어떻게 설명할 수 있겠는가? 역사적으로 미국은 외교정책에 별다른 관심을 갖지 않았다. 1823년에 나온 먼로 선언Monroe Doctrine(유럽 국가들이 서반구Western Hemisphere를 식민지화 하려는 시도를 하면 미국이 적극 대응 하겠다는 선언)이 영국의 묵시적인 지지와 승인에 힘입어 성공적으로 실행되면서 미국의 기본적인 안보이익과 보다 광범위한 외교정책의 이해관계는 적절히 해결되었다. 19세기 말 미국이 세계 강대국으로 부상하고 광범위한 국제문제들에 개입하면서 비로소 보다 효과적인 정보의 필요성이 인식되었던 것이다.

더욱이, 미국은 인접국들로부터, 서반구 지역 밖의 강대국들로부터, 또는 – 남북전쟁1861~1865을 제외하고 – 정부 전복의 위험을 야기할 대규모 내분으로부터 심각한 안보 위협에 직면한 적이 없었다. 대부분의 유럽 국가들과 달리 우호적인 환경 때문에 미국은 국가정보에 대한 필요를 거의 인식하지 못했다.

1945년 소련과의 냉전이 시작되기 전까지, 평시에 미국은 국방과 관련된 활동에 예산 지출을 극도로 제한해 왔다. 앞서 언급한 바와 같이 여러 가지 이유로 인해 정보의 중요성이 과소평가되었으며, 이에 대한 예산지출 역시 극도로 제한되었다(그런데, 정보의 역사를 연구하는 학자들은 워싱턴George Washington 대통령 당시 정부 예산의 약 12% 이상을 정보에 지출했다고 주장했다. 연방정부 전체 예산의 비율로 보았을 때 이때가 미국 역사상 정보 예산지출이 가장 많았고, 그 이후 다시는 이런 일이 없었다. 미 CIA 국장에 의해 비밀 해제된 자료에 따르면 1999년 정보 예산은 연방정부 예산의 약 1.6%에 그쳤다).

정보는 1940년대에 이르러 새로운 국면을 맞이하게 되었다. 행정부와 의회의 정책결정자들은 정보를 국가안보의 새로운 요소로 인식하게 되었다. 하지만 육군과 해군 내에서조차 정보는 상대적으로 늦게 발전했으며, 20세기에 들어서도 정보의 위상은 확고하지 못했다. 그 결과, 정보에 대한 장기적이고 확고한 지지는 정부 내에 존재하지 않았지만, 국방부와 연방수사국FBI: Federal Bureau of Investigation 사이처럼 상호간에 정보의 출처를 공유하지 않으려는 여러 부서들 사이에서 경쟁관계가 생기게 되었다. 더욱이 미국은 정보에 대한 확립된 전통 혹은 활동방식을 지니고 있지 않았기 때문에, 제2차 세계대전과 냉전이라는 극도로 긴장된 시기 동안 미국은 이들을 창조해내야 할 수밖에 없었다.

위협에 바탕을 둔 외교정책. 먼로 선언과 함께 미국은 국제관계의 현상유지에 주요한 이해관계를 가지게 되었다. 이러한 미국의 이해관계는 1898년 스페인-미국 전쟁 이후 더욱 강화되었다. 소규모의 식민 영토를 획득하면서, 미국은 대체로 자급자족하며 외부로부터의 위협이 거의 없는 매우 만족스러운 국제적 지위를 획득할 수 있었다. 그러나 미국은 20세기에 들어서면서, 제1차 세계대전 당시 카이저 황제 치하 독일Kaiserine Germany, 제2차 세계대전 당시의 추축국들, 그리고 냉전 시대의 소련 등 현상유지에 위협이 되는 외교정책을 구사하는 강대국들이 잇달아 부상하는 사태를 맞이하게 되었다.

국제적 현상유지를 파괴하려는 이러한 위협들에 대응하는 것이 미국 안보정책의 기초가 되었다. 이 위협들은 제2차 세계대전 기간 동안 전략정보국OSS의 초기 활동으로부터 냉전시대의 보다 광범위한 비밀공작활동에 이르기까지 미국정보의 대상이 되었다. 정보활동은 미국이 이러한 위협들에 대응하는 하나의 방법이 된 것이다.

20세기 말과 21세기 초에 테러 위협은 테러리스트들이 국제적 현상유지를 거부한다는 점에서 이전의 적들과 동일한 유형을 보여 주었으며, 미국의 국가안보에 중요한 이슈로 등장하였다. 그러나 이 새로운 적은 - 특정 국가의 지원을 받고 있다 하더라도 - 국가가 아니기 때문에 위협에 대처하는 것이 더욱 어렵다. 나치 독일이나 소련과 같은 국가들도 현상유지를 거부했지만, 현상유지를 거부하는 것은 테러리스트들에게 있어서 더욱 핵심적인 것이다. 왜냐하면 앞서 언급한 국가들은 현상유지 거부 정책을 포기해도 국가로서 계속 존재할 수 있지만, 테러리스트들은 그렇지 못하기 때문이다. 다시 말하면, 테러리스트들은 현상유지를 거부하기 때문에 존재하는 것이므로, 자신의 존재이유를 포기하지 않는 이상 테러리스트들이 현상유지를 받아들이는 일은 없을 것이다.

냉전이 미친 영향. 정보의 역사를 연구하는 학자들은 종종 냉전이 없었더라도 미국이 광범위한 규모의 정보능력을 가질 수 있었을 것인가에 대해 논쟁을 벌이곤 한다. 이에 대한 필자의 견해는 '그렇다'는 것이다. 냉전이 아니라 1941년 일본의 진주만 기습이 바로 미국 정보공동체 형성을 촉진하였다.

그렇다고 하더라도, 미국 정보공동체의 기본적인 골격이 마련되고 정보의 기초가 다져지기 시작한 데에는 냉전이 주요 요인이 된 것은 사실이다. 게이츠Robert Gates: 1991~1993 전 CIA 국장에 따르면, 1991년 소련이 붕괴될 때까지 냉전은 미국 정보 예산 지출의 반 이상을 차지할 정도로 최고의 국가안보 사안이었다. 더욱이 소련과 그 위성국들이 비밀에 가려져 있었기 때문에 필요한 정보를 수집하기 위해서 다양한 종류의 원거리 기술정보능력이 발전하게 되는 등 냉전은 미국 정보에 중요한 영향을 끼쳤다.

범세계적인 정보 이익. 냉전은 전후 유럽지역에서의 패권경쟁에 이어서 지구상의 모든 지역, 모든 국가가 양대 진영으로 나뉘어 경쟁하는 형태로 변모했다. 비록 일부 지역은 다른 지역에 비해 보다 더 중요한 지역으로 항상 남아 있었으나, 그 어떤 지역이라도 완전히 무시될 수는 없었다. 그래서 미국은 모든 지역에 정보관들을 배치하여 첩보를 수집하고 분석하는 등 범세계적인 정보활동을 전개하게 되었다.

의도적으로 중첩된 분석 구조. 정보는 크게 수집, 분석, 비밀공작, 방첩 등 네 가지 활동으로 구분될 수 있다. 미국은 여러 종류의 수집 활동(영상, 신호, 간첩활동)과 비밀공작 임무를 수행하기 위해 독특한 정보체계를 발전시켜 왔다. 방첩은 거의 모든 정보기관에서 수행하는 기능이다. 그러나 분석분야에 있어서 미국 정책결정자들은 의도적으로 그 기능이 중첩되는 것으로 보이는 세 개의 기관들을 만들었는데, 그들은 CIA 정보분석국DI: Directorate of Intelligence, 국무부 정보조사국INR: Bureau of Intelligence and Research, 국방정보국DIA:

Defense Intelligence Agency이다. 이 분석국들은 모든 자료들에 대해 분석을 하는 기관이며, 각 기관은 모든 분야의 수집된 정보에 대한 접근권이 있으며 이들 모두 실제로 동일한 사안들을 대상으로 업무수행을 하고 있다.

이렇게 분석업무가 중첩되도록 만든 데에는 다음의 두 가지 이유가 있으며, 이는 미국 분석활동 수행의 밑바탕을 이루고 있다. 첫 번째 이유는 서로 다른 정보소비자들 - 정책결정자들 - 이 서로 다른 정보를 요구하기 때문이다. 대통령, 국무장관, 국방장관, 합참의장은 모두 동일한 정보를 요구하지 않는다. 그들이 같은 사안에 대해 임무를 수행하고 있을지라도 각자는 서로 다른 책임을 지니고 있다. 미국은 서로 다른 정책결정자들의 특정적이고 독특한 요구에 부응하기 위해 분석센터들을 발전시켰다. 또한 각각의 정책기관들은 그들의 요구에 기여할 수 있는 정보체계의 확립을 원하였다.

분석업무가 중첩되도록 만든 두 번째 이유로, 미국은 '경쟁적 분석competitive analysis' 개념을 발전시켜 왔기 때문이다. 이는 여러 기관들에 서로 다른 배경과 시각을 가진 분석관들을 보유시킴으로써 이들이 한 가지 사안을 놓고 경쟁하게 된다면, 편협한 견해들이 비록 버려지지는 않더라도 다른 견해들에 의해 상쇄될 수 있으며, 결국 현실에 보다 가까운proximate reality 분석이 가능할 것이라는 믿음에 근거하고 있다. 경쟁적 분석은 실제로 항상 그런 것은 아니지만 이론상으로 '집단사고groupthink'와 강요된 의견합의를 교정하는 수단이 되어야 한다. 예를 들면, 이라크의 대량살상무기WMD: weapons of mass destruction를 평가하는 기간 동안, 서로 다른 기관들은 알루미늄 튜브와 같은 일부 정보의 특성에 대해, 그리고 관련 정보의 총합이 핵 프로그램의 일부를 보여주는 것인지 아니면 보다 일관된 프로그램을 나타내는 것인지에 대해 서로 다른 의견을 제시하였다. 경쟁적 분석은 다수의 분석 기관들이 없이는 불가능한 것이다.

경쟁적 분석은 중첩적인 구조에 의존해야 하기 때문에 일정한 비용을 야기한다. 1990년대에 탈냉전 평화수립에 따른 압력과 행정부나 의회로부터의 정치적 지지 부족에 따라 정보예산이 심각한 정도로 축소되면서, 경쟁적인 분석을 수행할 수 있는 능력이 상당 부분 상실되었다. 전 중앙정보국장인 테넷George J. Tenet, 1997~2004은 1990년대에 전체 정보공동체가 23,000개의 자리를 잃게 되어 활동에 영향을 미쳤다고 주장하였다. 그 결과 경쟁적 분석의 경향은 축소되고, 그 대신 정보기관들은 특정 이슈에 대하여 배타적인 집중을 하여 선택적 분석을 하게 되었다.

소비자-생산자 관계. 정책과 정보 간에 그어진 분명한 구분선은 어떻게 정보 생산자와 소비자가 서로 연계되어야 하는가에 대한 의문을 야기한다. 이 질문의 요점은 생산자와 소비자 사이의 거리가 어느 정도가 되어야 바람직한가에 관한 것이다.

이 문제에 대하여 미국에는 두 학파 간의 상반된 의견이 있다. 원거리distance학파는 정책결정자와 정보기관 간에 다소 거리를 둠으로써, 정보기관이 특정 정책을 지지 혹은 반대하는 객관성이 결여된 정보를 제공하게 되는 위험을 피해야 한다고 주장한다. 또한 원거리학파 지지자들은 정책결정자들이 특정 정책을 지지 또는 반대하는 분석 결과물을 얻을 목적으로 정보에 개입할 가능성을 매우 우려한다. 이들은 둘 사이의 거리가 지나치게 가까워지면 정치화된 정보가 생산될 위험이 커질 것으로 생각한다.

반면, 근거리proximate 학파는 정보기관과 정책결정자 사이의 관계가 지나치게 멀어지면 정보공동체가 정책결정자의 정보요구를 잘 파악할 수 없게 되고, 이에 따라 덜 유용한 정보를 생산하게 될 것이라고 주장한다. 이들은 적절한 훈련과 내부 감찰활동을 통해 정보가 정치화되는 것을 막을 수 있다고 생각한다.

1950년대 말과 1960년대 초까지는 근거리 학파가 미국 정보체계의 모델로서 선호되었다. 그러나 정보가 정치화될 가능성에 대한 초기부터의 지속적인 우려를 간과되고 있다는 점에서 상당히 심각한 논란이 발생하기도 했다.

1990년대 말에 들어서면서 몇몇 사람들이 정책과 정보 사이의 관계에 있어서 두 가지의 미묘한 변화를 인식하게 되었다. 그 중 하나는, 정보의 군사작전에 대한 지원이 보다 크게 강조되었다는 점이다. 이에 대해 일부는 국가안보에 대한 위협이 감소되는 시기에 다른 정보 소비자들의 요구를 희생시키면서까지 군사정보에 너무 많은 우선권을 부여하고 있다고 생각했다. 또 다른 변화는 일부 분석관들이, 활동에 사용될 수 있는 정보를 요구하는 소비자들과 좀 더 분석을 원하는 소비자들 사이에서 곤혹스러움을 느끼고 있다는 것이었다.

부시George W. Bush, 2001~ 대통령 집권기간에는 양자 사이의 밀접한 관계가 보다 더 많이 강조되었다. 그는 취임과 동시에 일주일에 6일의 정보 브리핑을 요구했다. 테넷과 고스Porter J. Goss: 2004~2005 중앙정보국장들은 이 일일 정보 브리핑에 참석해야 했는데, 이는 전례가 없던 일이었다. 이 같은 양자 간에 더욱 밀접해진 관계로 인해, 일부 관찰자들은 중앙정보국장이 자신이 제공받는 정보에 대해 과연 엄격하게 중립을 유지할 수 있을지에 대해 의문을 제기하게 되었다.

분석, 수집, 비밀공작 간의 관계. 생산자-소비자 관계에 대한 논쟁과 함께, 한편으로 정보분석과 다른 한편으로 정보수집 및 비밀공작 간에 적절한 관계를 설정하는 문제를 놓고 논쟁이 있어 왔다.

이 문제는 대체로 분석과 공작을 모두 수행하고 있는 CIA 내부 구조에서 발생한다(CIA는 정보분석국DI: Directorate of Intelligence과 공작국DO: Directorate of Operation을 모두 포함한다). 여기서 후자는 간첩활동과 비밀공작 임무를 수행한다.

원거리 학파와 근거리 학파는 자신들의 입장을 다음과 같이 피력한다. 원거리 학파는 분석과 두 개의 공작 기능(간첩활동과 비밀공작)은 대체로 구분되며, 공작원과 공작방식의 보안문제뿐만 아니라 분석을 위해서도 이 기능들을 함께 묶는 것은 위험부담이 있다고 주장한다. 이들은 공작국이 중요한 비밀공작 임무를 수행하고 있는 와중에 분석국이 객관적인 분석 결과물을 과연 생산해 낼 수 있을지에 대해 의문을 제기한다. 분석업무가 비밀공작 임무를 지원하도록 공공연한 또는 무의식적인 압력이 있지 않겠는가? 이것은 단순히 추상적인 질문이 아니다. 예를 들어, 1980년대 니카라과의 산디니스타Sandinista 정부에 맞서 싸우는 콘트라contras 반군을 지원하는 사람들과 정보공동체의 일부 분석국 간에 그러한 압력이 존재했다. 일부 분석관들은 콘트라 반군이 과연 승리할 것인지에 대해 의구심을 가졌으나, 콘트라 반군을 지원하는 업무를 수행하던 사람들에게 이러한 분석은 비협력적인 것으로 비춰졌던 것이다.

근거리 학파는 두 개의 기능을 분리시키는 것은, 상호 긴밀하게 연계됨으로서 얻을 수 있는 이익을 놓치는 것이라고 주장한다. 분석관은 공작목표와 실제 공작환경에 대해서 보다 나은 평가를 할 것이고, 이들을 자신의 분석에 충분히 고려할 것이며, 또한 간첩활동에서 얻은 출처의 가치를 보다 잘 인식할 수 있을 것이다. 공작요원은 자신이 받게 되는 분석 보고서들을 보다 잘 이해할 수 있으며, 자신의 공작계획에 이 분석결과를 활용할 수 있는 것이다.

비록 현재의 통합된 구조를 비판하는 사람들은 두 개의 기능을 분리시킬 것을 계속해서 주장하지만, 근거리 학파의 주장이 현재까지는 우세하다. 실제로, 1990년대 중반 분석국과 공작국이 협력관계partnership를 유지하는 방향으로 나아감에 따라, 본부 및 지부 사무실이 함께 위치하게 되었다.

비밀공작에 대한 논란. 비밀공작은 정책의 일부로서 그 적합성 또는 타당성을 놓고 미국 내에서 항상 논란을 일으켜왔다. 이러한 논쟁이 제기되는 가운데, 콘트라 반군과 같은 대규모 군대를 훈련시키고 장비를 지원하는 것처럼 준군사작전의 활용에 대해 또 다른 논란이 불거져 나왔다. 요인 암살 외에 준군사작전은 비밀공작과 관련해 가장 논란이 되는 사안 중에 하나였으며, 그 결과는 일관되지 않게 나타났다. 시기에 따라 이에 대한 논쟁의 강도는 다양한 모습을 보였다. 1961년 피그 만Bay of Pigs 침공 이전에 이 같은 논쟁은 거의 없었다. 그 이후에도 소련의 팽창을 막아야 한다는 냉전시대의 초당파적 합의가 붕괴되기 전까지, 또한 1970년대 중반 정보공동체의 악행들이 드러나기 전까지도 이 같은 논쟁이 거의 발생하지 않았다. 그러다가 1980년대 중반 니카라과 정부에 대항하는 콘트라 반군의 준군사작전이 전개되면서, 이 논쟁이 다시 활기를 띠었다. 그러나 2001년 테러공격 이후, 전 범위에 걸친 비밀공작에 대해서 또 다시 폭넓은 합의가 생겨났다.

정보 정책의 지속성. 냉전시대 거의 대부분 기간 동안 민주당과 공화당의 정보 정책에는 별다른 차이점이 없었다. 냉전으로 인해 양당 간에 정치적

이익을 초월하여 소련에 대한 봉쇄정책을 지속할 필요성에 대한 일종의 공감대가 형성되었으나, 베트남전으로 인해 양당 간의 차이가 드러나기 시작했다. 하지만 여러 면에서 이러한 차이는 실질적이라기보다는 수사적이었다. 예를 들면, 카터Jimmy Carter와 레이건Ronald Reagon은 정보 정책을 대통령 선거 운동 캠페인 중의 하나로 사용했다. 1976년에 카터는 워터게이트 사건과 베트남전에서 CIA와 일부 정보기관의 잘못된 행위들을 폭로했고, 1980년에 레이건은 미국의 안보를 지키는 보루로써 CIA의 기능을 회복시키겠다고 천명하였다. 비록 그들이 정보를 지지하고 활용했던 방식은 커다란 차이를 보였지만, 그렇다고 '반 정보주의자anti-intelligence'와 '친 정보주의자pro-intelligence'로 부르는 것은 잘못된 것이다. 2004년 선거에서는 9·11위원회(이전 명칭은 '미국에 대한 테러리스트 공격에 관한 위원회'였음)의 보고서가 잠시 동안 쟁점이 되었고, 민주당 대선후보 지명자였던 케리John Kerry 매사추세츠 상원의원은 이 보고서가 발표되자 거의 모든 권고안을 받아들인 반면, 부시 대통령은 이 보고서에 대해 좀 더 조심스런 입장을 표명했다.

기술에의 강한 의존. 1940년대 현대적인 정보공동체를 설립한 이래로, 미국은 여러 가지 이유로 첩보수집의 주요 원천으로서 기술에 강한 의존을 해 왔다. 어떤 문제에 대한 기술적인 접근은 정보 분야에만 국한된 독특한 것은 아니다. 이는 1860년대 남북전쟁이 시작된 초기부터 미국이 전쟁을 어떻게 수행해 왔는가를 보면 알 수 있다. 더욱이 소련처럼 폐쇄적인 성향을 가진 정보활동 대상의 첩보수집을 위해서는 원거리 기술수단의 개발이 요구되었다.

기술에 대한 의존은 정보공동체의 구조와 기능 수행 방식에 중요한 영향을 미쳤기 때문에, 이는 기술에 의한 수집 능력 향상 이상으로 더욱 중요한 의미를 지닌다. 어떤 사람들은 기술에 의존함으로써 인간정보수집(간첩활동) 방식이 충분히 활용되지 않고 있다고 주장한다. 이러한 견해를 입증할 경험적인 증거는 없지만, 최소한 1970년대 이래로 이러한 주장이 끊임없이 제기되었다. 정보활동이 적절하게 이루어지고 있지 않다고 인식될 때 주로 이러한 주장이 제기되는데, 이들이 주장하는 요점은 인간정보활동을 통해 기술정보수집이 할 수 없는 종류의 첩보(의도나 계획) 수집이 가능하다는 것이다. 다양한 수집방법의 장단점에 대해서는 거의 이견이 없지만, 그렇다고 인간정보활동이 항상 기술정보수집으로 인해 피해를 입는다고 볼 수는 없다. 그러한 논쟁이 지속되는 것은 이때까지 한 번도 적절히 다뤄지지 않았던 정보수집에 대한 근본적인 관점을 반영하고 있는데, 이는 기술정보와 인간정보 수집활동 간에 적절한 조화와 균형을 이루는 것이다. 이 논쟁은 2001년 테러 공격으로 인해 다시 활발해졌다(테러와의 전쟁에 필요한 정보수집 유형에 대해서는 제12장을 참조).

비밀성 대 공개성. 대의민주주의 정부의 특징인 공개성은 정보활동의 비밀성과 상충된다. 정보공동체를 지닌 어떤 민주국가보다도 미국은 이 문제를 놓고 많은 논란을 벌여왔다. 이 문제에 대한 최종적인 결론은 도출될 수 없지만, 미국은 이 문제를 지속적으로 탐구하는 가운데, 정부로서 그리고 국제사회의 리더로서의 가치와 일정 수준의 정보활동에 필요한 요구 사이에서 일련의 타협을 이루어 왔다.

감시역할. 설립 이후 최초 28년 동안 정보공동체는 의회로부터 최저 수준의 감시를 받으면서 활동했다. 그 이유는 냉전시대에 정보에 대한 합의가 있었기 때문이다. 또 다른 이유는 의회가 아주 엄격한 감시활동을 수행하지 않기로 했기 때문이다. 비밀성 또한 이러한 요인이 되었는데, 이 비밀성으로 인해 정보기관과 의회 간에 민감한 문제를 다루는 데에 있어서 절차상의 어려움이 존재하기도 했다. 1975년 이후, 의회가 정보과정에 완전한 참여자가 되고 정보의 주요 소비자가 되면서 의회의 정보감시 활동은 극적으로 변화했다.

주요 발전사

정보공동체 역사의 대부분에 걸쳐 논란이 되어왔던 몇몇 논제들에 더하여, 몇 가지 특정 사건들이 미국정보가 형성되고 기능하는데 결정적인 역할을 하였다.

COI와 OSS의 창설(1940~1941). 1940년까지 미국은 국가적 차원의 정보체계를 확립하지 못했다. 루즈벨트Franklin Roosevelt 대통령이 정보협력국COI: Coordinator of Information 과 전략정보국OSS을 창설했는데, 이것이 미국 정보공동체의 중요한 선례가 되었다. COI와 OSS 두 기관의 수장은 도노반William Donovan이었는데, 그는 미국이 제2차 세계대전에 참전하기 전에 두 차례에 걸쳐 영국을 방문한 뒤 이 기관들의 창설을 주장했다. 도노반은 보다 중앙 집중적인 영국의 정부조직에 감명을 받았고 미국 역시 이러한 것이 필요하다고 믿게 되었다. 루즈벨트는 도노반이 원했던 것들의 대부분을 들어 주었으나, 군과의 관계에 있어서는 그의 권력행사에 제한을 두었다.

COI와 OSS는 국가 차원의 정보체계 설립을 위한 첫 번째 시도라는 점에서 뿐만 아니라, 다음의 세 가지 이유로 인해 중요한 의미를 가진다. 첫째, 두 기관은 오늘날 소위 비밀공작 활동 – 게릴라전, 적의 후방에서 저항세력과의 협동작전, 사보타지 등 – 을 강조하는 영국의 정보활동으로부터 많은 영향을 받았다. 당시 영국은 연합군이 이탈리아와 프랑스에 상륙하기 전까지 나치 독일을 유럽에서 반격할 수 있는 방법들 중의 한 가지 수단으로서 공작활동을 통해 전시 작전을 지원하는 것을 당연히 강조할 수밖에 없었다. 이러한 비밀공작들은 전쟁의 결과에 별 다른 영향을 주지 못했지만 OSS의 소중한 역사적 유산이 되었다.

둘째, 비록 제2차 세계대전 당시 OSS의 정보활동은 연합국의 승리에 미미한 역할밖에 수행하지 못했지만, 전후 정보공동체, 특히 CIA의 설립에 기여한 많은 사람들을 기술적으로뿐만 아니라 정신적으로 훈련시키는데 기여했다. 그러나 스스로가 OSS 요원이었던 전 중앙정보국장 헬름즈는 그의 회고록에서 OSS 요원들의 대부분이 간첩활동과 방첩에 대한 경험은 쌓았지만 비밀공작의 경험을 쌓지는 못했다고 지적했다.

셋째, OSS는 군대와 불편한 관계를 유지했다. 군 지도자들은 정보기관이 군의 통제를 벗어나 활동하지는 않을까, 혹시나 군의 명령에 따르는 기존의 군사정보기관들과 경쟁하지 않을까 우려하면서 의심의 눈초리를 보냈다. 이런 연유로 합참의장은 OSS가 군 조직의 일부가 되어야 한다고 주장하면서 독립적인 민간 정보기구의 창설을 반대했다. 이에 따라 도노반과 OSS는 합동참모본부 조직의 일부분이 되었다. 군과 비군사 정보기관 요원들 간의 긴장은 지속되었고, 협력과 불화의 정도는 때에 따라 다양하게 나타났다. 2004년에도 국방부와 의회 내 국방부 지지의원들은, 국가정보국장DNI의 권력을 국방부 내 정보기관들로까지 확대시키려는 시도를 막는데 성공했다.

진주만 기습(1941). 일본의 기습공격은 정보실패의 전형적인 사례이다. 미국은 여러 가지 징후들을 간과했다. 중요한 정보가 기관 및 부서들 사이에서 공유가 안 되었으며, 정책결정과정과 절차에 결점이 많았다. 미러 이미지로 인해 미국 정책결정자들은 동경에서 이루어진 다른 평가를 제대로 인식하지 못했다. 진주만 기습은 제2차 세계대전 이후에 설립된 정보공동체의 존재 이유가 될 만큼 중요한 사건이었다. 정보기관의 근본적인 임무는 특히 핵으로 무장된 미사일 시대에 있어서 진주만 기습과 같은 대규모의 전략적 기습을 방지하는 것이었다.

매직MAGIC과 울트라ULTRA(1941~1945). 제2차 세계대전에서 연합국에게 유리했던 점 중의 하나는 그들이 신호정보signals intelligence, 즉 추축국의 통신망을 도청하고 암호를 해독하는 능력에 있어서 우세했다는 것이다. 매직MAGIC은 일본 통신망에 대한 미국의 도청과 관련되고, 울트라ULTRA는 영국, 이후에는 영국과 미국이 협력한 독일 통신망 도청과 관련이 있다. 전시의 이러한 경험은 이러한 유형의 정보활동이 매우 중요하다는 점을 보여 주었고, 이는 아마도 전쟁 중 가장 중요한 정보활동 유형이었을 것이다. 또한 이를 통해 미-영 정보협력이 공고히 이루어질 수 있었으며, 전쟁이 종결된 이후에도 이러한 협력관계는 오랫동안 유지되었다. 더욱이, 미국에서 매직과 울트라는 OSS가 아닌 군에 의해 통제되었다. 이는 군과 OSS 간의 갈등을 예고하였다. 또한, 오늘날 미군은 국가안보국^NSA: National Security Agency을 통해 직접적인 신호정보 기능을 유지하고 있다. NSA는 국방부 소속 기관으로서 전투지원 기관으로 여겨지고 있다. 이 기관의 법적 지위로 인해 국방부는 특정 시기에 한해 정보기관에 대해 우선권을 갖는다. 하지만 국방장관뿐만 아니라 국가정보국장도 NSA에 책임을 지고 있다.

국가안보법(1947). 국가안보법^National Security Act은 정보공동체와 중앙정보국장^DCI 지위의 법적 근거를 제공했으며, DCI 지휘 하에 CIA가 설립되었다. 이 법은 냉전이 시작될 무렵 정보활동의 중요성을 새롭게 부각시켰으며, 평시에 국가안보조직의 기능을 축소시키려는 미국의 이전 정책과는 달리 정보 기능을 영구적인 것으로 만들었다. 이 법으로 인해 정보공동체의 존재와 기능은 암묵적으로 냉전 시기 합의의 일부분이 되었다.

이 법의 내용을 유의해서 검토해 볼 필요가 있다. 비록 군인이 중앙정보국장^DCI이 될 수 있지만, CIA는 군의 통제 하에 두지 않았다. 또한 CIA는 국내문제에 개입하거나 경찰력을 가질 수 없도록 규정되었다. 이 법은 간첩활동, 비밀공작, 심지어 분석활동 등 CIA가 통상적으로 수행하는 정보활동에 대해서 전혀 언급하지 않았다. 당시 트루먼^Harry S. Truman 대통령의 주요 관심사로서 이 법이 언급한 것은 다양한 정보기관에서 생산된 정보들을 조정하는 기능이었다.

마지막으로 이 법은 국방장관과 국가안보회의^NSC: National Security Council를 포함하여 57년 간 매우 안정적으로 유지된 전체적인 구조를 만들어 냈다. 그동안 역할과 기능 면에서 미세한 변화는 지속적으로 있어 왔지만, 2004년 정보법과 국가정보국장^DNI의 신설은 1947년 국가안보법이 구축한 구조를 대대적으로 수정하는 결과를 가져왔다.

한국(1950). 북한의 기습 남침에 의하여 발발된 한국전쟁은 미국 정보체계에 두 가지 중요한 영향을 미쳤다. 첫째, 북한의 남침을 예상하지 못한 것 때문에 스미스^Walter Bedell Smith: 1950~1953 CIA 국장은 예측정보를 더욱 강조하는 등 정보활동의 급진적인 변화를 추구했다. 둘째, 한국전쟁은 냉전을 범세계적 규모로 확대시켰다. 이전까지는 유럽지역에 국한하여 패권경쟁을 하였으나, 냉전은 이제 아시아 지역으로 그리고 암묵적으로 전 세계로 확산되었다. 이로 인해 정보활동의 범위와 책임은 더욱 확대되었다.

이란에서의 쿠데타(1953). 1953년 미국은 이란에서 모사덱Mohammad Mossadegh을 수반으로 하는 민족주의 정권을 전복시킨 일련의 민중 시위를 유도하였고, 서방국가에게 좀 더 우호적인 샤shah 정권을 복원시켰다. 이 공작이 쉽게 성공함에 따라, 특히 덜레스Allen Dulles, 1953~1961 CIA 국장의 재임 기간 동안 미국 정책결정자들은 비밀공작을 더욱 매력적인 수단으로 고려하게 되었다.

과테말라 쿠데타(1954). 1954년 미국은 소련에 우호적이라고 생각되었던 구즈만Jacobo Arbenz Guzmán 과테말라 대통령의 좌익 정권을 전복시켰다. 미국은 반군 지도부에 반정부 성향의 비밀 라디오 방송국과 공수 지원을 제공했다. 과테말라에서 성공한 쿠데타는 이란에서의 성공이 유일한 것이 아님을 입증했고, 미국 정책결정자들에게 이러한 유형의 공작활동의 매력을 더욱 드높였다.

미사일 격차 Missile Gap**(1959~1961).** 1950년대 후반 우주개발 경쟁에서 드러난 소련의 우위가 미사일이 주축인 전략무기 분야에서도 마찬가지일지 모른다는 미국 내에서의 우려가 높아지기 시작하였다. 1960년 대통령 선거의 민주당 지명 후보자들이었던 케네디John F. Kennedy 매사추세츠 상원의원과 사이밍턴Stuart Symington 미주리 상원의원이 이에 대한 주요 비판자들이었다. 아이젠하워 행정부는 정찰활동을 통해 위의 우려가 사실이 아님을 알고는 있었지만, 정보출처를 보호하기 위해 이러한 우려의 목소리에 대한 맞대응을 회피했다. 케네디 행정부 역시 취임 직후, 미국이 소련에 비해 미사일 개발에서 뒤쳐져 있다는 주장이 사실이 아님을 알았다. 반면, 맥나마라Robert McNamara 신임 국방장관은 정보기관이 국방예산을 유지하기 위해 소련의 위협을 과장했다고 믿게 되었다. 이것이 야당이 정보활동에 대해 이의를 제기하여 정치 쟁점화가 되었던 초기 사례였다.

정보의 역사 속에서 미사일 격차 문제가 묘사되고 있는 기존 방식은 정확하지 않다. 전해져 오는 이야기에 따르면, 정보공동체가 아마도 부처 이기주의의 목적으로 소련의 전략미사일 숫자를 과대평가했다는 것이다. 이는 여러 가지 측면에서 사실이 아니다. 과대평가는 정보기관이 아니라 아이젠하워 행정부에 대해 정치적인 비판을 하는 사람들이 주장했던 것이다. 실제로, 당시 비판가들은 소련의 전략미사일 숫자를 과대평가했던 반면, 정보공동체는 소련이 자신의 주요 관심 지역인 유럽에서의 사용을 위해 생산하고 있었던 중거리 미사일의 숫자를 과소평가했다. 그러나 맥나마라 국방장관은 공군의 부처 이기주의적인 성향에 대해 불신감을 갖고 있었고, 국방정보국Defense Intelligence Agency 창설을 모색했다.

위에 서술한 사례는 정치적 목적을 위해 정보가 사용된 초기 사례들 중의 하나이다. 또한 아이젠하워 대통령은, 자신은 이미 알고 있지만, 전략 미사일 균형의 진실을 대중에게 밝힐 수 있으리라고 생각하지 않았다는 점에서 이 사례는 정보의 비밀성과 관련된 문제를 강조하고 있다. 그는 어떻게 그가 이 같은 정보를 알게 되었는지 질문 받기를 원하지 않았다. 이 같은 질문은 U-2 프로그램에 대한 논의로 이어질 것이며, 이는 문제가 될 소지가 있었다. 왜냐하면 U-2 프로그램은 카메라를 탑재한 유인정찰기로서 이 정찰기는 소련 영토 깊숙이 침투했는데 이는 국제법을 위반한 것이었기 때문이다. 소련 상공을 비행한 U-2 정찰기는 1960년 5월에도 임무를 계속 수행하고 있었는데 이때 파워즈Francis Gary Powers가 조종하던 U-2 정찰기가 스벨드로브스크Sverdlovsk에서 격추당하는 사건이 발생하였다. 파워즈는 생존했으나 곧 재판에 회부되었다. 아이젠하워는 영공침해에 대한 책임을 인정하기를 두려워했다(소련은 U-2 정찰기에 대해 이미 알고 있었고, 또한 미국 군사력의 규모는 비밀로 분류되지 않았기 때문에 전략 미사일 균형의 진실 역시 알고 있었다).

피그 만 사건(1961). 아이젠하워 행정부는 CIA가 훈련시킨 쿠바 망명자들을 쿠바에 침투시켜 카스트로Fidel Castro 정권을 무너뜨리려는 계획에 착수하기 시작했다. 케네디John Kennedy 대통령이 취임할 때까지 이 계획은 실행되지 않았고, 그는 피그 만 사건이 쿠바인들이 스스로 취했던 행동이라는 가설을 지키기 위해 미국의 공공연한 개입을 제한하는 조치를 취했다. 하지만 피그 만 침공의 참담한 실패는 대규모 준군사작전의 한계, 즉 그 효과성과 더불어 자신의 개입을 감추려는 미국의 능력에 한계를 드러냈다. 케네디 행정부와 CIA에게 이 사건은 심각한 역풍을 가져다 주었다. 덜레스Allen Dulles CIA 국장을 비롯한 상층부 여러 지도자들이 자리에서 물러나게 되었고, 합참본부의 모든 멤버들 또한 사퇴를 했다.

쿠바 미사일 위기(1962). 쿠바 미사일 위기 당시 미국이 대체로 성공적으로 대응했던 것으로 알려져 있지만, 정보의 관점에서 볼 때 쿠바에 미사일을 배치하려던 소련의 계획에 대한 미국의 최초 대응은 실패했다는 평가를 받고 있다. 당시 CIA 국장이었던 맥콘John McCone, 1961~1965을 제외하고, 모든 분석가들은 소련의 흐루시초프Nikita Khrushchev 서기장이 쿠바에 미사일을 배치할 만큼 대담하거나 무모한 사람이 아닐 것이라고 주장해 왔다. 또한 분석관들은, 소련의 전술핵무기가 쿠바에는 없었으며 소련의 지부담당자들은 모스크바의 허락 없이는 핵무기를 사용할 권한이 없었다고 생각했다. 이 두 가정은 1992년까지 그 진위가 알려지지 않았으나 이 후 모두 사실이 아닌 것으로 판명이 났다. 하지만 미국 정보기관은 소련이 쿠바 미사일 기지를 완성하기 전에 발견했고, 그 때문에 케네디 대통령은 군사력을 동원하지 않으면서 충분한 시간을 갖고 차분하게 상황을 처리할 수 있었다는 점에서 미국 정보기관은 성공했다고 볼 수 있다. 또한 미국 정보기관은 케네디 대통령에게 소련의 전략무기 및 재래식 군사력에 대해 확실한 분석 자료를 제공해 줄 수 있었고, 이를 바탕으로 케네디 대통령은 쉽지 않은 결정을 내릴 수 있었다. 쿠바 미사일 위기는 서로 다른 유형의 수집방법들이 서로 협력하고, 또 다른 수집방식들에 가능성을 열어 주었다는 점에서 훌륭한 예가 되었다. 마지막으로, 쿠바 미사일 위기에 대한 정보공동체의 대응은 피그 만 사건 이후 추락한 평판을 회복하는 데에 큰 도움이 되기도 했다.

베트남 전쟁(1964~1975). 베트남 전쟁은 미국 정보체계에 세 가지 중요한 영향을 미쳤다. 첫째, 전쟁기간 좌절감에 빠진 정책결정자들이 자신의 정책을 지원하는데 이용하고자 정보를 정치화한다는 우려가 높아져만 갔다. 1968년 구정공세Tet Offensive가 그 대표적인 사례로 지적되었다. 미국 정보기관은 베트콩들이 남부 베트남에 대한 대규모 공격을 준비하고 있다는 사실을 알아냈다. 이 정보를 받고 존슨Lyndon B. Johnson 대통령은 내키지 않는 두 가지 선택을 두고 고민했다. 대통령은 이 정보를 공개할 수 있었지만, 이 경우 만일 미국이 전쟁에서 이기고 있다면 이와 같은 적의 대규모 공격이 어떻게 가능할 수 있겠는가 라는 난처한 질문에 맞닥뜨릴 수 있었다. 이에 대한 대안으로서 대통령은 베트콩의 공격을 격퇴시킬 수 있다고 확신하면서 정보를 알리지 않을 수도 있었다. 존슨 대통령은 결국 두 번째 방안을 선택했다. 베트콩은 텟Tet 지역에서 격렬한 전투 끝에 군사적으로 격퇴되었다. 그러나 베트콩의 공격과 미국이 수행한 대규모 군사작전은 성공적인 정보의 경고와 군사적 승리의 정치적 의미를 퇴색시켰다. 당시 많은 사람들은 베트콩의 공격이 기습공격이었다고 생각했었다.

둘째, 전쟁의 진전 상황과 관련하여 종종 군사정보 분석관들과 비군사정보 분석관들 간에 열띤 논쟁이 벌어졌다. 가장 날카롭게 충돌한 논쟁은 주로 얼마나 많은 적의 부대가 전투지역에 배치되었는가에 초점을 둔 전투대형order of battle에 관한 것이었다. 군 지도층은 정보분석(주로 CIA에서 나오는)이 실제 전장에서 일어나고 있는 진전 상황을 정확히 보고하고 있지 않다고 생각했다. CIA 분석에 초점을 둔 적의 전투대형에 대한 주장은 군이 생각하는 것보다 더 많은 적들이 활동하고 있다는 것이었다. 이를 역으로 해석하면, 만약 군이 보고하는 대로 미국이 전황을 개선시키고 있다면, 어떻게 베트콩이 이렇게 많은 병력들을 현재 보유하고 있을 수 있겠는가 라는 의문이 제기될 수 있었다. 셋째, 보다 오랜 기간 지속되었고 중요한 것으로서, 베트남 전쟁은 미국 정보체계를 작동시키는 원천이 되었던 냉전시대의 합의를 심각하게 저해했다.

ABM조약과 SALT I 협정(1972). 닉슨 행정부는 탄도탄 요격미사일 ABMs: atiballistic missiles과 전략핵무기 발사 시스템(무기 자체가 아니라 이들을 운반하는 미사일과 항공기)을 제한하는데 대하여 소련과 협상을 했다. 이 전략무기통제에 대한 초기 합의(ABM 조약과 전략무기제한협정SALT I : Strategic Arms Limitation Talks)를 통해 미·소 양국은 필요한 정보를 수집하기 위한 위성들 및 기타 기술적인 수집방법 등 '국가기술수단NTM: national technical means'의 활용을 인정하고 합법화했으며, 그러한 국가기술수단의 활용을 방해하는 행위를 금지시켰다. 더욱이, 이 협정들을 통해 협정이 제대로 이행되는지를 확인하는 능력인 검증verification이 새로운 이슈로 등장하게 되었다(군비통제 협상 이전에도 정보공동체는 그 창설과 함께 소련의 군사 활동에 대한 '감시monitoring'를 계속 수행하고 있었다. 검증은 감시를 기초로 한 평가와 판단으로 구성된다). 미국 정보기관은 이러한 활동에 핵심적인 역할을 수행했고, 군비통제 옹호론자들과 반대론자들은 정보가 정치화되고 있다는 비난을 하기 시작했다. 소련이 기만하고 있다고 믿는 사람들은 그러한 기만이 탐지되지 않거나 또는 간과되고 있다고 주장했다. 군비통제를 옹호하는 사람들은 소련이 기만하는 것이 아니라거나, 또는 기만하더라도 기만 정도가 매우 미미한 것이라서 협정에 거의 영향을 미치지 않을 정도라고 주장했다. 또한 이들은 통제되지 않는 전략무기 경쟁을 지속하는 것보다는 어느 정도의 기만을 용인하는 것이 차라리 더 낫다고 주장했다. 어떠한 경우라도 정보공동체는 이러한 논쟁에 핵심적인 부분이 되어 있었다.

정보 조사활동(1975~1976). 1974년 CIA가 미국 시민을 몰래 감시하는 행위를 저지름으로써 자체 규약을 위반했다는 것이 폭로되면서 정보공동체 전반에 대해 일련의 조사가 이루어졌다. 록펠러Nelson A. Rockefeller 부통령을 의장으로 하여 구성된 위원회는 위법행위가 있었다는 결론을 내렸다. 하원 및 상원 특별위원회의 조사가 더욱 철저히 진행되면서 보다 광범위한 직권남용 행위가 있었음이 밝혀졌다.

워터게이트 사건(정치적 방해 행위와 범죄 은폐와 관련되고 닉슨대통령의 사임을 야기)과 베트남 전쟁 패전 직후 정보 청문회가 지속되면서, 정부기관들

특히 신성불가침 영역으로 여겨졌던 정보공동체에 대한 국민들의 불신이 증폭되었다. 이러한 조사 활동 이후 정보기관은 과거에 누렸던 위상을 결코 회복하지 못했으며, 보다 공개적으로 그리고 보다 많은 감독 하에 활동하는 법을 배워야 했다. 또한 의회는 정보기관에 대한 감시활동이 느슨해졌던 사실을 깨닫게 되었다. 따라서 상·하원에 항구적인 조직으로 정보감시위원회를 설치하여, 보다 엄격하게 정보활동을 감시하는 조치를 취했으며, 오늘날에는 정보감시위원회가 정보생산물의 주요 소비자가 되었다.

이란 사태(1979). 1979년 이란에서 혁명이 발발하여 샤 정권이 물러나고, 호메이니Ayatollah Ruhollah Khomeini가 정권을 장악하였다. 미국 정보공동체는 이러한 사건이 발생할 것을 거의 예상하지 못했는데, 이는 부분적으로 그 동안 여러 행정부에서 정보수집활동을 제한하는 정책을 추진하였기 때문이었다. 미 행정부들은 샤 정권이 정치적 어려움에 처하지 않도록 하기 위해, 이란 내 반대 그룹들과의 접촉을 제한해 왔다. 이러한 정보수집에 대한 제한과 더불어 일부 정보분석관들은 대중 시위가 시작될 경우 샤 정권에게 미칠 위험성의 정도를 파악하는데 실패했다. 정보공동체에 가해진 제한들에도 불구하고 정보공동체는 이 사태에 대해서 많은 비난을 받았다. 일부 사람들은 샤 정권의 몰락이 그가 불법적으로 권좌를 회복했던 1953년 쿠데타에서부터 이미 예정된 불가피한 결과라고 인식하기도 했다.

　샤 정권의 몰락으로 미국은 소련의 핵실험을 감시해 오던 북부 이란에 있는 두 개의 정보수집 장소를 폐쇄하여야 했다. 이로써 SALT Ⅰ 합의와 당시 협상중이던 SALT Ⅱ 합의를 감시할 기능에 장애를 받게 되었다.

이란-콘트라 사건(1986~1987). 레이건Ronald Reagan 행정부는, 의회의 반대에도 불구하고, 소련에 우호적인 니카라과의 산디니스타 정부에 맞서 싸우는 콘트라 반군을 지원하기 위해서, 이란에 미사일을 수출해서 번 돈을 사용하려 했다(이러한 행위는 테러집단과 거래하지 않는다는 행정부의 기본 정책에도 모순되는 것이며, 법에도 위반되는 행위였다). 이란-콘트라 사건은 헌정 위기를 초래할 정도로 심각했으며, 의회의 조사활동이 진행되었다. 이 사건으로 인해 다음과 같은 많은 문제점들이 노출되었다. 행정부와 의회의 감시활동의 한계, 의회의 의도를 무시한 행정부 관료들의 오만, 그리고 명백히 구분되는 두 개의 비밀공작이 잘못 얽혀짐으로써 초래될 수 있는 재앙 등이다. 이 사건으로 인해 정보활동 기능을 재건하고 복원하려던 레이건 대통령의 노력은 수포로 돌아갔다.

소련의 붕괴(1989~1991). 1989년 소련 위성국들의 붕괴를 시작으로 1991년에는 소련의 해체로 절정에 이르면서, 미국은 1946~1947년 소련의 위협에 대처하기 위한 방편으로 케넌George Kennan이 처음 주장한 이후 장기간 수행된 봉쇄정책의 승리를 맛보았다. 공산권의 붕괴는 충격적일 정도로 급진적으로 진행되었기 때문에 이를 사전에 예상한 사람은 거의 없었다.

정보공동체에 대한 비판자들은 소련이 정보공동체의 핵심적인 활동목표였다는 점을 감안할 때, 붕괴를 예측하지 못한 것은 정보 실패의 궁극적인 사례라고 지적한다. 일부 인사들은 이러한 실패를 교훈삼아 정보공동체를 대폭 감축하고 변화시켜야 한다고 주장했다. 정보공동체를 옹호하는 사람들은 그 동안 정보공동체가 소련을 붕괴로 이끈 내부 부패의 실태를 인지하고 있었다고 주장했다.

이러한 논쟁은 아직 끝나지 않았다. 미국 정보기관의 역량에 대해서 뿐만 아니라 전반적인 정보활동, 정보활동으로부터 무엇을 기대할 수 있는 것인가 등에 대한 중요한 질문은 여전히 남아 있다(이에 대해서는 제11장에서 구체적으로 살펴보기로 한다).

에임즈 스파이 사건(1994)과 한센 스파이 사건(2001). CIA 요원인 에임즈Aldrich Ames가 10년 가까이 소련과 러시아를 위하여 이중간첩활동을 한 이유로 체포되어 유죄판결이 나면서 미국 정보기관은 크게 동요되었다. 사실 이중간첩 사건은 예전에도 있었다. '스파이 시대 year of the spy, 1985'라는 책에서 보면, 워커 가족Walker family(해군 통신 정보를 소련에 넘김), 펠톤Ron Pelton(소련에 NSA 프로그램 일부를 알려줌), 친Larry Wu-tai Chin(중국에 의해 배치된 첩보원) 등 여러 이중간첩 사건들이 등장한다.

에임즈의 예상치 못했던 반역행위는 여러 가지 관점에서 정보공동체를 곤경에 빠지게 하였다. 무엇보다도 냉전의 종식에도 불구하고 미국에 대한 러시아의 간첩활동이 지속되고 있음이 드러난 것이다. 또한 에임즈의 경력은 방첩을 수행하고 이러한 사안들을 다루는 CIA의 인력 관리에 있어서 문제점을 보여주었고, CIA와 FBI 사이의 협조체제에도 결점을 드러냈다(에임즈는 알콜 중독자로 잘 알려진 중요치 않은 요원이었다). 또한, 이 간첩 사건은 행정부가 정보 관련 사안들에 대해 의회와 정보를 공유하는 방식에 있어서 결함이 있다는 점을 보여주었다.

2001년 FBI 요원 한센Robert Hanssen의 간첩활동으로 인한 체포는 에임즈 사건에서 논의되었던 일부 문제들을 다시 이슈화시켰으며 더불어 새로운 문제점들을 부각시켰다. 한센과 에임즈는 명백히 거의 같은 시기에 간첩활동을 시작했지만 한센의 경우 더 오래 발각되지 않고 있었다. 애초에 많은 사람들은 방첩에 대한 한센의 전문지식 때문에 그가 발각되지 않았다고 생각했지만, 연이은 조사를 통해 상당히 느슨했던 FBI가 바로 한센의 간첩활동을 허용한 장본인임이 드러났다. 에임즈처럼 한센 역시 소련과 러시아를 위해 간첩활동을 했다. 한센의 간첩활동이 발각됨으로써 에임즈가 체포되고 난 직후에 행해진 피해 평가damage assessment가 수정되어야 했다. 왜냐하면 에임즈가 체포되었더라도 동일 정보에 대해 한센이 접근할 수 있었고 그는 에임즈 체포 이후에도 계속해서 활동을 하고 있었기 때문이다. 마지막으로 한센 사건은 CIA에게 에임즈 사건이 그랬듯이 FBI에게 심각한 불명예를 가져다주었다.

두 사건에서 드러났던 내부 문제들에 더하여, 두 사건은 냉전이 종식된 이후에도 강대국들 간에는 간첩활동이 계속되고 있음을 보여주었다. 일부 사람들은 러시아든 미국이든 이 같은 활동을 비열한 것이라 주장했던 반면, 다른 이들은 이를 그다지 놀랄 것도 아닌 국가 간 문제에 있어 흔히 일어날 수 있는 일로 치부하기도 했다.

테러 공격(2001). 2001년 미국에서의 테러공격은 여러 가지 이유로 매우 중요하다. 첫째, 비록 알카에다al Queda 지도자 빈 라덴Osama bin Laden의 미국 증오와 그의 역량이 알려져 있었더라도 이 같은 공격은 전혀 예상되지 않았다. 비록 일부 비판자들은 CIA 국장 테넷George tenet의 사임을 요구했지만 부시George W. Bush 대통령은 그를 옹호하고 나섰다. 그러는 동안 의회는 정보공동체의 업무수행에 대해 광범위한 조사에 착수했다. 둘째, 테러공격이 있은 직후, 암살 금지를 철회하고 인간정보의 활용을 높여야 한다는 주장을 포함해서, 정보기관의 테러와의 전쟁에 대한 광범위한 정치적 지지가 뒤따랐다. 테러공격에 대한 첫 번째 주요 법률적 대응은 2001년의 미합중국 애국자법 U.S.A. PATRIOT Act of 2001이었는데, 이 법은 일부 국내 정보와 법집행에 더 많은 자유를 허용했고, 이 양자 간의 협조를 개선시키기 위한 조치를 취했다. 2004년 두 번째 조사 이후(이 조사는 정보기관이 주장했던 이라크 내에 존재한다던 대량살상무기를 찾는 데 실패한 것에 의해 촉진되었다), 정보공동체의 명령 구조를 개선하는 법안이 통과되었다(구체적 내용은 제3장 참조). 마지막으로 테러리즘에 대항하는 전투 작전의 첫 단계에서, 특히 UAV(무인항공기)의 사용이나 미 전투 병력에 대한 좀 더 실시간에 가까운 정보지원과 같이, 급진적으로 새로운 변화들이 정보수집에서 나타났다(자세한 내용은 제5장 참조). 또한 테러와의 전쟁은 테러 용의자들을 해외에서 체포하고 구금과 심문을 위해 제3국으로 이송할 수 있도록 CIA의 권한을 확대시켰다. 일부에서 용의자들을 이송시킬 수 있는 근거와 이들이 제3국에서 받게 되는 처우 등에 대해 이의를 제기하면서, 이러한 활동은 논란의 대상이 되었다.

2001년의 테러공격이 있기 전까지 정보기관의 업무수행에 대해 두 개의 집중적인 보고서가 2004년에 나왔다. 비록 두 보고서 모두 정보공동체의 많은 결점들을 짚어내기는 했지만, 그 어느 보고서도 알카에다의 계획을 정확히 이해하도록 하는 내용의 정보가 있었다고 지적하는데 실패했다. 알카에다가 미국에 대하여 가지는 적의의 정도와 특성을 나타내 주는 전략정보와 달리 알카에다의 계획을 사전에 알아차릴 수 있는 전술정보는 존재하지 않았던 것이다.

이라크 해방 작전(2003~). 국제사회의 대부분이 그랬던 것처럼 부시 행정부는 이라크 지도자 후세인Saddam Hussein이 1991년 걸프전 이후 대량살상무기WMD를 포기하고 국제사회의 사찰에 순순히 따르기로 체결한 협정에도 불구하고, 이들을 숨겼다고 확신했다(2002년 가을 UN에서의 토론은 후세인이 이러한 무기들을 보유했다면 이를 최종적으로 확인하기 위한 최선의 방법과 이들을 어떻게 제거할 것인가에 대한 것이었다). 그러나 군사충돌이 시작되고 2년이 지나도 WMD는 발견되지 않았다. 그 결과 두 개의 주요 의문점이 제기되었다. 하나는 정보기관이 어떻게 이 같은 잘못을 저지를 수 있었는가 하는 것이었고, 다른 하나는 정책결정자들에 의해 이러한 정보가 어떻게 이용되었는가 하는 것이었다. 2001년 테러 공격에 대한 두 번의 조사로부터 나온 결론과 결합되면서, 이라크에 대한 정보실패는 정보공동체를 다시 재조직해야한다는 거부할 수 없는 요구를 낳았다. 상원 정보위원회는 이라크 정보실패의 이유로 정보공동체가 스스로 이전에 보유하고 있던 전제들을 검토하지 않고 그대로 받아들인 것과 더불어 주요한 원인으로서 집단사고 groupthink를 지적했다. 그러나 위원회는 이라크에 대한 정보가 특정 정책 결과를 지원하기 위해 생산되었다는, 즉 정치화되었다는 점에 대해서는 증거를 찾지 못했다. 부시 대통령이 창설한 WMD 위원회(이전에는 '대량살상무기 관련 미국의 정보활동 능력 위원회Commission on the Intelligence Capabilities of the United States Regarding Weapons of Mass Destruction'였다) 역시 정보의 정치화에 대해 같은 결론을 내렸지만, 이라크 대량살상무기와 기타 사안들에 대한 정보공동체의 정보수집과 분석 방식에 대해서는 비판적인 태도를 보였다.

2001년 테러공격이 그랬던 것처럼, 이라크에서의 상황은 미국 정보활동에 대한 심각한 의문을 던지게 한다. 이라크에 대한 분석의 실패는 앞으로 수년간 미국 정보활동에 큰 부담이 될 가능성이 크다.

정보조직 재조정(2004~2005). 2004년 정보공동체 재조직 법안을 통과시키는데 세 가지 자극들이 기여했다. 첫째는 2001년 테러 공격에 대한 대응이었으며, 둘째, 좀 더 구체적으로는 9·11 위원회의 2004년 보고서였으며, 마지막으로 정보공동체의 평가와 달리 이라크 내 WMD를 찾는데 실패한 것이었다. 의회는 DCI를 DNI(director of national intelligence)로 교체했고, DNI에게 정보활동을 감독, 조정하는 업무를 맡겼으며, DNI는 어느 정보기관과도 특정 관련이 없도록 하였다. 이는 1947년 법 이래로 미국에게는 최초의 획기적인 정보기관 재조정 작업이었다(제3장 참조). 2005년 3월 '대량살상무기 관련 미국의 정보활동 능력 위원회'는 정보공동체의 구조와 수집 및 분석에 대한 관리에 있어서 더 많은 변화를 권고하는 보고서를 발간했다.

주요 용어

감시 monitoring 국가기술수단 national technical means
검증 verification 이송 render
경쟁적 분석 competitive analysis 집단사고 groupthink

더 읽을거리

미국정보에 대한 주요 역사는 CIA를 중심으로 기술되었고, 여기의 추천문헌들도 예외가 아니다. 여기 소개하는 문헌들은 이 장에서 검토된 주제와 사건들에 대하여 최고의 지식을 제공한다.

Ambrose, Stephen E., with Richard H. Immerman. *Ike's Spies: Eisenhower and the Espionage Establishment.* Garden City, N.Y.: Doubleday, 1981.
Brugioni, Dino A. *Eyeball to Eyeball: The Inside Story of the Cuban Missile Crisis.* Ed. Robert F. McCort. New York: Random House, 1990.
Colby, William E., and Peter Forbath. *Honorable Men: My Life in the CIA.* New York: Simon and Schuster, 1978.
Draper, Theodore. *A Very Thin Line: The Iran-Contra Affair.* New York: Hill and Wang, 1991.
Gates, Robert M. *From the Shadows.* New York: Simon and Schuster, 1996.

Helms, Richard M. *A Look over My Shoulder: A Life in the Central Intelligence Agency.* New York: Random House, 2003.

Hersh, Seymour. "Huge CIA Operations Reported in U.S. against Anti-War Forces, Other Dissidents in Nixon Years." *New York Times,* December 22, 1974, 1.

Houston, Lawrence R. "The CIA's Legislative Base." *International Journal of Intelligence and Counterintelligence* 5 (winter 1991~1992): 411~415.

Jeffreys-Jones, Rhodri. *The CIA and American Democracy.* New Haven: Yale University Press, 1989.

Lowenthal, Mark M. U.S. *Intelligence: Evolution and Anatomy.* 2d ed. Westport, Conn.: Praeger, 1992.

Montague, Ludwell Lee. *General Walter Bedell Smith as Director of Central Intelligence: October 1950-February 1953.* University Park: Pennsylvania State University Press, 1992.

Moynihan, Daniel Patrick. *Secrecy: The American Experience.* New Haven: Yale University Press, 1998.

Persico, Joseph. *Casey: From the OSS to the CIA.* New York: Viking, 1990.

Powers, Thomas. *The Man Who Kept the Secrets: Richard Helms and the CIA.* New York: Knopf, 1979.

Prados, John. *Lost Crusader: The Secret Wars of CIA Director William Colby.* New York: Oxford University Press, 2003.

Ranelagh, John. *The Rise and Decline of the CIA.* New York: Touchstone, 1987.

Troy, Thomas F. *Donovan and the CIA: A History of the Establishment of the Central Intelligence Agency.* Frederick, Md.: University Publications of America, 1981.

U.S. Senate. Select Committee to Study Governmental Operations with Respect to Intelligence Activities [Church Committee]. Final Report. Book IV: *Supplementary Detailed Staff Reports on Foreign and Military Intelligence.* 94th Cong., 2d sess., 1976. (Also known as the Karalekas report, after its author, Anne Karalekas.)

Wohlstetter, Roberta. *Pearl Harbor: Warning and Decision.* Stanford: Stanford University Press, 1962.

Wyden, Peter. *Bay of Pigs: The Untold Story.* New York: Simon and Schuster, 1979.

3

미국 정보공동체

비록 오랜 기간에 걸쳐 다양한 기관들이 추가적으로 창설되어 정보공동체에 편입되었지만, 1947년 국가안보법의 제정 이래 정보공동체의 기본적인 구조는 매우 안정적이었다. 이러한 안정적인 구조는 2001년 9·11 테러사건 이후 변화하였다. 9·11 위원회로 더욱 잘 알려진 미 테러공격위원회National Commission on Terrorist Attacks Upon the United States는 2004년 보고서를 통해 정보공동체를 재조직할 것을 권고한 바 있다. 9·11 위원회와 이 위원회의 위원들, 그리고 9·11 테러 사건의 유가족 일부 등의 적극적인 홍보활동에 힘입어 9·11 위원회의 많은 권고안들이 의회의원들과 부시 행정부 사이의 상대적으로 간략한 토론과 열띤 교섭을 통해 법으로 제정이 되었다.

2004년 국가정보보안개혁법을 통한 변화는 바로 국가정보국장DNI이란 지위를 만든 것이다. 국가정보국장은, 고위정보관료이자 정보공동체의 수장이면서, 대통령, 국가안보회의NSC, 국토안보회의HSC: Homeland Security Council에 자문 역할을 해왔던 중앙정보국장DCI의 역할을 대체했다. '국가정보'라는 용어는, 기존의 '국가해외정보'의 개념과 달리, 국토안보의 일부분인 국내 사안들을 포함하는 것으로 정의되었다. 따라서 국가정보국장DNI은 국내정보를 다룬다는 점에서 중앙정보국장DCI보다 더 넓은 범위에 책임을 지고 있는 것이다. 2004년 정보관련 법을 만들게 된 주된 동기는 많은 기관들이 정보를 제대로 공유하지 않는다는 비판이 있었기 때문이었다. 따라서 DNI는 모든 정보에 접근할 수가 있으며, 정보공동체 내에서 필요한 정보가 필요한 곳으로 배포되고 있다는 점을 확실히 책임지는 역할을 맡게 되었다. 또한 DNI는 정보출처와 수단을 보호할 법적 책임을 지게 되었다.

DCI와 달리 DNI는 특정 정보기관과 연결되지 않으면서 모든 정보기관들을 감독한다. DNI는 이 업무를 수행하기 위해 많은 수의 참모들을 보유한다. DNI가 생김으로써 중앙정보국CIA의 수장은 CIA 국장director of CIA 혹은 DCIA로 불리게 되었다. DNI는 자신의 참모들을 별도로 보유하고, 새로 창설된 국가대테러센터NCTC: National Counterterrorism Center, 국가확산대책센터NCPC: National Counterproliferation Center, 국가정보회의NIC:National Intelligence Council, 국가방첩집행관NCIX: National Counterintelligence Executive (제7장 참조)을 통제한다.

요약하면, 정보공동체는 새로운 기관들을 보유하고 이들과의 관계를 재정립하면서 새로운 시대를 맞이하게 되었다. 이들이 얼마나 원활히 업무를 수행하고 과연 바람직한 결과들을 만들어 낼지는 짧은 시간 안에 판명될 수 없을 것이다. 2005년 2월에 부시 대통령은 네그로폰테John Negroponte 전 이라크 대사를 초대 DNI로 임명했고, 국가안보국NSA의 국장인 헤이든Michael Hayden 장군을 부국장으로 임명했다.

정보공동체는 일반적으로 위계적이고, 관료적이며 수직적인 권위관계를 강조하는 것으로 알려져 있다. 도표 3-1은 이러한 위계적인 관점을 보여주기도 하지만, 정보예산부문, 즉 국가정보프로그램NIP: National Intelligence Program (이전에는 국가해외정보프로그램NFIP: National Foreign Intelligence Program이었으나 국토안보와 국내정보를 포함하면서 개명되었다), 합동군사정보프로그램JMIP: Joint Military Intelligence Program, 전술정보활동TIARA: Tactical Intelligence and Related Activities에 의하여 기관을 분류하고 있다.

국가안보회의NSC는 DNI에 대해 권한을 가지고 있고, DNI는 CIA를 감독한다. 국무부의 정보조사국INR 혹은 국방부의 국방정보국DIA과 달리 CIA는 내각 차원의 후견부처를 가지고 있지 않다. DNI가 CIA의 업무에 대한 통제권을 가지고 있지는 않지만 CIA는 DNI에게 보고를 한다. CIA의 주요 사용자는 이전과 마찬가지로 대통령과 국가안보회의이다. 이러한 관계는 장점과 동시에 단점도 가진다. 어떤 면에서 이는 CIA가 최종적인 정책 결정자에게 접근할 수 있게 하지만, CIA 국장^{DCIA}의 기존 역할들을 DNI가 맡게 되면서 DCIA는 더 이상 이전과 같은 것을 기대할 수 없게 되었다. DNI와 새로운 DCIA는 대통령에 접근하기 위해 서로 경쟁상대가 될 수도 있다. 전체적으로 CIA는 다른 정보기관들과 비교해서 자신의 지위가 약해졌다고 느낄 수도 있을 것이다. CIA를 제외하고 다른 정보기관들은 내각 차원의 지원을 받고 있었기 때문에 정보공동체 내에 불균형이 존재하고 있었다. 그러나 DCI는 정보공동체 전체에 대한 권한을 지니고 있었다. 이러한 권한이 DNI 신설로 사라지면서, CIA는 타 정보기관들이 자신에게 갖고 있었던 부러움이 다소 줄어들었음을 깨달을 수도 있다. 이

도표3-1 정보공동체: 조직 체계

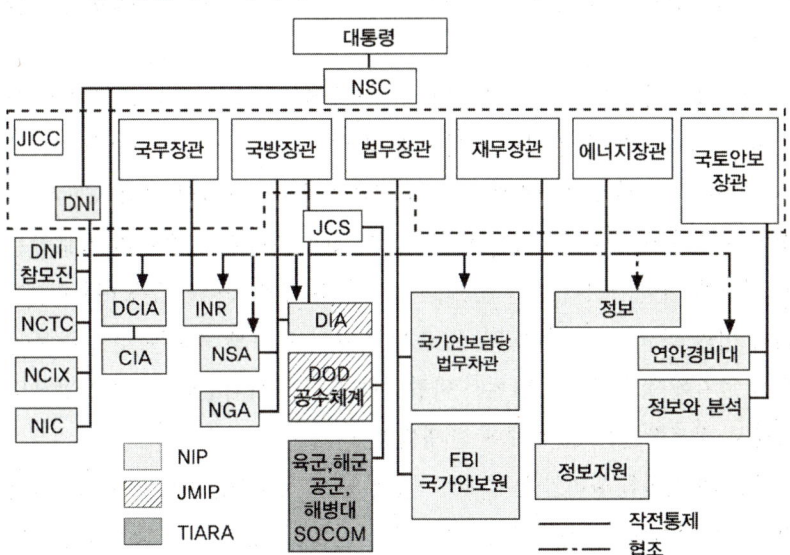

출처: CIA = 중앙정보국 / DCIA = 중앙정보국장 / DIA = 국방정보국 / DNI = 국가정보국장 / DOD = 국방부 / FBI = 연방수사국 / INR = 정보조사국 / JCS = 합동참모본부 / JICC = 합동정보공동체위원회 / JMIP = 합동군사정보프로그램 / NCIX = 국가방첩처 / NCTC = 국가대테러센터 / NIC = 국가정보센터 / NIP = 국가정보프로그램 / NGA = 국가지형공간정보국 / NSA = 국가안보국 / NSC = 국가안보회의 / SOCOM = 특수작전사령부 / TIARA = 전술정보활동

러한 징후는 뚜렷하게 나타나고 있다. 2004년 새로운 법의 통과를 전후로 다른 정보기관들이 자신들의 업무 영역을 확장하고자 했다. 이는 대개 CIA 업무 영역의 침범을 의미했다. 가장 눈에 띄는 이러한 기관들로 FBI와 국방부가 거론되고 있다.

국방장관은 나날이 DNI 보다 정보공동체의 더 많은 부분들을 감독하고 있다. 국방부의 소속 기관들인 국가안보국NSA, 국방정보국DIA, 국가지형공간정보국NGA: National Geospatial-Intelligence Agency(이전에는 국가영상지도국NIMA: National Imagery and Mapping Agency이었다), 공군정찰프로그램airborne reconnaissance programs, 그리고 기타 정보부대들은 CIA 혹은 DNI의 통솔 하에 있는 인원수 보다 훨씬 많은 수의 직원을 보유하며 예산도 훨씬 많다. 하지만 국방장관은 정보에 대해 DNI와 동일 수준의 이해를 갖고 있지는 않다. 사실상 국방부 내에서 정보에 대한 책임의 많은 부분은 2002년에 생긴 정보담당 국방차관USDI: undersecretary of defense for intelligence에게 위임되었다.

정보예산의 통제는 새로 조직된 정보체계에서 가장 논란이 되고 있는 사안 중의 하나이다. 급진적인 변화에 부정적인 사람들은 중앙정보국장DCI에게 국가정보프로그램NIP에 대한 예산 집행권한(즉, 예산의 실제 사용을 결정하는 권한)을 주는 것으로 DCI의 권한 강화 문제 뿐만 아니라 정보공동체 전반에 대한 DCI의 권한 문제를 해결할 수 있을 것이라 주장해왔다. 그러나 이와 같은 최소 접근방식은 충분치 못한 변화를 꾀하는 것으로 보일 수 있었기에 정치적인 측면에서 바람직한 방안은 아니었다. 또한 국방부와 국방부 지지자들은 이 견해에 반대했다.

DNI의 신설을 둘러싼 논쟁에서 국방부와 그 지지자들은 국방부가 국가안보국NSA, 국가지형공간정보국NGA, 국가정찰국NRO 등 일부 정보기관들의 예산에 대한 통제권을 유지할 필요가 있다고 주장했다. 이러한 주장은 군사 지휘 계통과 특정 정찰기관의 관할에 대한 무의미한 논쟁으로 이어졌다. 체면치레적인 타협을 통해 새로운 법안은 대통령으로 하여금 새로운 규제를 만들도록 했다. 이 새로운 규제는 현행 군사 지휘 계통을 유지하고 지휘 계통에서 정보의 지위를 '존중하고 없애지 않기로' 했다. 실제로 주된 관심사는 군 지휘관들이 필요시에 정보지원을 요청할 수 있는 능력에 관한 것이었다. 군의 고위급 지휘관들이 국가정보자산을 자신들의 소유로 취급하는 경향이 커지면서 이는 더욱 더 논란이 되고 있다.

정보기관들의 제안을 바탕으로 DNI는 국가정보프로그램NIP을 '개발하고 결정한다.' DNI는 정보기관들에 예산지침을 제공할 수 있다. DNI는 150만 달러 또는 특정 기관 NIP 자금의 5% 이하 내에서 자금을 이전 또는 재조정할 수 있다. 우선순위 혹은 긴급필요에 따라 자금이전을 위한 특정 기준들이 만들어진 것이지만 조달을 목적으로 하는 활동에는 자금이 이전될 수 없다.

도표 3-1은 정보기관들의 관계에 있어서 핵심이라 할 수 있는 기관들의 다양한 기능을 설명하지 못한다는 점에서 다소 불충분하다. 정보공동체가 무슨 업무를 어떠한 방식으로 수행하는지를 더 쉽게 이해하기 위해서는 여러 가지 방법으로 미국 정보공동체를 살펴 볼 필요가 있다.

정보공동체 기능의 분류 방법

정보공동체의 구조를 심층적으로 분석하기 전에 정보공동체의 기본적 기능을 살펴보는 것이 유용할 것이다.

실질적으로 정보공동체는 운영과 집행이라는 두 가지의 광범위한 기능적 영역을 가지고 있다. 이 두 영역 각각에는 다양한 특정 임무가 주어져 있다. 운영은 정보요구, 자원, 수집, 생산을 다루며, 집행은 수집체계의 개발, 정보의 수집과 생산, 정보활동 지원을 위한 인프라시설의 유지를 포함한다. 도표 3-2에서 운영과 집행은 수평적으로 분류되지만, 평가evaluation라는 기능은 양 쪽에 걸쳐있다. 평가는 정보공동체의 가장 강력한 기능 중 하나는 아니다. 정보수단(예산, 인력과 같은 자원)을 통해 정보목표(분석, 공작과 같은 결과)를 성취해내는 것은 어려운 작업이며 재미있게 수행될 수 있는 것도 아니다. 그러나 이는 매우 중요한 업무이고, 좀 더 체계적이고 포괄적으로 이 업무가 수행된다면, 정보운영자들은 이를 통해 큰 도움을 얻을 수 있다. 비록 모든 기관들이 자신들의 업무수행을 평가하려 하지만, 정보공동체 내에서 가장 광범위한 평가는 CIA의 분석과 생산담당 부국장에 의해 수행되어 왔다. 하지만 2004년 새로운 법으로 이 임무는 국가정보국장DNI 사무실의 소관이 되었다.

도표 3-2에 의해 제시된 흐름도는 상당히 이상적인 측면이 있지만, 운영과 집행의 주요영역이 서로 어떤 관련을 맺고 있는지를 보여준다. 이와 같은 흐름은 끝없는 고리 속에서 순환한다. 만약 누군가가 특정 지점에서 시작하기를 제안한다면, 그 지점이 바로 정보요구가 시작되는 지점이 될 것이다. 만약 정보에 대한 요구가 없다면, 그 이후에 아무 것도 진행되지 않을 것이기 때문에 요구가 있음으로써 모든 것들이 추진된다. 도표 3-2를 보면, 수집 - 체계개발과 수집 자체 - 의 다양한 측면이 분석 영역보다 더

도표 3-2 정보공동체 기능의 분류 방법: 기능적 흐름도

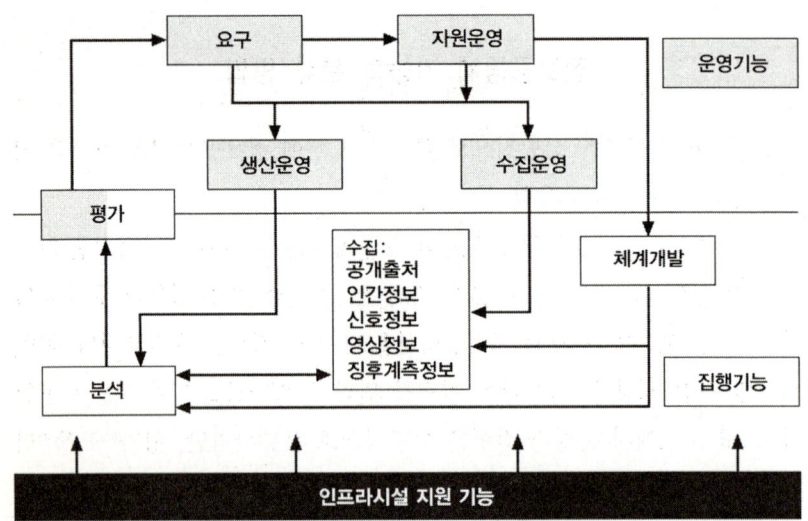

출처: U.S. House Permanent Select Committee on Intelligence, *IC21: The Intelligence Community in the 21st Century*, 104th Cong., 2d sess., 1996.
주: HUMINT = 인간정보 / GEOINT = 지형공간정보 / MASINT = 징후계측정보 / SIGINT = 신호정보

많은 부분을 차지하고 있다. 바람직하든 아니든 간에, 이것은 정보공동체의 현실을 반영한다.

다양한 정보기구들

미국 정보공동체 내에는 다양한 정보기구들이 존재한다(분석상자 "정보의 간결성" 참조). 도표 3-3은 각 기구나 하부기구가 위계질서를 유지하면서 어떻게 기능하는가를 보여줌으로써 정보공동체에 대한 보다 나은 이해를 제공한다. 수직선들은 최상층 조직에서부터 하위기구로의 흐름을 보여준다.

위계질서의 정점에는 중요한 정보운영자, 주요 이용자, 혹은 이 둘 모두를 포함하는 개인들이 있다. 대통령은 주요 이용자이지만 정보운영자는 아니다. 국방, 국무, 상무, 에너지, 법무장관들은 모두 이용자이고, 그 중 두 명 즉 국무장관과 국방장관은 중요한 정보자산들을 통제한다. 국무부는 정보조사국[INR]을 보유하고, 국방부는 많은 국방정보조직들을 가지고 있는데 이들은 광범위한 요구에 대응을 한다. 국방부 조직은 국가차원의 정보 과정과 생산에 참여하고, 임박한 공격에 대한 징후와 경고를 제공한다(제6장 참조).그리고 모든 차원에서, 즉 선억(넓은 시억의 시휘)에서부터 선술(삭선이나 선부에 참여하는 소규모) 차원에까지 군 작전을 위한 정보를 지원 한다. 2002년에

· 정보의 간결성 ·

Bull Durham이라는 야구를 소재로 한 영화를 보면, 감독이 그의 선수들에게 앞으로 치르게 될 야구 경기의 간결성을 설명하는 대목이 나온다. 감독은 다음과 같이 설명한다. "공을 던지고, 공을 치고, 공을 잡아내면 되는 거야."
정보 또한 이와 비슷하게 간결성을 가지고 있다. 즉, 당신은 질문을 던지고, 첩보를 수집한 뒤, 그 질문에 답을 구하는 것이다.
그러나 야구에서든 정보에서든, 이를 자세히 들여다 볼 경우 수많은 어려움들이 곳곳에 존재한다.

도표 3-3 다양한 정보공동체들: 기능적 분류

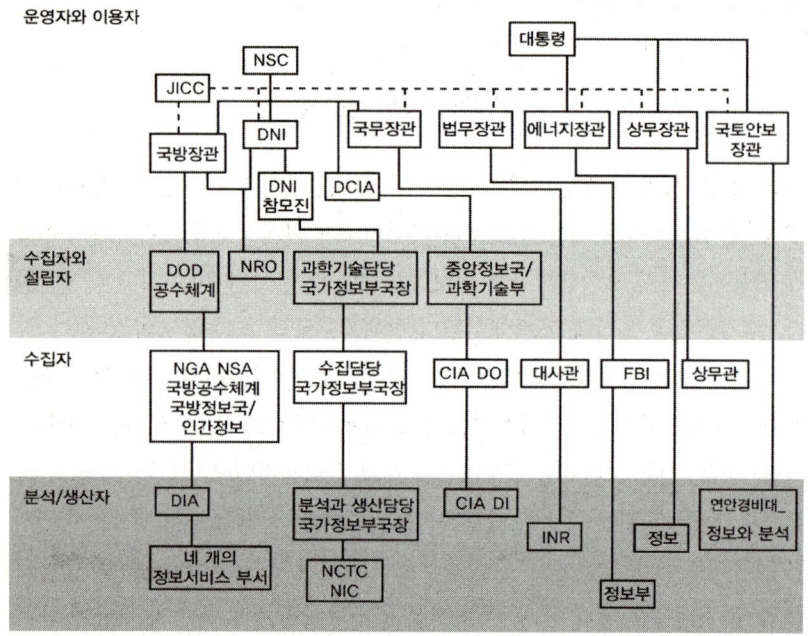

출처: CIA = 중앙정보국 / DCIA = 중앙정보국장 / DIA = 국방정보국 / DIA-Humint = 국방부 인간정보 서비스 / DI = 정보분석 / DIA = 국방정보국 / DNI = 국가정보국장 / DO = 공작국 / DOD = 국방부 / DS&T = 과학기술부 / FBI = 연방수사국 / Humint = 인간정보 / INR = 정보조사국 / JICC = 합동정보공동체위원회 / NCTC = 국가대테러센터 / NGA = 국가지형공간정보국 / NIC = 국가정보회의 / NRO = 국가정찰국 / NSA = 국가안보국 / NSC = 국가안보회의 / S&T = 과학기술

설립된 국토안보부DHS는, 자신의 정보조직을 보유한 연안경비대 및 정보와 분석국Office of Intelligence and Analysis과 같은 정보공동체의 일부인 여러 조직들을 보유하고 있다. 법무장관은 FBI를 통제하며 현재 법무부에는 정보 정책, 방첩, 대간첩활동을 감독하는 국가안보 법무차관이 존재한다. 일부 사람들은 이 같은 조치를 통해 영국의 MI5처럼 될 수 있다고 본다. 즉, 해외정보와 국내정보를 항상 분리해 오던 미국에게 이 둘의 경계가 모호해질 수 있는 큰 변화라는 것이다. FBI는 현재 국가안보원NSS: National Security Service을 보유하고 있는데, 이 기관은 DNI에게 보고를 하는 FBI 부국장의 통솔 하에 있으며, FBI의 정보활동, 방첩활동, 대테러활동 업무를 수행하고 있다. 에너지부는 특정분야를 다루는

소규모의 정보 부서를 가지고 있으며, 상무부는 상무관을 통제하는데 이들은 대사관에 파견되어 공개정보기능을 수행한다. DCIA는 CIA의 운영자이다.

정보공동체를 감독하는 데에 있어서, DNI는 자신의 참모진들로부터 뿐만 아니라 신설된 합동정보공동체위원회JICC: Joint Intelligence Community Council의 도움을 받는다. JICC는 의장인 DNI와 국무부, 국방부, 상무부, 에너지부, 법무부의 장관들로 구성된다. JICC는 정보요구에 대해 DNI에게 자문을 하고, 예산책정, 정보업무수행평가를 도와주며 DNI가 내리는 결정의 이행을 관찰한다.

그 다음 한 단계 밑으로는 기술적 수집체계 설립자들이 있다. 국가정찰국NRO: National Reconnaissance Office이 주요 조직으로서, 이 조직은 위성수집 체계의 설계, 설립, 그리고(공군이나 NASA를 통한)발사업무를 맡고 있다. 국방부는 또한 무인항공기UAVs를 포함한 공수정찰대를 가진다. 특히 아프가니스탄 군사임무와 테러와의 전쟁에서 드러났듯이 이와 같은 전장에서의 전술적 수집의 중요성이 공중 공격 못지않게 커지고 있다. 마지막으로 CIA의 과학·기술국DS&T은 일부 기술적 수집 프로그램들을 담당한다.

많은 부서들이 정보의 수집(처리와 활용을 포함한)에 책임을 지고 있다. 국방부 내에는 다음과 같은 부서들이 있다. 국가안보국NSA은 다양한 유형의 커뮤니케이션을 가로채는 활동을 하는 등 신호정보SIGINT를 수집한다. 국가지형공간정보국NGA은 영상정보IMINT라고 알려진 사진들, 오늘날에는 지형공간정보GEOINT라 불리는 정보를 수집한다. 또한 국방부 내에는 국방공수체계Defense airborne system가 있으며, DIA의 국방인간정보서비스DHS: Defense Humint Service(DHS라 불리기도 하지만 같은 이니셜인 국토안보부와의 혼동을 피하기 위해서 앞으로는 DIA/Humint로 불릴 것이다)가 있다. DIA/Humint는 기구 명칭에서 드러나듯이 국방관련 인간정보 수집의 임무를 수행한다. CIA는 공작국DO을 통하여 첩보수집(특히 HUMINT)을 한다(제5장에서 정보의 여러 유형들이 논의될 것이다). 국무부는, 비록 다른 정보기관들이 수행하는 것과 같이 특정 요구에 맞춘 정보를 수집하지 않지만,

대사관과 외무공무원들을 통해 국무부 자신과 다른 부서들을 위한 정보를 수집한다. 상무부는 상무관들을 통해 정보를 수집한다. FBI는 국가안보과 National Security Division를 통해 방첩정보를 수집하고, 해외 미국 대사관에 배치된 법적지위를 갖는 요원들을 가진다. 국가정보국장은 수집활동을 운영하고 수집업무를 할당하는 역할을 수행한다.

모든 출처에서 나오는 정보를 생산하는 책임을 가지고 있으며 완성된 정보를 생산하는 주요 기관으로는 다음의 세 기관이 존재하는데, 그들은 CIA의 정보분석국DI, DIA의 정보분석국DI, 그리고 국무부의 정보조사국INR이다. 국방부 내에는 네 개의 정보서비스 부서들 또한 완성된 정보를 생산한다. FBI는 2004년 법에 명시된 대로, 비교적 신생부서인 정보국Intelligence Directorate을 현재 보유하고 있다. 국토안보부DHS 역시 첩보보증국Directorate for Information Assurance을 지니고 있다. 에너지부도 정보부서를 보유하고 있다. 국가정보국장DNI이 국가정보회의NIC를 관리하는데, NIC는 국가정보관들NIOs로 구성되며, NIC는 국가정보평가와 일부 다른 분석들에 책임을 지니고 있다. DNI는 국가테러방지센터National Counterterrorism Center를 맡고 있는데, 이 센터는 단순히 국내적인 문제만 제외하고 모든 테러와 테러방지 이슈들을 다룬다. 또한 DNI는 분석업무를 관리한다.

2004년의 새로운 정보법은 분석과정에 좀 더 초점을 맞추고 있다. DNI는 세 가지 특정 임무를 맡는다. 첫째, DNI는 대안적인 분석방법이 적절한 것인지 확인하는 절차를 만들어야 한다. 둘째, DNI는 특정 관리 혹은 부서에게 다양한 정보기관들이 분석 과정에서 시간 스케줄에 따랐는지, 객관성을 유지했는지, 그리고 적절한 모든 출처와 적합한 분석지식, 기술을 사용했는지 등 분석상의 통합성을 책임지도록 관리 또는 부서를 임명해야 한다. 셋째, DNI는, 분석의 객관성과 분석에 사용된 기술의 질적인 면을 감독하고 보고하는 임무를 맡는 사람을 임명해야 한다. 이와 같이 DNI의 세 가지 임무들은 외견상 9·11 테러사건에 의한 변화로 보이지만, 사실상 이것은 설명되거나 발표되지 않았지만 입법에 기초가 된 이라크 관련 정보 사안들을 반영하였다.

도표 3-3은 방첩 혹은 대간첩 기능을 기술하지 못한다. 각각의 기관들은 DNI 하의 국가방첩처^{NCIX} 이외에 자체적인 특정 내부 보안책임을 지고 있다. FBI의 국가보안부$^{National\ Security\ Division}$는 미국 내 외국인에 대한 방첩 활동을 조정한다. CIA의 공작국^{DO}은 자신의 방첩, 대간첩 부서를 지니고 있다. 그리고 국가안보국^{NSA}의 국장은 미국의 통신들이 도청당하는 것을 방지하는 임무를 맡은 중앙보안국$^{Central\ Security\ Service}$의 국장이기도 하다. 도표 3-1에 나타난 기본적인 관계와 장·단점들은 여전하지만, 도표 3-3을 보면 여러 기관들의 기능을 좀 더 쉽게 분별할 수 있다.

정보공동체의 중요한 관계

앞의 모든 도표들은 아무리 복잡하다 할지라도 정보공동체를 정확하게 묘사하고 있는 것이 아니다. 도표들은 많은 기관들이 서로 어떤 관계를 맺으면서 어디에 위치하고 있는지를 알려주지만, 그들이 어떻게 상호작용을 하고, 어떤 관계가 중요하고, 왜 그러한 지에 대해서는 설명해줄 수 없다. 게다가 인물들의 특성이 다루어질 수 없다. 정부가 법과 제도의 하나라고 생각하더라도 이러한 생각과 상관없이, 여러 기관들의 주요 식위를 재우는 사람들 간의 관계와 그들의 특성은 기관들 사이 업무 관계에 큰 영향을 미친다.

국가정보국장의 관계. 국가정보국장^{DNI}과 대통령의 관계는 정보공동체의 제도적 측면에 있어서 매우 중요하다. DNI는 정보공동체를 대표하며, 대통령은 궁극적인 정책 이용자이다. 중앙정보국장^{DCI}이었던 헬름즈$^{Richard\ Helms:\ 1966\sim 1973}$는 DCI가 대통령에게 접근할 수 있다는 관점에서 DCI의 권위를 명확하게 설명하였다. 비록 DCI보다 더 많은 경쟁 상대들이 있긴 하지만, 현재 DNI의 경우도 마찬가지이다. 만약 정보가 필요한 회의에 DNI가 참석하지 못하고 대통령에 대한 접근이 허용되지 않는다면, 여러 가지 결과들이 야기된다. DNI에게 있어서 이러한 문제는 직업적이고, 개인적인 것일지라도, 정보공동체 전체에게 이러한 문제는 정책결정 과정에서 배제되는 심각한 결과를 초래할 수 있다. 이에 따라 결국 DNI의 역할은 축소될 수밖에 없을 것이다. 과거 여러 사례들이 이 같은 가르침을 준다. DCI였던 맥콘John McCone: 1961~1965은 케네디John F. Kennedy 대통령 및 초기 존슨Lyndon B. Johnson 대통령과 좋은 관계를 유지하였으나, 존슨 대통령의 베트남전에의 개입을 확대하는 접근 방식에 동의하지 않자 존슨 대통령은 그를 배제하기 시작했다. 이에 좌절한 맥콘은 곧 사임하였다. 유사하게 울시James Woolsey: 1993~1995 DCI는 사임 이후 그가 클린턴Bill Clinton 대통령에게 거의 접근하지 못했다는 사실을 감추지 않았다.

DNI와 대통령 사이의 관계가 얼마나 가까워야 하는가? 어떤 사람들은 만약 너무 가까워진다면 DNI가 정책과정에 제공해야 할 정보의 객관성을 상실하게 될 수 있다고 걱정한다. 정책결정자들은 DNI의 전문성에 의지할 수 있어야만 한다. 그럼에도 불구하고, 만약 정보공동체가 두 개의 양 극단 사이에서 하나를 선택하도록 강요된다면, 먼 관계보다는 가까운 관계가 선호될 것이다. 테넷George J. Tenet: 1997~2004과 부시 대통령의 관계는 아마도 그 어떤 DCI와 대통령의 관계보다도 가까웠을 것이다. 동시에 이러한 관계에 대한 논쟁 역시 많았다. 2003년 이라크 전쟁 직전에 제공된 이라크 내 대량살상무기WMD의 존재에 관한 정보를 두고 일부 사람들은 이를 가까운 관계로 인해 객관성을 상실한 정보로 이해한다. 그러나 이라크 WMD에 대한 정보분석을 혹독하게 비판한 상원 정보위원회의 보고서는 당시 정보가 정치화되었다는 증거가 없다고 발표했다.

그러나 DNI가 다음의 분석 기관들(NIC, NCTC, 그리고 2005년 WMD 위원회 – 대량살상무기 관련 미국의 정보활동 능력 위원회 – 가 권고한 국가확산방지센터National Counterproliferation Center)에 대한 통제권을 갖고 있다는 사실은 DNI 혹은 그의 참모들이 15개의 상이한 정보기관들의 분석활동을 계속해서 살피는데 상당한 시간을 할애해야 할 것임을 의미한다. 또한 이러한 사실은 DNI가 상대적으로 취약한 제도적 기반을 지닐 것이라는 점을 의미한다. 정보기관들의 여러 수장들은 정책결정자들에게 중요한 활동에 대해 더 많은 통제권과 통찰력을 지니고 있을 것이기 때문에 DNI로서는 이들이 경쟁 상대가 될 것이다.

과거에 중앙정부국장DCI이 더욱 전문적이고 덜 정치적으로 업무를 수행하도록 하기 위해 FBI 국장처럼 DCI의 임기를 고정하려는 안들이 제시되었다(FBI 국장의 임기는 10년이다. 정치화는 언제나 가능했지만, 카터Jimmy Carter 대통령이 부시George Bush: 1976~1977 DCI의 사임을 요청했던 1977년 이전까지는 현실로 나타나지 않았다). 고정 임기를 옹호하는 또 다른 주장은 임기를 고정함으로써 DCI가 자신을 임명하지 않은 대통령 밑에서도 일하게 되어 업무의 객관성을 제고할 수 있다는 것이다. 반면, 고정임기에 반대하는 주요 주장들 중 하나는 여러 전직 DCI들이 강조한 것으로서, DCI와 대통령의 관계에 있는 개인적인 특성을 언급한다. 이들의 주장은 고정된 임기 동안 선거주기가 겹치게 되면 대통령은 자신과 좋은 관계가 아닌 DCI와 함께 일해야 하며, 이는 결국 DCI가 대통령에게 접근할 가능성이 줄어들 수 있다는 것이다. 또한 DCI와 FBI 국장은 서로 비교할만한 지위가 아니다. 더욱이 FBI 국장은 법무부 내 한 기관을 운영하고 있는 반면, DNI는 현재 전체 정보공동체를 책임지고 있다. 클린턴 행정부 말기, FBI 국장 프리흐Louis J. Freeh와 법무장관 르노Janet Reno, 그리고 프리흐와 클린턴 대통령 사이의 긴장 관계는 고정임기가 가져올 수 있는 문제점들을 보여준다. 결국 2004년 정보법은 DNI에게 고정임기를 정해놓지 않았고 DNI는 대통령이 원하는 대로 직위를 계속 수행할 수 있게 되었다.

DNI와 CIA의 관계는 앞으로 적어도 초기에는 매우 중요할 것이다. CIA는 정보공동체 내에서 이전에 갖고 있던 지위를 상실했다. 그러나 CIA는 모든 출처 분석, 인간정보HUMINT, 정보활동, 해외정보기관과의 협력 등 여러 중요 역할을 계속 수행하고 있다. 전직 DCI 웹스터William H. Webster: 1987~1991와 테넛은 DNI가 위의 활동들을 통솔할 수 없다면 DNI는 무용할 것이라고 주장했다. 하지만 새로운 법안에 찬성했던 사람들은 DNI를 그 어떤 기관에서도 분리시킬 것을 강하게 주장했다. 따라서 궁극적으로 정보공동체의 총책임자인 DNI가 CIA의 활동을 자세히 살펴보고자 한다면 DNI와 DCIA 간에 긴장이 고조될 수 있다. 정보기관의 활동 중 가장 중요하면서 위험도가 높은 활동인 비밀공작의 경우, 과연 DNI는 이러한 활동을 관찰하고 감독하는 데에 어느 정도의 권한을 갖고 있는 것일까? 많은 관찰자들은 대통령에게 접근하는 핵심적인 방법인 대통령 아침 브리핑을 DNI가 통솔할 수 있는지에 대해 의구심을 가진다. 이러한 궁금증은 DNI가 대통령의 일일 브리핑PDB: President's daily briefing를 책임지고 있다고 백악관 수석 보좌관인 카드Andrew Card가 말함으로써 해결이 되었다. 하지만 이는 DNI가 일일 브리핑을 준비하기 위해 누구에게 의존해야 하는가에 대한 문제가 여전히 남겨졌다. 이 문제는 PDB가 분석 담당 DNI 부국장에게 위임되면서 해결되었다. 그러나 부시 대통령이 DCIA가 아침 브리핑에 참석해야 한다고 말함으로써 DNI의 위치는 또 다시 혼동되었다.

이와 비슷하게 CIA의 고위관료들과 분석관들은 국가안보회의NSC의 **각료급위원회**PC: Principals Committee와 **차관급위원회**DC: Deputies Committee를 위한 정보지원 역할을 수행해 왔다. PC는 NSC 내 고위정책조정기구로서 국가안보에 관해 대통령 때로는 부통령, 국무장관, 국방장관, DNI, 그리고 합참의장에게 조언을 해주는 보좌관들로 구성되어 있다. 다른 내각 관료들(국토안보부장관, 에너지부장관 등)은 필요시에만 참석한다. DC는 PC 구성원들의 대리인들로 구성되며 PC와 비슷한 기능을 담당하고 PC가 다루는 사안들을 미리 검토한다. 이 정보기능은 정책을 지원하는 역할을 수행할 뿐만 아니라 고려 중에 있는 가능한 정책 방향에 대해 정보관들에게 통찰력을 제공하기 때문에 중요하다. 이 기능을 수행하기 위해서는 무엇보다 다뤄지는 사안들에 대한 상당한 지식이 요구된다. DNI 또는 DNI 부국장은 PC와 DC에 참석하며, 현재 이들은 분석 지원을 위한 국가정보관NIO: National intelligence officers들에 주로 의존하고 있다. NIO는 국가정보회의NIC의 일부이며 NIC 의장직을 수행하는 분석 담당 DNI 부국장의 통솔 하에 있다.

네그로폰테 DNI가 자신의 역할을 어떻게 규정하느냐에 따라 많은 것들이 달려있다. 포즈너Richard Posner 판사가 2005년에 저술한 '기습공격 예방: 9·11 이후 정보 개혁(Prevention Surprise Attacks: Intelligence Reform in the Wake of 9·11, 2005)'에서 서술한 바에 의하면, DNI는 정보공동체의 최고경영자CEO 혹은 최고운영자COO: Chief operating officer로서 기능을 수행할 수 있다. CEO 기능은 DNI를 공동체에서 더 높은 지위를 유지하게끔 해준다. 반면, COO 기능은 DNI가 더 구체적인 활동에 개입하도록 한다. PDB, PC, DC와 같은 일일 요구 덕분에 DNI의 COO 기능이 강화되고 있는 것이 현재 실정이다.

DNI의 국가대테러센터NCTC 소장과의 관계 역시 중요하다. NCTC 소장은 거의 독립적인 지위를 갖는다. 그는 대통령에 의해 임명되고 상원의 동의를 얻어, 테러리즘과 대테러리즘에 관련된 분석과 작전에 대하여 DNI에 자문 역할을 한다. 국가안보에 있어서 테러 사안이 우선시되기 때문에 DNI는 강력한 지위를 가진다. NCTC 소장은 DNI 같이 대통령을 포함해서 고위 관료들에 접근할 수 있기 때문에 DNI와 경쟁 관계를 유지할 가능성이 있다. 2004년 법은 NCTC 소장이 대테러 합동활동의 진전과 계획에 대해 대통령에게 직접 보고를 해야 한다고 명시해 놓았다.

국무장관은 대통령 아래에 있는 외교정책 관료의 최고위자이다. DNI는 외교정책의 중요한 일부가 되어야 한다. 적어도 다음의 두 가지 사안들이 국무장관과 DNI의 관계에서 중요하다. 특정 외교정책 목표를 갖는 정보활동을 조정하는 일과 해외에 있는 비밀 정보요원의 신분을 위장하기 위해 국무부를 활용하는 것이다. DNI와 국무장관 지휘 하의 관료들 사이에서는 필연적으로 긴장이 발생한다. 위장을 하기 위해 국무부를 활용하는 것은 국무장관과 DCIA 사이에서 갈등의 원인이 될 수 있다. 덜레스Allen Dulles: 1953~1961 DCI와 그의 형인 덜레스John Foster Dulles: 1953~1959 국무장관이 가졌던 우호적인 관계를 유지한 DCI와 국무장관 조합이 거의 없었다. 양자의 관계는 완전히 경쟁적으로 변하지는 않더라도 종종 위험한 경지로까지 간다.

해외에서 미국 대사들과 CIA 고위 관료들(종종 지부장COS: chief of station들) 사이의 긴장관계는 오랜 기간 뚜렷했다. 해당 국가의 미 대사는 소속 조직과 상관없이 해당 국가 대사관에 파견된 모든 미국인들에 대한 책임을 진다(규모가 큰 국가의 경우, 국무부, CIA, 국방부, 법무부, 재무부, 상무부, 농업부의 대표들이 파견될 수도 있다). 하지만 지부장들은 - 그들이 해외 파견근무자 출신이든 정치적으로 임명이 되었든지 간에 - 대사에게 자신들의 정보활동을 항상 알리지는 않는다. 이러한 문제를 해결하기 위해 여러 시도들이 취해져 왔으나, 오늘날도 여전히 이 같은 상황이 발생하고 있으며, 오히려 여러 가지 새로운 사안들도 발생해 왔다. 그 중 하나는 정보공동체를 총괄하는 DNI가 지부를 대표하는가, 아니면 지부를 운영하는 CIA를 감독하는 DCIA가 대표하는가의 문제이다. DCIA가 오늘날에도 계속해서 인간정보, 정보활동, 해외정보기관과의 협력 등을 책임지고 있기 때문에 지부들이야말로 DCIA의 활동에 핵심적인 부분이라고 보는 것이 타당해 보인다. 하지만 DNI와 DCIA 사이에 인간정보와 비밀공작의 지휘를 둘러싼 긴장관계로 인해 지부들이 DNI로부터 간격을 유지하기 위한 한 방편으로 대사들과 정보를 공유하지 않으려 할 수도 있다.

하루하루를 단위로 놓고 볼 때, 국방장관은 DNI가 관리하는 정보공동체 조직들(CIA, NIC, NCTC, 기타 기구들)보다 더 많은 조직들(NSA, DIA, NGA, 각 군의 정보부대)을 관리한다. 또한 국방정보를 요구하는 곳이 많이 때문에 국방장관은 정보 이용자의 거대 다수를 대표한다. 게다가 정보예산은 국방예산 내에 감춰져 있기에, 여러 면에서 정보예산은 국방예산의 혜택을 입고 있는 셈이다. 그렇기 때문에 국방장관과 DNI의 관계는 매우 중요하다. 양자의 관계가 아무리 우호적이더라도 이는 사실상 평등한 것이 아니다. 2004년 정보법안에서 정보예산에 대한 논쟁의 결과는 의회 내 국방장관의 정치적 영향력을 강조했다. DCI와 비교해 볼 때, 국방장관과 DNI의 관계에서 DNI의 위치가 더욱 강해질 것인지 아니면 취약해질 것인지는 분명치 않다. 한편에서 보면 DNI는 DCI가 CIA에 의존했던 것과 달리 자신의 제도적 기반은 없지만, 다른 한편에서 보면 DNI는 대규모 참모진을 보유하는데다가 국방장관과 더욱 평등한 관계를 맺을 수 있는 법률상의 권한이 있다. 결국 이 문제는 초대 DNI가 자신의 권한을 어떻게 사용할 것인가에 달려 있다.

정보에 대한 국방장관의 권한의 많은 부분들은 정보담당 국방차관에게 주로 위임되는데, 그는 사실상 국방정보를 담당하는 업무집행 최고담당자의 역할을 수행한다. 2004년 정보법 이전에 국방부와 DCI 사이에 발생했던 많은 문제들은 차관USDI과 정보공동체 운영담당 DCI 부국장(2004년 법에 의해 이 직위는 폐지되었다)에 의해서 다루어지곤 했다. 현재 DNI 혹은 DNI의 고위 참모들이 USDI를 상대한다. 국방부는 정보공동체 운영자들이 국방부의 요구를 잘 들어주지 않을 것이며 이들이 국방정보에 대해 너무 큰 권한을 보유하게 될 것이라고 우려하며 정보공동체를 경계하는 경향이 있다. 이러한 관계의 핵심은 DNI 혹은 DNI의 사무실과 국방장관실OSD: Office of the Secretary of Defense 사이의 신뢰성에 달려 있다. 즉 DNI의 사무실인 국가정보국장실ODNI: Office of the Director of National Intelligence은 국방정보 프로그램과 국방정보에 대한 요구, 그리고 국방예산과정에 대한 실무적인 지식을 보유하고 있어야 한다. 이는 헤이든Mike Hayden 중장이 DNI의 부국장으로 임명된 이유를 설명하는데 도움을 준다. 왜냐하면 그는 군 관료와 정보관료 경력(가장 최근에는 NSA 국장 역임)을 모두 가지고 있었기 때문이다. OSD가 좀 더 강력한 파트너이기에 DNI와 OSD는 불균형적인 관계를 유지하고 있다. 만약 DNI가 국방부의 요구사항과 특권에 충분한 주의를 기울이고 있지 않다고 OSD의 관료들이 느낀다면, 이들은 DNI가 하려는 많은 것들을 방해할 수 있다.

국토안보부DHS와 정보공동체의 관계는 계속해서 변화를 거듭하고 있다. 정보공동체와 국방부 간의 불균형을 비판하는 사람들은 국방부를 놓고 '800파운드의 고릴라'라고 칭하기도 한다. 일부 관찰자들은 DHS가 또 다른 '800파운드의 고릴라'가 될 수 있음을 인식하기 시작했다. 다시 말하면, DHS의 규모와 복합성으로 인해 DHS는 더욱 더 중요시 되는 정보 이용자가 되고 있다. 따라서 DNI, NCTC국장의 DHS장관과의 관계는 중요하다.

DNI와 의회의 관계에는 세 가지 핵심적인 요소들이 있다. 첫 번째는 자금력이다. 의회는 정보공동체의(그리고 정부의 다른 부서들의) 예산을 책정하고, 이 결정을 통하여 정보 프로그램에 영향을 미친다. 보통 의회는 대통령의 예산 요구를 삭감한다고 생각되지만, 많은 경우 집행부의 반대에도 불구하고, 의회는 프로그램을 옹호하고 예산을 지원한다.

두 번째 요소는 개인적인 것이다. 과거 DCI들의 경우, DCI와 정보공동체가 궁극적으로 손해를 볼 것이 확실함에도 불구하고 그들의 감독관들과 좋은 관계를 유지하지 않았다. 케이시$^{William\ J.\ Casey:\ 1981\sim1987}$는 그의 정치적 동반자들로부터 지지를 잃게 되는 것에 개의치 않고 감독절차를 무시하였다. 울시$^{James\ Woolsey}$는 상원 정보위원회 위원장인 드콘시니$^{Dennis\ Deconcini}$와 공개적인 논쟁을 계속하기도 했다. 도이치$^{John\ M.\ Deutch:\ 1995\sim1997}$는 하원 정보위원회와 관계가 좋지 않았다. 각각의 경우, 누가 옳고 그른지를 따지는 것은 무의미하다. 단순하게 말해서 DNI는 결국 패배할 수 밖에 없다. 또한 의회는 DNI 직위를 만들어 여러 관련 문제들을 해결하도록 했기 때문에 의회는 DNI가 기대에 부응하는 수준의 업무를 수행하는지 초기부터 면밀히 관찰할 것이다.

세 번째 요소는 정보에 대한 대중들의 인식과 지지도이다. 정보를 둘러싼 기밀성으로 인해 일반 시민들은 주로 의회의 활동을 통해서 정보에 대한 소식을 접한다. 청문회의 구체적인 내용을 모르더라도 의회의 위원회가 정보 관련 사안들을 조사하고 있다는 사실 자체가 언론과 대중의 인식에 영향을 미친다. 궁극적으로 정보공동체가 업무를 잘 수행하고 있다면 왜 청문회나 조사가 진행되겠는가하는 의문이 들 수 있다. 그리고 대개의 경우가 그러하듯이 좋은 소식들보다 나쁜 소식들이 더 잘 보도되는 경향이 있지 않은가?

정보담당 국방차관과 국방정보기관들. 정보담당 국방차관^{USDI}은 럼즈펠드$^{Donald\ H.\ Rumsfeld:\ 2001\sim}$ 국방장관의 요청으로 의회에 의해 2002년에 만들어졌다. 럼즈펠드 국방장관은 자신에게 국방정보의 다양한 사안들을 보고하는 사람들이 너무 많다고 느꼈고 정보들이 하나의 부서로 모이기를 원했다(이는 트루먼 대통령이 DCI를 만들어 모든 국가정보 사안들을 책임지게 한 것과 비슷하다). USDI는 법률적으로 소규모 참모진(99명)을 보유한다. USDI는 정보자산들 즉 수집요원, 공작요원, 혹은 분석요원들에 대한 직접적인 통제를 할 수 없으나, 운영에 대한 감독 기능을 전적으로 맡는다. 또한 여전히 국방정보 관련 정책, 요구, 예산에 대해 매우 강력한 영향력을 갖고 있다.

USDI와 NSA, NGA 국장들 사이에는 긴장관계가 형성되어있다. NSA와 NGA 국장들은 DCI에 책임을 져 왔으며, 현재는 DNI에 책임을 지고 있다. 비록 NSA, NGA가 전투 지원 기관들을 지휘하고 그들의 예산이 여전히 국방예산에서 나오기는 하지만, 이 기관들의 수장들은 행정부 내 자신들의 상급기관인 국방부 및 DNI와 투쟁을 벌여왔다. 2004년 정보법안에 대한 의회 청문회 기간 동안 NSA, NGA 국장들은 자신들이 신설된 DNI의 휘하로 들어가야 한다고 주장했다. 이 같은 주장은 국방부 관료들에게 즐거운 것이 아니었음은 말할 것도 없다. 하지만 DNI나 USDI는 상대방의 민감성을 고려치 않고 NSA 혹은 NGA에게 명령이나 지침을 내릴 수 없다.

USDI의 의회와의 관계. USDI는 국방정보 사안들이 의회에 전달되는 두개의 주요 통로 중의 하나이며, 나머지 하나는 국방정보국^{DIA}이다. 그러나 민간인의 군 통제 원칙으로 인해 USDI는 DIA보다 더 강력하고 더욱 중요하다. USDI는 국방정보요구들, 다양한 국방정보기관들(NSA, DIA, NGA 등), 일부 국방수집 프로그램들에 대한 관할권을 지니고 있다. USDI는 하원과 상원 군사위원회를 상대한다. 게다가 USDI 참모들은 DNI로부터 나올지 모르는 국방장관에 대한 권한의 침범을 주의 깊게 관찰하면서 국방정보에 대한 국방장관 권한의 수호자 역할을 수행한다.

국무부 정보조사국과 국무장관. 국무부 정보조사국^{INR}은 세 개의 종합분석기구 중(CIA, DIA와 비교하여) 가장 작고, 가장 약한 기관으로 여겨진다. 국무부 내에서 그리고 정보공동체에서 INR 업무능력의 대부분은 INR 차관과 국무장관, 그리고 국무부 고위관료 한 두 명과의 관계에 따라 차이를 보인다. 이들은 국무부 건물 7층에 위치한다고 해서 집합적으로 '7층^{the}

7th floor'이라고 불리기도 한다. 어떤 측면에서, 이러한 국무부 관료들 간의 관계는 DNI와 대통령 사이의 관계와 유사하다. 만약 INR이 7층에 접근할 수 있다면, INR은 더 큰 역할을 담당하고 필요할 때 더 큰 관료적 지원을 받게 된다. 그러나 이는 장관과 고위 관료들의 선호도에 의존하는 매우 가변적인 관계이다. 예를 들어, 슐츠George Shultz: 1982~1989 국무장관은 그의 차관들을 정기적으로 만났다. 반면, 베이커James Baker III : 1989~1992 국무장관은 그렇지 않았고, 국무부의 다른 부서를 다루는 몇몇의 극소수 고위 관료들과만 만났다. 그리하여 슐츠 하에서 INR은 접근 기회가 더 있었던 반면 베이커하에서 INR의 이용자 대부분은 다른 부서의 관료가 되었다.

최근 INR은 국무부가 자신에 대한 관심을 높이고, 국무부 내 다른 부서들이 보다 적극적으로 자신에게 정보요구를 하도록 몇 가지 조치들을 취하였다. 이러한 목적은 많은 부서들이 정보의 역할과 INR의 중요성을 이해하도록 하고, 그들이 INR에 대한 잠재적 지지자가 되도록 하기 위한 것이었다. 하지만 이 같은 조치들이 INR의 위상을 얼마나 향상시킬 수 있는지는 앞으로 두고 봐야할 것이다.

새롭게 부각된 경쟁관계. 2004년 정보법을 전후로, 기관들 사이에 심화되고 있는 경쟁관계가 또한 부각되었다. 테러와의 전쟁은 최소한 다음의 두 가지 이유에서 이러한 경쟁관계의 원인이 되었다. 첫 번째 이유는 테러와의 전쟁이, 적어도 미 정보공동체에서는 뚜렷했던 다양한 유형의 기관들과 영역들 사이의 경계를 모호하게 만들었기 때문이다. 해외정보와 국내정보 간의 경계, 정보활동과 군사활동 간의 경계가 모호해진 것이 가장 뚜렷한 예가 될 것이다. 2001년에 명백하게 드러났듯이 테러리스트들은 미국 내에 머무르면서 계획을 세우고 공격을 감행할 수 있었다. 이는 해외정보이면서 동시에 국내정보 사안을 제기하는 것이다. 테러와의 전쟁, 특히 아프가니스탄과 같은 장소는 정보와 군사 간에 더 많은 협력을 요구하면서 동시에 두 영역 간의 일부 경계를 허물었다. 예를 들면, 탈레반Taliban과 싸우는 북부동맹Northern Alliance과 초기에 연락을 하고 이들을 후원해준 것은 CIA를 통해서 이루어졌다. 탈레반에 대항한 군사작전은 대규모의 정보작전뿐만 아니라 이전까지 해오던 방식과 새로운 방식(특수부대 투입)을 모두 포함했다. 경쟁관계가 심화된 두 번째 이유는 대부분의 기관들이 특히 위기 또는 전쟁 기간 동안에 자신들의 활동을 증가시키려는 근본적인 특성에서 기인한다.

FBI와 CIA 간의 경쟁은 계속 있어 왔다. 2001년 이전부터 FBI는 국내와 해외에서 자신의 역할을 확대시키고자 했다. 1990년대 중반 FBI는 미 대사관을 벗어나 외국의 법집행기관들과의 협력을 강화하고자 법적으로 규정된 FBI 요원들의 역할을 확대시키는데 적극적이었다. FBI가 CIA에게 알리지 않고 종종 해외 활동을 수행해 왔다는 것이 일부 언론들이 주장해온 바였다. 첩보를 수집하기 위해 해외로 파견되는 미국 거류 외국인들을 고용하는 문제를 놓고 FBI와 CIA 간에 경쟁이 고조되었다. 비록 CIA는 미국 내혹은 미국 시민들을 상대로 정보활동을 행할 수 없지만, 고용되는 사람들이 일단 외국인이고 그들의 정보수집이 미국 밖에서 행해진다는 점에서 이러한 유형의 CIA 활동은 허용되어 왔다. FBI는 이러한 활동이 국내정보에 해당한다고 하면서(고용이 국내에서 이루어지기 때문에) FBI가 이러한 활동을 수행해야 한다고 주장하고, 미국 내 외국인들이 생산한 정보를 FBI가 배포하는 임무를 맡을 것을 요구하고 있다. CIA는 FBI의 이러한 요구를 반대해 왔다. 일부 사람들은 FBI가 이러한 유형의 정보활동에 경험이 없고, 2003년에 비로소 독자적인 정보분석 업무가 시작되었으므로, 아직 이 업무를 맡을 준비가 되어 있지 않다고 주장한다. 또한 양 기관이 해외정보수집의 일부를 서로 관리하게 되면서, 서로의 활동에 대해 모르게 될 경우 공작이 중복되거나 서로 어긋나는 목적을 추구할 수 있다는 우려가 발생했다. DNI는 두 기관의 활동에 대한 감독을 하며 양 기관의 상충하는 요구들을 해결하도록 요청을 받을 수 있다.

또한 국방부와 CIA 간에 경쟁이 존재한다. 과거에 DCI가 정보공동체의 총책임자이지만 국방장관이 일상적으로 정보공동체의 80%를 통제하고 있는 불균형적인 상황으로 인해 국방부와 CIA 간에는 항상 관계가 평탄치 않았다. 새로운 DCIA가 오로지 CIA만을 책임지게 되었다 하더라도 경쟁영역이 존재한다. 테러와의 전쟁에서 정보와 군사의 역할 간 경계가 모호해진 것이 또 다른 경쟁의 원인이 되었다. 테러와의 전쟁에는 공개 및 비밀 군사활동이 있다. 2001년 탈레반에 대항하여 북부동맹과 협력했던 활동처럼 CIA는 오로지 비밀공작 영역에서만 자신의 이해관계를 주장할 수 있다. 그러나 군부는 두 영역 모두에 대한 책임을 지니고 있다고 주장할 수 있고, 비밀공작 영역에서 자신의 역할을 증대시키기를 원하는 것으로 보인다(제8장에서 논의되는 준군사작전을 참고할 것).

CIA와 국방부 간의 경쟁은 국방부가 자신의 임무 수행과 관련된 모든 정보활동을 통제하고 싶어 하기 때문에 발생하기도 한다. 부시George W. Bush 대통령이 아프가니스탄에 은신하고 있는 알카에다를 공격하기로 결정했을 때, 북부동맹과의 제휴 임무를 맡을 관료를 파견하고 대통령의 결정에 신속히 대응한 테넷 DCI의 상대적으로 빠른 업무처리 속도로 인해 럼즈펠드 국방장관은 좌절감을 느꼈다. 국방부는 계획을 세우고 아프가니스탄에 군대를 파견하는데 더 긴 시간이 필요했던 것이다. 또한 알려진 바에 의하면 럼즈펠드 국방장관은 군이 인간정보 지원을 CIA에게 주로 의존해야 하는 것을 달가워하지 않았다고 한다.

2004년 말과 2005년 초 국방부가 자체 정보활동을 일방적으로 확대시켰다는 기사가 언론에 자주 나오게 되었다. 2005 회계연도 국방예산 승인 법안은 '외국군, 비정규군 혹은 단체, 개인들을 지원하기 위해' 2,500만 달러를 특수작전사령부Special Operations Command에 할당했다. 일부는 이 할당액의 목적을 두고 CIA가 아프가니스탄에서 해 오고 있으며 분명히 행한 임무와 유사하다고 지적한다. 또 어떤 이들은 법률상 의회에 제출해야 하는 대통령 승인서와 보고서 없이 국방부가 비밀공작에 관여하려는 것 아니냐는 의문을 제기해왔다(더 자세한 논의는 제8장 참조). 또한 이 같은 상황으로 인해 바로 위에서 언급한 이들(외국군, 비정규군, 단체)이 국방부와 CIA로부터 이중으로 지원을 얻으려할 가능성이 높다는 데에 대하여 대체로 동의하고 있다. WMD 위원회는 비밀공작 수행에 관해 이전보다 더 많은 권력을 국방부에게 주어야 한다고 권고했다. 그러나 2005년 6월의 언론 보도에 의하면, 부시 행정부는 이 같은 권고를 받아들이지 않기로 결정했다고 한다. 새로운 행정부 관리가 CIA, 국방부, FBI에 의해 수행되는 모든 해외정보수집 활동을 조정할 것이다.

DIA가 독자적인 인간정보^{HUMINT} 역량을 기르기 위해 전략지원부서 Strategic Support Branch를 창설했다는 보고는 더 큰 논쟁거리가 되었다. 마찬가지로 이 같은 조치는 인간정보의 CIA에 대한 의존성을 줄이기 위한 조치로 여겨질 수 있다. 일부 사람들은 정보요구의 우선순위로 인해 CIA가 충족시킬 수 없거나 일부러 제공하지 않는 정보들, 특히 계획 혹은 진행 중인 작전들에 한해서 국방부만의 인간정보 요구가 있을 수 있다는 데에 동의한다. 하지만 국방부의 이러한 조치를 의회가 알고 있었는지를 포함해서 의회의 감시기능에 대한 질문을 낳게 한다. 즉 이와 같은 국방부의 조치가 CIA의 역할을 어느 정도 침범하는 것인지, 어느 정도 서로 중첩되는 것인지, 충분한 조정 장치가 작동하고 있었는지 등에 대한 의문이 생긴다.

새로운 DNI가 정보공동체 전체에 대한 자신의 책임을 주장하기만 했다면 이러한 유형의 사안들에 개입할 수 있었을 것이다. 또한 만약 DNI가 국방장관과 어느 정도의 균형을 유지하고자 한다면, DNI는 국방부가 정보영역으로 역할을 확대시키는 것을 제한하는 데에 분명 이해관계가 있을 것이다.

의회의 관계. 상·하원 정보위원회 사이의 관계, 그리고 이들과 함께 일해야만 하는 다른 상·하원 위원회들 사이의 관계 또한 매우 중요하다. 상·하원 정보위원회의 책임은 동일하지 않고, 이러한 사실은 각각이 다른 위원회들과 다른 관계를 맺고 있음을 의미한다. 상원 정보위원회는 단지 DNI, CIA, NIC에 대한 관할권을 가진다. 상원 군사위원회는 항상 국방정보의 모든 면에 대한 감독권을 유지해왔다. 상원 정보위원회와 상원 군사위원회의 관계는 좋게 말하면 냉담한 것이고, 때로는 적대적이었다. 대체로 적대감은 상원 정보위원회가 자체업무 분야 이상의 업무를 추진하는데 대한 군사위원회의 대응으로부터 시작된다. 상원 군사위원회는 정보예산승인 법안에 지연 행동을 취하는 등 여러 수준의 대응을 보이고 있다.

또한 상원 군사위원회와 정보위원회는 상원 정무위원회SGAC: Senate Governmental Affairs Committee의 영역 침범의 가능성으로부터 정보 분야에 대한 감독권을 성공적으로 지켜왔다. 하지만 SGAC가 정부조직과 관련된 사안을 다루기 때문에 정보공동체의 재조직과 관련된 법안은 SGAC로 회부되었다. 이러한 조치를 두고 일부 사람들은 정보위원회 위원장이었던 로버츠Pat Robert 캔사스 상원의원이 2004년 초에 정보조직에 관한 더욱 더 급진적인 제안을 내놓았던 것으로 인해 상원 정보위원회에 가해진 타격이라고 보기도 했다.

하원 정보위원회는 국방정보 프로그램에 대해서 일부 관할권을 갖고, 국가정보 프로그램NIP 전체(기관에 상관없이 국방정보를 제외하고)에 대한 배타적 관할권을 가진다. 이에 따라 상원의 위원회 간에 존재하는 것보다 하원 정보위원회와 하원 군사위원회 간에는 더 나은 실용적 관계가 조성되었다. 이것은 마찰이 일어나지 않는다는 것을 의미하는 것이 아니라 여러 하원 위원회들 사이의 전반적인 관계가 상원에서 나타는 적대감까지 도달하지 않는다는 것이다. 하원 군사위원회는 2004년 정보법과 2005년 정보승인법을 둘러싼 논쟁에서 국방부의 이해관계를 가장 강력하게 지지했다.

두 정보위원회와 상·하원 국방예산 하부위원회들이 좋은 관계를 유지하는 것은 승인된 계획들과 책정된 예산 사이의 괴리를 피하기 위해 중요하다. 일반적으로 말해 예산책정가들appropriators은 승인가들authorizers에게 불쾌해 하거나 이들을 이따금 무시하는 경우가 많다. 또한 정보예산을 승인해주는 사람들과 예산을 책정하는 사람들 사이의 관계는 상원보다 하원에서 더 부드럽다.

하원과 상원의 외교관계위원회들은 국무부의 활동을 감시했으나, 이들이 각각 정보위원회와 맺는 관계는 세출위원회와 정보위원회 사이의 관계보다 덜 까다로운 경향이 있다. 마지막으로 두 법률위원회는 FBI를 감시한다.

두 정보위원회는 중요한 관계를 형성하고 있다. 이미 언급하였다시피, 하원 정보위원회의 관할권이 상원 정보위원회보다 광범위하다. 반면, 상원 정보위원회는 DNI, DNI 부국장, 다른 하위 관료, 그리고 DCIA 임명에 대해 중대한 독점 권한을 가진다. 의회 개회 기간 동안 두 정보위원회는 정보 관련 안건이 아닌 서로 다른 사안들을 다루기도 한다. 두 정보위원회는 서로 다른 형태를 갖고 각각 초점을 두는 곳이 다르고, 심지어 그들이 서로 다른 다양한 관점을 가지더라도, 두 위원회는 서로 적대적이 되거나 증오하는 경우가 거의 없었다.

정보예산과정

돈을 추구하는 것은 모든 악의 근원일 뿐만 아니라, 모든 통치의 근원이기도 하다. 얼마나 많이 획득하여 사용하고, 누가 그러한 결정을 하는지에 대한 것은 가장 근본적인 권력문제이다. 정보예산은 다소 복잡하나 크게 다음의 세 가지로 분리된다. 국가정보프로그램NIP: National Intelligence Program, 합동군사정보프로그램JMIP: Joint Military Intelligence Program, 전술정보활동TIARA: Tactical Intelligence and Related Activities 등이다.

NIP는 이름이 암시하듯이 특정 기관의 경계를 넘거나 특성상 국방과 관련되지 않는 프로그램들로 이루어져 있다. NIP는 정보예산의 반 이상을 차지한다. NIP는 다음과 같은 것들로 구성되어 있다.

민간 프로그램	국방 프로그램	공동체 차원 프로그램
· CIA	· 통합 암호 프로그램(CCP: Consolidated Cryptographic Program)	· 공동체 운영계정(CMA: Community Management Account)
· CIA 은퇴 및 장애 제도 (CIARDS: Retirement and Disability System)	· 국방부 외사방첩 프로그램(DOD FCIP: Foreign Counterintelligence Program)	
· 방첩(FBI)	· 일반국방정보 프로그램(GDIP: General Defense Intelligence Program)	
· 정보조사국(국무부)	· 국가영상지도 프로그램(National Imagery and Mapping Program)	
· 정보지원국(재무부)	· 국가정찰 프로그램(NRP: National Reconnaissance Program)	

합동군사정보프로그램JMIP은 특정 군사 서비스에 제한되지 않으며 국방부 내 프로그램들로 이루어진다. 일부 JMIP 프로그램들의 명칭이 나타내듯이 많은 프

로그램들이 NIP 범주와 비슷하다. JMIP는 정보예산의 1/10 이상을 차지한다.

- 국방공수정찰 프로그램(DARP: Defense Airborne Reconnaissance Program)
- 국방암호 프로그램(DCP: Defense Cryptologic Program)
- 국방일반정보응용 프로그램(DGIAP: Defense General Intelligence Applications Program)
- 국방영상지도 프로그램(DIMP: Defense Imagery and Mapping Program)
- 국방마약정보 프로그램(DICP: Defense Intelligence Counterdrug Program)
- 국방정보특별기술 프로그램(DISTP: Defense Intelligence Special Technologies Program)
- 국방부 외사방첩 프로그램(FCIP: Foreign Counter intelligence Program)
- 국방정보전술 프로그램(DITP: Defense Intelligence Tactical Program)
- 국방우주정찰 프로그램(DSRP: Defense Space Reconnaissance Program)

전술정보활동^{TIARA}은 네 개 군별 정보 프로그램과 특수작전사령부를 위한 정보로 구성된다. TIARA는 정보예산의 약 1/3을 포함하고 다음과 같은 프로그램들로 구성된다.

- 공군정보(Air Force Intelligence)
- 육군정보(Army Intelligence)
- 해병정보(Marine Intelligence)
- 해군정보(Navy Intelligence)
- 특수작전사령부(SOCOM: Special Operations Command)

도표 3-4는 예산 영역에 따른 정보공동체의 여러 부문들의 배열을 보여준다. 한 예산 영역 내 모든 기관들은 동일한 권위에 의해 통제되지 않는다. 굵은 직선은 직접적인 통제를 나타낸다. 두 개의 이중 수직선은 예산과 기관들의 어느 부분이 국가차원이고 어떤 부분이 국방부의 것인지를 보여준다. 비록 NIP나 JMIP에 해당할지라도, 일부 기관들은 국가차원이면서 국방부 소속이기에 중첩영역이 존재한다. DIA는 NIP와 일부 JMIP 프로그램들을 포함하기 때문에 이 경계선 양쪽 모두에 걸쳐있다. 또한 도표 3-4는 정보공동체 자원에 대해 국방장관이 우월하게 통제하고 있다는 점을 보여준다.

정보예산은 길고 복잡한 과정을 거쳐 만들어진다(도표 3-5 참조). 행정부 내에서 예산 수립 과정은 1년 이상이 걸린다. DNI가 11월에 정보 프로그

도표3-4 정보공동체를 이해하는 대안적 방법: 예산의 관점

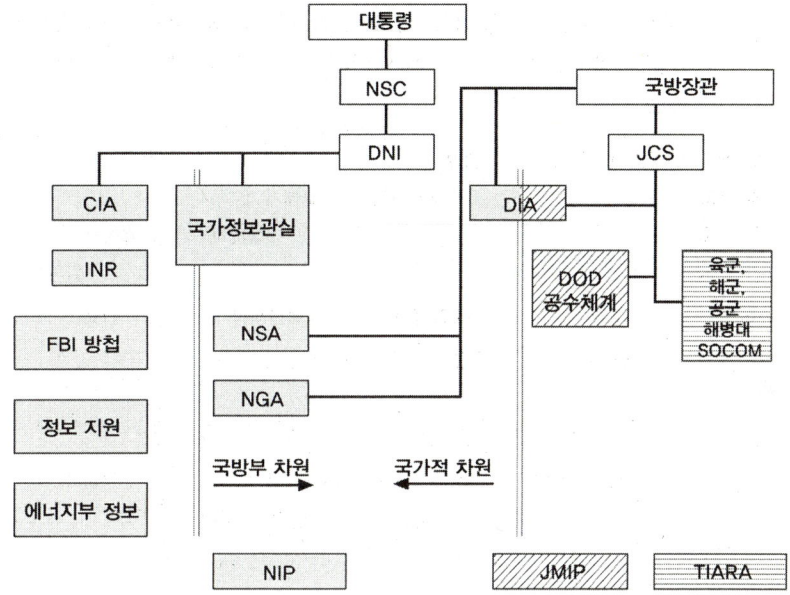

출처: CIA = 중앙정보국 / DCI = 중앙정보국장 / DIA = 국방정보국 / DOD = 국방부 / DOE = 에너지부 / FBI = 연방수사국 / INR = 정보조사국 / JCS = 합동참모본부 / JMIP = 합동군사정보프로그램 / NGA = 국가지형공간정보국 / NIP = 국방장관 / NSA = 국가안보국 / NSC = 국가안보회의 / SOCOM = 특수작전사령부 / TIARA = 전술정보활동

램 운영자들에게 지침을 주면서 예산 수립이 시작된다. DNI와 국방부 사이의 조정 작업, 즉 프로그램들을 조정하고, 프로그램들 사이에서 난해한 결정을 내리는 노력들이 예산 과정의 주요 측면이다. 조정 작업은 프로그램 차원에서 혹은 그 하위에서 진행될 수 있고, DNI와 국방장관처럼 높은 지위에서 논의될 수도 있다. 행정부 내 예산 과정은 예산작업 시작 이후 13개월이 지나서 다음해 12월에 DNI가 최후 승인을 얻기 위해 대통령에게 완성된 정보예산을 제출하면서 일단락된다.

그 다음 해 2월이 되면, 대통령의 예산안이 의회에 제출되어 새로운 8개월 간의 절차가 시작된다. 이 과정에서 승인을 담당하는 위원회와 세출위원회에서 청문회가 열리고, 여러 방식의 토론(법안, 본회의 활동, 위원회 활동)을 통해 상·하원의

도표 3-5 정보예산: 3년에 걸친 네 단계

예산을 계획, 책정, 집행하는 데에는 3월에 시작해서 2년 반 뒤인 9월까지 약 3년이 걸린다. 다음은 각 단계의 활동과 각 단계에 걸리는 시간을 나타낸다.

	1차 연도	2차 연도	3차 연도	4차 연도
	3월에서 9월까지	10월에서 8월까지	8월에서 9월까지	10월에서 9월까지
활동	기획	프로그램화	예산책정	집행
	가이드라인	요청과 검토	수립과 제출	의무이행과 자금사용
	구상, 계획, 예산책정에 관한 광범위한 가이드라인이 만들어진다.	몇 년에 걸치는 미래연도 요구(돈과 인력)를 위해 프로그램 자원들이 예측, 계산된다.	1년 또는 2년 동안 상품과 서비스를 구매할 수 있거나 인력을 고용할 수 있는 자금 혹은 권한이 결정된다.	승인된 프로그램들에 대한 자금이 할당되고 사용된다.

의견 조율을 거쳐 단일안이 만들어지면 대통령에게 제출된다. 이 때 행정부는 이미 또 다른 새로운 예산을 준비하게 된다. 대통령의 예산안과 의회의 예산안 사이의 중대 차이점을 기억해 두어야 한다. 대통령의 예산은 자세하지만 단지 권고에 지나지 않는다. 반면, 의회의 예산안은 자금을 할당한다. 즉 "대통령이 제안하고 의회가 처리하는 것이다." 이러한 공식 절차 이외에 추가 예산안의 활용이 점점 늘어나고 있다. 추가 예산은 정규 예산 과정에서 의회가 승인한 예산을 초과하는 자금에 대한 것이다. 추가 예산은 그 다음 해에도 지속되는 것이 아니라 1년간의 예산이기 때문에 집행기관들의 환영을 받지 못하는 경향이 있다(더 자세한 것은 제10장 참조). 그러나 의회에게 추가 예산은 장기적인 예산 약속을 하지 않으면서 합의된 요구를 충족시켜주는 한 방편이다.

외관상 끝이 없어 보이는 예산 과정은 정보예산에 있어서 또 다른 중요한 면을 보여준다. 당해 연도에 한해서 그 어느 시점을 고르든 최대 8개의 다른 회계연도(10월 1일에서 9월 30일까지) 예산들이 사용 혹은 개발 중에 있다

(분석상자 "8개의 동시에 존재하는 예산" 참조). 두 개의 예산은 이전에 책정된 자금으로 사용 중에 있다. 급료 및 이와 유사한 지출을 위한 자금들은 단일 회계연도 내에 사용되지만, 매우 복잡한 기술적 수집체계들을 설립하는 것과 같이 일부 자금들은 몇 년에 걸쳐 활용된다. 현 회계연도 자금들이 또한 사용되고 있다.

다음 회계연도를 위한 예산은 정치적 과정들을 통해서 진행된다. 그 다음 회계연도 예산은 행정부와 의회에 의해 만들어 지고 있는 중이다. 마지막으로 두 개의 미래연도 예산이 다양한 형태로 구상 중에 있다. 이로 인해 예산 과정과 예산의 구체적인 내용을 다룰 수 있는 행정부와 의회의 관료, 의원들에게 상당한 영향력이 생긴다.

· 동시에 존재하는 8개의 예산 ·

회계연도(10월 1일부터 다음 9월 30일까지) 동안 8개의 회계연도 예산들이 존재하고 있다. 다음은 회계연도 2005년 동안의 상황을 보여준다.
　회계연도 2003과 2004: 지난 회계연도, 일부 자금은 여전히 사용 중
　회계연도 2005: 현 회계연도, 자금은 사용 중
　회계연도 2006: 다음 회계연도 예산이 행정부와 의회에 의해 수립되고 있는 중
　회계연도 2007: 정보 프로그램이 거의 완성
　회계연도 2008: 행정부에서 예산 개발 초기
　회계연도 2009와 2010: 행정부에서 장기 예산 계획 중

주요 용어

각료급 위원회Principals Committee　　추가예산Supplementals
차관급 위원회Deputies Committee

더 읽을거리

다음의 읽을거리들은 미국 정보공동체의 현재 조직과 구조에 대한 배경지식을 제공해준다. 다음 목록은 또한 정보공동체가 미래에 맞닥뜨릴지도 모르는 문제들을 좀 더 효율적으로 다룰 수 있게 하는 변화들을 제안한 몇몇 연구들도 포함한다.

Commission on the Intelligence Capabilities of the United States egarding Weapons of Mass Destruction. Report to the president, March 31, 2005. (Available at www.wmd.gov.)

Elkins, Dan. *An Intelligence Resource Manager's Guide*. Washington, D.C.: Defense Intelligence Agency, Joint Military Intelligence Training Center, 1997.

Johnson, Loch K. *Secret Agencies: U.S. Intelligence in a Hostile World*. New Haven: Yale University Press, 1996.

Lowenthal, Mark M. *U.S. Intelligence: Evolution and Anatomy*. 2d ed. Westport, Conn.: Praeger, 1992.

National Commission on Terrorist Attacks Upon the United States [9·11 Commission]. *Final Report*. New York: W.W. Norton and Co., 2004.

Posner, Richard. "The 9·11 Report: A Dissent." *New York Times Book Review*, August 29, 2004, 1.

Richelson, Jeffrey T. *The U.S. Intelligence Community*. 4th ed. Boulder, Colo.: Westview Press, 1999.

U.S. Commission on the Roles and Responsibilities of the United States Intelligence Community. *Preparing for the 21st Century: An Appraisal of U.S. Intelligence*. Washington, D.C.: U.S. Government Printing Office, 1996.

U.S. House Permanent Select Committee on Intelligence. *IC21: The intelligence Community in the 21st Century*. Staff study, 104th Cong., 2d sess., 1996.

4

정보과정-거시적 시각 :
누가 무엇을 누구를 위하여 하는가?

'정보과정intelligence process'이라는 용어는 정책결정자들이 정보의 필요성을 감지하는 것에서부터 정보공동체가 분석된 정보생산물을 이들에게 전달하기까지의 단계를 지칭한다. 이 장에서는 정보과정 전체를 개관하고 각 단계에서의 핵심 사안들 중 일부를 소개할 것이다. 그 이후 장들에서는 각 주요 단계들이 더욱 자세히 논의될 것이다. 정보과정의 7단계는 요구requirements, 수집collection, 처리와 개발processing and exploitation, 분석과 생산analysis and production, 배포dissemination, 소비consumption, 그리고 피드백feedback 등이다.

정보요구를 규정하는 것은 정보가 기여할 수 있으리라 예상되는 정책 사안이나 분야를 정의하는 것이면서, 이 사안들이 다른 사안들에 대해 우선순위를 가지고 있음을 명확히 하는 것이다. 이는 또한 특정 종류의 정보수집을 구체화시키는 것을 의미하기도 한다. 혹자는 모든 정책분야가 정보를 요구하고 있다고 말하기도 한다. 그러나 정보 역량은 언제나 한정되어 있기 때문에, 어떤 요구는 더 많은 관심을 받고 다른 요구는 덜 받거나 아예 받지 못하는 가운데 우선순위가 설정되어야 한다. 핵심 문제는 다음과 같다. 누가 이 정보요구와 우선순위를 결정하고 이들을 정보공동체에 전달하느냐? 정책결정자들이 그들 스스로 이러한 것들을 결정하지 못한다면 어떤 상황이 발생하는가?

일단 정보요구와 우선순위가 설정되고 나면, 필요한 정보들이 수집되어야 한다. 어떤 정보요구들은 특정 방식으로 더 원활히 수집될 것이고, 다른 정보요구들은 다양한 수집 방법들이 필요할 수도 있다. 항상 제한되어 있는 수집능력을 감안할 때, 수집방법에 대한 결정을 내리는 것은 정보요구를 충족시키기 위해서 얼마나 많은 정보가 수집될 수 있느냐 또는 수집되어야 하느냐와 마찬가지로 핵심쟁점이 된다.

수집은 정보가 아니라 첩보를 생산한다. 수집된 첩보들은 정보로 간주되기 전에 그리고 분석관들에게 넘겨지기 전에 **처리와 개발**되어야 한다. 수집과 처리/개발 사이에는 자원 분배를 놓고 긴장이 상존하는데, 처리되거나 개발될 수 있는 것보다 훨씬 많은 첩보가 수집된다는 점에서 수집이 불가피하게 우위를 점하고 있다.

정책결정자들의 요구에 부응할 다양한 보고서로 정보를 전환시킬 수 있는 각 분야의 전문 분석관들에게 정보가 인계되지 않는 한, 정보요구를 확인하고 정보를 수집하고 처리/개발하는 과정들은 의미가 없다. 이 단계에서는 선택된 생산물의 형태, **분석과 생산**의 질, 그리고 현용정보 생산과 좀 더 장기적인 정보생산 간의 지속적인 긴장 등이 핵심 쟁점들이다.

분석내용을 정책결정자들에게 전달하는 문제는 정보배포에 이용되는 다양한 분석적 전달 수단에 직접적으로 기인한다. 얼마나 광범위하게 정보가 배포되어야 하는지, 그리고 정책결정자들의 관심을 끌기 위해 얼마나 긴급하게 전달되거나 알려져야 하는지가 배포과정에서의 핵심 쟁점들이다.

처음에 정보요구를 하여 모든 것을 유발한 정책결정자들에게 정보가 도달함으로써 정보과정에 관한 대부분의 논의는 종결된다. 그러나 두 개의 중요한 단계가 남아 있는데, 그들은 **소비와 피드백** 단계이다.

정책결정자들은 정보에 의해 행동하게 되는 자동기계나 백지상태가 아니다. 정책결정자들이 - 서면 또는 구두보고이건 - 어떻게 정보를 소비하는지,

그리고 어느 정도까지 정보가 이용되는지가 중요한 문제이다.

   비록 피드백이 정보공동체가 기대하는 만큼 빈번하게 일어나지는 않지만, 정보가 제공된 이후 정보소비자와 생산자 사이에 대화가 필요하다. 정책결정자들은 정보공동체에 대해 자신들의 정보요구가 어느 정도 충족되었는지 알려주고, 정보공동체가 정보과정의 어느 부문을 조정할 필요가 있는지 논의를 해 주어야 한다. 이상적으로, 개선과 조정이 실행될 수 있도록 그 사안이나 화제가 여전히 정보과정 중에 있어야 한다. 하지만 정보과정 중에 그렇게 하지 못했다면, 사후 검토라도 매우 큰 도움이 될 수 있다.

정보요구

모든 국가는 국가안보와 외교정책에 관해 매우 다양한 이해관계를 가지고 있다. 어떤 국가는 다른 국가보다 더 많은 분야에 이해관계를 지니고 있다. 이렇게 다양한 관심사들 중에서 최우선 관심사는 다음과 같다. 대규모의 명시적인 위협과 관련된 사항, 이웃 또는 근접한 국가들과 관련된 사항, 그리고 이보다 심각한 문제 등이다. 그러나 국제무대는 역동적이고 유동적이기 때문에, 합의된 중요 관심사들 중에서조차도 이따금씩 우선순위의 재조정이 있기 마련이다. 예를 들면, 1946년부터 1991년까지 미국에게 있어서 소련은 최우선 정보 관심사였으나 그 이후 소련은 해체되었다. 소련 붕괴 이후 생겨난 15개의 국가들과 관련된 사안들은 이전의 사안들과 다르다. 또한 1970년대 이래 테러리즘이 국가안보정책 사안이 되어왔지만, 2001년 이후 테러와 관련된 사안의 성격은 급격히 변했다.

   정보는 정책결정자의 마음대로가 아닌 정책에 종속되어야 한다는 전제 하에, 정보의 우선순위는 정책의 우선순위를 반영해야 한다. 정책결정자들은 그들 자신의 우선순위에 대한 견해를 충분히 고려하고 제대로 설정해야 하며, 이들을 정보기구에 명확하게 전달해야 한다. 몇몇 정보요구는 명확하고 오랫동안 지속되어서 검토가 필요 없을 수도 있다. 냉전기 소련에 대한 집중적인 정보요구가 그 중 하나이다.

그러나 만약 정책결정자들이 그들의 우선순위를 결정하지 않거나, 결정할 수 없다는 것을 알게 되거나, 이를 정보공동체에 전달하는데 실패한다면 어떻게 되는가? 그 때에는 누가 우선순위를 수립해야 하는가? 이러한 문제는 하찮거나 가설적인 것이 아니다. 고위 정책결정자들은 종종 정보 제공자들이 자신들의 정보요구를 알고 있다고 가정한다. 이 경우 핵심 쟁점은 명백할 수밖에 없다. 한 전직 국방장관은, 자기 휘하의 정보관들에게 정보요구를 좀 더 정확하게 알려줄 고려를 해보았냐는 질문에, 다음과 같이 대답했다. "아니오, 난 그들이 내가 하고 있는 일에 대하여 알고 있다고 생각했습니다." 그의 생각이 결코 그만의 독특한 것이 아니라고 믿을만한 강력한 이유가 존재한다.

정책결정자들이 간과해버린 정보요구의 빈틈을 채우는 확실한 방법은 정보공동체가 스스로 그 틈을 채우는 것이다. 그러나 정책과 정보 사이에 확고한 경계선이 그어져 있는 시스템에서 이런 해결책은 가능하지 않을 수 있다. 정보관들은 역할 상의 한계로 인해 자신들이 결정을 내릴 수 없다고 느낄 수도 있다. 또한 정책결정자들은 빈 공간을 채우려는 정보관들을 자신들의 역할에 대한 위협으로 간주하고, 적개심을 가지고 이에 반응할지도 모른다.

이에 따라 정보공동체는 두 가지 내키지 않는 선택에 직면하게 된다. 첫 번째는 잘못된 행위라고 또는 정책 영역을 침범했다고 비난받을 위험을 감수하면서 정보요구의 빈 공간을 채우는 것이다. 두 번째 선택은 정보관들이 중요한 우선순위를 충족시키는데 실패했다고 비난 받을 위험이 있다는 것을 알면서도, 규정된 정보요구가 없다는 것을 그저 받아들이고 그나마 최근에 알려진 우선순위와 정보공동체의 우선순위에 대한 자신의 감각에 기초해 수집활동과 이후 단계들을 계속해서 진행하는 것이다. 요컨대, 이 같은 간격이 발생하는 경우, 그 어느 경우라도 정보공동체에게 현명한 선택이란 딱히 존재하지 않는다.

일부 정보운영자들은 자신들의 선택에 해석을 덧붙이면서 이 문제를 해결하려할지도 모른다. 그들은 정보의 기능 중 하나가 앞을 내다보고, 지금은 아니더라도 미래에 우선 사항이 될 수 있는 사안들을 분별하는 것이라고 말할 수 있을 것이다. 그러나 이런 기능이 중요한 만큼, 정책결정자들로 하여금 앞으로 다가올 사안 또는 어쩌면 중요하게 될지도 모르는 사안에 초점을 맞추도록 하는 것은 어렵다. 왜냐하면 이들은 즉각적인 관심을 요구하는 사안을 처리하도록 강력한 압력을 받기 때문이다. 따라서 정보요구에 있어 이 같은 어려운 문제는 여전히 남아있다.

상반되거나 경합하는 우선순위들도 쟁점이 된다. 비록 어떤 사안들에 대해서는 우선순위가 용이하게 정해질 수 있겠지만, 다른 사안들은 서로 자신의 중요성만을 주장하다가 논의가 끝날 수도 있기 때문이다. 또 다시 정책결정자들은 이 상황에서 어려운 선택을 해야 한다. 현실적으로 대부분의 정부들은 그 규모가 워낙 크다 보니 부처 상호간이나 부처 내에서 여러 가지의 경합하는 이해관계 영역들을 가지고 있다. 그 결과, 정보공동체는 그들 스스로 선택을 해야 하는 상황에 처한다. 일부 정보공동체의 경우, 공동체 내 일부 정보기관들은 그들과 가장 긴밀하게 연관된 정책결정자들이 선호하는 것들을 먼저 고려해 정보과정에 반영할 수도 있다. 어떤 경우에는 최종적으로 우선순위를 정하는 권위체가 없어서 정보공동체가 스스로 할 수 있는 만큼 최선을 다하도록 남겨지기도 한다. 미국 정보체계에서는 국가안보회의NSC가 바로 이러한 정책과 정보의 우선순위를 정한다. 국가정보국장DNI은 정보공동체 내에서 최종적으로 판정하는 권위자가 되어야 하지만, 전체 정보공동체를 통틀어 나날이 우선순위를 부과할 능력을 발휘할 수 있는지는 명확하지 않다. 따라서 너무 많은 사안들이 관심을 끌기 위해 서로 경합하게 될 경우, 모든 사안들이 건성으로 다뤄질 가능성이 높다.

정보요구를 평가하는 지적수단 중 하나는 사건의 가능성과 그 사건이 국가안보에서 차지하는 상대적 중요성을 살피는 것이다. 발생 가능성이 높고 국가안보의 관점에서 중요성이 높은 사안에 더욱 많은 관심이 집중될 것이다. 중요성을 평가하는 것(이미 알려져 있거나 표명된 국가이익에 기반을 두었는지의 여부에 대한 평가)이 가능성likelihood에 대한 평가(그 자체가 정보판단 또는 정보평가가 되는)보다 수월하다(그러나 가능성은 예측이 아니다. 제6장 참조). 예를 들면, 냉전 시기 소련의 핵 공격은 중요했지만 가능성은 낮은 사안으로 판단되었다. 이탈리아 정부의 불안정은 가능성이 높은 반면 중요성이 떨어지는 사안으로 평가되었다. 위의 두 경우에서, 비록 소련의 핵 공격은 오로지 일부 시나리오에서만 가능할 것으로 보였고 이탈리아 정부는 수십 차례 몰락했지만, 소련 관련 사안은, 그 잠재적 영향으로 인해, 이탈리아 정부 사안보다 우선순위 혹은 정보 사안으로서 더 높은 위치에 있었을 것이다.

도표 4-1의 패널 A와 B에서 보듯이 우상향을 향할수록 사안은 더욱 중요한 정보요구가 된다. 그러나 가능성이란 것은 아주 명확하게 규정될 수 없을 것이고 사안의 관련 중요성에 대해서도 논쟁이 있을 수 있다.

우선순위를 결정하는 숨겨진 요인은 자원이다. 모든 것을 전부 다루는 것은 불가능하다. 예를 들어, 미국은 오랫동안 전 세계의 문제에 대하여 이해관계를 가지고 있었는데, 일부 문제는 다른 문제들보다 더 중요하였고 핵심적인 것이었다. 가장 최근의 예는 국가정보우선순위구상NIPF: National Intelligence Priorities Framework인데, 이는 2003년에 부시George W. Bush 대통령이 서명한 국가안보정책지침NSPD: National security policy directive을 지원하는 것이다.

도표 4-1 정보요구: 중요성 대 가능성

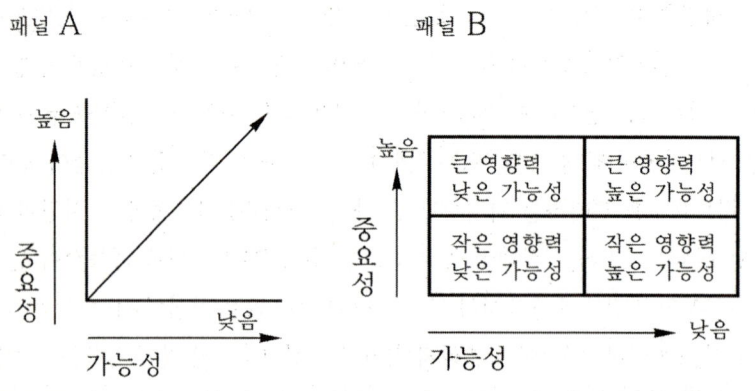

테넷George J. Tenet CIA 국장의 의회 증언에 따르면, NIPF는 대통령과 NSC가 정보 우선순위를 1년에 두 번씩 검토할 수 있는 보고서를 제공한다. 테넷은 이를 두고 이전의 그 어떤 우선순위 체계보다 더 정확하고 적응성이 있는 것이라고 증언했다. NIPF는 가장 시급한 정보요구가 다루어지고 정보요구와 실제 정보활동 간의 괴리가 빠르게 파악되도록 하기 위해 분석 및 수집 자원과 직접적으로 연결되어 있다. 또한 NIPF는 5년 예산 주기의 계획을 세우는데 사용된다. 다른 증언들에 따르면, NIPF 내 각각 주제들이 관련된 정보운영자를 갖고 있어서 이들로 하여금 수집요구를 결정하는 것을 도와주도록 한다는 것이다. NIPF는 전체 정보공동체의 기능적 시각에서 볼 때, 과거의 우선순위 체계보다 더욱 널리 영향력을 갖고, 더 유연한 체계인 것으로 보인다.

모든 우선순위 체계들은 **우선순위 서행**priority creep 문제를 반드시 다루어야만 한다. 사안들은 우선순위 체계에서 올라갈 수도 있고 내려갈 수도 있다. 문제는 사안들이 더 높은 우선순위가 되어서 기존의 사안들과 경쟁을 하기 전까지 충분한 주의를 받지 못한다는데 있다. 우선순위 서행은 분석관 혹은 정책결정자가 특정 사안들에 대해 더 높은 우선순위를 매기고자 할 때 다른 사안들이 그만큼 주목을 덜 받게 되는 문제가 발생할 수 있다. 우선순위 서행 문제는 어떤 사안의 긴급성이 다소 줄어들었을 때 이 사안이 낮은 우선순위로 쉽게 내려가지 못하면서 더욱 악화된다. 정보분석관이나 정책결정자도 자신이 일하고 있거나 지지하는 특정 사안이 더 이상 중요하지 않다는 것을 쉽게 인정하려 들지 않을 것이다. 이는 모든 정보요구 체계에서 나타나는 문제이다. 즉, 체계는 정적일 수밖에 없다. 비록 정보요구들이 NIPF처럼 6개월에 한 번씩 주기적으로 재검토되고 재조정되더라도, 이는 곧 현 상황에 뒤처진 것이 되고 만다. 정책결정자들이나 정보관들은 정보요구들과 이들에 활용될 자원들에 대해 결정을 내려야 한다. 그러나 국제관계의 특성상 예기치 않은 사안들이 경고도 없이 발생할 수 있다. 이를 때때로 **특별사안들**ad hocs이라 부른다. 이런 사안이 발생하면 일부 정책결정자들과 정보관들은 다른 높은 순위의 사안들과 경쟁하기 충분할 정도로 기존의 우선순위에 이 새로운 사안을 포함시키는데 노력을 기울인다. 이 경우, 정보자원에 대한 접근성이 위협을 받게 되는 사람들 일부는 기존의 우선순위를 바꾸는 데에 대해 저항을 할 수도 있다. 하지만 모든 특별사안들이 더 높은 우선순위에 해당하는 것은 결코 아니다(일부 정보분석관들은 이를 **특별사안의 횡포**라고 일컫기도 한다). 게다가 모든 특별사안에 계속해서 대응을 하는 우선순위 체계는 곧 우선순위에 대한 통제를 상실하게 되고, 이러한 체계는 곧 붕괴하고 말 것이다. 따라서 약간의 유연성을 가지고 적당한 정도로 체계의 우선순위를 유지할 수 있는 체계는 정보요구의 현실에 대응을 더욱 잘 할 것이다. 정책결정자들은 정보의 우선순위에 대해 1년에 한번조차도 주기적인 검토를 수행할 시간도 없을뿐더러 그럴 의사도 가지고 있지 않다. 그 결과 정적이고, 잠재적으로 이미 구식이 된 요구들, 그리고 정보공동체 스스로 이 요구들을 결정해야하는 것은 정보공동체에게 골칫거리가 될 수 있다.

게다가 만약 정보요구가 현재의 수집체계로 충족될 수 없다면, 기술적 수집체계나 인적 자원을 개발해야 하는데, 이것은 상당한 시간을 요한다. 따라서 정보요구에 대한 불확실성 혹은 일부 정보요구 중 낮은 우선순위들은 수집역량을 개발하는 데 영향을 미칠 것이다.

정보수집

정보수집은 정보요구로부터 직접적으로 파생된다. 모든 사안이 같은 종류의 수집지원을 필요로 하는 것은 아니다. 정보요구는 사안의 성격과 가능한 수집유형에 따라 다를 수 있다. 예를 들면, 사이버 공격 위협에 대한 우려는, 사이버 공격이 영상으로 확인할 수 없기 때문에, 영상정보로부터 도움을 얻지 못할 것이다. 이 경우, 적의 역량이나 의도를 포착할 수 있는 신호정보로부터 많은 정보들이 나올 것이다. 또한 수집은 예산과 자원들이 실행으로 옮겨지는 정보의 첫 번째, 아마도 가장 중요한 국면이다. 기술적 수집은 엄청나게 비싸고, 상이한 형태의 시스템에 따라 상이한 장점과 역량을 보유할 수 있다는 점을 감안할 때, 행정부와 의회는 결코 쉽지 않은 예산 결정을 내려야만 한다. 또한 정부기관들의 필요가 다양하기 때문에 수집방식의 선택은 더욱 복잡해진다.

얼마나 많은 첩보가 수집되어야 하는가? 다르게 말해서 더 많은 수집이 더 나은 정보를 의미하는가? 이런 질문들에 대한 대답은 모호하다. 한편으로는 더 많은 첩보가 수집될수록 필요한 정보가 포함되어 있을 가능성이 높다. 그러나 다른 한편으로는 수집된 모든 것들이 동등한 가치가 있는 것은 아니다. 분석관들은 정말로 필요한 정보를 찾기 위해서 수집된 자료들에서 필요한 것들을 가려내야, 즉 그것을 처리하고 개발해야 하는데, 이는 종종 '밀과 왕겨'의 문제로 비유되기도 한다. 다른 말로 하면, 수집을 증가시키는 것은 진정으로 중요한 정보를 찾는 작업량을 증가시키는 것이다.

적어도 미국 정보공동체에서 볼 수 있는 흥미로운 현상은 각기 다른 분석집단들이 서로 다른 종류의 정보를 선호할 수도 있다는 점이다. 예를 들어, CIA는 이것이 CIA 활동의 소산이기 때문에 은밀한 인적정보(간첩활동)에 더 많은 비중을 둘 수 있다. 다른 한편으로 다른 모든 출처의 분석관들은 신호정보를 더 강조해왔다.

처리와 개발

기술적 수단(영상, 신호, 시험 데이터 등)에 의해 수집된 정보는 곧 바로 이용될 수 있는 형태로 전달되지 않는다. 이와 같은 정보는 복잡한 디지털 신호에서 이미지로 변환되는 과정, 즉 처리 과정을 거쳐야 하며, 그 이후에는 영상일 경우 분석되고, 신호일 경우는 해독되고 쉬운 언어로 다시 해석되는 과정인 개발exploitation이 뒤따라야 한다. 처리와 개발은 기술적으로 수집된 첩보를 정보로 전환하는데 있어 중요한 단계이다.

미국에서는 언제나 처리하고 개발할 수 있는 것보다 훨씬 많은 양을 수집하곤 한다. 게다가 행정부와 의회는 처리나 개발에 요구되는 체계와 인적 자원보다 기술적 수집체계에 대해 언제나 큰 호의를 베풀어 왔다. 이러한 이유 중 하나는 다분히 감정적인 것이다. 예를 들면, 비슷한 상황이 국방예산 형성과정에서도 존재한다. 하원 군사위원회 위원장1985~1993이자 국방장관 1993~1994이었던 아스핀Les Aspin; 1985~1993은, 행정부와 의회 모두 작전과 이미 구매한 시스템들이 잘 운영되도록 이들을 유지하는 것보다는 신무기를 구매하는 것과 같은 조달에 더 관심을 보인다는 점을 발견했다. 신무기를 구입하는 것이 의회나 행정부의 정책결정자들과 국방사업 계약자들에게 더 매력적인 것이기 때문이다. 작전이나 유지는 비록 중요하긴 하지만 상대적으로 덜 흥미롭고 매력적이다. 수집은 조달과 비슷하기 때문에 처리나 개발보다 훨씬 더 관심을 끌게 된다.

수집을 옹호하는 사람들은 수집이 정보의 기반이며 수집이 결여된 전체 기획은 거의 의미가 없다고, 대개 성공적으로, 주장해왔다. 또한 수집은 기술적 체계를 설계하고 뒤이은 체계들을 공급하기 위해 로비하는 회사들(주계약자와 수많은 하청계약자들) 사이에서도 지지를 확보하고 있다. 다른 한편으로 처리와 개발은 정보공동체의 '내부' 활동이다. 비록 이들 후속활동들(수집 이후 단계들) 역시 기술에 의존하긴 하지만, 계약자의 이윤을 놓고 볼 때 후속활동에 활용되는 기술은 수집체계에서 활용되는 기술과 같은 범주에 속하는 것은 아니다.

수집과 처리/개발 간에 여전히 벌어지고 있는 커다란 불균형은 엄청난 양의 정보가 사용되지 못하는 결과를 낳는다. 이들은 단순히 버려진다. 따라서 처리와 개발의 옹호자는 처리되고 개발되지 않은 이미지나 신호는 애초에 수집되지 않은 첩보와 마찬가지라고 반론한다. 즉, 그것은 아무런 영향력을 갖지 못한다는 것이다.

수집과 처리/개발 사이에 적합한 비율이라는 것은 존재하지 않는다. 부분적으로 비율은 사안, 활용 가능한 자원, 그리고 정책결정자의 요구에 따라 달라질 수 있다. 하지만 미국 정보공동체에 정통한 많은 이들은 이 두 단계 사이의 관계가 매우 불균형하다고 생각한다. 정보를 감시하는 의회 내 위원회들은 이 불균형 상태에 대해 계속해서 우려를 표명하면서, 정보공동체가 처리와 개발에 더 많은 돈을 써야 한다고 주장해 왔다. 이를 TPED 문제라고 칭한다. TPED는 착수tasking, 처리processing, 개발exploiting, 배포disseminating를 의미한다. 착수는 수집관들에게 특정 업무를 할당하는 것이다. TPED의 네 부분 중에서 착수와 배포는 정보공동체나 의회에게 그리 큰 문제는 아니지만, 처리와 개발 부분에 있어서의 상대적 취약은 의회에게 심각한 사안이다.

분석과 생산

현용정보와 장기정보 간에는 종종 일상적이면서 심각한 갈등이 존재한다. 현용정보는 정책결정자들의 안건들의 중심에 있고 당장 이들의 관심을 끄는 사안들에 초점을 맞춘 것이다. 반면, 장기정보는 현재 제일 중요한 안건 목록에는 있지 않더라도, 현재 관심을 기울이지 않게 되면 나중에 중대 사안이 될 수 있는 사안들을 다룬다. 두 종류의 정보를 준비하는데 필요한 기술은 동일하지 않으며, 정책결정자들에게 배포하기 위해서 사용될 수 있거나 사용되어야 하는 정보생산물 역시 동일하지 않다. 그러나 현용정보와 장기정보 사이에는 미묘한 관계가 존재한다. 수집과 처리/개발의 관계에서처럼, 반드시 50/50은 아니더라도 그 비율이 적절한 균형을 이루는 것이 목표가 된다.

여러 다른 분석집단들이 동일 사안을 분석하는 경쟁적 분석 시스템은 어느 정도의 분석비용을 수반한다. 비록 본질적으로 한 가지 사안에 대해 서로 상이한 견해를 이끌어내는 것이 목표이긴 하지만, 이 시스템에 의해 작성된 정보공동체의 생산물은 지적 타협에 의한 최저 수준의 공통언어를 쓴다는 것과 더불어 집단사고에 압도될 위험을 안고 있다. 또한 사안이 얼마나 위급하고 중대한가와 상관없이, 별도의 견해를 유지하는 것만이 여러 기관들의 유일한 목적이 되어 버리기 때문에 무의미한 **각주전쟁**footnote wars으로 빠질 수 있다.

분석관들은 수집 우선순위를 판단하는 것을 도와주는데 핵심적인 역할을 담당해야 한다. 비록 미국은 분석관들과 이들이 의존하는 수집체계 간의 관계를 개선시키기 위해서 일련의 기관들과 프로그램들을 만들어왔지만, 이 둘 사이의 연결 관계가 특별히 강하고 대응적인 경우는 결코 없었다. 이 관계를 개선시키는 것이 국가정보우선순위구상^{NIPF}의 목적 중 하나이다. 분석적 요구들에 대응하여 수집가들이 행동을 취하고 이 이상으로 독자적 혹은 기회주의적으로 행동하지 않는, 즉 분석적으로 수행되는 수집이 이루어지는 것이 이상적인 관계가 될 것이다.

분석관들의 훈련과 사고방식 또한 중요하다. 분석관들은 내부적으로나 그들의 확고한 직업적 신념과 과거 업무에 비추어 볼 때, 모순되는 정보를 종종 취급해야만 한다. 분석관들이 이러한 모순적 정보를 다루는 방식은 그들의 훈련, 그리고 검토 과정을 포함한 좀 더 광범위한 분석체계의 특성에 달려있다.

마지막으로 분석관들이 지적으로 별 볼일 없는 사람들이 아니라는 점을 깨닫는 것이 중요하다. 이들도 야망을 가질 수 있으며 자신들이 다루는 사안이 어느 정도 큰 주목을 받기를 원할 것이다. 그렇다고 이들이 관심을 끌기 위해 지적으로 부정한 방법에 의지할 것이라고 암시하는 바는 아니지만, 이러한 가능성은 정보공동체 내의 고위층과 정책결정자들이 반드시 유념하고 있어야 한다.

배포와 소비

정보를 생산자로부터 소비자로 전달하는 과정인 배포는 대부분 정형화되어 있다. 정보공동체는 정보공동체가 다루는 소비자와 보고서 종류를 커버하기 위한 '생산 라인'을 구비하고 있다. 생산 라인은 급변하는 중요 사건에 관한 공보로부터 1년 또는 그 이상 걸리는 연구보고서에까지 다양하다.

대통령 일일 브리핑. 대통령 일일보고$^{PDB:\ President's\ Daily\ Brief}$ 참모들은 매일 아침 대통령과 최고위급 대통령 자문위원들에게 PDB를 제공한다. PDB는 CIA 기능 중의 하나였으나 현재 DNI의 업무가 되어있다. PDB는 각 대통령의 기호에 맞추어 그 서식이 변해왔다.

고위 정보보고. 지난 수십 년 동안 국가정보일일보고National Intelligence Daily로 불렸던 고위 정보보고SEIB: Senior Executive Intelligence Brief는 워싱턴 D. C.에서 근무하는 수백 명의 고위관료들을 위해 CIA가 다른 정보생산자들과의 협조 하에 작성하여 제공하는 조간정보신문이다. 사본은 행정부뿐만 아니라 의회의 정보관련위원회에도 배포된다.

군사정보요약. 이론적으로 모든 기관들이 내용에 참여할 기회를 갖고 있기에 전체 정보공동체의 생산물이라 할 수 있는 SEIB와는 달리, 군사정보요약MID: Military Intelligence Digest은 국방정보국DIA이 작성한다. MID는 주로 국방부 정책결정자들을 위해 생산되지만, 이는 행정부에도 배포된다. 따라서 별도의 사안과 아마도 차별성 있는 분석을 제공한다는 점에서 MID는 SEIB의 다른 한쪽 상대가 된다. SEIB와 MID는 각각의 주요 독자들의 특정 관심사뿐만 아니라 일부 동일한 사안들을 다루기도 한다. 국무부의 정보조사국INR 역시 자신의 장관조조요약SMS: Secretary's Morning Summary을 오랜 기간 만들어 왔다. 2001년에 INR은 자신의 주요 정책소비자들과 의사소통하기 위해 기존의 SMS가 아닌 다른 수단들에 의존하기로 하면서 SMS 생산을 중단했다.

국가정보평가. 국가정보평가NIE: National Intelligence Estimates는 현재 DNI 통솔 하에 있는 국가정보회의NIC를 구성하는 국가정보관들NIOs의 책임업무이다. NIE는 전체 정보공동체의 견해를 대변하며, NIE가 완성되어 합의를 거친 후에는 대통령과 다른 고위 관료들에게 제출되기 위해 DNI의 결재를 받는다. NIE의 초안은 몇 개월이 걸릴 수도 있고 1년, 혹은 그 이상이 걸릴 수도 있다. 특수국가정보평가SNIEs: Special NIEs는 좀 더 긴급한 사안들을 신속하게 처리하기 위해 작성된다.

PDB, SEIB, MID는 모두가 적어도 하루나 이틀 전의 사건들과 현재 다루어지고 있거나 며칠 내에 다루어질 사안들에 초점을 맞추는 현용정보이다. 반면, NIE는 사안의 향후 방향을 평가(예측이 아님)하기 위한 장기정보이다. 이상적으로 NIE는 가까운 미래에 중요해질 가능성이 있는, 그리고 범 정보공동체 차원의 판단에 도달할 수 있도록 충분한 시간이 있는 사안들에 초점을 맞출 수 있도록 예측 가능해야 한다. 그러나 이 같은 이상적 상황이 항상 나타나지는 않으며, 어떤 NIE는 이미 정책결정자들의 안건에 있는 사안들에 대한 것이기도 하다. 만약 이 사안들이 현시점의 분석을 필요로 한다면 이는 다른 분석 전달수단이나 SNIE를 통해서 배포된다.

다음은 배포과정에서 정보공동체가 반드시 다루어야 할 쟁점들이다.

- 날마다 수집되고 분석되는 많은 자료 중에서 어떤 것이 보고할만한 중요성을 지니는가?
- 최고위급, 또는 하위 정책결정자 중 누구에게 보고되어야 하는가? 다수에게 혹은 소수에게 보고되어야 하는가?
- 얼마나 신속하게 보고되어야 하는가? 즉시 전달이 요구될 정도로 긴급한가 아니면 다음날 아침 정책결정자가 보고를 받을 때까지 기다려도 되는가?
- 다양한 정보소비자들에게 얼마나 자세하게 보고되어야 하는가? 보고는 얼마나 길어야 하는가?
- 가장 효과적인 보고 방식은 무엇인가? 생산 방식중의 하나인 메모인가, 브리핑인가?

정보공동체는 위의 쟁점들에 대해 관습적인 방식으로 결정을 내린다. 이 결정에는 다수의 요인들이 있으며, 상충하는 목표들 간에 상호교환이 이루어진다. 이상적으로 정보공동체는 계층적 접근을 활용하는데, 이는 동일한 정보를 광범위한 범위의 정책결정자들에게 다양한 정보생산물을 사용하여(그 형식과 상세한 정도를 달리해서) 전달하는 것을 말한다. 이러한 결정은 정보공동체가 각 정책결정자들의 선호사항과 요구에 대한 이해를 반영해야 하며, 행정부의 교체에 맞춰 조정되어야 한다.

정보과정에 관한 대부분의 논의는 소비단계를 포함하지 않는데, 왜냐하면 정보가 일단 완성되면 전달된다고 보기 때문이다. 그러나 이러한 접근 방법은 정보과정 전체를 통틀어 정책공동체가 담당하는 핵심적 역할을 무시하는 것이다.

피드백

정책공동체와 정보공동체 간의 의사소통은 정보과정 내내 불완전하다. 이것이 가장 명확히 나타나는 경우는 바로 정보가 배포된 이후이다. 이상적으로 정책결정자들은 정보생산자들에게 어떤 내용이 유용했고 무용했는지, 어떤 분야의 정보가 계속해서 필요한지 혹은 좀 더 강조되어야 하는지, 그리고 어떤 부분을 축소해도 되는지 등에 관해 지속적으로 피드백을 주어야 한다.

그러나 현실적으로 정보공동체는 희망하는 만큼의 피드백을 자주 받지 못하고, 물론 체계적 방식의 피드백은 더더욱 받지 못하는데, 여기에는 여러 가지 이유가 있다. 첫째, 정책공동체에서는 이런 유형의 반응을 생각해 보거나 전달할 시간을 갖는 사람이 거의 없다. 그들은 무엇이 잘 되었는지 또는 잘못 되었는지 숙고할 시간을 거의 갖지 못한 채 다음 사안으로 옮겨간다. 또한 피드백이 필요하다고 생각하는 정책결정자들도 거의 없다. 그들이 전달받고 있는 정보가 정확하게 그들이 필요한 것이 아닐 때에도, 통상적으로 정보생산자에게 이를 알리려고 애쓰지 않는다. 피드백을 제공하지 못하는 것은 정책결정자들이 정보요구를 명확히 하는데 도움주기를 거절하거나 그럴 역량이 없는 것과 같다.

정보과정에 대한 고찰

개념상으로나 구조화된 원칙상으로나 정보과정은 그 중요성이 매우 크기 때문에 정보과정이 작동하는 방식과 이를 개념화시키는 최선의 방식에 대해 고찰하는 것은 의미가 있다.

CIA가 발간한 '정보소비자의 안내서(A Consumer's Handbook to intelligence)'에 있는 다음의 도표 4-2는 완전주기 perfect cycle 로서 정보주기 intelligence cycle를 묘사한다. 맨 위에서 시작하여 정책결정자들은 계획과 방향을 제시하고, 정보공동체는 정보를 수집한다. 그 뒤 정보는 처리/개발, 분석/생산되어 정책결정자들에게 배포된다.

도표 4-2 정보과정

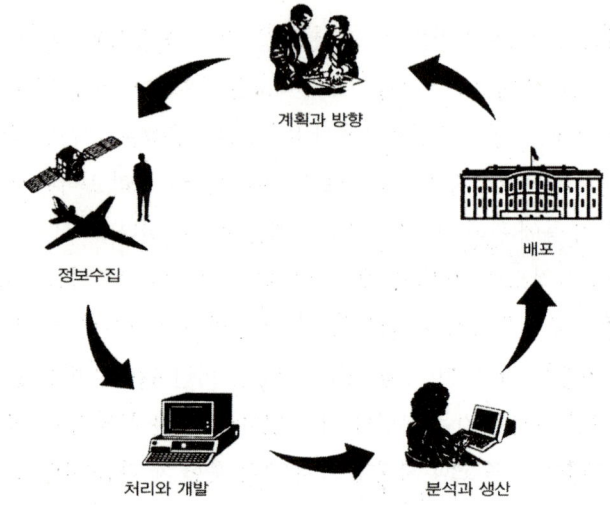

출처: Central Intelligence Agency, *A Consumer's Handbook to Intelligence* (Langey, Va.: Central Intelligence Agency; 1993).

비록 간략하게 도식으로 나타낸 것에 불과하지만, 도표 4-2는 일부 측면들을 잘못 해석하고 있고 많은 다른 측면들을 놓치고 있다. 첫째, 이 도표는 지나치게 단순하다. 위의 도표는 순환되는 완전한 주기를 보여주는데, 이는 정보과정에서 발생하는 많은 변형들을 놓치고 있다. 또한 위의 도표는 너무 일차원적이다. 정책결정자들은 정보과정 중간 중간에 이의를 제기하고 이에 대한 해답을 구하려 한다. 피드백은 위 도표에 나타c나 있지 않고, 정보과정이 한 주기 내로 완성되지 못할 수 있다는 것을 보여주지 못한다.

좀 더 현실적인 도표는 정보과정의 어느 단계라도 이전의 단계로 되돌아가는 것이 가능할 뿐만 아니라 때때로 필수적이라는 것을 보여주는 것이다. 초기에 수집된 첩보들이 만족스러울 정도가 아니라는 것이 드러나면 정책결정자들은 정보요구를 변경할 수 있다. 처리와 개발 혹은 분석 단계에서 문제가 생긴다면, 새로운 수집이 요청될 수도 있다. 그 이후 단계에서도 소비자들은 정보요구를 바꿀 수 있고 더 많은 정보를 요구할 수도 있다. 그리고 피드백 단계

도표 4-3 체계적 정보과정

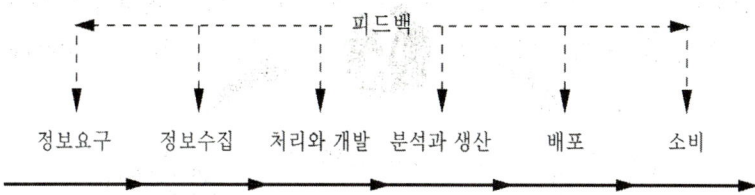

도표 4-4 다층적 정보과정

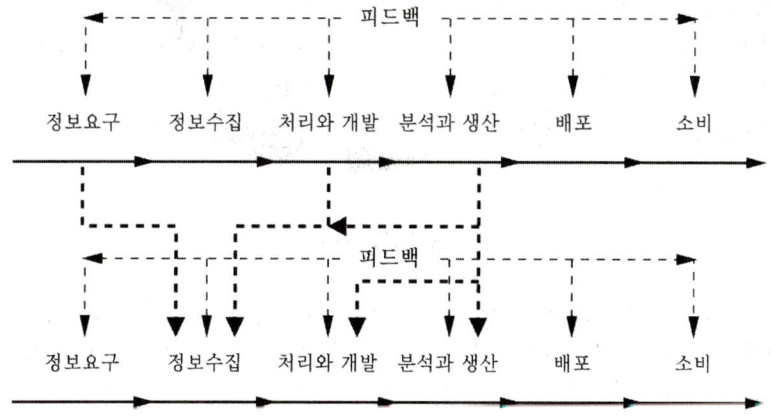

에서 정보기관의 관료들은 피드백을 이따금 받을 수도 있다.
　도표 4-3은 이와 같은 불완전한 주기를 보여준다. 비록 이 도표가 도표 4-2 보다 낫다고 하더라도 이 도표 역시 여전히 일차원적이다. 불충분하거나 변경된 정보요구 혹은 수집요구에 대응하기 위해 이전 단계로 되돌아갈 필요가 있다는 점을 도표 4-3가 보여주고 있지만, 정보과정을 제대로 묘사하기 위해서는 이보다 더 많은 것들이 도표를 통해 드러나야 할 것이다. 도표 4-4는 어떻게 정보과정에 대한 사안들(더 많은 정보수집에 대한 요구, 처리에 있어서 불확실성, 분석결과, 그리고 변화하는 요구)이 발생하여, 또 다른 정보과정 혹은 심지어 세 번째의 정보과정을 유발하는지를 보여준다. 정보과정의 다양한 부분에 있어서 지속적인 변화가 되풀이 되고, 정책 사안들이

제4장 정보과정-거시적 시각 | 87

단순한 하나의 순환체계에서 해결되는 경우는 별로 없다. 이 도표는 이전의 표들보다 좀 더 복잡하다. 도표 4-4는 일직선이면서도, 순환적이고, 동시에 모든 것이 변경되기도 하는 정보과정의 작동 방식을 더 명확히 보여준다.

주요 용어

각주전쟁footnote wars
배포dissemination
분석과 생산analysis and production
소비consumption
수집collection
우선순위 서행priority creep

정보요구requirement
처리와 개발processing and exploitation
특별사안ad hocs
특별사안의 횡포tyranny of the ad hocs
피드백feedback
하위 부문 활동downstream activities

더 읽을거리

미국에서의 정보과정은 그 기초단계와 형태에서 너무 관례화되어 있어서, 종종 유기적 전체로서 분석적으로 기술되지 않는다. 이 읽을거리들은 좀더 광범위한 기초하에 이 과정들을 고찰하려는 몇 안되는 문헌들이다.

Central Intelligence Agency. *A Consumer's Handbook to Intelligence*. Langley, Va.: CIA, 1993.

Johnson, Loch. "Decision Costs in the Intelligence Cycle." In *Intelligence: Policy and Process*. Ed. Alfred C. Maurer and others. Boulder, Colo.: Westview Press, 1985.

―――. "Making the Intelligence 'Cycle' Work." *International Journal of Intelligence and Counterintelligence* 1 (winter 1986~1987).

Krizan, Liza. *Intelligence Essentials for Everyone*. Joint Military Intelligence College, Occasional Paper No. 6. Washington, D.C.: Government Printing Office, 1999.

5

정보수집과 수집방법

수집은 정보활동의 기본이다. 정보수집활동은 성경 여호수아에서 스파이에 관한 기록이 나와 있을 만큼 오래되었고, 그 이래로 계속 관련 기록이 있어 왔다. 수집이 없는 정보활동이란 단지 추측에 불과한 것이다. 대부분의 국가들은 그들이 필요로 하는 정보를 수집하기 위해 다양한 방법을 사용하는데, 그 수집방법은 수집하고자 하는 정보의 성격과 그것을 수집할 수 있는 능력, 두 가지 요소에 의해 영향을 받는다. 정보를 수집하는 다양한 방식은 **수집방법**Collection Disciplines 또는 INTs로 불린다. 이 장은 정보수집방법을 결정하는데 영향을 미치는 요소와 더불어 다양한 정보수집방법의 장단점을 탐구해 보기로 한다.

특히 군대에서 수집은 ISR로 불리는데 이는 정보intelligence, 감시surveillance, 정찰reconnaissance을 의미한다. 이 용어는 다음 세 가지의 상이한 유형의 활동을 포함한다.

- 정보: 수집에 대한 일반적인 용어
- 감시: 목표 지역 혹은 단체에 대한 체계적인 관찰, 대체로 장기간 동안 이루어진다.
- 정찰: 목표에 대한 첩보를 획득하기 위한 임무, 때때로 일회성 시도도 이루어진다.

정보수집에 대한 주요 주제

정보수집방법에 대해서는 다양한 주제와 사안이 존재하고, 이들은 정보수집에 대하여 토론하고 결정하는 요소로 작용한다. 이러한 주제들은 수집활동이 "무엇을 수집할 것인가?" 또는 "그것을 수집해야만 하는가?"에 대한 문제 이상의 것을 포함한다고 지적한다. 정보수집활동은 수많은 의사결정이 필요하고 여러 강조점들을 갖는 매우 복합적인 정부활동이다.

예산. 대부분이 인공위성에 의존하는 기술적 수집체계는 매우 많은 비용을 필요로 한다. 이러한 수집체계와 프로그램은 정보예산 중 상당한 비중을 차지한다. 따라서 다양한 수집체계를 동시에 운용하는 것은 항상 그 비용에 의해 제약을 받게 된다. 여러 다른 유형의 수집방법(예를 들어 영상 대 신호)들이 서로 다른 유형의 인공위성을 활용하기 때문에 정책결정자들은 이들 사이에서 쉽지 않은 결정을 내려야 한다. 또한 인공위성을 발사시키기 위해서는 엄청난 비용을 필요로 한다. 인공위성이 크면 클수록 궤도로 진입시키기 위해서 보다 큰 로켓이 필요하다. 최종적으로, 처리와 개발P&E 없이 수집활동은 무의미하므로 P&E에 드는 비용 역시 전체 수집활동 예산에 포함되어야 한다. 그럼에도 불구하고, 수집체계를 설립하는 사람들은 이러한 비용을 종종 간과하는 경우가 있다.

냉전시대에는 기술적 수집을 위해 드는 비용은 거의 문제가 되지 않았다. 소련에 관한 정보를 수집하기 위해서는 다른 방법이 없었다는 점과 소련의 위협에 대한 인식으로 인해 기술적 수집체계의 고비용은 어려움 없이 받아들여졌다. 또한 정책결정자들은 수집된 정보를 다루기 위해 필요한 처리와 개발보다 수집체계를 더 강조했다. 그러나 탈냉전 시대에 주된 잠재적 위협요소가 사라지면서, 수집비용은 중대한 정치적 쟁점이 되었다. 또한 2001년 9·11 테러사건 당시, 기술적 방법을 통한 수집으로 테러리스트들의 목표들을 효과적으로 감지하지 못했고, 이로 인해 인간정보의 활용이 상대적으로 중요시되면서 기술적 수집체계의 효용성에 대한 의문이 더욱 활발히 제기되었다.

의회가 정보활동에 영향을 미치고 이를 통제하는 주된 수단 중 하나가 예산이라는 점에서 예산은 매우 중요한 사안이다. 냉전시대에는 의회가 정보수집요구를 지지하였으나 1990년대 중반 이후 일부 변화가 일어나기 시작했다. 예를 들면, 하원 정보위원회는 보다 소규모의 영상인공위성의 사용을 주장했는데, 이는 보다 많은 유연성을 가질 수 있고, 제작과 발사비용을 줄일 수 있었기 때문이다. 또한 이 위원회는 수집활동과 P&E 간의 균형 문제(처리/개발되는 것보다 너무 많은 양의 정보가 수집되는 문제)를 바로잡고자, TPEDs (착수, 처리, 개발 및 배포)의 중요성을 강조했다. 그러나 TPEDs 문제는 여전히 남아 있고, 새로운 수집체계들이 개발되고 이로 인해 수집역량이 향상되면서 이 문제는 오히려 더 악화되고 있다.

체계 설립에 필요한 기간. 모든 기술적 수집체계들은 매우 복잡하다. 이들은 요청된 자료를 수집, 저장하고, 이 자료를 처리될 수 있는 장소로 보내야 한다. 비록 우주에 위치하는 기술적 수집체계가 더욱 가혹한 도전을 이겨내야 하지만, 지상에 있든, 우주에 있든 모든 체계들은 어려운 조건을 견딜 수 있도록 튼튼해야 한다. 현재 활용되고 있는 수집역량들이 얼마나 만족스러운가와 상관없이, 새로운 체계를 설립하려는 데에는 몇 가지 동기가 있는데, 그들은 수집역량을 향상시키기 위한 것, 새로운 기술을 활용하기 위한 것, 마지막으로 변화하는 정보 우선순위에 대응하기 위함이다.

기술상의 문제는 새로운 체계를 설립, 착수시키는데 필요한 시간에 있어서 어렵고도 중요한 요소이다. 의사결정이 난 시점에서 실제 사용에 이르기까지는 10년에서 15년까지 걸릴 수 있다. 새로운 체계를 설립하자는 결정을 내리는 것은 때로는 수년에 이르는 추가 시간을 포함한다. 왜냐하면 정보기관들과 정책 소비자들이 어떤 정보요구가 우선순위를 갖는지, 어떤 기술들이 발전되어야 하는지, 그리고 제한된 예산 내에서 서로 경쟁하는 체계들 사이의 균형이 어떻게 이루어져야 하는지에 대해 토론을 거쳐야 하기 때문이다.

의사결정 시간을 포함시키지 않더라도 새로운 체계를 수립하고 착수하는 데에 걸리는 시간으로 인해 다음과 같은 현상이 나타난다. 체계설립이 완성되었을 때, 여기에 사용된 기술은 이미 신기술이 아닌 것이 될 수 있으며, 정보 우선순위 또한 이미 변했기 때문에 이 체계가 다룰 수 없는 사안들이 발생할 수도 있게 된다. 통상적인 방식으로 수집역량을 향상시키기로 결정했다면, 체계 발전을 빠르게 성취할 수 있는 지름길은 사실상 존재하지 않는다. 또한 위의 문제들이 있음에도 불구하고, 기존의 방식이 대개 최선의 방식이었다.

수집활동의 시너지효과. 복수의 수집방법을 사용하는 주요 이점 중의 하나는 단일의 수집체계 또는 수집방법은 다른 체계들이 무엇을 더 수집할 수 있는지에 대해 단서를 제공해줄 수 있다는 점이다. 중요한 정보요구사항에 대해서는 하나 이상의 수집방법이 사용된다. 또한 수집체계들이 상호 협조적으로 고안되었을 때 수집체계는 효과적으로 작동될 수 있다. 미국 정보공동체의 목적은 모든 출처의 정보all-source intelligence 또는 혼합정보fusion intelligence(각 출처의 미비점을 보완하고 다양한 출처를 사용함으로써 얻을 수 있는 장점을 위해 가능한 많은 수집 출처에 근거한 정보)를 생산하는 것이다. 국가정보국장DNI은 "완성된 정보는 가능한 모든 출처의 정보에 기반하고 있다"는 점을 확실히 할 책임이 있다. 앞의 문구는 다소 이상하고 모호하게 들릴 수 있다. 왜냐하면 이 문구는 하나의 이슈에 모든 출처all sources를 사용해야 하는지, 아니면 다른 우선순위의 정보를 고려하여 특정 이슈에 활용할 수 있는 출처만 모두all the sources 사용해야 하는지 양자의 의미를 갖기 때문이다. 모든 출처의 정보는 심도 있는 수집을 의미한다. 동시에 이는 수집운영자들에게 폭넓은 수집을 하도록 함으로써, 비록 어떤 사안에 대해 깊이는 떨어지더라도 광범위한 문제를 다루게 한다.

이러한 수집활동의 시너지효과의 대표적인 사례는 1962년 쿠바 미사일 위기 사건이다. 비록 분석관들은 흐루시초프Nikita Khrushchev 소련 수상이 쿠바에 중거리 미사일을 배치하는 것과 같은 위험한 행동을 감행하려 한다는 것을 뒤늦게 알았으나, 정보공동체는 다양한 수집방법을 활용했다. 쿠바에 있는 반(反)카스트로Fidel Castro 쿠바인들은 미사일이 배치되고 있다는 신뢰할 만한 최초의 증거들을 미국에게 제공했다. 한 첩보원은 서부 쿠바에 있는 4개의 도시로 둘러싸여 있는 사각형 지대 상공에 U-2기를 보내 얻은 자료를 제공했다. 미국과 영국 정보기관에 포섭된 첩보원인 펜코프스키Oleg Penkovsky 소련 대령이 소련의 기술 자료를 미국에 제공했듯이, 이 영상정보 imagery는 미사일기지의 상태와 완성되기까지의 대략적인 기간에 대한 결정적인 정보를 제공했던 것이다. 영상정보와 해군부대는 거의 완성된 기지로 미사일을 운반하는 소련 함정의 위치에 대한 첩보를 제공하였다. 최종적으로 펜코프스키는 소련의 전략군의 상황에 관한 중요하고 신빙성 있는 첩보를 미국에 제공함으로써 미국의 군사력 우위를 밝혀주었다.

진공청소기 문제. 기술적 수집체계에 정통한 사람들은 종종 정보 수집체계를 현미경이 아니라 진공청소기Vacuum Cleaner라고 말한다. 수집체계는 상당량의 첩보를 쓸어 모으는데, 이 중 실로 찾고자 하는 정보들이 포함될 수 있을 것이다. 이는 때로는 '밀과 왕겨wheat versus chaff' 문제로 표현되곤 한다. 월스테터Robert Wohlstetter는 그녀의 저서 『진주만: 경고와 결정(Pearl Harbor: Warning and Decision)』에서 우리가 얻고 알고자 하는 신호들은 종종 주변의 많은 소음에 묻혀 있다고 언급하면서 이 문제를 '소음과 신호noise versus signals'로 표현하고 있다.

어떠한 비유를 사용하든 간에 이 문제는 동일하다. 즉, 기술적 수집활동은 덜 정확하다는 것이며, 이는 처리와 개발P&E의 중요성을 강조한다.

그 다음 문제는 수많은 첩보 속에서 어떻게 필요한 정보를 찾아내느냐 하는 것이다. 하나의 대안은 입수되는 정보를 분석하는 분석관의 수를 늘리는 것이겠으나, 이는 보다 많은 예산을 필요로 하게 된다. 또 다른 가능한 대안은, 비록 별로 바람직한 것은 아니지만, 첩보를 적게 수집하는 것이다. 그러나 첩보를 적게 수집할 경우, 이 속에 필요한 정보가 있다고 보장할 수는 없을 것이다.

처리와 개발의 불균형. 영상 혹은 신호정보에서 수집되는 양과 처리/개발되는 양 사이에 큰 불균형 상태가 존재한다. 부분적으로 이와 같은 불균형은 수집되는 양이 그만큼 많다는 것을 나타낸다. 또한 이는 정보공동체와 의회가 수년간 예산 결정에 있어서 처리/개발 부분을 향상시키는 것보다는 새로운 수집체계의 수립을 선호해 왔음을 보여준다. 국방부에 따르면, 국가안보국^{NSA}은 650만 건의 사건들을 매일 기록하는데, 이는 만 건 가량의 보고서가 작성된다는 것을 의미한다. 비록 가장 중요한 첩보가 처리되고 개발되도록 하는 수단들이 존재하지만 중요한 이미지나 메시지가 무시될 가능성이 있다. 국방부는 모든 수집첩보를 단일 저장소에 모은 뒤에 분석관들이 선택한 첩보를 처리하는 방안을 강구하고 있다. 이론상 이와 같은 방안은 필요한 첩보들만이 처리되고 분석된다는 이야기인데, 이는 분석관들이 첩보를 그저 받는 것이 아니라 그들이 스스로 필요한 첩보를 찾아야 하는 부담을 가중시킬 수 있다. 현재 CIA는 디지털 영상이나 비디오 영상을 자동적으로 조사하여 영상 도서관에 저장되어 있는 내용과 같은 세부사항(예를 들면, 자동차)을 찾아낼 수 있는 기술도입을 검토하고 있다. 그러나 이러한 안들은 핵심적인 것이 되지 못한다. 왜냐하면 수집된 수많은 첩보 중에서 필요한 정보를 추출하는 기회를 가지기 위해서는 처리와 개발에 보다 많은 인력과 예산을 투입해야 하기 때문이다.

수집 우선순위의 경쟁. 수집원 또는 첩보원의 수가 한정되어 있기 때문에 정책결정자는 경쟁적인 수집요구사항 중 선택을 해야만 한다. 우선순위를 정하기 위해서 다양한 체계를 사용하고 있으나, 어떤 이슈들은 보다 시급한 것으로 보이는 문제들 때문에 불가피하게 건성으로 다루어지거나 완전히 무시될 수도 있다.

정책결정자와 이들을 대신하는 일부 정보관들은 특정 사안에 대해 보다 많은 수집을 요구한다. 그러나 기술수집활동과 인간수집활동 그 어느 면에서라도, 이 수집요구들은 비탄력적인 체계 내에서 만들어지는 것이다. 어떤 수집요구사항이 충족된다면, 이는 다른 수집사안 혹은 수집요구가 충족되지 못하고 있다는 것을 의미한다. 즉, 이는 제로섬^{zero-sum}게임이다. 이러한 이유로 초기부터 우선순위체계를 세우는 것이 필요하다. 더욱이 이 체계는 예비의 역량을 갖고 있지 못하며, 수집체계(항공기, 무인항공기, 선박 등)나 첩보원들이 비상시를 대비하여 예비로 대기 중에 있지도 않다. 비록 추가적인 인공위성이 이미 만들어졌다 하더라도 이를 발사하는 데에는 적절한 크기의 로켓, 동원가능한 발사대 및 다른 부대장비들이 필요하다(소련은 이와 다른 수집 모델을 사용했다. 소련의 위성들은 미국의 위성들만큼의 생명주기를 갖지 못했다. 위기가 발생하면, 소련은 현용 수집 자산들을 추가적이고 대개 단명한 위성들로 대체했는데, 그들은 발사대와 함께 항시 준비되어 있었다). 마찬가지로, 한 명의 첩보원이 새로운 임무를 위해 파견되는 것은 쉬운 일이 아니다. 필수적인 증명서들을 갖춘 가장신분을 만들 필요가 있고, 훈련도 필요하며, 다른 준비도 많이 해야 한다. 이처럼 수집활동 자원을 탄력적으로 활용하기 어렵기 때문에 수집우선순위체계를 항상 최적의 상태로 유지하는 것은 어려운 일이다.

새로운 상황 혹은 긴급 상황에 처할 경우, 수집활동 자원의 이동 혹은 비이동 문제는 언제나 뒤늦게 깨닫게 되었다. 예를 들면, 1998년 5월에 새로 들어선 인도정부는 선거공약대로 핵무기 실험을 재개했다. 미국 정보기관에서는 이 실험준비를 사전에 인지하지 못했다. 그 결과, 퇴역한 제레미아 David Jeremiah 제독은 핵무기 확산방지라는 어려운 사안에 대한 정보공동체의 수행활동을 검토하도록 CIA의 테넷 국장으로부터 요청을 받았다.

제레미아는, 인도정부가 핵실험을 하겠다는 의도를 공개적으로 보였기에 비밀수집활동이 필요하지 않았다면서 좀 더 나은 정보활동이 가능했었다는 점을 포함해 몇 가지 검토결과를 보고했다. 그러나 그는 임박한 핵실험 징후를 파악할 수 있었던 정보수집 자산들이 주한 미군사령관의 요청에 따라, 한국의 비무장지대 DMZ에 집중되어 있었다고 지적했다. 국가안보국 NSA의 한 국장이 언급한 것처럼, 1990년대 후반 한국의 DMZ는 미국이 전쟁을 수행할지 안할지를 그 어느 누구라도 결정할 수 있는 지구상에서 유일한 장소였다. 비록 한국의 DMZ는 끊임없는 관심의 대상이었지만, 1998년 짧은 기간 동안에는 인도의 핵실험 활동에 더 높은 우선순위가 부여되었어야 했을 것이다.

수집활동에 있어 '공으로 모여들기' 문제. 수집활동을 운영하는데 있어서 발생하는 주요 문제 중 하나는 '공으로 모여들기swarm ball'라고 알려진 현상이다. 이는 모든 수집원들 혹은 첩보수집 기관들이 중요하다고 생각하는 사안의 첩보들을 수집하려는 경향을 일컫는다. 이 경향은 수집된 첩보들이 이 사안에 유용한 무엇인가를 제공하는지, 혹은 적합한 유형의 수집방식을 제공하는지와 별 관련이 없다는 데에 문제가 있다. '공으로 모여들기' 문제는 어린이들이 축구하는 방식, 즉 두 팀 선수들이 자신이 맡은 위치와 상관없이 공으로 모두 몰려드는 모습과 유사하다고 해서 붙여진 용어이다. 이 문제는 대개 우선순위가 높은 사안들과 연관이 되어 왔다. 예를 들면, 만약 우선순위가 높은 사안이 적대국의 사이버 공격 능력이라면, 비록 영상정보수집 운영자들이 이 사안에 대해 공헌을 하고 싶다 하더라도, 영상정보에 의해 얻을 수 있는 것은 거의 없다. '공으로 모여들기' 충동이 있는 것은 명확하다. 즉, 수집원들은 자신이 공헌을 하고 있는지와 상관없이, 중요사안에 매달림으로써 자신이 가치가 높은 사안에 대해 일하고 있다는 것을 보여줄 수 있다. 이는 이후에 논의될 예산할당에 있어서 중요하다.

'공으로 모여들기'를 해결하는 방법에는 두 가지가 있다. 첫째, 특정 사안과 우선순위에 합당한 정보수집방식INTs에 대한 합의에 도달해야 한다. 둘째, 합의사항은 엄격하게 실행되어야 하고, 사안의 중요성이 있으나 해당 정보기관에 적합하지 않기 때문에 수집을 하지 않았다고 해서 처벌을 받지 말아야 하며, 필요한 정보를 수집할 수 있는 사안에 초점을 맞추는 것을 인정해야 한다.

출처와 수집방법의 보호. 정보수집역량의 상세내용 뿐만 아니라 일부 수집역량은 그 존재 자체가 가장 중요한 기밀사항이다. 미국에서는 출처와 수집방법의 보호를 위해 비밀등급 분류를 한다. 이는 전체 정보공동체의 주된 관심사항 중 하나이며, 그 임무는 법에 의해 국가정보국장에게 부여되어 있다.

여러 수준의 분류등급이 첩보의 민감성 혹은 수집방법을 고려하여 결정된다(분석상자 "왜 비밀분류를 하는가?" 참조). 자국의 수집역량이 노출될 경우, 수집대상 국가들이 수집활동을 방해하기 위한 조치를 취하는 등 수집체계를 효과적으로 무력화할 것이라는 우려로 인해 비밀분류가 운영되고 있다. 그러나 비밀분류의 등급에는 비용이 요구되는데, 어떤 것은 재정적인 비용을 필요로 한다. 경비, 금고, 정보전달의 특별수단 등 물리적 보안을 위해서는 상당한 비용이 필요하다. 또한 비밀분류가 된 정보가 일부에게 허용되는 경우, 각 개인들에 대한 보안검사 비용도 여기에 포함된다(상세한 것은 제7장 참조).

비밀분류체계를 비판하는 사람들은 분류체계가 부적절하게 사용되고 때로는 일부 자료의 등급을 너무 높게 설정하거나 일부 자료를 불필요하게 비밀로 분류하는 등 뒤죽박죽으로 사용된다고 주장한다. 또한 정보공동체가 자신의 실수 또는 실패, 심지어 범죄까지도 은폐하기 위해 비밀분류 체계를 남용할 수도 있다는 우려가 존재한다.

비밀분류체계의 비용과 그것의 잠재적인 오용 이외에, 출처와 수집방법을 보호할 필요성 때문에 정책의 도구로서 정보를 활용하는 것이 제한되기도 한다. 예를 들면, 1950년대 후반 흐루시초프는 핵실험의 일시적 중지를 파기했으며 소련의 점증하는 전략핵무기를 과시하였다. 소련군에 대한 영상정보를 접한 아이젠하워Dwight D. Eisenhower 대통령은 미국의 전략적 우월성을 알고 있었다. 그러나 출처와 수집방법을 보호하기 위해서 아이젠하워 대통령은 소련의 허위 과시에 아무런 대꾸도 하지 않았다. 소련의 주장에 대항하기 위해 미국이 영상정보를 노출했다면 그 결과는 어떠했을까? 만약 미국이 영상정보를 노출했다면, 소련은 거기에 자극을 받아 무기를 더 증강하려는 노력을 했을까? 과연 그것이 소련의 외교정책에 심각한 타격을 주었을까? 비록 미국의 인공위성과 U-2기가 자국의 상공위에서 활동하

· "왜 비밀분류를 하는가?" ·

미국의 비밀분류 체계를 비판하는 많은 사람들은 비밀분류가 너무 자유롭게 사용되고, 정당하게 정보를 필요로 하는 다른 이들이 정보에 접근하는 것을 막는다고 주장해왔다.

그러나 비밀분류가 활용되는 방식에는 다음의 합리성과 타당성이 존재한다. 비밀분류는 만약 정보가 누설될 경우 생길 수 있는 피해로부터 그 타당성이 도출된다. 따라서 정보수집과 관련한 비밀분류의 존재이유는 첩보의 중요성과 첩보출처의 취약성(만약 노출될 경우 대체하기가 어려운 출처)에 근거를 두고 있다.

가장 흔하게 이용되는 비밀분류등급은 2급비밀SECRET이고, 그 다음으로 1급비밀TOP SECRET이다. 3급비밀CONFIDENTIAL은 거의 사용되지 않는다. TOP SECRET 내에는 1급비밀/코드명TOP SECRET/CODEWORD 구획 – 출처에 따른 특정 집단의 정보를 의미 – 이 있다. 각 등급의 비밀분류 혹은 구획에 접근하는 것은 특정 유형의 첩보를 알 필요가 있다고 공인된 개인이 되어야 가능하다.

행정명령 13292(2003.3.25)에 의한 각각의 비밀분류 등급의 현재 정의는 다음과 같다.

· 3급비밀CONFIDENTIAL: 승인되지 않은 노출이 국가안보에 피해damage를 초래할 것으로 예측되는 첩보
· 2급비밀SECRET: 승인되지 않은 노출이 국가안보에 심각한 피해serious damage를 초래하리라 예측되는 첩보
· 1급비밀TOP SECRET: 승인되지 않은 노출이 국가안보에 매우 중대한 피해exceptionally grave damage를 초래하리라 예측되는 첩보

고 있다는 것을 소련이 이미 알고 있었다 하더라도, 과연 영상정보의 유출이 미국의 정보역량에 영향을 미쳤을까? 이러한 질문들은 답변할 수가 없지만, 이 같은 문제가 가지는 특성에 대해 잘 말해주고 있다.

최근 들어 미국의 정보공동체는 미국의 동맹국이 아닌 국가들과의 협력을 포함해, 탈냉전 시기 군사활동을 목적으로 한 정보출처와 수단을 보호

하기 위한 관심을 증대시키고 있다. 미국은 동맹국 사이에서조차 정보공유의 등급을 매기고 있는데, 영국과 가장 긴밀한 정보협력관계를 유지하고 있고, 그 다음으로는 호주와 캐나다가 뒤를 잇고 있다. 비록 위의 영연방 우방국들과의 관계보다는 못하지만 다른 북대서양조약기구NATO 국가들과도 긴밀한 정보관계를 유지하고 있다. 그러나 보스니아에서와 같은 최근의 작전들은 러시아, 우크라이나와 같이 미국이 여전히 의심을 품고 있는 국가들과의 군사작전을 포함해 왔다. 이러한 경우, 작전 자체를 위해서 뿐만 아니라, 작전 중 군사 파트너의 행위나 무위로 인해 미군이 위험에 빠지는 상황을 방지하기 위해, 첩보출처와 수단을 보호하기 위한 필요성은 정보를 공유할 필요성과 균형을 이루어야 한다.

2002, 2003년에 이라크 해방 작전을 몇 개월 앞두고, 정보공유 문제가 다시 제기되었다. 미국과 영국은 그들이 이라크의 대량살상무기WMD 활동에 대한 정보를 UN 사찰단에 제공할 것이라고 말했으나, 모든 정보를 제공할 것이라고는 말하지 않았다. 테넷 CIA국장은 미국이 UN 사찰단과 완전한 협력을 하고 있다고 말했으나, 이후 CIA가 미국이 105개의 의심스러운 무기 장소들 중 84 곳에 대한 정보만을 UN 사찰단과 공유했었다고 밝히면서 논쟁이 발생했다. 의회의 일부 의원들은 이 같은 정보공유가 정보공유 수준에 대해 합의된 정도에 미치지 못하는 것이라고 생각했다.

인공위성의 한계. 모든 인공위성은 물리적 원리에 의해 한계를 가진다. 대부분의 궤도비행체계는 특정목표에 대해 단지 제한된 시간 동안에만 가동될 수 있다. 지구를 순회할 때마다 인공위성들은 조금씩 다른 패턴을 보이면서 움직인다(인공위성들은 지구 중력권 내에 갇혀 있기 때문에 지구의 운행에 맞춰 움직인다. 따라서 인공위성의 궤도는 순회할 때마다 서에서 동으로 움직인다). 더욱이, 인공위성은 예측 가능한 궤도를 유지하면서 비행한다. 인공위성의 발사와 초기 궤도에 관한 기본적인 지식에서 나오는 궤도를 통해 인공위성의 향후 위치를 알 수 있다. 일부 사람들과 기관들은 여러 가지 이유로 이러한 인공위성의 비행첩보를 공표하고자 시도한다. 이러한 첩보가 공개되면, 인공위성이 상공에 없을 때에만 국가들이 비밀로 유지하기를 원하는 활동을 전개함으로써 결국 수집활동을 피하기 위한 조치를 취할 수 있게 된다는 것이다.

정지 궤도 상에 있는 인공위성은 항상 지구의 동일지점 상공에 머무른다. 그러나 이렇게 하기 위해서 인공위성은 지상 22,000 마일 이상의 상공에 있어야 한다. 이 경우, 수집체계와 대상목표 간의 먼 거리로 인해 수집된 정보를 지상으로 전송하는 문제가 발생한다. 수집은 한 점에 이르기까지 자세하게 수행될 수 있으므로, 위에서 언급한 진공청소기 문제가 생긴다. 또한 인공위성들은, 항상 일광에 있기 위해 지구의 자전과 일치하여 움직이는, 즉 태양동기궤도 sun-synchronous orbit에 위치해 있을 수 있다. 하지만 이 경우, 궤도가 쉽게 추적될 수 있다. 따라서 태양동기궤도는 국가 영상정보 인공위성 보다는 상업위성에 더 적합하다.

난로연통문제. 정보실무자들은 종종 수집의 '난로연통 stovepipes' 문제에 관해 언급하곤 한다. 이 용어는 첩보수집의 두 가지 특징을 말해주고 있다. 첫째, 영상정보 IMINT, 신호정보 SIGINT, 징후계측정보 MASINT 등 모든 기술적 정보수집방법과 비기술적 인간정보 수집방법 HUMINT은 시작에서 끝까지, 즉 수집으로부터 배포까지 이르는 '파이프라인'을 형성하는, 즉 하나의 과정을 갖는다(공개출처정보 OSINT는 제외). 둘째, 수집방법들은 서로 분리되어 있고 때로는 서로 경쟁한다. 어떤 수집방법이 정보요구에 가장 적합한가에 상관없이, 각종 정보수집방식 INTs은 주로 자신의 예산을 유지하기 위한 수단으로 서로 경쟁적으로 수집을 하려 한다. 종종, 특정 사안에 적용 가능한지와 관계없이, 여러 수집방법들이 수집요구에 대응하려 한다. 그 결과 공으로 모여들기 swarm ball 현상이 발생한다. 미국 정보체계 내에서 이러한 여러 수집방법들을 조율하도록 다양한 직위가 만들어졌고 공개토론도 개최되었으나, 모든 수집방법들에 대한 최종적인 통제권을 행사하는 개인은 존재하지 않는다. 2004년 정보법안에 대한 청문회에서 국가지형조사정보국 NGA과 국가안보국 NSA의 통제권을 놓고 중앙정보국장 DCI과 국방부 사이에 긴장이 발생했다. 두 기관(NGA, NSA) 모두 그 명칭이 의미하듯이 국가정보기관들이고 국가정보국장DNI의 통제 하(청문회 당시는 DCI의 통제 하)에 있다. 하지만 NGA와 NSA는 또한 국방부 조직이기도 하고 전투지원 기관들로서 만들어졌기 때문에 이는 국방장관에게 어느 정도의 통제권이 있음을 의미한다. DNI를 신설한 이 법안은 이 부분을 명확하게 해결하지 못했다. 따라서 난로연통들은 완전하지만 개별적이고 분리된 절차로 되어 있다.

정보관들은 때때로 '난로연통 속의 난로연통'에 대해 언급하곤 한다. 특정 수집방법 내에 있는 분리된 프로그램들과 과정들 또한 서로 다소 독립적으로 일하며 서로의 활동에 대한 통찰력을 갖고 있지 않다. 결국 서로 다른 프로그램들이 경쟁하는 결과를 낳을 것이고 수집활동에 영향을 미칠 것이다. 부분적으로 보면, 이는 보안을 이유로 여러 프로그램들을 나눈 자연스런 결과이나 난로연통 문제를 더 악화시킨다.

요약하면, 난로연통 문제는 여러 수집방법들 사이에서 큰 시너지 효과를 얻고자 하는 기대에 정면으로 배치된다.

첩보의 불명확함. 정보과정의 목표 또는 이상적 상황 중 하나는 분석적으로 유도된 수집이 이루어지는 것이다. 이는 수집의 우선순위가 분석관들의 정보요구를 반영해야 한다는 것을 뜻한다. 더 나아가 이는 분석관들이 정책결정자가 어떤 우선순위를 갖고 있는지에 대해 이해하고 있다는, 때로는 잘못된, 예측을 반영한다. 그러나 현실에서 수집 및 분석 공동체들은 이상적인 상황처럼 활동하지 못한다. 이상과 현실 사이의 괴리 중 가장 심각한 것은 고참분석관을 포함해서 많은 분석관들이 갖고 있는 다음의 시각이다. 분석관들은 수집체계가 블랙박스여서 도무지 간파할 수 없다고 생각한다. 분석관들은 수집업무에 대한 결정이 어떻게 내려지는지, 무엇이 어떤 이유로 수집되는지, 혹은 자신들이 첩보를 받게 되는 방식 등에 대해 실제로 아는 바가 없다고 말한다. 결국 많은 분석관들에게 수집과정은 불명료하고 불가사의하다. 단순히 이를 한 전문가 집단이 다른 전문가 집단의 방식을 이해하지 못하는 것으로 생각할 수도 있다. 그러나 이 같은 괴리는 수집에 중대한 영향을 주는 것으로서, 종종 분석관들은 자신들이 수집에 아무런 영향력을 갖지 못하거나, 출처가 어디든 간에 자신들이 받은 첩보들이 다소 무작위적이고 우연의 것이라는 생각을 하게 된다. 이러한 시각은 정보공동체가 수집에 대해 분석관들을 교육시키는 데에 많은 시간을 들이면서도 별 성과를 보지 못한다는 점에서 중대한 문제이다. 분석관들이 수집에 대해 명료치 못한 인식을 갖게 되면, 결국 분석관들이 유도하는 수집은 이루어질 수 없다. 수집체계를 완전히 이해하지 못하면서 수집업무를 어떻게 할당할 것인지를 알기는 어려운 것이다.

거부과 기만. 대상 국가가 상대편의 첩보수집 역량에 대한 지식을 활용하여 첩보수집을 피하는 것(이를 거부denial라고 한다)의 반대편에는 대상 국가가 동일한 지식을 이용해서 특정 첩보를 흘릴 수도 있다. 이 같은 첩보는 사실일 수도 있고 거짓일 수도 있다(만일 거짓이라면, 이를 기만deception이라고 부른다). 예를 들면, 한 국가는 적의 공격을 억지하기 위한 방편으로 무기를 과시할 수 있다. 이러한 과시는 실제 능력을 나타낼 수도 있고, 또는 군사력이 강하다는 거짓 이미지를 보여주기 위한 것일 수도 있다. 위의 전형적인 사례는 다음과 같다. 소련은 군사 퍼레이드 동안 제한된 수의 전략폭격기들을 모스크바 주위로 계속 비행시키면서 퍼레이드에 참석한 미국인들이 그 수를 중복 계산하도록 유도했다. 이를 통해 소련은 자신의 공군력을 과장하고자 했다. 영상정보IMINT활동을 기만하기 위해 허위로 모조품을 사용하거나, 신호정보SIGINT활동을 기만하기 위해 거짓 교신을 하는 것도 이런 범주에 속한다. 제2차 세계대전 당시 연합군은 독일로 하여금 연합군이 노르망디Normandy가 아닌 까레Calais를 침투할 것이라는 관심을 갖도록 하기 위해 노르망디 상륙 날짜에 앞서 이런 수법을 사용했다. 연합군은 모조 탱크와 위장교신으로 가장하면서 패튼George S. Patten 장군이 지휘한다는 가상 침략군을 만들어 적을 기만했던 것이다.

정보공동체는 거부와 기만D&D 분야에 계속해서 많은 자원을 할당해 왔다. 정보관들은 어느 국가들이 D&D를 실행하고 있는지를 파악하고, D&D

를 가능케 한 첩보들을 이 국가들이 어떻게 구했는지 알아내려 하며, 그리고 나서는 D&D에 대비한 방책을 강구한다. 미국의 첩보출처와 수집방법에 대해 더 많은 정보가 공개적으로 이용가능해지면서, D&D는 수집활동에 있어서 이전보다 더 큰 장애가 되고 있다.

그러나 D&D는 분석적으로 복잡한 사안이고 조심스럽게 다뤄져야 한다. 예를 들면, D&D를 수행하는 잠재적으로 적대적인 국가가 신무기체계를 개발하고 있다고 가정해보자. 수집관들이 이를 찾아내기 위해 가능한 업무를 추진했지만 찾아낼 수가 없다. 그 이유는 무엇인가? D&D때문인가? 아니면 이 같은 첩보를 수집할 수 있는 체계가 없기 때문인가? D&D 때문에 필요한 첩보를 수집하지 못했다고 단순히 말할 수는 없을 것이다. 신무기 개발을 하고 있지 않는 무고한 국가와 훌륭한 D&D 기술을 활용해서 무기개발 첩보가 새어나가지 않게 하는 국가 모두 관찰자들에게는 똑같이 보인다. 따라서 D&D를 분석할 때에는 자기기만self-deception의 함정이 항상 도사리고 있다(정보공동체 내 재치 있는 누군가가 이를 두고 다음과 같이 표현했다. "우리는 성공적인 기만 활동을 발견한 적이 없습니다.").

탈냉전 세계의 정찰활동. 미국의 정보수집방법은 주로 소련(광활한 영토, 잦은 악천후, 오래 유지되어 온 비밀과 기만 수법을 갖고 있는 폐쇄사회)이라는 목표에 침투하는 데에 따르는 어려움에 대처하기 위해 개발되었다. 이와 동시에 소련에 대한 주요 관심사인 군사역량은 대규모의 지원 인프라시설을 보유하고 규칙적으로 운영되었기 때문에, 즉 광대한 지역에 걸쳐 파악 가능한 기지들이 있었기에 첩보수집 문제가 다소나마 완화될 수 있었다.

미국이 탈냉전 시대의 정보문제를 다루기 위해 냉전 시대의 광범위한 수집체계를 필요로 하고 있는가? 한편으로 보면, 미국에 대한 위협은 줄어들었다. 다른 한편으로는 정보 목표 대상들이 과거보다 더욱 분산되어 있고 지리적으로 이전 보다 더욱 상이해졌다. 또한 마약, 테러, 및 국제범죄 등과 같은 초국가적 사안이라고 불리는 몇몇 주요 정보이슈들은 소련이나 기타 전통적인 정치, 군사 관련 정보문제를 다루기 위해 만들어진 기술적 수집역량에 포착될 가능성이 상대적으로 낮다. 이러한 많은 현행 수집목표들은 지리적으로 한 장소에 고정되어 있지 않고, 수집기회를 제공하는 광범위한 인프라시설도 없는 비국가 행위자nonstate actors들이다. 미국의 역량이 부족한 지역에서 이러한 초국가적 사안들이 발생한다고 하더라도, 앞으로 미국은 인간정보HUMINT를 더 많이 필요로 할 것이다.

상공 영상정보 역량은 상업적으로 변했다. IKONOS, LANDSAT, SPOT 및 다른 인공위성들은 상공 영상정보 부문에서의 미국과 러시아의 독점을 종식시켰다. 그 어떤 국가 혹은 초국가적 단체도 상업자들에게 영상을 주문할 수 있다. 그들은 자신의 실체를 드러내지 않기 위하여 위장된 간판을 내세우기도 한다. 이 상업적 체계의 역량은 이 사업을 시작한 사람들 및 정보기관들에 의해 아직 충분히 숙고되지 못했다. 긍정적인 측면으로 상업적 영상정보는 진실로 어려운 목표들을 위해 만들어진 수집체계를 비밀에서 해제시킴으로써 정보를 수집할 수 있는 기회를 제공한다. 반면, 부정적인 측면으로 영상정보의 최종 사용자들이 위장을 함으로써 적대국가들 혹은 테러리스트들이 자신들에게 유용한 영상을 획득할 수도 있다. 인공위성이 찍고자 하는 것을 과연 누가 통제할 것인가에 대한 문제는 이스라엘 지역의 영상촬영을 제한시키려 하는 미국 정부 내 관료들과 상업적 인공위성 서비스를 하고 있는 사람들 사이에 이미 이슈가 되어 있다. 미국의 상업적 영상정보 활용의 급격한 변화는 아프가니스탄 군사작전2001~ 동안 일어났다. 이 변화는 각각의 관련 사안들에 영향을 미쳤고, 정보공동체와 상업적 인공위성 제공자들 사이의 새로운 관계를 제시했다.

마지막으로 공개출처정보OSINT가 빠른 속도로 성장하고 있다. 폐쇄적이었던 소련의 붕괴는 거부목표denied targets 지역을 상당히 줄였다. 한 정보전문가에 의하면, 냉전 기간 중 소련에 관한 첩보 중 80%가 비밀이었고 20%가 공개되었으나, 탈냉전 기간에는 러시아의 경우 그 비율이 정반대로 되었다고 한다. 이론적으로 공개출처정보의 이용가능성이 더욱 커짐으로써 정보기관들의 업무가 보다 쉬워져야 한다. 그러나 정보기관은 비밀사항을 수집하기 위해 조직되었기에 공개출처첩보를 수집하는 것은 정보기관의 존재와 전적으로 관련된 활동은 아니다. 따라서 정보공동체는 공개출처정보를 수집체계의 하나로 편입시키는데 많은 어려움을 겪어왔다. 더욱이 정보공동체는 공개출처정보 활동이 정보기관의 창설 목적에 위배되는 것처럼 보이기 때문에 공개출처정보에 대해 조직상의 편견을 갖고 있다(제2차 세계대전 당시 전략정보국OSS은 연구와 분석Research and Analysis이라는 공개적으로 활동하는 부서를 보유하고 있었지만, 이 부서는 전후 정보공동체의 활동에 아무런 영향을 미치지 못했다).

정보수집방법의 장점과 단점

정보수집방법Collection Disciplines들은 각각 장점과 단점을 갖고 있다. 그러나 장단점, 특히 단점을 평가할 때 기억해야 할 중요한 점은 바로 이러한 평가를 통해 중대 사안에 가능한 많은 수집방법이 활용될 수 있게 하고자 함이다. 이를 통해 수집관들은 다른 방법의 단점을 보완할 수 있는 개별 수집방법 역량의 증진과 서로 다른 수집방법의 상호 강화를 통해 많은 이익을 얻을 수 있어야 한나.

영상정보. 영상정보IMINT는 PHOTINTphoto intelligence라고도 불리는데, 이는 미국이 남북전쟁 기간1861~1865에 기구를 이용하여 병사를 이동시키는 데에 잠시 사용되었던 방식의 유산이라 할 수 있다. 제1차 세계대전1914~1918과 2차 세계대전1939~1945 시에는 양 진영이 사진을 획득하기 위해 항공기를 이용했다. 항공기는 여전히 사용되고 있으나, 현재 여러 국가들은 영상정보 인공위성을 활용하고 있다. 미국의 국가정찰국NRO이 이러한 인공위성들을 개발했다. 국가지형공간정보국NGA(2003년까지 국가영상지도국NIMA이었다)은 영상정보의 처리와 개발에 대한 책임을 지고 있다. 일부 영상정보는 무인항공기UAVs와 같은 국방부의 공수체계airborne systems를 통해서도 생산된다.

NGA는 영상정보imagery보다는 지형공간정보geospatial intelligence 혹은 GEOINT

라는 용어를 선호한다. NGA는 GEOINT를 '지구상에서 관찰될 수 있거나 알려져 있는 것들 중 국가안보에 중요성을 갖는 특정 대상 - 자연물이든 인공물이든 - 에 대한 첩보'라고 규정한다. 예를 들면, 어떤 도시의 사진은 강, 호수 등의 자연물을 포함하고, 건물, 도로, 다리 등의 인공물을 포함하며, 수도, 전기, 가스 등의 설비라인과 교통라인 등을 위의 영상에 덧붙일 수 있다. 이에 따라 더 완벽하게 만들어진 사진은 더 많은 가치를 갖는 정보가 될 것이다.

영상정보라는 용어는 대부분의 사람들이 카메라와 같은 광학체계에 의해 생산되는 사진이라고 생각한다는 점에서 다소 오인되고 있다. 일부 영상정보는 통상 전자광학EO: electro-optical으로 불리는 광학체계에 의해 생산되고 있다. 초기 인공위성은 캡슐로 투하되어 수거 후 복원될 수 있는 필름을 적재하고 있었다. 현대의 인공위성은 영상을 신호 혹은 데이터 스트림 등으로 전환하여 수신하는데, 이는 수신 후 다시 영상으로 복원된다.

적외선 영상정보IR: Infrared imagery는 관찰되고 있는 대상의 표면에 의해 반사되는 열을 이용하여 영상을 만들어낸다. IR은 뜨거운 물체(예를 들면, 탱크 속의 엔진이나 격납고 내의 항공기 등)를 찾아낼 수 있는 능력을 제공한다. 또한 영상정보는 구름을 투시하여 볼 수 있는 능력을 갖고 있는 레이더에 의해서도 생산될 수 있다. 다중분광 영상정보MSI: multispectral imagery 또는 초미세분광 영상정보HSI: hyperspectral imagery로 알려진 체계들은 분광분석을 통해 영상을 만든다. 이 영상들은 그 자체로 사진은 아니지만, 일부는 보이고 일부는 보이지 않는 빛의 스펙트럼 전체에 걸쳐 있는 여러 띠bands로부터 나오는 반사에 의해 생산된다. 이들을 통상적으로 징후계측정보MASINT: measurement intelligence라고 한다.

영상에 의해 제공되는 상세함의 정도를 해상도라고 한다. 해상도는 영상에서 구분할 수 있는 최소한의 물체를 말하는데, 그것은 크기로 표현된다. 영상정보 체계를 구상하는 사람들은 해상도와 찍히는 장면의 크기 사이에서 일종의 거래를 해야 한다. 즉, 해상도를 좋게 할수록, 촬영되는 장면은 작아지는 것이다. 분석관들이 희망하는 해상도는 대상목표의 특성과 원하는 정보의 유형에 따라 다르다. 예를 들면, 1미터 해상도는 인공물 혹은 지상의 미묘한 변화들을 꽤나 상세하게 분석할 수 있다. 반면, 10미터 해상도는 일부 상세한 부분을 나타내지 못하지만, 큰 장치(설비)의 정찰과 관련된 활동 혹은 건물의 유형 판별이 가능하다. 20미터에서 30미터 해상도는 더 넓은 범위의 지역을 커버하며 공항, 공장, 기지와 같은 대규모 복합시설들의 판별이 가능하다. 따라서 해상도는 분석관들의 필요에 따라 적절하게 조정되어야 한다. 다시 말하면, 일부 경우에는 해상도를 높게 하는 것이 올바른 선택이 되고 다른 경우에는 그렇지 못하다.

냉전 시기에 해상도는 '크레믈린의 주차장에 있는 차의 번호판을 식별할 수 있는 능력'을 가리키는 것으로 종종 알려졌는데 이는 전적으로 부적절한 표현이다. 상이한 수집활동은 서로 다른 해상도를 요구한다. 예를 들면, 대규모 병력배치의 추적은 무기의 적재를 추적하는 것보다 덜 상세한 해상도를 요구한다. 미국 정보공동체는 상자학crateology이란 학문을 발전시켰다(상자학은 첩보위성에서 찍은 상자의 크기와 모양만 보고도 그 상자 안에 어떤 무기가 들어 있는지 알아내는 첨단기법을 의미한다. 사전에 각종 무기 상자와 관련한 방대한 자료를 구비한 후 수퍼 컴퓨터를 동원해 위성사진과 다각도로 비교 분석하는 방식이다 - 역자 주). 상자학을 통해 분석관들은 소련진영 국가의 화물선에 적재 또는 하역되는 상자의 크기나 형태에 대한 정보를 기초로 소련 무기의 적재를 추적할 수 있었다(상자학을 이용한 분석은 적재화물의 특성을 위장하기 위해 의도적으로 잘못된 규격의 상자를 사용하는 방법으로 기만 당하기 쉬웠다).

일부 언론들은 미국의 인공위성이 이제는 10인치의 해상도를 갖고 있다고 말한다. 상업적 영상정보는 크기가 0.5미터(혹은 20인치)인 물체를 식별할 수 있는 해상도까지 가능하다(미국 정부와의 합의에 의해, 상업적 영상정보 제공자들은 0.82미터 즉 32인치 이상의 해상도를 갖는 영상에 한해, 영상정보를 수집한 시점으로부터 24시간이 지나야 이를 배포할 수 있다.).

영상정보수집은 다른 수집방법에 비해 많은 장점을 제공한다. 첫째, 영

캘리포니아의 산디에고(San Diego) 위성사진들은 해상도상의 차이점들을 보여준다(해상도 숫자는 확인이 가능한 가장 작은 물체의 크기를 의미한다). 이 사진들은 상업적 영상 인공위성의 발전을 또한 보여준다. 첫 번째 사진은 25미터(75피트)의 해상도를 갖는다. 언덕과 미션 만(Mission Bay)과 같은 주요 지형을 사진 중후반부에서 확인할 수 있다. 반도 오른편으로 노스 아일랜드 미 해군 항공기지(North Island U. S. Naval Air Station)에 있는 부두, 고속도로, 활주로 등 더 큰 인공물들도 확인할 수 있다.

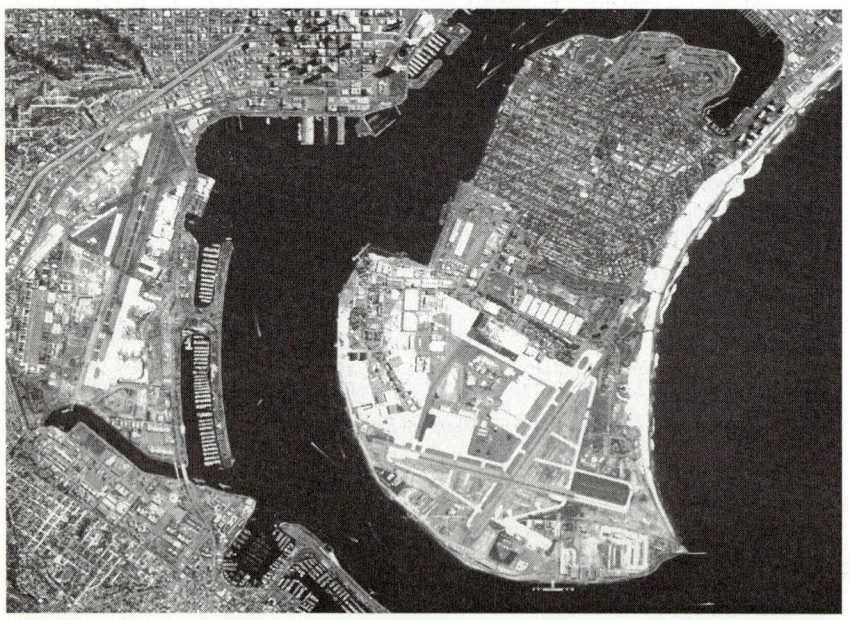

5미터(15피트) 해상도를 이용한 이 사진은 더욱 명확한 영상을 제공한다. 노스 아일랜드와 산디에고 국제공항을 볼 수 있고, 선착장 근처에 일렬로 서 있는 보트들과 미션 만에 보트들이 지나간 자국까지 확인할 수 있다. 사진 위의 중간 부분에 산디에고의 높은 건물들 역시 확인가능하다. 그림자는 이 영상이 아침 중후반에 찍혔다는 점을 나타낸다.

4미터(12피트) 해상도의 사진에서는 개별 건물과 도로가 확인될 수 있고 선착장 근처의 보트들도 판별가능하다. 아래쪽을 보면 크루즈 선박이 부두터미널에 정박해 있다. 부두 위 쪽 주차장에 자동차들도 볼 수 있다.

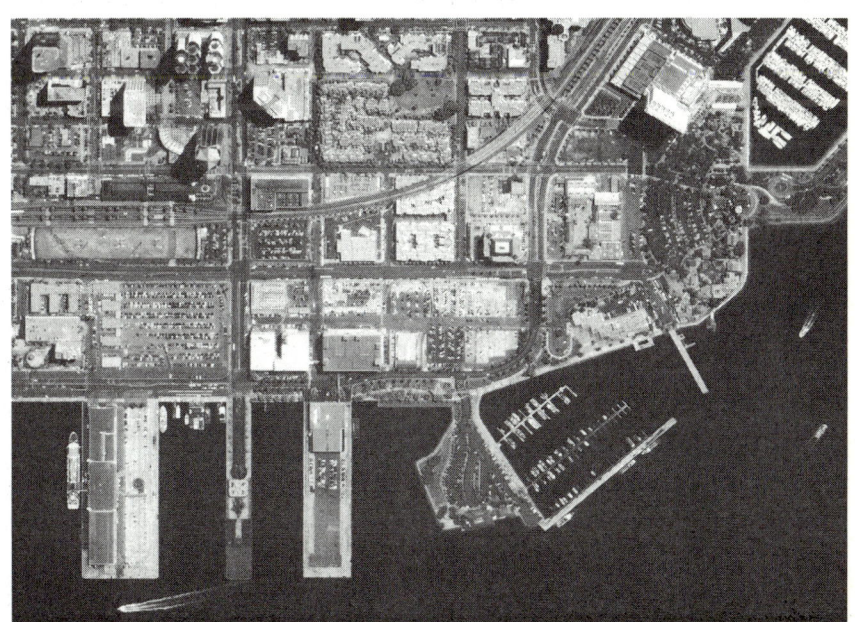

1미터(39인치) 해상도 사진에는 건물들이 눈에 띈다. 주차장과 도로 위에 있는 자동차들을 볼 수 있다. 기찻길이 상단우측에서 대각선 방향으로 뻗어 있는 것이 보인다. 또한 오른쪽 상단에 엠바카데로(Embarcadero) 해상공원에 있는 나무와 도로가 보인다.

사진 제공 : Space Imaging, Inc.

상정보는 대상목표에 대해 현장을 보는 듯 생생하고 흥미를 유발케 한다. 정책결정자들에게 제공될 때, 쉽게 해석될 수 있는 영상정보는 천 마디 말보다 더 유용하다. 둘째, 영상정보는 대체로 정책결정자들에 의해 쉽게 이해될 수 있다. 정책결정자들 중 영상분석관의 훈련을 받은 사람이 거의 없다 할지라도, 이들 모두는 영상을 보고 해석하는 데에 익숙하다. 많은 사람들처럼 정책결정자들은 가족사진부터 신문, 잡지, 뉴스방송에 이르기까지 많은 영상들을 볼 뿐만 아니라 이들을 해석하는데 하루의 일부를 소비하고 있는 것이다. 또한 영상은 그것이 어떻게 입수되었는가에 대한 해석이 거의 필요가 없다는 점에서 정책결정자들이 활용하기가 쉽다. 비록 영상들이 우주로부터 촬영되어, 지구로 전송되고, 현상되는 과정은 35mm 카메라를 사용하는 것보다 복잡하지만, 정책결정자들은 이 과정에 대해 충분히 알고 있기에 이 과정에 대한 신뢰를 갖고 있으며 의심을 두지 않는다.

영상정보수집의 두 번째 장점은 대상목표 그 자체가 영상정보를 가능케 한다는것이다. 대부분의 국가들에서 예상 가능한 지역에서의 정기적인 군사훈련은 영상정보수집에 포착되기 매우 쉽다. 마지막 장점으로, 특정 지역의 영상은 종종 하나의 활동뿐만 아니라 부수적인 활동들에 대한 정보까지 제공한다. 그러나 정보공동체가 흔히 접해온 위에서 언급한 군사 목표들과 테러리즘이 야기하는 위협 간에는 구분이 필요하다. 간단히 말하면, 테러리즘을 다루기 위해서는 보다 작은 규모의 영상정보 대상이 요구된다. 아프가니스탄의 알카에다의 경우와 같이 훈련소들이 건설되어 있을 수도 있지만, 테러단체 조직원들 혹은 네트워크들은 더 작은데다가 덜 정교하며, 기존의 정치, 군사 대상들과 달리 인프라시설을 찾기가 어렵다.

영상정보는 여러 가지 문제점을 지니고 있다. 영상정보의 장점인 현상을 보는 듯 생생한 화질은 장점인 동시에 단점이다. 영상은 흥미를 유발하기 때문에 성급하거나 혹은 잘못된 결정을 하게 하고, 모순적일 수도 있는 미묘한 정보를 배제시킬 수도 있다. 또한 영상에 나타난 정보는 그 자체가 확실하지 않을 수 있다. 따라서 훈련받지 못한 사람은 볼 수 없는 것들을 볼 수 있도록 훈련을 받은 사진 분석관들에 의한 해석이 필요하다. 정책결정자들은 숙련된 분석관들이 정확하다는 믿음을 가져야 한다(분석상자 "사진판독관의 필요" 참조).

영상정보의 또 다른 단점은 영상이 특정 시간, 특정 장소에 대한 사진, 즉 스냅사진snapshot이라는 점이다. 이것은 때때로 '어디서, 언제where and when' 현상이라 칭한다. 영상은 그것이 촬영된 시간when과 장소where에 대해 말해줄 뿐, 그것이 촬영되기 전후에 발생한 것에 대해서 아무 것도 말해줄 수 없는 정적인 정보이다. 분석관들은 어떤 활동의 시작시기를 알아내기 위해 과거의 영상을 살펴보는 부인조사negation search를 수행한다. 이는 컴퓨터가 영상들을 비교하는 과정인 자동변화추출automatic change extraction을 통해 수행될 수 있다. 이후의 활동을 관찰하기 위해 그 지역을 재방문할 수도 있다. 그러나 한 영상으로 이 모든 것이 밝혀지지는 않을 것이다.

영상정보 역량에 대한 상세한 내용이 보다 많이 알려져 있는 경우, 상대 국가들은 수집활동을 기만하기 위해서 위장모조물의 사용과 같은 조치를 취할 수가 있다. 또한 관측이 되지 않는다거나 관측될 위험이 상대적으로 작을 때, 특정 활동을 수행함으로써 수집활동을 회피하기 위한 조치를 할 수도 있다.

테러와의 전쟁으로 영상정보 사용에 있어서 세 가지 중대한 발전이 이루어졌다. 첫째, 정부는 상업적 영상정보의 활용을 대폭 확대하였다. 2001년 10월에 국가지형공간정보국NGA(당시는 국가영상지도국NIMA으로 알려짐)은 IKONOS 위성(The Space Imaging Company가 운영)이 찍은 아프가니스탄의 모든 영상에 대한 독점적이고, 영구적인 권리를 구매했다. 이 인공위성은 0.8미터의 해상도를 갖고 있었다. NGA의 행동은 미국의 전반적인 정보수집 역량을 확장시켰고, 가장 필요한 지역에 대한 더 정교한 영상정보역량을 확보하게 했다. 또한 이러한 상업적 영상정보의 활용으로 미국은 비밀분류 된 역량을 노출시키지 않고 다른 국가들 혹은 대중들과 영상정보를 더 쉽게 공유할 수 있게 되었다. 동시에, 미국은 자국에 적대적일 수 있는 외국정부, 혹은 아프가니스탄 군사작전을 미군의 역량을 파악하기 위

· 사진 판독관의 필요 ·

다음의 두 가지 사건들은, 그다지 난해하지 않은 영상들조차도 해석하는 데에 있어 어려움이 있다는 것을 보여준다.

1962년 소련의 쿠바 미사일 배치 계획에 대한 신호는 종교상징표시와 비슷하다고 해서 '다윗의 별(Star of David)'이라고 불린 특정 도로의 패턴을 찍은 영상에서 나왔다. 훈련 받지 못한 사람들의 눈에 이 영상은 기이한 인터체인지 도로처럼 보이지만, 훈련받은 미국 사진 판독관은 이 영상을 보고 자신들이 이전에 보았던 영상 – 소련의 영상 기지 – 이라 생각했다. 영상을 설명하지 않았다거나, 아마 소련 미사일 기지 사진들을 보여주지 않았다면, 판독관들은 정책결정자들로부터 웃음거리만 되었을 것이다.

1970년대 후반과 1980년대 초반, 쿠바가 제3세계 여러 국가에 해외파견군을 보내고 있을 때, 새로 건설된 야구장들이 해외파견군의 도착을 암시했다. 이 경기장들의 중요성을 이해하기 위해서 정책결정자들은 쿠바 군인들이 여가를 즐길 때 야구를 한다는 것을 알 필요가 있었다. 아마도 판독관들은, 자신들의 해석이 간과되지 않기 위해, 쿠바인들이 얼마나 열성적으로 야구를 즐기는지를 설명하는 보고서와 같이 자신들의 주장을 뒷받침하는 분석을 제공해야 했을 것이다. 이 경우, 새로운 야구장들은 대규모 군대의 집결을 의미할 수 있었다.

한 수단으로 보고 있을지 모르는 외국 정부가 관련 영상정보에 접근하는 것을 방지할 수 있었다. 또한 상업적 영상정보의 구매로 인해 상업적 영상정보가 뉴스 매체에 사용되는 것이 차단되었다. 뉴스 매체의 경우, 상업적 영상정보를 아프가니스탄 군사작전의 수행과 성공을 보도하고 평가하기 위한 수단으로서 활용하고자 했을 것이다.

상업적 영상의 구매가 가져온 부수적인 효과는 셔터 제어shutter control 문제를 회피했다는 점이다. 미국은 미국 회사들이 운영하는 상업적 인공위성들에 대해 국가안보를 이유로 셔터 제어를 부과할 수 있었다. 시민의 자유를 옹호하는 단체들이나 뉴스 매체들이 셔터 제어에 대해 법적인 이의를 제

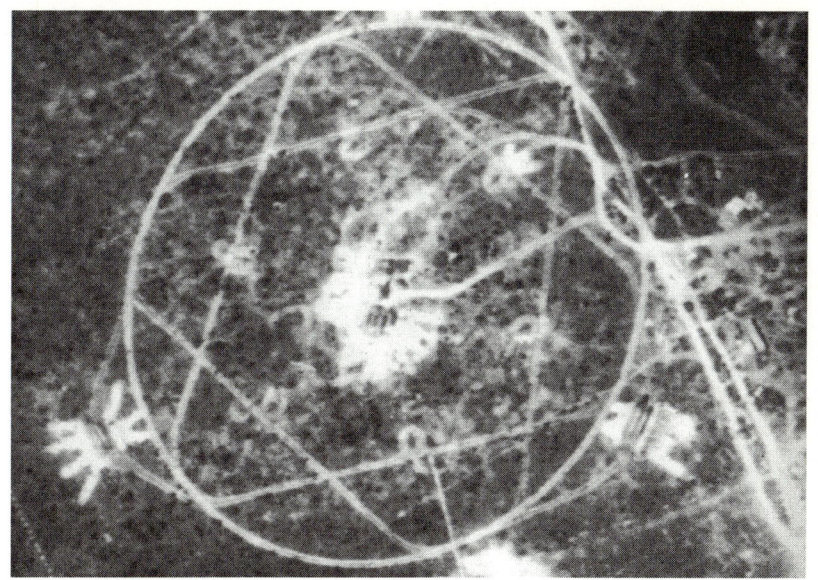

유명한 '다윗의 별(Star of David)' 사진으로서 1962년 쿠바 내 소련 방공기지 사진이다. 사진에서 보이는 독특한 도로 패턴은 이전에 소련 내에서만 발견되었던 것으로서, 이 도로패턴으로 인해 미국 분석관들은 소련의 미사일 배치에 대해 경고를 할 수 있었다. CIA 사진 제공.

기할 것이라는 우려가 발생했다. 만일 이렇게 될 경우, 그 결과는 불투명했었다. 하지만 단지 영상정보를 사들임으로써 NIMA는 이러한 우려에서 완전히 벗어날 수 있었다(프랑스 국방부 또한 아프가니스탄 전쟁 지역에 대한 SPOT 영상 판매를 금지했다. SPOT는 10미터 해상도를 보유한다).

정보활동을 지원하기 위한 상업적 영상정보 활용의 확대는 공식적인 미국 정보공동체의 정책이 되었다. 2002년 6월 테넷George Tenet CIA국장은 '상업적 영상들이 정부지도제작에 주요 자료가 될 것'이라고 말한 바 있다. 상업적 인공위성 이외의 국가소유 위성들은 오로지 예외적인 상황에서만 이 목적을 위해 사용된다는 의미였다. 테넷은 두 가지 목표를 가지고 있었다. 하나는 지도제작보다 더 어려운 첩보수집업무를 위해 더 높은 해상도를 갖는 인공위성을 보유하는 것이었고, 다른 하나는 미국의 상업적 인공위성 역량에 기반을 제공하는 것이었다. 이러한 정책은, 넓은 범위의 요구(군사, 정보, 외교정책, 국토안보와 민간 활용 등)에 응답하기 위해 미국이 상업적 영상정보를 최대한 많이 활용할 것이라고 명시해 놓은 지침에 부시 George W. Bush 대통령이 2003년 4월 서명을 하면서 확대되었다. 다시 말하면, 미국 정부가 보유하는 영상정보수집 체계는 더 어려운 수집업무를 담당하기 위해 보존된다는 의미이다.

셔터 제어 문제와 더불어, 미국정부는 상업적 영상정보의 수집과 배포에 제한을 둘 수 있는 권리를 보유한다(상무부 장관이 미국의 상업적 영상 산업을 규제하고 인가를 내린다. 국무장관과 국방장관은 국가안보와 국외 정책 사안들을 보호하는 것과 관련된 정책을 결정한다). 또한 새로운 정책으로 인해 해외의 상업적 영상을 활용하는 것이 가능해졌다. NGA는 상업적 영상회사들과 2006년까지 0.5미터(1.6피트)의 해상도로 계약을 맺고 있다. 미국의 한 회사는 10인치가 안 되는 0.25미터 해상도로 상무부에 접촉을 시도해왔다.

두 번째 주요 영상정보의 발전은 무인항공기 UAVs에 초점을 맞추어 왔다. 영상정보를 위한 무인항공기의 사용은 새로운 것이 아니지만, 이들의 역할과 역량은 매우 증대해왔다. UAVs는 인공위성과 유인항공기에 비해 두 가지 명백한 이점을 제공한다. 첫째, 인공위성과 달리, 무인항공기는 관심지역 가까이에서 비행할 수 있고, 높은 고도에 있을 필요 없이 이들 지역에 오래 머무를 수 있다. 둘째, UAVs는 유인항공기와 달리, 특히 지대공 미사일 SAM: surface-to-air missile에 의한 인명손실의 위험이 없다는 데에 있다. UAVs는 무인항공기일 뿐만 아니라, 이를 조종하는 사람들이 작전지역에서 심지어 수천마일이나 떨어진 먼 곳에서 조종할 수 있기에 이들은 안전한 곳에 머무를 수 있다. 이들은 인공위성을 통하여 UAVs에 연결된다. 세 번째 이점은 UAVs가 실시간 영상들을 생산한다는 점이다. 이들은 선명도가 높은 텔레비전과 적외선 카메라를 갖고 있다. 즉, 비디오 영상은 처리되고 개발될 필요 없이 즉시 사용이 가능하다.

현재 미국은 두 가지 UAVs에 의존하고 있다. 하나는 프레데터 Predator이고 다른 하나는 글로벌 호크 Global Hawk이다. 프레데터는 시간 당 84~140마일의 상대적으로 느린 속도로 고도 25,000피트까지 비행할 수 있다. 또한 목표로부터 최장 450마일 떨어진 곳에서 발진할 수 있고, 16시간에서 24시간까지 목표 상공위에서 활동할 수가 있다. 프레데터는 실시간 영상정보를 제공하면서 공대지 미사일air-to-ground과 짝을 이뤄왔는데, 목표에 대한 정보를 인근 공군 혹은 지상군에 전송할 필요 없이 목표에 대해 즉각 공대지 미사일 공격을 가능케 한다. 테러와의 전쟁에서 프레데터는 헬파이어 미사일Hellfire missiles(레이저 유도식 대전차 미사일)을 탑재해왔다. 따라서 목표물의 위치가 파악되고 확인이 되면, 즉각적인 공중공격이 가능하다. 프레데터는 예멘에 있는 알카에다 테러리스트들을 상대로 위의 방식으로 활용되었다. 글로벌 호크는 고도 64,000피트까지 비행할 수 있고, 시간당 400마일의 속도를 낸다. 글로벌 호크는 목표물로부터 최장 3,000마일 떨어진 곳에서 발진할 수 있고, 약 24시간 동안 목표물 상공 위에서 활동할 수 있다. 글로벌 호크는 광대한 지역과 지속적인 정찰이 필요한 지역에 활용되도록 만들어졌다.

 2005년 럼스펠드Donald H. Rumsfeld 국방장관은 첩보수집의 중요성과 동시에 UAVs가 탑재하는 미사일의 활용이 가능한 추적사살임무hunter killer mission를 강조하면서, 15개의 프레데터 비행대대(한 비행대대 당 UAVs는 12대)를 5년에 걸쳐 만드는 것에 대해 말한 바 있다.

 크기가 작은 UAVs(일부 UAVs는 2kg 혹은 4.5파운드 정도밖에 되지 않는다)가 많이 개발되고 있는데, 이들은 개인이 운반하고 발진시킬 수 있다. 이 UAVs(때때로 TUAVstactical UAVs라고 부른다)는 프레데터나 글로벌 호크보다 더 좁은 범위에서 활동하며 더 짧은 활동 시간을 갖지만, 전술적 첩보수집에 유용하다. UAV를 옹호하는 사람들 중 일부는, 적대행위 이전에 탐지되지 않고 예상된 적에 가까이 접근해 첩보수집활동을 전개할 수 있는 스텔스 UAVs에 관심을 가져왔다. 이를 비판하는 사람들은 적대행위 이전에 UAVs에 의한 영공침범은 금지되어 있기 때문에(국제법을 위반한 침범이므로), 따라서 스텔스기는 불필요하다고 주장한다.

국방부도 매우 작은 인공위성의 활용을 검토하고 있다. 이들은 때때로 미세위성체microsatellites라고도 불린다. 높이가 약 20인치이고 지름이 41인치이다. 전술적 인공위성(TacSat-1)은 첩보수집에 대한 요구가 늘어나면 사용될 수 있다. 전술적 인공위성은 기존의 큰 인공위성처럼 다년간 수명을 갖지 못할 것이며, 감지장치 유효탑재량이 기존의 인공위성들보다 크지 못할 것이다. 그러나 이들은 더 유동성 있는 첩보수집을 가능하게 할 것이다.

세 번째 주요 영상정보 발전은 테러와의 전쟁과 관련이 있는데, 이는 미국 내 테러리스트들의 목표가 될 가능성이 있는 곳에 국가지형공간정보국NGA의 영상시설을 설치 및 활용하는 것이다. 테러리스트들의 표적이 될 수 있는 곳, 즉 많은 사람들이 모이거나(예를 들면, 2002년 유타Utah 올림픽, 2004년 정치모임들과 다른 공적인 행사들) 원자력발전소와 같은 시설이 있는 장소들이 여기에 해당한다. CIA 및 NSA와 다르게, NGA는 미국 내의 활동을 제한받지 않는다. 다만 NGA는 법집행을 보조하려는 목적으로 활동을 할 수 없다. 정부의 사생활 침해를 우려하는 여러 단체들은 이 같은 국내 영상정보수집에 대해 이의를 제기해왔다.

마지막으로 우주기반 영상정보 역량은 확산되어 왔다. 한때 미국과 소련이 독점했던 이 분야는 빠르게 확대되었다. 프랑스와 이스라엘은 독자적인 영상정보 인공위성을 보유하고 있다. 인도는 초보적인 역량을 보유하고 있다. 중국은 빠르게 이 분야의 역량을 발전시키고 있으며, 희망대로 매년 6~8기의 소규모 인공위성을 만들기 위해 국가적 차원에서 공학/연구 센터를 추진하고 있다고 언급해 왔다. 중국은 내부의 경제, 생태 및 기타 분야를 감시하는 다양한 업무를 위해 100개가 넘는 인공위성들을 2020년까지 발사시킬 계획을 하고 있다. 독일은 독자적인 인공위성 역량을 개발시키기로 결정했다. 더욱이 현재 혹은 미래의 인공위성 강국들 사이의 협력이 증가해왔다. 이스라엘은 인도, 대만, 터키와 협력적 영상 인공위성 관계를 형성하고 있는 것으로 알려져 있다. 브라질과 중국은 인공위성 분야에서 협력을 하고 있다. 아마도 더 중요한 것으로서, 프랑스는 벨기에, 이탈리아, 스페인 등과 같은 유럽국들과 차세대 영상 인공위성 분야에서 협력을 하고 있다. NATO 내에서 일부 국가들이 이처럼 독자적 역량을 구축하는 것은 골치 아픈 일이 될 수 있다. 왜냐하면 이렇게 될 경우, NATO 동맹국들은 각기 독자적인 영상정보를 소유하고 이에 따른 상이한 해석을 갖게 되므로 미국으로선 이들을 상대하기가 어려워질 수 있기 때문이다. 1996년에 이와 같은 상황이 발생했다. 당시 프랑스는 미국이 크루즈 미사일로 이라크를 공격하는 것을 지지하지 않았는데, 그 이유는 프랑스의 영상정보에 의하면, 이라크 군이 쿠르드 지역으로 진입하지 않았기 때문이었다. 프랑스, 독일과 이스라엘은 독자적인 UAV 프로그램들을 갖고 있다. 2004년에 이란은 8기의 UAVs를 헤즈볼라 테러리스트 단체에게 제공했다는 점을 시인했다. 이 중 한 기가 이스라엘 상공을 침입했다.

또한 영상정보의 확산은 상업적인 면모를 지녔다. 영국회사인 Surrey Satellite Technology는 6.5kg 혹은 14 파운드가 조금 넘는 나노위성체와 미세위성체를 포함한 영상정보 인공위성 분야를 개척하였다. 이 인공위성들은 국가차원의 최고 체계가 갖는 해상도에는 미치지 못하지만, 이들은 국가의 다양한 요구에 충분히 활용될 수 있다. 이 회사의 고객은 알제리, 영국, 중국, 나이지리아, 태국 등이다. 또한 이 인공위성들은 다른 인공위성들에 접근하여 이들을 촬영 수 있는 능력을 지녔다. 바로 이 같은 능력이 위성 공격용ASAT; anti-satellite 무기로서 사용될 가능성이 있기 때문에 미국에게 우려 사안이 되고 있다. 일부 Surrey 고객들뿐만 아니라 호주, 말레이시아, 한국 등의 여러 국가들은 소형 인공위성 시범 프로젝트를 고려하고 있다.

우주기반 영상 인공위성을 만들 수 있는 국가와 적대관계를 형성한다면, 이 같은 영상정보 역량의 확산은 미국에게 문제가 될 수 있다. 따라서 국방부는 대응방안을 강구하기 시작했다. 그중 하나인 대감시탐지시스템 CSRS: Counter Surveillance Reconnaissance System은 지향성 에너지directed energy로 영상 인공위성들이 활동을 하지 못하게 할 수 있다. 그러나 의회는 이 프로그램에 자금을 할당하기를 거부했다.

신호정보. 신호정보SIGINT: Signals Intelligence는 20세기에 개발된 것으로, 영국 정보기관은 제1차 세계대전 기간 중 이 분야에서 선구적인 역할을 수행했다. 즉, 해저 케이블을 도청함으로써 독일군의 통신을 성공적으로 가로챌 수 있었다. 이러한 활동이 낳은 가장 유명한 것으로 짐머만 전보Zimmermann Telegram가 있는데, 이는 독일이 멕시코에게 반미동맹을 제안하는 내용을 담고 있었다. 영국은 이 전보를 가로채서 그 획득방법을 밝히지 않은 채 미국에게 알려주었다. 전파통신시대의 도래로 케이블 도청은 공중으로부터 신호를 가로챌 수 있는 능력으로 인해 보강되었다. 또한 미국은 제1차 세계대전에서 살아 남은 성공적인 신호도청 능력을 발전시켰다. 제2차 세계대전 이전에 미국은 일본의 퍼플Purple 암호체계를 해독했고, 영국은 울트라ULTRA를 통해 독일 암호를 해독했다.

오늘날 신호정보는 지구상에 근거를 둔 수집매체 - 선박, 항공기, 지상시설 등 - 에 의해서 또는 인공위성에 의해 수집될 수 있다. 미국의 신호정보용 인공위성은 국가정찰국NRO에 의해 제작된다. 국가안보국NSA은 미국의 신호정보활동 수행과 적의 신호정보활동으로부터 미국을 보호하는 책임을 지고 있다. 영상정보IMINT를 위해 주로 사용되어왔던 UAVs가 신호정보로도 활용되고 있다. 글로벌 호크는 전자정보ELINT와 통신정보COMINT 장치를 탑재하도록 구성될 것이다. 이로써 UAVs는 목표대상에 대해 혹은 비행 중에 재조정된 목표대상에 대해 영상정보와 신호정보를 동시에 수집하는 시너지 효과를 낼 수 있으므로, UAVs의 효용은 증진될 것이다. 신호정보와 영상정보 간의 협력이 크게 증가한 것은 최근의 현상이다. 국가안보국NSA과 국가지형공간정보국NGA은 합동으로 일하는 지오셀Geocell을 만들었다. 이 협력은 신호정보와 영상정보 간에 빠른 통신을 가능케 한다. 특히 혐의가 있는 테러리스트들의 활동처럼 빠르게 움직이는 목표물을 추적할 때, 양 정보 간의 협력은 매우 중요할 수 있다.

영상정보의 경우와 마찬가지로, 미국은 적의 신호정보활동을 기만하기 위한 수단을 강구해왔다. 비록 적의 영상정보활동에 대처하기 위한 대감시탐지시스템CSRS과 같은 투자가 이루어지지는 못했지만, 국방부는 대통신시스템Counter Communications System이 운영되고 있다고 공표했다. 이 시스템은 무선 주파수를 갖는 통신 인공위성의 신호를 일시적으로 방해한다.

신호정보는 실제로 서로 다른 여러 형태의 정보 가로채기intercept로 구성되어 있다. 이 용어는 종종 두 당사자 간의 교신 가로채기를 의미하는데, 이를 통신정보COMINT라고도 한다. 신호정보는 또한 실험 중인 무기들이 발산하는 자료의 수집을 의미하기도 하는데, 이것은 때때로 원격측정정보TELINT: telemetry intelligence라 불린다. 마지막으로 신호정보는 현대화된 무기들과 추적체계(군사용과 민간용)로부터의 전자 방출을 수집하는 것을 가리킬 수 있는데, 이는 무기 혹은 추적체계들이 작동하는 범위나 주파수와 같은 역량을 측정하는데 유용한 수단이다. 이것은 때때로 전자정보ELINT: electronic intelligence라고 칭하기도 한다.

교신내용을 가로챌 수 있는 능력은 무엇이 논의되고, 계획되고, 고려되고 있는가에 관한 통찰력을 제공해 주기 때문에 매우 중요하다. 이것은 멀리서 상대방의 생각을 읽는 것과 같다. 이는 영상정보만으로는 얻을 수 없는 것이다. 메시지를 읽고, 그 의미를 분석하는 것을 **내용분석**content analysis이라 부른다. 또한 통신을 추적하는 것은 훌륭한 **징후와 경보**indication and warning를 제공한다. 영상정보처럼, 통신정보COMINT는 관측되고 있는 것들, 특히 군부대의 규칙적인 행동에 상당히 의존하는 편이다. 메시지는 알려진 주파수로 일정한 시간 혹은 일정한 간격으로 전달될 것이다. 증가하든 감소하든 이러한 패턴에 변화가 일어나면, 활동에 큰 변화가 있다는 것을 암시할 수 있다. 통신의 변화를 감시하는 것은 **교신분석**traffic analysis으로 알려져 있는데, 이는 통신의 내용보다는 통신의 패턴 및 양과 더 깊은 관련이 있다 (분석상자 "SIGINT 대 IMINT" 참조). COMINT의 또 다른 중요한 점으로, COMINT는 말하고 있는 내용과 동시에 목소리 톤, 단어 선택, 악센트(프랑스어, 스페인어, 아랍어 등의 억양) 등을 의미하는 또 다른 특징을 제공한다. 이는 마치 톤을 듣고 있거나 화자의 얼굴 표정을 관찰하고 있는 것과

> **· SIGINT 대 IMINT ·**
>
> 국가안보국 국장은 영상정보와 신호정보를 다음과 같이 구분한 적이 있다. "영상정보는 무엇이 일어났는지를 말해주는 반면, 신호정보는 무엇이 일어날 것인지를 말해준다."
> 　다소 과장되고 단순하게 말한 것이지만, 위의 언급은 두 수집방식 간에 중요한 차이점이 있음을 지적하고 있다.

같다. 이러한 정보는 때로는 말보다 더 많은 것들을 알려줄 수 있다.

　통신정보COMINT는 또한 몇 가지 단점을 갖고 있다. 첫째, COMINT는 가로챌 수 있는 통신이 있어야만 가능하다. 만일 대상목표가 침묵을 지키거나, 전파송신 매체가 아닌 안전한 육상통신선을 이용해 교신을 하기로 결정한다면, COMINT는 불가능하게 된다. 육상통신선은 도청될 수 있지만, 이는 지상시설이나 인공위성과 같이 원거리로부터 도청하는 것보다 더 어려운 일이다. 또한 대상목표는 통신을 **암호화**할 수 있다. 신호정보를 두고 공격자와 방어자 사이에서 또 다른 싸움이 바로 암호를 만드는 사람encoder과 **암호 해독자**codebreaker 또는 cryptographer 간의 싸움이다. 알려진 대로 암호 해독자들crypies은 만들 수 있는 어떤 암호도 해독될 수 있다고 자부한다. 그러나 비교적 단순한 암호체계가 통용되던 시대는 지나갔다. 컴퓨터로 인해 복잡한 일회용 암호를 만들어내는 능력이 크게 향상되었지만, 동시에 컴퓨터로 인해 이러한 암호를 해독하는 능력 또한 증진되었다. 마지막으로 대상목표는 신호에 대한 잡음의 비율을 높이면서 의미 없는 많은 신호들 가운데 중요한 통신을 포함시키거나 혹은 의심을 덜 받는 패턴을 만들어 내는 방식을 이용하여 위장 교신을 할 수도 있다.

　또 다른 이슈는 모든 종류의 전화, 팩스, 이메일 등 현재 이용가능한 통신의 엄청난 양과 관련 있다. 예를 들면, 2002년에만 대략 28억 개의 휴대전화와 12억 개의 고정전화기로부터 나온 국제전화 통화시간이 약 1,800

억 분이었다. 상대적으로 새로운 매체인 인스턴트 메신저 instant messaging는 매일 5,300억 개의 메시지들을 만들어낸다. 통신수단에 광학섬유 케이블이 사용되면서 통신의 양은 더욱 증가할 것이다. 또한 더 많은 전화가 인터넷을 사용하는 인터넷음성패킷망 VoIP: Voice-over-Internet-Protocol 기술로 이루어지고 있다(VoIP는 인터넷 상의 음성 프로토콜로서 IP 전화, 인터넷 전화, 디지털 전화 등을 지칭한다 - 역자 주).

초점을 맞춘 수집 계획조차도 처리/개발될 수 있는 것보다 더 많은 양의 통신정보를 수집한다. 이러한 문제를 다루는 한 방편으로 **키워드 검색** keyword search이 있다. 키워드 검색을 위해서 수집된 자료들은 특정 단어 혹은 구문들을 찾아내는 컴퓨터로 보내진다. 키워드들은 가로챌만한 가치가 있을 것 같은 통신을 찾아내는 데에 사용된다. 이 체계는 완벽하지는 않지만, 수집된 수많은 첩보들을 다루는 데 필수적인 여과기 역할을 한다. 원격측정정보 TELINT와 전자정보 ELINT는 무기 성능에 관한 중요한 정보를 제공한다. 이같은 정보가 없다면, 무기 성능에 관한 정보는 영원히 알 수 없거나 이를 위해 보다 위험한 인간정보수집 HUMINT활동이 필요할 것이다. 그러나 미국이 소련의 무기를 감시하기 위한 노력에서 경험한 바와 같이, 무기성능을 시험하는 사람들은 비밀을 유지하기 위해 수많은 기법을 동원할 수 있다. 통신의 경우와 마찬가지로 실험 자료들이 암호화될 수 있다. 또한 실험 자료들이 가로채기를 당하기 쉬운 암호로서 방출되지 않도록 하기 위하여, 실험 중인 무기 내에 기록되어 복원될 수 있는 독립적인 캡슐로 보호된 채로 방출될 수 있다. 만일 자료들을 전달하고자 한다면, 자료들을 실험 전 과정에 걸쳐 계속해서 보내지 않고, 가로채거나 해독하기 어렵도록 일부를 순간적으로 보낼 수도 있다. 또는 불규칙적인 간격으로 움직이는 일련의 주파수를 사용하여 분산된 주파수역 spread spectrum을 통해 자료들을 전달할 수 있다. 실험을 하고 있는 측의 수신이 주파수 변경에 계속해서 맞추도록 프로그램화될 수는 있으나, 이같은 활동은 가로채는 측이 전체 자료를 획득하는 것을 상당히 어렵게 만든다.

신호정보, 특히 통신정보에는 **위험 대 이득**risk versus take이라는 이슈가 있다. 이 이슈는 특정 정보를 찾고자 할 경우, 다른 국가에 수집 기술이 노출되거나 정치적으로 문제가 생길 수 있기에, 수집될 특정 정보의 가치를 고려할 필요가 있음을 의미한다.

　테러와의 전쟁으로 신호정보에 대한 관심이 증대되고 있다. 다른 수집 방법들처럼 신호정보는 소련과 다른 국가들에 대한 첩보를 수집하기 위해 개발되었다. 테러리스트들은 극히 작은 징후를 제공하므로 장거리 신호정보 감지장치에 쉽게 걸리지 않을 수 있다. 따라서 향후 신호정보는 인간이 대상목표에 물리적으로 가까이 접근해 설치한 감지장치에 의존해야 할 것이라는 시각이 점점 늘어나고 있다. 사실상, 인간정보HUMINT는 신호정보를 가능케 하는 수단이 될 것이다. 또한 테러단체들이 미국 신호정보 역량에 대해 점점 더 많은 지식을 갖고 있으며, 따라서 신호정보 감지를 피하기 위해 휴대전화를 한번만 사용한다거나 휴대전화와 팩스 사용을 피하는 조치를 취한다는 점이 명백해졌다.

　또 다른 신호정보의 약점은 통신정보에서 찾아볼 수 있다. 이는 외국어 능력과 관련되어 있다. 냉전 기간 동안 미국은 일련의 정부지원 교육 프로그램들을 통하여 러시아어를 구사하는 전문가들이 필요하다는 점을 강조했다. 오늘날에는 아랍어, 이란어, 아프가니스탄어, 다리어(아프가니스탄 Tajik 사람들이 쓰는 언어), 힌디어(북인도 말), 우르두어(Hindustani어의 한 어족으로, 주로 인도 이슬람교도 간에 쓰임) 등 중동과 남아시아에서 흔히 쓰이는 상이한 언어들이 문제가 된다. 미국 내에서는 이러한 언어들 중 그 어느 것도 학문적인 지원이 가능하지 않고, 이들은 모두 로마 알파벳을 사용하지 않기에 그 어려움이 가중된다. 이는 러시아어, 중국어 이외에 6,000개의 기타 언어들의 경우에도 마찬가지이다. 로마 글자를 쓰지 않는 언어를 원하는 수준으로 구사할 수 있도록 한 사람을 훈련시키는 데에는 전적으로full-time 약 3년의 시간이 걸린다. 대학에서 어학능력에 대한 요구가 줄어들면서, 미국의 어학 능력은 어려움을 겪고 있다. 현대언어협회Modern

Language Association에 따르면, 1950년대에는 학교의 어학에 대한 요구조건이 87%였던 것이 현재에는 오직 8%의 수준으로 떨어졌다고 한다. 이민인구가 늘어나면서, 미국은 대부분의 언어를 말하는 자국민들을 고용했지만, 이들은 고용된 이후 따로 훈련을 받아야 한다. 이들의 모국어 구사능력은 매우 훌륭하나 이를 영어로 번역하는 능력이 필수적임에도 불구하고 이러한 능력이 형편없는 경우가 몇몇 있어 왔다. 가까운 미래에 어학 능력이 통신정보와 모든 정보활동에 있어서 중대한 문제가 될 것이다.

테러리즘과 전투를 벌이는 미국의 신호정보 활동에 있어 중요한 점은 관련 법 이슈들이다. 만약 신호정보 대상목표가 미국 내에 있다면, 수집활동은 국가안보국NSA이 아니라 연방수사국FBI의 소관이 된다. 미국 내에서 도청을 시행하기 위해서 FBI는 법원명령을 받아야 한다. 형사사건 도청과 반대로 해외정보 도청은 1978년 해외정보감시법FISA에 의해 만들어진 FISA 법원의 관할에 있다. 창설 이래 FISA 법원은 13,164건의 요청을 승인해 주었고 4건을 거부한 것을 보면, FISA 법원이 주요 법적 장애는 아니다.

미국과 영국의 신호정보 활동과 관련된 논쟁이 2004년에 불거져 나왔다. 정부통신본부Government Communication Headquarters의 한 직원이 NSA가 UN 내에서 안전보장이사회 회원국들을 대상으로 이라크 전쟁을 앞두고 논쟁을 하는 동안에 신호정보를 수행해 왔다고 주장했던 것이다. 미국과 영국은 이러한 주장에 대한 확인을 거부했다. 협정상, UN은 이 같은 활동이 불가능한 곳으로 간주된다. 하지만 이와 동시에 세계의 거의 모든 국가들이 UN에 임무를 갖고 대표들을 파견시키고 있기 때문에, 모든 국가들은 UN이 훌륭한 정보수집 목표대상이 된다는 것을 잘 알고 있다(더 자세한 논의는 제13장 참조).

징후계측정보. 원격측정정보TELINT와 전자정보ELINT는 별로 알려져 있지 않은 분야인 징후계측정보MASINT: Measurement and Signature Intelligence에 많은 기여를 한다. MASINT는 주로 무기성능과 산업 활동에 관한 정보를 지칭한다. 위에서 언급한 다중분광 영상정보MSI와 초미세분광 영상정보HSI 또한

MASINT에 많은 기여를 한다.

징후계측정보MASINT를 독립된 정보수집활동이라고 보는 사람들과 신호정보 및 다른 수집활동의 산물 또는 부산물로 간주하는 자들 간에 논쟁이 격렬하다. 여기서는 MASINT라는 것이 존재한다는 사실, 그리고 대량살상무기 확산과 같은 이슈들에 대한 관심이 점증하고 있는 오늘날에 있어서 MASINT가 보다 중요시 되고 있다는 점을 이해하는 것으로 충분하다. 예를 들면, MASINT는 공장에서 배출되는 가스나 폐기물의 형태를 확인하는 것을 도와주는데, 이는 화학무기를 판별하는 데에 중요하다. 또한 이것은 무기체계의 다른 특징들(구성과 내용물질)을 확인하는데도 도움을 준다.

MASINT 담당자들은 다음의 여섯 가지 MASINT가 있는 것으로 생각한다.

1. 전자광학electro-optical: 적외선, 편광, 분광, 자외선, 가시광선과 같은 다양한 유형의 빛과 레이저를 포함해, 스펙트럼의 적외선에서부터 자외선 부분으로부터 방출되거나 반사되는 에너지의 성질
2. 지구물리학geophysical: 가청음, 중력, 자기장, 지진과 같은 지구 표면 혹은 그 근처에 있는 여러 물리적 장소들의 비정상성과 동요
3. 물질materials: 화학적, 생물학적, 핵관련 물질 표본들을 포함하여 기체, 액체 또는 고체의 성분과 판별
4. 핵 방사nuclear radiation: 감마선, 중성자, X선의 특징들
5. 레이더radar: 가시거리line-of-sight 레이더, 가시거리 외over-the-horizon 레이더, 합성 개구synthetic apertures레이더와 같은 여러 유형의 레이더들을 포함해 목표 혹은 물체로부터 반사되는 전자파의 특성들
6. 무선 주파수radio frequency: 물체에 의해 파생되는, 협의의 혹은 광대역 전자기 신호들

징후계측정보MASINT는 대량살상무기WMD 개발과 확산, 군비통제, 환경 이슈, 마약, 무기 개발, 우주활동, 그리고 거부와 기만활동 등을 포함하여 많은 정보 이슈들에 대하여 사용된다.

MASINT는 상대적으로 새로운 방법이고, 정보수집을 위해 다른 기술적 정보활동에 의존하기 때문에 하나의 수집방법으로 취급받는데 어려움을 겪

고 있다. 종종 분석관이나 정책결정자들은 MASINT에 대한 지식이 결여된 채로 MASINT 산물을 받는다. MASINT는 여전히 인정을 받기 위해 애쓰고 있는 잠재적으로 중요한 정보활동이다. 또한 MASINT는 잘 알려지지 않은 난해한 영역이기에, 이것을 완전히 활용하기 위해서는 기술적으로 훈련된 분석관들이 필요하다. 정책결정자들이 영상정보나 신호정보에 비해 징후계측정보에 익숙하지 못한 것이 현재 실정이다. MASINT는 국방정보국DIA과 국가지형공간정보국NGA이 책임을 공유한다. 즉, MASINT를 위한 별도의 기관은 없는 셈이다. MASINT를 옹호하는 일부 사람들은 MASINT가 더 많은 관료적 영향력을 가져야 비로소 많은 공헌을 할 수 있을 것이라고 믿는다. 반면, 다른 사람들은, MASINT에 동정적인 일부사람들 조차, MASINT를 책임지는 하나의 기관이 필요하다고 생각하지 않는다.

인간정보. 인간정보HUMINT는 간첩활동espionage이고, 세상에서 두 번째로 오래된 직업이라 종종 일컬어진다. 여호수아는 유대민족이 요르단 강을 건너도록 이끌기 전에 가나안으로 두 명의 스파이를 보냈다는 성경 기록이 남을 만큼 간첩활동은 오랜 역사를 갖고 있다. '정보'라는 말을 들을 때 대부분의 사람들이 네이던 헤일Nathan Hale이나 마타 하리Mata Hari와 같은 역사적으로 유명한 스파이들을 생각해내든지, 아니면 제임스 본드James Bond와 같은 가공의 인물을 생각해내든지 간에, 대부분의 사람들은 간첩활동을 떠올린다. 미국에서 HUMINT는 주로 CIA의 책임에 있으며, 특히 공작국DO이 임무를 맡고 있다. 또한 국방정보국DIA도 국방인간정보서비스Defense Humint Service를 통해 인간정보 역량을 보유하고 있다. DIA의 경우, 아프가니스탄 전쟁 이래 인간정보 역량을 확장하기 위해 노력하고 있다.

인간정보는 외국에 요원들을 보내는 것과 주로 연관되어 있다. 이들은 첩보활동을 할 그 나라의 내국인들을 모집한다. 첩보원spy들을 모집하는 과정은 여러 단계를 지니고, 별도의 용어를 갖는다. 첩보원을 운영하는 과정은 이따금 **첩보원 활용 주기**agent acquisition cycle라고 불린다. 주기는 다섯 단계를 가진다.

1. 대상선정 혹은 대상발견: 국가가 희망하는 정보에 대해 접근이 가능한 사람들을 확인하기.
2. 평가: 첩보원이 될 만한 이들의 신뢰를 얻고, 이들의 약점과 이들이 고용되기 쉬운지 평가하는 것으로서 정보제공자 평가시스템asset validation system을 통해 수행됨.
3. 모집: 환심을 사고, 관계를 제안하기. 여러 이유(돈, 정부에 대한 불만, 협박, 혹은 단지 스릴을 느끼기 위해)로 첩보원이 이를 받아들일 수 있음.
4. 관리: 첩보원의 운영 및 관리
5. 종결: 여러 이유(신뢰할 수 없음, 필요한 정보에 더 이상 접근 못하게 됨, 정보요구의 변화 등)로 관계를 끝내는 것

또 다른 인간정보 전문용어로 첩보원의 **개발**developmental이라는 용어가 있는데, 이는 잠재적인 첩보원potential source이 갖는 가치와 포섭 가능성을 평가하기 위해 주로 접촉과 대화를 반복하면서, 환심을 얻을 수 있는 수준으로 양성되고 있는 잠재적인 첩보원을 의미한다. 관계가 형성이 되면 요원은 그의 첩보원들과 주기적으로 만나서 첩보를 얻고, 노출될 위험이 적은 장소와 방식으로 회의를 개최하고, 첩보를 본국으로 송신해야 한다. 첩보원은 **하위 첩보원**sub-sources이라고 알려진 자신의 첩보원에 의존할 수 있다. 이 경우, 첩보원은 하위 첩보원으로부터 받은 첩보를 요원에게 전달할 수 있을 것이다.

외교관의 보고는, 비록 그 공개적인 성격으로 인해 일부 집단에서 신뢰를 덜 받긴 하지만, 인간정보의 한 유형이다. 외국 정부 관료는 그가 특정 외교관과 대화를 할 때, 자신이 한 말이 상대 외교관의 본국으로 전해질 것이라는 점을 잘 알고 있다. 간첩활동을 하는 첩보원 역시 마찬가지로 생각할 것이다. 비록 첩보원의 신뢰성이 확실치 못하더라도, 일부 사람들은 외교관의 보고보다 더 전통적인 방법으로 수집되는 인간정보를 선호한다.

인간정보는 개발되기 위해서는 시간이 필요하다. 요원들은 다양한 기술(외국어, 회피 기술, 모집 기술, 그리고 여러 종류의 통신기구, 무기 등을 다룰 수 있는 스파이활동에 필요한 기술)을 습득해야 한다. 다른 직업들과 마찬가지로 능숙하게 되기 위해서는 시간이 요구된다. 인간정보 요원을 양

성하는 데에는 대체로 7년이란 시간이 걸린다고 한다.

　수집활동을 위하여 기술을 습득하는 것 이외에, 요원들은 자신들의 신분을 가장하고 있어야 한다. 특정 외국에 머무르는 그럴듯한 공개적인 이유가 있어야 한다. 다음의 두 종류의 가장cover이 있다. 하나는 공직 가장이고 다른 하나는 비공직 가장이다. **공직 가장**official cover 요원은 또 다른 정부 직책을 갖고 있다. 이는 대개 대사관 내 직책이 된다. 공직 가장은 요원이 그의 상관들과 계속해서 만나는 것을 쉽게 해주지만, 요원으로 의심받을 위험을 높인다. 비공직 가장NOC: nonofficial cover('노크knock'로 발음)은 요원과 본국 정부 사이의 그 어떤 공개적인 연결을 피하게 하기 때문에, 연락을 유지하는 것이 좀 더 어렵다. NOCs는 이들이 특정 외국에 체류하는 이유를 설명해주는 상근직업을 가져야 한다. 이들은 상관들 혹은 동료들과 공개적으로 연락을 할 수 없다(이는 NOCs가 적어도 이들의 가장 직업에 상응하는 수준으로, 대개의 경우 정부직책보다 높은 임금을 받는 것으로 보여야 하기에 CIA에게 관료적 문제를 낳는다. 또한 이런 연유로, 이들의 실제 임금보다 높은 세금이 부과되는 문제를 야기한다. 의회는 CIA가 NOCs에게 이들의 가장직업과 일치하는 수준으로 임금을 지불하는 것이 정당하다고 승인했다).

　적어도 CIA에게는 NOCs가 가질 수 있는 직업에 일부 제한이 있다. 성직자와 평화유지 자원봉사자의 직업으로 가장하는 것은 금지된다. 언론인이 NOCs에게 이상적인 가장직업이다. 언론인이란 직업은 외국에 주재하고, 관료들과 접촉하면서, 이들에게 질문을 던지기에 납득할 만한 이유를 제공해주기 때문이다. 그러나 전문 언론인들은 언론인을 가장에 이용하는 것에 오랫동안 반대를 해왔다. 이들은 만약 언론인으로 가장한 스파이의 정체가 밝혀질 경우 모든 언론인들이 의심을 받을 것이고 위험에 처할 수도 있다고 주장해 왔다. 언론인 가장을 지지하는 사람들은 언론인 역시 많은 직업들 중의 하나이기에 활용하는데 문제가 없다고 반박한다. 종합적으로 볼 때, 스파이 활동에 있어서 NOCs를 활용하는 것은 공직 가장 보다 더 복잡하다.

　일부 HUMINT 첩보원들은 자발적이다. 이들을 **자발적 첩보원**walk-in이라고 한다. 소련의 펜코프스키Oleg Penkovsky, CIA의 에임즈Aldrich Ames, FBI 의 한센Robert Hanssen이 자발적 첩보원들이었다. 자발적 첩보원들은 다음과 같은 질문을 낳게 한다. 왜 이들이 자발적으로 정보를 제공하려 하는가? 정말로 이들이 가치 있는 정보에 접근할 수 있는가? 진실로 자발적인 사람들인가 아니면 유인책dangles으로 불리는 함정이 아닐까? 유인책은 적대적인 정보요원들을 식별하거나 또는 적대적인 정보기관의 정보요구나 방법을 파악하기 위한 것을 포함해 많은 목적에 사용된다. FBI 국장과 CIA 국장 1987~1991을 역임했던 웹스터William H. Webster가 주도하여 조사한 내용을 보도한 언론에 따르면, 소련은 한센이 유인책이라 의심했고 이에 대해 미국에 항의를 했다고 한다. 미국은 이 같은 소련의 주장을 부인하였으며 이를 규명하지 않았다.

외국 국민을 첩보원으로 모집하는 것과 별도로, 인간정보 요원들은 문서를 훔치거나 감지장치를 설치하는 등의 더 직접적인 스파이 활동에 착수할 수도 있다. 일부 정보들이 직접적인 활동을 통해서 나올 수 있다. 따라서 인간정보는 첩보활동 이상을 포함한다.

자국의 인간정보 역량에 중요한 것이 바로 동맹국 혹은 우호국 정보기관의 인간정보 역량이다. 외국 정보기구와의 협력관계는 여러 중대한 이점을 제공한다. 첫째, 우호국의 정보기관은 자신의 지역에 대해 잘 알고 있다. 둘째, 우호국 정부도 다른 국가들과 여러 유형의 관계를 갖고 있다. 특정 국가들과 더 우호적일 수 있고, 심지어 자국과는 외교관계가 없는 국가들과 우호국이 외교관계를 맺고 있을 수도 있다. 이 같은 인간정보와 인간정보의 관계는 그 특성상 다소 공식적이고 공생하는 경향이 있다. 또한 이 같은 관계는 한 쪽이 다른 쪽의 보안 절차를 전적으로 확신할 수 없기 때문에 위험을 수반한다. 따라서 과거 경험, 공유되는 요구, 안보에 대한 인식, 공유되는 정보의 가치와 깊이 등에 따라 상이한 수준의 관계가 존재한다. 게다가 일부 외국 정보기구와의 협력관계에서, 활동상의 제한, 용인될 수 있는 활동의 범위 등에 있어서 동일기준을 적용하지 않는 정보기관들과 함께 일하게 될 경우 문제가 있을 수 있다. 따라서 획득하거나 교환하려는 정보의 가치와 외국 정보기구와의 협력관계가 어느 정도가 되어야 적절한지에 대한 보다 포괄적인 질문 사이에서 적절한 선택을 해야 한다. 어쨌든 정보협력은 인간정보의 폭과 깊이를 증진시키는 중요한 수단이다.

외국 정보기구와의 협력은 정보공동체 전체로서가 아니라 기관 대 기관을 기본으로 수행된다. 예를 들면, CIA, DIA, NGA, NSA는 독자적인 협력관계를 형성하고 유지한다. 이는 중복을 피하기 위해서 조율이 필요하지 않겠냐는 질문을 제기한다. 따라서 난로연통 문제가 외국 정보기구와의 협력관계에서도 발생한다. 이러한 협력관계 사이의 조율을 감독할 책임이 있는 국가정보국장DNI에게 난로연통 문제는 문제점으로 대두될 것이다.

테러와의 전쟁에서 적대적이라 여겨지는 일부 국가의 정보기관을 포함해서 여러 국가들이 미국에게 정보지원을 제공해 왔다. 이러한 유형의 협력관계는 정보공유와 관련해 좀 더 유의할 필요가 있으며, 받은 정보의 상세함과 깊이에 대해 의문을 제기할 수도 있다. 그러나 유용한 정보를 교환하는 것은 국가들이 서로 신뢰를 쌓기 위한 좋은 방법이기도 하다. 예를 들어, 북한의 핵무기 개발 여부를 추적하는 데 도와 달라는 미국의 요청에 따라 러시아 관료들이 핵 탐지 장치를 북한에 설치했다고 일부언론이 보도했다.

영상정보와 신호정보는 많은 양의 정보를 제공하지만, 간첩활동은 수집되는 정보의 매우 작은 부분을 차지한다. 그러나 신호정보처럼 인간정보 역시 언급, 계획, 구상되고 있는 것에 접근할 수 있다는 점이 주요 장점이다. 더욱이, 비밀 요원을 통해 다른 정부에 접근함으로써 거짓 혹은 기만정보를 흘릴 수 있고, 이를 통해 그 정부에 영향력을 미칠 기회를 가질 수 있다. 또한 활동의 흔적이 비교적 적은 테러, 마약, 국제범죄와 같이 기술적 기반시설을 별로 찾을 수 없는 목표에 대해서는 인간정보가 유일하게 활용가능한 방법일 수 있다.

인간정보의 단점은 다음과 같다. 첫째, 이 방법은 다양한 유형의 기술적 수집방법과는 달리 목표로부터 원거리에서 사용할 수가 없다. 이것은 목표

대상에 근접해야 하고 접근해야 하므로 상대방의 방첩활동을 극복해야 한다. 또한 이 방법은 개인을 위험한 지역에 침투시켜야 하고, 만일 그가 체포되면 기술적 수집방법에서는 별로 발생하지 않는 정치적인 문제를 유발하기 때문에 보다 더 위험하다.

인간정보는 비록 훈련, 특수 장비. 성공적인 가장에 필요한 복장 등을 위한 경비가 들지만, 다른 기술적 수집활동에 비해 비용이 훨씬 적게 든다.

다른 정보수집방법과 마찬가지로 인간정보는 기만에 넘어가기 쉽다. 인간정보를 비판하는 일부 사람들은 인간정보가 기만에 넘어 가기 가장 쉬운 방식이라고 주장한다. 첩보원이 과연 진실한가에 대한 의문은 항상 처음부터 제기하게 되고, 어떤 경우에는 완전히 해결될 수 없을 것이다. 많은 의문점이 제기되고, 쉽게 해결되지 않을 것이다. 이 사람이 첩보를 제공하는 이유가 무엇인가? 이념, 돈 혹은 복수심 때문인가? 물론 그는 자신이 가치 있는 첩보에 대해 접근할 수 있다고 주장할 것이다. 그러나 그 첩보는 얼마나 유용한 것인가? 그것은 지속적인 것인가 또는 일회성인가? 그 첩보는 어느 정도 가치를 지니고 있는가? 이 첩보원이 혹시 상대편이 흘리고자 싶어 하는 거짓되거나 특정 효과를 낳는 첩보를 전달하기 위한 수단으로서의 유인책이 아닐까? 이 사람은 요원에게 첩보를 제공하면서도, 그 요원이 소속된 정보기관의 인간정보 기술이나 능력에 관한 첩보를 수집하기 위한 이중간첩은 아닌가?

인간정보 요원들은 신중한 주의를 하면서도 지나친 주의로 인해 유능한 첩보원이 차단되거나 거부당할 수 있으므로 적절한 주의를 해야 한다. 예를 들면, 미국이 펜코프스키의 첩보활동을 처음에 거절하였고, 이후 그는 영국과 접선하였으며 영국은 그를 첩보원으로 받아들였다. 그 뒤에야 미국도 펜코프스키를 스파이로 인정했다. 기만은 다루기가 매우 어렵다. 왜냐하면 사람들은 그들이 기만 당하고 있다는 사실을 쉽게 받아들이려 하지 않기 때문이다. 한편, 사람들은 아무도 신뢰하지 않게 될 수도 있는데, 이럴 경우 매우 가치 있을지도 모르는 첩보원을 놓칠 수 있다.

인간정보의 독자적인 출처와 수집방법은 또 다른 문제를 야기한다. 인간정보 출처는 매우 취약한 것으로 간주된다. 그 이유는 요원 혹은 첩보원이 침투하는 데에는 오랜 시간이 걸리는데다가 요원과 첩보원뿐만 아니라 첩보원의 가족까지 생명의 위험이 따르기 때문이다. 따라서 인간정보를 받은 정보분석관들은 이 정보의 출처를 알지 못할 수 있다. 예를 들면, 분석관들은 "이 보고서는 Fredonian 외무성에 있는 1급 비서로부터 나온 것이다"라고 보고받지 않는다. 대신, 이 보고서는 출처의 접근성, 이 출처의 과거 신뢰성 혹은 이와 유사한 기타사항 등에 대한 정보를 포함할 수는 있다. 때때로 하나의 보고서에 여러 출처들이 혼재되어 있기도 하다. 비록 인간정보출처를 밝히지 않는 것이 출처보호를 위해 좋은 것이나, 그것은 분석관들이 출처와 첩보의 가치를 충분히 평가할 수 없기 때문에 보고서의 가치를 낮게 평가하는 의도치 않은 결과를 낳을 수도 있다. 이와 같은 문제가 이라크의 대량살상무기 이슈의 여파로 제기되었다. 즉, 일부 출처의 신뢰에 의심이 있었으며, 분석관들이 일부 인간정보 보고의 성격에 대해 원하는 만큼의 정보를 항상 받지 못했던 것이다. 또한 다른 출처들에 접근이 가능한 것에 비해, 인간정보 출처에는 접근성이 제한을 받았으므로, 모든 출처를 다루는 분석관들은 인간정보 출처에 대해 독립적인 판단을 내릴 수 없었다(인간정보 보고서에는 보고하는 정보관이 제공하는 출처의 성격에 대한 설명이 간략하게 들어가 있다. 예를 들면, 신뢰할만한 출처, 평가받지 않은 출처, 정보에 대한 접근성이 증명된 출처, 정보에 대한 접근성이 알려지지 않은 출처 등).

또한 헬름즈Richard Helms, 1966~1973 CIA 국장이 관찰했듯이, 대부분 인간정보 첩보원들은 이들이 원하는 정보에 접근할 수 있다는 점에 기반하여, 특정 임무 혹은 요구를 위해 모집된다. 첩보원들이 다른 정보에 접근할 수 있는 가능성은 희박하기 때문에 여러 사안들을 위해 활용될 수 없다. 또한 헬름즈는 원하는 정보에 더 이상 접근할 수 없는 스파이들은 예비로 남겨둘 것이 아니라 포기되어야 한다고 생각했다. 그는 공작 운영본부(요원들이

해외에서 활동하는 기지)는 "이미 활용한 스파이에 집착해선 안 된다"고 말했다. 따라서 성공적인 인간정보가 매우 가치 있는 것일지라도 이 정보가 갖고 있는 초점은 한정되어 있다는 것이다.

인간정보는 또한 테러리스트들과 마약 거래상들과 같은 개인들과 접촉을 하거나 관계를 가질 것을 요구할지도 모른다. 만약 누군가가 위의 단체들에 침투하거나 이들과 여러 유형의 관계를 형성하려 한다면, 이 사람은 금전 혹은 다른 형태의 거래를 주고 받거나 전달해야 하는 일을 해야 될지도 모른다. 이 같은 관계는 일부 사람들에게 도덕적, 윤리적 이슈를 불러일으킨다(제13장 참조). 2001년 9·11 테러사건의 여파로 인간정보를 위한 첩보원 모집에 대해 도이치 규칙Deutch rules에 특별한 관심이 집중되었다. 1995년 도이치John M. Deutch, 1995~1997 CIA 국장은 모든 인간정보 첩보원들 중에서 과거 심각한 범죄활동 혹은 인권 위반에 관련된 사람들을 고용하지 않을 것을 명령했다. 과거 과테말라의 일부 CIA 첩보원들이 과테말라 거주 미국인들을 포함해서 과테말라 사람들의 인권을 침해했다는 점이 밝혀지면서 이와 같은 명령이 나왔다. 새로운 규정들이 공표되었고, 향후 어떤 인력 모집에 있어서도 본부의 승인이 필요하게 되었다. 하지만 9·11 테러 이후 이 규정들은 광범위하게 비판을 받았고, 많은 사람들은 이 규정들로 인해 테러리스트 단체에 침투하는 CIA의 능력이 제한을 받았다고 주장했다. CIA 관료들은 도이치 규정 때문에 가치 있는 관계들이 거부당한 적은 없다고 해명했다. 그러나 이를 비판하는 사람들은, 변화하는 기준을 기초로 하여 첩보원을 모집하는 것이 아니라, 이 규정의 존재 자체로 인해 CIA의 공작국DO은 누구를 첩보원으로 모집할 것인가에 대해 더욱 조심하게 되고, 그 결과 유용한 첩보원들을 상실할 수 있다고 반박했다. 2001년 말경, 도이치 규정은 현장지부에 이 규정들이 무시될 수 있다고 전해지면서 더 이상 활동에 있어서 고려 대상이 되지 않게 되었다. 2002년 7월 이 규정은 공식적으로 폐지되었다.

2001년 9월 테러공격 이후 도이치는 자신의 규정을 옹호하는 글을 썼다.

그는 이 규정으로 인해 DO 관료들이 명확한 지침을 가지고 모집활동을 할 수 있었으며, 그 결과 질이 높은 요원들을 모집할 수 있었다고 주장했다.

미국에서는 인간정보와 다른 수집방법들 사이에 끊임없는 갈등이 존재하고 있다. 기술적 수집방법이 지배적이기 때문에 인간정보가 보다 강조되어야 한다는 주장이 주기적으로 나왔다. 1979년 이란의 샤 정권의 몰락과 1998년의 예상치 못한 인도 핵실험, 2001년 테러리스트들의 공격과 같이 소위 정보 실패라 불리는 사건들로 인해 보다 많은 인간정보 수집이 필요하다는 주장이 제기되어 왔다. 많은 수의 요원들을 할당한다고 해서 인간정보가 성공한다는 보장이 없기 때문에 이러한 관점에서 더 많은 인간정보를 요구하는 것은 타당하지 않다. 테러리스트 조직 혹은 전체주의 정권의 내부 밀실과 같은 일부 대상들은 침투하기가 언제나 어렵다. 이전 19명의 요원이 실패했어도 20번째 요원은 성공할 것이라고 믿을 만한 이유는 없다. 어려운 인간정보 대상에 대해 요원들을 다수로 보내는 것은 요원들의 활용 가능성과 이보다 더 중요한 것으로 인명에 대한 위험성 때문에 가능하지 않다. 이 같은 시도는 침투 가능성에 대해 적에게 경고를 더 하는 셈이고, 결국 인간정보를 방해할 것이다.

인간정보와 다른 수집방법 사이에 정확한 균형이란 존재하지 않는다. 정확한 균형이 없다는 생각은, 주어진 정보요구에 대해 가능한 많은 수집방법을 적용하려는 모든 출처를 통한 정보 생산과정의 개념과 배치된다. 그러나 모든 수집방법이 모든 문제에 대해 동일한 또는 비슷한 기여를 하지는 않을 것이다. 분명히 기술적 수집방법과 인간수집방법처럼 외관상 서로 다른 방법들 사이에서 방황하는 것보다 강력하고 융통성 있으며 주어진 정보요구에 쉽게 조정이 가능한 수집체계를 보유하고 있는 것이 더 좋다.

모든 다른 수집방법과 마찬가지로, 인간정보에 절대적인 가치를 부여하는 것은 불가능하지는 않지만 매우 어려운 일이다. 인간정보는 어떠한 국가 또는 단체도 수행할 수 있으므로 공개출처정보 OSINT와 더불어 가장 민주적인 수집방법 중의 하나이다. 명백히, 여러 중요 사안들에 접근할 수 있는 양질의 인간정보를 보유하는 것이 선호될 것이다. 그러나 에임즈Ames나 한센Hanssen과 같은 사건들은 인간정보의 가치에 대한 의문을 제기한다. 두 스파이들은 주로 미국의 스파이 침투에 대한 가치있는 첩보를 소련과 러시아에 제공했는데, 특히 한센의 경우 미국의 기술적 수집활동과 역량에 대한 첩보를 제공했다. 영상정보를 제공한 캠파일즈(미국 CIA의 하급요원이었던 William Kampiles는 미국의 KH-11 사진정찰위성의 운영지침서를 소련에 단돈 3,000달러에 팔아 넘겼다 - 역자 주), 신호정보를 제공한 워커 가족the walkers과 펠톤Pelton 등 지난 간첩사건들에 에임즈와 한센의 활동이 추가되면서, 소련과 러시아는 미국의 수집역량에 대해 상당한 지식을 얻었을 것이다. 하지만 소련은 냉전에서 패배했고 국가로서 존재하지 않는다. 이를 두고 다음의 두 가지 상이한 주장이 가능하다. 한편으로 이 모든 인간정보가 궁극적으로 가치가 없다는 점이 증명되었으므로 인간정보의 효용성에 의문을 제기하는 사람이 나올 수 있다. 다른 한편으로, 심각한 내부 문제를 갖고 있는 국가는 인간정보 혹은 그 어떤 다른 유형의 정보들로도 구해낼 수 없다는 주장도 가능하다.

인간정보를 비판하는 사람들은 펜코프스키, 에임즈, 한센 등 중요한 스파이들이 스파이로 모집되었다기보다 자발적인 행위자들이라는 점을 지적한다. 이는 인간정보 역량에 대한 중대한 문제를 제기한다. 만약 누군가가 수집이 상승작용적인 활동synergistic activity이라는 생각을 받아들인다면, 지위가 낮은 스파이들을 모집하는 것도 전체 지식을 증대시키는데 기여할 것이다. 또한 매우 효과적인 스파이들이 자발적 첩보원이었다 하더라도, 이들을 조정하고, 이들이 제공하는 정보를 전송하기 위해서는 일종의 제도적 장치가 필요하다.

인간정보에 있어서 주요 관심사 중 하나는 스파이가 체포되어 신분이 밝혀질 가능성이다. 이는 스파이 개인의 개인적인 위험과 더불어 스파이를 보낸 국가가 정치적으로 곤란해질 수 있다. 성공적으로 수행된 장기적인 간첩활동조차도 큰 비용을 수반할 수 있다. 기욤Gunter Guillaume의 경우가 여기에 해당한다. 그는 서독정부에 침투한 동독의 스파이로서 브란트Willy Brandt 총리 사무실 내 고위 직책까지 올랐다. 기욤의 간첩활동이 1974년 밝혀졌고, 브란트는 사임을 강요받았다. 많은 사람들은 간첩활동의 정치적 비용이 정보로부터 획득하는 이익보다 크다고 생각했다. 동독에 대한 우호정책인 브란트의 동방정책Ostpolitik은 그의 계승자들에 의해 사용될 수 없게 되었다. 아마도 동독은 기욤이 수년간에 걸쳐 생산한 그 어떤 정보보다 더 큰 피해를 입었을 것이다. 이와 유사하게 기밀정보를 이스라엘에게 제공한 폴라드Jonathan Pollard 사건(더 자세한 내용은 제15장 참조)은 미국과 이스라엘 관계를 계속 불편하게 하였다. 이는 분명 폴라드가 제공했던 정보의 가치를 뛰어넘는 비용을 수반했다.

적어도 미국은 인간정보를 자국의 가장 중요한 정보요구를 충족시키는 단일한 수집방법으로 생각하기보다는 더 광범위한 수집전략의 일부로서 이해하는 것이 여전히 중요하다. 특정한 수집방법에 기대를 갖는 것은 기껏해야 실망을 낳을 것이고, 실패를 야기할 수도 있다.

공개출처정보. 일부 사람들에게 공개출처정보OSINT: Open-Source Intelligence는 그 용어에 있어서 모순되는 것처럼 보인다. 공개적으로 활용할 수 있는 첩보information가 어떻게 정보intelligence로 간주될 수가 있는가? 이 질문은 정보가 반드시 비밀에 관한 것이어야 한다는 그릇된 생각을 반영하는 것이다. 많은 정보가 비밀에 관한 것이긴 하지만, 공개적으로 입수할 수 있는 첩보가 배제되는 것만은 아니다. 한 고위 정보관에 의하면 냉전이 한창인 시기에도 소련에 관한 정보 중 적어도 20%는 공개출처로부터 입수된 것들이었다.

OSINT는 다음과 같이 광범위한 정보와 출처를 포함하고 있다.

- 미디어: 신문, 잡지, 라디오, 텔레비전, 컴퓨터에 기반을 둔 정보(인터넷)
- 공적 자료public data: 정부보고서, 예산, 인구와 같은 공식 자료, 청문회, 법안 토의자료, 기자 회견, 연설
- 전문적, 학문적 자료: 회의, 심포지엄, 전문가협회, 학술논문

이 공개출처들 이외에도, 비밀 분류된 각각의 정보들 또한 자체 내에서 OSINT를 일부 갖고 있다. 상업적 영상과 영상정보가 가장 명백한 경우이다. 교신분석traffic analysis(한 웹사이트에 방문한 사람들 수)이나 웹사이트 변화에 대한 조사와 같이 신호정보 유형의 여러 활동들이 인터넷World Wide Web 상에서 수행될 수 있다. 또한 징후계측정보MASINT의 일부가 지구물리학적 현상들과 관련이 되어 있기 때문에, MASINT에도 공개적인 측면이 있다. 마지막으로 공개적인 전문가들이 소유한 지식의 사용 혹은 필요한 정보를 유도하기 위한 수단으로서 공개적인 출처의 인간정보가 활용될 수 있다. 전부는 아니지만, 위의 예들은 여러 유형의 수집방법들에 공개출처정보가 사용된다는 점을 암시한다(분석상자 "몇몇 정보 유머" 참조).

탈냉전 시대의 특징 중 하나는 공개출처정보의 활용이 증가되고 있다는 점이다. 냉전기간 중 러시아에 관한 비밀정보와 공개출처정보의 비율은 80:20 이었으나 탈냉전시대에는 20:80 이상으로 반전되었다. 폐쇄된 사회와 **접근이 거부된 지역**denied areas의 수는 크게 감소했다. 가령, 과거 바르샤바조약 국가들의 일부는 현재 NATO 회원국이 되었다. 이는 비밀정보활동이 더 이상 필요 없게 되었다는 것을 의미하는 것이 아니라, 공개출처정보를 활용할 수 있는 지역이 확대되었다는 것을 의미한다.

공개출처정보의 주요 장점은 접근성이다. 비록 공개출처정보도 수집이 필요하지만, 쉽게 활용할 수 있다는 점이 공개출처정보의 장점이다. 공개출처정보는 기술적 정보나 인간정보 보다 처리와 개발processing and exploitation 과정을 덜 필요로 하지만, 여전히 이 과정이 어느 정도 요구된다. 공개출처정보는 그 다양성으로 인해, 다른 수집방법들보다 기만을 목적으로 조작되기가 더 어려울 것이다. 또한 공개출처정보는 비밀첩보를 보다 광범위한 맥락 속으로 넣는 것을 도와주는 데에 유용한데, 이것은 매우 가치가 있는 것이다.

공개출처정보의 주요 단점은 양의 문제이다. 이는 여러 면에서 가장 심각한 '밀과 왕겨'의 문제를 야기한다. 일부 사람들은 소위 말하는 정보화 혁명이 사용가능한 정보의 양을 증가시키지 않았기에 공개출처정보를 더 어렵게

· 몇몇 정보 유머 ·

영상정보IMINT, 신호정보SIGINT, 인간정보HUMINT, 공개출처정보OSINT, 징후계측정보MASINT에 더해서, 정보관들은 또 다른 수집방법들에 대해 가볍게 언급하곤 한다. 가장 유명한 것 중의 하나가 PIZZINTpizza intelligence이다. 이는 워싱턴 D. C.에 주재하는 소련 관료들이 CIA, 국방부, 국무부, 백악관으로 저녁 늦게 들어가는 많은 수의 피자 배달차를 보고 이를 어디선가 위기상황이 발생하고 있는 징조로 파악해 주시한다는 예상을 지칭한다. 즉, 소련 관료들이 많은 배달차량들을 목격한 뒤, 소련 대사관으로 급히 달려가 세계 어느 곳에서 무엇인가가 일어나고 있다고 모스크바에 알릴 것이라는 의미이다.

정보관들이 농담 삼아 말하는 다른 정보들은 다음과 같다.

- LAVINT lavatory intelligence: 남자화장실에서 입수한 화장실정보
- RUMINT rumor intelligence: 루머정보
- REVINT revelation intelligence: 계시정보
- DIVINT divine intelligence: 예언정보

만들었다고 주장한다. 즉, 컴퓨터는 지식을 생산할 수 있는 능력을 증대시켜 왔으나, 입수되는 정보의 양은 빠르게 증가되지 않았다는 것이다.

공개출처정보 반사echo 현상은 특정 매체의 한 이야기가 다른 매체 출처들에 의해서도 발견되고 반복되는 과정을 통해 원래 이야기보다 확대되어, 더 중요해 보이는 효과를 말한다. 만약 원래 내용을 알아차리지 못하고 이에 따른 반사 효과를 고려하지 못한다면, 반사 효과는 대처하기가 어렵다.

정보공동체 내에도 공개출처정보에 대한 일반적 오해가 존재한다. 공개출처정보는 무료가 아니다. 분석관들이 엄청난 양의 자료를 보다 효율적으로 관리, 분류하고 조사하는 것을 돕는 데에 유용한 다양한 서비스들에 비용이 필요한 것처럼, 정보공동체가 매체 인쇄물을 구입하는 데에는 돈이 필요하다. 또 다른 오해는 인터넷이 공개출처정보의 주된 출처라고 믿는 것이다.

숙련된 정보전문가들은 인터넷(다양한 사이트들 중에서 검색하는 것을 의미)이 단지 전체 공개출처정보의 3~5% 정도만을 차지한다는 사실을 발견했다.

공개출처정보는 항상 사용되어 왔지만, 정보공동체의 상당히 많은 기관들은 공개출처정보를 평가절하해 왔다. 이러한 태도는 정보공동체가 비밀을 발견하기 위해 창설되었다는 사실로부터 나오게 된다. 만일 국가안보에 필요한 사항들이 대체로 공개출처정보로부터 나올 수 있다면 정보공동체는 매우 다른 시각을 갖고 공개출처정보를 보게 될 것이다. 일부 정보전문가들은 정보를 획득하는 데 어려움이 클수록, 분석관 혹은 정책결정자들에게 있어서 그 정보가 갖는 궁극적인 가치가 클 것이라 생각하는 실수를 범해 왔다. 공개출처정보가 정보공동체에 의해 항상 다른 취급을 받아 왔다는 점이 이러한 편견이 널리 퍼지게 된 데에 공헌을 했다. 모든 다른 정보활동에는 전문 수집관, 개발담당관, 처리담당관이 있다. 외국방송을 모니터하는 해외방송청취기관^{FBIS: Foreign Broadcast Information Service}을 제외하고, 공개출처정보는 전문 수집관, 처리담당관, 개발담당관을 보유하지 않는다. 대신 분석관들이 스스로 공개출처정보 수집관 역할도 할 것으로 기대된다. 이 개념은 다른 정보수집의 시각에서 볼 때, 다소 우스운 것일 수도 있다. 공개출처정보가 정보수집활동에 있어서 완전한 시작점인데도 불구하고, 공개출처정보의 역할이 평가절하되는 것은 불행한 일이다. 어떤 자료가 공개출처로부터 활용가능한가를 먼저 파악함으로써, 정보기관 운영자들은 수집관들이 비밀스런 활동이 필요한 사안들에 초점을 맞추게 할 수 있다. 따라서 적절하게 사용된 공개출처정보는 훌륭한 정보수집 자원관리자가 될 수 있다. 2004년 정보법안은 국가정보국장^{DNI}이 전용 공개출처정보 본부를 만들거나 혹은 다른 수단을 쓰든 간에 공개출처정보를 다루는 방식을 명확하게 결정해야 한다는 내용을 명시했다. WMD 위원회(대량살상무기와 관련된 미국의 정보능력에 대한 위원회) 는 CIA에게 공개출처국^{Open Source Directorate}을 설립하도록 권고를 했다. 부시^{George W. Bush} 대통령은 이 권고안을 승인했고 DNI에게 이 권고의 시행을 맡겼다.

1999년 코소보 공중전은 새로운 공개출처정보의 흐름을 만들었다. 밀로세비치Slobodan Milosevic 정부에 반대하는 세르비아 내 사람들이 미국의 정보기관들에게 이메일을 보내 NATO 공습, 베오그라드Belgrade의 분위기, 기타 관련 사안들에 대해 보고를 했다. 이 같은 보고를 취급하는 것이 문젯거리가 되었는데 그 이유는 이 보고들의 진위를 확인하기 위한 확실한 방법이 없었기 때문이었다. 가장 믿을만한 보고는 아마도 지난 보고를 기초로 해서, 알려져 있고 신뢰받는 출처에서 나온 것이었을 것이다. 출처의 진위를 판별하는 역량을 독자적으로 구축하는 것은 적대적 행위가 벌어지고 있는 기간 동안에는 가능하지 않을 수 있다. 일부 출처들은 오랜 시간이 지나야 믿을만한 것으로 증명될 수 있다. 또한 목표대상 정부로부터 나온 역정보disinformation가 있을 가능성에 대해서도 경계를 해야 한다. 코소보 사태의 경우, 적어도 일부 출처들은 신뢰할 만한 것으로 증명되면서 공개출처정보의 중요성이 새로이 부각되었다.

결 론

각 수집활동들은 특정 정보요구형태에 적합한 특유의 장점을 갖고 있는 반면 단점도 갖고 있다(표 5-1 참조). 광범위하고 다양한 수집기술을 활용하여 국가는 두 가지 이득을 취하고 있다. 첫째, 각 유형의 수집활동의 장점을 활용함으로써 다른 수집활동의 단점을 보완할 수 있을 것이다. 둘째, 한 이슈에 한 가지 이상의 수집방법을 적용할 수 있는데, 이는 그 이슈에 대한 수집 요구사항을 충족시킬 가능성을 높이게 된다. 그러나 정보공동체는 요청된 모든 질문에 대한 해답을 제공할 수 없으며, 때를 불문하고 모든 가능한 요구사항을 충족시킬 수 있는 능력을 갖고 있지도 못하다. 수집체계는 한편으로 강력하기도 하지만 다른 한편으로 제한적이기도 하다.

소련의 위협에 대한 정보가 지속적으로 필요하다는 광범위한 정치적 합의가 있었기 때문에 냉전 기간 중 수집비용은 문제가 되지 않았다. 하지만

도표 5-1 수집방법 비교

수집방법	장점	단점
영상정보 (IMINT)	· 생생하고 흥미를 유발할 수 있다. · 정책결정자들에게 그 활용이 익숙해 보인다. · 특정 목표(특히 군사 활동)에 대해 즉각적인 사용이 가능하다. · 원거리에서 작동할 수 있다.	· 지나치게 생생하고 흥미위주일 수 있다. · 해석이 필요하다. · 특정 시각의 순간적인 촬영이므로 매우 정적이다. · 날씨에 영향을 받고 속임수에 당하기 쉽다. · 비용이 많이 든다
신호정보 (SIGINT)	· 계획과 의도에 대한 통찰력을 제공한다. · 방대한 자료를 제공한다. · 군사 목표들은 규칙적인 형태로 통신하는 경향이 있다. · 원거리에서 작동할 수 있다.	· 신호가 암호화될 수 있으므로 이를 해독해야 한다. · 방대한 자료를 제공한다. · 통신을 중단하거나, 안전한 라인을 사용하거나, 속임수를 써서 허위 교신을 할 수 있다. · 비용이 많이 든다.
인간정보 (HUMINT)	· 계획과 의도에 대한 통찰력을 제공한다. · 상대적으로 비용이 덜 든다.	· 인명과 정치적 위험을 수반한다. · 출처를 획득하고 신뢰성을 확인하는 데 많은 시간이 소요된다. · 유인책, 허위 정보제공, 이중간첩의 문제가 있다.
징후계측정보 (MASINT)	· 핵무기확산과 같은 문제에 매우 유용하다. · 원거리에서 작동할 수 있다.	· 비용이 많이 든다. · 대부분의 사용자들에게 거의 알려져 있지 않다. · 과다한 처리와 개발 과정이 요구된다.
공개출처정보 (OSINT)	· 쉽게 활용 가능하다. · 모든 수집방법의 시작점으로 매우 유용하다.	· 양이 방대하다. · 비밀수집방법으로부터 획득할 수 있는 통찰력을 제공하기 어렵다.

출처_ INT = collection discipline; IMINT = imagery (or photo) intelligence; SIGINT = signals intelligence; HUMINT = human intelligence; MASINT = measurement and signatures intelligence; and OSINT = open-source intelligence

탈냉전 이후 2001년 9·11 테러사건까지의 기간에는 전반적인 전략적 위협의 부재로 인해 수집체계비용을 정당화하기가 어려워졌다. 그 결과, 일부 사람들은 미국이 냉전기간과 동등한 수준의 정보수집능력을 필요로 하는지에 대한 의문을 제기했다. 9·11 테러공격 이전, 미국은 국가안보에 대한 위협이 크게 줄어든 것을 경험했다. 하지만 냉전 기간 미국에게 있어서 소련이 단일문제였던 것에 비해, 최근 들어 미국은 더 다양하고 분산적인 진행형 사안들에 처해 있고, 이 사안들은 미국에게 새로운 수집 과제를 던지고 있다. 2001년 9·11 테러사건은 매우 잔혹한 사건이었으나, 테러리즘은 핵무기를 보유했던 적대적인 소련의 군사력이 미국에 가했던 위협과 동일한 수준의 위협을 야기하고 있지는 않다. 그러나 궁극적으로, 국가안보 문제에 있어서 어느 정도의 수집이 충분한가를 결정해주는 척도란 존재하지 않는다. 따라서 가까운 미래에도 정보수집에 대한 요구는 계속해서 수집역량을 초과해 나올 것이다.

주요 용어

개발상의 첩보원 developmental
거부 denial
거부목표 denied targets
거부지역 denied areas
결의 resolution
공으로 모여들기 swarm ball
공직 가장 official cover
교신분석 traffic analysis
기만 deception
모든 출처의 정보 all-source intelligence
밀과 왕겨 wheat versus chaff
반사 echo
부인 검색 negation search
셔터 제어 shutter control
소음과 신호 noise versus signals

수집방법 collection disciplines
스파이 spies
암호사용자 cryptographers
암호화 encrypt
위험 대 이득 risk versus take
유인책 dangles
자동 변화 추출 automatic change extraction
자발적 첩보원 walk-ins
자산 재평가 시스템 asset validation system
정지 궤도 geosynchronous orbit
징후 및 경보 indication and warning
첩보원, 출처 source
첩보원 활용 주기 agent acquisition cycle
첩보활동 espionage
출처와 방법 sources and methods

키워드 검색key-word search
태양동기궤도sun-synchronous orbits
하위 첩보원sub-sources
환심pitch

더 읽을거리

이 읽을거리들은 이용의 편리함을 위해서 활동방식에 따라 분류되었다. 스파이들이 저술했거나 스파이 활동에 대한 수많은 책들이 존재하지만 스파이 기술과 그것이 수행하는 역할에 대한 탁월한 논의들은 거의 존재하지 않는다.

정보수집에 관한 일반적 문헌들

Best, Richard A., Jr. *Intelligence, Surveillance, and Reconnaissance (ISR) Programs: Issues for Congress.* Washington, D.C.: Congressional Research Service, updated August 24, 2004.

Burrows, William. *Deep Black: Space Espionage and National Security.* New York: Random House, 1986.

Wohlstetter, Roberta. *Pearl Harbor: Warning and Decision.* Stanford: Stanford University Press, 1962.

첩보활동

Burgstaller, Eugen F. "Human Collection Requirements in the 1980's." In *Intelligence Requirements for the 1980's: Clandestine Collection.* Ed. Roy F. Godson. Washington, D.C.: National Strategy Information Center, 1982.

Hitz, Frederick P. "The Future of American Espionage." *International Journal of Intelligence and Counterintelligence* 13 (spring 2000): 1~20.

―――. *The Great Game: The Myth and Reality of Espionage.* New York: Alfred Knopf, 2004.

Hulnick, Arthur S. "Intelligence Cooperation in the Post-Cold War Era: A New Game Plan?" *International Journal of Intelligence and Counterintelligence* 5 (winter 1991~1992): 455~465.

Phillips, David Atlee. *Careers in Secret Operations: How to Be a Federal Intelligence Officer.* Frederick, Md.: Stone Trail Press, 1984.

Wirtz, James J. "Constraints on Intelligence Collaboration: The Domestic Dimension." *International Journal of Intelligence and Counterintelligence* 6 (spring 1993): 85~89.

영상정보

Baker, John C., Kevin O'Connell, and Ray A. Williamson, eds. *Commercial Observation Satellites: At the Leading Edge of Transparency.* Washington, D.C.: RAND Corporation, 2001.

Best, Richard A., Jr. *Airborne Intelligence, Surveillance, and Reconnaissance (ISR): The U-2 Aircraft and Global Hawk UAV Programs.* Washington, D.C.: Library of Congress, Congressional Research Service, 2000.

Brugioni, Dino A. "The Art and Science of Photo Reconnaissance." *Scientific American* (March 1996): 78~85.

――. *Eyeball to Eyeball: The Inside Story of the Cuban Missile Crisis.* Ed. Robert F. McCort. New York: Random House, 1990.

――. *From Balloons to Blackbirds: Reconnaissance, Surveillance, and Imagery Intelligence-How It Evolved.* McLean, Va.: Association of Former Intelligence Officers, 1993.

Central Intelligence Agency. *CORONA: America's First Satellite Program.* Ed. Kevin C. Ruffner. Washington, D.C.: Central Intelligence Agency, 1995.

Day, Dwayne A., and others, eds. *Eye in the Sky: The Story of the Corona Spy Satellites.* Washington, D.C.: Smithsonian Institution Press, 1998.

Lindgren, David T. *Imagery Analysis in the Cold War.* Annapolis: U.S. Naval Institute Press, 2000.

Peebles, Christopher. *The Corona Project: America's First Spy Satellite.* Annapolis: U.S. Naval Institute Press, 1997.

Richelson, Jeffrey T. *America's Secret Eyes in Space: The U.S. Keyhole Spy Satellite Program.* New York: Harper and Row, 1990.

――. "High Flyin' Spies." *Bulletin of the Atomic Scientists* 52 (September-October 1996): 48~54.

Shulman, Seth. "Code Name CORONA." *Technology Review* 99 (October 1996): 23~25, 28~32.

SPOT Image Corporation. "Satellite Imagery: An Objective Guide." Reston, Va.: SPOT Image Corporation, 1998.

Taubman, Philip. *Secret Empire: Eisenhower, the CIA, and the Hidden Story of America's Space Espionage.* New York: Simon and Schuster, 2003.

공개출처정보

Lowenthal, Mark M. "Open Source Intelligence: New Myths, New Realities."

Defense Daily News, November 1998. (Available at www.defensedaily.com/reports; www.defensedaily.com/reports/osintmyths.htm.)

―――. "OSINT: The State of the Art, the Artless State." *Studies in Intelligence* (fall 2001): 61~66.

Mercado, Stephen C. "Sailing the Sea of OSINT in the Information Age." *Studies in Intelligence* 48, no. 3 (2004). (Available at www.cia.gov.csi/studies.)

위성

Klass, Philip. *Secret Sentries in Space*. New York: Random House, 1971.

U.S. National Commission for the Review of the National Reconnaissance Office. *Report: The National Commission for the Review of the National Reconnaissance Office*. Washington, D.C.: U.S. Government Printing Office, November 14, 2000.(Available at www.nrocommission.com.)

비밀성

Moynihan, Daniel Patrick. *Secrecy: The American Experience*. New Haven: Yale University Press, 1998.

Secrecy. Report of the Commission on Protecting and Reducing Government Secrecy, Washington, D.C., 1997.

신호정보

Aid, Matthew M., and Cees Wiebes. *Secrets of Signals Intelligence during the Cold War and Beyond*. Portland, Ore: Frank Cass, 2001.

Bamford, James. *Body of Secret: Anatomy of the Ultra-Secret National Security Agency-From the Cold War through the Dawn of a New Century*. New York: Doubleday, 2001.

―――. *The Puzzle Palace: A Report on America's Most Secret Agency*. Boston: Viking, 1982.

Brownell, George A. *The Origin and Development of the National Security Agency*. Laguna Hills, Calif.: Aegean Park Press, 1981.

Kahn, David. *The Codebreakers*. Rev. ed. New York: Scribner, 1996.

National Security Agency and Central Intelligence Agency. *VENONA: Soviet Espionage and the American Response, 1939~1957*. Ed. Robert Louis Benson and Michael Warner. Washington, D.C.: National Security Agency and Central Intelligence Agency, 1996.

Warner, Michael, and Robert Louis Benson. "Venona and Beyond: Thoughts on Work Undone." *Intelligence and National Security* 12 (July 1996): 1~13.

거부와 기만

Godson, Roy, and James Wirtz, eds. *Strategic Denial and Deception*. New Brunswick, N.J.: Transaction Books, 2002.

6

분 석

> 비밀활동이 흥미로운 것으로 세상에 알려져 있다는 점은 인정하더라도, 정보 업무에 있어서 절대적으로 핵심적인 것은 올바른 정책결정이 내려질 수 있게 하는 현용정보 보고서, 비망록, 국가(정보)평가 National Estimates를 생산하는 일이다.
>
> 헬름즈 Richard Helms, *A Look Over My Shoulder*

헬름즈 CIA 국장 1966~1973이 언급했듯이, 정보의 활동 측면(수집과 비밀활동)에 많은 관심이 집중되고 있지만, 분석은 여전히 정보 과정의 가장 중요한 대들보이다. 정보분석은 민간 분야 및 국방 분야의 정책결정자들에게 이들이 직면하고 있는 문제 및 결정해야 하는 정책과 직접적으로 관련이 있는 정보를 제공한다. 앞서 제4장에서 언급했던 것처럼 정보생산물은 하루에 한두 차례만 만들어지는 것이 아니라 하루 내내 꾸준히 지속적으로 생산된다. 특정 정보생산물, 특히 일일정보보고서나 브리핑 등은 아침에 제공되는 첫 번째 보고들이다. 반면, 다른 정보보고서들은 준비가 되었을 때 보고 될 수 있거나, 특정 시점에 보고하기 위해 그 전에 준비되었다가 필요시 보고 될 수도 있다.

   비록 모든 정보 실무자들이 동의하는 것은 아니지만, 끊임없는 정보의 생산과 전달은 정책결정자들을 마비시키는 효과를 초래할 수 있다. 정보분석은 정보생산물, 상업적으로 운영되는 뉴스와 더불어 정책부서, 대사관, 군 사령부 등의 보고 등 매일 같이 쏟아지는 첩보의 일부분으로 전락할 수 있다. 정보가 직면한 과제 중의 하나는 이러한 확고한 흐름 속에서 스스로 눈에 띄도록 하는 것이다.

 이러한 목표는 두 가지 방법에 의해 성취될 수 있다. 하나는 정보출처가 갖는 독특한 성격을 강조하는 것이다. 그러나 이 방법은 정보관들에게 선호를 받지 못한다. 왜냐하면 정보관들은 자신들이 정보출처와 정책결정자들을 단지 연결하는 역할이 아니라 그 이상의 역할을 수행하고 있다고 생각하기 때문이다. 다른 방법은 정보에 가치를 부여함으로써, 자체적으로 두드러질 수 있는 분석을 내놓는 것이다. 이러한 가치에는 정보생산물의 적시성, 정책결정자의 구체적인 요구에 맞추어 정보를 제공할 수 있는 정보공동체의 역량, 그리고 분석의 객관성이 포함된다. 대통령에게 브리핑을 담당했던 한 분석관은 이를 두고 다음과 같이 언급했다. "나의 가치는 대통령이 모르고 있지만 알 필요가 있는 무언가에 대해서 설명하는 데에 있었다." 그러나 정보공동체 내에서 가치가 부여된 정보 value-added intelligence가 종종 논의된다는 사실은 희망하는 대로 이 목표가 쉽게 성취되는 것은 아니라는 점을 암시한다.

주요 논제

가치가 부여된 정보를 생산하는 방식 또는 이것이 생산되는 빈도를 측정하는 방식을 설명하는 것은 쉬운 일이 아니다. 왜냐하면 정보관들과 이러한 정보를 사용하는 정책결정자들 간에 무엇이 가치가 부여된 정보인가에 관해 의견이 다르기 때문이다. 실제로 정보의 사용자들에게 가치가 부여된 정보라는 것은 특이하고 개인적인 속성을 갖는다.

 분석은 단순히 앉아서 수집된 자료를 가려내고, 분류한 후, 이치에 제대로 맞는 이야기를 만드는 것을 의미하지 않는다. 분석과정에서 중요한 결정들이 내려져야 하며, 이 과정에서 여러 논쟁 사안들이 계속해서 발생해왔다.

공식적인 요구. 이상적인 정보과정 모델에서 정책결정자들은 자신의 주된 정보요구사항을 고려해 본 뒤, 이를 정보담당관들에게 전한다. 하지만 이러한 공식적인 절차는 정보공동체가 생겨난 이래로 자주 있어 온 것이 아니다. 정보요구사항들에 대해 정보관들은 교육을 통한 추측을 주로 해왔는데, 많은 추측들이 실로 명백하거나 근거가 있는 것들이었다.

일부 사람들은 실제에 있어서 덜 공식적인 절차가 이상적인 절차 보다 낫다는 의견을 제시한다. 왜냐하면 대부분의 정보요구는 잘 알려져 있고 굳이 명확히 할 필요가 없는 것들이기 때문이다. 예를 들면, 냉전 기간 대부분의 사람들은 미국정보의 최우선 과제는 소련과 관련된 일련의 사안들이라고 말할 것이다. 냉전이 종식되고 2001년 테러사건 전까지의 불투명한 시기에도, 미국정보의 최우선 과제를 묻는 질문에 사람들은 마약, 테러리즘, 핵확산, 러시아의 개혁과 안정, 발칸·중동·북한과 같은 지역에서의 분쟁과 충돌 등을 거론했다. 이러한 답변 목록은 클린턴 행정부의 '대통령 결정지침 35^{PDD-35}'에서 언급된 미국정보의 최우선 과제와 같은 내용이었다. 2001년 9월 11일에 발생한 테러리스트들의 공격 이후, 테러리즘이 주요 주제가 되었지만 이것이 유일한 사안은 결코 아니다.

정보요구 절차에 있어서 실제로 중요한 점은, 다루어야 할 필요가 있는 사안들이 명확히 규정되어야 한다기보다 요구사항들 간에 어느 것이 우선되어야 하는가에 대해 정보공동체가 어느 정도 파악하고 있어야 한다는 것이다. 고위 정책결정자들과 정보관들 사이의 우선순위에 대한 공식적인 논의는, 우선순위 목록에 추가되었거나 빠진 사안들에 대한 것 보다는 정보요구사항들 간의 상대적인 중요성에 초점을 맞추는 경향이 있다. 특정 정보 사안에 우선순위를 부여하는 것은 매우 중요하고 어려운 문제인데, 소련이 붕괴한 1991년 이후 2001년까지의 경우와 같이 하나의 압도적인 사안이 부재할 때 더욱 그렇다. 정말로 문제가 되는 경우는 몇 개의 사안들이 그 중요성 측면에서 우열을 가리지 못해, 그들 중 어느 것도 우선권을 갖지 못하게 되는 경우이다.

현용정보와 장기정보. 현용정보와 장기정보 사이의 갈등은 오랫동안 계속되어온 분석상의 문제이다. 1~2주일 이내의 사안에 대한 보고와 분석인 현용정보 current intelligence는 정보공동체의 버팀목 역할을 하며, 정책결정자들이 가장 많이 요청하고 받게 되는 정보생산물이다. 여러 측면에서, 정보공동체는 현용정보 생산에 근거하여 그 존재 이유를 가진다고 할 수 있다. 현용정보는 항상 다른 유형의 정보생산물보다 지배적인 위치를 차지하지만, 이 지배력의 정도는 시기에 따라 다르다. 위기 혹은 전쟁 시에는 많은 사안들이, 심지어 고위 정책결정자들 사이에서도, 그 특성상 전술적으로 결정되므로 현용정보를 더 많이 요구하게 된다.

그러나 현용정보에 대한 강조는 실상 많은 분석관들을 좌절시킨다. 분석관들은 한 지역에 대한 전문 지식을 개발하고 분석 기술을 습득해왔기 때문에 이들은 현재 요구되는 것 이상을 관찰하는 장기간에 관한 분석보고서를 작성하고 싶어 한다. 그러나 정책결정자들 중 장기 분석보고서를 읽기 원하는 사람은 거의 없다. 그 이유는 이들이 흥미가 없어서라기보다는 시간이 부족하거나 현재 급박한 문제들로부터 잠시라도 벗어날 수 있는 능력이 부족하기 때문이다. 따라서 정책결정자들이 읽을 필요가 있는 것과 많은 분석관들이 생산하기 원하는 것 사이에는 갈등이 존재한다. 또한 현용정보생산물은 그 특성과 목적상 길이가 짧은 경향이 있고, 이로 인해 분석관들은 자신들이 가치 있다고 여기는 사건의 정황을 설명하거나 내용에 깊이를 추가할 수 있는 역량에 제한을 받는다. 만약 현용정보가 분석관들이 생산하는 것의 대부분을 차지한다면, 분석관들은 진정한 의미에서 분석관이 아니라 당일 수집정보의 리포터가 될 것이라는 또 다른 우려가 있다. 진정으로 심도 있는 전문지식의 획득은 현용정보를 꾸준히 섭취하는 것에 의해서는 어렵다는 것이 이 주장의 요지이다.

정보공동체가 한 유형의 분석과 다른 유형의 분석 중 어느 한 쪽을 선택해야하는 것은 아니기 때문에, 어느 정도 타협점이 존재한다. 즉, 분석이 어디까지 다룰 것인지 그 범위가 결정될 수 있다. 그러나 분석관의 수가 제한되기 때문에, 운영자들은 분석 인력을 어디에 활용할 것인지 결정해야 하고, 정책결정자들이 정보공동체를 인식하는 방식대로 현용정보 생산물이 여전히 분석의 주를 이룬다는 사실은 변함이 없다.

현용정보와 중기 혹은 장기정보 문제는 비록 가장 흔한 문제이긴 하지만, 분석 영역을 고찰하는 유일한 방법은 아니다. 정보를 시간적으로 고려하지 말고, 정보를 그 내용의 깊이depth와 넓이breadth 문제 혹은 전술적 정보와 전략적 정보 문제로 생각해 보자. 특성상, 대부분의 현용정보는 넓이 보다 깊이를 강조하는 경향이 있다. 그러나 전략적이면서도 현용적인 정보를 만들기 위한 분석관의 분석적 시야가 향상될 수 있다. 즉, 현재 혹은 가까운 미래의 안건에 대한 사안에 초점이 맞춰진다는 점에서 정보는 현용적일 수 있다. 동시에 이 같은 정보는 정책결정자에게 관련 사안들에 대해 더 넓은 시각을 제공할 수 있는데, 여기에는 더욱 자세한 배경의 제공, 그리고 다른 사안들과의 연계 혹은 가능한 해결책 등을 포함한다. 보다 전략적인 현용정보가 자주 생산되는 것은 아니지만, 이것은 정책결정자들에게 유용하다는 생각이 덜 미치는 영역까지 굳이 분석하지 않더라도 생산될 수 있다.

브리핑. 정책결정자들을 위한 브리핑은 현용정보의 한 유형이다. 많은 브리핑들이 정기적이고, 첫 브리핑은 아침에 수행된다. 브리핑은 현용정보가 전달되는 주요 방법 중의 하나이다. 브리핑은 일련의 사안들을 제기한다. 브리핑의 주요 장점 중의 하나는 정보관들이 정책결정자들과 직접적으로 상호작용하고, 정책결정자들의 선호와 보고되는 정보에 대한 이들의 반응을 더 잘 알 수 있게 되므로, 공식적인 피드백 메커니즘의 부재를 극복할 수 있다는 점이다. 하지만 위험성 또한 존재한다. 용어가 의미하듯이, 브리핑은 간결한 경향이 있다. 정책결정자들의 스케줄 때문에, 대부분의 브리핑은 시간의 구속을 받는다. 게다가 아침 브리핑은 대개 여러 주제를 커버해야 한다. 따라서 브리핑하는 동안 꼭 필요한 배경을 설명하고 심도 있는 내용을 전달하는 것이 어려울 수 있다.

최선의 상황은 브리핑이 정책결정자와 정보관 사이에서 대등한 교환give-and-take이 되는 것이다. 이러한 교환은 서로에게 자극이 될 수 있지만, 또한 위험성을 갖고 있기도 하다. 브리핑을 하는 사람은 반드시 자신의 정보에 대한 확신을 갖고 있어야 한다. 이들 중 일부 정보는 브리핑 자료에 없는 것일 수도 있다. 브리핑을 하는 사람은 위험한 추측을 해선 안 되며, "저는 모릅니다"라고 말하고, 요청한 정보를 나중에 획득하겠다고 말할 수 있는 법을 배워야 한다. 게다가 브리핑은 극히 단명한 보고가 되는 특성도 지니고 있다. 즉, 브리핑을 하는 사람은 이미 언급한 내용 모두를 사후에 다시 반복할 수 없을지도 모른다.

브리핑은 분석관이 정책결정자와 가까운 관계를 유지함으로써 발생하는 문제를 야기한다. 특히 분석상의 객관성을 유지하기 위해 정책으로부터 일정 거리를 유지해야할 필요성과 그러한 역량에 연관된 문제들을 야기한다. 주기적인 브리핑을 하는 사람들은 두 가지의 역할을 맡는다. 하나는 정보를 정책결정자들에게 전달하는 것이고, 다른 하나는 정책결정자들의 요구 혹은 반응을 정보공동체에 전달하는 것이다. 브리핑을 하는 사람은, 공공연하게 혹은 관료들 간의 논쟁에서, 정책결정자의 정책을 옹호하거나 지원하는 역할을 해서는 안 된다.

9·11 테러공격의 여파로 발생한 논쟁의 한 영역은, CIA가 대통령과 그의 고위참모들에게 했던 브리핑의 특성에 관한 것이었다. 대통령일일 브리핑PDB를 중심으로 하는 이 브리핑은 CIA가 독점적으로 생산한다. 비록 행정부와 정보공동체 내 고위관료들이 PDB에 내밀히 관여하긴 하지만, 이 관여 집단은 매우 소규모이다. 따라서 대통령에게 보고되는 내용을 다른 정보기관들이 꼭 알고 있는 것은 아니다. 이런 연유로 다른 기관들은 CIA에 대해 어느 정도 질투심을 갖게 되며, 정보공동체의 분석을 담당하는 기관들이 서로 중복되거나 상치되는 방향으로 일하게 되는 상황이 나올 수도 있다.

2004년 정보법의 통과로, PDB의 권한은 이양되었다. PDB를 담당하는 직원들은 국가정보국장실ODNI의 일부가 되었고, 분석 담당 정보 부국장의 통솔을 받게 되었다. CIA에게 있어서 PDB에 대한 권한은 왕관에 있는 수많은 보석중의 하나와 같은 것이 되었고, 단지 접근할 수 있는 권한만이 보장되었다. 아침 브리핑을 수행하는 책임은 국가정보국장DNI에게 이양되었다.

일부 사람들은 그동안 PDB를 너무 크게 강조하였고, 이것이 전체 분석 노력에 부정적인 효과를 가져왔다고 생각한다. 정기적으로 대통령과 만나고 정보생산물을 대통령 앞에 내놓을 수 있는 것은 훌륭한 장점이다. 어떤 정보 운영자도 이러한 기회를 거부하지 않을 것이다. 그러나 한 번의 PDB를 준비하는데 얼마나 많은 노력이 투여되어야 하는가에 대해서, 그리고 PDB가 내용상 어느 정도의 넓이와 깊이를 지녀야 하는지에 대한 결정이 여전히 내려져야만 한다. PDB에 혹은 다른 아침 정보 보고서에 들어가는 분석은 다음 날 아침까지 기다려도 되는 것으로서 긴급한 것들이 아니다. 만약 보고될 내용들이 중대한 것이라면, 이들은 대통령과 다른 고위 관료들에게 즉시 전달될 것이다. 따라서 PDB가 DNI 소관으로 이양되는 것은 PDB에 대해 다시 생각하고, PDB와 더 광범위한 분석활동들과의 관계를 재고하는데 소중한 기회가 될 것이다.

위기 대 표준. 특정 정보에 대한 요구가 발생하는 방식중의 하나는 위기에 대응하여 정보가 요청되는 경우이다. 위기로 인해 발생하는 정보요구는 장기 정보요구에 대한 현용정보의 궁극적인 우위를 보여준다.

수집과 분석 자원은 제한되어 있기 때문에, 불가피하게 어떤 사안들은 잠시 동안 관심을 받거나 아예 관심을 받지도 못한다. 마찬가지로 연간 혹은 일 년에 두 번 있는 정보요구 계획은 외관상 덜 중요해 보이는 문제들 가운데 어떤 문제가 갑자기 위기상황으로 발전할 것인지를 예측하는 데에 실패하고 만다. 따라서 계획을 그대로 실행에 옮겨 정보를 수집/분석하는 것은 어느 정도 자기 충족적 혹은 자기 기만적 예언과도 같다.

덜 중요한 사안이 심각해지거나 정책결정자들의 최고 관심사로 갑자기 부각되는 경우에 대비하여, 분석담당 운영자들은 여러 분야에 대한 최소한의 지식을 개발하거나 보유할 방편을 강구해 두지 않으면 안 된다. 하지만 정보공동체가 가지고 있는 여분의 수집 역량은 적은데다가, 분석 분야에는 여분의 역량이 없으며, 이전에는 중요하지 않았으나 현재 중대한 사안들에 할당할 자원마저도 한정되어 있다. 따라서 자원은 중요한 사안에만 할당될 수밖에 없고 다른 사안들은 별 관심을 끌지 못하게 된다.

정책결정자들이 정보요구를 명확히 하는 문제뿐만 아니라 국제관계의 변덕스러움에도 불구하고, 정보공동체는 문제가 발생했을 때 처리 방안을 미리 세워 놓지 못했거나, 사전에 문제 발생 여부를 인식하지 못했을 때 비판받을 곤경에 처하게 된다. 정보의 중요 기능 중의 하나가 전략적 경고라는 점에서, 정보에 대한 기대가 높은 것은 일면 당연하다. 하지만 전략적 경고는 흔히 어느 정도의 개입을 요구하는 지역적 위기가 아닌, 국가의 안전에 위협이 되는 문제에 대한 사전 주의를 의미하는 것으로 인식되고 있다. 이와 같은 위기의 발생은 정보공동체의 자원 측면뿐만 아니라 이미지에도 악영향을 미친다. 왜냐하면 미디어와 행정부의 정책결정자들은, 때로는 공정하게 때로는 불공정하게, 정보공동체의 실수에 가혹하게 비판을 하는 경향이 있기 때문이다.

최근 발생한 위기에 미국이 대처하는 측면을 살펴보면, 전투사령관들(유럽, 태평양 지역 등의 4성 장군 미군 사령관)이 국가정보수집 자산을 이용한 정보지원을 요구해 왔다. 문제는 이 정보요구들 중 무엇이 우선순위인가라는 것이었다. 전투사령관들은 지구상의 넓은 지역에 대한 책임이 있고, 자신들의 책임부담구역AOR 내에 있는 어느 국가에서라도 발생하는 불안에 대응할 책임이 있다. 그러나 워싱턴 D.C.에 있는 정책결정자들과 정보관들은 일부 덜 중요한 약소국가에서 발생하는 사건의 긴급성을 전투사령관들과 동일한 수준으로 이해할 수 없을 것이다. 따라서 이들 간에 시각과 인식 면에서 상당한 차이가 존재한다. 전투사령관들이, 자신의 책임부담구역 내 긴급한 사건에 국가 자산 활용에 의한 정보지원을 요청하고 싶어하는 소망을 버리고, 명백히 덜 유능하더라도 자신들의 관할 하에 있는 전역정보자산들theater intelligence assets을 더 많이 활용하도록 하는 시도가 행해져왔다.

밀과 왕겨 문제. 이미 정보수집과 관련된 부분에서 언급했지만 밀과 왕겨 문제Wheat vs Chaff Problem는 궁극적으로 분석상의 문제가 된다. 비록 수집된 많은 양의 정보가 실제로 처리와 개발되지는 않지만, 처리/개발된 정보의 양도 만만치 않게 여전히 많다. 비록 컴퓨터 시대라 할지라도, 분석관들이 이 문제를 해결 수 있도록 돕는 기술적 지름길은 거의 발견되지 않았다. 정보공동체는 텍스트 마이닝text mining(디지털 정보의 대부분은 비정형 데이터로서, 이러한 비/반정형 데이터에 대하여 자연어 처리 기술과 문서처리 기술을 적용하여 유용한 정보를 추출, 가공하는 기술 - 역자 주)과 데이터 마이닝data mining(DB에 저장된 자료와 같이 정형화된 데이터로부터 정보를 추출, 가공하는 기술 - 역자 주)과 같은 정보관리를 보조하는 소프트웨어 프로그램과 같은 분석 도구들을 활용해 왔고, 많은 다른 방법들 또한 시험해 봤으나, 결정적인 해법은 도출되지 않았다. 따라서 분석관들의 일상적인 업무는 유입된 정보를 자신들의 포트폴리오(분류방법)에 맞게 정보를 가려내는 것으로서, 이 업무는 전자적으로 수행되든 서류로 수행되든 지루하고 따분할 수밖에 없다. 정부를 가려내는 일은 단지 축적된 영상, 신호, 공개출처정보 혹은 그 밖의 다른 자료들을 한 차례 살펴보는 것이 아니다. 이것은 전체적으로 많은 양의 자료를 살펴보면서 매일매일의 패턴과 그 패턴과 다른 변칙적인 보고사항들을 인지할 수 있어야 하는 것이다. 다시 이야기하자면, 정보분석에 있어 첩경이란 존재하지 않는다. 정보를 가려내는 문제는 훈련과 경험을 필요로 한다. 비록 일부 정보실무자들이 분석관을 의사결정 과정에 참여하는 사람으로 생각하기도 하지만, 마찬가지로 분석관의 전문지식은 수집 분류에 필수적인 구성요소가 되어야 할 것이다.

분석관의 대체 가능성. 정보요구가 변경되거나 위기가 발생하면 분석관들은 더 많은 요구가 있는 분야로 옮겨가야 한다. 정보수집과 마찬가지로, 분석관들은 제로섬 게임에 참여하고 있다. 즉, 다른 임무를 수행하고 있는 분석관들이 새로운 업무로 이동을 해야 한다. 단순히 말하자면, 모든 분석관들이 모든 사안들에 대해 일할 수는 없는 것이다. 각 분석관들은 장점과 단점을 갖고 있으며, 단순히 모르고 있는 영역도 있다. 비록 분석관들이 수집체계보다 그 수가 많다고 하더라도, 분석관들의 대체가능성은 더 작다고 할 수 있다. 즉 기술수집체계보다 쉽게 교체되거나 대체될 수 없다는 의미이다. 프랑스어를 사용하는 대상을 목표로 정보수집을 하고 있는 신호정보 인공위성의 경우, 아랍어를 사용하는 대상으로 목표가 재조정되더라도, 인공위성은 무지 혹은 무능력을 구실로 내세우지 않을 것이다. 이 경우, 목표 설정, 접근, 빈도 등의 중대 사안들이 나타날 수는 있지만, 그 어떤 언어 장벽도 존재하지 않는다. 디지털 통신 자료들에 판독이 불가능한 악센트는 존재하지 않는다. 이에 반해, 모든 분석관들이 더 많은 수요가 생긴 영역으로 옮기는데 필요한 언어능력, 지역 혹은 주제와 관련된 역량을 갖고 있는 것은 아니다. 정보운영에 있어서 중요사안인 **분석관의 대체 가능성**analyst fungibility에는 이처럼 매우 실질적인 한계가 존재하는 것이다. 이 사안은 이따금 **분석관의 민첩성**analyst agility으로 불리기도 한다. 분석관의 민첩성이란, 하나 혹은 두 영역 이상의 전문지식을 갖고 있어서, 필요시 더 높은 우선순위가 걸린 사안으로 이동할 수 있는 분석관들이 필요함을 의미한다. 대체 가능성이나 민첩성은 다음의 세 가지 요소에 달려 있다. 분석관들이 고용될 당시의 배경과 재능이 첫 번째 요소가 되고, 두 번째 요소는 정보공동체 내에서 진행되는 분석관의 훈련과 교육이다. 마지막 요소는 분석관들의 경력 관리인데, 이를 통해 몇 개의 특정 영역에 대한 전문지식을 개발하고 습득하기 위한 충분한 기회를 분석관들에게 제공해야 할 것이다.

　　미국 정보운영자들은 **범지구적 담당범위**global coverage에 대해 종종 언급하곤 하는데, 이는 오해를 살 수 있는 위험한 용어이다. 정보관들에게 범지구적 담당범위라는 용어의 의미는, 모든 사안들을 담당하기 위해 정보관들이 모두를 인지하고 있어야할 필요가 있다는 것을 의미한다. 예를 들면, 정보공동체의 구성원들은 정책결정자에게 피지Fiji 섬에서 발생한 위기상황을 분석할 충분한 역량을 자신들이 갖고 있지는 않지만, 핀란드에 대해서는 그럴 능력이 있다고 말하면 안된다. 또한 다른 지역으로 관심을 바꾸도록 유도하는 것도 허용되지 않는다. 만약 특정 국가 혹은 특정 지역 내 상황이 관심을 끈다면, 정보공동체는 이를 다루어야 한다. 하지만 범지구적 담당 범위라는 용어가 갖는 위험성은, 정책결정자들에게 정보공동체가 실질적인 능력보다 더 심도 있고 광범위한 능력을 갖고 있다는 인상을 실제로 심어줄 가능성이 있다는 점이다. 정보운영자들은 업무를 추진하는데 있어서 자원상의 제한이 있다는 점을 잘 알고 있지만, 범지구적 담당범위라는 용어를 사용함으로써 자신들이 할 수 있는 것보다 더 많은 것들을 약속하는 것으로 오해를 받을 수 있다.

분석관의 대체 가능성 문제는 분석관들의 고용 절차에 있는 한계점에서 일부 유래한다. 분석관을 고용하려는 사람들은 유능한 분석관을 찾기 위해 대학을 방문한다. 반면, 다른 지원자들은 자신이 직접 지원을 한다. 정보기관은 의사를 보이는 사람들만을 고용할 수 있을 것이다. 또한 특정 학교의 프로그램들은 특정 분야에 관심이나 능력을 갖는 분석관들을 더 많이 배출하는 경향을 가질 것이다. 하지만 이러한 방식은 문제를 적절하게 해결하지 못한다. 의회는 정보공동체가 특정 능력을 갖고 있는 분석관들에게 수년 동안 정보공동체에서 반드시 일하게 하는 조건으로 장학금을 제공할 수 있는 역량에 제한을 두었다. 비록 가시적인 변화가 있긴 했지만, 이 같은 역량 자체도 고용상의 문제를 해결하지 못한다.

따라서 정보공동체는 일부 영역에서 더 많은 분석 역량을 가지고 있는 반면, 다른 영역에서는 그렇지 못하다. 이러한 상황은 분석관들을 사안에 따라 이동시킴으로써 어느 정도 개선시킬 수 있지만, 분석의 폭을 넓히기 위해 깊이를 희생시키는 결과를 낳을 수도 있다. 모든 분석관들은 한계를 지니고 있기 때문에, 이 한계로 인해 정보공동체는 자신이 희망하는 만큼 그리고 자신에게 주어진 기대 수준에 부응해 대응할 수 있는 능력에 제한을 받을 것이다.

분석관 훈련. 최근까지도 정보공동체는 분석관을 훈련시키는데 그리

많은 시간을 투자하지 않았다. 신입 분석관들에게 무엇을 기대하는지, 정보공동체가 전체적으로 어떻게 운영되는지, 정보공동체의 윤리관과 규칙들은 무엇인지에 대한 직감을 주는 데에 훈련은 가장 유용한 수단이다. 그러나 분석관들은 훈련의 양과 상관없이 많은 것들을 현장에서 직접 배우게 된다는 사실에는 변함이 없다. 분석관들은 학부 또는 대학원에서 습득한 특정 기술을 가지고 정보공동체로 채용된 후, 각각의 정보기관으로 흡수된다. 이들은 기초 과정과 필수 사항, 일과표, 더 나은 표현기법 등을 배우는데, 이러한 교육은 각 기관별로 다양하다. 훈련과 교육을 통해 이들은 자신들이 담당하게 될 정보의 유형에 점차 익숙해진다.

모든 분석관들에게 요구되는 가장 최소한의 기술은 한 두 분야에 대한 지식, 적당한 언어 능력, 기초적 수준의 보고서 작성능력 등이다. 한 고위 관료는 그의 부하 직원들에게 그들이 채용하길 원하는 신입 분석관들에 대해 다음의 두 가지 질문을 던지곤 한다. 신입 분석관들이 흥미로운 사고를 할 줄 아는가? 글을 잘 쓰는가? 이 고위 관료는 위의 두 가지 기술을 보유한다면, 어느 누구라도 훈련과 경험을 통해 분석관이 될 수 있을 것이라고 생각했다(대조적으로 나폴레옹은 신입 관료들에게 다음과 같이 질문했다고 전해진다. "당신은 운이 좋은가?" 나폴레옹은 전장에서 운이야말로 유용한 능력이라고 이해했던 것이다).

기본적인 기술들은 더 나은 기술이 습득되기 위한 기본 토대이다. 숙련되어야 하는 새로운 기술들의 일부는 지엽적인 것이다. 각각의 정보기관은 자신만의 조직적 특성이 있고, 이 특성을 분석관들은 반드시 배워야 한다. 더 중요한 것으로, 분석관들은 밀과 왕겨 문제를 다루는 법과, 가능한 한 간략하고 명확하게 글을 작성하는 법을 배워야 한다. 이 두 기술은 현용정보에 대한 요구에 대응하기 위함이며, 동시에 바쁜 정책결정자들은 간략한 보고서를 선호한다는 사실을 반영한다. 대개 짧은 보고서들이 장문의 보고서들보다 정책결정자들의 관심을 더 많이 끈다는 사실은 관료 사회 내에서 이미 널리 알려진 이야기이다.

수집체계에 대해 분석관들을 훈련시키는 것은, 일부 고위 관료들조차 이 중요한 분야를 무시하기 때문에 기대하는 수준에 이르지 못한다. 더욱이 미국 정보공동체는 분석관들을 대상으로 하는 공동의 훈련과정을 갖고 있지도 않다. 각 정보기관은 자신의 분석관들만을 훈련시키고, 이는 실질적으로는 분석관들의 커리어가 시작되는 순간부터 난로연통문제를 유발시킨다.

분석관들이 반드시 배워야 하는 또 다른 중요한 기술은 객관성을 유지하는 것이다. 비록 정보분석관들은 자신이 다루는 문제에 대해 강한 개인적 시각을 가질 수 있고, 사실 빈번히 그렇기도 하지만, 그들의 견해가 정보보고서에 삽입되어서는 안 된다. 분석관들의 보고서는 그들의 시각이 설득력이 강해서가 아니라, 업무를 통해 축적된 전문지식으로 인해 주목을 받는 것이다. 개인적 견해 표출은 정보와 정책 간의 선을 넘어서는 일이 될 것이다. 분석관들은 특히 입수한 정보 혹은 논의되고 있는 정책들에 대치되는 견해를 갖고 있을 때, 자신들의 개인적 견해를 걸러내는 법을 배우는 훈련이 여전히 필요하다.

습득해야 할 더 정교하고 어려운 기술은 정보소비자들의 비위를 맞추기 위해 정보를 정치화하지 않으면서 이들과 관계를 유지하는 것이다.

마지막으로 훈련 혹은 경험을 통해 한 분석관이 어느 정도까지 개발될 수 있는가에 대한 의문이 있을 수 있다. 적절한 기술을 갖고 있으며 교육을 받은, 비교적 지성적인 개인은 교육과 훈련을 통해 유능한 분석관으로 양성될 수 있다. 하지만 진정으로 재능 있는 분석관은, 재능 있는 운동선수, 음악가, 과학자처럼, 타고난 능력으로 인해 선천적으로 직무를 더 잘 수행한다. 직감적으로 빠르게 분석하고 종합할 수 있으며 상황의 배후에 있는 것들을 잘 감지하는 것은 습득하기 어려운 타고난 소질이라 할 수 있다. 영역을 불문하고 이러한 타고난 능력을 보이는 사람들은 드물다. 이들 역시 훈련과 교육이 반드시 필요하다. 그러나 이러한 사람들에게서 훈련을 통해 이끌어 낼 수 있는 이점은 재능이 부족한 분석관들을 훈련시킴으로써 얻을 수 있는 것과 분명한 차이가 있다.

분석관 관리. 정보분석관들을 관리하는 데에는 많은 독특한 문제점들이 있다. 이들 중 중대 관심사는 분석관들의 커리어를 개발시켜 주는 일이다. 분석관들이 그들 분야에서 전문적 지식을 개발하기 위해서는 충분한 시간이 요구된다. 하지만 만일 한 분석관이 너무 오랫동안 같은 사안을 다루도록 내버려진다면 이 분석관에게는 지적인 정체가 생길 수 있다. 따라서 분석관들의 업무를 순환시키는 것은 그들이 지적인 정체에 빠지지 않게끔 도와주고, 한 두 분야 이상을 배우는 데 도움이 될 것이다. 그러나 이러한 보직의 순환으로 인해 분석관들이 어느 한 분야에서 진정으로 전문적인 지식을 얻지 못하고, 다방면에서 일할 수 있는 사람generalist이 될 가능성 또한 높아진다. 이상적으로, 관리자들은 분석관들에게 업무를 할당하면서 이들이 전문적인 지식과 식견을 얻을 수 있도록 충분한 시간을 주는 동시에 업무를 바꿔줌으로써 지적인 신선함을 유지시킬 수 있게 해야 한다. 업무에 할당되는 시간은 구체적으로 정해지지 않는다. 업무를 파악하는 데에 걸리는 시간은 개인 분석관들의 능력, 현재 맡고 있는 업무의 상대적 강도, 당시의 정보요구에 달려 있다. 강도가 좀 더 센 업무의 경우, 한 업무로 인해 소진되는 것을 피하기 위해 오히려 다소 더 짧은 시간 내에 완수되는 경향이 있다. 하지만 중요한 사안들은 높은 우선순위를 가지므로 더 많은 지식을 필요로 하며, 인력자원의 지속적인 유지가 요구된다. 따라서 서로 다른 많은 요구들이 경쟁하는 상황이 다시 발생한다.

　　승진 기준은 분석관 관리의 또 다른 문제이다. 정부의 피고용자로서 정보분석관들은 일반적으로 중간관리자의 최고 지위 단계까지 승진할 수 있다. 단계별 승진 기준은 지나칠 정도로 엄격하지는 않다. 얼마나 오래 재직했느냐가 아니라 공적(실력)에 의해 승진결정이 이루어져야 한다. 그러나 공적을 기준으로 하여 분석관들의 승진을 결정할 때, 관리자들은 평가에 어떠한 기준을 고려해야 하는가? 지난해 정보분석의 정확성이 평가 기준인가? 아니면 보고서 작성 능력인가? 외국어와 해외지역의 지식에 관한 능력에 기반 해서 평가해야 하는가? 중요한 몇몇 연구에 참여하는 경우인가? 관리자는 이 다양한 기준들의 상대적 중요성을 어떻게 평가해야 하는가?

하급지위보다 상급지위에서 승진을 위한 경쟁이 더 치열하며, 승진 기준에도 차이가 있다. 승진을 위한 첫 번째 자질은 예리한 분석능력으로서 이 자질은 관리자의 위치로 가는 주요 수단이다. 관리자 직위는 더 많은 책임을 지니며, 이에 따라 연봉 역시 더 높다. 하지만 역설적이게도 분석능력은 관리자와 별 관계가 없다. 즉, 분석능력이 뛰어난 것이 관리 임무를 수행하는 능력이 뛰어날 것이라는 점을 조금도 나타내지 않는다. 극소수 예외적인 경우를 제외하고, 관리자 직위는 고위직이 되기 위한 유일한 길이 되어왔다. 이에 대응하여 CIA는 분석관들이 관리직으로 가지 않아도 그들의 분석적 역량에만 의존해 고위직에 도달할 수 있게 하면서 동시에 이들의 전문지식을 계속해서 개발, 활용할 수 있게 하는 고위분석직 Senior Analytical Service을 만들었다.

분석관의 사고방식. 한 집단으로서 분석관들은 그들의 일에 영향을 미칠 수 있는 일련의 행동을 보여준다. 모든 분석관들이 항상 이러한 행동을 보여주는 것은 아니며, 일부 분석관들은 전혀 그렇지 않을 수도 있다. 하지만 이러한 행동패턴 중 많은 것들이 분석관 집단 내에서 흔히 관찰된다.

미러 이미지 mirror imaging는 분석관들에게 가장 빈번히 일어나는 결점 중의 하나이다. 미러 이미지는 분석관이 자신에게 가장 친근하고 익숙한 동기 및 목적을 다른 지도자, 국가, 단체들 역시 갖고 있다고 가정하는 것을 의미한다. "그들은 우리와 마찬가지이다"라는 말은 이러한 시각을 전형적으로 표현한 것이다. 미러 이미지가 성행하는 이유를 이해하는 것은 어려운 일이 아니다. 어렸을 적부터 사람들은 다른 사람들에게 특정 행동을 기대하게 된다. 이러한 기대는 동기 및 행동의 개념에 내재한 상호적인 특성에 기초한다. 즉, 내가 갖고 있는 동기 및 내가 하는 행동을 상대방도 마찬가지로 보여줄 것이라고 기대하는 것이다. 그러나 분석도구로서 미러 이미지를 사용할 경우, 국가 간의 상이한 특성에서 연유한 동기, 인식, 행동 면에서의 차이점, 환경의 미묘한 차이, 이성적 차이, 합리성의 부재 등을 고려하지 못하는 문제가 생긴다.

1941년 일본이 취할 가능성이 있다고 여겨지는 움직임을 분석한 미국의 사례는 미러 이미지의 전형적인 예이다. 미국의 많은 분석관들과 정책결정자들은 일본이 어딘가를 공격할 것이라는 예상을 했지만, 이들은 일본이 미국을 직접적으로 공격하지는 않을 것이라고 생각했다. 왜냐하면 입장을 바꾸어 생각했을 때, 일본이 전쟁 수행 면에서 더 큰 잠재력을 갖고 있는 국가(미국)를 공격할 수 없을 것이라 판단했기 때문이다. 그러나 일본은 자신의 잠재력이 점진적으로 감소하자, 미국의 예상과는 정반대로 가장 강력한 적에게 직접적으로 공격하는 해법을 내놓았다. 몬테피오레$^{Simon\ Montefiore}$는 'Stalin: The Court of the Red Tsar'에서 스탈린의 다음과 같은 말을 인용했다. "당신이 결정을 내리고자 할 때, 절대로 다른 사람의 마음을 읽으려 하지 마라. 만약 그럴 경우, 당신은 심각한 실수를 저지를 수 있다." 예를 들면, 냉전 시기 동안 일부 소련전문가들은 소련 내 강경파와 온건파에 대해서 언급을 했고 어떤 소련 지도자가 어느 편에 속하는가에 대해 알아내려 했다. 그러나 소련 내에 강경파와 온건파가 있다는 점을 나타내는 그 어떤 실증적인 증거도 존재하지 않았다. 대신에 미국의 정치 스펙트럼이 강경파와 온건파를 갖고 있다는 사실로 인해 이 소련전문가들은 소련 체제 역시 마찬가지일 것이라고 단순히 가정했던 것이다. 또한 1980년대 말, 이란 문제를 다루던 일부 분석관들은 이란 내 극단주의자들과 온건주의자들에 대해 언급했다. 온건파의 존재에 대한 증거에 회의적인 동료들의 압박을 받으면서, 이 분석관들은 다음과 같이 말했다. "만약 극단주의자들이 있다면 반드시 온건주의자들도 있을 것이다." 다시 이야기하자면, 이들은 잘못된 가정을 하고 있었을 뿐만 아니라, 자신들이 알고 있는 정치체제들을 투영하고 있었다. 반면, 이들의 동료 중 일부 분석관들은 이란정치에는 극단주의자들과 초극단주의자들이 있다고 주장하기도 했다.

미러 이미지를 피하기 위해서 관리자들은 업무에서 미러 이미지가 보일 경우 분석관들 스스로가 이를 인식할 수 있도록 분석관들을 훈련시켜야 한다. 또한 관리자들은 미러 이미지의 경향에 주의를 기울이도록 하는, 더 높은 직위에서 행해지는 검토 절차를 만들어야 한다.

클라이언티즘clientism은 분석관들이 한 가지 사안에 너무 오랜 동안 일한 뒤에 찾아오는 것으로서 그들의 주제에 과도하게 몰두하여 비판적으로 사안을 관찰하는 능력을 잃어버리는 것을 의미한다. 분석관들은 그들이 다루는 국가의 행동을 분석하는 대신 이들의 행동을 변호하는데 시간을 보낼 수 있다. 분석관들과 그들의 관리자들이 미러 이미지를 피하기 위한 것과 마찬가지로, 클라이언티즘을 피하기 위해 동일한 보호책들이 요구된다.

이라크 대량살상무기 사례의 결과로서, **레이어링**layering이라는 사안이 최근에 제기되었다. 레이어링은 한 분석에서 만들어진 판단을, 있을 수도 있는 불확실성을 고려치 않고 다른 분석에 그대로 사용하는 것을 말한다. 만약 이전 판단이 미약한 수집 출처에 의거해 이루어졌다면 이 같은 판단은 매우 위험할 수 있다. 레이어링은 이처럼 이전 판단에 더 큰 확신을 부여하는 경향이 있고, 이는 분석관들과, 더 중요하게, 정책결정자들을 잘못된 방향으로 이끌 수 있다. 상원 정보위원회와 WMD 위원회는 이라크의 대량살상무기 보유 의혹을 분석할 당시 정보분석관들이 레이어링 문제를 보였다고 비판했다.

현장지식. 분석관들은 그들이 보고서를 작성하는 국가에 대해서 다양한 수준의 직접적인 지식을 보유한다. 냉전 시기에 미국 분석관들은 소련과 소련의 위성국가들 내에서 시간을 보내는 데에 있어서 상당한 애를 먹었고, 이 국가들 내에서 자유로이 여행을 할 수도 없었다. 비슷하게, 외국 고위관료들과 직접적으로 대면해야 하는 정책결정자들보다 이 고위관료들에 대한 보고서를 작성하는 분석관들이 이들과 접촉한 빈도가 적을 수도 있다. 이러한 연유로 분석관들과 분석하는 대상 사이의 거리감은, 정보사용자가 그들이 받게 되는 정보를 어떻게 바라보느냐에 따라 종종 큰 비용을 수반할 수 있다. 실제로 일부 정보사용자는 정보분석관들보다 대상국 내에서 얻은 경험을 더 많이 갖고 있을 수도 있다.

이러한 문제는 테러리스트들을 상대할 때 더욱 복잡해질 수 있다. 왜냐하면 테러리스트들의 경우, 이들을 직접적으로 혹은 장기간 접촉할 기회가 거의 없는데다가 아마도 그들의 동기나 향후 활동을 예상하는 데에 같은 수준의 합리성을 활용할 수 없기 때문이다.

다른 사람들처럼, 분석관들은 그들의 성과물을 자랑스러워 한다. 일단 그들이 지식체계를 섭렵했다고 판단하면, 적절성의 여부와 상관없이 그들은 지식의 내용을 구체적으로 과시하기 위한 기회를 추구할 것이다. 분석관들은 정보사용자의 요구에 필수적으로 들어가는 사실과 분석만으로 보고서를 작성하는 데에 어려움을 겪을 수 있다. 더 광범위한 문맥 속에서 해당 사안이 논의되는 것에 정보소비자가 더 높은 점수를 주었으면 하고 분석관들은 희망할지도 모른다. 그러나 불행하게도 - 그리고 아마도 매우 빈번히 - 정책결정자는 '기적을 일으킨 모든 성인들의 삶에 대해서가 아니라, 단지 기적에 대해서만' 알기를 원한다. 따라서 정책결정자들의 이러한 행태에 부응하기 위해서 분석관들에게 훈련, 성숙함, 감독이 요구된다. 일부 분석관들은 다른 분석관들보다 더 빨리 상대방, 즉 정보요구자의 진의를 파악한다. 반면, 어떤 분석관들은 결코 상대방의 진의를 파악하지 못하고, 정보요청자의 진의에 도달하기 위해서는 편집이 많이 필요한 분석을 생산할 수 있다. 결국 이는 정책결정자의 불만을 초래할 수 있다. 게다가 정보생산자는 정책결정자들이 즉각적으로 필요로 하지 않는 너무 방대한 양의 자료를 제공하는 경우, 정보사용자의 관심을 잃게 될 것이다.

분석관들이 자신의 지식의 깊이를 정보사용자에게 보여주기를 원하는 것처럼, 분석관들은, 사실과 다를지라도, 자신이 경험 있는 것으로 비춰지기를 원한다. 이것은 인간 누구에게나 있는 약점이다. 거의 모든 분야에서 전문가들은 자신들에게는 새롭지만 다른 사람들에게는 그렇지 않은 상황에 처할 경우, 사실 여부와 상관없이 자신이 이 새로운 상황에 경험이 있다고 단언하는 경향이 있다. 너무 많이 겪어서 싫증나는 것처럼 보이는 것jaded과 한 번도 겪은 적이 없다고 하는 것naive 사이에서 분석관들은 대개 전자를 선택한다. 사실상 이 경우, 거짓이 드러날 위험성은 작은데다가, 더 많은 지식을 보여주는 동료 분석관에게 임무가 맡겨짐으로 해서 자신의 거짓말이 묻힐 수 있다. 아마도 거짓말을 한 분석관은 "1958년에 베사라비아Bessarabia에서 이와 같은 일이 생겼습니다. 난 당신이 이것을 알고 있다고 생각했습니다"라고 말하며 가볍게 넘어갈지도 모른다.

그러나 이따금 많은 문제들이 생긴다. 예를 들면, 1986년 4월 소련의 체르노빌Chernobyl 핵원자로 운영자들은 허가 받지 않은 실험을 수행하는 도중 폭발을 야기했다. 다음날 오후, 스웨덴은 자국의 여러 도시에 설치된 상공 모니터에서 방사능이 정상 수치보다 높게 나오고 있다고 보도했다. 미국 내 한 정보운영자는 어느 고위 분석관에게 스웨덴의 이 같은 보도가 어디서 연유된 것인지를 알아오도록 요구했다. 하지만 이 분석관은 스웨덴의 이 같은 보도를 과소평가했고, 스웨덴은 항상 상공 공기에 대해 신경을 쓰며 아주 작은 양의 방사능에 대해서도 그 같은 불만을 종종 토로한다고 말했다. 하지만 사건의 진상이 드러나면서, 다음날 분석관들은 체르노빌 사건에 대한 정보를 얻고자 정신없이 분주하게 일을 해야만 했다. 자신이 이미 알고 있고 많이 겪었다고 생각하여 부주의하게 사안을 다루는 싫증난 접근jaded approach을 한 이 분석관은 스웨덴이 탐지한 방사능의 유형이 무엇인가와 같은 아주 단순한 질문조차 하지 않은 것이다. 이 같은 질문에 답을 구하고자 했다면 무기가 아니라 원자로가 바로 방사능 검출의 출처라는 사실을 알아냈을 것이다. 또한 스웨덴 상공으로 불어오는 바람이 이 방사능 출처를 확인하기 위해 조사되었을 수도 있었다(수년 뒤에 이 정보운영자는 스웨덴 정보기구의 운영자들을 만났다. 스웨덴 정보기구 운영자들은 방사능과 바람의 특성을 분석한 것을 기초로, 발틱 해를 넘어 소련 영토인 이그나리나Ignalina 지역 근처의 원자로에서 방사능이 유출되고 있다는 결론을 내렸다고 말했다. 비록 이들은 방사능 출처를 훨씬 먼 곳으로 잘못 생각했지만, 이들의 결론은 미국 정보관들이 생각했던 것보다 사실에 더 가까이 접근했다).

싫증난 접근은 다음과 같은 큰 비용을 수반한다. 첫째, 모든 분석관들이 피해야 할 것으로, 싫증난 접근은 정보에 대해 불성실한 분석태도를 갖게 한다. 둘째, 이 같은 접근법을 통해 각각의 사건이 다른 사건들과 비슷하다는 잘못된 가정을 하게 된다. 이는 피상적인 수준에서 사실일 수도 있으나 근본적인 수준에서는 오류가 될 수도 있다. 마지막으로, 정보에 대한 싫증난 접근은, 분석관의 경험 정도와 상관없이, 특정 사건 혹은 사안이 전적으로 새로운 것이고, 따라서 완전히 새로운 분석 유형을 요구할 수 있다는 생각을 분석관으로부터 차단시킨다.

신뢰성은 분석관이 가장 소중히 여겨야 할 가치 중 하나이다. 신뢰성은 대체로 정보과정의 정직함, 그리고 분석관들의 능력에 대한 신뢰이자 믿음이다. 비록 분석관들은 그 어느 누구도 항상 정확할 수 없다는 점을 인지하고 있으면서도, 이들은 정책결정자가 자신들에게 불가능한 수준의 책임을 지우고 있다고 우려한다. 신뢰성에 대한 우려 때문에 분석관들은 소극적으로 분석하거나, 분석 및 결론 상의 갑작스런 변화를 숨길 수도 있다. 예를 들어, 어느 한 정보분석이 적국의 연간 미사일 생산 비율(1년에 15개)을 오랫동안 측정해 왔다고 가정해보자. 어느 해에, 향상된 수집기술과 새로운 방법으로 인해, 미사일 생산 비율이 연간 45개로 측정되었다. 정책결정자들은 이러한 증가를 300% 증산한 것으로 주의 깊게 볼 수도 있다. 하지만, 분석관들은 이 숫자가 어떻게 측정되었는지에 대한 설명을 제공하는 대신, 자신에게 가해질 타격을 완화시키고 싶어 할 것이다. 아마도 미사일 생산에 변화가 있다는 내용의 짧은 보고서가 생산될 것이다. 그 다음에 두 번째 보고서가 만들어져, 생산 비율이 연간 20에서 25개일 것이라고 기록할 것이다. 그 이후에도 45개에 가까워지는 점진적인 증가를 보여주는 보고서들이 만들어질 것이다. 이 같은 방법을 통해, 정책결정자들은 갑작스런 증가치를 받아보는 것이 아니라, 관측된 숫자를 점진적으로 수용할 수 있게 하는 분석 보고를 받게 되는 것이다. 이 같은 방식을 사용하는 데에는 시간이 필요할 것이고, 이는 정보의 부정직함을 낳을 수밖에 없다.

국가정보평가national intelligence estimates와 같이 되풀이하여 작성되는 정보 생산물들은 위와 같은 유형의 문제에 대하여 다른 형태의 생산물보다 민감하게 다루는 편이다. 따라서 이러한 정보생산물에는 표준이 설정되어 있어서, 사안이 매우 중대하고 변화가 현저하지 않는 한 기억되기 어려운 보고서와 달리, 쉽게 그 변화들이 검토될 수 있게 작성된다.

비록 정책결정자들이 정보평가서에 나타난 갑작스러운 변화를 이유로 분석관들을 책망해 왔다고 하더라도, 분석관들은 책망에 대한 두려움 보다 정책결정자들의 신뢰성을 상실할지도 모를 가능성을 더 우려한다. 신뢰성은 무엇보다도 분석관과 정책결정자 간의 기존 관계, 정책결정자의 정보공동체에 대한 인식, 정보공동체의 과거 활동 등에 의존한다. 만약 최근에 여러 차례의 수정이 이루어졌다면, 문제에 대한 의심을 받을 수 있다. 하지만 만약 거의 수정을 하지 않았다면, 이는 별 문제가 되지 않을 것이다. 또한 사안의 성격과 해당 사안이 정책결정자와 자국에게 갖는 중요성에 따라 신뢰성에 서로 다른 영향을 미친다.

예를 들면, 당시 GNP 비율로 주로 표현되던 소련의 국방비 지출 수준은 냉전 시기 중요한 정보 사안이었다. 포드 행정부[1974~1977] 말경, 국방비로 들어가는 소련 GNP 비율에 대한 정보평가는 6~7%에서 13~14%로 증가했다. 이러한 증가는 주로 새로운 자료, 새로운 모형화 기술modeling techniques, 소련의 생산력과 관련 없는 다른 요소들 때문이었다. 이러한 수정은 새로 취임하는 카터Jimmy Carter 행정부에게 곤란한 것이었다. 대통령 취임연설에서 카터는 소련 사안에 항상 신경 쓰지 않기를 원하며, 추구해야 할 다른 외교정책 사안들이 많이 있다고 언급했다. 소련이 더 강력하게 무장하고 있다는 정보평가는 결코 좋은 소식이 아니었다. 카터는 스스로의 분석 능력에 자신감을 가지고 있었다. 수정된 측정치를 받았을 때, 카터는 정보공동체가 과거 측정이 100%나 차이 나는 오류를 범하였다는 점을 수용했다고 지적하면서, 정보공동체를 꾸짖었다고 알려져 있다. 이 경우, 그는 당시 정보공동체의 새로운 분석을 왜 신뢰해야만 했을까(다시 말하면, 카터에게 정보에 대한 신뢰성 자체가 줄어든 것은 아니었다 - 역자 주)?

단 한 명의 분석관에 의해 작성되어 정책결정자에게 보내지는 정보생산물은 거의 없다. 대부분이 동료와 운영자들의 검토를 받고, 아마도 다른 부서 혹은 기관의 분석관들의 도움을 받기도 할 것이다. 특히 이는 미국 내 정보기관들이 평가estimates라고 부르고 영국과 호주에서 평가assessment라고 불리는 정보생산물(분석 보고서)들의 경우에 더욱 해당된다. 다른 분석관들이나 기관들의 참여로 인해 분석 과정에 다양한 유형의 행동과 전략이 수립된다.

여러 기관들은 평가 내 주요 사안들에 대하여 강하게 의견을 제시하기도 하고, 반대되는 의견을 제시하기도 한다. 이러한 상황을 어떻게 다루어야 할까? 정보 및 정책결정에 관한 미국 시스템은 합의에 따르는 것이다. 표결이 이루어지지 않으므로, 어느 소수파도 배제되거나 굴복되지 않는다. 따라서 모든 이들이 합의를 이룰 방도를 찾아야만 한다. 그러나 만약 지적인 논의가 실패할 경우, 합의는 여러 다른 방법으로 이루어진다. 분석과 관련된 합의는 다음과 같다.

- 서로의 이익 도모하기backscratching와 결탁log-rolling: 비록 법률적인 용어로 사용되긴 하지만, 이 두 행동들은 정보분석에도 사용될 수 있다. 기본적으로 이들은 다음과 같은 교환을 포함한다. "15쪽에 있는 내 견해를 당신이 인정한다면, 나는 38쪽에 있는 당신의 의견을 받아들이겠소." 교환에 있어서 내용 자체는 주요 관심사가 아니다.
- 거짓 인질false hostage: 기관 A는 기관 B가 취하는 입장에 반대하지만 자신의 견해가 우세하지 못할까봐 두려워한다. 이 상황에서 기관 A는 자신이 강력히 옹호하는 또 다른 사안에 대해 거짓으로 반대하는 입장을 취할 수 있다. 기관 A는 사안 자체 때문이 아니라, 서로의 이익 도모하기와 결탁을 통해 무엇인가 교환할 것을 갖기 위해서 이러한 행동을 취할 수 있다.
- 최소공통분모 언어lowest-common-denominator language: 한 기관은 어떤 일이 발생할 가능성이 높다고 생각하는 반면, 다른 기관은 그 가능성이 낮다고 여긴다. 만약 이 시각들이 강하게 유지되지 않는다면, 이 기관들은 이 사안을 해결하는 방법으로, 즉 사건 발생 가능성이 적당한 수준에 있다고 타협을 할 수 있을 것이다. 이 예는 다소 극단적이긴 하나, 다음과 같은 행동의 본질을 잘 보여준다. 즉, 모든 이들이 받아들일 수 있는 언어로 서로의 차이점들을 감추려는 시도, 즉 **최소공통분모 언어**를 사

용하는 것이다.
- 각주 전쟁 footnote wars: 때때로 위에서 언급한 기술들 중 그 어느 것도 사용할 수 없을 수 있다. 평가를 만드는 과정에서, 각 기관은 다른 시각을 내는 각주를 항상 넣을 수가 있다. 또는 한 개 이상의 기관들이 하나의 각주를 추가할 수 있고, 혹은 기관들은 다른 기관의 의견을 옹호할 수도 있다. 이것은 누구의 의견이 본문에 나오며, 누구의 의견은 각주로 달릴 것인지에 대해 활발한 토론을 유도한다.

미국에서 평가는 '대다수' 혹은 '소수 기관들'이라는 단어를 사용한다. 첫째, 이는 매우 모호한 표현이다. 얼마나 많은 기관들이 하나의 시각 또는 다른 시각을 갖고 있는가? 예를 들면, 15개의 기관들 중에서 11개 기관들이 한 의견을 낼 경우, 실질적으로 이 의견은 '대다수 의견'이 되는 것인가, 아니면 '가까스로 만들어진 의견'이라 표현되는 것인가? 둘째, 국가정보평가NIE 작성 과정에서는 공식 혹은 비공식적인 투표가 행해지지 않는데, 이 표현을 사용함으로써 마치 대다수 기관들이 보유하는 견해가 더 정확한 것이라는 인상을 줄 수 있다. 반면, 영국은 미국과 다르다. 영국에서 만약 평가 작성에 참여하는 모든 기관들이 합의에 이르지 못한다면, 각각의 의견들이 단순히 나열된다. 이는 평가를 읽는 정책결정자를 더 당혹하게 하는 방식일 수도 있다. 하지만 영국의 방식은, 대다수라는 모호한 개념에 기초한 합의 내지는 정확한 견해에 대해 잘못된 인상을 심어주는 것을 막을 수 있다.

이라크 WMD에 대한 정보공동체의 분석을 비판하는 사람들은 서로 다른 의견들의 부재와 집단사고 groupthink 문제를 거론한다. 상원 정보위원회는 분석관들이 스스로 세운 가정들을 충분히 엄격하게 조사하지 않았고, 이에 따라 너무 쉽게 합의를 이루었다고 주장했다. 이는 운영자들과 분석관들에게, 특별히 평가와 연관된 사람들에게서 나타날 수 있는 문제점을 보여준다. 원칙적으로 정책결정자들은 합의된 의견을 선호하는데, 그 이유는 다양한 의견들을 숙고해야 하는 수고를 면하게 해주기 때문이다. 무엇보다도, 이 같은 수고는 정보공동체가 하기로 되어 있는 업무임에 분명하다. 따라서 가능하면 합의에 이르고자 하는 충동은 항상 있어 왔다. 그러나 이라크 사건의 여파로 대부분의 합의된 견해들은 - 비록 진정으로 합의가 되었다고 할지라도 - 의심의 눈길로 비춰지게 되었다. 그렇다고 하더라도 정보분석을 읽고 있을 때, 정책결정자가 이루어진 합의의 기반을 측정하는 것은 상당히 어려운 것이다.

분석상의 난로연통 문제. 정보수집의 차원에서 난로연통 문제는 상이한 수집방법들이 독자적으로 운영되고 종종 서로 경쟁을 하기 때문에 발생한다. 분석상의 난로연통 문제analytical stovepipes 또한 모든 출처all-source의 정보를 다루는 기관들에서 나타난다. 모든 출처를 분석하는 CIA의 정보분석국DI, 국방정보국DIA의 정보분석국, 그리고 국무부의 정보조사국INR이라는 세 집단이 특정 정책결정자들에게 정보지원을 하기 위해 존재한다. 또한 이 기관들은 정보공동체의 다양한 분석업무에 참여하는데, 그중 가장 빈번한 것은 국가정보평가NIE 생산에 참여하는 것이다. 수집기관들에서 나타나는 것과 마찬가지로, 분석기관들의 활동을 관리하거나 좀 더 최소한으로 감독, 조정하는 노력을 기울이는 과정에서도 난로연통 심리(서로 독자적으로 활동하고 협력하지 않는 것)가 드러난다. 이 세 기관들은, 정보공동체 전반의 책임을 지니는 관료들이 더 큰 분석상의 통일체의 연계부분으로 자신들을 다루려는 시도에 대해 경계하는 경향이 있다. 분석을 맡는 정보기관들은 수집관들보다 이 같은 행동을 덜 공공연하게 드러내기에 이를 인식하기가 더 어렵다. 따라서 일부 사람들은 분석관의 이러한 행동이 나타날 경우 수집관이 이러한 행동을 보여주는 경우 보다 더 많이 놀랄 수도 있을 것이다. 무엇보다도, 수집관은 각자 자신만의 영역에서 상이한 방법을 활용해 업무를 수행하는 반면, 분석기관들은 동일한 방식으로 업무를 진행하며 종종 동일 사안에 대한 일을 하기도 한다. 그러나 자신만의 특정 정책결정자들에게 정보지원을 직접적으로 책임지는 것을 선호하는 분석기관들의 관료주의의 특성은 분석상의 난로연통 문제의 원인이 된다.

지금까지 언급한 이러한 행동들은 평가를 작성하는 과정에서 - 혹은 규모가 큰 기관의 그 어떤 분석 노력에도 - 지적인 오류가 있다는 인상을 남길 수 있다. 모든 분석에 오류가 있는 것은 아니지만 분석과정이 순전히 이론에 따라 행해지는 것은 아니기 때문에 여러 문제들이 나올 가능성은 언제나 상존한다. 앞에서 언급한 이외의 다른 행동들이 나타나면서, 분석의 진실성 이상의 문제가 야기될 수 있다. 평가를 작성하는 과정은 승자와 패자를 낳고, 그 결과 누군가의 커리어가 올라가거나 떨어질 수 있다.

분석의 이슈들

분석관들의 사고방식과 행동 특성에 더하여, 다음과 같은 분석상의 여러 이슈들이 언급될 필요가 있다.

경쟁적 분석 대 협조적 분석. 경쟁적 분석이란 개념이 갖는 중요성만큼이나, 여러 기관의 분석관들 혹은 분석방법들이 주요 이슈들에 대하여 함께 업무를 추진할 필요가 제기되어 왔다. 이에 따라 미국 CIA의 게이츠Robert M. Gates, 1991~1993 국장은 여러 센터들을 설립해 테러리즘, 비확산, 마약 등의 초국가적 사안들에 초점을 맞추었다.

또한 정보공동체는 특정 사안들을 다루는 태스크포스 팀을 만들었는데, 이 중 하나가 1990년대부터 활동해온 발칸 태스크포스 팀이다. 발칸 태스크포스 팀은 유고슬라비아의 분열과 관련된 사안들을 감시해왔다.

9·11 위원회는 지역적 혹은 기능에 따라 설립된 센터들에 있는 모든 분석들을 조직화할 것을 권고했다. 2004년 정보법은 국가대테러센터NCTC: National Counterterrorism Center의 설립을 명령했다. 이 센터는 기본적으로 CIA의 테넷George J. Tenet 국장이 만든 테러위협통합센터Terrorism Threat Integration Center의 확장이었다. 또한 이 법은 국가정보국장DNI에게 국가확산대책센터National Counterproliferation Center를 창설하는 것이 유용한지를 검토하라고 요구했고, DNI가 필요하다면 여러 다른 센터들을 만들도록 권한을 부여했다. 센터를 만들어서 모든 분석에 접근하는 방식에 있어서 문제점은 이러한 방

식은 유연성이 다소 부족하다는 점이다. 일부 사안들 혹은 일부 국가들의 경우, 센터별로 접근하는 것이 적합하지 않을 수 있다. 이럴 경우, 어떤 문제가 생길까? 비록 센터를 설립하는 것은 용이하나, 다른 모든 부서들처럼 센터들 역시 자원을 공유하거나 상실하는 것을 좋아하지 않을 것이다. 따라서 센터의 설립은 분석인력들을 민첩하게 대처할 수 있는 능력을 향상시키고자 하는 바램에 대치되는 것이다. 현재까지 센터들은 기능에 따라 조직되어왔고, 사안이 제기되는 국가 혹은 지역 범위 내에서라기보다 해당 사안에 좀 더 전문적 지식을 갖는 분석관들로 충원되었다. 이에 따라 기능적으로 만들어진 센터는 정치적 맥락을 고려하지 못한 분석을 제공할 위험을 수반한다. 예를 들면, 한 국가의 WMD 개발 상황만을 분석하는 것은 그 자체로 충분하지 않다. WMD 프로그램을 주도하는 국내 혹은 지역 정치 요소들이 분석되어야 하는 것이다. 이러한 요소들은 상대방의 의도와 목적에 대한 중요한 지표가 되기 때문이다. 특정 센터에 있는 것 자체가 기능적 분석관이 지역을 다루는 분석관을 찾는 것을 차단하지는 않는다. 분석관들은 정기적으로 지역을 다루는 분석관의 도움을 요청한다. 하지만 이는 일상 업무의 압박으로 쉽지 않으며, 많은 노력을 필요로 한다. 센터를 설립하는 방식으로 문제에 접근을 하려는 시도는 이 같은 협조를 더 어렵게 할 수 있다.

센터들은 기관 내 부서들과 자원을 놓고 경쟁관계를 가질 수 있다. WMD 위원회에 따르면, 국가대테러센터NCTC와 CIA의 대테러센터Counterterrorism Center의 관계가 이에 해당한다. CIA 게이츠 국장이 센터들을 설립하기 시작한 시점인 1990년대 초 이후 이 같은 경쟁관계가 형성되었고, 각 기관의 수장들은 자신이 통제권을 갖지도 못하고 직접적인 결과를 얻지도 못하는 활동에 자신들의 부족한 자원을 할당하려 하지 않았다(센터들은 DCI의 관할이었고 현재는 DNI의 통제 하에 있다). WMD 위원회는 추가로 국가확산대책센터National Counterproliferation Center의 설립을 권고했다. 이 센터는 관리자 역할을 수행하는데, 이는 특정 사안 혹은 주제에 대한 수집과 분석을 조정하는 임무 관리자mission manager 개념과 일치하는 것이다.

관료사회 내에서도 센터들의 성격에 대한 논쟁이 이어져 왔다. 비록 센터 설립의 목적이 정보공동체의 여러 구성요소들을 한 자리로 모이게 하는 것이지만, 대부분의 센터들은 CIA 내에 위치했고 CIA에 의해 주도되었다. 일부 사람들은 이 같은 배치가 센터의 기본적인 목표인 기관들 사이를 넘나들 수 있는 역량을 저해한다고 주장했다. 반면, 이 체제를 옹호하는 사람들은 센터들을 CIA 내에 둠으로써 이들이 다른 곳에선 가능하지 않는 많은 자원을 사용할 수 있고, 또한 이들의 예산과 인력을 보호할 수 있다고 주장했다. 하원 정보위원회의 1996년 보고서는 센터들의 설립과 운영을 옹호했으나, CIA가 그 중심에 있어서는 안 될 것이라고 주장했다. 사실상 센터들의 CIA 내 위치 때문에 다른 기관들은 이따금 분석관들을 이 센터들에 보내기를 매우 싫어한다. 그 이유는 분석관들이 이 센터들에서 업무를 하는 동안 이 기관들은 기본적으로 자신의 자원을 손실할 것이라는 점을 염려하기 때문이다(비슷한 문제가 합참을 지원하는 참모본부에게도 일어난다. 당연히 육군, 해군, 공군, 해병대는 대개 자신의 업무와 직접적으로 연관된 임무에만 자신의 최고 관료를 배치시키는 것을 선호했다. 이 같은 상황은 의회가 1986년에 골드워터-니콜스 법안 Goldwater-Nichols Act을 통과시키면서 해결되었다. 이 법은 장군 혹은 제독으로 승진하기 위해서 필수적으로 합참에서의 근무경험이 있어야 한다고 명시했다). 현재 센터들은 국가정보국장 DNI의 관할 하에 있으며 DNI는 이 센터들이 정보공동체의 여러 기관들로부터 인력을 충분히 공급받을 수 있도록 하는 책임이 있다. 그러나 DCI가 CIA에 대하여 가졌던 통제권과 달리, DNI는 어느 분석 부서에 대해서도 직접적으로 통제를 할 수 없기 때문에, DNI가 어떻게 센터들에 인력을 배치할 것인가에 대한 새로운 문제가 야기된다.

센터에 대한 또 다른 사안은 존속기간에 대한 것이다. 정부 내 모든 영역에는 임시기구들이 자신의 존재이유가 이미 오래전에 없어졌는데도 불구하고 영구적으로 존속하는 경향이 존재한다. 특정 관료적 관성이 생긴 것이다. 일부 사람들은 어떤 기관이 계속해서 존재하길 원하는데, 그 이유는 이 기관이 권력의 원천이 되기 때문이다. 반면 다른 이들은 이 기관의 폐지를 나서서 주장하지 않는데, 그 이유는 이 기관의 폐지를 처음으로 제안하는 사람이 될 경우, 이 기구가 맡았던 업무를 회피하거나 이 업무가 필요 없다는 인상을 주면서 게으름을 피우려는 사람으로 비춰질 수도 있기 때문이다. 이러한 상황은 다소 우스워 보일 수 있지만, 이 임시기구들이 상당한 양의 자원과 에너지를 소모하고 있다는 점에서 볼 때 이것은 매우 심각한 문제이다.

따라서 센터 혹은 그 어떤 단체들에게도 다음과 같은 질문을 던질 수 있다. 언제 이들을 더 이상 필요로 하지 않게 될까? 명백히, 초국가적 사안들은 모두 현재 진행 중에 있지만, 시간에 따라 변경되거나 사라질 수도 있을 것이다. 반면, 어느 전직 CIA 부국장은 모든 센터들이 매 5년마다 각각의 기능과 존속 이유가 있는지에 대해 까다로운 검토를 받아야 한다고 주장했다.

마지막으로 일부 비평가들은 센터들이 장기적인 추세가 아닌 특정 사안들의 전술적인 작전 측면에 집중하고 있다고 주장하면서, 센터들의 초점에 의문을 제기한다. 반면, 센터를 옹호하는 사람들은 각 센터에는 분석관들이 있고, 센터들과 국가정보평가NIE 생산에 책임을 지는 국가정보관NIO: National Intelligence Officer들 사이의 협력 관계가 지속적으로 이루어지기 때문에, 국가정보관들이 센터의 일에 대해 계속해서 정보를 제공받을 수 있고, 센터에 조언을 주기 때문에 특정사안뿐만 아니라 장기적 추세에도 초점을 맞추고 있다고 주장한다.

궁극적으로 보면, 분석관들을 조직화하는데 최선의 방법이란 존재하지 않는다. 각각의 방법은 장점과 단점을 내포하고 있다. 그리고 각 방법은 여전히 분석관들을 기능에 따라 혹은 지역에 따라 조직화하는 방법 사이를 왔다 갔다 한다. 분석관들을 조직하는 것의 목표는 두 유형 각각에 적합한 분석관들이 필요한 사안들에 배치되는 것이다. 이러한 배치는 사안의 종류와 사안의 중요성에 따라 영구적일 수도 있고 일시적일 수도 있다. 그러면서도 분석 인력의 유연성과 교체상의 민첩성이 유지되어야 한다(분석상자 "분석에 대해 생각하는 은유적 표현" 참고).

· **분석에 대해 생각하는 은유적 표현** ·

정보분석 과정을 묘사하는 데에 은유적 표현들이 종종 사용된다.

전직 국무부 정보조사국 국장이었던 휴스Thomas Hughes는 정보분석관들이 정육점 주인butcher이거나 빵 굽는 사람baker이라고 표현했다. 정육점 주인은 무엇이 일어나는지 알기 위해 정보를 자르고 해부하는 경향이 있다. 빵 굽는 사람은 더 큰 그림을 얻기 위해 분석을 섞는 경향이 있다. 분석관들은 상이한 시기에 두 역할을 맡는다.

9·11 테러공격 사건 이후 '점들을 연결하기connect the dots'라는 문구가 널리 퍼졌다. 점들을 연결하는 것은 올바른 그림을 그리기 위해 현존하는 모든 점들을 살펴봐야 한다(또한 이 점들을 차례로 각각 연결할 수 있으므로 그림을 정확히 하는데 상당한 도움을 준다). 어느 한 고위 정보분석관이 지적했듯이, 9·11 테러사건의 경우 정보공동체는 사건 발생 이전에 이 점들을 연결하지 않았던 것으로 인해 비판을 받았고, 이라크의 대량살상무기와 관련해서는 그 반대로 너무 많은 점들을 연결했다는 비판을 받았다.

더 유용한 설명은 정보분석이 모자이크를 만드는 것과 유사하지만, 모자이크의 각 조각들 모두가 수집 가능한 것은 아니기 때문에, 희망하는 최종 그림은 명확하지 않을 수 있다는 설명이다. 또한 모자이크를 만드는 과정에서 더 복합적인 문제는 새로운 조각들이 나타나고 일부 오래된 조각들의 크기, 형태, 색 등이 변한다는 점이다.

제한된 첩보 다루기. 분석관들은 한 주제에 대해 알기 원하는 모든 것에 대하여 만족스럽게 알게 되는 경우는 거의 없다. 일부의 경우, 알게 되는 것이 전혀 없을 수도 있다. 분석관들은 이 같은 문제를 어떻게 극복할까?

한 가지 방법은 무지함을 솔직하게 드러내 정책결정자가 이를 알도록 하는 것이다. 종종 정보관들이 무엇을 모르는 지에 대해 정책소비자들에게 알리는 것은 정보관들이 알고 있는 것을 정책소비자들에게 전달하는 것 만큼 중요하다. 파월Colin Powell, 2001~2005 국무장관은 이를 다음과 같이 표현했다. "당신이 무엇을 알고 있는지 내게 말하시오. 당신이 무엇을 모르고 있는지 내게 말하시오. 당신이 무엇을 생각하고 있는지 내게 말하시오." 파월은 정보관들로 하여금 처음의 두 가지에 책임을 지도록 했지만, 만약 파월 자신이 마지막(정보관들이 생각하고 있는 것을 듣고)에 기반을 한 행동을 취했다면, 그 행동에 자신이 책임을 졌다고 말했다. 그러나 정보기관이 자신의 무지를 인정하는 것은 정보기관의 잘못으로 해석될 우려로 인해, 정보기관들에게 그다지 매력적인 선택이 되지 못할 것이다. 대안적으로 분석관들은 이 무지를 해결하기 위해 자신의 경험과 기술을 활용해 최대한 빈 공간을 메우려고 노력할 수 있다. 이는 지적으로나 전문적으로 더 납득할 만한 선택일 수 있지만, 정책결정자들에게 분석이 이루어진 기반을 잘못 이해하게 만들 수 있고, 틀린 분석을 제공할 위험성을 갖고 있다.

또 다른 방법으로 시간이 허용하는 한 더 많이 수집하는 방법이 있다. 또한 이 사안에 대하여 일하고 있는 분석관 수를 늘려 다른 분석관들의 시각과 경험을 최대한 이용하는 방법도 있다.

최근에는 이러한 문제에 대처하는 방식으로 정반대의 접근법이 주목을 받았다. 사용가능한 정보에 분석이 어느 정도로 얽매여 있어야 하는가? 정보는 오로지 알고 있는 것만을 분석해야 하는가? 아니면 분석관들은 현재 일하고 있지만 정보가 아직 없는 사안 및 영역들을 긴밀히 탐구해야 하는가? 어떤 이들은 정보의 부재가 어떤 사건이 일어나고 있지 않다는 것을 의미하는 것이 아니라 단지 이 사건에 대한 정보만 없을 뿐이라고 주장한다. 반면 다른 이들은 이러한 종류의 분석이 근거도 없이 그저 추리에만 의지한 최악의 분석결과를 생산함으로써 결국 정보를 난처하게 만든다고 반박한다. 어떻게 보면, 정보분석이란 결과물이 반드시 증거에 기초해야 하는 법적인 과정이 아니다. 하지만 다른 한편으로 주로 가정에 기초해 작성된 분석은 많은 이들에게 확신을 주지 못할 것이고, 정치화될 가능성이 더 높을 것이다.

제한된 정보를 다루는 것에 대한 우려가 2001년 9·11 테러공격 이전의 정보 업무와 이라크 전쟁$^{2003\sim}$ 이전의 정보에 대한 검토를 통해 제기되었다. 각 사례의 문제점들은 동일하지 않았다. 9·11 테러사건의 경우, 일부 사람들은 분석관들이 알카에다의 위협과 계획에 대해 더 잘 알기 위해 그들이 갖고 있는 정보들을 하나로 합쳤어야 했는데, 그러지 않았다고 비판했다. 또한 정보관들이 이 정보들에서 나오는 경고에 충분한 주의를 기울이지 않았고, 많은 정보관들이 이들을 그냥 무시했다는 점이 비판을 받았다. 또한 정책결정자들은 그들이 받고 있는 정보에 충분히 신경을 쓰지 못했다는 비판 역시 존재했다. 그러나 어느 누구도 9·11 테러사건의 시간과 장소를 예측하기에 충분한 정보가 존재했다는 점을 주장하지는 못했다. 이를 이해하기 위해서는, 전략적 기습과 전술적 기습에 대해 제1장에서 언급된 설명이 적절할 것이다. 즉, 테러공격을 막기 위해서는 테러리스트들의 계획에 대한 전술적 통찰력이 필요했던 것이다.

이라크 사건의 경우, 그 비판은 정반대였다. 정보분석관들이 수집된 여러 정보들을 근거도 없이 너무 많이 연결했고, 이라크의 대량살상무기WMD 프로그램에 대해 잘못된 그림을 그렸던 것이다. 위의 비판은, 분석관들이 잘못된 결론을 내리지 않도록 수집된 정보들을 넘어서서 분석을 해선 안 된다는 일부의 시각을 담고 있었다. 하지만 수집이란 언제나 완벽할 수 없기 때문에 이 같은 시각은 일반적인 것에서 다소 벗어난 것이고, 이 시각을 그대로 따를 경우 오히려 걱정스러운 분석활동을 낳을 수도 있다. 분석관들은 최대한 자신들의 경험과 직감을 사용하여 수집에서 부족한 부분을 채우도록 훈련을 받는다. 이것이 바로 분석관들에게 가치가 부여될 수 있는 이유 중 하나이다.

만약 위에서 언급한 두 가지 분석 경험에서 교훈 한 가지가 도출된다면, 이는 그 어떤 상황 속에서도 분석과정은 단지 불완전하다는 것이다. 분석의 기반이 되는 정보의 양은 과연 어느 정도가 적절한가에 대해서 그 어떤 절대 공식도 발견되지 않았다. 분석되는 사안의 성격이 문제가 되듯이, 이 사안에 대한 정보의 질 또한 매우 중대한 문제가 되기 때문이다.

불확실함의 전달. 모든 것을 알 수는 없듯이, 나올 수 있는 결과도 명확하지 않을 수 있다. 불확실함을 전달하는 것은 어려울 수 있다. 분석관들은 "우리는 모른다"라는 단순하지만 있는 그대로의 모습을 드러내지 않으려 하기 때문이다. 무엇보다도 분석관들이 보상을 받는 이유 중 하나는 자신이 알고 있는 것을 넘어서서 지적으로 사고할 수 있기 때문이다. 대체로 분석관들은 불확실성을 전달하기 위해 '한편으로는,' '다른 한편으로,' '어쩌면,' '아마도' 등과 같은 모호한 단어들을 사용한다('한편으로'와 '다른 한편으로' 같은 표현을 쓰지 않고 경제예측을 하는 학자를 만나보고 싶다는 트루먼 대통령의 언급은 유명하다). 이러한 모호한 단어들은 불확실성이 아니라 분석의 무기력함을 전달할 수도 있다(불확실함을 전달하는 것은 라틴 계열의 언어에서보다 가정법을 덜 사용하는, 게르만어의 일종인 영어에서 두드러지는 문제인 것 같다).

몇 년 전 한 고위 분석관은 단어와 숫자를 사용하여 분석 결과를 전달하는 체계를 고안했다. 예를 들어, '10번 중 1번의 가능성,' '10번 중 7번의 가능성'과 같은 형식이다. 이처럼 숫자를 사용하여 전달하는 것은 단어로 표현하는 것보다 더욱 만족스러울 수 있겠지만, 정책결정자에게 실제로 존재하지 않는 정확성의 정도를 전달하게 되는 위험이 있다. '10번 중 6번의 가능성'과 '10번 중 7번의 가능성' 중에서 후자의 가능성이 더 크다는 것 이외에 위의 두 예측에는 어떤 차이가 있는가? 실제로 분석관은 직감에 많이 의존한다(국가정보회의NIC의 한 의장은 무엇인가가 일어날 가능성이 '적지만 상당하다small but significant'라고 직감을 이용해 작성된 분석을 읽고 몹시 화가 났다고 한다).

불확실함을 전달하는 것을 도와줄 한 방법은 불확실성이 있는 사안을 정확히 표현하고, 분석관의 시각으로 볼 때, 현재에는 결여되어 있지만 불확실한 부분들을 해결해 주거나 현재의 시각을 재조사하게 만들 수 있는 정보를 구체적으로 밝혀주는 것이다. 하지만 이 같은 방법을 사용할 경우 다음과 같은 문제가 생길 수 있다. 즉, 분석관 자신이 모르고 있다고 생각하는 영역known unknowns과 분석관 자신이 모르고 있다는 것조차 스스로 인지하지 못하고 있는 영역unknown unknowns이 있을 수 있다. 당연히 후자의 영역은 분석관 자신이 모르고 있다고 인지하는 영역 안에 포함될 수도 없고, 범주화되지도 않을 것이다. 따라서 분석을 통해, 분석관은 자신이 모르고 있다고 생각하는 영역들을 지속적으로 찾아내야 하고, 가능한 이러한 영역의 사안들을 해결하는 것에 관심을 가져야 한다.

언어의 사용은 이 사안에서뿐만 아니라 모든 다른 분석상의 과정에서도 중요하다. 분석관들은 자신들의 견해를 전달하기 위해 '믿는다believe,' '평가한다assess,' '판단한다judge'와 같은 동사들을 사용하는 경향이 있다. 일부 분석관들에게 이 단어들은 특정 견해를 지지하는 정보의 양과 이 견해에 대한 확실성을 전달하는 데에 서로 다른 차별화된 의미를 지니고 있다. 그러나 정보공동체는 각각의 동사가 의미하는 바에 관해 합의를 이루지 않았다. 비록 합의를 하더라도 정책결정자와 공유가 되지 않는다면 아무 소용도 없을 것이라고 분석관들은 생각하지만, 사실상 합의를 이루고자 그동안 많은 시도가 행해졌다(영국의 경우, 이라크 WMD 정보에 대한 버틀러 보고서Butler report에 의하면, 이 문제가 정반대로 나타났다. 이 보고서에 따르면, 영국의 정책결정자들은 서로 다른 단어들이 각각 다른 의미를 지니고 있다고 생각했다. 하지만 영국의 분석관들은 이 단어들을 자연스레 바꿔가면서 보고서를 작성했다고 말했다).

징후와 경고. 징후와 경고I&W: indications and warning는 정보전문가들에게 잘 알려진 대로 정보가 갖는 가장 중요한 기능 중 하나로서 정책결정자들에게 중요한, 대개 군사 관련 사건들을 미리 경고해 주는 것이다. 미국의 I&W에 대한 강조는 장기간 군사 경쟁을 치룬 냉전시대의 산물이다. 또한 미국 정보공동체가 태어나게 된 배경이 된 것이 바로 전형적인 I&W 실패였던 진주만 사건이었다.

I&W는 기습공격과 관련해서 군사 정보 기능을 주로 담당한다. 징후와 경고는 모든 군대들이 특정 규칙적인 스케줄, 형식, 행동에 의해 운영된다는 사실에 주로 의존한다. 따라서 이 같은 일정한 패턴은 I&W 관련 사안을 일으

키는 행동을 측정할 때 그 기준을 제공한다. 다시 말하면, 분석관들은 예비병력의 동원, 더 높은 수준의 경계태세 발령, 커뮤니케이션의 증가 혹은 감소, 커뮤니케이션의 중지 명령, 더 많은 해군의 바다 진출 등처럼 공격을 예시하는 새롭거나 예상치 못한, 일상적이지 않은 행동들을 찾아내려 한다. 그러나 이 같은 행동들 중 어떠한 것도 따로 분리해서 관찰될 수 없다. 이들은 보다 넓은 문맥인, 전체 군사 행동 내에서 관측되어야 한다.

예를 들어, 냉전 기간 동안 미국과 북대서양 조약기구NATO의 분석관들은 바르샤바 조약국들의 서유럽 공격이 있게 된다면, 어느 수준의 경고를 정책결정자들에게 제공할 수 있을지 우려했었다. 일부 분석관들은 군수물자들이 배치되고 추가 부대가 전진하는 등의 일들이 일어난다면 최소한 며칠 동안의 경고를 정책결정자들에게 제공할 수 있을 것이라고 믿었다. 반면, 다른 분석관들은 바르샤바 조약국들이 '즉각적인' 공격을 할 수 있는 충분한 군사력과 물자를 보유하고 있다고 믿었다. 다행히도, 이 같은 우려는 실제로 어느 측이 맞는지 증명되지 않았다.

분석관들에게 징후와 경고I&W는 기회가 아닌 계략(함정)일 수 있다. 분석관들의 주된 두려움은 징후를 파악하지 못하고 적절한 경고를 제공하는 데 실패하는 것이다. 이러한 두려움은 중대한 사건을 놓쳤을 때 정보공동체에게 쏟아지는 가혹한 비판을 부분적으로 반영한다. 따라서 비판 받을 소지를 줄이기 위해, 분석관들은 중대사건의 발단시점을 보다 낮추고 모든 사항에 대해 경고를 제공하려들지도 모른다. 이러한 상황을 거짓 경고하기 crying wolf라고 한다. 비록 거짓 경고를 통해 분석관들은 비판을 덜 받을 수 있겠지만, 거짓 경고는 정책결정자들에게 위협에 대한 잘못된 인식을 야기하고, I&W가 맡는 역할의 가치를 떨어뜨릴 수 있다.

테러리즘은 전적으로 새로우면서, 더 어려운 징후와 경고 문제를 발생시킨다. 테러리스트들은 정교한 인프라시설을 기반으로 활동하지 않고, 활동에 많은 수의 사람을 필요로 하지도 않는다. 정치적 수단으로서 테러리즘이 갖는 장점은 최소의 무력으로 큰 영향력을 미칠 수 있다는 점이다. 따라서 테러리즘과 싸우기 위해서는 전적으로 새로운 I&W 개념이 필요하다. 새로운 개념은 곧 일어날 행동에 대해 더 작은 신호들을 포착할 수 있는 것이어야 한다. 또한 테러리즘은 **경고 의무**duty to warn에 대한 문제를 일으킨다. 만약 신뢰할 만한 증거가 공격의 가능성을 암시한다면, 정부는 시민들에게 이를 알려야할 책임이 있는가? 만약 경고를 하게 되면, 테러리스트들은 자신들의 계획이 파악되고 있다는 점을 알게 될 것이고, 정보를 제공한 출처와 그 방법이 위험에 빠질 수도 있다. 또한 경고가 발령되지만, 테러리스트의 공격이 결국 일어나지 않을 경우, 시민들은 자주 바뀌는 경고 등급에 대해 아주 냉소적이지는 않더라도 익숙해져서 이들을 경시할 수 있다. 또한 일부 사람들은 정부 및 정보기관들이 정말로 공격이 발생할 경우 자신들을 비판으로부터 보호하기 위해 경고등급을 수시로 높이고 있다고 믿게 될지도 모른다. 2001년 테러사건 이후, 경고가 발령되었다가, 위협이 줄어들거나 실제로 아무런 사건도 일어나지 않은 이후에 다시 경보가 철회되는 일들이 미국에서 반복되면서 이러한 현상들이 관찰되었다.

기회 분석. 징후와 경고 I&W는 분석 기능 중에서 가장 중요한 것이면서 동시에 정보분석관들이 당연히 수행하는 역할이기도 하다. 정보기관들을 보유하는 주요 이유는 전략적 기습을 피하기 위해서이다(제1장 참조). I&W가 바로 이를 위한 수단이다. 하지만 I&W는 함정일 수도 있다.

정보의 I&W 기능으로 인해 정책결정자들은 자신들이 정보에 반응하는 입장에 있다는 점을 알고 있다. 그러나 정책결정자들은 안 좋은 일들이 일어나는 것을 방지하는 것뿐만 아니라 또한 행위 주체가 되어 특정 목표를 달성하고 싶어 한다. 한 고위 정책결정자가 말하기를, "나는 나의 의제를 진척시키는데 도와주는 정보를 원한다. 이러한 정보는 나를 정보수용자가 아니라 정보에 대한 주체, 즉 행위자로 만들어 줄 것이다." 이러한 것을 바로 기회 분석opportunity analysis이라고 일컫는다.

기회 분석은 정교하지만 생산하기 어려운 유형의 분석이다. 첫째, 기회 분석을 하기 위해서 정보운영자 혹은 분석관들은 정책결정자가 성취하려는 목표에 대해 잘 알고 있어야 한다. 성공적인 기회 분석은 어느 정도 구체적이고 상세하게 이 목표들에 대해 알고 있어야 할 것이다. 예를 들면, 군비통제가 정책결정자의 목표라고 아는 것만을 가지고 기회 분석을 할 경우, 정보분석관들은 일반적인 사항들을 광범위하게 다룰 수밖에 없을 것이고, 기회 분석에 효과적인 길을 제시하지도 못할 것이다. 반면, 특정 유형의 무기 혹은 규제 사항들에 관한 군비통제가 목표라는 점을 알고 있다면, 더 나은 기회 분석이 이루어질 것이다. 따라서 정보분석관들은 정책이 의도하고 있는 방향을 알고 있어야 한다. 둘째, 기회 분석은, 외국의 지도자들 혹은 이들의 국가들이 자국의 정책에 어떻게 반응할 것인지에 대한 가정을 필요로 하기 때문에, 더 어렵거나 위험성이 큰 경우가 있다. 외국의 행동을 가정한 뒤, 이 행동이 가져올 결과 혹은 이 행동에 대해 가능한 자국의 대응을 설명하는 것이 자국이 추구할 정책의 결과와 이에 대한 외국의 반응을 분석하는 것보다 종종 더 쉬울 것이다. 무엇보다도 분석관은, 비록 자신이 다른 국가의 정치에 대한 전문가라고 해도, 자국 혹은 자국의 정책결정자들이 외부의 정책에 대해 어떻게 반응할 것인지를 파악하는 것이 더 편안함을 느끼게 된다. 마지막으로, 기회 분석은 정보공동체로 하여금 정보를 정책과 분리시키는 선에 근접하도록 한다. 정보가 정책의 지원자 역할이 아니라 그 반대로 정책을 이끌고자 하는 것으로 비춰지지 않으면서, 훌륭한 기회 분석을 생산한다는 것은, 비록 정보가 그것을 의도하거나 목표로 삼지 않았다고 하더라도, 어려운 일이 될 것이다.

   일반적으로 말하자면, 기회 분석은 자주 수행되는 것이 아니며, 기회 분석이 생산되더라도, 기회 분석은 종종 잘못 이해되고 있다.

   대안적 분석. 이라크의 대량살상무기^{WMD}에 대한 정보공동체의 업무를 비판하는 사람들은 정보공동체가 대안적 분석$^{alternative\ analysis}$ 방법들을 검토하지 못했다고 주장한다. 비록 이것이 사실이라 하더라도, 2003년 당시 후세인$^{Saddam\ Hussein}$이 결백하고, WMD가 없으며, 그가 정말로 진실을 주장하고 있다는 것을 정보공동체가 분석적이고 지적으로 이치에 맞게 내세우기는 여전히 어려웠다. 이라크의 WMD 사건을 넘어서, 대안적 분석에 대한 문제는 중요하다. 2004년 정보법은 국가정보국장^{DNI}으로 하여금 대안적 분석이 효과적으로 활용될 수 있는 절차를 수립하도록 요구했다.

이 같은 요구가 나온 주된 이유는 분석관들이 특히 수년에 걸쳐 조사, 재조사되는 사안들에 대해 한 가지 방법만을 사용하고 다른 가능한 가설 혹은 다른 방법에 개방적이지 못하게 된다는 우려가 있었기 때문이다. 만약 이 같은 경우, 분석관들은 비록 위협적인 것은 아니더라도 변했다거나 불연속적이거나 혹은 놀라운 사항들에 경계를 주지 못할 것이다. 이러한 지적인 함정을 피하는 한 가지 방법은 대안적 분석 혹은 레드 팀^{red cells}을 만드는 것이다.

정보공동체가 이 개념을 항상 간직하지 못하였던 데에는 여러 가지 이유가 있다. 첫째, 이 과정이 특성상 정치적이거나 정치화를 유발할 수 있다는 우려가 제기되었다. 냉전 시기 A팀과 B팀의 예(제11장 참조)가 이러한 측면을 보여준다. 대안적인 분석 집단(B팀)은 소련을 다루는 데 더 호전적인 사람들로 구성되었고, 이들은 소련의 전략적 목표에 대한 국가정보평가^{NIE}가 미흡하다는 점을 지적하였다. 특히 논쟁적인 사안에 있어서 대안적 분석은 정책결정자들이 원하는 정보를 고르거나 자신의 구미에 맞는 분석을 선택할 수 있게 함으로써 정치화를 야기할 수 있다. 둘째, 그 어떤 사안을 다루는데도 활용가능하거나 모든 사안에 기본적인 지식을 갖고 있는 분석관들이 많기 때문에, 누구를 주류 집단에 배치하고 누구를 대안적 분석을 하는 집단에 배치할 것인지를 반드시 결정해야 하는 문제가 있다. 이 경우, 양 집단이 해당 영역에 갖는 지식수준은 대체로 비슷해야 한다. 과거, 해당 영역 사안에서 지고 있는 팀에 있었던 사람이 대안적 분석을 수행하는 팀으로 배치되는 경우, 이 사람은 오래된 논쟁을 다시 일으키거나 점수를 만회하는데 아주 좋은 기회를 잡을 수 있다. 마지막으로 대안적 분석에 필요한 조건 중 하나는 신선한 시각을 제공해야 한다는 것이다. 따라서 대안적 분석 역량이 제도화되고, 기존의 분석과정에서 정규적인 부분이 되는 즉시, 대안적 분석은 그 독창성과 생명력을 잃을 것이다.

대안적 분석은 단지 사실에 반하는 질문들을 던지는 것 이상을 의미한다. 이라크 WMD 경우에서처럼, 사실에 반하는 질문들(후세인이 진실을 말하고 있으며 WMD를 보유하고 있지 않다는 주장)이 더 나은 분석 결과를 생산하지 않았을 수도 있다. 분석관 혹은 분석과정의 운영자들은 고려되고 있는 사안의 특성을 보다 철저하게 파악하고, 일반적으로 받아들여지는 전제를 포함한, 사실에 반하는 질문을 개발해야 한다. 기존에 널리 퍼진 주장에 정면으로 도전하는 질문을 하기 전에 이 같은 여러 질문들을 먼저 시도하는 것이 필요할 것이다.

2004년 정보법은 대안적 분석, 경쟁적 분석, 레드 팀 구성을 크게 강조했다. 이들은 모두 집단사고groupthink를 회피하기 위한 노력의 일환이다. 국가정보국장DNI은 이러한 다른 유형의 분석 과정을 제도화해야 할 책임을 가지고 있다.

평가. 미국은 평가estimates라고 불리는 분석 생산물을 만들고 활용한다(영국과 호주에서는 assessments라는 단어를 쓴다). 평가는 다음의 두 가지 주요 목적을 지닌다. 하나는 주요 사안 혹은 추세가 다음 수년간 어디로 향할 것인지를 알기 위해서이고, 다른 하나는 단지 한 기관이 아닌 전체 정보공동체가 고려하고 있는 관점을 제시하기 위해서이다. 미국에서 평가가 정보공동체 전체 범위에 기원을 두고 있다는 것은 중앙정보국장DCI이 완성된 평가에 결재를 했다는 사실에 의해 알 수 있다(현재는 국가정보국장DNI이 사인을 할 것이다).

평가는 미래에 대한 예측이 아니라, 국가에 중요한 사안과 관련된 사건들의 향후 흐름에 대한 판단이다. 때때로 한 가지 이상의 결과들이 하나의 평가에 들어갈 수 있다. 평가와 예측 사이의 차이는 중대하지만 종종 정책결정자들에 의해 잘못 이해되곤 한다. 예측은 미래를 예견하거나 예견하고자 하는 것이다. 반면 평가는 하나 혹은 그 이상의 결과들의 상대적 가능성을 평가하기 때문에 단정적이지 않다. 만약 한 사건 혹은 결과가 예측가능하다면, 즉 예언될 수 있다면, 그 어느 누구도 그 사건 혹은 결과의 가능성을 평가하는 정보기관을 필요로 하지 않을 것이다. 미래가 확실하지 않다 혹은 완벽하게 알 수 없다는 것이 바로 정보기관 존재 이유의 핵심이 되는 것이다. 어느 한 유명한 미국 야구 선수였던 베라Yogi Berra는 "예측을 하는 것, 특히 미래에 대한 예측은 매우 어렵다"라고 말하기도 했다.

평가 생산과정에 존재하는 관료주의는 평가의 결과에 매우 중요하다. 미국에서 국가정보관NIO들이 평가를 생산할 준비를 한다. 이들은 평가를 시작하는 단계에서 동료들과 다른 기관들에 위탁사항TOR: terms of reference(위탁사항委託事項은 검토의 이유와 범위, 방법, 기준, 비용, 시간 및 필요조건 등을 제시한 문서를 의미한다 – 역자 주)을 배포한다. 다양한 기관들이 평가 생산과정에서 사용될 기본적인 질문이나 분석 방법의 틀이 적절히 구성되지 않았다고 생각할 수 있기 때문에, TOR 자체가 오랜 논의와 교섭의 대상이 될 수도 있다. 초안은 국가정보관에 의해서가 아니라 국가정보관 소속 부서의 누군가에 의해 작성되거나, 또는 국가정보관이 정보기관들 중 어느 한 곳에서 평가 기초자drafter를 모집할 수도 있다. 초안이 작성되면, 평가는 다른 기관들과 협력을 통해 만들어진다. 다른 기관들이 이 초안을 읽고 논평을 해준다. 여기서 모든 논평이 받아들여지는 것은 아니다. 왜냐하면 논평자들이 입안자의 시각과 일치하지 않을 수 있기 때문이다. 의견 차를 해소하기 위해 여러 차례의 회의가 개최되지만, 회의는 조정될 수 없는 사안에 대하여 두 가지 혹은 그 이상의 시각을 남긴 채 종료될 수 있다. 이후 국가정보국장DNI은 많은 기관들의 고위 관료들이 참석하는 최종 회의를 개최한다. DNI가 만족하여 평가에 최종적으로 결재를 하게 되면, 그 순간부터 평가는 DNI의 생산물이 된다. 과거 중앙정보국장DCI들은 평가에 나온 견해들 중 그들이 동의하지 않는 부분들을 변경할 수 있었던 것으로 알려져 있다. 이것은 대개 입안자를 불쾌하게 만들었지만, DCI의 권한으로 가능한 일이었다.

평가를 기초하는 것과 관련된 관료주의 게임과 더불어, 과정상의 사안들 또한 결과에 영향을 미친다. 모든 정보기관이 모든 사안에 관심을 가지는 것은 아니다. 그러나 각 기관은 평가 생산과정에 내재한 가치뿐만 아니라 다른 기관을 감시하기 위한 수단으로 평가 생산과정에 참여할 필요가 있다는 점을 알고 있다. 게다가 모든 정보기관들이 한 사안에 대해 같은 수준의 전문 지식을 갖고 있는 것도 아니다. 예를 들면, 국무부는 인권위반에 대해 다른 기관들보다 매일매일의 위반사례에 더 큰 관심을 가진다. 이를 잘 보여주는 것이 바로 자기 부서의 특정 정책결정자들을 위해 일하는 국무부의 정보조사국INR인데, INR은 특정 사안에 대한 전문 지식을 선택해 개발한다. 반면, 국방부는 미군이 배치되는 국가의 인프라시설에 더 큰 관심을 갖는다. 어쨌든, 평가가 맞든 틀리든 간에, 평가는 모든 기관들의 견해가 동등한 비중으로 다루어진다는 점에서 평등주의적인 정보생산물이다.

반복되어 정기적으로 생산되는 평가에 해당하는 일부 사안들이 있다. 예를 들면, 냉전 시기 미국의 정보공동체는 소련의 전략 군사력에 대한 연간 평가(NIE 11-3-8로서 세 권으로 되어 있다)를 생산했다. 장기적으로 중요성을 갖고 있는 사안에 대해 정기적으로 생산된 평가들은, 이 사안을 추적하고, 밀접히 관찰하고, 기존의 유형으로부터 변화를 찾아내는 데에 유용한 방법이다. 그러나 정기적으로 생산된 평가는 또한 지적인 함정이 될 수도 있다. 왜냐하면 이것이 여러 기준들을 설정해 놓기 때문에 만일 변화가 발생하더라도, 분석관들은 이 기준들을 어설프게 바꾸기를 원하지 않을 수 있다. 특정 주요 사안들에 대한 기록을 장기적으로 생산해왔을 경우, 평가를 담당하는 기관들은 과거 분석을 약화시키는 주요 변화들이 발생하고 있다는 점을 쉽게 인정하지 않는 경향이 있다.

이 같은 문제는 어느 한 사안의 과거 기록에 집착하는 것보다 덜 심한 것일 수 있다. 수집과 분석에 기초해 일련의 결론을 도출해 왔는데, 평가를 담당하는 분석관 혹은 분석 팀이 그들의 과거 업무에서 벗어나 정반대의 결론을 내리게 만드는 것은 무엇일까? 일부 새로운 정보가 분석관들의 사고를 완전히 바꾸는 경우를 생각할 수 있다. 그러나 이 같은 경우는 매우 드물다. 과거 업무를 잊고, 처음 출발점부터 시작하는 것이 과연 가능할까? 만약 누군가가 그렇게 한다면, 더 이상 유용하지 않는 기존 수집의 차단점은 어디인가? 과거 분석이 계속해서 영향력을 미칠 수 있는데, 이는 흔히 생각되는 것보다 해결하기 어려운 문제이다. 정보분석은 수집이나 분석에 있어서 명확한 시작점과 종료점이 없는 반복된 과정이다.

일부 사람들은 평가의 효용성에 대해 질문을 제기한다. 평가의 생산자나 소비자 모두 평가의 길이와 평가의 단조로움에 우려를 표해 왔다. 또한 일부 평가들이 완성되는 데에 일 년 이상이 걸린다는 점에서, 이 사람들은 평가의 적시성timeliness에 대해 우려를 해왔다. 최악의 타이밍 사례는 1979년에 있었다. 미래 이란의 정치적 안정에 대한 당시 평가는, 이란의 샤Shah 정권이 나날이 무너지고 있는 상황에서도 "이란은 혁명이 발생하기 직전의 상황에 있지 않다"는 관찰을 내용으로 하여 작성되고 있었던 것이다. 이와 같은 현실과의 불일치로 인해, 하원 정보위원회는 이 평가에 대해 "논쟁할 가치도 없다"고 결론을 내렸다.

이라크 전쟁2003~이 시작되면서, 평가 생산과정은 강도 높은 조사와 비판의 대상이 되었다. 과거 평가가 갖는 영향력, 집단사고 문제, 출처가 나타내는 것 보다 높은 확신을 암시하는 언어의 사용, 실제 보고서와 요약문(주요판단KJ: key Judgements이라 불린다)사이의 불일치, 평가가 작성되는 속도 등의 문제가 이 과정에서 드러났다. 이중 마지막 비판은, 특히 이라크 관련 평가가 상원의 요청으로 대통령의 이라크에 대한 무력 사용 권한을 승인하는 결의안 투표가 있기 전 3주간의 마감시한에 맞추기 위해 작성되었다는 점에서 흥미롭다. 이라크와 관련된 다양한 주제의 국가정보평가NIE 내용이 상습적으로 누설된데 대해 일부 사람들은 정보공동체가 부시 행정부와 불화를 겪고 있었다고 주장하기도 했다.

경쟁적 분석. 미국 정보공동체는 같은 사안에 대해 서로 다른 정보기관들이 상이한 관점들을 가지는 것을 의미하는 경쟁적 분석 개념에 믿음을 가지고 있다. 미국은 여러 정보기관들을 - CIA, 국방정보국, 국무성 정보조사국 등 3개의 주요 모든 출처 분석기관 - 보유하고 있기 때문에, 모든 관련 행위자들은 기관들이 서로 다른 분석적 장점을 가지고 있고 주어진 사안에 대해 상이

한 관점을 지니고 있다는 점을 이해한다. 여러 기관들이 일부 동일 사안들을 분석함으로써, 분석이 더욱 설득력이 있고, 정책결정자들에게 정확한 정보를 제공할 것이라는 믿음이 정보공동체 내에 있는 것이다.

각 기관의 여러 정보생산물을 둘러싸고 나날이 발생하는 경쟁을 제외하고도, 정보공동체는 다른 방식으로 경쟁을 한다. 정보기관들은 종종 레드팀을 구성하여, 다른 국가 혹은 다른 집단의 분석관 역할을 맡김으로써 이들의 사고를 파악하고자 한다. 현재 잘 알려진 경쟁 연습은 소련의 전략 군사력과 독트린에 대한 정보를 조사하고자 1976에 만든 A팀과 B팀이다. A팀은 정보공동체 분석관들로 이루어져 있었고 B팀은 매우 호전적인 시각을 갖고 있는 외부 전문가들로 구성되었다. 각 팀은 소련이 수립한 전략적 체계에 대해 모두 동의하고 있었다(핵심 사안은 소련의 핵무기 독트린과 전략적 의도였다). 예상한대로, B팀은 소련 의도에 대해 더 위협적인 시각에 근거를 둔 정보를 지지하였다. 그러나 소련의 의도를 파악하는데 뿐만 아니라 경쟁적 정보활동의 유용성을 평가하는데도 유용할 수 있었던 이 연습은 B팀에 균형이 부재했던 것으로 인해 그 가치가 손상되었다.

분석관들이 자신의 커리어에 위험을 주지 않으면서 상관의 시각에 도전을 할 수 있게 해주는 관료주의적 메커니즘인 반대파dissent channels는 유용한 것이지만 광범위하게 사용되지는 않는다. 이것은 국무부 내 외무공무원들에게 오랫동안 존재해왔다. 비록 대안적인 관점들을 밝히는 데에 경쟁적 분석보다 덜 효과적이지만 이 방법은 상호동의를 강조하는 경향이 있는 관료적 절차에서 대안적인 관점들이 살아남을 수 있는 수단을 제공한다.

더 포괄적인 사안으로, 경쟁적 정보가 어느 정도까지 제도화될 수 있고 제도화되어야 하는가에 대한 문제가 있다. 미국 체계는 이미 어느 정도의 경쟁적 정보의 제도화를 이루었다. 하지만 모든 출처를 다루는 세 정보기관들 사이의 경쟁은 종종 명백하게 나타나지 않는다. 이 기관들은 동일한 사안에 대해서 일을 하고 있지만, 서로 다른 관점들이 잘 알려져 있는 관계로 관찰될 수 있는 관점 상의 일부 차이점들이 큰 주목을 받지 못하는 것이다.

경쟁적 분석을 위해서는, 비슷한 영역의 전문지식을 갖고 있는 충분한 수의 분석관들이 한 기관 이상에서 일하고 있어야 한다. 이것은 1980년대 경쟁적 분석의 절정기에 이르러 명백했다. 그러나 1990년대 냉전종식 이후 정보공동체가 상당한 예산삭감과 인력 손실을 겪으면서 경쟁적 분석 역량은 떨어지기 시작했다. 분석인력이 줄어들면서 기관들은 그들의 정책결정자들에게 가장 중요한 사안들에 집중하기 시작했다. 이에 따라, 경쟁적 분석을 수행하는 역량이 감소되었다. 이 역량을 다시 구축하기 위해서는 더 많은 수의 분석관들과 이들이 하나 혹은 그 이상의 영역에 전문가가 되기 위한 시간이 필요하다.

비록 정보공동체가 경쟁적 분석에 대한 신뢰를 갖고 있지만, 모든 정책결정자들이 이 개념에 찬성하는 것은 아니다. 일부 정책결정자들은, 각각의 사안은 단 하나의 답만을 가지고 있다고 가정하면서, 여러 기관들이 그 사안에 대해 합의를 보지 못할 이유는 없다고 생각한다. 트루먼 대통령이 중앙정보그룹CIG: Central Intelligence Group과 CIG의 계승자인 CIA를 창설한 주된 이유는 서로 일치하지 않는 정보보고서들을 받는 것이 성가셨기 때문이었다. 그는 한 기관이 이 보고서들을 조정coordination함으로써 그가 상반된 견해들 속에서 올바른 길을 찾아 나아갈 수 있게 되기를 원했다. 트루먼은 여러 기관들이 서로 동의할 수 없는 부분들이 있을 것이라고 인식할 정도로 충분히 영리했지만, 각 보고서 간에 합의를 이루지 못하는 영역을 파악하려는 그 어떤 조정과 정도 없이 서로 다른 보고서를 받는 것이 편하지 않았던 것이다. 반면, 다른 정책결정자들은 트루먼의 이 같은 예리함이 부족하기 때문에, 기관들이 서로 일치하지 못하는 것을 단지 참지 못하는 경우가 있다. 이 경우, 이들은 경쟁적 분석 개념이 갖는 가치를 떨어뜨리는 셈이 된다.

마지막으로 경쟁적 분석 개념에 친숙하지 않은 이들은, 심지어 이 개념을 잘 알고 있는 사람들도, 계획적으로 행해진 분석상의 여분(과잉)이 지적으로 생산적이라기보다는 소모적이라고 생각할 수도 있다.

정치화된 정보. 정치화된 정보politicized intelligence 문제는 정책과 정보를 분리하는 선에서 발생한다. 이 선을 반투과성 막으로 생각하면 가장 좋을 것이다. 즉 정책결정자들은 정보분석에 상반되는 평가를 자유롭게 할 수 있지만, 정보관들은 그들의 정보에 의거해 정책 권고를 하는 것이 허용되지 않는다. 예를 들면, 1980년대 후반 국무부에서 서반구를 책임지고 있던 국무차관 아브람스Elliot Abrams는 니카라과에서 콘트라 반군이 승리할 가능성에 관한 국무부 정보조사국INR의 회의적인 평가에 종종 동의를 하지 않았다. 그는 자신의 평가에 기초해 더 낙관적인 평가보고서를 작성했고 국무장관 슐츠George P. Shultz에게 보냈다.

정책결정자들과 정보관들은 그들이 다루고 있는 사안에 대해 서로 다른 조직적, 개인적 노력을 쏟는다. 정책결정자들은 정책을 만들고, 성공적인 정책으로부터 커리어 향상 및 재선과 같은 다른 이익들을 얻기를 희망한다. 반면 정보관들은 정책의 입안 혹은 정책의 성공에 책임을 지지 않는다. 하지만 그들은 정책의 결과가 자신들의 기관 내 지위 및 개인적 지위에 영향을 미칠 수 있다는 점을 알고 있다.

정치화에 대한 문제는 주로 정책결정자들이 선호하는 선택 혹은 결과를 지지하기 위해 객관적이어야 할 정보를 정보관들이 의도적으로 바꿀 수 있다는 우려에서 주로 나온다. 이 같은 행동은 정보관이 사안에 대해 객관성을 상실했거나, 특정 선택 혹은 결과를 선호한다거나, 특정 정책결정자들을 특별히 지원하기 위해서라든가, 커리어상의 이익을 위해서 혹은 노골적인 욕망을 위해서 등과 같이 여러 가지 동기에 의해 나올 수 있다.

의도적으로 정보를 변경하는 것은 분석의 선을 넘어 정책 영역으로 침범하는 것은 아니기 때문에 포착하기 어려운 문제이다. 아마도 분석관은 자신의 생산물을 변경하여 그것이 더 많은 호의를 받을 수 있게 할 것이다. 또한 이 문제는 정보와 정책을 분리시켰던 선이 정보공동체의 최고위급에서 최근 불분명해지기 시작했다는 사실에 의해 더욱 복잡해졌다. 정책결정자들은 고위 정보관들에게 사안이나 정책에 대해 그들의 개인적 견해를 물을 수 있고, 고위 정보관들은 이에 대해 답변을 할 수도 있다. 대통령 혹은 국무장관이 이 같은 질문을 할 경우, 중앙정보국장(현재는 국가정보국장)이 이러한 질문에 답변하기를 항상 회피할 수 있으리라 생각하기는 어려운 일이다.

정치화된 정보 문제에 있어서 그 규모 혹은 지속성은 알아내기가 어렵다. 정보가 정치화되었다고 고발하는 사람들 중 일부는 관료사회 내 경쟁에서 진 사람들 – 자신의 견해가 우세하지 못했던 정보관들 혹은 현재 정책방향에 불만이 있는 행정부 혹은 의회 내 정책결정자들(여당 또는 야당 관련없이)이다. 따라서 그들의 주장은 그들이 고발하는 정보보다 더 객관적이지 못할 수도 있다. 이 같은 과정에 친숙하지 못한 사람들은 정보실무자들이 승자와 패자에 대해 이야기하는 것을 듣게 될 경우 종종 놀라기도 한다. 정책결정체계 내 혹은 정보공동체 내에서 이러한 논쟁은 추상적인 학문적 논의가 아니다. 이러한 논쟁의 결과는 실질적으로 중대하고 위험하기까지 한 결과들을 동반하며, 커리어상의 승진과 추락을 가져올 수도 있다. 정보관들이 정책결정자들에게 정보지원을 하는 것처럼, 정보기관과 정책결정기구의 고위 관료들은 정치적으로 임명된 사람들(장관 등)에게 정보지원을 하는데, 이 경우 이 정치적 피임명자들은 분석의 객관성에 관심을 덜 갖는다는 점에서 문제가 더 심각해질 수 있다.

예를 들면, 1940년대 후반과 1950년대 초반, 국무부의 많은 중국 담당자들은 공산주의자들에게 중국을 잃었다는 비난으로 커리어상의 불이익을 받거나 자리를 물러나야 하는 압박을 받았다. 많은 학자들과 관료들은 이 같은 대우를 부당한 것이라 생각했다. 그러나 하버드 대학의 메이$^{Ernest\ R.\ May}$ 교수가 지적했듯이, 1950년대 초 선거에서 미국 대중들은 장개석의 국민당에 우호적인 공화당에게 권력을 줌으로써 미국 내 중국전문가들의 반국민당 시각을 거부했다. 이 중국전문가들은 정부 내부에 이념적인 적을 가지고 있었을 뿐만 아니라 그들이 선호하는 정책을 추구할 정치적 기반도 없었던 것이다. 이와 유사하게 카터 행정부 시절 제2차 전략무기제한협정 SALT II를 만들고 추진하는데 참여했던 많은 정보관들과 외무공무원들의 커리어는 이 협정에 반대한 레이건$^{Ronald\ Reagan}$이 대통령이 되면서 성공하지 못하였다. 그들의 커리어는 오로지 대통령 선거로 인해 피해를 본 것이었다. 유권자들이 이 같은 피해를 계획한 것은 아니었다는 주장이 있을 수 있겠지만, 이 같은 사례들은 정부와 정책과정이 본질적으로 정치적일 수밖에 없다는 사실을 보여준다.

또한 정보관들에 의한 정보의 정치화는 인식의 문제일 수 있다. 무엇이 정치화된 정보인가에 대해서는 의견일치를 볼 수 있겠지만, 정치화된 정보에 대한 정의에 특정 분석이 부합되는지에 대해서는 의견들이 거의 일치 되어있지 않다.

따라서 정치화된 정보는 다소 모호한 측면들이 존재하는 관계로 한층 더 해결하기 어렵지만, 여전히 우려 사안으로 남아있는데다가 앞으로 더욱 중대한 문제가 될 것이다. 정치화된 정보를 둘러싼 많은 사안들은, CIA 국장으로 두 번째 지명을 받은 게이츠Robert Gates 청문회에서 여러 분석관들이 게이츠가 정책결정자들의 선호를 충족시키기 위해 소련관련 분석을 변경해왔다고 주장하면서 제기되었다(게이츠는 이란 콘트라 사건 당시 CIA 국장으로 첫 번째 지명을 받았으나 그는 이 지명을 철회해줄 것을 레이건 대통령에게 요청했다. 그 이후 게이츠는 부시 대통령에 의해 다시 지명되었고, 1991년에 비준을 받았다).

이라크 WMD 문제에 있어서도 정치화된 정보는 관심사항이 되었다. 2003년에 언론은 체니Dick Cheney 부통령이 이라크 관련 브리핑을 받기 위해 여러 차례에 걸쳐 CIA를 방문했다고 보도했다. 비판자들은 부통령의 방문이 분석관들에게 영향력을 가하려는 시도라고 주장했으나, 정보관들과 분석관들은 영향력 행사가 없었다고 하면서 이 같은 의혹을 부인했다. 고위관료가 매우 민감한 주제에 대해 브리핑을 받는데 적합한 횟수가 있는가? 그 이상으로 브리핑을 받는다면 이는 정보가 정치화되는 문제를 유발하는가? 이에 대한 답변은 그렇지 않다는 것이다. 중요한 것은 이 같은 만남의 실질 내용들이다. 또한 이러한 만남은 관료들이 정책결정을 내리는 것을 도와주는 정보기관의 주된 존재이유이기도 하다. 영국에서 이라크 관련 정치화된 정보에 대한 비판은 블레어Tony Blair 총리 혹은 그의 측근이 국방부 관료들에게 이라크 WMD에 대한 정보를 왜곡시키라고 요구했다는 점에 초점이 맞춰져 있었는데, 영국정부는 이를 부인했다. 미국에서는 상원 정보위원회와 WMD 위원회에 의해 그리고 영국에서는 버틀러 경에 의해 진행된, 이라크 정보에 대한 총 세 번의 외부조사는 정보가 정치화되지 않았다고 모두 같은 결론을 내렸다. 호주 정부에 의한 네 번째 보고서 역시 같은 결론을 내렸다.

정치화된 정보의 두 번째 유형은 정보가 정책결정자들이 선호하는 정책 결과를 지지하는지 아니면 부인하는지에 따라, 그 정보에 강하게 반응하는 정책결정자들에 의해 야기된다. 예를 들면, 1998년 11월 언론 보도에 의하면, 고어Al Gore 부통령의 참모들이 체르노미르딘Viktor Chernomyrdin 러시아 총리의 개인적 부패에 대한 CIA 보고서를 거부했다고 한다. 참모들은 그가 부패했건 안했건 간에 미행정부가 체르노미르딘을 상대해야 했으며, 그의 부패에 대한 정보는 명확하지 않았다고 주장했다. 이에 대해 분석관들은 행정부가 증거에 대한 기준을 너무 높게 설정했기 때문에 그의 부패에 대한 증거가 정보 자체만으로 입증되지 못했을 것이라고 반문했다. 분석관들은 백악관과의 더 이상의 논쟁을 피하기 위해 자신들이 자신들의 보고서를 검열하고 있다는 점을 깨달았다. 정책결정자들과 정보관들은 이 같은 언론의 주장을 부인했다.

정책결정자들은 또한 당파적 목적으로 정보 사안들을 이용하기도 한다. '미사일 격차missile gap: 1959~1961'와 '취약성의 창window of vulnerability: 1979~1981(미국의 전략핵 전략이 소련의 선제 핵공격에 의해 파괴되는 상태가 계속되는 기간 – 역자 주)'에 관한 두 가지 논쟁이 이와 관련해서 미국 내에서 발생했다. 두 사례 모두에서, 야당(첫 사례에선 민주당, 두 번째에선 공화당)은 소련이 미국에 대해 전략핵 우위를 점하고 있으며, 이러한 사실이 무시되거나 보고되지 않고 있다고 주장했다. 이러한 주장 때문은 아니었지만, 어쨌든 두 경우 모두 야당이 선거에서 승리를 거두었다. 이후 승리한 야당들은 정보기관이 자신들의 논리를 지지하지 않았고, 단순히 그 문제가 해소되었다고 주장한다는 점을 알게 되었다.

정보분석: 평가

정보공동체 평가과정의 지적 창설자인 켄트Sherman Kent는 모든 정보분석관들이 다음의 세 가지 소망을 갖는다고 저술했다. 하나는 모든 것을 알고자 하는 것이고, 다른 하나는 신뢰받는 것, 나머지는 선善을 위해 정책에 영향을 미치는 것이다. 켄트가 언급한 세 가지 소망은 분석을 평가하는 데에 척도를 제공한다. 명백하게도, 분석관은 주어진 영역에서 모든 것을 결코 알 수 없다. 만약 모든 것이 알려져 있다면, 발견될만한 것 역시 하나도 없기 때문에 정보에 대한 요구는 존재하지도 않을 것이다. 그러나 첫 번째 소망에서 켄트가 의미한 바는, 분석관이 주어진 사안에 대해 작성을 하도록 요청받기 전에 그 사안에 대해 가능한 많이 알고 싶어 한다는 것이다. 획득 가능한 정보의 양은 사안과 시간에 따라 다를 수밖에 없다. 따라서 정보가 불충분할 때, 분석관들은 정보 내에 숨어 있는 의미를 파악하고 지식에 근거한 추측 혹은 직관적인 선택을 할 수 있도록 더 깊고 내적인 지식을 개발하도록 훈련을 받아야 한다.

켄트가 말한 두 번째 소망 – 신뢰받는 것 – 은 정보와 정책 간 관계의 핵심이다. 1941년 독일군의 공격이 임박했다는 신호를 스탈린Josef Stalin이 거부한 것과 같은 매우 드문 전략적 실패를 제외하고, 정책결정자들은 정보를 무시하더라도 아무런 비용을 치르지 않는다. 정보관들은, 첩보만을 전달하는 것이 아니라 분석까지 제공함으로써, 정보과정에 가치를 부여하는 정직하고 중립적인 전달자로서 스스로를 간주한다. 분석관들은 다양한 정책결정자들에 의해 실현되는 정책을 통해 업무에 대한 보상을 받는다.

켄트가 마지막으로 언급한 것은 두 번째 소망에서 연유하는 것으로, 정보관들이 정책에 적극적으로 영향을 미쳐서 재난을 회피하고 국익에 긍정적인 결과들을 만드는데 일조하고 싶어 한다는 것이다. 그러나 분석관들은 불운과 재난을 지속적으로 경고하는 카산드라^{Cassandra}(그리스 신화에 나오는 여자 예언자로서, 세상이 받아들이지 않는 예언을 한 불행한 예언자였다 – 역자 주)이상의 존재가 되기를 원한다. 적극적으로 영향력을 행사하고 싶어 하는 정보관들의 소망은 또한 자신들의 의미 있는 역할을 하기 위해 정책결정자들이 무엇을 하고 있는가에 대해서 계속 알고 싶어 하는 정보관들의 소망을 나타내기도 한다.

훌륭한 정보는 어떻게 이루어져 있는가? 이는 간단한 질문이 아니다. 아마도 화이트^{Byron White} 판사가 포르노물의 정의가 무엇인가에 대해 질문을 받았을 때, 다음과 같이 이야기 했던 것이 떠오를 수 있다. "저는 무엇이 포르노물인지를 정의 내릴 수 없습니다만, 그것을 보게 되면 나는 그것이 포르노물인지 아닌지를 알 수 있습니다." 훌륭한 정보 역시, 이와 동일하게 정확하게 구별할 수 없다는 특징을 가진다. 그러나 최소한 네 가지 특징들을 말할 수 있을 것이다.

- 적시성^{timely}: 적시에 정책결정자에게 정보를 전달하는 것은 마지막으로 수집된 내용까지 취합하기 위해 기다리는 것보다, 그리고 격식을 갖추거나, 보고서가 깔끔하고 깨끗하게 작성되도록 하는 것보다 훨씬 중요하다. 적시성의 기준은 켄트의 세 가지 소망 중 첫 번째인 '모든 것을 알고자 하는 것'과 상반된다. 나폴레옹은 1821년 5월에 세인트 헬레나^{St. Helena}에서 사망했다. 그의 사망 소식은 7월까지 파리에 도달하지 못했다. 나폴레옹의 외무장관이었으나 이후 그의 적이 된 탈레랑^{Charles Maurice de Talleyrand}은 친구 집에서 저녁 만찬을 즐기고 있던 중 나폴레옹의 사망소식을 들었다. 친구 부인이 "이게 얼마나 큰 사건인가!"라고 말하자, 탈레랑은 "더 이상 이것은 사건이 아닙니다, 부인. 이것은 이제 소식에 불과 합니다"라고 말했다고 한다.
- 맞춤성^{tailored}: 훌륭한 정보는 정책결정자가, 어느 정도의 깊이나 폭을 요구하든 간에, 사용자의 구체적인 정보 요구에 초점을 맞추면서도 불필요한 내용이 없어야 한다. 이것은 정보가 정치적으로 활용되지 않거나 객

관성을 잃지 않는 방법으로 행해져야 한다. 구체적인 요구나 요청에 응하는 맞춤형 정보생산물은 정책결정자들이 가장 높이 평가하는 정보생산물에 속한다.
- 소화능력digestible: 훌륭한 정보는 정책결정자가 알 필요가 있는 것들을 가능한 빨리 파악할 수 있도록 내용과 형식이 간결해야 한다. 이것은 긴 내용보다 짧은 것이 반드시 좋다고 말하는 것이 아니라, 내용이 분명하게 이해될 수 있도록 명확하게 표현된 정보가 중요하다는 사실을 강조하고 있는 것이다. 또한 이것은 정보의 내용이 복잡하거나 혹은 불충분해도 된다는 것을 의미하는 것도 아니다. 전달하려는 중요 내용이 무엇이든 간에, 정책결정자는 최소한의 노력으로 그 내용을 충분히 이해할 수 있어야 한다. 간결성과 명확성은 분석관들이 배워야할 중요한 기술이다. 두 페이지짜리 보고서를 훌륭하게 작성하는 것이 동일주제에 대해 다섯 페이지 보고서를 쓰는 것보다 훨씬 어렵다. 클레멘스Samuel Clemens(Mark Twain)는 친구에게 보내는 편지에서, "나는 짧은 편지를 쓸 시간이 없기 때문에 너에게 긴 편지를 써서 보낸다"고 말하기도 했다.
- 알고 모르는 것의 분명함clear regarding the known and the unknown: 훌륭한 정보는 정보를 어느 정도 신뢰할 수 있는지 뿐만 아니라, 무엇을 알고 무엇을 모르고 있는지, 분석을 통해 어떤 부분이 보충되었는지를 독자에게 전달해야 한다. 신뢰 수준은 아주 중요한데 그것은 정책결정자가 정보의 확고함이 어느 정도인가에 대해 파악을 하고 있어야 하기 때문이다. 모든 정보는 다루는 첩보의 특성으로 인해 사실이 아닐 위험성을 수반하게 된다. 이러한 위험성은 분석관 혼자서 책임지는 것이 아니라 정보사용자와 함께 그 책임을 공유해야 한다.

객관성objectivity은 훌륭한 정보를 규정하는데 중요한 요소 중 하나는 아니었다. 객관성의 상실은 감시의 대상이 아니었다. 하지만 객관성에 대한 요구는 현재 매우 중대하고 널리 퍼져있기 때문에 이제 당연한 것으로 받아들여져야 할 것이다. 만약 정보가 객관적이지 못하다면, 적시성, 소화능력, 명확성 중 그 어느 것도 의미가 없다.

정확성accuracy 또한 기준이 아니다. 정확성은 정보를 평가하는 데에 있어 생각보다 어려운 기준이다. 명백히, 어느 누구도 정보가 부정확하길 바라진 않지만 모든 사람들은 부정확한 정보가 나올 수도 있다는 점을 인정한다. 이러한 한계로 볼 때, 어떠한 정확성에 대한 기준이 활용되어야 하는가? 100%의 정확성은 너무 높고 0%의 정확성은 너무 낮다. 50%의 정확성 역시 만족스럽지 못하다. 따라서 결국 남는 것은 50%보다는 크고 100%보다는 작아야 한다는 숫자 게임이 될 뿐이다.

9·11 테러사건 이후 그리고 이라크 전쟁 발발로 인해 정보의 정확성에 대한 요구가 높아졌다. 정보분석에 내재한 불완전함에 대한 미국 정치체제의 관용은 줄어든 것이다. 비록 모든 관찰자들이 완벽한 정보는 불가능하다는 점을 잘 알고 있지만, 매번의 실수가 정보기관들에게 큰 정치적 비용을 주는 것으로 보인다. 분석관들이 실수할 경우, 그에 따라 발생하는 정치적 비용을 두려워하여 분석관들이 위험회피 성향을 갖게 된다면, 분석 체계는 또 다른 큰 대가를 치를 수도 있다.

위의 기준이 불만족스러운 만큼, 다른 척도들도 그다지 만족스럽지 못하다. 예를 들면, 한 사안에, 한 부서에, 한 기관에, 한 생산라인에 대해 오랜 시간에 걸쳐 성공 확률을 구하고 이 확률을 훌륭한 정보의 척도로 활용할 수 있을 것이다. 또는 평가, 분석, 영상 등의 정보생산물들이 얼마나 많이 생산되었는지를 기초로 정보의 질을 평가할 수도 있다. 그러나 이들 역시 불충분하다. 더구나 이러한 방법들은 생각되는 만큼 그리 간단한 작업들도 아니다. 이러한 방법들은 훌륭한 정보가 무엇인지를 평가하는 것이 어렵다는 느낌을 줄 것이다.

그러나 훌륭한 정보를 생산하는 것은 구하기 매우 힘든 성배 같은 것이 아니다. 훌륭한 정보는 사실 자주 생산된다. 따라서 매일 생산되는 끊임없는 정보의 흐름 속에서 여러 가지 이유 – 적시성, 작성의 질, 정책에 대한 영향 – 로 눈에 띄는 적은 양의 정보를 식별해내는 능력이 필요하다. 이러한 시각은, 수용할만하고 유용한 정보를 매일 생산하려는 노력이 필요하지만 아주 뛰어난 정보를 생산하는 것이 훨씬 어렵고 자주 획득되는 것이 아니라는 점을 의미한다. 따라서 지속적으로 정보를 생산해야 한다는 목표와 정보의 질이 뛰어나야 한다는 희망 사이에서 갈등이 생길 수밖에 없다. 전체 정보공동체는 항상 뛰어난 정보를 생산할 수는 없지만, 지속적으로 정책에 도움을 주기를 희망한다. 지속적으로 생산되는 정보와 뛰어난 정보는 같을 수 없다(이에 대해 냉소적인 사람은 "언제나 중간 정도가 가장 낫다"고 말하기도 한다). 지속성을 유지하는 것 자체가 나쁜 목표는 아니지만, 정보가 지속적으로 생산되다 보면 분석이 생산자와 소비자 모두를 나태하게 만드는 패턴을 초래할 수 있다. 따라서 훌륭한 정보의 특징을 알고 있음에도 불구하고, 현실이란 적어도 광범위하게 관찰되는 하루하루의 현상들이라는 의미에서, 결국 좋은 정보는 실제로 파악되기 어렵다. 그러나 분석관들에게 훌륭한 정보의 특성을 파악하는 것은 그들의 업무에 긍정적인 도움을 주는 과제가 될 것이다.

주요 용어

경고 의무 duty to warn
경쟁적 분석 competitive analysis
기회분석 opportunity analysis
레이어링 layering
미러 이미지 mirror imaging
범지구적 담당범위 global coverage
분석관의 대체가능성 analyst fungibility
분석관의 민첩성 analyst agility
분석상의 난로연통 analytical stovepipes

장기정보 long-term intelligence
정치화된 정보 politicized intelligence
집단사고 groupthink
최소공통분모 언어 lowest-common-denominator language
클라이언티즘 clientism
평가 assessments
평가 estimates
현용정보 current intelligence

더 읽을거리

분석에 대한 연구물은 풍부하다. 아래의 문헌들은 특별히 중요하다고 판단되는 일반적인 이슈들과 특정분야에 대하여 논의하고 있다. CIA가 소련 및 관련 이슈에 대한 평가서를 공개하였다(제11장 참조).

Adams, Sam. "Vietnam Cover-Up: Playing with Numbers; A CIA Conspiracy against Its Own Numbers." *Harper's* (May 1975).

Bell, J. Dwyer. "Toward a Theory of Deception." *International Journal of Intelligence and Counterintelligence* 16 (summer 2003): 244~279.

Berkowitz, Bruce. "The Big Difference between Intelligence and Evidence." *Washington Post*, February 2, 2003, B1.

Caldwell, George. *Policy Analysis for Intelligence*. Report by the Central Intelligence Agency, Center for the Study of Intelligence. Washington, D.C.: Central Intelligence Agency, 1992.

Clark, Robert M. *Intelligence Analysis: Estimation and Prediction*. Baltimore: American Literary Press, 1996.

Davis, Jack. *The Challenge of Opportunity Analysis*. Report by the Central Intelligence Agency, Center for the Study of Intelligence. Washington, D.C.: Central Intelligence Agency, 1992.

Ford, Harold P. *Estimative Intelligence*. McLean, Va.: Association of Former Intelligence Officers, 1993.

―――. *Estimative Intelligence: The Purposes and Problems of National Intelligence Estimating*. Washington, D.C.: Defense Intelligence College, 1989.

Gates, Robert M. "The CIA and American Foreign Policy." *Foreign Affairs* 66 (winter 1987~1988).

Gazit, Shlomo. "Estimates and Fortune-Telling in Intelligence Work." *International Security* 4 (spring 1980): 36~56.

―――. "Intelligence Estimates and the Decision-Maker." *International Security* 3 (July 1988): 261~287.

George, Roger Z. "Fixing the Problem of Analytical Mind-Sets: Alternative Analysis." *International Journal of Intelligence and Counterintelligence* 17 (fall 2004): 385~404.

Heuer, Richards J., Jr. *Psychology of Analysis*. Washington, D.C.: Central Intelligence Agency, History Staff, 1999.

Johnson, Loch K. "Analysis for a New Age." *Intelligence and National*

Security 11 (October 1996): 657~671.

Lockwood, Jonathan S. "Sources of Error in Indications and Warning." *Defense Intelligence Journal* 3 (spring 1994): 75~88.

Lowenthal, Mark M. "The Burdensome Concept of Failure." In *Intelligence: Policy and Process*. Ed. Alfred C. Maurer and others. Boulder, Colo.: Westview Press, 1985.

MacEachin, Douglas J. *The Tradecraft of Analysis: Challenge and Change in the CIA*. Washington, D.C.: Consortium for the Study of Intelligence, 1994.

Nye, Joseph S. *Estimating the Future*. Washington, D.C.: Consortium for the Study of Intelligence, 1994.

Pipes, Richard. "Team B: The Reality Behind the Myth." *Commentary* 82 (October 1986).

Price, Victoria. *The DCI's Role in Producing Strategic Intelligence Estimates*. Newport: U.S. Naval War College, 1980.

Reich, Robert C. "Reexamining the Team A-Team B Exercise." *International Journal of Intelligence and Counterintelligence* 3 (fall 1989).

Rieber, Steven. "Intelligence Analysis and Judgmental Calibration." *International Journal of Intelligence and Counterintelligence* 17 (spring 2004): 97~112.

Stack, Kevin P. "A Negative View of Comparative Analysis." *International Journal of Intelligence and Counterintelligence* 10 (winter 1998): 456~464.

Steury, Donald P., ed. *Sherman Kent and the Board of National Estimates*. Washington, D.C.: Central Intelligence Agency, Center for the Study of Intelligence, History Staff, 1994.

Turner, Michael A. "Setting Analytical Priorities in U.S. Intelligence." *International Journal of Intelligence and Counterintelligence* 9 (fall 1996): 313~336.

U.S. House Permanent Select Committee on Intelligence. *Intelligence Support to Arms Control*. 100th Cong., 1st sess., 1987.

―――. *Iran: Evaluation of U.S. Intelligence Performance Prior to November 1978*. 96th Cong., 1st sess., 1979.

U.S. Senate Select Committee on Intelligence. *The National Intelligence Estimates A-B Team Episode Concerning Soviet Strategic Capability and Objectives*. 95th Cong., 2d sess., 1978.

―――. *Nomination of Robert M. Gates*. 3 vols. 102d Cong., 1st sess., 1991.

―――. *Nomination of Robert M. Gates to Be Director of Central Intelligence*.

102d Cong., 1st sess., 1991.

―――. *Report on the U.S. Intelligence Community's Prewar Intelligence Assessments on Iraq.* 108th Cong., 2d sess., 2004.

Wirtz, James J. "Miscalculation, Surprise, and American Intelligence after the Cold War." *International Journal of Intelligence and Counterintelligence* 5 (spring 1991): 1~16.

―――. *The Tet Offensive: Intelligence Failure in War.* Ithaca: Cornell University Press, 1991.

7

방 첩

방첩Cl: counterintelligence은 적대국 또는 적대국 정보기관이 침투하여 혼란을 주는 행위로부터 자국의 정보활동을 보호하는 노력을 말한다. 이것은 분석적이면서도 활동적인 행위이다. 방첩은 정보과정에서 별도의 단계가 아니라, 정보과정 전반에 걸쳐 수행된다. 방첩에는 수집행위의 특성이 일부 있지만, 인간정보활동과 정확하게 일치하는 것은 아니다. 또한 방첩은 비밀공작covert action과 정확히 일치하지도 않는다. 방첩은 정보의 여러 분야 중에서 그 성격을 둘러싸고 논쟁이 가장 많은 분야 중 하나이다.

대부분의 국가들은 어떤 형태로든 정보기관을 보유하고 있다. 그 결과, 이 정보기관들은 다른 나라들의 매우 중요한 정보 대상목표가 된다. 다른 나라의 정보기관이 무엇을 알고 있고, 무엇을 모르고 있는지, 그리고 어떻게 일을 수행하고 있는지 등을 파악하는 것은 자국에게 언제나 유용하게 활용될 수 있다. 특히 상대방 정보기관이 자국에 대해 이와 마찬가지의 정보를 획득하기 위해 기울이고 있는 노력에 대한 지식을 갖게 된다면, 이는 자국에게 더할 나위 없이 큰 도움이 될 것이다(분석상자 "누가 누구에게 스파이 행위를 하는가?" 참조).

방첩은 단지 방어를 하기 위한 것이 아니다. 방첩에는 최소한 다음의 세 가지 유형이 있다.

- 수집: 자국을 목표로 하는 적대국 정보기관의 정보수집 능력에 대한 첩보를 수집하는 것
- 방어: 적대국 정보기관의 자국 정보기관 침입행위에 대한 방어를 하는 것
- 공격: 자국 정보체계에 대한 침입행위를 확인한 뒤, 이 침입자를 **이중간첩**으로 활용하거나, 이 침입자에게 허위정보를 제공하여 침입행위를 역이용하는 것

스파이spy와 역스파이counterspy의 세계는 비밀스러운 주제이다. 간첩활동과 마찬가지로 방첩도 정보 관련 소설의 단골 메뉴이다. 그러나 정보의

· 누가 누구에게 스파이 행위를 하는가? ·

일부 사람들은 우호적인 정보기관 간에는 스파이 행위를 서로 하지 않는다고 생각한다. 그러나 어떠한 기준으로 우호적인 것을 판단할 수 있는가? 미국과 영연방 국가들(영국, 호주, 캐나다)은 정보기관 간에 친밀한 관계를 유지하며 상호 간에 스파이 행위를 하지 않는다. 그러나 그 외의 국가들 간에는 상황이 전혀 다르다.

1990년대 미국은 경제정보 수집을 위해 프랑스를 대상으로 첩보활동을 했던 것으로 알려져 있다. 또한 1980년대 이스라엘은 미 해군 정보부대요원이었던 폴라드Jonathan Pollard를 활용하여 미국의 정보를 입수하였다. 어떤 사람들은 소련 붕괴 이후에도 러시아가 에임즈Aldrich Ames를 활용하여 미국의 정보를 빼내고자 했다는 사실에 놀라기도 했다(에임즈의 뒤를 이어 한센Robert Hanssen의 스파이활동이 밝혀졌을 때, 그 전과 달리 사람들의 놀라움은 줄어들었다. 아마도 에임즈 사건을 통해 배운 점이 있었기 때문일 것이다). 1990년대 말, 하원의 한 위원회는 중국과 미국이 소련에 대항해 전략적 동반자 관계를 유지하고 있었던 바로 그 때에도 중국은 미국의 핵관련 기밀을 훔쳤다는 사실을 밝혀냈다.

1970년대 미국의 한 고위관료(아마도 키신저Henry Kissinger 국무장관으로 추정된다)는 "정보기관 사이에 우호적인 관계라는 것은 이 세상에 존재하지 않는다. 다만 우호적인 강대국들이 보유하는 정보기관들만이 있을 뿐"이라고 말했다.

다른 모든 면들과 마찬가지로 방첩 역시 덜 화려한 업무이며, 고단한 노력이 요구된다.

내부 안전장치

모든 정보기관들은 정보요원으로 채용하기에 부적합한 신규 지원자와 충성심이 의심스러운 기존 요원들을 가려내기 위한 자체 내부 장치를 가지고 있다. 신규 지원자에 대한 장치로는 지원자의 성장과정 및 경력조사, 지원자 및 그의 친구들과의 인터뷰 등이 있으며, 이에 더하여 최소한 미국에서 대부분의 정보기관들은 거짓말탐지기polygraph를 사용한다. 이상적인 후보자는 과거 기록이 무조건 깨끗한 사람이어야 할 필요는 없다. 대부분의 지원자들은 마약이나 매춘과 같은 것에 대해 어느 정도 경험을 갖고 있을 수 있다. 일부 지원자들은 경범죄를 저질렀을 수도 있다. 하지만 중요한 것은, 지원자들이 자신의 과거를 솔직히 밝히고, 범죄 혹은 위험한 짓을 저지르거나 협박을 하는 등의 행동을 더 이상 하지 않을 것임을 스스로 증명할 수 있어야 한다.

가끔 "lie detector"로 잘못 불리는 **거짓말탐지기**polygraph는 여러 질문들에 대한 응답자의 신체 반응, 예를 들면 맥박이나 호흡 횟수 등을 체크하는 기계이다. 질문을 받았을 때 응답자의 신체에 물리적인 변화가 나타난다면, 그의 응답은 진실되지 못하고 속이려는 것으로 해석될 수 있다. 하지만 거짓말탐지기가 불완전한데다가 응답자가 이 기계를 속일 수 있기 때문에, 미국 정보기관의 거짓말탐지기 활용은 여전히 논란거리이다. 국가조사회의National Research Council는 2002년 연구를 통해, 좀 더 일반적인 질문을 하는 연유로 거짓 양성을 보이는 반응이 나올 가능성이 높은 방첩업무보다 질문들을 구체적으로 던질 수 있는 범죄 조사에 거짓말탐지기가 더욱 유용하다고 결론을 내렸다.

예를 들면, 미국에 대한 첩보활동을 하고 있었던 친Larry Wu-tai Chin과 에임즈Aldrich Ames 두 사람은 거짓말탐지 테스트를 무사히 통과했었다. 거짓말 탐지기 사용을 옹호하는 사람들은 이 테스트가 억지deterrent 효과를 갖는다고 주장한다. 또한 이들은 거짓말탐지기가 보안상의 특정 영역에 문제가 있다고 지적해 주는 유일한 수단이며, 일부 문제는 편견 없이 해결될 수 있다고 주장한다. 그러나 이러한 문제가 되는 영역들이 정확히 어떤 것인지를 조사관이 명확히 밝혀주는데 무능력하거나 실패하는 경우, 이 테스트는 단순히 종결될 수 있다. 신입직원 뿐만 아니라, 기존 직원들도 몇 년마다 한번씩 거짓말탐지 테스트를 받는다. 정보기관과 연관된 사람들과 망명자들도 이 테스트를 받는다. 그러나 모든 국가안보조직을 통틀어 이 테스트가 지속적으로 활용되는 것은 아니다. 중앙정보국CIA, 국방정보국DIA, 국가정찰국NRO, 국가안보국NSA 모두 거짓말탐지기를 사용한다. 반면, 국무부와 의회는 사용하지 않는다. 연방수사국FBI의 경우, 거짓말탐지기를 사용하지 않았으나, 2001년 한센 스파이 사건 이후 거짓말탐지기를 사용하기 시작했다. 지금까지 설명한 것은, 일부 기관들이 다른 기관들보다 내부보안에 있어서 더 엄격하거나 혹은 더 느슨하다는 의미가 아니다. 오히려 이는 인사 보안면에서 여러 기관들이 다양한 보안 기준을 가지고 있다는 점을 나타낸다.

묻고자 하는 질문과 알아내고자 하는 첩보에 따라서 거짓말탐지 테스트는 여러 유형으로 분류된다. 이에 따라 정보기관들은 사적 행동에 대해 물어보는 **생활방식 거짓말탐지**lifestyle poly와 외국과의 접촉, 비밀분류된 첩보들의 처리와 같은 것들에 대해 물어보는 **방첩 거짓말탐지**counterintelligence poly를 수행한다. 첩보원 조사와 같은 일부 경우에서는 오로지 몇몇 관련 사항들만을 질문할 수 있다.

기존 요원 및 신규 요원들을 평가할 때, 배신행위의 지표로 사용할 수 있는 것으로는 거짓말탐지기 이외에 다음과 같은 것들이 있다. 배우자와의 불화, 음주 증가, 마약복용 의혹, 알려진 재력을 초과하는 소비의 증가, 채무 증가 등 사적 행동이나 생활방식의 변화들은 한 개인이 스파이활동을 하고 있는지 또는 자발적이든 비자발적이든 스파이가 될 가능성이 높은지를 보여주는 신호가 될 수 있다. 스파이가 되는 것을 결코 생각해보지 않았던 사람들에게도 이와 같은 사적 행동상의 변화가 발생할 수 있다. 하지만 과거 사례들을 보면 이러한 변화들에 주목할 만한 이유들이 있었다(분석상자 "왜 스파이활동을 하는가?" 참조). 방첩기관은 스파이 행위를 할 위험성이 있는 대상자에 대해 대상자의 전반적인 생활방식, 위에서 언급한 변화들이 얼마나 오래 지속되는지, 그리고 잠재적으로 적대적일 수 있는 행동에 대한 증거 등을 조사한다. 에임즈 사건(형편없는 업무수행, 알코올중독, 소비

· 왜 스파이활동을 하는가? ·

미국의 방첩은 보안 위험을 평가하는데 있어서 개인의 재정문제를 강조한다. 미국에 대해 스파이활동을 했던 많은 사람들 – 에임즈Aldrich Ames, 한센Robert Hanssen, 워커 간첩단Walker spy ring, 펠톤Ronald Pelton 등 – 은 이념이 아니라 금전적인 동기로 스파이활동을 했다. 일부 예외의 경우로는 로젠버그Julius Rosenberg, 히스Alger Hiss, 친Larry Wu-tai Chin, 몬테스Ana Montes 사례들이 있다.

대조적으로 영국에서의 간첩활동 사례들을 살펴보면, 소련에 이념적으로 충성을 했기 때문에 간첩활동을 한 경우가 많다. 필비Kim Philby와 그의 동료들, 혹은 블레이크George Blake 등이 그 사례이다.

동기가 이념이든 금전이든 어느 국가에서도 이러한 간첩활동은 일어날 수 있지만, 일부 사람들은 미국과 영국 사례들의 이와 같은 차이에 놀라워했다. 이는 부분적으로 영국에 지금도 여전히 존재하는 계급시스템이 있어왔고, 이러한 계급시스템으로 인해 영국을 배반하는데 이념이 동기로 작용할 가능성이 더 컸다. 심각한 사례들의 경우, 스파이들은 대체로 상류계급출신이었다. 반면, 미국 내 경쟁관계는 사회계급이라기 보다는 경제적 지위를 기초로 항상 형성되어 왔다.

또한 스파이들은 자신 혹은 자신의 가족이 협박을 받았기 때문에, 상관 혹은 소속기관에 불만을 품고 복수하기 위해, 스릴을 맛보기 위해, 그리고 외국과의 연관에 의해 자국을 배반할 동기를 얻기도 한다.

의 갑작스런 증가 등이 배신행위 가능성을 알리는 요인들로 받아들여졌어야 했었다.) 이후에 미국 정보기관은 정보요원들이 주기적으로 보고해야 하는 재정 관련 정보의 양을 증가시켰다. 재정을 보고하도록 하는 이 방식은, 부정이익들이 현금, 주식, 혹은 현금으로 구매한 집, 자동차 등을 통해 탐지되므로 어떻게 해서든 드러나게 되어 있다고 가정하고 있다. 그러나 에임즈와 한센 사건에서 경험했듯이, 스파이활동을 지원하는 국가는 스파이가 아닌 제3자에게 돈의 일부 혹은 전부를 맡겨두는 방법을 사용할지도 모른다. 이 경우, 이 같은 돈은 탐지되기 어려운데다가, 스파이활동이 종료되고 난 이후에도 이 돈에 당분간 접근조차 할 수 없을지도 모른다. 이와 관련하여 에임즈와 한센의 사례는 우리에게 시사점을 준다. 새로운 집과 자동차를 구매하고, 더 비싼 옷을 입으며, 미용의 치과치료를 받는 등 에임즈의 생활방식은 확연히 변했다. 하지만 이러한 변화는 새로운 방식의 재정보고가 요청되기 전에 발생했다. 반면, 새로운 재정보고가 시행된 이후 한센의 생활은 부가 증가했다는 신호를 외견상으로 보이지 않았던 것이다.

스파이 활동을 방지하기 위한 또 하나의 내부 장치로서 비밀등급 제도가 있는데, 이 비밀등급 제도는 **차단되어**compartmented 있는 것을 특징으로 한다. 다시 말하면, 출입이나 접근이 허용된 직원이라 하더라도 모든 정보에 대해 접근이 가능한 것이 아니다. 각 구획에 대한 접근 허용은 알 필요need to know에 기초하여 승인된다. 따라서 영상체계 분야에서 일하는 요원과 인간정보HUMINT 분야에서 일하는 요원은 정보 접근성에 있어서 차이가 난다. 또한 각 구획도 다시 세부 구획으로 나뉜다. 예를 들면, HUMINT와 관련해 정보 접근이 허용되는 경우, 확산 혹은 마약 등을 다루는 특정 유형의 HUMINT 혹은 구체적인 관련 사례들만으로 정보 접근이 제한될 수 있다.

비밀정보 취급 허가제도는 정보에 대한 접근을 제한하기 때문에 정보의 누출에 의한 피해를 줄인다. 그러나 이러한 제도에 비용이 따르지 않는 것은 아니다. 이 제도는, 의도했던 의도하지 않았던 간에, 일부 분석관들을 그들의 업무에 중요한 구획으로부터 배제시킴으로써 분석에 장애가 될 수 있다. 또한 이 제도를 운영하는 데에는 직접비용과 간접비용이 필요한데, 직접비용으로는 시스템 개발, 문서 추적, 요원들에 대한 보안검사 운영 등의 비용이 따르며, 금고, 안내요원, 보안요원, 문서 등급 표시 등에 들어가는 간접비용이 있다. 이러한 것들은 비밀등급 제도를 철저히 운영하는 데에 어떠한 것들이 포함되는지에 대한 설명을 제공한다. 만약 철저하게 운영되지 못한다면, 이 제도는 쓸데없는 낭비이자 성가신 것이 될 뿐이다.

다른 안전장치로는 버리고자 하는 자료의 완전한 폐기, 도청 방지 전화 보안장비설치, 건물 전체 또는 일부분에 대한 접근제한 등이 있으며, 이러한 것들을 정보기밀차단시설SCIFs; sensitive compartmented information facilities이라고 부른다.

외부적 징표와 대간첩활동

방첩요원들은 내부 안전장치뿐만 아니라 스파이 행위가 일어날 수 있는 외부적 징표에 대해서도 살펴봐야 한다. 해외 스파이망을 갑작스럽게 상실하거나, 위성정보와 일치하는 상대국 군사훈련 패턴 상에 변화가 보인다거나, 혹은 자신의 정보기관이 침투당하고 있을 가능성을 보여주는 것으로 타 기관이 침투당하는 등의 외부적 징표들은 내부적 징표들보다 더 명확하게 나타날 수 있다(한센의 경우가 이에 해당했다). 반면, 공작의 실패, 스파이와의 접선 실패 등을 의미하는 징표들은 좀 더 미묘한 것으로, 이들은 정보가 누출되었거나 외부 첩자가 침입했다는 점을 불명확하게 나타낸다. 이런 면에서, 어떤 이들은 이 같이 불명확한 징표들을 가리켜, 정보의 혼동을 상징하는 것으로 '끝없이 펼쳐져 있는 거울wilderness of mirrors'이라고 일컫는다.

1995년 미국의 CIA와 국가안보국NSA은 미국에서 행하고 있던 소련의 스파이활동을 탐지하는데 사용되었던 신호정보SIGINT 도청내용(암호명 VENONA)을 공개했다. 이를 활용해 미국은 1943년부터 1957년까지 소련 정보기관을 위해 일한 히스Alger Hiss, 로젠버그Julius Rosenberg, 푹스Klaus Fuchs

등을 적발해낼 수 있었다. VENONA를 통해 알 수 있듯이, SIGINT는 스파이 행위를 하는 당사자를 명확하게 알려주지는 못하지만, 현재 일어나고 있는 스파이 행위에 단서를 제공해줄 수 있다. VENONA 프로젝트는 스파이들의 신원을 확인해준 것이 아니라 이들의 코드명을 계속해서 탐지한 것이었지만, 스파이를 찾아내기 위한 조사의 범위를 좁히는데 충분히 도움이 되는 정보를 자주 제공했다.

적대적 정보기관이 자국에 침투했을 경우 발생하는 심각한 문제점은, 역으로 자국이 이들 정보기관에 성공적으로 침투할 때 얻을 수 있는 이득을 보여준다. 침투를 통해 획득할 수 있는 정보들에는 다음과 같은 것들이 있다.

- 상대 정보기관의 인간정보^{HUMINT} 역량과 대상목표, 강점과 취약점
- 상대 정보기관의 주된 관심분야와 정보가 현재 결핍이 되어있는 분야
- 상대 정보기관에 대한 자국 정보기관 혹은 다른 정보기관의 침투가능성
- 정보기관 간 협조 가능성(예를 들면, 구소련의 KGB는 미국 내 폴란드 망명자들을 사용하여 미 국방산업에 대해 간첩활동을 했고, 불가리아 요원들을 활용하여 암살과 같은 공작활동을 수행했다).
- 상대 정보기관의 인간정보 활동의 급작스런 변화(새로운 요구, 새로운 임무, 목표의 변화, 특정지역으로부터 요원의 철수 등으로, 이들은 여러 가지를 의미할 것이다).

외국 정보요원들의 존재를 발견하는 것이 자동적으로 이들의 체포로 이어지는 것은 아니다. 이 요원들은 이들의 정보기관과 연결되어 있기 때문에, 자국 정보기관에게 역으로 이들을 활용할 기회가 생길 수 있다. 즉, 외국 정보요원들에게 자신이 발각되었다는 사실을 인지하지 못하게 하면서, 이들이 자국 정보에 접근하는 것을 일부 차단하는 한편, 이들에게 허위 정보를 흘려 본국에 보고하게끔 만들 수 있다. 또한 방첩요원들은 보다 적극적으로 이들을 이중첩자로 만들 수도 있다. 이중첩자는 외견상으로 이전의 정보기관을 위해 계속 일하는 것처럼 보이지만, 실제적으로는 자국의 요원으로 일하는 것을 의미한다. 그러나 유의해야 할 점은 이중첩자가 있을 수

있듯이, 한번 배신을 했으나 이것이 드러나 다시 자신의 원래 쪽으로 돌아가는 삼중첩자가 있을 수도 있다는 점이다. 이처럼 간첩활동 혹은 방첩의 세계는 '끝없이 펼쳐져 있는 거울wilderness of mirrors'처럼 많은 혼동과 함정을 가져올 수 있다.

방첩의 문제점

방첩활동을 평가할 때, 다음의 몇 가지 문제점들이 발생한다. 첫째, 본질적으로 방첩공작은 은밀하게 이루어진다. 따라서 적대국이 성공적으로 침투하는 경우, 자국의 방첩공작 요원들이 이에 대한 확실한 증거를 처음에 찾아내기란 어려운 일이다.

둘째, 다른 모든 조직이나 기관처럼, 정보기관 내에도 신원조회를 거쳐서 채용된 기관 내부 사람들을 기본적으로 신뢰하는 경향이 있다. 매일같이 업무를 함께 수행하면서 생긴 친밀감으로 인해 요원들은 서로에 대한 경계를 낮추게 되며, 기관 내부에 배신하고 있는 사람이 존재할지도 모른다는 사실을 믿지 않으려 할 수 있다. 에임즈 스파이 사건에서도 이러한 문제점이 드러났었다. CIA는 모스코바 내 첩보원들을 상당히 잃었는데도 불구하고, 내부를 살피는 데에 상당히 늦었던 것이다. 한센의 경우도 이와 비슷하다. 그가 미국 방첩 정책과 방식에 대해 잘 알고 있었기 때문에 20년이 넘게 발각되지 않았던 것이라고 사람들은 애초에 생각했다. 그러나 2003년 법무부의 한 보고서에 따르면, FBI(FBI는 법무부에 소속되어 있다) 내부의 느슨함과 감시소홀로 인해 한센은 스파이활동을 들키지 않고 할 수 있었다. FBI는 자체의 내부 인물인 한센이 스파이였다는 점이 드러났을 당시, 오히려 CIA의 한 요원을 집중적으로 조사하고 있었다는 점은 주목할 만하다. 물론 이 같은 문제는 다른 조직들에도 존재한다고 생각하는 것이 더 용이할지도 모른다.

그러나 근거 없이 의심하는 것 역시 조직 내부에 스파이가 있는 것만큼이나 위험할 수 있다. 1954년부터 1974년까지 CIA의 방첩업무를 책임지고 있었던 앵글턴James Angleton은 소련의 **스파이**mole(깊이 숨어 있는 스파이)가 CIA에 침입을 해왔다고 확신하게 되었다. 일부 사람들은 앵글턴이 그의 친한 영국 정보기관 요원인 필비Kim Philby가 소련의 첩자로 판명된 사실에 반응하여 CIA 내 스파이의 존재를 의심하고 있었던 것이라고 생각했다. 앵글턴은 이 스파이를 결국 찾아낼 수 없었고, 어떤 사람들은 앵글턴이 아무에게나 의혹을 던짐으로써 CIA를 곤경에 빠트렸다고 여겼다. 심지어 어떤 이들은 앵글턴 자신이 바로 스파이였으며, 자신이 스파이라는 사실을 숨기기 위해 관심을 다른 곳으로 돌리고자 소동을 일으켰다고 믿는다. 앵글턴은 아직까지도 많은 논쟁의 소지를 불러 일으키는 인물로서, 그의 행위는 스파이 행위 및 방첩활동과 관련되어 나타날 수 있는 지능적인 문제를 보여준다.

수년 동안 방첩은 CIA와 FBI 사이 마찰의 주요 원인이었다. 이러한 마찰 중 일부는 오래 전에 FBI 국장을 지냈던 후버Edgar J. Hoover가 CIA에 대해 좋지 않은 감정을 가졌던 것과 이에 대한 CIA의 대응이 낳은 유산이었다. 또한 방첩을 바라보는 시각의 차이에서 마찰이 발생하기도 했다. 스파이가 발각되면 이것은 분명 문젯거리가 되지만, 동시에 CIA가 원할지도 모르는 **대간첩활동**counterespionage의 기회이기도 하다. 대간첩활동은 넓은 범위의 방첩 사안에 속하는 하위 영역으로 생각될 수 있다. 방첩은 자국의 정보활동을 방해하거나 침투하기 위한 모든 시도를 차단하거나 혹은 역으로 이용하고자 시도한다. 대간첩활동은 방첩의 인간정보 측면(공격과 방어 측면 모두에서)에서 활용된다. 반면, CIA와 달리 FBI에게 스파이 활동은 기소의 대상이 될 뿐이다. 1990년대 초 에임즈 사건 때까지도 CIA와 FBI는 방첩활동에 있어서 협조를 하지 않았다. 하지만 에임즈의 체포와 뒤 이은 조사를 계기로 CIA와 FBI는 과거의 실수를 반복하지 않기 위해 합동으로 방첩사무실을 운영했다.

정보의 많은 측면들이 그렇듯이, 간첩활동에 대한 의혹에 언제나 명백한 증거를 내세울 수는 없다. 로스알라모스 국립연구소Los Alamos National Laboratory 과학자였던 리Wen Ho Lee 사건이 이런 면에서 교훈을 던지는데, 이 사건은 다소 복잡한 측면을 지니고 있다. 요약하자면, 공화당의 콕스Christopher Cox 하원의원(캘리포니아)이 위원장을 맡은 콕스 위원회Cox Committee(하원의 미국 안보 및 중국 관련 군사/통상 위원회)는 중국이 미국의 핵무기 설계를 포함해 최신기술에 대해 스파이활동을 하고 있다는 일련의 의혹을 조사했는데, 콕스 위원회의 보고서가 발표된 이후 리 사건이 터졌다. 리 사건이 터지면서 이 사건과 관련하여 에너지부DOE: Department of Energy와 국립연구소들이 조사 대상이 되었다(이 사건의 책임소재를 놓고 DOE의 전·현직 정보요원들과 방첩요원들 간에 공개적인 논쟁이 전개되었으며, 이들 중 일부는 FBI와 논쟁을 벌이기도 했다). 대만출생의 리Lee는 1994년 이래 조사를 받고 있었지만, 조사는 일관성 있게 진행되지 못했고 그 어떤 결론도 내리지 못했다. 그는 로스알라모스 국립연구소에서 자신의 업무와 관련이 없는 400,000페이지 분량의 핵관련 비밀자료를 다운로드했다. 2000년에 리는 체포되어 59가지 항목으로 기소를 당했고 9개월 이상을 감옥 독방에서 지냈다. 그러나 정부는 리가 자료를 외국에 넘겼다는 간첩활동의 증거를 발견할 수 없었다. 이에 대한 법무부의 보고서는 FBI가 조사하는 방식을 비난했다. 즉, 이 보고서는 만약 리가 스파이라면 FBI는 리가 도망치도록 방치한 셈이고, 만약 리가 스파이가 아니라면 FBI는 다른 방식의 조사를 고려하지 못한 것이라고 결론을 내렸다. 결국 리는 풀려났고, 그는 핵 관련 기밀자료를 불법적으로 다운로드했다는 한 가지 중죄만을 인정했다. 이 사건은 결국 결론에 이르지 못한 것으로 남아 있다. 스코틀랜드의 법에 의하면, 판사는 유죄 혹은 무죄가 아니라, '증명되지 않음not proven'이라고 판결을 내릴 수 있다는 점이 이 사건에 시사점을 던진다.

관료들은 간첩활동 이외의 다른 이유로도 의혹을 받는데, 이러한 의심은 위험성을 수반한다. CIA 공작국DO 요원으로서 1980년대 모스크바로의 파견이 예정되었던 하워드Edward Howard가 좋은 예가 될 것이다. 하워드는 마약을 복용하고 있었고 범죄 사실이 있는 것으로 밝혀져 그의 모스크바 파견은 불가능해졌다. 그가 파견될 경우, 방첩에 문제가 생길 수 있다는 의심이 생겨났던 것이었다. 하지만 상황 자체가 그리 간단한 것은 아니었다. 만약 그를 모스크바에 보낼 수 없다면, 그를 해고하거나 그에게 다른 업무를 맡겨야할 것이었다. 만약 그에게 다른 임무가 주어진다면, 비록 그가 사적인 행동으로 인해 보안 문제를 일으킬 위험이 남아 있더라도, 그는 비밀문서를 열람할 수 있는 위치에 여전히 머물게 될 것이다. 게다가 그는 해외 파견 계획이 취소된데 대해 화가 나있을 수도 있고, 이는 그가 더욱 위험한 행동을 하게 만들 수도 있었다. 그를 해고하는 것 역시, 그가 공작국 기술에 대한 지식과 모스크바 내에서 수행되는 공작들에 대한 정보를 가지고 있기 때문에, 위험한 선택이 될 수 있었다. 또한 그를 해고하면, 아주 불가능하진 않더라도 그를 계속 주시하는 것이 어려울 것이다. 하워드는 결국 해고되었으나 계속해서 FBI의 감시대상이 되었다. 그러나 그는 감시를 피해서 모스크바로 달아났고, 자신이 스파이가 아니었는데도 불구하고 CIA에 의해서 쫓겨났다고 주장했다. 정보 저술가이자 종종 미국정보를 비판하는 와이즈David Wise는 모스크바에서 하워드를 인터뷰한 뒤, 하워드의 배신이 그가 모스크바로 떠나기 전부터 시작되었다고 결론을 내렸다. 하워드 사건은 방첩 사건을 다루는데 있어서 발생할 수 있는 또 다른 문제점을 잘 보여준다.

스파이가 발각되어 체포되면, 정보공동체는 **손해 평가**damage assessment를 수행하여 어떤 정보가 새어나갔는지 조사한다. 이 경우, 체포된 스파이와 협력하는 것은 평가 수행에 큰 도움이 될 것이다. 미국에서 이러한 협력은 정부 측의 검사와 스파이의 변호사 간의 협상지점이 된다. 즉, 협력하는 대신 스파이의 가족에 대한 고려를 해준다거나 형벌 상에 구체적인 특혜를 준다던지 해서 협력이 이루어지는 것이다. 그러나 방첩 분야의 모든 것이 그러하듯이, 문제점들은 여전히 남아있다. 가장 명백한 문제는 스파이가 과연 어느 정도까지 솔직하게 밝히고, 기꺼이 도와줄 것인가에 대한 의문이다. 손해 평가를 수행하는 사람들은 체포된 스파이들이 저지른 간첩활동과 관련이 없는 정보손실까지 이들을 연루시켜 설명하고자 하는 유혹을 반드시 극복해야 한다. 손해 평가는 이 스파이가 접근했던 정보에만 확실하게 초점을 맞추고 있어야 할 것이다. 또한 한 명 이상의 스파이가 동일한 정보에 동시에 활동하고 있었을 수도 있다. 에임즈와 한센의 경우가 바로 이러했다. 이들의 간첩활동은 동시에 일어났고, 이들 모두가 동일 정보의 일부분에 접근할 수 있었다. 소련, 후에 러시아는 한쪽의 첩보를 활용하여 다른 쪽을 확인하는데 활용할 수 있었다. 에임즈와 한센은 자신들의 첩보들을 교차 확인할 수가 있었고, 역설적이게도 이를 통해 에임즈와 한센은 유용한 스파이로서의 진실성을 확인받을 수 있었다.

이중첩자의 문제는 요원의 충성심에 대한 우려를 낳는다. 이중첩자가 정말로 우리 측으로 넘어 온 것인가? 아니면, 이중첩자는 자신의 원래 소속 정보기관에 충성을 하면서 우리를 속이고 있는 것은 아닌가? 또한 스파이 행위 의혹이 있는 시민을 조사하는 것은 시민의 권리에 대한 헌법적 보호로 인해 법률상의 문제를 가져오기도 한다. 정보기관이 연방특별법원으로부터 허가를 받는 경우에 한해 정보기관의 국내전화 도청이 가능하다. 이 연방특별법원은 해외정보감시법 법원Foreign Intelligence Surveillance Act Court으로서 1978년 해외정보감시법FISA: Foreign Intelligence Surveillance Act에 의해 설치되었다. 이 특별법원은 정보기관의 도청 요구를 거절한 적이 한 번도 없다. 또한 요원들은 의심이 가는 사람의 집 혹은 사무실에 청취 장비를 설치하거나, 컴퓨터 파일을 복사하거나 쓰레기통을 탐색하는 등 이 사람이 부재할 시에 집이나 사무실을 조사하는 방식의 기술들을 사용한다.

스파이 혐의로 정보관들을 기소하는 것은 정보기관들의 중요 관심사였다. 정보기관들은 정보요원이 기소를 피하기 위해 자신이 알고 있는 비밀정보를 공개법정에서 폭로하겠다는 협박을 할 수도 있다는 점을 우려했다. 이것은 **정부기밀폭로협박**graymail(blackmail에 반대되는 개념)이라고 알려져 있다. 이러한 가능성을 차단하기 위해 의회는 법관이 비공개로 비밀자료를 열람함으로써 비밀정보가 공개될 우려를 방지하면서 기소를 진행할 수 있게 하는 비밀정보절차법The Classified Intelligence Procedures Act, 일명 Graymail Law을 1980년에 통과시켰다.

1999년에 중국의 간첩활동이 드러나면서 범정부차원의 대응의 하나로서 FBI는 자신의 국가안보과National Security division를 둘로 분리하여 한 곳은 방첩을 담당하고 다른 곳은 테러리즘을 다루도록 하는 제안을 했다. 2003년에 FBI는 주로 테러리즘에 초점을 맞추는 정보과Intelligence Division를 창설했다. 2004년 정보법은 공식적으로 이 새로운 부서를 정보국Intelli- gence Directorate으로 승인했다. 또한 FBI는 대간첩활동 위협들을 평가하는 국가안보위협목록National Security Threat List의 범위를 확대하여 외국정부뿐만 아니라 기업과 국제범죄조직까지 포함할 것을 제안했다.

2005년 6월 부시 대통령은 법무부와 FBI의 구조를 재편성할 것을 명령했다. 대테러리즘, 대간첩활동, 정보정책을 감독하는 법무부 국가안보 담당 차관 직위가 신설되었다. FBI는 정보분석국Directorate of Intelligence, 대테러과Counterterrorism Division, 방첩과Counterintelligence Division를 감독하는 국가안보원National Security Service을 보유하고 있다. 국가안보원은 활동과 예산의 조정업무를 담당하고 국가정보국장DNI 관할 하에 있는 FBI 부국장에 의해 운영된다.

미국 내 방첩 책임을 맡는 FBI, 그리고 CIA 이외에도, 국방수사원Defense Investigative Service과 거의 모든 정보기관들의 방첩 담당 부서들이 방첩에 책임을 공유한다. 이처럼 방첩을 위한 노력이 많은 기관들에 분산되어 있는 것은 정보공동체의 조직을 반영하며, 방첩 사건들에 협력이 제대로 이루어지지 않았던 이유를 드러낸다. 이를 바로잡기 위해 의회는 국가방첩집행관NCIX: National Counterintelligence Executive의 신설을 요청한 방첩활동강화법Counterintelligence Enhancement Act을 2002년에 통과시켰다. NCIX는 미국 방첩활동의 최고 책임자이며, 방첩 계획과 정책을 개발하는 데에 책임을 진다. 이러한 계획과 정책에는 국가방첩전략인 연간 방첩전략계획이 포함되며, NCIX는 방첩 손해 평가의 감독과 조정을 책임진다. NCIX는 중앙정보국장DCI 사무실 휘하에 있는 국가방첩집행관 사무실Office of the National Counterintelligence Executive을 감독한다. 2004년 정보법에 의해 NCIX는 새로 신설된 국가정보국장DNI 관할 하에 놓이게 되었다.

로젠버그와 히스의 경우처럼 일부 소련의 스파이 활동은 아직도 논쟁거리로 남아있긴 하지만, VENONA 프로젝트가 보여주었듯이 냉전시기 스파이 활동이 초래하는 위협은 명백했다. 그러나 에임즈와 한센 사건이 보여주었듯이, 러시아의 스파이 활동은 냉전시대 종식과 함께 사라진 것은 아니었다. 에임즈 스파이 사건으로 일부 체포된 러시아인들 혹은 한센을 지목하게 만든 출처를 볼 때, 미국 역시 러시아에 대한 적대적인 행동을 냉전시대 종식과 함께 마감했던 것은 아니었다(2003년 러시아는 자포로츠스키Aleksander Zaporozhsky를 체포했다. 그는 미국 내에 정착을 했으나 다시 러시아로 귀국하도록 유혹을 받았던 전직 소련정보관이었다. 그는 미국을 위해 스파이 활동을 한 이유로 18년 형을 선고받았다. 일부 사람들은 러시아가 자포로츠스키에게 한센의 식별을 도와준 것에 책임을 지웠다고 생각했다). 1999년 콕스 위원회는 중국과 미국이 소련에 대항해 암묵적인 동맹관계를 맺고 있었던 1980년대에 중국이 미국의 핵무기 설계도를 훔쳤다는 점을 발견했다.

   타 국가들이 미국에 대하여 행하는 간첩활동의 성격과 범위를 평가하는 것은 냉전시대보다 탈냉전 시대에 더욱 어려울 것이다. 왜냐하면 탈냉전시대에는 이념적인 갈등이 사라졌을 뿐만 아니라 정보에 침투하려는 방식과 목적이 변했기 때문이다. 2002년 한 의회 보고서는 중국, 프랑스, 인도, 이스라엘, 일본, 대만을 가장 활동적으로 미국 정보를 수집하는 국가로 지목했다. 가장 흔히 목표가 되는 정보유형은 미국의 군사역량, 미국 외교정책, 기술상의 전문지식, 사업계획들이다. 정부 관료들만이 목표가 되는 것은 아니다. 특정 유형의 정보일 경우, 정부 계약자들을 목표로 삼는 것이 희망하는 정보로 접근하는 데에 실마리가 될 수도 있다. 또한 미국이 자국의 인간정보HUMINT 역량을 향상시키기 위해 외국정보기관과의 관계에 의존하는 것처럼, 외국정부 역시 이와 마찬가지이다. 2001년에 몬테스Ana Belen Montes 국방정보국DIA 분석관이 쿠바를 위해 스파이 활동을 한 혐의로 체포되었다. 미국 관료들은 몬테스가 17년 동안 제공해 왔던 정보의 많은 부분이 쿠바를 통해 러시아와 공유되었고 아마도 다른 국가들에게도 전달되었을 것이라고 생각했다. 국방부 직원보안검색센터Defense Personnel Security Research Center가 마련한 2002년 보고서인 '1947년부터 2001년까지 미국시민이 미국을 상대로 한 간첩활동'은 미국에 대한 스파이 활동을 했던 미국 시민의 인구 통계 상의 변화에 주목했다. 냉전의 종식 이래로 스파이들은 본토출신이라기보다는 나이가 더 많고 정보에 대한 접근 수준이 낮은 귀화인들인 경향이 있었다. 또한 냉전시대보다 더 많은 여성들이 스파이 활동에 참여했다. 따라서 냉전의 종식으로 방첩활동과 대간첩활동이 필요가 없어졌다고 여기는 것은 순진한 생각이다.

주요 용어

거짓말탐지기polygraphy
대간첩활동counterespionage
방첩counterintelligence
방첩 거짓말탐지counterintelligence poly
비밀스파이mole

생활방식 거짓말탐지lifestyle poly
손해 평가damage assessment
알 필요need to know
정부기밀폭로협박graymail
차단compartmented

더 읽을거리

단순한 스파이 이야기 이외에, 방첩에 대하여 믿을만하고 포괄적인 논의를 하는 읽을거리는 별로 많지 않다.

Bearden, Milt, and James Risen. *The Main Enemy: The Inside Story of the CIA's Final Showdown with the KGB.* New York: Random House, 2003.

Benson, Robert Louis, and Michael Warner, eds. *VENONA: Soviet Espionage and the American Response, 1939~1957.* Washington, D.C.: National Security Agency and Central Intelligence Agency, 1996.

Godson, Roy S. *Dirty Tricks or Trump Cards: U.S. Covert Action and Counterintelligence.* Washington, D.C.: Brassey's, 1995.

Hitz, Frederick P. "Counterintelligence: The Broken Triad." *International Journal of Intelligence and Counterintelligence* 13 (fall 2000): 265~300.

Hood, William, James Nolan, and Samuel Halpern. "Myths Surrounding James Angleton: Lessons for American Counterintelligence." Washington, D.C.: Consortium for the Study of Intelligence, Working Group on Intelligence Reform, 1994.

Johnson, William R. *Thwarting Enemies at Home and Abroad: How to Be a Counterintelligence Officer.* Bethesda, Md.: Stone Trail Press, 1987.

National Counterintelligence Executive. *The National Counterintelligence Strategy of the United States.* NCIX Publication No. 2005~10007, March 2005.

Perkins, David D. "Counterintelligence and Human Intelligence Operations." *American Intelligence Journal* 18 (1988).

Rafalko, Frank J. *A Counterintelligence Reader.* (Available at www.fas.org/irp/ops/ci/docs/index.html.)

Shulsky, Abram N., and Gary J. Schmitt. *Silent Warfare: Understanding the World of Intelligence.* 2d rev. ed. Washington, D.C.: Brassey's, 1983.

U.S. House Permanent Select Committee on Intelligence. *Report of Investigation: The Aldrich Ames Espionage Case.* 103d Cong., 2d sess., 1994.

―――. *United States Counterintelligence and Security Concerns-1986.* 100th Cong., 1st sess., 1987.

U.S. House Select Committee on U.S. National Security and Military/Commercial Concerns with the People's Republic of China (Cox Committee). *Report.* 106th Cong., 1st sess., 1999.

Zuehlke, Arthur A. "What Is Counterintelligence?" In *Intelligence Requirements for the 1980s: Counterintelligence.* Ed. Roy S. Godson. Washington, D.C.: National Strategy Information Center, 1980.

8

비밀공작

비밀공작covert action은 스파이 활동과 함께 대중들이 정보를 생각할 때 가장 많이 떠올리는 것이다. 스파이 활동과 마찬가지로 비밀공작에도 근거 없는 이야기와 오해가 많다. 그러나 비밀공작을 잘 이해하고 있다고 하더라도, 비밀공작은 여전히 논쟁거리가 많은 정보 주제들 중의 하나임에는 분명하다.

비밀공작은 국가안보법National Security Act에 따라 다음과 같이 정의된다. 비밀공작은 '정부의 역할이 겉으로 드러나거나 공개적으로 알려지지 않도록 하면서, 해외의 정치, 경제, 군사 상황들에 영향력을 행사하려는 정부의 활동'을 의미한다.

일부 정보 전문가들은 '비밀'이란 단어가 비밀공작이 갖는 정책적 특성보다 기밀성을 강조한다고 생각하기에, '비밀공작'이란 용어의 사용에 반대해왔다. 영국은 비밀공작과 같은 활동을 특별정치활동SPA: special political activity이라고 표현하기도 했다. 비록 이러한 활동들이 비밀에 부쳐진다고 하더라도, 이들이 정책 목표를 이루기 위한 수단의 하나로써 수행된다는 점에서 이러한 구분은 중요하고, 사실상 충분히 강조되어도 모자람이 없다. 즉, 희망하는 결과를 얻기 위한 최선의 방책이 비밀공작이라고 정책결정자들이 결정했기 때문에, 비밀공작이 비로소 착수되는 것이다. 정보기관들이 주도하여 비밀공작이 수행되는 것은 아니며, 또한 이러한 일이 발생해서도 안 된다.

외교정책수단으로서 무력을 사용하는데 다소 양심의 가책을 느낀 카터 행정부 시절1977~1981, '비밀공작'이란 용어를 대체하기 위해 '특별활동special activity'이라는 다소 우스꽝스런 용어가 만들어졌다. 카터 행정부는 비밀공작을 완곡한 표현으로 바꾼 것이다. 그러나 정보정책에 대해 카터 행정부와 다른 관점을 가지고 있었던 레이건 행정부가 들어섰을 때도, 미 행정부는 '특별활동'이란 용어를 정보관련 행정명령에서 계속해서 사용했다.

궁극적으로 비밀공작이 어떤 용어로 사용되느냐는 그다지 중요한 문제가 아니다. 중요한 것은 명칭을 변경하려는 노력에서도 알 수 있듯이, 미국이 이 수단을 공식적으로 표현하는데 곤란함을 보인다는 것이다.

비밀공작 배후에 있는 전형적인 논리는 정책결정자들이 또 다른 완곡어법으로 표현되는 제3의 옵션a third option이 필요하다는 것이다. 제3의 옵션이란 중대한 이익이 위협을 받을 수 있는 상황에서 아무런 조치를 취하지 않는 것(제1의 옵션)과 곤란한 정치적 사안을 야기할지도 모르는 군대를 파견하는 것(제2의 옵션) 사이에서 또 다른 선택을 하는 것을 의미한다. 모든 사람들이 이 논리를 동의하는 것은 아니다. 위의 논리에 동의를 하지 않는 사람들 가운데 일부는 또 하나의 옵션으로서 외교활동을 언급하면서, 외교활동은 군사력에 의존하지도 않지만 아무런 조치를 취하지 않는 것도 아니라고 주장한다.

방첩의 경우와 마찬가지로, 비밀공작과 관련된 의문은 다음과 같다. 과연 비밀공작이 냉전의 산물인가? 비밀공작은 오늘날에도 유효한가? 아이젠하워 행정부 시절1953~1961, 덜레스Allen Dulles 중앙정보국장DCI의 리더십 하에서 비밀공작은 더욱 매력적인 선택이 되었다(제2장 참조). 비밀공작은 성공사례와 실패사례 모두를 가져왔지만, 광범위한 지역을 기반으로 하는 소련과의 경쟁에서 비밀공작은 유용한 수단으로 여겨졌다. 탈냉전시기에도 확산, 테러리스트, 마약밀수업자 등과 관련하여 비밀공작이 행동수단으로서 선호되는 상황들이 발생할 수 있을 것이다.

비밀공작 결정과정

비밀공작은, 다른 수단으로 성취할 수 없는 구체적인 정책 목표를 추구하기 위해 정식으로 권한을 부여받은 정책결정자들에 의해 추진되었을 때에만 설득력이 있으며, 반드시 이 경우에만 수행되어야 한다. 비밀공작은 서툴게 고안된 정책을 대체하거나 보상하기 위해 활용될 수 없다. 비밀공작을 계획하는 과정은, 정책결정자들이 이 정책의 정당성을 증명하고, 국가안보 이익과 목표가 위험에 처해있음을 명백하게 규명하고, 또한 비밀공작이 특정 목표를 달성하는데 최선의 수단이자 실행 가능한 수단이라는 점을 확신할 때 시작되어야 한다.

비밀공작 역량을 유지하기 위해서는, 비밀공작 그 자체에 들어가는 비용과 공작 수행과 연관된 인프라시설에 들어가는 비용이 필요하다. 비록 비밀공작이 하룻밤 사이에 계획되어 실행에 옮겨지는 것은 아니지만, 휴대장비, 이동수단, 위조문서, 기타 지원 물품 등은 항상 구비되어 있어야 하며, 이와 함께 훈련된 인력, 외부 첩보원 등과 같은 인적 자원 역시 준비되어 있어야 한다. 계획된 접선장소, 감시요원, 우편물 투입구, 기술지원 등을 포함하는 공작지원체계는 때때로 **공작지원활동**plumbing이라고도 불린다. 이러한 준비 역량을 만들고 유지하는 데에는 시간과 비용이 필요하다. 그러나 여기서 중요한 질문은 비밀공작을 수행하는 정치적, 금전적 비용이 과연 정당화될 수 있는가이다. 특히 수개월 혹은 더 긴 시간이 걸릴지도 모르는 비밀공작을 고려할 때, 정치적, 금전적 비용에 대한 고려는 매우 중요할 수밖에 없다.

비밀공작이 아닌 대안적인 다른 수단을 고려할 필요도 있다. 만약 공개적인 수단을 사용하여 비슷한 결과를 만드는 것이 가능하다면, 이 공개적인 수단을 사용하는 것이 가장 바람직하다. 공개적인 수단을 사용하더라도, 만약 이 수단이 실패했을 때, 이후 비밀공작의 사용이 차단되는 것도 아니다. 또한 공개적인 수단과 병행되어 비밀공작이 사용되지 못할 이유도 없다. 다만 공개적인 수단이 첫 번째로 시도되어야 할 것이다.

정책결정자들과 정보관들은 비밀공작을 승인하기 전에 최소한 두 가지 위험성을 조사한다. 하나는 노출의 위험이다. 콜비William E. Colby는 그가 중앙정보국장1973~1976으로 재직하면서 발생했던 대규모의 정보활동 조사들을 회고하면서 다음과 같이 말했다. "국장은 정보기관의 비밀공작이 언젠가는 대중들에게 알려지게 될 것이라고 항상 가정하고 있어야 한다." 수행 중에 노출되거나 활동이 종료된 직후 노출되는 비밀공작과 수년 뒤에 밝혀지는 비밀공작 간에는 명백한 차이가 존재한다. 하지만 오랜 기간 알려지지 않았던 활동이 노출되는 경우에도, 정치적으로 큰 손실이 야기되는 곤란한 상황이 발생할 수 있다.

고려해야 할 또 하나의 위험성은 비밀공작의 실패가능성이다. 실패할 경우 다양한 차원에서의 비용이 뒤따른다. 인명 손실이 생길 것이고, 공작을 수행한 국가와 이를 도와준 국가에게 정치적인 위기가 올 수 있다. 따라서 정책결정자들은 당면한 자국의 이익을 고려하면서 비밀공작 수행의 상대적 위험성을 평가할 수 있어야 한다. 만약 당면한 자국의 이익이 매우 중대하고 다른 대안이 없을 때에는 위험하더라도 비밀공작 수행이 여전히 가치 있는 방법일 수 있다. 다시 말하면, 비밀공작을 통해 기대되는 결과가 비밀공작이란 수단을, 최소한 이를 통해 뒤따를 수 있는 위험성을 정당화시킨다고 볼 수 있다. 예를 들면, 1980년대 미국은 아프가니스탄 내에서 소련과 싸우고 있는 무자히딘 반군Mujaheddin rebels을 도와줄 방법을 모색하고 있었다. 한 가지 방법은 소련의 성공적인 헬리콥터를 공격할 수 있는 수단인 스팅어Stinger 방공미사일을 이들에게 제공해 주는 것이었다. 하지만 정책결정자들은 일부 스팅어 미사일이 다른 측에 넘겨지거나 소련에 빼앗길 가능성을 우려했다. 결국 레이건 행정부는 스팅어 미사일을 제공하기로 결정했고, 이러한 결정은 전쟁의 흐름을 바꾸는데 도움이 되었다. 무자히딘 반군이 소련을 상대로 승리를 거둔 이후에도 스팅어 미사일은 이들의 손에 남겨졌지만, 정책결정자들은 아프가니스탄에서 소련이 승리를 거두는 것보다 이러한 상황이 초래할 위험이 더 작을 것으로 생각했다.

비록 정보분석과 공작이 오로지 정책을 지원하기 위해 존재한다지만, 정보관들은 자신들의 비밀공작 역량을 증명하고 싶어 할 것이다. 이러한 데에는 다음과 같은 여러 가지 이유가 있다. 비밀공작을 통해 희망하는 결과를 얻을 수 있다는 믿음, 자신들의 가치를 증명해내야 하는 관료주의적 요구, 이러한 유형의 일을 수행하는데 존재하는 직업적 자부 등이 이러한 이유들이다. 그러나 만약 비밀공작이 합의된 정책목표와 밀접하게 연결되어 있지 않고, 실행 가능한 수단으로서 정책공동체의 지지를 받지 못한다면, 이 비밀공작은 시작과 함께 곤경에 처할 것이다. 따라서 비밀공작을 계획하는 사람들은 자신의 계획과 활동에 대해서 정책부서와 긴밀한 협의를 해야 한다.

비밀공작은 평화 상태와 전쟁 상태 사이에 독특하게 위치하고 있다. 비록 비밀공작 역량을 유지하려는 정책결정자들의 의지가 비밀공작의 활용이 타당하다는 이들의 합의를 보여주는 것이긴 하지만, 비밀공작은 그 자체만으로 광범위한 윤리적 문제를 유발하기에 충분하다. 또한 비밀공작의 구체적인 세부사항들 역시 윤리적 사안을 야기할 것이다. 1954년 과테말라의 경우처럼, 민주적으로 선출되었더라도 공산당에 우호적인 정부는 전복되고 타도되어야 하는가? 1960년대 쿠바의 경우처럼, 정부를 전복시키기 위해 그 국가의 경제를 붕괴시킬 경우, 이로 인해 민중들이 고통을 겪게 된다면, 이 같은 시도가 정당화될 수 있는가? 1980년대 니카라과의 경우처럼, 반란을 선동하기 위해 반정부단체를 무장시켜도 되는가? 이러한 문제들은 본질적으로 중요하며 특히 노출위험 때문에 중요하다. 비밀공작은 미국이 지지하는 명분, 규범, 도덕과 어떻게 합치될 수 있는가?

새로 제안된 비밀공작을 평가하는데 있어서 정책결정자들은 과거에 수행되었던 유사한 공작들을 검토해야 한다. 동일한 국가 혹은 동일한 지역에서 시도되었던 유사 공작들이 있었는가? 그들의 결과는 어떠했는가? 공작수행에 따르는 위험요소들은 그 전과 다른가? 착수하려는 비밀공작 유형과 유사한 공작이 다른 곳에서 시도된 적은 없었는가? 만약 있었다면, 그 결과는 어떠했는가? 비록 이러한 질문들은 다소 평범해 보이는 상식적인 질문들이지만, 역사적 사례를 활용할 줄 모르는 정책결정자들에게는 쉽지 않은 질문들이다. 정책결정자들은 단기적인 현안에 집중하는 데에만 길들어져 있기 때문에 과거 그들이 관여했던 유사한 상황들을 정확하게 기억해내지 못하는 경향이 있다. 정책결정자들은 이 사안에서 저 사안으로 빠르게 이동하며 이 과정에서 잠깐이라도 멈추지 않으며 숙고할 시간조차 갖지 못할 것이다. 또는 메이Ernest R. May와 노이슈타트Richard Neustadt가 "Thinking in Time: The Uses of History for Decision Makers(1998)"에서 지적했듯이, 정책결정자들은 과거로부터 교훈을 잘못 배움으로써 새로운 상황에 이를 잘못 적용하는 실수를 범하기도 한다.

비밀공작에 대한 의회의 반응은 다른 국가보다 미국에 있어서 더 심각한 문제가 된다. 정보공동체를 감시하는 의회 내 위원회들은 비밀공작에 예산을 지원하는 제공자로서, 그리고 제안된 비밀공작들을 알 필요가 있는 정책결정자로서 비밀공작 결정과정에 필수적인 부분이다. 그러나 이 위원회들의 지지가 중요하긴 하나 의무적으로 이들의 지지를 꼭 받아야 하는 것은 아니다. 또한 비밀공작에 많은 시간이 걸릴 수가 있다는 점에서, 일부의 경우 이 비밀공작이 포함된 예산이 사전에 심의, 통과되어 이 비밀공작에 자금이 할당될 수 있다.

비밀공작은 공식적인 승인을 필요로 한다. 국가 지도자는 제안된 공작이 국가의 구체적인 외교정책 목적을 지원하는데 필수적이고 국가이익에 중요하다는 확신에 기초하여 승인명령을 내리는 서명을 한다. 정보기관의 용어로 이러한 승인문서는 **대통령 승인서**presidential finding라고 일컫는다. 1970년대 중반 키신저 국무장관이 가능한 많은 것들을 밝히도록 의회 위원회에서 요구받았을 때까지만 해도, 의회와 미국 시민들은 각각의 비밀공작에 대해 대통령이 승인명령을 내려왔다는 사실을 알지 못했다. 현재 대통령 승인서는 법률적 의무이며, 비상시를 제외하고 반드시 서면으로 승인되어야 한다 (비상시의 경우, 서면기록이 보관되어야 하며 48시간 내에 승인서가 만들어져야 한다).

　대통령 승인서는 공작수행기관에 전달되며 상·하원 정보위원회 소속 의원들 혹은 좀 더 제한된 의회 내 지도집단에게 통지서memo of notification를 통해 전달된다. 의회 위원회들은 해당연도 비밀공작 계획을 검토하는 예산심의 과정을 통해 이 비밀공작에 대해 이미 알고 있었을 것이다. 의회는 대통령의 구체적인 승인서와 공작내용에 대해 브리핑을 받기를 원할 수도 있다. 브리핑은 그 특성상 자문의 성격을 띤다. 예산심의 과정에서 자금지원을 거부하는 것 이외에, 1980년대 반군들에 대한 지원을 제한하는 법이나 암살을 금지하는 행정명령과 같은 구체적인 법이나 행정명령 등이 아니라면, 의회는 비밀공작을 승인하거나 불승인할 수 있는 권한을 갖고 있지 않다.

　그러나 만약 위원회 소속의 의원들 또는 위원회 참모들이 심각한 문제를 제기하면, 비밀공작 브리핑 팀은 이러한 사실을 집행부에 보고한다. 이러한 보고는 공작이 재검토될 수 있을 정도로 충실해야 할 것이다. 이 경우, 집행부는 공작을 그대로 계속 진행시키는 결정을 하거나 의회의 우려를 고려하여 공작활동에 변화를 줄 수 있다.

　비밀공작 정책제도는, 그 규정들이 있는데도 불구하고, 그 본질적인 기밀성 때문에 여전히 취약하다. 이란-콘트라 사건이 이러한 취약점의 일부를 잘 보여준다. 의회는 다수결로 니카라과 반군지원에 반대하면서, 이에 대한 예산을 중단했다. 레이건 대통령은 국가안보회의NSC 참모에게 콘트라 반군을 물심양면으로 지원하도록 촉구했다. NSC 참모인 노스Oliver L. North 중령은 개인들과 외국정부들에게 기부를 요청함으로써 반군을 지원했다. 나중에 노스는 이 스캔들이 시작된 직후 사망한 케이시William J. Casey 중앙정보국장DCI이 이 활동을 승인했다고 주장했다. 또한 노스는 의회의 통제가 국방부 정보기관에 적용되는 것이지, NSC 참모진에게도 적용되는 것은 아니라고 주장했다. 또한 슐츠George P. Shultz 국무장관과 와인버거Caspar W. Weinberger 국방장관의 반대에도 불구하고, NSC 참모들은 이란과의 관계를 개선하고 중동 내 포로들을 석방시키기 위해 비밀스러운 일을 계속 시도했다. 즉, 이스라엘이 보유한 대전차 미사일을 미국이 교체해주는 것을 조건으로 NSC 참모들은 이스라엘로 하여금 이 미사일들을 이란에 보낼 것을 요청했다. 또한 노스는 이란과의 이러한 비밀거래에 관여하면서, 이란에게 미사일을 판매한 수입금을 콘트라 반군에 전용할 것을 제안했다.

이란-콘트라 사건은 비밀공작 결정과정에서 존재하는 다음과 같은 여러 문제점들을 드러냈다.

- 권한 위임 상에 문제의 소지가 있을 수 있는 사람이 비밀공작을 명령, 운영한 점(NSC 참모로서 노스의 행동)
- 대통령 승인서들이 사후에 서명된 점(이란에의 미사일 판매를 사후에 승인한 대통령 승인서의 경우)
- 별도의 공작들이 하나로 합쳐졌던 점(이란에의 미사일 판매 자금을 콘트라 반군 지원에 사용한 점)
- 행정부가 관련 정보를 의회에 계속해서 알리지 못한 점(콘트라 반군지원을 제한하는 법을 어겼으며, 이란에게 미사일 판매를 승인한 대통령 승인서를 의회에게 브리핑하지 않은 점)

이란-콘트라 사건과 관련된 정책들이 가치가 있었는지에 대한 토론이 벌어지기도 했지만, NSC 참모진과 다른 행정부 관료들이 공작 운영에 적용되는 규범과 규정들을 위반한 점은 변함이 없었다.

2004년 국가정보국장DNI 직위의 신설로 비밀공작 감독과 관련해 새로운 질문들이 제기되었다. 현재 DNI는 대통령의 고위 정보자문관이기 때문에, 정보활동 중 가장 중요한 유형의 하나인 비밀공작을 포괄할 것이다. 하지만 비밀공작을 수행하는 책임은 여전히 중앙정보국CIA 내에 존재한다. 2004년 정보법은 중앙정보국장DCIA이 DNI에게 보고를 하게끔 규정했으나 이 보고가 어디까지 다루어야 하는지를 구체적으로 규정하진 않았다. 또한 DNI가 CIA의 공작 측면에 통제권을 행사하지 못한다는 점도 명백하다. 따라서 DNI는 비밀공작 역량과 진행 중인 공작들의 상황을 파악할 수 있는 제도적 장치를 만들어야 할 것이다. 반면, 어떤 이들은 DNI와 DCIA가 비밀공작을 둘러싸고 앞으로 불화를 일으킬 것이라고 예측하기도 한다.

비밀공작의 범위

비밀공작은 여러 형태의 활동들을 포함하고 있다.

선전propaganda은 특별한 정치적 목적을 위해 만들어진 정보를 유포하는 것으로 오래된 정치적 기술이다. 선전은 우호적인 개인이나 단체를 위해 사용될 수도 있고, 또는 적에게 피해를 주기 위해 사용될 수도 있다. 또한 선전은 정치적 불안, 경제적 난관 등의 부정적인 소문을 만들어 내기 위해, 혹은 개인에게 직접적으로 공격하기 위해 사용될 수도 있다.

선전보다 한 단계 위에 있는 것으로서 정치활동political activity이 있다. 물론 정치활동과 선전은 함께 사용될 수 있다. 정치활동은 대상국가의 정치과정에 보다 직접적으로 개입할 수 있게 해주는 정보활동의 한 유형이다. 선전의 경우와 마찬가지로 정치활동은 우방을 돕거나 적을 방해하는데 이용될 수 있다. 예를 들면, 1940년대 말 미국은 이탈리아 및 프랑스의 치열했던 선거 기간 동안에 이들 국가의 중도파들과 반공산주의 정당들에게 특정 정보를 제공했다. 또한 미국은 외국의 선거기간 동안에 해당 국가의 특정 정당에 자금을 지원하기도 했다. 이 외에도 국가는 적국 내에서 발생한 특정 집회를 분열시키거나 특정 출판행위를 방해하는 등 적국에 대하여 좀 더 직접적인 정치활동을 사용할 수도 있다.

미국은 적대적인 국가에 대해 경제활동economic activity을 사용하는 경향을 보였다. 민주주의 혹은 전체주의에 상관없이, 모든 정치지도자들은 자국의 경제 상태를 항상 걱정한다. 왜냐하면 경제 상태는 전체 국민들의 일상(식량과 생활필수품이 충분히 있는지, 가격이 안정적인지, 기본적인 요구들이 상대적으로 쉽게 충족되는지)에 아주 큰 영향을 주기 때문이다. 따라서 경제적 불안은 빈번하게 정치적 불안으로 이어진다. 경제적 난관에 따른 불안을 조장하기 위해 선전하는 것처럼, 다른 기술들이 경제활동과 연결되어 사용될 수 있는데, 이 방식에는 물자부족에 대한 우려를 증폭시키는 것이 포함된다. 경제활동은, 주식곡물을 파괴하거나 통화제도에 대한 신뢰를 파괴하기 위해 위조지폐를 유통시키는 등 좀 더 직접적인 방식을 사용할 수 있다. 수년 동안 미국은 간접적인 무역봉쇄조치를 사용하여 쿠바의 경제를 직·간접적으로 공격했다. 또한 경제적 불안을 조장하는 것이 1970년대 초반 칠레의 아옌데Salvador Allende 정부를 붕괴시키는 데 미국이 이용한 핵심 수단이었다. 한 국가의 경제를 불안정하게 만드는 것은, 쿠바와 같은 독재정부보다 칠레와 같은 좀 더 민주적인 정부에 대항해 사용될 때 더욱 효과적일 수 있다. 그 이유는 쿠바와 같은 독재정권은 자국민들에게 가해지는 경제적 곤란에 덜 관심을 가지며, 민중들의 저항을 관용하거나 이에 응답하여 조치를 취할 의사가 상대적으로 적기 때문이다.

쿠데타는 직접적으로 또는 대리인을 통해 정부를 전복하는 것으로 경제활동보다 한 단계 위의 비밀공작이다(도표 8-1 비밀공작 단계 참조). 쿠데타는 선전, 정치활동, 경제활동 등 다른 다양한 수단들의 정점에 있다. 미국은 1953년 이란과 1954년 과테말라에서 쿠데타를 성공적으로 활용하였다. 비록 칠레 아옌데 정부의 붕괴는 칠레 내부에 그 연원을 두고 발생한 것이긴 했지만, 미국은 칠레의 아옌데 정부의 토대를 침식시키는 데에도 관여했다.

준군사작전paramilitary operations은 규모가 가장 크고, 가장 폭력적이고, 위험

도표 8-1 비밀공작 단계

폭력성		그럴듯한 부인
↑ (높다)	준군사작전	(낮다)
	쿠데타	
	경제활동	
↓ (낮다)	정치활동	↓
	선전	(높다)

한 비밀공작으로서, 적에게 직접적인 타격을 가할 목적으로 대규모 무장단체에게 장비를 지원하거나 훈련시키는 것을 말한다. 준군사작전은 국가의 자체 군 인력을 전투요원으로 활용하지 않는데, 그 이유는 실질적인 전쟁을 피하기 위해서이다. 1980년대 미국은 아프가니스탄에서 이러한 유형의 비밀공작을 성공적으로 수행했으나, 1961년 피그 만에서는 참담한 실패를 경험했다. 니카라과의 경우, 산디니스타Sandinistas에게 대항하는 콘트라 전쟁에서 승자도 패자도 없었으나, 산디니스타는 경제적 난관 속에서 실시한 민주주의 선거에서 패배를 당하였다.

일부 국가들도 전투에 비밀리에 참가하는 등 더 높은 수준의 비밀군사활동을 수행해왔다. 예를 들면, 소련비행사들은 한국전쟁에서 유엔군(주로 미군)의 항공기를 겨냥한 전투임무를 수행했다. 이러한 유형의 활동은 전쟁행위가 아니지만 그래도 군사행위에 속하고, 보복의 가능성이 있으며, 그리고 만약 전투원들이 체포되었을 경우 이들의 권리문제가 생길 수 있다는 점에서 여러 가지 문제들을 야기한다. 미국은 위의 복잡한 문제들이 발생할 수 있기 때문에 이 같은 비밀군사활동을 주로 피해왔고, 대신 정보관들의 준군사작전 참여를 허용하는 것을 더 선호해왔다.

준군사작전은 특수작전부대와 구분될 필요가 있다. 가장 근본적이고 중요한 차이로 특수부대는 기존의 전투부대가 수행하지 못하는 다양한 전투임무를 담당하는 정식 군사조직이다. 미국은 특수작전사령부SOCOM: Special Operations Command를 보유하고 있다. 영국은 공군특수기동대SAS: Special Air Service와 해군특수기동대SBS: Special Boat Service를 보유하고 있다. 준군사작전에는 자국의 정식 군 인력을 전투원으로 활용하지 않는다. 아프가니스탄 전쟁 2001~에서 준군사작전 요원들의 역할은 니카라과의 경우에서보다 사실상 전투원에 더 가까웠지만, 이들의 주역할은 여전히 토착 군부대를 훈련시키고, 물자공급을 도와주며, 리더십을 발휘할 수 있도록 보조해주는 수준에 머물렀다. 아프가니스탄에서 CIA의 준군사부대들은 CIA 공작국DO의 특수활동과Special Activities Division의 일부이다. 언론 보도에 의하면, CIA의 준군사작전 요원들은 제일 먼저 아프가니스탄에 도착한 미군으로서, 북부동맹 Northern Alliance 소속 사람들과 연락망을 형성하고 이들에게 탈레반과 맞서 싸울 공격을 준비시켰다고 한다.

테러와의 전쟁으로 기존의 비밀공작활동 범주에 정확하게 들어가지 않았던 비밀공작인 '인도renditions'에 많은 관심이 모아졌다. 인도란 미국이 원하는 인물들의 체포와 관련이 있다. 이 인물들은 외국에 거주하고 있으며, 특히 미국이 이들을 수감하기 위한 법률적 수단을 사용할 수 있는 국가에 머물고 있지 않는 사람들을 의미한다. 의심스러운 용의자들이 미국의 관할로 공식적으로 넘겨진다는 의미에서 이를 '인도'라고 부른다. 인도는 비록 그 규모 면에서 최근 증가하고 있는 활동이지만, 테러와의 전쟁 이전에도 있어온 것이다.

인도는 여러 이유로 논쟁사안이 된다. 첫째, 인도는 미국 영토 외부에서 수행되는 행위이다. 자국영토 내에서 인도가 수행되는 경우, 일부 정부들은 이 비밀공작을 알아차리더라도 이를 외면한 채 인도가 진행될 수 있게 허용하고 동시에 자신은 이러한 행위가 일어났다는 점을 모른 척 부인하였다. 테러리즘의 경우, 일부 인도 사건들은 논쟁을 불러일으켰다. 왜냐하면 미국은 이 용의자들을 계속해서 구금하지 않고, 대부분 중동국가들이었던 용의자들의 모국으로 돌려보냈기 때문이다. 구금, 시민적 권리, 심문의 제한에 관한 규정들이 이 대부분의 국가들에서 서로 다르기 때문에, 결국 인도된 용의자들 중 일부는 고문은 아니더라도 가혹한 취급을 당하였다. 비록 미국이 이들 국가가 심문을 하는 방식에 대해 약속을 받으려 했으나, 받았다고 하더라도 미국 관료들이 이 국가에 항상 상주하여 감시하고 있을 수는 없었다. 따라서 일부 비평가들은 미국이 고문행위의 공범인 셈이라고 주장한다. 다른 이들은 미국이 모든 용의자들을 구금할 수는 없으며, 따라서 고문을 방지하기 위해 할 수 있는 만큼 하고 있다고 주장한다. 또한 이들은 테러리스트들의 네트워크를 붕괴시키고 이들에 대한 정보를 조금씩이라도 모으는 것이 중요하다면, 이처럼 외국정부들을 활용할 필요가 있다고 주장한다(제13장 참조).

2005년 6월 이탈리아의 한 판사는 2003년 밀라노에서 머물던 이집트인 나스르Osama Moustafa Hassan Nasr의 인도에 대한 기소에서 13명의 CIA 관료들을 고발했다. 비록 미국 정부는 이에 대해 공식적인 대응을 하지 않았지만, CIA 관료들은 이탈리아 정부가 어떠한 인도에 대해서도 알고 있었다는 점을 퍼뜨렸다. 이탈리아 정부는 그에 대해 조금이라도 알고 있었다는 점을 부인했다.

비밀공작의 이슈

비밀공작은 개념과 실행 모두에 있어서 다음과 같은 많은 이슈들을 야기한다.

가장 근본적인 논란은 비밀공작을 정책으로 택하는 것이 과연 정당한 것인가이다. 이러한 종류의 질문들이 그렇듯, 올바른 대답이란 존재하지 않는다. 이 질문에 대한 견해를 두 분류로 나누어보면, 이상주의와 실용주의 의견으로 나눌 수 있다. 이상주의자들은 한 국가가 다른 국가의 국내문제에 은밀히 개입하는 것은 합의된 국제적 행위 규범을 위반하는 것이라고 주장한다. 이들은 제3의 옵션이란 개념 자체가 정당하지 못한 것이라고 주장한다. 실용주의자들은 이상주의자들의 논지를 받아들일지도 모르지만, 이들은 자국의 이익을 위해서 비밀공작은 필요하며 정당하다는 의견을 내세운다. 수세기에 걸친 역사적 사례들은 실용주의자들을 옹호하는 것으로 보일 것이다. 이에 대해 이상주의자들은 역사적 기록들이 비밀개입을 정당화할 수 없다고 반박할 것이다(이러한 논쟁은 1998년 이라크 해방법Iraq Liberation Law이 통과되면서 전환을 맞았다. 이 법은 후세인 정권을 교체하기 위한 이라크 국내문제에의 공개적 개입에 9,700만 달러를 사용하도록 의회와 대통령이 합의한 법으로서, 이는 이라크의 내부문제에 미국이 간섭하겠다는 명백한 표명이었다).

19세기와 20세기에 미국은 다른 국가들, 특히 서반구Western Hemisphere 지역에 여러 차례 개입을 하였다. 그러나 이러한 개입들은 주로 공개적이었고 군사적인 성격을 함유하였다. 냉전의 상황에 이르러 미국은 비밀공작을 사용하기 시작했다. 과연 소련의 위협이 비밀공작을 정당화했는가? 소련에 대한 직접적인 비밀공작뿐만 아니라 자주 냉전의 전장이 되었던 제3세계 국가들에서 수행된 비밀공작은 미국과 소련 간의 도덕적 차이는 줄여 주었는가? 이에 대하여 매우 다양한 견해가 존재한다. 트루먼Harry S. Truman, 1945~1953 대통령과 아이젠하워Dwight D. Eisenhower, 1953~1961 대통령 재임기간 동안 미국 정책결정자들에게 소련의 위협은 거대했고 다양한 측면이 있었기 때문에 비밀공작의 정당성에 대한 의문은 결코 제기되지 않았다. 어쨌든 당시 정책결정자들은 유럽이나 아시아에서 전쟁 가능성을 높이는 것보다 비밀공작을 수행하는 것을 선호했다. 그러나 일부 사람들은 비밀공작의 사용으로 당시 매우 중요했던 미국과 소련 간의 도덕적 차이점이 모호해졌다고 주장했다.

　광범위한 측면에서 비밀공작을 용인될 수 있는 정책적 옵션이라고 일단 가정해보자. 이 경우, 과연 비밀공작 대상국가의 특성으로 인해 비밀공작 수행이 제한을 받을 것인가? 아니면, 비밀공작의 정당성을 인정하는 사람에게 이 질문은 그다지 별 상관이 없는 것인가? 예를 들면, 미국은 카스트로 정권의 쿠바와 아옌데정권의 칠레를 상대로 경제적 불안을 조성하는 비밀공작을 수행했다. 둘 다 공산주의자였지만, 카스트로는 게릴라 전쟁을 통해 권력을 잡았고, 아옌데는 다수당을 한 번도 거느리진 못했지만 칠레 헌법에 따라 선거를 거쳐 대통령으로 선출이 되었다. 카스트로는 쿠바를 미국에 적대적인 소련의 기지로 만들었으나, 아옌데는 카스트로와 다른 소련의 동맹국들에게 우호적인 신호만을 보냈고 이는 사실 미국을 불안하게 만드는 정도에 불과했다. 서반구 지역에 두 번째 소련의 위성국(칠레)이 탄생하는 것을 막기 위하여, 미국은 아옌데 정권을 반대하는 쿠데타가 조성되리라 기대하면서 아옌데 정권을 불안정하게 만드는 옵션을 선택했다. 아옌데가 칠레 헌법에 따라 당선되었다는 사실은 미국으로 하여금 비밀공작을 수행하지 못하게 하는 충분한 이유가 되는가? 아니면 국가안보에 대한 우려가 비밀공작을 정당화시키는 데에 있어서 충분한 이유가 되는가? 사실 칠레의 사례는 미국이 민주체제에 개입한 첫 번째 사례가 아니었다. 예를 들면, 미국은 유럽에서 공산당의 승리를 막기 위해 1940년대 말에 유럽 내 중도파 정당들에게 여러 형태의 비밀지원을 제공했었다.

미국의 비밀공작에 핵심적인 것으로 **그럴듯한 부인**plausible deniability이라는 개념이 있다. 이것은 비밀공작으로 인해 발생한 사건들에 미국이 자신의 역할을 그럴듯하게 부인하는 것을 의미한다. 비밀공작은 말 그대로 비밀리에 수행되는 활동이란 점에서 사건에 개입한 것을 감출 필요가 당연히 생긴다. 만약 공개적으로 해결될 수 있는 상황이라면, 미국의 역할이 드러나는 것은 그다지 문제가 되지 않을 것이다. CIA 국장직을 수행했던 헬름즈Richard Helms, 1966~1973는 '그럴듯한 부인'이 비밀공작에 절대적으로 필요한 것이긴 하지만, 감독과 통지에 대한 광범위한 요구로 인해 이 개념은 시대에 뒤쳐진 개념이 되고 있다고 언급하였다.

그럴듯한 부인을 하기 위해서는 비밀공작의 출처가 계속해서 비밀로 유지되는 것이 매우 중요하다. 출처가 밝혀지기라도 한다면 부인을 하기가 어려워 질 것이다. 1950년대와 1960년대 동안에는 미국이 비밀공작 수행에 대해 계속해서 부인하는 것이 가능했지만, 대통령 승인서에 서명을 함으로써 대통령이 비밀공작을 명령한다는 점이 밝혀진 이후로, 그럴듯한 부인은 어렵게 되었다.

비밀공작의 규모 또한 중요한 관건이다. 예를 들면, 피그 만 비밀공작이 실패한 이후 케네디John F. Kennedy: 1961~1963 대통령은 그의 전임자였던 아이젠하워 대통령에게 자문을 구했다. 케네디는 미국의 역할을 부인하기 위한 목적으로 피그 만 침공을 지원하기 위한 공군력을 사용하지 않기로 한 자신의 결정을 아이젠하워에게 설명했다. 이에 대해 아이젠하워는, 이 비밀공작의 규모와 특성으로 볼 때, 공군력이 사용되지 않았다고 하더라도, 미국이 어떻게 이 비밀공작에 대해 그럴듯한 부인을 할 수 있겠냐고 되물었다고 한다.

그럴듯한 부인은 또한 책임성에 대한 문제를 일으킨다. 만약 비밀공작 정책이 실행될 수 있다는 전제 중 하나가 미국은 자신의 역할을 부인할 수 있기 때문이라면, 논쟁을 유발하거나 실패한 비밀공작에 대한 책임을 관료들 역시 피할 수 있게 해주는 것 아닌가? 아니면 대통령이 대통령 승인서에 서명을 반드시 해야 한다는 사실로 인해 대통령이 이러한 활동의 책임을 져야 하는가?

선전활동에 의해 야기되는 주요논쟁은 바로 **역류**blowback이다. CIA는 미국 내에서 정보활동을 할 수 없다. 그러나 해외에서 선전활동을 통해 조작된 이야기들이 자국 방송국의 해외지점을 통해 국내로 보도되는 경우가 있을 수 있다. 이것을 역류라고 부른다. 냉전 초기와 비교해 볼 때, 24시간 내내 전 세계로 뉴스를 방송하는 오늘날에 역류의 위험성이 더 클 것이다. 이에 따라, CIA가 조작한 거짓 이야기가 우연히 해외로 파견된 미국 매체를 통해 국내에 보도될 수 있다. 이러한 경우, CIA는 미국의 해외주재 방송국들에게 이야기의 진상을 알려야 할 책임이 있는가? 만약 그렇게 한다면, 애초에 계획했던 비밀공작이 타격을 받게 되는 것은 아닌가? 또한 사건의 진상을 즉시 알리지 않았다면, 나중에라도 이를 알려야 하는가?

모든 비밀공작들이 비밀로 유지되는 것은 아니다. 이를 결정짓는 핵심요소 중 하나는 바로 공작의 규모일 것이다. 소규모일수록, 좀 더 신중한 비밀공작일수록 비밀로 유지하는 것이 쉽다. 그러나 공작의 규모가 커질수록, 특히 준군사작전의 경우, 이를 비밀로 유지하는 것은 매우 어렵게 된다. 레이건 행정부 시절 두 개의 비밀공작 사례(니카라과의 콘트라 반군지원 사례와 아프가니스탄의 무자히딘 지원 사례)가 이러한 점을 잘 보여준다. 만약 정책결정자들이 준군사작전을 고려하고 있을 때, 그들은 이러한 공작이 대중들에게 알려질 가능성에 영향을 받아야 하는가? 아니면 정책결정자들은 공개되는 상황이 비밀로 유지되는 상황보다 안 좋을 것이고, 그럴듯하게 부인할 수도 없을 것이란 점을 알면서도, 비밀공작을 수행하는데 따르는 비용으로 공개될지도 모른다는 가능성을 받아들여야 하는가?

정보와 정책의 분리를 추구하더라도, 분석의 경우에서 이러한 구분이 모호했던 것처럼 비밀공작 역시 양자 사이의 경계를 모호하게 한다. 정책결정에 도움을 주기위해 정보를 제공하는 것이 아니라, 정보공동체는 비밀공작수행을 통해 정책을 실행하는데 도움을 주도록 요구를 받고 있는 것이다. 필연적으로, 정보공동체는 비밀공작의 규모와 범위를 결정하는 역할을 당연히 맡을 것이다. 왜냐하면 공작의 규모와 범위에 대한 지식이야말로 정보공동체가 가장 많이 지니고 있는 것이기 때문이다. 또한 정보공동체는 공작을 나날이 운영하는 역할을 담당하고 있기도 하다.

정책에 분석을 제공함으로써 그 정책의 결과에 대해 정보공동체가 가지는 이해관계와 달리, 비밀공작의 결과에 대해 정보공동체는 매우 큰 이해관계를 갖는다. 왜냐하면, 비밀공작은 정책의 목적을 성취하기 위한 대안적 수단일 뿐만 아니라, 비밀공작을 통해서 정보공동체는 자신의 능력과 가치를 증명할 기회를 얻기 때문이다. 따라서 정보와 정책 간의 경계는 더더욱 모호해질 수밖에 없다.

그러므로 비밀공작은 정책공동체와 정보공동체 간의 경계를 불분명하게 만들면서 동시에 이들이 밀접하게 협력하도록 유도한다. 정책공동체의 시각에서, 정보공동체는 추가적인 책임들을 맡게 되었다. 정보공동체는 완벽할 수 없는 정보분석을 담당하는 것보다 성공할 확률이 적은 비밀공작에 더 큰 부담을 갖게 되었다.

준군사작전은 많은 이슈들을 발생시킨다. 비밀로 유지하는 것과 그럴듯한 부인을 하는 데 따르는 부담 문제 이외에도, 준군사작전은 명시된 목적을 달성하는데 어느 정도의 시간이 필요한가에 대한 의문을 낳는다. 이 공작들이 명확히 규정된 시간 내에 성공할 가능성이 높지 않다면, 정책결정자들은 자신들이 할 수 있는 후속 옵션들이 제한적이라는 점을 깨달을 것이다. 한편으로 이들은 준군사작전의 성공가능성 – 대개 군사적 승리를 의미 – 이 희미하더라도 계속 이를 진행하는 결정을 내릴 수 있다. 이 경우, 준군사세력이 패배할 것 같지도 않고 승리할 것 같지도 않으면서 결국 작전수행이 끝없이 계속되리라 전망될지도 모른다. 다른 한편으로 정책결정자들은 준군사작전을 끝내는 선택을 할 수도 있다. 1970년대 이라크 내 쿠르드족을 미국이 포기한 사례가 여기에 해당한다. 미국은 독자적인 국가를 세우고자 이라크에 저항하는 쿠르드 족을 지원해 왔다. 이웃국가인 이라크를 약화시키는데 관심이 있었던 이란을 경유해 쿠르드인들에게 비밀리에 지원이 전해졌다. 하지만 쿠르드인들의 노력은 결실을 맺지 못했다. 1970년대 중반 이란의 샤 정권은 이라크와의 불편함을 해소하기로 했고 쿠르드에 대한 지원활동 중단을 지시했다. 미국은 이를 받아들였고, 쿠르드인들은 갑자기 홀로 남겨져 버렸다. 이처럼 공작을 끝내면, 모든 공작 전투원들을 구해내는 것이 불가능할 수도 있다. 이 경우, 공작을 수행한 국가는 이 전투원들에게 어떤 책임을 지니는가? 이 전투원들은 자신들이 수행하는 일의 이같은 위험성을 이해하고 있는가? 이들은 단지 비밀공작을 수행하는 국가의 도구에 지나지 않는가?

 어떤 기관이 준군사작전을 책임져야 하는지에 대해, 미국 내에서 오랫동안 논쟁이 지속되어왔다. CIA인가 아니면 국방부인가? 국방부는 애초부터 준군사작전에 개입하지 않기를 원했기 때문에 CIA가 전통적으로 준군사작전들을 운영해왔다. 만약 비밀공작이 군사작전의 대안이 된다면, 국방부는 두 가지 옵션을 분리하여 유지하는 상황이 곤란하다는 점을 깨달을 것이다. 또한 국제법은 이러한 곤란함을 배가시킨다. 비록 비밀공작에 대한 국제법상의 제재는 존재하지 않지만, 비밀공작의 대상 국가는 공작에 군사요원(공식이든 비공식이든)이 사용되는 것을 전쟁행위라고 여길 수도 있다. 마지막으로 국방부의 개입은 비밀공작에 그럴듯한 부인을 하기 위한 노력에 저해가 될 수도 있다.

 그러나 국방부는 더 큰 인프라시설을 갖고 있는데다가 군사작전 수행에 있어서 CIA 보다 더 많은 전문지식을 보유하고 있기 때문에 비용을 절감할 수 있다. 또한 CIA로부터 준군사작전 수행 권한을 없앤다면, 분석과 공작을 모두 책임져야 하기 때문에 생기는 정보공동체 내부의 일부 부담을 다소 덜어줄 것이다. 하지만 아마도 새로운 부담이 국방부 내에 곧 생길 것이다.

아프가니스탄 전쟁과 테러와의 전쟁은 이 논쟁을 다시 일으켰다. 럼즈펠드Donald H. Rumsfeld 국방장관은 특수작전사령부에게 적군에서 활동할 스파이를 모집하고 유지하는 활동 등을 포함해서 더 큰 역할을 부여하려 했다. 동시에 CIA는, 공작부서를 강화하고 테러와의 전쟁에 대응하려는 테닛George J. Tenet 국장의 총체적인 노력의 일부로서, 자체의 준군사작전 역량을 증가시켰다. 2004년 9·11 위원회 보고서는, 두 조직이 불필요한 여분의 역량과 책임을 지고 있다는 시각에 기초해, 특수작전사령부가 CIA로부터 준군사작전을 넘겨받을 것을 권고했다. 이 위원회는 CIA가 준군사작전 부대를 조직하지만 특수작전사령부가 최종적인 계획과 실행에 책임을 지도록 했다.

미 육군 대학의 2004년 1월 연구보고서는 CIA와 특수작전사령부가 활동하는 방식 상의 근본적인 차이점들을 지적하면서 양 기관의 협력시도 조차 어려울 것이라고 언급했다. 예를 들면, 합동으로 작전을 수행할 경우, 군사 요원들은 제네바협약Geneva Convention(원문에는 설명이 없으나, 역자의 판단으로는 1949년에 체결된 전쟁 포로 및 희생자 보호에 관한 협약을 의미하는 것 같음 - 역자 주)에 적용이 될 것인가? 비밀리에 행해져야 하기에, 명령계통에 문제가 발생하지 않을 것인가? 또한 비밀성으로 인해 우호적인 요원들을 확인하고 이들과 의사소통하는 것이 더 어렵지 않을 것인가? 의회는 이러한 활동을 어떻게 감시할 것인가? 2005년 2월에는 부시 대통령의 요청에 따른 연구보고서가 발간되어 9·11 위원회의 권고안을 반박하면서, CIA가 준군사작전 역량을 계속해서 보유해야 한다고 주장했다. 2005년 6월 부시 행정부는 비밀공작에 대한 CIA의 역할을 확인했다. 여전히 특수작전사령부가 이 영역에서 과거보다 더 큰 역할을 할 것으로 예측되므로, 향후 이 조직의 의무에 대한 명확한 규정이 필요할 것이다.

비밀공작 수행에 의해 제기되는 고려사항 중에는, 공작을 수행하는 기관이 분석도 일부 담당하는 경우, 정보분석에 비밀공작이 미칠 수 있는 효과에 관한 것이 있다. 만약 CIA가 비밀공작을, 특히 준군사작전을 수행하고 있다면 CIA의 분석 영역이 준군사작전의 상황과 진척에 대해 객관적인 보고서를 생산하리라 기대하는 것이 합리적인가? 공작활동을 지원하고 싶은 충동이 과연 없을 것인가? CIA의 덜레스$^{Allen\ Dulles}$ 국장은 CIA의 분석 담당조직인 정보분석국이 인도네시아 내에서 수행되는 공작$^{1957\sim1958}$과 피그만^{1961} 공작에 대해 알지 못하도록 했다. 이를 통해 덜레스는, 분석관들이 현재 수행되고 있는 공작들을 알게 됨으로써 저지를 수 있는 객관성의 상실과 같은 분석상의 오류를 방지하고자 했다.

17세기와 (정도는 덜 하지만) 18세기에 유럽에서 지도자들은 종종 암살을 외교정책 수단으로 활용했다. 왕족이었던 국가 지도자들은 공식적으로 금지되었던 이 행위로부터 면제를 받았지만 이들의 장관들과 장군들은 그렇지 못했다. 소련의 정보기관은 암살을 지칭하는 궂은 업무$^{wet\ affairs}$를 수행해왔다. 이스라엘 정보기관은 이스라엘 외부에서 살인행위를 저질러온 것으로 알려져 있다. 아이다호 민주당소속 처치$^{Frank\ Church}$ 상원의원이 의장을 맡은 처치 위원회(정보활동에 대한 정부의 행위를 연구하기 위한 위원회)는 1975년에 결성되어 CIA가 자신의 권리를 넘어선 활동을 해왔다는 주장에 대한 조사를 하였다. 1976년에 위원회는 미국이 1960년대와 1970년대 여러 암살계획에 관여해 왔다는 점을 밝혀냈다. 그 중 가장 유명한 암살계획은 카스트로 암살계획이었는데, 어느 것도 성공하지 못하였다(분석상자 "암살: 히틀러 사례" 참조).

1976년 이래 미국은 직접적으로 미국이 수행하거나 제3자에 의해 실행되거나에 상관없이 암살의 사용을 공식적으로 금지했다. 이 금지조치는 세 개의 연이은 행정명령으로 문서화가 되었다. 가장 최근의 것은 1981년 레이건 대통령이 서명한 것으로서 여전히 효력 중에 있다.

그러나 이 금지조치는 여전히 논쟁을 불러 일으킨다. 비록 포드 대통령$^{Gerald\ R.\ Ford,\ 1974\sim1977}$이 처음 금지를 명령했을 당시 금지조치를 옹호하는 의견이 광범위하게 퍼져 있었지만, 이러한 조치에 대한 논란은 현재 점점 더 커지고 있다. 금지조치를 찬성하는 사람들은 한 국가가 특정 개인을 암살

> ### · 암살: 히틀러 사례 ·
>
> 암살을 옹호하는 사람들은 히틀러Adolf Hitler가 암살되었어야 할 인물로 종종 거론하지만, 암살은 매우 예외적인 정치적 옵션으로 평가된다. 하지만 과연 정책결정자는 언제 히틀러를 암살할 것을 결정할 수 있었을까? 히틀러는 1933년에 합법적으로 권력을 장악했다. 더군다나 1930년대에 유럽에서 히틀러만이 시민의 자유를 억압하고 많은 국민들을 체포하고 학살한 유일한 독재자는 아니었다. 스탈린Josef Stalin은 집단화collectivization 과정에서 더 많은 소련 시민들을 죽이고, 나치보다 더 많은 사람들을 사형수용소로 보냈다. 히틀러가 유대인들을 공격하기 전이나 제2차 세계대전의 발발 이전에 그를 암살하기로 결정하기 위해서는 히틀러의 궁극적인 의도에 대한 상당한 통찰력이 필요했을 것이다. 사실상 히틀러가 1939년에 폴란드를 침공하고 1942년에 유대인에 대한 최종결정final solution을 승인하기 전까지도 히틀러에 대해 특별히 알려진 점은 거의 없었다.
>
> 영국은 1945년 말 영국 정보기관이 히틀러의 암살을 고려했다는 점을 1998년에 밝혔다. 그러나 영국 정보기관은 이러한 계획을 곧 포기했는데, 그 이유는 도덕적 사안이나 성공여부에 대한 염려 때문이 아니라, 군 지휘관으로서 히틀러는 독특한 사람이었기 때문에 연합국에게 자산이 될지도 모른다고 판단했기 때문이었다.

대상으로 삼는 것은 도덕적으로 옳지 못하다고 계속해서 주장해왔다. 이에 반대하는 사람들은 암살이 어떤 경우에는 최선의 선택이 될 수 있으며 암살대상에 따라서 도덕적으로도 용인할만하다고 주장한다. 기준 없이 임의로 암살을 고려했던 이전의 정책으로 회귀하는 것을 방지하기 위한 가이드라인을 작성하는 것은 사실상 어려워 보인다. 2001년 9·11 테러사건의 여파로 암살 금지조치에 대한 논쟁이 재개되었다(분석상자 "암살금지: 현대적 해석" 참조). 현재 미국은 스스로 테러리스트들과 전쟁상태에 있다고 여기고 있다. 이에 따라, 대상의 성격과 무력 사용에 대한 정당성의 개념이 바뀌면서, 암살에 대한 논쟁은 다소 변화를 겪었다(암살로 인한 윤리적, 도덕적

> · **암살금지: 현대적 해석** ·
>
> 1998년 8월 미국은 알카에다al Qaeda 지도자인 빈 라덴Osama bin Laden과 연관 있는, 아프가니스탄 내 대상목표들을 공격하기 위해 크루즈 미사일을 발사했다. 미국은 동아프리카에 있는 두 미국 대사관에 대한 테러공격의 배후에 빈 라덴이 있다고 믿었다.
>
> 나중에 클린턴 행정부는 이 미사일 공격 목적의 하나는 빈 라덴과 그의 참모들을 살해하기 위한 것이었다고 공표했다. 또한 행정부 관리들은 빈 라덴을 살해목표로 삼은 것은 기존의 암살금지조치를 어긴 것이 아니라고 주장했다. 이들의 견해는, 미국은 합법적으로 테러리스트의 인프라시설을 공격목표로 삼을 수 있으며 빈 라덴의 주요 인프라시설은 인적자원이므로 바로 이들을 공격목표로 삼을 수 있다는 국가안보회의NSC 법률가들의 의견에 기초한 것이었다.
>
> 2001년 9·11 테러사건 이후, 미국은 테러리스트들과 전쟁을 수행하였기 때문에, 빈 라덴과 다른 테러리스트들은 합법적인 전투대상으로 인식되었다.

사안들에 대한 더욱 자세한 논의는 제13장을 참조).

비밀공작 평가

윤리적, 도덕적 사안을 야기하는 것 이외에, 비밀공작의 효용성을 평가하는 것 역시 어려운 일이다. 비밀공작을 검토할 때, 비밀공작의 성공이 과연 무엇을 의미하는지에 대한 질문이 나올 수 있다. 단지 공작의 목적을 성취하는 것이 성공인가? 인명 손실이 비밀공작 검토에 요소로 포함되어야 하는가? 비밀공작의 기원이 드러나도, 여전히 비밀공작이 성공적일 수 있는가?

일부 사람들은 비밀공작이 어느 정도나 유용한 결과를 만들 수 있는지 의문을 표한다. 비밀공작을 비판하는 사람들은, 이란의 수상이었던 모사덱Mohammad Mossadegh에 대항해 일어났던 1953년 쿠데타를 그 예로 들면서, 이 쿠데타가 1979년 호메이니Khomeini 정권이 들어서는 결과에 일조했다고 주장한다. 반면 비밀공작을 옹호하는 사람들은, 중동처럼 변덕스러운 지역에서 미국에 우호적인 정권(호메이니 이전의 정권)을 26년이나 유지시킨 것이 바로 비밀공작의 성공사례를 보여준다고 주장한다. 만약 모든 국가의 정치가 변화하기 쉬운 성격을 지녔고 비밀공작이 만들어낸 유용한 변화가 영구적으로 지속될 수 없다면, 비밀공작이 성공했는지의 여부를 측정하기 위해서는 과연 얼마만큼의 시간을 기준으로 해야 하는가?

다른 모든 정책들과 마찬가지로, 비밀공작에 대한 기록은 각양각색이고, 이 공작들을 평가하는데 엄격한 규칙이 고안된 적도 없다. 1940년대 서유럽의 반공산주의 정당들에 대한 지원은 성공적이었고, 피그 만 공작은 대실패로 끝났다. 모사덱 쿠데타 사례는 위에서 언급된 여러 가지 이유에서 성공적이었다는 것이 이 글의 견해이다. 그러나 비밀공작은 의도하지 않은 결과를 낳기가 쉽다. 아옌데 정권의 붕괴를 조장한 것은 결국 피노체트Augusto Pinochet 장군이 정권을 잡는데 일조했다. 아마도 일반 칠레인들은 마르크스주의자 정권으로 점점 변하던 아옌데 정권보다 피노체트 정권 아래에서 경제적으로 한결 더 나았을 것이다. 하지만 많은 사람들이 피노체트 정권 아래서 억압과 테러의 고통을 받았다. 아프가니스탄의 무자히딘 반란군 지원은 매우 성공적이었고 소련 붕괴에도 중요한 역할을 담당했다. 하지만 동시에 아프가니스탄 사람들은 최후의 소련군이 아프가니스탄에서 철수한지 10년이 지난 시점에서도 여전히 내전의 수렁에서 벗어나지 못했고, 결국 알카에다 테러리스트들을 주축으로 한 탈레반의 통치를 받게 되었다.

비밀공작은 구체적인 정책 목표에 밀접하게 부합할수록, 그리고 그 범위나 경계가 좀 더 신중히 규정될수록 성공하는 경향이 있다.

주요 용어

공작지원활동 plumbing
대통령 승인서 presidential finding
비밀공작 covert action
선전 propaganda

역류 blowback
제3의 옵션 third option
준군사작전 paramilitary operations

더 읽을거리

여기 나열된 목록은 특정공작에 대한 구체적 내용을 포함하지 않는다. 그 대신, 이 목록은 이 장에서 논의된 주요 정책이슈에 초점을 맞추고 있다.

Barry, James A. "Covert Action Can Be Just." *Orbis* 37 (summer 1993): 375~390.

Berkowitz, Bruce D., and Allan E. Goodman. "The Logic of Covert Action." *National Interest* 51 (spring 1998): 38~46.

Chomeau, John B. "Covert Action's Proper Role in U.S. Policy." *International Journal of Intelligence and Counterintelligence* 2 (fall 1988): 407~413.

Daugherty, William J. "Approval and Review of Covert Action Programs since Reagan." *International Journal of Intelligence and Counterintelligence*. 17 (spring 2004): 62~80.

Gilligan, Tom. *10,000 Days with the Agency*. Boston: Intelligence Books Division, 2003.

Godson, Roy S. *Dirty Tricks or Trump Cards: U.S. Covert Action and Counterintelligence*. Washington, D.C.: Brassey's, 1996.

Johnson, Loch K. "Covert Action and Accountability: Decision-Making for America's Secret Foreign Policy." *International Studies Quarterly* 33 (March 1989): 81~109.

Knott, Stephen F. *Secret and Sanctioned: Covert Operations and the American Presidency*. New York: Oxford University Press, 1996.

Prados, John. *Presidents' Secret Wars: CIA and Pentagon Covert Operations since World War II*. New York: William Morrow, 1986.

Reisman, W. Michael, and James E. Baker. *Regulating Covert Action: Practices, Contexts, and Policies of Covert Coercion Abroad in International and American Law*. New Haven: Yale University Press, 1992.

Rositzke, Harry. *The CIA's Secret Operations: Espionage, Counterespi-*

onage, and Covert Action. New York: Reader's Digest Press, 1977.
Shulsky, Abram N., and Gary J. Schmitt. *Silent Warfare: Understanding the World of Intelligence*. 2d rev. ed. Washington, D.C.: Brassey's, 1993.
Stiefler, Todd. "CIA's Leadership and Major Covert Operations: Rogue Elephants or Risk-Averse Bureaucrats?" *Intelligence and National Security* 19 (winter 2004): 632~654.
Treverton, Gregory F. *Covert Action: The Limits of Intervention in the Postwar World*. New York: Basic Books, 1987.

9

정책결정자의 역할

대부분의 정보 분야 저술가나 전문가들은 정책결정자를 정보과정의 한 부분으로 여기지 않는다. 일단 정보가 정책 고객들에게 전달되면 정보과정이 완료된다는 것이 그들의 생각이다. 이 책에서의 견해는 정책결정자들이 정보과정의 모든 단계에서 중심 역할을 하기 때문에 그들을 제외하는 실수를 해서는 안 된다는 것이다. 정책결정자들은 정보를 받는 것 이상의 일을 한다. 즉, 그들은 정보를 구체화shape시킨다. 정책과 지속적인 관계를 가지지 않으면 정보는 아무런 의미가 없다. 또한, 정책결정자들은 정보활동 과정의 모든 단계에서 결정적인 역할을 할 수 있다.

국가안보정책과정

비록 이 책의 많은 부분이 정보에 대한 일반적인 논의를 목적으로 하고 있지만, 미국 정부를 주로 참조하고 있다. 따라서 미국의 국가안보정책이 어떻게 형성되는지를 간단히 설명하는 것이 좋겠다.

구조와 관심사. 미국의 국가안보정책과정은 주로 다음의 다섯 부분에서 이루어진다.

- 개인으로서의 대통령

- 각 부처, 특히 국무부와 국방부. 국방부는 민간(국방장관실)과 군(합동참모본부, 즉 JCS와 합동참모)의 주요 두 부분으로 이루어져 있다. 특정 이슈와 관련해서는 기타 부처들도 관련될 수 있다(법무부, 상무부, 재무부, 농림부 그리고 2001년 9월 테러공격 이후에 새로이 설치된 국토안보부)
- 시스템의 중심인 국가안보회의NSC 실무진
- 정보공동체
- 의회, 이는 모든 세출을 통제하고, 직권으로 정책을 수립하며, 감시를 한다

정보공동체의 최고관리구조를 급진적으로 변화시킨 2004년 정보법이 나올 때까지, 1947년의 국가안보법에 의한 주요 국가안보구조는 처음부터 두드러지게 안정적이었다.

정보과정을 수행하는 5개 그룹은 다양한 관심사를 가지고 있다. 대통령은 주로 넓은 의미의 정책구상, 결국은 역사에서의 자신의 위치에 관심을 가지는 단기 체류객이다. 닉슨Richard M. Nixon 대통령은 종신 관료들에 대해 많은 의구심을 가지고 있었는데, 대통령의 관심사와 관료들의 관심사 사이에는 넘을 수 없는 한계가 존재한다고 역설했다. 때로 그들은 함께 일하지만, 어떤 때에는 사이가 나쁘다. 관료들은 더 진저리를 내기도 하고, 때로는 자신들이 대통령, 대통령이 임명한 사람들, 그리고 그들이 선호하는 정책보다 오래 갈 수 있다고 생각하는 경향이 있다.

국무부의 주요 관심사는 미국의 정책적 이익을 강화하는 수단으로서 외교 관계를 유지하는 것이다. 국무부를 비판하는 사람들은 외무공무원들이 때로 미국이 아니라 자신들이 전문 지식을 가지고 있는 국가들을 옹호하면서 자신들이 어느 국가를 대표하는지를 망각한다고 주장한다.

국방부는 주로 적대 국가들의 무력 사용을 억지하거나 위협을 최대한 빨리 없애기에 충분한 군사 역량 보유에 관심을 가지고 있다. 국방부를 비판하는 사람들은 국방부가 그 욕구와 위협을 과대평가하고 잠재적 적에 대하여 엄청난 수익을 요구한다고 주장한다. 베트남전에 대응하여, 와인버거Caspar W. Weinberger, 1981~1987 국방장관과 파월Colin Powell, 1989~1993 합참의장이 공포

한 무력 사용에 대한 비공식적이지만 영향력 있는 규정은 군대가 투입되기 전에 국내 정치 지지층과 무력 우위에 대한 요건을 높게 책정했다.

국토안보부DHS는 많은 해안경비대, 이민귀화국 및 재무성 비밀검찰국 Secret Service 등을 비롯한 오래된 기관들의 활동을 조정하는 책임을 맡고 있다. 국토안보부는 또한 새로운 구성요소를 확립하였다. DHS는 미국에 새로운 테러공격이 가해지는 것을 막고, 국내 안보 이슈와 관련하여 연방 정부와 주 및 지역 법 집행기관 간 연결 역할을 한다.

국가안보회의NSC는 법에 따라 대통령, 부통령, 국무장관, 국방장관으로 구성되어 있다. 합참의장은 군사 자문으로 참여하며, 국가정보국장DNI이 NSC에 속해 정보 자문을 한다. 집합적 단체로서 NSC는 비정기적으로 만난다. 각료급위원회Principals Committee(PC로 불림)는 (대통령보다 낮은) NSC 위원들로 구성되어 있으며 국가안보보좌관이 주재한다. 차관급위원회DC: Deputies Committee는 더 자주 만난다. NSC 실무진들은 국가안보보좌관에게 보고하는데, NSC 실무진은 직업공무원, 군장교 그리고 정치적 임명자로 구성되어 있다. 이들은 매일 대통령의 지시를 정책 및 정보공동체에 전달하고 부처 및 기관들 간의 조정을 담당하고 있다. NSC 실무진들은 주로 대통령과 대통령이 임명한 고위직들이 결정한 정책의 실행에 관심을 가지고 있다.

정보공동체는 비록 자신들이 기여하는 정책과정에 관해 계속해서 알고 있기를 바라지만, 그 자체로는 원래 어떠한 정책에도 관심을 가지고 있지 않다.

정책의 역동성. 정책결정자들은 종종 '기관 간의 과정interagency process'을 참고로 한다. 이 용어는 모든 필요 기관들과 행위자들이 정책과정에 참여함을 뜻한다. 미국 정책과정의 궁극적 목표는 모든 당사자들이 지지할 수 있는 합의에 도달하는 것이다. 하지만 미국 관료제에서의 합의는 관련되어 있는 보고서의 모든 세부 사항에의 합의를 의미한다.

정책과정에는 무시하는 제도override mechanism, 즉 합의를 강요하거나, 함께 하기를 거절하는 기관을 소외시키지는 않는 제도가 있다. 이는 모든 기관들의 권리와 이해관계를 보호하는 제도이다. 이 제도가 있는 이유는 어떠한 이슈에 대해 오늘 다른 기관과 합의하지 못하는 기관이 내일은 반대하지 않을지도 모르기 때문이다. 기관들이 강제당하지 않음을 보장하기 위해, 기관 간 정책은 타협과 협상, 그리고 상부로부터 혹은 다수결의 법칙에 따라 지시받는 것을 배제한 운영 등을 강조한다. 타협은 세 가지 즉각적인 효과가 있다. 첫째, 타협은 모든 이들이 수용할 수 있는 지점에 도달하는 데에 엄청난 시간을 요구할 수 있다. 둘째, 이 시스템은 합의 도달을 거부하는 기관에 영향을 줄 수 있다. 무시 과정이 없는 상황에서, "그냥 '안 된다'고 말하는" 기관은 엄청난 힘을 행사할 수 있다. 셋째, 합의 도달의 필요성은 최소한의 공통분모를 가지는 결정에 찬성하도록 하는 실제적인 압력을 가져올 수 있다.

논란이 많은 이슈에 대하여 기관들은 합의에 도달하지 못하거나 한 기관이 지지를 거부하는 보고서를 지속적으로 재생산하여 시스템을 정지시키기 때문에, 이 시스템은 제대로 작동되지 않을 수 있다. 그러한 정체를 탈출하는 유일한 방법은 NSC 실무진과 더 높은 직위의 누군가, 즉 대통령과 그가 임명한 고위직들이 압력을 사용하는 것이다. 한 기관이 끝까지 버틴다면, 그들이 개입하지 않고는 시스템은 끝없이 겉돌게 될 것이다. 고위직의 압력은 결론에 도달하는 기동력을 다시 새롭게 하거나, 버티는 기관의 직원들이 대통령이 원하는 것을 지지하든지 아니면 사임하라는 이야기를 들을 것이라는 예상을 증가시킨다. 그러나 위로부터의 압력이 없다면 버티는 기관들은 아무런 벌칙을 받지 않는다.

정책공동체나 정보공동체는 모두 단일체가 아니다. 각각은 다양한 관심사를 가진 다양한 행위자를 가지고 있으며, 이들이 항상 서로 의견을 같이 하는 것은 아니다.

정보공동체의 역할. 정책결정자들은 정보공동체를 시스템의 중요한 부분으로 받아들인다. 그러나 정보의 역할은 부처에 따라, 때로는 부처 내 이슈에 따라 다양하다. 부처들이 정보를 다루는 방식이 정보가 하는 역할에 대한 주요 결정요인이다.

모든 사람이 정보의 유용성을 결정이 이루어지는 근거 중 하나라고 생각한다. 다시, 이러한 일반성을 실행으로 옮기는 것이 중요한 문제이다. 정책결정자들은 많은 이유로 정보의 결점을 찾아내거나 심지어는 정보를 무시한다. 그들이 정보를 생산하는 사람들과 항상 같은 식으로 정보를 바라보는 것은 아니다.

정책결정자들은 또한 정보공동체가 특정 형태의 활동을 전개하도록 요청받을 수 있음을 수용한다. 다시 말해서, 이러한 능력을 이용하려는 의지와 수용 가능한 것으로 여겨지는 특정 유형의 활동은 정치적 리더십에 따라 다양하다. 선출되거나 대통령이 임명한 이런 지도자들은 활동에 관한 최종 결정을 해야 하며, 활동이 실패하면 정치적인 의미에서 그에 대한 책임을 져야 한다. 확실히 정보관들은 어느 정도 비난에 대한 책임을 질 수 있고 실제로 그렇게 하지만, 정책결정자들은 자신들의 비용이 훨씬 크다고 인식한다.

누가 무엇을 원하는가?

정부가 단일 조직이 아니라는 사실은 왜 정책결정자와 정보관들이 다른 관심사를 가지는지를 설명해 준다. 고도의 거시적인 차원에서, 모든 사람은 같은 것 - 성공적인 국가안보정책 - 을 원한다. 그러나 이 설명은 너무 일반적이어서 사람들을 오도할 수 있다. 정책결정자와 정보관들에게 성공은 다른 것을 의미할 수도 있다.

대통령과 행정부의 고위 정치적 임명자들은 성공을 자신들의 의제가 확장된 것이라고 정의한다. 미국의 외교정책에 있어서 광범위한 지속성이 존재함에도 불구하고, 각 부처들은 개별적으로 목표를 해석하고 자신들만의 고유한 정책을 추진한다. 행정부 의제에 있어서 성공은 쉽게 이해될 수 있는 방식으로 증명될 수 있어야 한다. 왜냐하면 그 성공은 정치적 이익을 가질 것으로 예상되기 때문이다. 이는 문제가 있는 것처럼 들리지만 그렇게 심각한 것은 아니다. 국가안보정책은 정치제도와 과정 안에서 만들어지며, 그 궁극적 보상은 선거에 의한 국가 관료로의 선출과 재선출이다. 결국, 정책결정자들은 종신 관료들로부터 자신들의 정책에 대한 지지를 기대한다.

정보공동체는 그 목표를 다르게 규정하고 있다. 켄트$^{Sherman\ Kent}$는 정보관들은 세 가지 바람^{wish}을 가지고 있는데, 그들은 모든 것을 아는 것, 다른 사람들이 자신들에게 귀를 기울이는 것, 자신들이 생각하는 바(제6장 참조)와 같이 선^{good}을 위해 정책에 영향을 미치는 것 등이라고 했다. 정보공동체는 또한 정책과 관련하여 객관성을 유지하고자 한다. 정보관들은 자신들의 활동에 직접적으로 영향을 주는 정책 이외의 정책에 대한 옹호자가 되고자 하거나 심지어 된 것처럼 보이고자 하지 않는다. 정책으로부터 거리를 유지함으로써만이 객관적인 정보를 생산할 수 있다. 그러나 객관성이 항상 쉽게 얻어지지는 않는다. 최근의 예를 들어 보면, 테넷$^{George\ J.\ Tenet,\ 1997\sim2004}$ 중앙정보국장^{DCI}은 1998년 10월의 이스라엘-팔레스타인 협상에 깊이 개입하였다. 중앙정보국^{CIA}은 양자 사이의 안보 관계를 이루어내는 책임을 맡았다. 그 결과, CIA는 협상 과정에서 기득권을 가지게 되었는데, 이는 CIA가 생산한 정보 때문이 아니라 CIA가 참여자였기 때문이었다. 이런 사례에서는 협정의 실행에 대한 이후의 분석에 관해 합법성의 문제가 제기될 수 있다. 그들 자신의 기관이 이 조정결과를 실행할 책임이 있음을 아는 상태에서, 분석관들이 안보 조정결과가 실패하고 있음을 기꺼이 보고하려고 할까? 그럴 수 있을 것이라는 답이 나올 것이지만, 이는 진지한 문제이다.

정책결정자가 오래 재직할수록 정책결정자-정보공동체 관계가 바뀐다. 정책결정자는 그 관계가 시작할 때 정보에 대해 더 많이 감동받고 정보를 더 많이 수용하는 경향이 있다. 심지어 정부 근무로 돌아오는 정책결정자들도, 새 근무지에서 새롭고 더 고위직을 맡더라도 그런 경향이 있다. 그러나 정책결정자들이 스스로 책임지고 있는 이슈와 이용 가능한 정보에 더 친숙해짐에 따라, 더 높은 기대를 가지고 더 많은 것을 요구하게 되는 경향이 있다.

어떤 이들에게는 중앙정보국장^{DCI}과 대통령의 관계의 본질 또한 한 가지 요인이 되었다. 테넷은 일주일에 최소 5~6번씩, 어떤 때에는 하루에 수차례 부시George W. Bush 대통령을 만나는 등 아마도 어떤 DCI보다도 대통령과 가장 가까운 관계를 유지했을 것이다. 이는 대통령이 2001년 집무를 시작하면서 DCI의 일일보고를 받고 싶다고 말했을 때부터 시작되었다. 이는 클린턴Bill Clinton 때의 상황과는 완전히 다른 것이었는데, 그 때는 DCI가 대통령을 훨씬 덜 만났다. 클린턴 정권의 첫 번째 DCI인 울시R. James Woolsey, 1993~1995는 그러한 접근 부족에 따른 갈등 때문에 그만두었다. DCI의 많은 권한은 그가 필요할 때는 언제든 대통령을 만날 수 있다는 인식에서 나온 것이다. 따라서 테넷에게 있어서, 부시 대통령에게의 접근 횟수 증가는 엄청난 이득이었다. 그러나 어떤 관찰자들은 그러한 접근성 증가가 DCI의 객관성에 영향을 주지 않았는지 의문을 가졌다. 비판가들은 이란의 대량살상무기의 가능성에 대한 테넷의 열정적인 보고서를 인용했다. 그러나 상원 정보위원회는 정보가 정치화되었다는 증거는 없었다고 보고하였다.

국가정보국장DNI에게도 같은 질문이 제기된다. 그 이전의 DCI처럼, DNI는 대통령에게 접근할 필요가 있다. 어떤 면에서 이는 DNI에게 훨씬 더 중요할 수도 있다. 왜냐 하면 DCI와 달리 DNI는 의지할 만한 기반이 되는 큰 기관이 없다. DNI는 정보공동체가 무엇을 하고 있는지, 그리고 그 중 어느 파트가 대통령과 커뮤니케이션을 하고 있는지에 대한 정보를 유지하는 데 더 많은 노력을 기울여야 한다. 정확한 대답을 하기는 쉽지 않다. DNI와 대통령 간의 잦은 접촉은 위험을 수반하지 않을 수 없다. 그러나 어떠한 DNI도 대안적 관계를 선택하려고 하지는 않을 것이다. DNI는 외부와의 관계에 적절한 경계를 유지하기 위해 자신의 본능을 믿고 자신의 전문성에 의지해야 한다.

또한 정보공동체는 정책 방향과 선호도에 관한 첩보가 계속 유입되기를 바란다. 만약 정보공동체가 관련 분석을 제공할 경우 정책에 대하여 알아야 하는 것이 의무적인 것일지라도, 반드시 그런 것은 아니다. 정책결정자들은 고의로 또는 실수로 정보를 무시하는 경우가 있다. 그러한 행동은 정보의 역할을 더 어렵게 만들 뿐 아니라 다른 방식으로 괴롭힐 수 있는 저항을 초래할 수 있다.

두 그룹 간의 또 다른 차이점은 전망에 있어서의 차이이다. 고위정보관들이 관찰하였다시피, 정책결정자들은 낙관주의적인 경향이 있다. 그들은 자신들이 문제를 해결할 수 있다는 믿음을 가지고 문제에 접근한다. 결국, 이것이 바로 그들이 정부에 들어가는 이유이다. 정보관들은 회의주의적이다. 그들은 의문을 던지고 의심해 보도록 훈련받는다. 비록 그들이 주어진 상황에 대해 낙관적인 결과를 예측할 수 있다 해도, 그들은 잠재적인 비관적 결과도 함께 보며 그것을 잠재적 결과로 분석하려고 한다.

전망에 대한 차이로 인해 비롯되는 잠재적 비용이 노출된 징후가 2004년 부시 행정부와 CIA의 관계가 심각하게 안 좋은 상태로 치달았을 때 나타났다. 이라크의 폭동 사태를 진압하는데 대한 견해 차이가 주요 자극요인이 되었던 것으로 보인다. 일부 백악관 관료들이 '염세주의자, 무작정 반대만 하는 사람, 절망주의자'들이 썼다고 규정한 정보분석 누설은 문제를 악화시켰다. 한때, 부시 대통령은 CIA가 이라크의 잠재적 결과에 대해 '단지 추측만 하고 있다'고 말했다. 일부 정보관들은 이것이 품위를 떨어뜨리는 것이라고 생각했다. CIA와 백악관이 '전쟁 중'이라고 말하는 것이 관습화되어 버렸다. 대통령 선거가 한창일 때 이러한 설전이 벌어졌다는 사실은 의심의 여지없이 긴장을 고조시켰다.

이러한 부차적 사건으로 몇 가지 교훈이 도출되었다. 첫째, 전쟁이나 전쟁과 유사한 상황 – 특히 결론이 나지 않을 것 같은 경우 – 은 쉽게 이해할 수 있는 것처럼 전체적인 긴장을 증가시키는 경향이 있다. 둘째, 그러한 상황에서는, 비록 이것이 정책결정자들에게 더 큰 문제가 된다 하더라도, 양쪽 당사자들이 자신들 관계의 본질을 잊어버릴 수 있다. 부수적인 정치적 비용과 함께 불확실성과 사상자의 발생은 정책결정자들이 분노하도록 한다. 셋째, 정보공동체 지도자들은 이런 종류의 갈등에서 정책결정자들에게 절대로 이길 수 없다고 생각하며, 따라서 그러한 대립을 피하려고 할 것이다. 그러한 결과가 일어나지 않도록 하기 위해 고위 정보관의 전문적 기풍과 훈련이 이루어진다. 그들의 분석이 맞는 것으로 판명되더라도, 고위 정책관들과의 관계에 대한 비용은 피루스의 승리Phyrrhic Victory(희생을 많이 치른 승리 - 역자 주)를 초래할 만큼 엄청날 것이다. 이는 분석관들이 자신들의 관점을 조절해야 한다거나 그들이 작성하는 것을 못하게 하는 것은 아니다. 그러나 이는 정보관들이 정책결정자에 대한 이유 없고 명백한 적대감에 관계하지 않도록 함을 의미한다.

결국, 정책결정자들이 기대하는 종신관료들로부터의 지지는 정보공동체로까지 확장된다. 정책결정자들은 이미 알려진 정책 선호도를 지지하는 정보를 추구할 것이고, 결국 이는 정치화의 위험으로 귀결될 것이다. 정보의 정치화는 또 다른 방향으로 작용할 수 있다. 다른 이들이 자신들의 이야기를 들어주기를 바라는 정보관들의 욕망(켄트의 두 번째 바람)은 의식적으로든 무의식적으로든 정책결정자들을 만족시키기 위한 분석을 만들어낼 수 있다. 각 경우에, 좋은 관계를 유지하려는 욕망은 정보에 대해 추구되는 객관성을 직접적으로 손상시킬 수 있다.

정보과정: 정책과 정보

정책공동체와 정보공동체 간의 차이 - 그리고 잠재적 긴장 가능성 - 가 정보 과정의 각 단계에서 나타난다.

요구. 요구requirement는 추상적인 개념이 아니다. 요구는 정책결정자들의 의제이다. 모든 정책결정자들은 자신들이 집중하고자 하는 것들뿐 아니라 집중해야 하는 특정 영역을 가지고 있다. 어떤 영역은 그들에게 거의 또는 전혀 이해관계가 없지만 때때로 또는 정기적으로 관심을 가질 필요가 있다. 이러한 선호도의 혼합은 의제 설정에 중요하며 따라서 '요구'가 된다. 예를 들어, 베이커James A. Baker III 국무장관은 1989년 임명된 이후 자신이 중동문제에 많은 시간을 할애하지 않을 것이라고 확신했다. 그의 결정은 그 지역이 중요하지 않다는 것이 아니라 그가 중동에서 많은 것을 이룰 것 같지 않기 때문에 그의 시간은 다른 지역에 더 잘 소비될 수 있을 것이라는 점에 기초하였다. 고위직 부하들이 중동문제를 더 잘 다룰 수 있을 것이라고 생각하였다. 이라크의 쿠웨이트 침략은 그의 결정을 훼손하였다. 아이러니하게도, 전쟁 역시 이스라엘과 아랍 지역의 적들이 처음으로 한 자리에서 만난 마드리드 회의 – 베이커 장관이 주재한 – 를 이끌어 내는 데 도움이 되었다.

정보공동체는 그 수집과 보고를 가능하면 유용할 수 있도록 하기 위해 의제의 우선순위에 대한 지침을 원한다. 동시에 공동체는, 비록 어떤 지역이나 이슈가 중요한 의제가 아니더라도 – 즉 세계적 차원에서의 요구에서 중요하지 않다 해도 – 이들을 완전히 무시할 수는 없다고 생각하는 경향이 있다. 조만간, 중요하지 않은 지역이나 이슈들 중 하나가 큰 폭발력을 가질 가능성도 있다. 그것은 주목받지 못하는 일부 지역이나 이슈에 대하여 정보공동체가 정기적으로 출처 선택resource choice을 할 것이라는 점을 의미한다.

각 부처가 공식적으로 어느 정도까지 요구사항에 대하여 협의하는가 – 아니면 어떤 이슈가 중요한지 알기 위해 정보공동체에 의존하는 가 – 또한 다양하다. 클린턴 대통령은 8년 중 단 한 번만 공식 요구사항을 행사하려고 하였다. 부시George W. Bush 대통령 하에서는 6개월마다 요구사항이 검토되었다. 어떤 방법이 사용되는지 또는 공식 요구사항의 빈도가 어떤지에 관계없이, 정보공동체는 가장 중요한 이슈에 대하여 수집 및 분석 자원을 가지고 있음을 확실히 할 책임을 진다. 또한 정책결정자는 정보공동체가 새로운 이슈의 등장을 예상할 것이라고 기대하는 경향이 있다. 결국, 이것이 정보의 주요 기능 중 하나가 아닐까? 우리를 놀라게 하는 일들 – 암살, 쿠데타, 선거, 정책 반전 – 이 일어난다는 것을 염두에 두면 답은 확실히 긍정적인 것은 아니다. 모든 것이 예상될 수는 없다.

정책결정자와 정보관들의 요구에 대한 접근방식의 차이는 요구사항 자체를 만드는 데서가 아니라, 정보과정의 후속 부분에서 완전히 드러난다.

수집. 정책결정자는 정치적으로 민감한 부분이 아니라면 수집의 세부내용으로부터 거리를 두는 경향이 있다. 그런 경우에 정책결정자들은 직접적이고 극적인 효과를 볼 수 있다(분석상자 "정책결정자와 정보수집" 참조). 그들의 현실적인 관심사는 첫째로 예산에 있다. 수집, 특히 기술정보활동이 주요 정보활동 비용 중 하나이기 때문이다. 그러나 정책결정자들은 또한 적어도 최소한의 비용으로 모든 것들이 이루어지고 있다고 부정확하게 생각하는 경향이 있다. 따라서 낮은 우선순위 이슈 중 하나가 터지면, 그들

· **정책결정자와 정보수집** ·

여러 사례에서, 정책결정자들은 정치적 이유로 정보수집에 개입해 왔다.

쿠바에서는, 1962년 미사일 위기가 시작되었을 때, 당시 중국 국민당의 U-2기가 중국에서 격추되었고, 공군 U-2기가 사고로 시베리아에서 소련 영공을 침범하였다는 이유로 러스크Dean Rusk 국무장관이 U-2기의 출격을 반대했다. 쿠바에 설치될 가능성이 있는 소련의 미사일 기제에 대한 영상정보가 절실히 요구되었으나, 러스크는 추가 도발을 피하는 데 대한 다른 - 또한 합법적인 - 관심사만 가지고 있었다.

이란에서는, 미국의 여러 행정부가 정보수집에 제한을 부과하였다. 기본적으로 정보관들은 이란의 샤shah체제를 반대하는 수크souk(시장과 바자) 사람들과 접촉하는 것이 금지되었다. 왜냐하면 샤 체제가 공격받을 수 있기 때문이었다. 대신, 미국 정보기관은 국왕의 비밀경찰인 사박Savak에 의지했는데, 이들은 어떠한 반대파의 존재도 제도적으로 부인하였다. 따라서 샤 레짐이 1978~1979년에 해체되었을 때, 정책결정자들은 미국정보기관이 상황을 더 잘 분석하거나 반대파에 영향을 주기 위해 필요로 했던 출처와 접촉을 거부했다.

다시 쿠바 문제에 있어서, 카터Jimmy Carter 대통령은 양자간의 관계를 발전시키는 제스처로 U-2기의 비행을 일방적으로 중단하였다. 1980년에 카터는 이러한 결정을 후회했는데, 당시 그는 소련의 전투부대가 쿠바에 주둔하고 있을 가능성을 감지하고 이에 대한 보다 상세한 정보수집을 원하였다.

은 낮은 레벨에서 어느 정도 수집이 이루어지고 사용되지 않은 정보가 이미 존재하고, 또 수집이 빠르게 증가될 수 있다고 기대한다. 이 모든 가정은 놀라울 정도로 잘못된 것이다. 수집의 우선순위 결정은 제로섬 게임이 되곤 하며, 모든 수집 자산이 쉽게 대체 가능한 것은 아니다.

관료들이 스스로 모든 것을 다룰 수 없음을 인식하고 정책결정자들이 남겨진 영역에 대하여 이해하기를 원한다 해도, 정보공동체는 수집을 덜 하기보다는 오히려 더 할 것이다. 여전히 수집은 정보의 기반이다. 그러나 정책결정자들이 수집에 제한을 둘 경우에, 수집하기를 선호하더라도 정보공동체는 정책결정자들의 제한에 복종한다. 정책결정자들과 같이 정보관들도 수집 비용에 대해 인식하고 있지만, 그들은 정책공동체가 할당하는 것보다 더 많은 비용을 정보수집에 사용할 수 없다. 정책공동체가 수집 자원에 있어 정보공동체보다 낮은 예산 범위를 책정하는 것이 일반적인 관행이다.

마지막으로, 정보공동체는 주어진 시간 동안 수집을 하는 것이 한계가 있다는 점에 대해 아주 잘 이해하고 있다. 정보관들은 그들이 모든 것을 수집하고 있지 않다는 것을 알고 있다. 그들은 정기적으로 어떤 지역이나 이슈를 배제하기 위한 결정을 내린다. 예산 요청 시 정보관들은 또한 수집예산 중 처리와 개발process and exploit을 위해 얼마나 많이 할당을 해야 할 것인지를 결정하는데, 처리와 개발에 투입되는 예산은 항상 수집에 할당되는 예산보다 훨씬 적다. 정보공동체는 이러한 사실들을 정책결정자들에게 전달해야 할 필요를 못 느낀다. 어느 한 수준에서, 그렇게 하는 것은 불필요하다. 다루어지지 않은 지역이 아무 문제없이 조용히 있을 것이라는 점은 정보 관리자들이 하고 있는 도박이다. 또 다른 수준에서, 이는 정책결정자들과의 관계를 나쁘게 할 수 있다. 왜 중요한 우선순위로 예상되지 않는 문제를 포괄하는 수집 범위에 관한 관심이 제고되는가? 그 지역 중 하나가 갑자기 중요한 관심사로 되거나 정보가 필요한 지역으로 되면 그들의 선택은 심각한 결과를 초래할 것이다.

분석. 정책결정자들은 자신들이 정보에 근거한 결정을 내릴 수 있게 해

주는 첩보를 원한다. 그러나 그들은 빈 칠판이나 완전히 객관적인 관찰자처럼 이 과정에 참가하지 못한다. 그들은 이미 어떤 정책이나 결과를 선호하여 자신들이 원하는 것을 지지하는 정보만을 보고 싶어 한다. 이는 반드시 문제있는 것은 아니다. 정책결정자들은 단지 자연스럽게 자신들이 원하는 곳으로 가게 해 주는 정보를 선호할 뿐이다. 이런 태도는 그들이 자신들의 선호와는 반대이지만 주목을 해야 하는 정보를 무시할 때만이 문제가 된다.

또한 일부 정책결정자들은 가능한 오랫동안 자신들의 선택지를 유지하고 싶어 한다. 그들은 중요한 결정을 내리지 않으려고 할 수도 있다. 정보는 때로 어떤 선택지를 지지할 수 없거나 위험한 결과를 초래할지도 모른다고 지적함으로써 선택지를 제한할 수 있다. 그러나 그러한 제한을 부과하면 마찰을 야기할 수도 있다.

정보는 종종 모호함과 불확실함을 다룬다. 만약 상황이 확실성을 가지고 알려진다면, 정보는 필요하지 않을 것이다(분석상자 "정보의 불확실성과 정책" 참조). 거짓 없이 보고된 정보는 불확실성과 모호함을 강조하며,

---

· 정보의 불확실성과 정책 ·

1987년에 중거리핵무기INF 폐기협정 체결을 위한 미·소 협상은 거의 막바지에 이르고 있었다. 미국 정보공동체는 이미 생산된 소련의 INF 미사일 – 모두 확인되어 파괴되어야 할 – 숫자를 추정하는 세 가지 방법을 가지고 있었다. 소련이 제공한 최종 숫자는 모두 의심스러웠다.

세 주요 정보기관은 각기 자신들의 방법론과 숫자가 고려되어야 한다고 주장했다. 그러나 이 문제를 책임지고 있었던 고위 정보관은 세 숫자 모두를 레이건Ronald Reagan 대통령에게 알려 주어야 한다고 결정했다. 어떤 정보기관 대표는 이것이 단지 소심한 책임회피라고 비난했다. 그러나 그 정보관은 대통령이 조약에 서명하기 전에 정보의 불확실성과 가능한 미사일 숫자의 범위를 알고 있어야 한다고 주장했다. 여러 방법론들 중에서 임의로 하나를 선택하는 것보다는, 그렇게 하는 것이 올바른 답이었다.

이는 여러 가지 이유로 정책결정자들의 심기를 불편하게 할 수 있다. 첫째, 정책결정자들이 자신들의 의사결정에 도움이 되는 정보를 목표로 한다면, 불확실하고 모호한 정보는 의사결정에 도움이 덜 되거나 심지어는 방해물이 될 것이다. 둘째, 일부 정책결정자들은 왜 수십억 달러의 비용을 들인 정보공동체가 문제를 해결할 수 없는지 이해를 못한다. 그들 중 다수가 중요한 이슈들은 궁극적으로 '알게 되는 것'이라고 생각하지만, 사실 많은 부분이 그렇지 않다. 정책결정자들의 이러한 태도는 정보분석관들이 내부적으로 합의에 도달하거나 의견 차이를 극복하는 장치로 작용할 수 있다.

정책결정자들은 또한 기관 간 정책 과정에서 그들의 라이벌을 지지하는 정보를 의심할지도 모른다. 그들은 자신들의 지위를 약화시키는 정보를 생산하기 위해 경쟁자들이 정보공동체와 협력했다고 의심할 수 있다. 결국, 정책결정자들은 자유로이 정보를 무시, 반대하거나 심지어 물리칠 수 있으며, 그들 자신의 분석을 제공한다. 그러한 행동은 정책결정자들이 지배하는 시스템에 고유한 것이다.

정책결정자의 이러한 행동은 논쟁의 여지가 있다. 정책결정자들이 자유롭게 정보를 반대하거나 무시할 수 있다 해도, 그들이 정보공동체로부터 분리하여 자신들의 정보사무소로 보이는 것을 설립하는 것은 합법적인 것으로 인정되지 않는다. 이라크 전쟁 발발2003~ 이전 기간에, 페이스^{Douglas} ^{Feith} 국방차관은 분석실이라고 불릴 수 있던 사무실을 설치했다. 비판자들은 그 분석실의 임무는 선호하는 정책을 지원하는 정보분석을 하는 것이라고 비판하였다. 이러한 비난 속에서 사무실은 결국 해산되었다.

정보공동체는 객관성을 유지하려고 한다. 어떤 정책결정자들은 켄트의 바람인 다른 사람들이 자신들에게 귀를 기울이는 것, 선을 위해 정책에 영향을 미치는 것뿐만 아니라 객관적이 되어야 하는 것을 충족시키는 정보공동체의 능력을 훼손할 수 있는 문제를 제기한다. 정보공동체가 정책결정자들에게 정보분석의 한계를 가능한 일찍 전달하고자 노력한다면, 갈등이나 대화단절 등을 피하거나 개선할 수 있다. 목표는 현실적인 기대와 관여의 규칙을 세우는 것이어야 한다(분석상자 "올바른 기대 설정" 참조).

비밀공작. 비밀공작은 정책결정자들에게 매력적일 수 있다. 왜냐하면 비밀공작은 이용 가능한 옵션을 증가시키고 이론적으로 직접적인 정치적 비용을 감소시키기 때문이다. 정책결정자들은 사용되지 않는 활동 역량이 많이 존재하며 정보공동체가 급히 활동을 개시할 수 있다고 생각한다. 그 가정들은 사실 세계 모든 지역이 최소한도의 수집활동과 분석 범위에 포함된다는 가정에 대한 활동의 측면에서의 대응논리이다.

정책결정자들은 성공적인 비밀공작을 원한다. 단기적인 활동에 있어서는 성공을 정의하기가 더 쉽지만, 더 긴 기간일 경우에는 정의하기 어려울 수 있다. 그 결과, 정보공동체와 정책결정공동체 간 긴장이 유발될 수 있다. 최고위 정책결정자는 최고 4년 – 한 행정부의 임기 – 의 시간 단위로 생각하는 경향이 있다. 종신 관료의 일부로서 정보공동체는 더 길게 생각하는 것이 가능하다. 정보공동체는 선거가 행정부에 부과하는 시한에 구애받지 않는다.

· **올바른 기대 설정** ·

신임 행정부가 받는 브리핑 중에, 신임 국무차관이 마약 이슈에 관해 고위 정보관 한 명과 만남을 가지고 있었다. 정보관은 마약류에 대해 알려질 수 있는 모든 정보, 즉 재배량, 수송 경로, 시가 등을 상세히 알려주었다. "이는, 이 정보와 관련해서 당신이 할 수 있을 일은 아주 적다는 것을 뜻합니다"라고 그 정보원은 결론을 내렸다.

차관은 브리핑이 왜 그런 식으로 끝나는지를 물었다.

정보관은 다음과 같이 대답했다. "왜냐하면 이것은 정보가 해결책을 세우는 정책의 능력을 앞서는 이슈이기 때문입니다. 차관님은 대응할 정책이 없을 때 이 모든 정보로 인해 실망하게 될 수도 있습니다. 저는 차후에 일어날 문제를 피할 수 있도록 우리 관계의 처음부터 차관님이 이에 대해 준비하시기 바랍니다."

정보공동체는 비밀공작에 관한 반대의 감정을 막아준다. 비밀공작은 정책결정자들이 아주 중요하다고 생각하는 분야에서 역량을 발휘할 수 있는 기회를 정보공동체에게 부여한다. 비밀공작은 또한 정보공동체의 기술이 독특하고, 공동체의 분석보다 반증이나 대안에 덜 영향을 받는 분야이다. 그러나 정보관이 생각하기에 성공할 가능성이 없거나 부적절한 활동을 정책결정자들이 요청하면 비밀공작에 대한 의견이 일치하지 않을 가능성이 많다. 일단 정보공동체가 활동을 시작하게 되면, 정책결정자들로 인하여 곤경에 빠지기를 원하지 않는다. 예를 들어, 준군사활동의 경우 정보공동체는 자신들이 선발하고, 훈련시키고, 무장시킨 세력에 대해 정책결정자들보다 더 많은 의무감을 느낀다. 두 공동체는 활동을 종료시키는 결정을 유사한 관점에서 생각하지 않는다.

정책결정자의 행동. 분석관의 특정 행동이 문제가 되는 것처럼, 정책결정자의 행동도 문제가 될 수 있다. 모든 정책결정자들이 정보를 같은 방식으로 소비하는 것은 아니다. 예를 들어, 어떤 사람은 읽기를 좋아하는 반면, 다른 사람은 브리핑 받는 것을 선호한다. 정책결정자들이 자신들의 선호를 짐작하도록 하는 대신 이를 일찍이 명확하게 전달한다면 더 잘 대접받게 된다.

정책결정자들은 수집될 수 있는 것과 확실하게 알려질 수 있는 것들의 한계, 모호함의 이유, 그리고 정보의 적절성을 항상 감지할 수는 없다. 이러한 점이 아니더라도, 정책결정자들은 때로 확실한 평가의 부족 때문에 혼란을 겪는 경우가 많다.

고위 정책결정자들이 다루어야 할 이슈는 광범위하기 때문에, 그들은 아마도 모든 이슈에 완전히 정통하지는 않을 것이다. 최상의 정책결정자는 자신이 무엇을 모르는지 알고 있으며, 더 많이 배우기 위해 노력한다. 어떤 이들은 덜 자각하고 있으며, 일이 진척됨에 따라 배워가거나 알고 있는 척한다.

나쁜 소식에 대한 가장 염려되는 반응은 그 소식을 가져온 사람에게 화를 내는 것이다. 나쁜 소식을 가져온 왕의 사자使者를 죽이던 왕들의 관행에서 비롯된 것이다. 전령들 - 정보관을 포함 - 이 나쁜 소식을 가져왔다고 해서 더 이상 죽임을 당하는 것은 아니지만, 관료 사회에서의 죽음이 발생할 수 있다. 정보관은 정책결정자에 대한 접근권을 상실하거나 중요한 회의에 착석하지 못하게 될 수 있다. 두 결과 모두 DCI 맥콘John McCone, 1961~1965에게 해당되었다. 이는 베트남전에 대한 존슨Lyndon B. Johnson 대통령의 전략을 이슈로 삼았을 때 일어난 일이었다. 정책결정자들은 또한 정보관들이 없는 곳에서 그들을 혹평하는 것으로 알려져 있다.

정책결정자들은 또한 다양한 방식(제6장 참조)으로 정치화의 원천이 될 수 있다. 즉, 공공연하게(정보관들에게 자신이 선호하거나 예상하는 결과를 말함으로써), 암암리에(같은 결과를 가지도록 하는 강한 신호를 줌으로써), 또는 부주의에 의해(그의 질문이 어떠한 결과에 대한 요구로 해석된다는 점을 이해하지 못하여) 정책결정자들이 정치화의 원인이 될 수 있는 것이다. 이라크 전쟁이 시작되기 전에 체니Dick Cheney 부통령이 여러 차례의 브리핑을 요구했는데, 정보공동체 외부의 많은 사람들은 이 요구가 정보공동체로 하여금 일정한 방향으로 결론을 맺도록 하는 암묵적인 압력이라고 생각했다. 그 결론은 이라크가 대량살상무기를 소유함으로써 위협이 된다는데 동의하는 것이었다. 비록 이것이 분석에 의한 결론이라 하더라도, 분석과정에 대해 고도로 비판적이었던 상원 정보위원회의 조사에서는 어떠한 정치화 증거도 발견되지 않았다.

정보의 이용. 정책결정자와 정보관 간 다른 점 중 하나는 정보를 어떻게 이용하는가이다. 정책결정자들은 행동을 취하기를 원한다. 정보관들은 비록 공감대를 이루고 때로 협력적이라 하더라도, 출처와 수집방법을 보호하고 공동체의 정보수집 능력을 유지하는 데 관심이 있다.

예를 들어, A국가의 한 부처 관료들이 첨단기술 부품을 확산의 의심을 받고 있는 B국가에 은밀하게 판매하기로 결정했다는 정보가 있다고 가정하자. A국의 정보공동체는, 자국의 지도자가 알고 있는지는 불분명하지만, B국에 대한 판매가 진전되고 있다는 점을 강하게 암시하는 정보를 획득하게 된다. 국무부나 기타 행정 기관은 이 상황이 미국의 국익에 중요하다는 생각 하에

A국가가 판매를 중단하도록 하는 항의서를 보내기를 원하게 된다. 그러나 미국의 정보공동체는 이것이 A국가가 - 아마 B국가도 - 미국이 상당히 좋은 정보 출처를 가지고 있다는 경계를 하도록 하게 될 것이라고 우려한다. 최소한, 그 출처를 애매하게 하는 항의서를 작성할 것을 주장한다. 이는 관료사회의 새로운 투쟁을 초래할 수 있다. 국무부는 원하는 결실 - 판매 중단 - 을 성취하기 위해 최대한 강력한 항의서를 보내고 싶어 하기 때문이다.

이러한 유형의 상황은 너무 빈번히 발생해서 양측 - 정책과 정보 - 모두에 의해 국가안보의 정상적인 측면의 하나로 받아들여질 수 있다. 이 분쟁은 정보관과 법집행관 사이의 갈등과도 유사하다. 즉, 정보관들은 더 많은 정보를 수집하기를 원하는 반면, 법집행관들은 범인을 기소하고자 하며 기소를 지지하는 정보를 사용해야 할 것이다. 때때로, 정책관들은 비밀 분류된 정보들이 만드는 것과 같은 사례를 만드는 공개출처정보의 일부를 인용하여, 그것이 특정 행동의 기반으로 사용될 수 있다고 주장한다. 그러나 정보관들은 이에 동의하지 않을 것이다. 그들은 공개출처정보는 동일한 첩보가 비밀출처에 의하여 알려질 경우에만 유효한 것이라고 주장한다. 따라서 정보관들은 공개출처정보의 사용이 비밀 정보의 출처와 수집방법을 드러낼 수도 있다고 주장한다. 영상정보의 경우에는, 최소한 고화질의 상업 영상정보의 이용 가능성이 더 커진 것이 전체 논쟁을 미연에 방지할지도 모른다.

이 논쟁에 대한 어떠한 정확한 답도 없다. 한편으로, 정보는 정책을 지지하기 위해서만 존재한다. 그렇게 이용될 수 없다면, 정보는 그 목적을 상실하게 된다. 다른 한편으로, 관료들은 특정한 행위의 과정에 의해 얻을 수 있는 이득, 그리고 정보출처나 방법을 누설하지 않음으로써 얻을 수 있는 이득을 잘 조화시켜야 한다. 이용할 수 있는 정보라는 것이 지속적인 일반 목표이지만, 어떤 정보가 언제 어떻게 사용되어야 하는가는 논쟁을 피할 수 없다.

긴장. 정책결정자와 정보공동체 간의 관계는 공생共生적이어야 한다. 정책결정자는 정보공동체의 자문에 의지해야 하고, 그것이 정보공동체가 존재하는 중요한 근본적 이유이다. 공동체가 양질의 자문을 제공하기 위해서는, 정책결정자들이 정보관들에게 주요 정책 방향과 구체적인 분야에 대한 이해관계와 우선순위를 계속해서 알려주어야 한다. 이는 양자의 관계가 동등한 것이 아님을 의미한다. 정책과 정책결정자는 정보공동체 없이 존재하고 기능할 수 있지만, 그 반대는 성립하지 않는다.

정책과 정보를 나누는 선 – 그리고 정책결정자는 그 선을 넘을 수 있지만 정보관은 그럴 수 없다는 사실 – 도 관계에 영향을 미친다. 정책결정자들은 정보가 그 선에 너무 근접한다는 것을 알게 되었을 때 경계하는 경향이 있다. 그러나 그들은 정책안들 또는 행동안들 중에서 선택할 때 정보관이 자문을 위해 그 선을 넘을 것을 요구한다. 결과에 상관없이 객관성을 유지하기 위해 정보관들이 거절하면, 정책결정자들은 분개하는 경우도 있다. 또한 최고의 정보공동체에서 그 선은 희미해질 수 있으며, 국가정보국장DNI은 자문, 실제로는 정책 자문을 요청받을 수도 있다.

미국에서는, 당파적 정치 또한 정책 – 정보 관계의 한 요소가 된다. 비록 각 행정부마다(아이젠하워 행정부 때는 정치적 비밀공작에 더 중점을 둔다든가) 강조하는 바에 차이가 있기는 하지만, 정보정책에는 일반적인 지속성이 존재한다. 게다가, 1976년까지 정보는 선거 승리의 전리품으로 취급되지 않았다. 다른 모든 기관 및 부처의 수장과 달리, 중앙정보국DCI은 새 행정부의 등장과 함께 자동적으로 교체되지 않았다. 닉슨 대통령1969~1974은 워터게이트 사건의 수사를 축소시키려는 의도로 CIA를 정치적 목적으로 이용하려고 했다. 그러나 정보공동체의 정치적 분리를 끝맺은 것은 바로 카터 행정부1977~1981였다. 카터Jimmy Carter는 1976년의 선거 운동에서 베트남, 워터게이트, 그리고 최근의 미 정보기관의 조사를 총괄적으로 다루었다. 카터가 대통령에 당선되었을 때, DCI 부시George Bush, 1976~1977는 CIA가 지속성을 가질 필요가 있다고 말하며, 자신의 유임과 모든 당파적 정치를 피할 것을 제안했다. 카터 대통령 당선자는 자신이 선택한 DCI를 원한다고 말했다. 이는 재직중인 DCI가 새 행정부에 의해 사직을 요구받은 최초의 경우였다. 이와 유사하게, 레이건Ronald Reagan은 1980년의 선거 캠페인에서 'CIA 강화'를 강조하였고, 케이시William J. Casey, 1981~1987를 새로운 DCI로 임명하였다. 같은 당 내에서 대통령이 교체된 경우, 부시George Bush 대통령은 DCI 웹스터William H. Webster, 1987~1991를 그의 임기 대부분 동안 기용했고, 클린턴Bill Clinton은 DCI 게이츠Robert M. Gates, 1991~1993를 울시James Woolsey 로 교체하였다. 따라서 백악관 내에서의 당파 변화는 DCI 교체도 의미하게 되었다. 그러나 2001년에 부시 대통령은 클린턴이 임명했던 DCI 테넷George Tenet을 제거하라는 당 내부의 충고에도 불구하고 유임시켰다. 따라서 테넷은 대통령직의 당 변화에도 불구하고 직위를 유지했던 헬름즈Helms 이후의 첫 번째 DCI가 되었다. 그러나 새로운 관행이 만들어진 것인지는 확실하지 않다.

새로운 행정부가 집권했을 때 DCI(또는 현재는 DNI)의 교체를 찬성하는 주장은 대통령이 편안해 하는 사람으로 정보공동체 지도자를 두어야 한다는 것이다. 그러나 비당파적인 DCI 시절에는, 워싱턴 D.C.의 많은 사람들이 DCI(직업 정보관이 아닌 DCI조차도)의 전문성을 강조했고, 정보기관은 각 대통령이 스스로 임명한 사람들로 채우는 다른 조직과는 차별성이 있어야 한다는 생각을 가지고 있었다. 객관적인 정보공동체는 선거의 당파적 전리품의 일부가 아니었다. 1977년 이래의 변화는 DCI에게 당파적 성격을 갖다 붙임으로써 정책-정보 관계에 영향을 주었다. 그 변화는 또한 DCI로 근무하는 전문적 정보관으로부터 거리가 멀어짐을 의미했다. 비록 과거에 전문가들만이 임명된 것은 아니었지만, 미래에는 더욱 전문가들이 선정될 것 같지 않다. 새로운 정보 관련 법률은 DNI가 "국가 안보에 대해 해박한 전문 지식을 가지고 있어야 한다"고 요구하고 있다. 어떠한 추가 사항도 정의되지 않았으며, 가능한 지명자 범위를 충분히 허용할 수 있도록 문구가 의도적으로 모호하다.

마지막으로, 외부의 강요, 특히 전자 뉴스 매체의 강요가 관계에 영향을 미칠 수 있다. 대중적인 믿음과는 반대로, 텔레비전 뉴스는 주요한 정책 변화를 가져다 주지 못한다. 텔레비전 뉴스는 국가와 그 지도자들에게 커뮤니케이션의 수단으로 기능하며, 첩보의 대안적 출처로서 정보공동체와 경쟁한다. 미디어는 때때로 특종 기사로 정보공동체를 앞지른다. 이는 그들이 정보기관이 모르는 것을 알고 있기 때문이 아니다. 대신, 전자 미디어 – 특히 24시간 네트워크 – 는 속도에 최우선순위를 두며, 필요할 때 자료를 업데이트하고 수정하는 능력과 의지를 가지고 있다. 정보공동체는 그 같은 고급능력이 없으며 최초 보고서를 준비하는 데 더 많은 시간이 걸리곤 한다. 미디어에 추월당하는 것은 정책결정자들로 하여금 미디어가 정보공동체가 제공하는 것과 거의 같은 내용을 더 빠른 속도와 낮은 비용으로 제공한다는 잘못된 믿음을 가지게 만들 수 있다.

비록 많은 이슈들이 정책결정자들과 정보공동체 간 긴장을 조성하는 것 같지만, 정책-정보관계의 중심에는 갈등만이 존재하는 것은 아니다. 모든 수준의 정책결정자와 정보관 사이에 친밀하고 신뢰할 수 있는 실무적 관계가 널리 퍼져 있다. 그러나 훌륭한 실무적 관계는 주어진 것이 아니며, 마찰의 모든 잠재적 원인을 이해하지 않고서는 제대로 평가할 수 없다.

더 읽을거리

정보과정의 중앙집중성에도 불구하고, 정책결정자와 정보관의 관계는 정보과정 다른 분야에 비하여 별 관심을 끌지 못하고 있다.

Betts, Richard K. "Policy Makers and Intelligence Analysts: Love, Hate, or Indifference?" *Intelligence and National Security* 3 (January 1988): 184~189.
David, Jack. *Analytic Professionalism and the Policymaking Process: Q&A on a Challenging Relationship*. Vol. 2, no. 4. Washington, D.C.: Central Intelligence Agency, Sherman Kent School for Intelligence Analysis, October 2003.
Heymann, Hans. "Intelligence/Policy Relationships." In *Intelligence: Policy and Process*. Ed. Alfred C. Maurer and others. Boulder, Colo.: Westview Press, 1985.
Hughes, Thomas L. *The Fate of Facts in a World of Men: Foreign Policy*

and Intelligence Making. New York: Foreign Policy Association, 1976.
Hulnick, Arthur S. "The Intelligence Producer-Policy Consumer Linkage: A Theoretical Approach." *Intelligence and National Security* 1 (May 1986): 212~233.
Kovacs, Amos. "Using Intelligence." *Intelligence and National Security* 12 (October 1997): 145~164.
Lowenthal, Mark M. "Tribal Tongues: Intelligence Consumers and Intelligence Producers." *Washington Quarterly* 15 (winter 1992): 157~168.
Poteat, Eugene. "The Use and Abuse of Intelligence: An Intelligence Provider's Perspective." *Diplomacy and Statecraft* 11 (2000): 1~16.
Steiner, James E. "Challenging the Red Line between Intelligence and Policy." Washington, D.C.: Institute for the Study of Diplomacy, Georgetown University, 2004.
Thomas, Stafford T. "Intelligence Production and Consumption: A Framework of Analysis." In *Intelligence: Policy and Process.* Ed. Alfred C. Maurer and others. Boulder, Colo.: Westview Press, 1985.
U.S. Central Intelligence Agency, Center for the Study of Intelligence. *Intelligence and Policy: The Evolving Relationship.* Washington, D.C.: Central Intelligence Agency, June 2004.

10

감시와 책임

"Sed quis custodiet ipso custodes?" ("하지만 경비대는 누가 지킬 것인가? - But who will guard the guards?")라고 로마의 시인이자 풍자가인 쥬베날Juvenal이 물었다. 정보의 **감시**oversight는 항상 문제가 되어 왔다 (oversight 또는 oversee는 '감시' 또는 '감독'으로 해석되는 바, 여기서는 기관간의 평등한 개념의 통제는 '감시'로, 상부기구의 하부기구에 대한 조사와 통제는 '감독'으로 번역한다 - 역자 주). 정보를 통제할 수 있는 능력은 민주국가이든 전제국가이든 관계없이 어느 국가에서나 중요한 권한이었다. 다른 어떤 수단에 의해서도 수집이 불가능하고 그 유포가 종종 제한되는 첩보가 정보의 중요한 부분이다. 정보를 통제하고, 감시, 도청, 기타 공작에 대한 전문성을 가지고, 비밀성의 구실 뒤에서 운영함으로써, 정보기구는 정부 수반을 위협하는 잠재력을 가지게 된다. 따라서 정부의 지도자들이 정보기관을 효과적으로 감독하는 능력은 극히 중대하다.

민주주의 국가에서 정보기관에 대한 감시는 주로 행정부와 입법부가 공유하는 책임이다. 감시에 관련되는 이슈는 예산, 정책 요구에 대한 대응, 분석의 질, 운영 통제, 활동의 우선순위 등 일반적인 것들이다. 미국은 입법부에 광범위한 감시 책임과 권한을 주기 때문에 독특한 제도로 평가되고 있다. 다른 국가들의 의회도 정보활동을 감시하는 위원회를 두고 있지만,

> · 언어적 여담: 감시의 두 가지 의미 ·
>
> 감시oversight는 반대되지는 않지만 구분되는 두 가지 의미를 가지고 있다.
>
> · 감독supervision, 주의 깊은 돌봄 ("우리는 그 활동을 감시한다"에서와 같이)
> · 경고하거나 주의를 기울이지 못함 ("우리는 그것을 놓쳤어. 실수였어"와 같이)
>
> 정보활동을 감시함에 있어, 의회와 행정부는 첫 번째 정의를 수행하고 두 번째 정의를 피하려고 한다.

미국 의회와 같이 광범위하게 감시하는 권한을 가지지는 못한다(분석상자 "언어적 여담: 감시oversight의 두 가지 의미" 참조).

행정부의 감시

감시 문제의 핵심은 정보공동체가 그 기능을 적절히 수행하고 있는가, 즉 공동체가 올바른 질문을 던지고 있는가, 정책결정자들의 요구에 응하고 있는가, 그 분석에는 엄격한가, 올바른 활동 능력(정보수집과 비밀공작)을 가지고 있는가이다. 정책결정자들은 답변하는 정보공동체 그 자체만을 신뢰할 수 없다. 동시에, 고위정책관료들(국가안보보좌관, 국무장관과 국방장관, 대통령)은 정보공동체에 대하여 지속적인 경계를 유지할 수는 없다. 정보공동체 이외에, 국가안보회의NSC의 정보프로그램실이 행정부 내에서 정보활동 일일 감독 및 정책 결정을 내리는 최고위 조직이다. 2004년 정보법에 의해 합동정보공동체위원회JICC가 창설됨으로써 행정부 내의 새로운 감시 기구가 만들어졌다. JICC는 국가정보국장DNI이 위원장이며, 위원에는 국무장관, 재무장관, 국방장관, 에너지장관, 국토안보부장관, 법무장관 등이 포함되어 있다. JICC는 요구, 예산, 실적, 평가 등에 관한 DNI의 자문그룹 역할을 수행한다. JICC 위원은 누구라도 DNI가 제공하는 것과 반대되는 자문이나 의견을 대통령에게 제출할 수 있다. DNI 이외에 어떠한 JICC 위원도 기본적인 정보운영의 이슈인 위원회의 효율성 제고에 관한 문제에 투자할 시간이 많지 않다. 한편, JICC 위원들이 대통령에게 자신들의 의견을 전달할 수 있는 개별적인 권리를 가졌다는 점은, 이미 DNI보다 더 많은 권한을 가진 내각 관료들이 DNI의 결정에 반대할 수 있는 추가적인 수단을 가졌다는 것을 의미한다.

1953~1961년의 아이젠하워Dwight D. Eisenhower 행정부 이래 대통령들은 NSC 정보프로그램실에서 행하는 것보다 더 높은 수준의, 더 객관적인 감독을 하기 위해 대통령해외정보자문이사회PFIAB: President's Foreign Intelligence Advisory Board에 의존해 왔다. PFIAB의 이사들은 대통령이 임명하며, 보통 전직 고위 정보관과 고위 정책관, 관련된 상업적 배경이 있는 개인들이 포함된다(1990년대에 일부 인사들은 대체로 정치적 선호에 의하여 PFIAB에 지명되었다). PFIAB는 (로스알라모스 국립연구소에서 일어난 중국 스파이 사건에 대한 조사와 같은) 문제에 대응하거나 (소련의 전략적 능력과 의도에 관한 A팀-B팀의 경쟁적 분석과 같은) 활동을 시작할 수 있다.

정책결정자에 대한 PFIAB의 관계는 정책결정자와 정보기관 사이의 관계에서 나타나는 것과 동일한 긴장관계에 들어갈 수 있다. 2001년부터 2005년까지 PFIAB는 스코우크로프트Brent Scowcroft가 이끌었는데, 그는 포드Gerald R. Ford, 1974~1977와 부시George Bush, 1989~1993 대통령 하에서 국가안보보좌관을 지냈다. 그는 2003년 이라크 침략 결정을 반대했는데, 이는 그가 이전에 부시와 가까운 관계에서 일했던 것을 생각하면 다소 놀라운 일이었다. 2005년에 부시George W. Bush 대통령은 스코우크로프트의 반대 의견에 대하여 불만족하여 그를 교체하였다.

집행부는, 때로 분석적 이슈(9·11 테러 공격에 대한 A팀-B팀 분석)를 조사하기도 하지만, 간첩활동과 비밀공작 관련 이슈에 대한 감시에 집중하는 경향을 보여 왔다. 간첩활동에 대한 감시는 에임즈Aldrich Ames 스파이 사건이나 중국의 간첩활동 의혹 같은 실책 사례에 집중한다. 예를 들어, 1999년에 PFIAB는 중국의 간첩활동과 관련된 에너지부의 보안 관행을 가혹하게 비판하는 보고서를 발행하였다. 다른 모든 활동과 마찬가지로, 집행부 조직은 비밀공작 감시에 대한 책임을 나누어서 맡고 있다. 대통령은 모든 비밀공작 활동에 대한 승인을 맡고, 그에 대한 일일 관리 책임은 CIA 국장DCIA과 공작국장이 맡는다.

비밀공작에 관련된 감시 문제에 있어서 한 가지 중요한 점은 그럴듯한 부인의 운영 개념이다. 대규모 준군사작전 - 피그 만이나 니카라과 콘트라 반정부세력에 대한 공작과 같은 - 의 경우, 부인은 다소 그럴듯하지 못하다. 그러나 많은 비밀공작은 훨씬 규모가 작아서, 미국의 역할을 그럴듯하게 부인할 수 있는 가능성이 있다. 비밀공작에 대한 일부 비판자들은 그럴듯한 부인이 운영자들에게 공작을 수행할 수 있는 면허를 더 많이 주기 때문에 책임감을 약화시킨다고 주장한다. 대통령이 공작 활동과의 연관성을 부인할 것이기 때문에, 공작은 별 다른 제한 없이 수행된다. 비판자들은 고려할 만한 가치가 있는 점을 제기하지만, 많은 정보관들의 전문성을 간과한다.

비밀공작에 관련된 또 한 가지 중요한 감시 문제는, 때로 **지구적 승인서** golbal findings라고 불리는, 광범위한 대통령의 승인서와 협소한 승인서의 관계이다. 지구적 승인서는 테러나 마약류와 같은 초국가적 이슈를 다루기 위해 작성된다. 승인서가 광범위할수록, 그리고 그 구체성이 덜할수록, 정보공동체가 관련된 활동을 결정하는 범위는 더 커진다. 비록 대통령이 비밀공작의 정의를 명확히 해야 한다고 시사하지 않더라도, 광범위한 승인서는 정책 선호도와 공작을 분리시키는 더 큰 위험을 안겨줄 가능성도 있다.

정책결정자들은 또한 비밀공작을 평가하거나 기획하도록 요청받을 때 정보공동체의 객관성을 염두에 두어야 한다. 또한 자신들의 능력을 보여줄 필요가 있다고 느끼는 정보관들은 제안된 활동의 실현가능성이나 유용성을 냉정하게 평가하지 않은 채 행동에 옮길 가능성도 크다.

진행중인 비밀공작의 상대적 성공을 평가할 때에도 유사한 문제가 생길 수 있다. 정책결정자들과 정보관들이 성공의 가능성에 동의했는가? 이러한 가능성의 징후가 분명한 것인가? 그렇지 않다면, 공작의 종료에 용인되는 일정은 어떠한가? 공작을 종료하기 위한 계획은 무엇인가?

마지막으로, 정보분석관들은 동료들이 중요한 비밀공작, 특히 준군사작전을 수행하는 국가의 상황에 대한 객관적인 평가를 내릴 수 있는가? 1990년대 중반 공작국과 정보국 간 맺어진 더 친밀한 제휴관계의 관점에서 이 이슈에 대한 관심이 고조될지도 모른다.

정보활동의 타당성 또한 감시의 한 측면이 될 수 있다. 법률과 행정명령 EOs에 따라 정보활동이 이루어지고 있는가? 모든 정보기관은 감찰관과 법률고문관을 두고 있다. 또한, 대통령해외정보자문이사회 PFIAB의 부속기관인 대통령정보감시이사회 PIOB: President's Inelligence Oversight Board는 조사권한을 가지고 있다. 그러나 PIOB는 사건을 추적하거나 소환할 수 있는 권한이 없다. PIOB는 집행부 관료들의 사건의뢰에 의존하고 있다. 그럼에도 불구하고, PIOB는 몇몇 유용한 기밀 조사를 수행해 왔다.

2001년 이후 정보활동의 핫 이슈가 되었던 논란은 주로 9·11 공격과 이라크의 대량살상무기 WMD 소유설이었는데, 이는 정보활동 평가를 제공하는 외부 위원회의 이용을 증가시켰다. 미국에서는, 의회 상하 양원의 합동질의가 그다지 만족스럽지 못하게 보고된 이후, 부시 대통령에게 9·11 이전의 정보활동에 대한 조사를 위한 위원회를 설치하도록 엄청난 압력이 가해졌다. 이와 유사하게, 이라크 논쟁 이후 부시는 WMD 위원회를 지명하였다. 영국과 호주의 수상들 역시 이라크에 대한 정보활동을 조사할 위원회를 설치하였다. 영국의 버틀러 Butler 보고서는 이라크의 WMD 프로그램에 대한 정보, 특히 인적 자원에 의한 정보는 거의 없다고 결론지었다. 버틀러 경과 그의 동료들은 정보의 많은 부분이 추정에 의한 것이기는 하지만, 정보활동 평가가 자신들이 가지고 있는 정보를 잘 활용했다고 생각했다. 미국에서도, 분석관들은 주요 인적 자원의 배후에 대해 완전한 지식을 가지고 있지 못했다. 보고서는 또한 정보의 정치화는 없었음을 알아냈다. 호주의 플러드 Flood 보고서 역시 비슷한 조사결과를 내놓았는데, 일부에서 미국 정보활동과 관련하여 비판한 첩보의 부족 – 이 중 많은 부분이 미국이나 영국으로부터 호주로 왔으며, WMD의 기술적 문제뿐 아니라 이라크에서의 정치적 맥락을 조사하지 못한 것 - 을 지적하였다. 그러나 플러드 보고서는 보다 나은 정보과정이 있었더라면 이라크의 WMD 상황에 대하여 정확한 결론을 이끌어 냈을 것이라는 점에 대해서는 의문을 제기하였다. 보고서는 또한 정치화된 정보의 증거는 없다고 밝혔다.

앞으로 수년간 세 나라 모두의 정보기관을 따라다닐 것 같은 이 문제에 알맞은 결론은 DCI를 위해 이라크조사그룹ISG: Iraq Survey Group을 이끈 듀얼퍼Charles A. Duelfer의 보고서에 의하여 이루어졌다. ISG는 바그다드 점령 이후 2년 동안 이라크에 머무르면서 이라크의 WMD 상황을 조사하였다. 듀얼퍼는 UN특별위원회UNSCOM: United Nations Special Commission의 선임위원으로서, 1991년 걸프전 이후 1998년 이라크 지도자 후세인Saddam Hussein에 의해 추방될 때까지 이라크 무장해제의 감독을 맡았다. 듀얼퍼는 후세인이 WMD를 확보하기로 결정했지만, 미국의 제재가 풀릴 때까지 기다릴 것이라고 결론지었다. 그러나 그 목표를 이루기 위해서, 후세인은 일단 제재가 풀리면 최대한 빠른 시일 내에 미사일과 화학무기를 포함한 WMD를 재편성할 능력을 보존하기를 원하였다. 결국 후세인은 전략적 모호성을 추구하여, 이라크가 약해져 있던 동안 이란을 억지할 수단으로 이라크가 WMD를 보유하고 있음을 이란에게 확신시켜 주고자 했다. 듀얼퍼의 평가가 정확하다면, 정보기구가 후세인의 의도를 정확히 평가했지만 그의 WMD 보유목록의 작성에는 실패했으며, 후세인이 WMD를 가지고 있음을 알리는 징후를 정확히 집어내지 못했다는 주장이 제기되었다. 당시의 보고만으로는 정확한 상황을 판단하기 어려웠다.

위원회의 이용 증가는 여러 가지 이슈를 등장시킨다. 첫째, 개념상 대개의 위원회들은 본질적으로 정치적이다. 정부는 어떤 정치적 이익을 얻고자 하거나 위원회 창설에 있어 정치적 압력에 굴하고 있다. 둘째, 위원회들이 집권 정부에 의해 만들어졌음을 감안하면, 위원회의 객관성 문제가 항상 제기된다. 이는 보통 정치적 견해나 배경이 다양한 위원들을 지명함으로써 해결될 수 있다. 그러나 이것이 세 번째 문제를 야기한다. 그들이 주제에 대해 얼마나 많은 전문지식을 보유하고 있는가? 다른 전문직과 마찬가지로 정보활동도 그 자체의 용어나 관행이 있으며, 그 중 일부는 외부 사람들이 조사과정을 이해하거나 배우기가 어려운 것들이다. 너무 많은 전직 정보 전문가가 지명될 경우, 위원회는 편향적으로 될 것이다. 그러나 많은 위원들이 정보 관련 경험이 거의 없거나 아예 없다면, 그들의 유의미하고 통찰력 있는 방식으로 조사할 능력이 약화될 수도 있다. 마지막으로, 위원회를 만들어내는 정치적 환경은 그 기구에서 중요한 그룹이 결과에 만족하지 못해 속임수를 쓰거나 폭력을 가할 가능성을 증가시킨다.

의회의 감시

의회는 정보활동 감시 - 그리고 국제안보든 국내안보든 간에 모든 감시 문제 - 에 대해 행정부와는 다르지만 똑같이 합법적인 견지에서 접근한다.

의회의 감시 개념은 헌법에 정해져 있다. 미국 헌법 제1조 8절 18항은 다음과 같이 설명하고 있다. "의회는 앞서 말한 권한과 이 헌법에 따라 미국정부와 그 부처 혹은 관료에게 부여된 기타 모든 권한을 실행시키기 위해 필요하고 적절한 모든 법률을 제정할 권한을 가진다." 법원은 의회가 입법할 수 있는 어떠한 주제에 대해서도 집행부의 보고를 요구할 수 있는 권한을 가질 수 있다고 인정하였다. 의회의 감시의 본질은, 보통 행정부가 가지고 있으며 정부의 기능과 관련된 첩보에 대한 접근을 확보하는 능력이다.

헌법상의 위임은 차치하고, 의회가 모색하는 모든 감시의 주요 요인은 의회가 정부와 같이 집행부로서 인정을 받으려는 기대에서 나온 것이라 할 수 있다. 이것은 항상 성취하기 쉬운 것은 아닌데, 그 이유는 의회에는 535명의 의원이 있는 반면 정부는 궁극적으로 한 목소리, 즉 대통령의 목소리로만 이야기하기 때문이다. 이러한 중요한 차이점 때문에 어떤 사람들은 의회의 헌법적 권한이 실질적으로 제 기능을 발휘할지에 대해 의문을 가진다.

더욱이 국가안보영역에서, 의회는 종종 대통령에게 군 최고사령관으로서의 책임을 수행하기 위한 꽤 많은 여지를 주어 왔다. 이는 1960년대의 미사일 격차에 관한 설이나 1970년대의 전략적 무방비의 시간대strategic window of vulnerability 설(제2장 참조)과 같이 국가안보나 심지어 정보 이슈에 있어 당파적 논쟁이 발생하지 않음을 시사하는 것은 아니다. 반대로 탈냉전 시기에 논쟁은 더욱 당파적이 되었다.

의회는 감시 기능을 수행하는 데 사용할 수 있는 여러 가지 수단을 가지고 있다.

예산. 연방정부 전체에 대한 예산 통제는 의회 감시의 가장 기본적인 방편이다. 미국 헌법 제1조 9절 7항에는 다음과 같이 나와 있다. "법에 의해 정해진 의회의 세출 승인이 있지 않고서는 어떠한 자금도 재무부에서 인출되지 못한다. 그리고 모든 공공 자금에 대한 정기적 수입 및 지출 상황 및 회계가 수시로 발간되어야 한다."

의회의 예산 절차는 복잡하고 중복된다. 이는 두 가지 주요 활동, 즉 **허가**authorization와 **세출 승인**appropriation으로 이루어진다. 허가는 특정 프로그램과 활동의 승인으로 구성된다. 위원회의 허가 역시 프로그램 운영을 위한 자금의 지원을 제시하는 것이다. 하원과 상원의 정보 상임위원회가 정보활동 예산의 주요 허가자이다. 하원과 상원 군사위원회가 일부 국방관련 정보활동 프로그램을 허가한다. 세출 승인은 허가된 프로그램에 구체적인 금액을 배당하는 것으로 이루어진다. 하원 및 상원 세출위원회의 국방소위원회가 정보활동에 대해 이 기능을 수행한다.

기술적으로 말해서, 의회는 처음에 허가하지 않았던 프로그램에 대한 자금을 승인하지 않는다. 의회 회기가 끝나기 전에 허가 입법이 통과되지 못하면, 세출 승인 법안은 허가 법안이 통과될 때까지 그 법안으로 기능할 수 있음을 설명하는 문구를 담는다(부시 대통령은 의회가 대통령이 비밀공작에 대해 48시간 전에 의회에 통지하도록 하는 조건을 포함했다는 이유로 정보활동 허가 법안에 거부권을 행사한 적이 한 번 있다. 이에 따라 의회는 그 문구를 생략하여 고친 허가 법안을 통과시켰다. 이 입법안 관리를 책임지고 있는 의회 직원은 테넷George J. Tenet이었는데, 그는 상원 정보위원회의 전문위원이었으며 후에 DCI로 근무하게 되었다).

허가자와 승인자 사이에는 보통 일종의 긴장이 느껴질 수 있다. 허가와 세출 승인 법안은 때때로 매우 다양하다. 예를 들어, 허가자는 프로그램을 허가하지만 세출 승인자들이 거기에 상당한 자금을 승인하지 않는 경우가 있다. 이것은 **무의미한 예산 허가**hollow budget authority라고 불린다. 또는 세출 승인자들이 허가되지 않은 프로그램이나 활동에 대한 자금 편성에 대해 찬성투표를 할 수도 있다. 이러한 자금을 **허가되지 않았지만 승인된**appropriated but not authorized 것(또는 "A가 아닌 A")이라고 부른다. 두 경우 모두, 세출 승인자들은 자신들의 생각대로 결정하거나 허가자들을 무시하는 행동을 취하고 있다(분석상자 "의회의 유머: 허가자 대 승인자" 참조).

세출이 승인되었지만 허가되지 않았을 때, 기관은 자금을 받지만 의회가 지출을 허가하는 법안을 통과시킬 때까지 그 돈을 사용하지 못할 수도 있다. 그러나 때때로 기관은 자금 사용의 승인을 요구하며 의회에 프로그램 재기획 요청을 제출하기도 하며, 의회는 비공식적으로 이를 승인할 수 있다. 의회가 새로운 허가 법안을 통과시키거나 프로그램 재기획 요청을 승인하지 않으면, 자금은 회계연도 말에 재무부로 복귀된다.

9·11 위원회(미국에의 테러공격에 대한 국가위원회)가 보고서를 발표한 이후, 정보활동 허가와 세출 승인 업무를 각 의회의 한 위원회로 합하는

· **의회의 유머: 허가자 대 승인자** ·

허가위원회에 앉아 있는 사람들과 세출승인위원회에 앉아 있는 사람들 사이의 긴장은 의회에서 종종 들리는 농담으로 명쾌하게 특징지어진다.

"허가자들은 자신들이 신神이라고 생각think하고, 승인자들은 자신들이 신임을 알고know 있다."

것에 관한 논의가 제기되었다. 그러한 변화는 잠재적인 예산 관련 단절 상태를 끝낼 수 있을 것이다. 이는 또한 국방 세출 승인 절차에서 정보활동 예산을 삭제하게 될 것이다. 그러나 의회는 그 제안에 응하지 않았다. 상원은 2004년 정보법에 정보활동 예산 수치를 공개하는 조항을 포함시켰다. 상원은 또한 정보 관련 특별 세출 승인 소위원회를 창설할 계획이었다. 기밀 취급을 받지 않는 예산 조항이 최종 법안에서 삭제되자, 별도의 정보관련 상원 세출 승인 소위원회의 설립 이슈가 문제되었다. 소위원회에서 승인받은 정보활동 예산 수치가 비밀로 유지된다 해도, 이는 다른 모든 세출 승인을 합하여 전체 액수에서 빼면 쉽게 산출될 수 있었다. 그 나머지가 정보활동 세출 승인이 될 것이다. 따라서 비밀 유지를 위해, 정보활동 세출 승인을 국방비 세출 승인에 포함시키는 것이 더 편리하게 된다. 따라서 이로 인해 별도의 정보활동 소위원회는 불필요하게 된다.

감시를 위한 예산의 구심성centrality은 명확해야 한다. 대통령이 제출한 예산안 검토와 대안 혹은 변동사항 입안 시, 의회는 각 기구의 규모와 형태, 각 프로그램의 세부사항, 그리고 차년도 자금 지출 계획을 조사하게 된다. 어떤 다른 활동도 이와 동일한 정도의 접근권이나 통찰력을 제공하지 않는다. 게다가, 모든 정보활동 관련 지출에 대한 의회 승인의 헌법적 요건을 고려하면, 의회는 어떤 다른 분야에서도 정보예산 절차에서만큼의 영향력을 가지지 못한다.

연간 예산 절차에 대한 비판자들은 예산이 해마다 매우 다양할 수 있음을 고려할 때, 의회의 연간 예산 승인이 의회에 통찰력과 권력을 줄 뿐만 아니라 행정부로 하여금 자금 조달에 있어 빈번한 변동에 직면하게 한다고 주장한다. 모든 집행기구가 복수 연도 세출승인이나 **무기한 세출 승인**no year appropriations, 즉 반드시 회계연도 말까지 소비되어야 할 필요가 없는 예산 승인을 바란다. 일부 자금이 이런 식으로 분배된다 하더라도, 의회는 대규모로 그렇게 하는 것은 반대한다. 왜냐하면 그러한 조치는 기본적으로 의회의 국고관리 권한을 약화시킬 것이기 때문이다(승인된 자금이 회계연도 말까지 집행되지 않으면

재무부로 환급된다. 각 기구는 회계연도 말까지 배당된 모든 자금을 집행할 수 있도록 세심하게 신경을 쓰고 있다. 운영예산실OMB: Office of Management and Budget 또한 예산이 너무 빠르거나 너무 느리게 사용되지 않도록 하기 위해 회계연도 동안 기관들의 집행비율을 모니터한다).

의회는 최근 수년간 정보활동에 대한 추경 세출 승인 법안의 이용을 증가해 왔다. 기본적으로 **추경 세출 승인**supplemental appropriations은 기관들로 하여금 애초 계획했던 금액 이상의 자금을 이용 가능하게 한다. 예상하지 못했던 긴급 상황의 경우에는 추가법안을 위한 요건이 쉽게 이해된다. 그러나 반복해서 - 아마도 매년 - 추경예산이 이용될 때에는 문제가 된다. 추경 세출 승인은 자금의 단일연도 유입이다. 연도에 따라 세출 승인의 규모에 대해 어떠한 보장도 이루어지지 않지만, 추경예산은 이들이 다시 사용될 수 있을 것이라는 가능성의 관점에서 더 위험한 것으로 보인다. 따라서 중요한 활동의 자금이 추경 세출 승인에 의해 조달되고 있다면, 그 다음 해에는 자금 부족으로 그 활동을 종료하거나 활동을 줄여야 할지 모른다. 확실히, 기관들은 추경예산이 기본 예산안에 포함되기를, 즉 정규 예산에 더해져서 다음 연도에 좀 더 효율적으로 계획을 세울 수 있기를 선호한다. 반복적인 추경예산 통과가 사업에 미치는 영향에도 불구하고, 성장을 통제하는 수단을 유지하기 위해, 의회는 정규예산에 포함하는 것을 달가워하지 않아 왔다. 추경예산 이용은 너무 정기적이어서 의회와 행정기관 모두 예산순환 초기부터 추경예산을 계획한다.

의회는 예산 통제를 사용해 정보활동에 대한 권한을 가진다. 예를 들면, 1980년대에 의회는 레이건 행정부의 니카라과 정책을 제한하기 위해 정보활동 예산을 이용했다. 의회는 하원 정보위원회 의장인 볼란드Edward P. Boland(민주당 매사추세츠)의 후원을 받아, 니카라과 반정부 세력인 콘트라에 대한 전투자금의 지원을 거부하는 일련의 개정안을 통과시켰다. 이러한 제한을 빠져나가려는 노력이 이란-콘트라 스캔들을 일으키게 하였다.

청문회. 청문회hearings는 책임 있는 관료로부터 첩보를 요청하고 외부 전문가로부터 대안적 관점을 얻는 수단으로서 감시 절차에서 필수적이다. 청문회는 논의 주제에 따라 대중에 공개될 수도 있고 아닐 수도 있다. 정보의 본질상, 정보위원회의 청문회 대다수는 비공개이다.

청문회는 반드시 적대적인 것은 아니지만, 대립적이다. 청문회는 객관적인 정책 논의가 아니다. 행정부는 청문회를 구체적인 정책 선택을 옹호하기 위한 포럼으로서, 그리고 정책을 의회 및 이해관계가 있는 대중 집단에게 선전하는 기회로 이용한다. 의회는 이것을 이해하며, 소속당에 관계없이 의구심을 가지고 행정부로부터 정보를 받는다. 정보관들은 정책 선전에 대해서는 대체로 면제받는데, 그들은 주어진 정책을 지지하거나 공격하지 않으면서 이슈에 관한 정보공동체의 관점을 의회에 제공한다. 그들은 정책과 정보를 분리하는 선을 넘은 것으로만 인식되지 않으면, 그 선 때문에 의회의 비난으로부터 보호를 받는다. 이 문제는 이라크 WMD의 경우에 관심사항으로 등장하였다(집행부 정책결정자들은 정보공동체의 의회 증언이 정보공동체의 의도가 아니었더라도, 정책을 지지하지 않거나 음해하는 것으로 여길지도 모른다). 그러나 정보관들이 정보정책 - 역량, 예산, 프로그램, 정보관련 논쟁 - 에 관해 증언할 때는 그들 또한 의회를 상대로 한 영업 모드가 된다.

청문회는 청문회 기간 중 대두된 이슈들을 추적하기 위해서 의원이나 보좌관들이 증인이나 기관에 대하여 행하는 '기록에 남기기 위한 질문 QFRs: questions for the record('kew-fers'로 불리기도 함)'으로 이어진다. 비록 QFR이 집행부에 그들의 주장이 정당함을 입증하거나 새롭게 지지를 받을 수 있는 첩보를 추가적으로 제공하는 기회를 준다 해도, 질문들은 대체로 징벌적인 과제를 부과하는 것으로 보여 진다. 또한 의회는 의회에 첩보를 제공하려 하지 않거나 어떤 정책에 관해 완고한 입장을 견지하는 기관과의 투쟁에서 QFR을 도구(또는 무기)로 사용할 수 있다.

지명. 지명 nomination을 확정하거나 거부할 능력은 완전한 정치적 권한이며, 이는 상원에 있다. 카터 Jimmy Carter 대통령이 중앙정보국장 DCI으로 지명한 소렌슨Theodore Sorenson이 상원 정보위원회에 출석해 자신에 대해 공개적으로 논의되어 왔던 많은 이슈들에 관해 답한 후 대통령이 그의 지명을 철회했던 1977년까지 DCI 지명에는 논란이 없었다. 그 이슈들 중에는 제2차 세계대전 당시 소렌슨의 양심적 병역 거부자로서의 경력이 포함되었는데, 이는 그가 과연 비밀공작을 수행할 의지가 있을지에 대한 의문을 제기했다. 그리고 기밀문서인 펜타곤 보고서(베트남전에 대한 국방성의 연구)를 언론에 누설한 엘스버그Daniel Elsberg에 대한 변호뿐 아니라 그의 회고록에서 기밀문서의 오용 가능성에 관한 이슈가 포함되었는데, 이는 정보의 출처와 방법을 보호하는 그의 능력에 관한 관심사를 제기했다.

1977년 이래 상원은 다른 논란 있는 DCI 지명자 청문회를 여러 차례 개최하였다. 게이츠Robert M. Gates는 이란-콘트라 스캔들이 전개된 1987년에 자신의 첫 번째 지명에서 물러났다. 1991년 그의 두 번째 지명은 게이츠가 정책결정자들을 만족시키기 위해 정보를 정치화시켰다는 혐의에 대한 세부조사를 크게 다루었다. 1997년에 레이크Anthony Lake는 일련의 청문회가 매우 엄격하고 성공적이지 못할 것으로 예상되기 시작하자 그의 지명에서 물러났다.

지명절차 – 단지 정보 관련 직위뿐 아니라 모든 분야에 있어 – 에 대한 비판자들은 지명자가 해당 직위에 적절한지를 판단하기에 적합하지 않은 이슈를 탐구하면서 점점 정치적이고 개인적이 되어 왔다고 비난한다. 지명절차를 옹호하는 사람들은 그것이 정치적 과정이며, 상원은 거수기가 되어서는 안 되고, 지명자에 대한 세심한 조사가 이루어지면 이후의 곤혹한 상황을 막을 수 있을 것이라고 대응한다. 어떤 견해가 맞는지에 관계없이, 지명절차는 너무나 까다로워서 일부 지명자들이 그 직위에서 물러나도록 만들어 왔다.

조약. 조약의 비준을 자문하고 동의하는 것 또한 상원의 권한이다. 출석한 상원의원의 과반수 찬성을 요하는 지명과 달리, 조약은 출석한 의원의 2/3 찬성이 요구된다. 1970년대 미·소 군비통제 시대에 조약을 체결하는데 있어서 정보가 주요한 이슈가 되었다. 조약 조항에 충실한지를 모니터하는 능력이 정보의 기능이었고 현재도 그렇다. 미국 정책결정자들은 또한 정보공동체에 조약조항에 관한 모니터링 판단을 부여하기를 - 즉 상당한 속임수가 탐지될 수 있는 가능성을 판단하기를 요청했다. 상원 정보위원회는 1976년에 창설되었는데, 이후에 정보공동체의 군비통제조약 모니터능력을 평가하는 책임을 부여받았다. 위원회는 정보정책에 영향을 줄 수 있는 또 다른 수단을 상원에 부여하였다. 예를 들어, 1988년에 상원 정보위원회는 중거리핵무기 INF: Intermediate Nuclear Forces 폐기협정 평가와 향후 전개될 전략무기감축조약 START: Strategic Arms Reduction Treaty을 앞두고, 영상정보위성의 추가 구매를 요구했다. 레이건 행정부는 정보활동에 대한 예산지출을 반대하지 않았지만, 추가 위성은 불필요하다고 주장했다. 그러나 상원 위원회 의장인 보렌 David L. Boren(민주당 오클라호마) 의원은 위성의 구입은 조약에 대하여 상원이 동의한 대가임을 확실히 하였다.

의무 보고. 집행부와 입법부 사이의 권력 분립은 첩보 information의 중요성을 증진시킨다. 집행부는 자신들의 정책을 지지하는 첩보를 제시하는 경향이 있다. 의회는 단지 집행부가 자진해서 제시하는 관점보다 더 많은 것에 기초해서 결정을 내리기 위해 더 충분한 첩보를 찾는 경향이 있다. 의회가 첩보에 대한 더 광범위한 접근을 제도화하기 위해 추구해 온 방법 중 하나는 집행부에 의무 보고 reporting requirements를 부과하는 것이다. 의회는 종종 정기적으로(보통 연간) 외국의 인권 상황, 신무기 체제가 군비 통제에 미치는 영향, 또는 냉전 중 소련의 군비통제 및 기타 조약 준수 상황 등 특정 이슈에 대한 집행부 보고를 강제해 왔다.

베트남전 이후에 급속도로 증가한 의무 보고는 여러 가지 이슈를 제기하고 있다. 의회가 효과적으로 사용할 수도 없는 보고서를 너무 많이 요구하는 것인가? 보고서가 집행부에 불필요한 부담이 되고 있는가? 의무 보고가 없더라도 집행부가 같은 첩보를 제시할까? 관련 활동의 범위를 어느 정도 파악해 보자면, 하원 정보위원회는 전년도에 84개의 보고서를 요청했고, 그 중

대부분은 제출이 늦었거나 완료되지 못했다고 2001년에 발표하였다.

의무 보고에서 중요하지만 눈에 잘 띄지 않는 산물은 '의회가 지시한 행동', 즉 CDA congressionally directed action이다. CDA는 거의 항상 의회의 지시로, 거의 대부분은 정보허가법을 통해 정보공동체가 수행하는 연구를 말한다. CDA는 의회에 있어 자신들이 원하는 첩보를 집행부로부터 얻는 기회 이상의 것이다. 일반적으로 CDA 생산을 담당하는 실국에서는 귀찮고 성가시다고 생각한다. CDA는 의회 의원들과 그 직원들에게 비용이 전혀 들지 않는다는 점에서 위험한 도구일 수 있다. 그들은 단지 의무사항을 부과할 뿐이다. 그러나 CDA는 이를 생산하는 집행기관에게는 시간소비라는 비용을 초래한다. 수년간 CDA의 숫자는 부담스러웠다. CAD는 다른 의무 보고처럼 의회가 중요한 이유 때문에 그것을 사용하는 빈도와 유용성에 관한 문제를 제기한다.

조사와 보고서. 의회의 기능 중 하나는 조사인데, 어떠한 이슈에 대해서도 조사를 할 수 있다. 현대의 정보감시 시스템은 1970년대 의회의 정보 조사로부터 진화하였다. 조사는 새로 발견한 것들을 요약하고 변화에 대한 권고안을 제공하는 보고서를 내놓곤 하며, 이에 따라 기존 정책의 단점 및 오용을 밝혀내고 새로운 정책 방향의 형성에 일조하는 효과적인 도구로 기능한다. 매년 두 정보위원회가 그들에게 주어진 이슈들에 대하여 공개적으로 보고한다. 이 보고서들은 보안 문제로 인하여 간단할 수 있지만 효율적인 감시가 수행되고 있으며, 집행부가 반드시 고려해야 하는 정책 문서를 만들어 내고 잇다는 점을 의회와 대중들에게 확신시켜 준다.

집행부가 정보 이슈와 관련해서 외부 위원회에 더 의존함에 따라, 의회는 자체적인 조사를 더욱 증가시켜 왔다. 9·11 공격 이후, 의회는 상원과 하원의 정보위원회에 의한 합동 조사를 실시하였다. 또한 상원 정보위원회는 이라크의 WMD에 대한 정보연구를 오랜 기간 수행하였다. 이러한 조사의 역동성은 행정부에서 만들어지는 것과는 다르다. 첫째, 개념상 의회는 대부분의 이슈에서 대통령을 지지하는 당과 그를 반대하는 당으로 구성된 당파적 장소이다.

이러한 체제는 항상 조사에 영향을 줄 수 있다. 둘째, 의회는 예산통제와 감시 때문에 정보활동 실적에 어느 정도 책임이 있다. 따라서 의회가 자신의 역할에 대하여 객관적일 수 있는가 하는 것이 문제가 된다.

볼모. 집행부가 어떤 이슈에 대하여 주저하게 되면, 의회는 합의를 강요할 수단을 찾으려 하는 경우가 있다. 한 가지 방법은 볼모hostages를 잡는 것, 즉 집행부의 적절한 행동이 취해질 때까지 집행부에게 중요한 이슈에 대한 의회의 행동을 보류하는 것이다. 이러한 행동 유형은 의회에서만 나타나는 것은 아니다. 정보기관은 국가정보평가NIEs: National Intelligence Estimates와 기타 기관과의 관계 형성시 협상전술로 이를 사용한다.

INF조약에 관한 논쟁 중, 상원 정보위원회의 새로운 영상정보위성에 대한 요구가 볼모잡기의 한 사례였다. 1993년에 의회는 중앙정보국CIA이 클린턴 행정부의 국방부 지명자인 핼퍼린Morton A. Halperin에 대한 첩보를 제공할 때까지 정보활동 허가 법안에 대한 처리를 보류하겠다고 위협했다. 1970년대와 1980년대에 미국이 수행한 비밀공작에 대해 공개적으로 비판해 온 핼퍼린은 결국 새로이 신설된 민주주의와 평화유지 담당 국방차관 직에 대한 지명을 포기했다. 2001년에는 정보위원회가 부시 행정부로 하여금 새로운 CIA 감찰관을 임명하도록 재촉하기 위해 정보활동 관련 특정 자금을 동결시켰다. 비판자들은 볼모잡기가 어리석고 다루기 어려운 도구라고 주장한다. 지지자들은 볼모잡기는 집행부와의 다른 합의 수단이 실패했을 때만 사용된다고 주장한다.

비밀공작 사전통지. 의회의 주된 관심사 중 하나는 대통령의 행동에 의해 놀라지 않는 것, 그에 대한 사전통지를 받는 것이다. 대부분의 의원들은 사전통지가 의회의 사전 승인과 같지는 않다고 생각한다. 집행부가 의사 결정을 하는데 있어서 의회의 사전승인이 필요한 것은 거의 없다. 비밀공작은 사전통지가 논란이 되는 이슈 중 하나이다. 원칙적으로, 의회는 대체로 제도화된 절차에 따라 비밀공작에 대한 사전통지를 받지만, 행정부는 대대로 사전통지를 법적 의무사항으로 하는 것을 거부해 왔다. 적어도 48시간 전에 통지를 해야 한다는 의회의 요구는 1990년 부시$^{George\ Bush}$ 대통령이 정보활동 허가 법안에 대해 최초로 거부권을 행사하도록 만들었다.

의회 감시의 이슈

정보감시는 흔히 권력분립을 부를 때 사용되는 말인, '투쟁으로의 초청^{invitation} $^{to\ struggle}$'의 일부로서 수많은 문제를 야기한다.

어느 정도의 감시가 충분한 것인가? 1947년부터 1975년까지 – 현대적 개념의 정보공동체가 존재한 첫 28년간 – 냉전의 분위기는 상당히 느슨하고 거리를 둔 의회의 감시를 유발하였다. 상원 군사위원회 위원 솔톤스톨 Leverett Saltonstall(매사추세츠 공화당, 1945~1967) 의원은 다음과 같이 언급하였다. "우리 정부가 하는 것들 중에는 내가 몰랐으면 싶은 것들이 있다." 이러한 태도는 1970년대에 조사자들이 밝혀낸 남용에 대해 부분적으로 책임이 있다.

정보감시 시스템의 특질을 이해하는 것은 쉽지 않다. 계속 들어서는 행정부들은 당 소속에 상관없이, 부당한 개입으로 여겨 왔던 것에 대하여 저항해 왔다.

적절한 감시의 수위를 결정하는 어떠한 객관적인 방법도 없다. 예산에 관해서는 위원회들이 각 계정과목을 검토한다. 위원회들이 자세한 검토를 하는 이유는, 의회가 책임을 맡고 있는 자금 분배의 판단의 기초를 제공하기 위해서이다. 특정 비밀공작을 검토하는 것이 간섭하는 것으로 보일 수 있지만, 이는 중요한 정치적 단계를 반영한다. 의회가 의문을 제기하지 않은 채 활동이 진행되도록 허용한다면, 집행부는 차후 문제가 발생하게 되면 의회의 정치적 지지가 있었다고 주장할 것이다. 유사하게, 비록 궁극적인 결정이 계획된 대로 진행되더라도, 의회가 제기한 심각한 의문은 추진하는 활동을 재고하게 하는 신호이다.

엄격한 감시가 단지 정보프로그램에 대한 상세한 지식만을 요구하는가, 아니면 대안적 정보정책 및 프로그램에 대한 첩보와 같은 그 이상의 것을 요구하는가? 의회는 때로 정보정책 방향에 관한 이슈를 다루었는데, 이는 콘트라 반군에 대한 군사지원을 금지하는 볼란드 개정안Boland amendments과 같이 행정부의 행위를 제한하거나, INF 위성 구입과 같이 정책변화를 요구하는 방향으로 행동해 왔다.

보안과 감시절차. 정보가 필요로 하는 고도의 보안성은 의회의 감시에 비용을 부과한다. 의회 의원들은 선출됨으로써 기밀취급허가(1급 비밀까지)를 받게 된다. 의원들은 자신들의 의무를 수행하기 위해서는 반드시 기밀취급허가를 받아야 한다. 집행부만이 기밀취급허가를 줄 수 있는 기관이지만, 의원들에게 기밀취급허가를 주거나 거부하는 데에 대한 기준은 없다. 왜냐하면 이는 권력분립을 위반하는 것이기 때문이다. 동시에, 의원들의 기밀취급허가가 모든 범위의 정보활동에 대해 완전히 접근할 수 있음을 의미하는 것은 아니다. 기밀취급허가를 필요로 하는 의회 직원들은 신원조사를 충족시키고 알아야 될 필요를 제시한 뒤에 집행부로부터 허가를 받는다.

비록 모든 의원들이 허가를 받는다 하더라도, 상원과 하원은 정보위원회 위원이 아닌 의원들에게 정보를 배포하는 데에 제한을 두고 있다. 비록 이러한 제한이 의회의 모든 위원회가 가지는 책임 수용을 따르는 것이라 하더라도, 정보의 경우에는 패널들에게 추가적인 부담을 수반한다. 그들의 첩보는 쉽게 공유될 수 없기 때문이다. 따라서 정보위원회는 민감한 자료 저장을 위해 특별한 사무실을 필요로 하며, 많은 청문회를 비공개로 진행해야 한다. 양원은 또한 첩보의 민감도에 따라 정보활동에 대해 의원들에게 통지하는 정도에 차이를 두어 왔다. 정보관은 지도자에게만(4명의 갱단으로 알려진), 또는 지도자와 의장 및 위원회의 고위 의원(8명의 갱단으로 알려진), 또는 일부 추가 위원회 의장, 또는 정보위원회 전체에 보고할 수 있다.

첩보를 은밀히 유출하는 의원이나 보좌관들을 처벌하기 위한 이러한 예방책과 내부 규칙에도 불구하고, 의회는 비밀 누설의 원천이 되고 있다는 평판을 듣고 있다. 이러한 이미지는 주로 집행부에 의해 선전되며, 집행부는 기밀첩보를 다루는 데 있어 자신들이 훨씬 더 엄격하다고 믿는다. 실제로는 많은 정보와 기타 국가안보 첩보 누설은 의회가 아니라 행정부로부터 나온다(1999년에 DCI 테넷은 의회 위원회 앞에서 자신의 기억으로는 집행부 관리로부터의 누설 횟수가 어떤 때보다 더 높다고 인정했다). 이는 의회가 정보 자료를 보호하는 데 있어 완벽한 기록을 가지고 있음을 시사하는 것이 아니라, CIA, 국무부나 국방부, 또는 NSC 직원들보다는 훨씬 낫다는 것이다. 누설은 어떤 특별한 지식을 갖고 있다고 과시하기 위해, 보복하기 위해, 또는 정책을 추진하거나 중단시키기 위해서 등 여러 가지 이유로 발생한다. 과시하는 것을 제외하고, 의회 의원들과 보좌관들은 보복을 하거나 정책에 영향을 주는 데에는 누설보다 훨씬 좋은 수단을 가지고 있다. 그들은 예산지출을 통제하며, 이것이 정책이나 프로그램을 새로 만들거나 종료시키는 가장 쉬운 방법이다. 심지어 소수당 의원과 보좌관들도 정책이나 시도를 늦추기 위해 입법 절차, 청문회, 그리고 언론을 이용할 수 있다. 집행부 관료들은 동일한 영향력이 없으므로 누설에 좀 더 빈번히 의지한다. 그러나 의회를 주요 누설자로 생각하는 인식이 만연해 있다.

보안과 관련하여 제기되는 또 다른 이슈는 대중의 대리인으로 행동하는 데 있어서 의회의 효율성이다. 미국 정부는 표면상으로는 공개의 원칙에 의해 운영된다. 정부의 활동과 결정은 대중들에게 알려져야 한다(그러나 헌법에서는 대중의 알 권리에 대해 언급하고 있지 않다. 헌법은 표현의 자유를 보호하지만, 이는 첩보에 대한 권리와 같은 것이 아니다). 정보활동의 경우에는, 공개의 원칙이 적용되지 않는다. 어떤 사람들은 대중에게 부과하는 보안과 제한에 대한 이유를 받아들인다. 또 어떤 사람들은 대중을 대신하여 집행부를 감시하는 의회의 역할에 관해 관심을 가진다. 이러한 다양한 관심의 원인은 여러 가지인데, 그들은 의회를 도우려는 집행부의 의지에 대한 의심에서부터, 문제를 발생시킬 수 있는 첩보를 발표할 우려가 있는 의회에 대한 관심까지 그 이유는 다양하다.

의회와 정보예산. 의회에 있어 반복되는 이슈는 정보예산의 일부를 공개할 것인가의 여부이다. 헌법 제1조 9절 7항은 모든 공공자금에 대한 회계가 '수시로 from time to time' 공표되어야 함을 의무화하고 있다. 이 구절은 모호해서, 각각의 계속되는 행정부들이 정보예산 지출의 세부내역 공개를 거부하는 것이 허용될 수 있다고 주장할 수 있게 하였다. 비판자들은 이 해석이 어느 시점에 어떤 회계를 발행해야 하는 헌법의 의무를 손상시킨다고 주장했다. 공표를 옹호하는 많은 사람들은 모든 예산에 대한 세부사항 공개를 요구하는 것이 아니라 최소한 연간 정보 관련 총 지출액이 어느 정도인지를 알고 싶어 했다(분석상자 "정보 예산 공개: 최고 또는 최저?" 참조).

정보 지출의 일부를 공개하는 것에 대한 논쟁은 DCI 테넷 George Tenet이 1998 회계연도의 총 정보 지출이 266억 달러임을 1997년에 공개했을 때에 종료된 것 같았다. 그가 이 수치를 공개한 이유는, 정보자유법 소송에 대응하여 이 소송을 끝내고 정보공동체가 공개하는 첩보를 제한하기 위해서였다. 테넷은 후에 국가안보이익과 정보출처 및 수집방법이 손상될 것이라 주장하면서 1999 회계연도에 요청 또는 충당된 금액 공표를 거절했다. 하원이 예산은 기밀로 처리되어야 한다는 관점을 견지하였기 때문에, 상원과 하원은 2004년 정보법에서 이 이슈에 대해 합의를 하지 못했다.

그럼에도 불구하고, 양측이 논쟁에서 제기했던 주장을 검토해 보는 것은 유익하다. 공개를 찬성하는 사람들은 무엇보다도 먼저 공표에 대한 헌법상의 의무를 인용했다. 그들은 또한 이 숫자 하나를 공개한다고 해서 국가안보에 어

· **정보예산 공개: 최고 또는 최저?** ·

정보 예산 공개에 관한 논쟁에서 신기한 것 중 하나는 주로 논쟁중인 수치에 사용되는 용어였다. 정보에 대한 총지출은 대안적으로 '최고 숫자' 또는 '최저 숫자'로 설명되었다. 이는 때때로 같은 편에 있는 사람들 – 공개에 찬성하거나 반대하는 사람들 – 이 자체적으로 논쟁하는 것처럼 들렸다.

떠한 위협도 초래되지 않는다고 주장했다. 왜냐하면 이는 정보공동체 내에서의 지출 선택에 관해서는 어떤 것도 공개하는 것이 아니기 때문이었다.

지속적인 비밀유지에 찬성하는 사람들은 헌법의 '수시로'라는 문구를 되도록 인용하지 않으려는 경향이 있었다. 이는 아무리 잘 해도 불리한 주장이 되기 때문이었다. 대신, 그들은 의회가 비밀리에 첩보에 관여하며 대중을 대표하여 행동하고 있다고 주장했다. 그들은 또한 총금액의 공개는 좀 더 상세한 공개에 대한 요구의 출발점일 수 있다고 주장했다. 이 숫자가 거의 공개되지 않았다는 점을 지적하면서(그리고 공개가 안보를 위험에 빠뜨리지 않을 것이라는 반대자들의 주장을 암묵적으로 받아들이면서), 그들은 최초의 공개가 엄연히 특정 기관의 예산이나 프로그램에 대한 더 상세한 공개에 대한 압력을 넣게 하거나 이러한 공개가 안보적 함의를 가질 것이라고 주장했다.

DCI 테넷의 공개는 정보예산이 국방예산 규모의 1/10 정도일 것이라고 추정한 바와 같이, 정보예산의 규모에 대한 많은 대중의 추정치가 꽤 정확했음을 드러냈다. 정보 예산 공개를 찬성하는 사람들이 오랫동안 주장해왔던 국가안보 이슈는 해명되지 않았다. 그러나 공개 반대론자들이 주장한 것처럼, 공개된 수치가 구체적인 첩보를 거의 제공하지 않았기 때문에 공개를 옹호했던 많은 사람들은 만족하지 못했다.

총 수치를 공개하는 것은 미국 정보활동에 정치적 리스크를 수반한다. 지출을 결과와 관련짓는 것은 정부의 다른 활동보다 정보에 있어서는 더 어렵다. 266억 달러(또는 다른 수치)로 얼마나 많은 정보를 살 것인가? 결과는 생산된 보고서의 숫자로 평가되어야 하는가? 수행된 비밀공작의 숫자는? 채용된 스파이의 숫자는? 게다가, 총 수치는 – 많은 사람들에게 적은 금액이라고 평가되지 않는 수치는 – 일부 사람들에게 정보공동체의 실적에 의문을 가지게 만든다. "그들이 266억 달러를 가졌을 때 어떻게 쿠데타를 놓칠(또는 스파이를 잃을) 수 있었지?"와 같은 설명이 뒤이을 것이다. 그러한 감정은 정보에 관한 의미 있는 논쟁에 거의 도움이 되지 않을 것이다.

마지막으로, 예산이 정보공동체에 대한 의회의 주요 통제 수단인 것과 마찬가지로, 이는 또한 정보활동이 얼마나 잘 이루어지고 있는가에 대한 의회 책임의 소재이다. 의회는 궁극적으로 어떤 위성이 만들어지고, 얼마나 많이 만들어지고, 또 정보공동체가 몇 명의 요원과 분석관들을 고용할 수 있는지를 결정한다. 비록 이것이 분명하다 하더라도, 2001년 테러 공격 때까지는 이슈가 되지 못했다. 어떤 사람들은 의회가 1991년 소련 붕괴 이후 정보활동에 투입되는 자원의 급격한 감소를 이유로 정보활동 실적에 대해 일부 책임지는 것을 보았다. DCI 테넷에 따르면 정보예산이 삭감되었으며, 1990년대의 10년 간 23,000개에 달하는 직위가 없어졌으며, 이는 실적과 능력에 영향을 미쳤다. 이는 분명히 합동 조사에서 논란을 일으키는 이슈가 되었다. 어떤 위원은 이 책임에 주목하고자 했고, 어떤 이는 그것을 거부했다. 결국, 합동조사보고서에서는 그 문제를 언급하지 않았다.

정보공동체 규제. 제2차 세계대전 이후, 의회는 단지 두 개의 주요 정보법안을 통과시켰다. 1947년의 국가안보법National Security Act과 2004년의 정보개혁 및 테러예방법Intelligence Reform and Terrorism Prevention Act이 그것이다. 따라서 냉전 기간 전체와 탈냉전 직후 기간 중 정보공동체의 구조는 눈에 띄게 안정되었다. 단지 테러공격과 이라크 전이 주요 변화를 확산시키기는 충분한 정치적 자극이 되었다(제14장 참조). 네 명의 대통령이 정보와 관련된 대규모 행정명령EO: Executive Order을 내렸다. 그들은 1976년 포드Gerald R. Ford, 1978년 카터 Jimmy Carter, 1981년 레이건Ronald Reagan, 2004년 부시George W. Bush 등이다.

워싱턴George Washington 대통령은 자신이 집권할 때 첫 번째 **행정명령**EO을 내림으로써 선례를 만들었다. 그 이후 각 대통령들 또한 그렇게 해 왔다. 어떠한 구체적인 헌법상의 조항도 대통령에게 이 권한을 부여하지 않았다. EO를 내리는 권한은 2조 3절에 따른 '법이 성실하게 행사되도록 보호하는' 대통령의 의무에서 기인한다. EO는 법적 문서이지만, 법이나 사법 결정과 충돌하지 않도록 한다. 따라서 EO는 때로 입법이나 사법적 결정이 없는 분야에서 작용하는 경향이 있다. EO의 주요 장점은 대통령에게 정보공동체를 변화시킬 수 있는 유연성을 줌으로써, 변화하는 요구에 대응하는 동시에 정보공동체는 어떻게 운영되어야 하고 어떻게 기능이 제한되어야 하는지에 대한 대통령의 선호도를 반영할 수 있게 하는 것이다. 행정명령의 주요 단점은 각 대통령에 따른(또는 심지어 같은 대통령에 의해서도) 변화에 종속되어 비영구적이라는 점, 법령이 아니므로 집행하기가 더 어렵다는 점, 그리고 의회에 제한된 역할만을 부여한다는 점 등이다(일반적으로 집행부는 공포 전에 의회가 행정명령 초안에 비밀리에 관여하여 그에 대한 코멘트를 할 기회를 주어 왔다).

입법 변화를 모색할 때 의회와 집행부가 겪는 어려움에도 불구하고, 그들은 영구적이고, 법제화되며, 따라서 더 집행이 가능하고, 또 의회에 중요하고 적절한 역할을 허용하는 이점이 있다. 그러나 입법과정은 의회와 집행부 간 항상 중요한 논쟁을 일으키고 있으며, 따라서 법제화하는 작업은 쉬운 일이 아니다. 본질적으로 기관편협적agency-parochial인 경향이 있는 주요 이슈에 직면하였을 경우 의회는 주요 정보 이슈에 대하여 행정부보다 다양한 관점을 가지는 경향이 있다. 이러한 의회 내의 관점의 다양성은 2004년 정보개혁법에 관한 논쟁에서 명확해졌다.

입법의 영속적인 성격을 감안하여, 어떤 사람들은 암살과 같은 행위들이 난처하거나 적절하지 않다는 이유로 이러한 특정행위에 대한 규제가 법으로 정해지지 않아야 하는지에 의문을 가진다. 그러나 법이 일부 행위를 금지한다면, 법안에 열거되지 않은 행위들은 암묵적으로 허용되는 것인가?

의회 감시의 요소는 보통 입법에서 다루어지지 않는다. 의회의 모든 위원회는 상원과 하원의 규정의 일부로서 만들어진다. 위원회의 권한과 위원이 될 수 있는 자격에 있어서도 마찬가지다. 국가안보법National Security Act은 비밀공작에 관련된 것과 같이 의회와 공유되어야 하는 정보의 유형을 규정하고 있다. 그러나 법적으로 이는 집행부에 부과된 의무사항으로 되어 있다. 2004년 입법 과정중의 논쟁에서 어떤 사람들은 두 개의 정보위원회를 하나의 합동위원회로 통합하자는 제안을 하였다. 집행부 관료들이 같은 주제를 하나 이상의 위원회에서 증언을 하게 되면 보안의 문제와 함께 시간낭비를 하게 된다는 것이 위원회 통합 주장의 주된 이유였다. 과거에 그래 왔던 것처럼, 의회의 조직은 법률로 제정되지 않았으며 각각의 의회에 남겨져 있었다.

공동선택co-option**의 문제.** 의회가 정책의 모든 면에 대해서 알고 있으려고 애쓰는 만큼, 의회가 정보를 수용할 때 비용이 발생한다. 자신들이 들은 것에 대해 의원들이 질문을 제기하지 않는다면, 그들은 사실상 동의하는 것이다. 영국법의 격언에서 말하듯, 그들의 침묵은 동의를 나타낸다. 그들은 나중에 자유롭게 이의를 제기할 수 있지만, 행정부는 브리핑을 받는 시점에 즉시 의문을 제기하지 않았음을 지적할 것이다. 사전에 통지받는 것은 사실이 있고 난 후에 통지를 받는 것보다 의회의 행동의 자유를 약화시키는 경향이 있다.

이러한 역동성은 정보에만 해당되는 것은 아니지만, 정보는 좀 더 지적을 많이 받는 편이다. 비밀스럽고 보통 특정 의원에게 제한되는 정보의 본질은 공동선택co-option이 좀 더 쉽게 이루어질 수 있도록 만들며 더 심각한 결과를 가져온다. 그것은 또한 정보에 비밀리에 관여하며 의회 전체를 대표하여 행동하는 정보위원회 위원들에게 추가적인 압력을 가한다.

의회가 사전 지식과 동의에 대한 전통적인 교환을 피할 쉬운 방법은 없다. 솔톤스톨Saltonstall 상원의원이 표현한 신뢰할 수 있는 태도로 되돌아갈 것 같지는 않다. 의회도 단지 차후에 반대를 허용하는 기록을 세우기 위해 모든 이슈에 대해 심각한 의문을 제기하도록 기대할 수는 없다.

감시 실패의 대가price**는 무엇인가?** 정보감시 체계가 잘 작동하고 있을 때조차도, 대개의 의원들과 의회 직원들이 어떠한 착오도 발생하지 않도록 시스템을 운영하는 데에는 어려움이 있다. 감시 과정에 관련된 많은 의원과 직원들은 작은 착오와 큰 착오 간의 차이를 알고 있다. 의회가 정보공동체에 책임을 묻는 큰 착오에는 다음과 같은 것들이 있다.

- 콘트라 전쟁 중 니카라과 항구 코린토Corinto의 폭파에 CIA 공작 요원이 직접적으로 관련되어 있음을 상원 정보위원회에 알리지 못한 것. CIA는 콘트라 반군이 이것을 직접 수행한 것처럼 보이게 하였다. 진실이 알

려졌을 때, 뉴욕 민주당 의원인 모이니한Daniel Patrick Moynihan 부위원장이 사임했을 - 비록 그가 나중에 마음을 바꾸기는 했지만 - 뿐 아니라, 애리조나 공화당 의원인 골드워터Barry Goldwater 위원장은 케이시William J. Casey, 1981~1987 CIA 국장을 엄하고 공개적인 용어로 질책하였다.
- 모스크바에 있는 요원들이 사라지기 시작했을 때 적절한 시기에 이를 의회에 알리지 못한 것. 이는 나중에 CIA 요원 에임즈Aldrich Ames의 간첩활동의 결과인 것으로 추정되었다(누가 손해를 끼쳤는가에 대한 평가는 한센Robert Hanssen 스파이 사건의 손해 평가 결과에 따라 달라질 수도 있었다). 하원 정보위원회는 CIA를 호되게 비판하는 공개 보고서를 발행했고, CIA는 이에 동의하였다.

의회는 감시를 집행하는 직접적인 수단을 가지고 있다. 의회는 정보예산을 삭감하고, 지명을 연기하거나, 심각한 착오의 경우에는 관련 공무원의 사임을 요구할 수 있다. 착오가 매우 심각하고 대통령에게까지 잘못이 있는 것이라면, 탄핵도 한 선택지가 될 수도 있다. 의회는 위에 인용된 두 가지의 처벌 중 어떤 것도 내리지 않았다.

그러나 구체적인 처벌을 주지 않고서도 의회는 감시를 집행할 수 있다. 주요 위원회 앞에서 공무원의 신임 상실은 매우 심각한 상황으로 연계된다. 진부하게 들릴지 모르지만, 워싱턴의 많은 것들이 발언의 신뢰와 가치를 기초로 하여 운영된다. 코린토 사건에서 케이시에게 일어난 것처럼, 일단 신용과 신뢰가 상실되면 이를 다시 회복하기는 힘들다.

의회 감시의 내부 역동성

비록 정보감시가 의회의 전 과정에서 고유한 것이기는 하지만, 의회가 정보감시를 다루기 위해 그 자체를 조직하는 방식은 다소 특이하다.

왜 정보감시위원회에서 일하는가? 의회 의원들은 자신의 지역구나 주의 성격, 또는 자신의 개인적 관심사에서 나온 특정 이해관계 분야에서 일한다. 많은 의원들은, 최소한 그들의 입법 활동 초기에, 자신들의 경력을 가장 강화시킬 것 같은 이슈에 집중하는 경향이 있다. 대부분의 의원들에게 있어, 정보는 이러한 영역 중 어디에도 맞지 않는 듯하다. 그런데 왜 의원들이 자신들의 제한된 시간의 일부를 정보에 소비하려고 하겠는가?

언뜻 보기에는 장점보다 단점이 더 뚜렷하다. 대부분의 의원들에게 정보는 그들의 다른 의무, 그리고 그들의 선거구민에게 가장 이익이 될 법한 이슈들과는 맞지 않는다. 정보에 직접적인 이해관계가 있는 선거구는 거의 없다. 중요한 곳들은 바로 워싱턴 D.C.에 있는 지역으로 이곳에는 주요 기관이 위치하고 있으며, 그리고 주요 정보수집 체계가 만들어지는 지역들이다. 그러나 이는 50개 주의 435개 하원의원 선거구의 작은 한 부분일 뿐이다.

일단 정보 이슈에 관련되면, 의원들은 자신들이 하고 있는 것 또는 이루어 온 것에 대해 많이 논의할 수 없다. 공동선택co-option 또한 위험요인이다. 정보에서 무언가 잘못되면, 위원회 위원들은 왜 그것을 미리 몰랐냐는 질문을 받을 것이다. 그들이 미리 안다면, 왜 그에 대해서 무언가 하지 않았냐는 질문을 받을 것이다. 그들이 몰랐다면, 왜 몰랐냐고 질문 받을 것이다. 이것들은 모두 대답하기 어려운 문제이다.

마지막으로, 정보예산은 정치적 보조금, 즉 자금조달이 배당된 의원의 지역구나 주에 혜택을 주기 위한 사업으로부터 제외된다. 따라서 정보위원회 위원들은 자신들의 선거구민을 도울 기회가 거의 없다.

이 모든 단점에도 불구하고, 왜 거기서 일하는가? 왜냐하면 위원자격은 어떤 이점을 가져다주기 때문이다. 첫째, 정보위원회에 소속되면, 직접적인 이익이 거의 없는 위원회에서 일을 함으로써, 위원들로 하여금 의회 내에서 공적 임무를 수행하도록 해 준다. 둘째, 정보위원회에서의 업무는 위원들에게 폐쇄적이지만 흥미로운 정보기관에 접근할 수 있는 흔치 않은 기회를 준다. 셋째, 정보위원들은 정보위원회에서 정보정책을 형성할 수 있는 역할을 부여한다. 정보위원회는 규모가 상대적으로 작은 위원회(2005년부터 2007년까지의 109차 의회에서 하원 정보위원회는 21명, 상원 정보위원회는 15명의 규모였다)이지만, 많은 다른 감시 위원회에서 가질 수 있는 것보다 더 큰 역할을 보유한다. 넷째, 정보위원회는 몇 사람이 연관되지 않은 매우 상위층의 문제에 대하여 언론에서 다루게 되는 기회를 제공하기도 한다. 마지막으로, 정보위원회의 위원들은 양원의 다수당 및 소수당 지도자에 의해 선정되기 때문에, 이에 선택되는 것은 위원의 경력에 중요할 수 있는 유리한 신호이다.

임기 제한의 문제. 다른 위원회들과 달리 양원 정보위원회 소속 위원들은 처음부터 임기가 제한되어 있다. 감시하는 기관들과 원만한 관계를 가진 위원들이 거의 없었다는 이유 때문에 1975년 이전의 감시 시스템이 실패하였다는 관점에 기초하여 의회는 위원들의 임기 제한을 받아들였다.

임기 제한의 중요한 장점은 감시자와 피감시자 간의 거리를 유지시켜 준다는 것이다. 제한된 임기는 또한 양원의 더 많은 의원들이 정보위원회에서 일하는 것을 가능하게 함으로써 정보에 대한 논쟁에 필요한 식견을 갖고 있는 의원의 보충을 원활하게 한다.

임기 제한은 또한 단점도 있다. 정보에 대한 많은 지식을 가지고, 그리고 실질적인 경험을 가지고 의회에 들어오는 의원은 별로 없다. 정보는 숙달하는데 많은 시간을 필요로 하는 불가해하고 복잡한 분야이기 때문에, 위원은 자신의 임기중 일부를 단순히 정보를 배우는데 소비하기도 한다. 그들이 아는 것이 많아지고 능력을 갖추게 되었을 때 임기는 거의 다 끝나가게 된다. 한 위원이 선임이라는 이유로 위원장이 될 수 있는 가능성을 감소시키기 때문에 임기 제한은 정보위원회에 소속되는 것을 덜 매력적으로 만든다.

1996년 당시 하원 정보위원회 위원장이었던 콤베스트 Larry Combest는 자신이 생각하기에 위원회의 임기를 더 늘리는 것을 고려할 때이며, 이는 의회에 이익을 가져다 줄 것이라고 증언했다. 그러나 위원회 위원들의 임기는 여전히 8년으로 제한되어 있다. 2004년에 상원 정보위원회 지도층인 로버츠 Pat Roberts(캔자스 공화당)의원과 록펠러 John D. Rockfeller IV (웨스트버지니아 민주당) 의원 또한 제한 개정을 찬성하는 발언을 했는데, 이는 상원 패널에서 폐기되었다.

초당파적 아니면 당파적 위원회? 상원과 하원의 정보위원회는 구성 면에서 확실히 다르다. 전통적으로 위원회의 당 간의 위원 비율은 대체로 의회 전체 의석 비율을 반영한다. 상원 정보위원회는 다수당이 소수당보다 위원회의 한 석을 더 차지함으로써 이 관행에서 항상 제외되어 왔다. 또한 소수당이 상원 위원회의 부위원장의 직위를 가진다. 상원의 지도층은 정보에 있어 당파의 역할을 최소화하기 위해 1976년에 이러한 제도를 도입하였다. 1977년 하원 정보위원회가 구성되었을 때, 하원의 민주당지도자는 위원회 위원자격이 하원에서의 당 비율에 의해 정해져야 하고, 그것이 지난 선거에서 표현된 유권자들의 뜻을 반영하는 것이라고 주장하며 상원의 모델을 거부했다.

초당파적 위원회는 보다 일관된 정책을 할 수 있는 기회를 제공한다. 정책에서 단합되고 당에 의해 분열되지 않는 위원회는 또한 집행부에 대해 더 큰 영향력을 행사할 수 있다. 코린토Corinto 폭파사건의 경우, 골드워터Goldwater 위원장과 모이니한Moynihan 부위원장은 정보공동체가 중요하고 수용할 수 없는 실패에 대해 책임이 있다는 데에 동의했다. 따라서 케이시Casey CIA국장은 위원회에 알리지 않은 것에 대해 어떠한 정치적 회피도 할 수 없었다. 이러한 상원 위원회의 초당파적 구조가 지속되었음에도 불구하고, 소수당인 민주당은 108차 의회(2003~2005년)와 109차 의회에서 비판적인 태도를 보였다. 위원회 예산의 공식적인 배분은 2004년에 이루어졌다(다수당인 공화당에 60%, 소수당인 민주당에 40%). 2005년 초 민주당 의원들은 직원 채용과 업무할당 분야에서 위원회의 직원 감독의 권한을 제한하는 방법을 모색하였다. 그들의 목표는 보다 초당파적인 통제였지만, 그 이슈는 당파적 관점에서 논의되고 결정되었다.

당파성은 미국 국가안보정책이 초당파적이거나 비당파적이라는 신화에 반대되는 것이다. 당파적 위원회는 초당파적 위원회보다 더 역동적일 수 있는 잠재력을 가지고 있다. 당파적 위원회에서는 정치적 타협이 중요하기 때문이다. 여러 가지 측면에서, 초당파적 위원회에서 만들어내는 타협은 정보공동체에 대한 평가에서 볼 수 있는 최소공분모의 역동성과 동등하다.

의도된 것은 아니지만, 의회는 상·하 양원 중 한 원에서의 초당파적 정보위원회와 다른 원에서의 당파적 정보위원회로 적절한 균형을 이루어 온 것으로 보인다.

위원회의 영역. 모든 의회의 위원회들은 맡은 분야의 관할권을 빈틈없이 지킨다. 예를 들어, 1976년 상원이 정보위원회 창설을 고려했을 때, 상원 군사위원회가 DCI와 CIA에 대한 관할권을 수호하고자 하며 그에 저항했다. 위원회들 간 이슈나 기구를 깔끔하고 명확하게 나누는 것이 항상 가능한 것은 아니며, 어떤 경우에는 관할권이 공유되며 어떤 법안은 하나 이상의 위원회에 회부된다. 그러나 관할권은 권력과 동등하다.

의회의 관할권에는 좀 더 모호한 면도 있다. 적어도 자신들이 감시하는 기구의 권한이나 권위가 문제되거나 공격받을 때에 의회가 이 기관들의 보호자가 되는 경향이 있다. 기관의 '가장 좋은 친구이자 가장 엄격한 비판자'로서 기능하는 위원회에 관련된 모순이나 위선은 없다. 위원회 위원들은 자신들이 감시하는 기관에 대해 더 잘 그리고 더 완벽하게 이해하고 있다고 믿는다. 또한 자신들이 감시하는 기관이 세력을 잃으면, 위원회 또한 세력을 잃는다.

이러한 역동성은 의회를 지배하는 위원회 체계의 태생적인 것인데, 2004년 정보법의 초안 작성과 논쟁 중에 명확히 드러났다. 상원은 처음에 9·11 위원회의 권고안을 받아들이라는 요청에 관심을 보였지만, 입법에 대한 관할권은 상원 정보위원회가 아니라 상원 정무위원회SGAC: Senate Govermental Affairs Committee로 넘겨졌다. SGAC가 정부 조직을 감시하기 때문에 이러한 관할권의 귀속은 합리화될 수 있었다. 그러나 과거에 이러한 종류의 법안은 정보위원회에서 다루었다. 따라서 상원의 지도층은 불분명한 이유로 정보위원회에 많은 확신을 보여주지 못하였다(상원의 정보위원장인 로버츠Pat Roberts가 매우 급진적으로 인식되던 방식으로 정보기구를 재조직하려는 자신의 계획을 독자적으로 발표하였을 때, 일부 사람들은 상원의 지도층과 행정부는 어떠한 결과가 산출될지에 대하여 우려를 하게 될 것이라고 생각하였다). 하원에서는, 하원 정보위원회가 관할권을 부여받았다. 그러나 헌터 Duncan Hunter(공화당 캘리포니아) 위원장이 군대의 정보에 대한 접근권과 지휘계통에 대해 의문을 제기하자, 하원 군사위원회와 마찰이 일어났다. 이 논쟁에는 석연치 않은 부분이 있었다. 헌터는 합참의장인 메이어스Richard Meyers 장군으로부터 받은 서한을 공개했다. 거기에는 헌터가 말했던 유형의 관심사들이 언급되어 있었다. 그러나 럼스펠드Donald H. Rumsfeld 국방장관은 장군의 행동에 대해 미리 아는 바가 없다고 말했다. 상원 군사위원회의 워너John W. Warner(공화당 버지니아)위원장은 헌터를 지지했지만 논쟁의 많은 부분을 그가 스스로 해결하도록 맡겼다. 결국, 국가정보국장DNI은 설립되었지만, 국방장관은 정보예산이나 국방정보기관에 대한 권한을 거의 잃지 않았다. 그 결과, 두 군사위원회는 어떠한 관할권도 잃지 않게 되었다.

의회는 정보를 어떻게 판단하는가? 중요하지만 거의 논의되지 않는 이슈는 의회가, 집행부가 사용하는 범주에 반대되는 방식으로, 정보를 어떻게 바라보고 판단하는가의 문제이다. 의회가 정보에 대해 얼마만큼의 접근권을 가지든지 간에, 특정 분석적 결과물에 대한 의회의 요구가 늘어난다 해도 의회는 집행부와 같은 방식으로 정보공동체의 고객이 되지는 않는다. 의회는 이 영역에서 절대로 집행부와 같은 정도의 친근감을 갖지 못하며, 정보에 대해 같은 요건이나 요구사항을 가지지 않는다.

예산은 한 가지 주요 쟁점이다. 어떤 부서가 더 혹은 덜 지출하고자 하는지에 대해 정해진 패턴은 없다. 레이건 행정부는 의회가 허용했던 것보다 정보에 더 많이 지출하는 것을 선호했고, 어떠한 지점에 이르러서는 의회가 저항하기 시작했다. 그러나 레이건 행정부는 상원 정보위원회가 요구하는 추가 영상정보위성의 구입을 원하지 않았다. 클린턴 행정부 시절에는, 1995년 공화당의 의회 지배 이후, 의회가 요청되는 것보다 더 많이 지출하려고 했다. 의회는 집행부로부터의 모든 예산 요청은 단지 요청일 뿐이라는 확고한 관점을 고수하고 있다. 그 요청이란 것은 얼마나 많은 액수가 지출되어야 하는가에 대한 구속력 없는 제안이다. 간단히 이야기하자면, 집행부는 사업을 가지고 있고 의회는 돈을 가지고 있다.

두 번째 주요 쟁점은 각 부처가 정보에 대해 갖는 관계의 친밀도이다. 집행부 관료들은 정보에 대해 비현실적인 기대를 가질 수 있지만, 시간이 갈수록 그들은 의원 대다수들보다 훨씬 더 정보에 친숙해진다. 따라서 의회에서는 훨씬 더 잘못된 기대의 가능성도 어렴풋이 나타난다. 게다가, 예산을 지원하기 때문에, 의원들은 정보활동 실적에 더 높은 기대를 가질지도 모른다. 동시에, 의원들은 정보가 집행부의 정책을 전폭적으로 지지하기 위해 작성되었을지도 모른다고 우려하면서, 정보분석에 더 의심을 가질 수도 있다. 행정부의 정책에 의문을 제기하는 정보가 존재함에도 불구하고, 의원과 보좌관들은 이에 대해 거의 들어보지도 못한다. 따라서 의회-정보의 관계는 정당화되든 그렇지 않든 간에 의심하기에 충분한 이유가 된다.

의회와 정보공동체의 관계는 최근 수년간 변화를 겪어 왔다. 현대적인 감시 시스템이 만들어지기 전후, 청문회에서의 증언 이외에 의회가 정보공동체에 대해 제기했던 주요 요구는 브리핑에 대한 것이었다. 의회는 일부 정보 결과물에 대해서 정기적으로 접근할 수 있었지만, 이것들은 집행부를 위해 작성된 것이었다. 1990년대 중반, 의회는 정보분석의 실질적인 내용에 대해 더 많은 관심을 가지기 시작했다. 미국을 향한 미사일 위협을 분석한 국가정보평가NIE에 대한 일부 의원들의 불만은 의회로 하여금 럼스펠드Donald Rumsfeld가 이끄는 위원회를 설립하도록 하였고, 이 위원회는 위협의 성격에 대하여 다른 결론을 도출하였다.

더 중요한 것은, 이라크와의 전쟁2003~이 시작하기 이전에 상원 정보위원회는 이라크의 대량살상무기WMD 프로그램에 대한 새로운 국가정보평가의 작성을 요청하였다. 상원의원들은 대통령에게 이라크에 대한 무력 사용을 허용하는 결의안을 통과시키기 이전에 그 평가서를 읽을 수 있는 기회를 가지기를 원하였다. 이는 의회와 정보 사이의 관계를 새로우며 어려운 영역으로 가져갔다. 비록 국가안보법에서 국가정보위원회National Intelligence

Council가 '정부Government를 위하여 국가정보평가서를 작성'한다고 규정하고 있지만, 정보공동체는 집행부의 일부이고 집행부를 위해 일한다고 이해되기도 한다. 한편, 정보공동체는 전문적이고 정치적인 이유 때문에 그러한 요청을 거절하기가 어렵다. 이라크에 WMD 프로그램이 존재한다는 설이 있었으나 이라크에 대한 조사에서 발견하지 못하였기 때문에, 전쟁이 시작된 이후 국가정보평가NIE에 대한 논쟁이 심화되었다. 많은 상원의원들이 분석의 질과 명확히 부정확한 결론에 도달하게 된 이유에 대해서 질문을 던졌다. 정보공동체에 대해 가해진 비판은, 상원이 3주의 시한을 부여했음에도 불구하고 NIE를 서둘러 작성하였다는 것이었다(이 특별한 비판은 다소 아이러니하다. 왜냐 하면 NIE는 평가하는데 걸리는 시간 때문에 비판을 받는데, 보통 여러 사건에서 몇 개월에서 1년까지 걸리는 경우도 있다). 비록 NIE의 결론이 그렇게 도출되지 않았다 하더라도, 이는 상원에 거의 영향을 주지 않았을 것인데, 그 이유는, 언론보도에 의하면, 오로지 소수의 상원의원들만이 투표 전에 NIE를 읽었기 때문이다. 상원 정보위원회는 이라크 WMD에 대한 정보공동체의 실적을 조사했다. 주요 결과 가운데는 다음과 같은 것들이 있었다. NIE의 주요 판단 중 많은 부분이 과장되었거나 기본적인 정보에 의해 지원되지 못하였으며, 몇몇 판단에 대한 불확실성이 설명되지 않았으며, 이러한 불확실한 판단의 일부가 그 이상의 판단에 기초로 사용되었으며, 해외 연락관의 보고에 지나치게 의존하고 있었으며, 가장 중요한 것으로, 집단사고의 역동성이 이라크에 진행중인 WMD 프로그램이 있다는 가정을 이끌어냈다. 상원 위원회는 2005년 이란에 대한 정보와 능력의 검토를 시작하겠다고 발표했다. 위원회는 그들이 믿기에 이라크 WMD 보고서에서 이루어낸 추진력을 유지하고자 했으며, 또한 중요한 미국 정책의 변화가 이루어지기 전에 이란 관련 이슈와 능력을 더 잘 파악하고자 했다.

아마도 미래에 의회는 자체적인 필요 때문에 정보분석에 대해 더 많은 요구를 할 것으로 보인다. 이는 이라크 경험에서 증명된 위험을 계속해서 이어갈 것이다. 이러한 필요가 계속되고 증가한다면, 행정부는 이러한 요구를 제기하는 의회와 일종의 합의에 도달해야 할지도 모른다.

또 다른 중요한 쟁점은 당파주의이다. 소수당이든 다수당이든 간에, 의회에서 실질적인 힘이 있는 집단은 당 소속에 기초해서 행정부뿐만 아니라 정책에도 반대한다. 당파주의는 필연적으로 정보 분야로 파급되는데, 이는 행정부가 정책을 지지하도록 하기 위해 정보를 요리해 내는 관심사의 형태를 통해서 이루어진다. 정보정책에 관한 의견 차이가 행정부 내에서 일어날 수 있지만, 당파주의에 기초하지는 않는다.

외부요인. 정보감시 체제는 공백상태에서 일어나는 것이 아니다. 감시에 영향을 미치는 많은 요인들 가운데 언론이 중요한 위치를 차지한다. 특종과 중요한 스캔들 탐색을 포함한 워터게이트의 질질 끄는 효과는 정보 관련 보도에 영향을 주었다. 기관으로서 언론은 잘 되어 가고 있는 것을 칭찬하는 것보다 잘못 된 것을 보도함으로써 더 많은 이익을 얻는다. 정보가 어떤 주요 사건을 정확하게 분석한다는 사실은 뉴스거리가 거의 되지 않는다. 게다가, 1975~1976년 조사 후에, 정보공동체는 언론에 의해 상당히 무시되었던 이전의 위치로 돌아가는 것이 불가능함을 알았다. 언론이 정보에 대해서 더 많이 다루게 되고 정보의 단점과 실패사례를 보도함에 따라, 의회가 어떻게 감시를 해야 하는지에 대하여 영향을 미치게 되었다.

결국, 정보조차도 로비스트의 모습으로 나타나는 당파적 인사들을 가지게 된다. 어떤 단체는 정보공동체의 전직 직원으로 이루어져 있으며, 그리고 몇몇은 국가안보에 관해 강경한 입장과 지출을 옹호한다. 간첩활동뿐 아니라 비밀공작 등 정보의 일부 측면을 반대하는 단체들, 세계 전역에서 미국의 정책에 도전하는 단체들, 그리고 정보예산의 일부가 다른 곳에 사용되기를 희망하는 단체들이 형성되어 왔다. 마지막으로, 소득의 많은 부분을 정보공동체를 위해 일을 함으로써 벌어들이는 회사들로 이루어진 단체도 있다. 이 모든 단체들은 미국의 정치체제 내에서는 합법적이며, 의회가 정보를 감시하는 과정에서 고려되어야 하는 단체들이다.

의회 의제 내에서의 경쟁. 강도는 다르지만, 정보감시에 영향을 미치는 일련의 논쟁이 매 의회에서 반복된다. 하나는 국내와 국가안보관련 문제 간 논쟁인데, 이는 특히 예산을 다룰 때 중요하다. 냉전기간 국가안보는 거의 피해를 받지 않았다. 탈냉전시대에는 국가안보문제를 정의하기가 더 어려워졌는데, 2001년 테러공격 때까지 정보공동체는 지출 수준을 유지하는 더 어려움이 있었다.

다른 논쟁은 시민의 자유와 국가안보 간의 논쟁이다. 논쟁은 1798년 외국인 규제 및 보안법Alien and Sedition Acts까지 거슬러 올라가는 오래된 논쟁이다. 국가안보 문제와 충돌하는 시민의 자유에 대한 다른 예는 정보공동체의 출현보다 앞선다. 남북전쟁 시 링컨Abraham Lincoln 대통령의 인신보호영장 정지, 제1차 세계대전 시 반전주의자들의 체포, 제2차 세계대전 시 다수의 일본계 미국인의 체포 및 구금, 그리고 냉전 시 공산주의 전복 시도를 근절하기 위한 조치 등이 있다. 각 경우에 정치 지도자들은 국가의 위기상황을 시민의 자유에 대한 일시적 침해의 이유로 들었다. 이 논쟁은 2001년 테러 공격 이후 재개되었다. 부시 행정부가 감시권 증대, 비사법적 재판(군사법정 이용 제안), 그리고 기타 형태의 권한을 추구했기 때문이다.

전례에도 불구하고, 1970년대 중반의 정보 조사는 정보기관이 헌법의 보장사항, 법, 그리고 그들 자신의 헌장을 위반한 여러 가지 예들을 폭로했다. 위반 사례에는 반체제 단체 감시, 우편물의 불법 개봉, 시민에 대한 불법 도청, 국세청 자료의 부적절한 사용 등이 포함되었다. 이러한 행동들의 일부는 당시 대통령이 알고 있었으며, 일부는 몰랐다. 이러한 활동의 폭로는 안전장치 없이 활동하는 비밀 기관의 능력에 대한 관심과 집행부와 의회의 강력한 감시에 대한 필요성의 문제를 분명히 나타내었다.

의회의 계속되는 세 번째 논쟁은 외국에서의 미국 행동주의의 수준과 범위에 관한 것이다. 제1차 세계대전부터 냉전까지, 민주당은 상당히 개입주의의 입장을 보였고, 공화당은 불개입주의 성향을 가졌다. 제2차 세계대전과 냉전 때에는, 일부 공화당의 파벌은 불개입주의로 남아 있었음에도 불구하고, 대체로 개입주의에 대한 합의가 이루어졌다. 베트남전이 냉전 합의에 끼친 충격은 두 당의 입장에 변화를 가져왔다. 민주당은 상당히 불개입주의 당으로 바뀌었고, 공화당이 개입주의 당이 되었다. 탈냉전 기간에, 공화당 내에서 불개입주의 세력이 다시 부활하기 시작했다. 2001년 9월 이후 해외의 군사 및 정보 작전에 대한 광범위한 지지가 나타났으나, 지금은 이라크의 결과로 대체로 해소되었다. 또 다른 테러 공격이 일어난다면, 이러한 논쟁이 어디에서 어떤 양상으로 일어날지 확실하지 않다.

마지막으로, 이민자 기반의 미국 인구가 외교정책 논쟁에 반영된다. 세계 모든 지역과 모든 민족이 미국 인구에 분포한다. 세계에 대한 미국 정책이나 활동 – 실질적이든, 계획된 것이든, 소문만 있는 것이든 간에 – 인구의 일부분으로부터의 반응, 그리고 아마도 서로 다른 반응을 끌어낼 것이다. 한 지역과 민족적 연계가 있거나 그런 유권자를 대표하는 의회 의원들 또한 그들의 목소리를 낼 것이다.

결 론

정보에 대한 의회 감시의 본질은 1975~1976년에 극적으로 변화하였다. 비록 의회가 더한 혹은 덜한 행동주의의 기간을 경험한다 하더라도, 의회는 자유방임적인 형태의 감시체제로 되돌아 갈 것 같지는 않다. 의회는 정보정책을 형성하는 지속적인 행위자가 되고 있다.

이는 정보의 사례에만 유독 새로워 보이는데, 정보는 비교적 최근의 문제이기 때문이다. 의회는 헌법 채택 이후 모든 기타 정책 영역에서 동일한 행동주의자의 역할을 해 왔으며, 그 역할은 헌법초안자들이 정한 견제와 균형에서 유래한다. 의지 있는 권력분립은 지속적으로 '투쟁을 유발하는' 체제를 만든다.

감시체제는 필수불가결하게 대립관계이지만, 적대적일 필요는 없다. 권력을 나누는 어떤 시스템이라도 논쟁과 마찰이 있게 마련이다. 그러나 공격적인 방식으로 이루어질 필요는 없다. 공격적이 되면, 감시체제 그 자체보다 인격, 이슈, 당파성의 결과가 더 자주 나타난다.

주요용어

4의 갱Gang of 4
8의 갱Gang of 8
감시oversight
무기한 세출 승인no year appropriations
무의미한 예산 허가hollow budget authority
세출 승인appropriation
승인되었지만 허가되지 않은appropriated but not authorized

지구적 승인서global finding
추경 세출 승인supplemental appropriations
행정명령executive order
허가authorization

더 읽을거리

정보감시자로서 의회의 역할 확대에 대한 다수의 책과 논문이 발표되었다. 이 장章은 집행부의 감시체제에 대해서도 논의하고 있다.

Adler, Emanuel. "Executive Command and Control in Foreign Policy: The CIA's Covert Activities." *Orbis* 23 (1959): 671~696.

Cohen, William S. "Congressional Oversight of Covert Actions." *International Journal of Intelligence and Counterintelligence* 2 (summer 1988): 155~162.

Colton, David Everett. "Speaking Truth to Power: Intelligence Oversight in an Imperfect World." *University of Pennsylvania Law Review* 137 (December 1988): 571~613.

Conner, William E. Intelligence Oversight: *The Controversy Behind the FY1991 Intelligence Authorization Act.* McLean, Va.: Consortium for the Study of Intelligence, 1993.

Currie, James. "Iran-Contra and Congressional Oversight of the CIA." *International Journal of Intelligence and Counterintelligence* 11 (summer 1998): 185~210.

Davis, Christopher M. *9·11 Commission Recommendations: Joint Committee on Atomic Energy-A Model for Congressional Oversight?* Washington, D.C.: Congressional Research Service, August 20, 2004.

Gumina, Paul. "Title VI of the Intelligence Authorization Act: Fiscal Year

1991: Effective Covert Action Reform or 'Business as Usual'?" *Hastings Constitutional Law Quarterly* (fall 1992): 149~205.

Jackson, William R. "Congressional Oversight of Intelligence: Search for a Framework." *Intelligence and National Security* 5 (July 1990): 113~147.

Johnson, Loch K. "Controlling the Quiet Option." *Foreign Policy* 39 (summer 1980): 143~153.

──. "The CIA and the Question of Accountability." *Intelligence and National Security* 12 (January 1997): 178~200.

──. "The U.S. Congress and the CIA: Monitoring the Dark Side of Government." *Legislative Studies Quarterly* 5 (November 1980): 477~499.

Latimer, Thomas K. "United States Intelligence Activities: The Role of Congress." In *Intelligence Policy and National Security*. Ed. Robert L. Pfaltzgraff Jr. and others. Hamden, Conn.: Archon Books, 1981.

Pickett, George. "Congress, the Budget, and Intelligence." In *Intelligence: Policy and Process*. Ed. Alfred C. Maurer and others. Boulder, Colo.: Westview Press, 1985.

Simmons, Robert Ruhl. "Intelligence Performance in Reagan's First Term: A Good Record or Bad?" *International Journal of Intelligence and Counterintelligence* 4 (spring 1990): 1~22.

Smist, Frank J., Jr. *Congress Oversees the United States Intelligence Community*. 2d ed. Knoxville: University of Tennessee Press, 1994.

Snider, L. Britt. *Sharing Secrets with Lawmakers: Congress as a User of Intelligence*. Washington, D.C.: Central Intelligence Agency, Center for the Study of Intelligence, 1997.

Treverton, Gregory F. "Intelligence: Welcome to the American Government." In *A Question of Balance: The President, the Congress, and Foreign Policy*. Ed. Thomas E. Mann. Washington, D.C.: Brookings Institution, 1990.

U.S. Senate Select Committee on Intelligence. *Legislative Oversight of Intelligence Activities: The U.S. Experience*. 103d Cong., 2d sess., 1994.

11

냉전의 유산

정보공동체가 구체적으로 냉전을 수행하기 위해 만들어지지는 않았어도, 공동체의 발전, 형태, 구조 및 실제는 50년간의 냉전 대립에 의해 상당히 크게 영향을 받았다. 정보공동체가 어떻게 발전했고, 21세기 이슈에 대처하기 위해 그 자체를 어떻게 지속적으로 변형시켜 왔는지를 이해하기 위해, 공동체에 대한 냉전의 영향이 검토될 필요가 있다.

최우선적 소련 문제

소련 문제 – 소련, 소련의 위성국들과 제3세계 동맹국들, 몇몇 서방국가들의 공산당들을 포함하여 이들과 관련된 일련의 문제들 – 는 1946년부터 1991년 소련이 붕괴하기까지 미국의 국가안보정책과 외교정책을 지배하고 있었다. 때때로 그리고 일시적으로 다른 이슈들이 소련 문제를 대신하기도 했지만, 소련 문제는 정책과 정보공동체의 최우선 관심사로 남아 있었다.

정보가 지지하도록 예상되는 정책에는 상당한 명확성과 지속성이 존재했다. 직업외교관이었던 케넌George Kennan의 영감을 받아, 미국은 소련에 대한 봉쇄정책을 개발해 내었다. 1946년 2월 모스크바에서 보낸 그의 '긴 전문long telegram'과 1947년 7월 'X'라는 필명으로 외교문제Foreign Affairs지에 기고한 논문(논문 제목은 'The Sources of the Soviet Conduct'임 - 역자 주)에서 케넌은 소련이 본질적으로 팽창주의 국가라고 주장했다. 만약 소련이 스스로 지리적 영역 내에서 봉쇄된다면, 결국 공산주의 체제의 모순과 결점에 직면하여 변화 아니면 붕괴에 이를 수밖에 없을 것이라고 주장하였다. 케넌은 미국과 소련 사이의 대립을 크게 정치적인 것과 경제적인 것으로 보았다. 그러나 정책 결정을 책임지고 있는 다른 사람들, 특히 국무부 정책기획국장인 니체Paul Nitze는 1950년대 초에 기획지침문서인 NSC-68(국가안보회의 문서 - 역자 주)을 작성하는 데 중요한 역할을 했는데, 그는 그 해 6월 한국전쟁이 발발함에 따라 봉쇄를 보다 군사적인 문제로 보았다.

봉쇄의 정보적 함의. 봉쇄정책에는 정보분석과 활동에 대한 역할이 포함되었다. 분석적으로, 정보공동체가 다음에 대해 알고 있거나 예측할 수 있다고 기대했다.

- 소련의 진출 또는 팽창 가능 지역
- 진출의 급박함과 강도
- 전체적인 소련의 힘-군사, 경제, 사회
- 소련의 가능한 동맹이나 우호국
- 상대적인 소련의 강점이나 약점의 신호(케넌이 예측한 모순의 신호)

이것은 켄트Sherman Kent가 모든 것을 알고자 하는 긴 목록이고 아이러니한 반영이다. 정보활동의 측면에서, 봉쇄는 다음을 요구했다.

- 분석관들이 그들의 요구사항을 충족시킬 수 있도록 하는 소련 목표에 대한 정보수집능력
- 소련의 팽창을 둔화시키는 데 기여할 수 있는 활동 능력
- 소련과 그 동맹 및 우호국들을 약화시키는 능력
- 소련의 간첩활동 및 가능한 전복활동을 다루는 방첩능력
- 적절한 미국과 NATO 방위의 발전을 지원하고 전쟁 시 소련의 군사력과 시설을 목표로 삼는데 기여하도록 소련의 군사 능력에 대한 풍부한 첩보수집

분석 또는 활동 임무 중 어느 것도 봉쇄정책을 제대로 추진할 만큼 완성되지 못했다. 두 임무 모두 미국이 소련 문제를 다룸에 따라 시간이 가면서 진화하였다.

소련 목표의 어려움. 소련은 정보수집과 분석에 있어 독특하게 어려운 목표였다. 첫째, 소련은 소련 지도자들이 비밀로 하고 싶은 능력을 숨길 수 있는 광대한 공간을 제공해 주는, 외딴 오지도 있는 (두 대륙에 걸쳐 있는) 매우 큰 나라였다. 게다가, 소련의 많은 지역이 고도의 수집을 방해하는 불리한 날씨 조건을 가지고 있었다. 둘째, 소련은 폐쇄적이고 고도로 치안이 유지되는 사회였으며, 이는 외국인이. 심지어는 합법적으로 배치된 외교관도 접근할 수 없는 넓은 지역 – 심지어 개발이 더 많이 된 지역도 – 임을 의미했다.

오랜 기간에 걸친 러시아의 전통은 지리적 어려움을 악화시켰다. 러시아인들은 전통적으로 외국인을 의심해 왔다. 표트르 대제Peter the Great, 1682~1725 통치 이전에, 외국인들은 쉽게 감시될 수 있고 러시아인들과의 접촉이 제한되고 통제되는 러시아 수도의 특별한 지역에 격리되곤 하였다. 러시아인들은 또한 러시아 국가의 물리적 현실을 모호하게 하는 전통을 가지고 있었는데, 이는 그 뿌리가 짜르tsars시대로까지 거슬러 올라가는 마스키로프카maskirovka라고 알려지게 되었다. 현실을 감추는 가장 유명한 예는 카트린느 대제Catherine the Great, 1762~1796 통치 시대에 있었다. 당시의 국방장관인 포템킨Grigory Potemkin은 마을처럼 보이는 것을 세웠는데, 사실상 이는 단지 그의 정책 성공으로 카트린느를 감동시키기 위한 겉보기일 뿐이었다. 이러한 포템킨 마을이 마스키로브카의 전조가 되었다.

냉전의 범위가 소련에서 유럽, 아시아, 그리고 전 세계로 확산됨에 따라, 정보가 수집 및 분석되어야 하고, 정보활동이 필요한 분야도 확장되었다. 양자구도의 냉전은 정보의 측면에서는 전 세계적 전쟁이었다.

이러한 모든 이유로, 그러나 주요하게는 소련의 규모와 접근불가능성 때문에, 정보공동체는 필요한 정보를 원격으로 수집할 기술적 수단들을 개발했다. 미국은 소련과 전 세계에 파견된 소련 외교관들에 대해 계속해서 인간정보활동을 추구했지만, 기술적 정보수집방식INTs에 많은 부분 의존했다. 기술적 INTs는 일부 조정을 거쳐 탈냉전 이슈에도 적용될 수 있지만, 완전히 대체될 수는 없다. 사실, 수집 시스템의 어떤 측면은 단순히 폐기되거나 쉽게 수정될 수 없는 유산이다. 아이러니하게, 가장 중요한 자산 중 하나였던 지구궤도를 도는 시스템의 상대적 수명 - 보통 예상 지구력을 훨씬 넘어서는 - 은 이제 부담이 되고 있다. 예산만의 이유 때문에 아무도 오래된 시스템을 더 현대적인 시스템으로 만들기 위한 기능 폐기를 제안하지 않을 것이다.

소련 군사력에 대한 강조

소련 이슈에서 주된 문제는 미국 및 동맹국에 위협을 가하는 국가의 군사력에 관한 것이다.

군사력은 현재의 또는 계획되고 있는 군사의 규모를 나타낸다. 미국 정보공동체는 전체적인 소련 군대의 규모와 질적 수준, 소련 군사의 연구와 개발의 방향 및 소련이 추구하는 새로운 능력, 미국과 동맹국에 위협이 되는 현재와 미래 군사력의 수준, 전쟁 발발시 어떻게 군사력을 사용할지에 대한 소련의 독트린에 관한 첩보수집을 추진하였다.

정확한 수집체계를 갖추면 잠재적인 적대국의 군사능력의 많은 부분을 파악할 수 있다. 특히 재래식 군대와 전략군은 식별이 가능한 지역에 주둔하면서 수시로 훈련을 해야 하기 때문에 숨기기가 어렵다. 각 국 군대의 규칙성과 정확성 때문에 상대방 정보수집에 노출되기 쉽다. 군대는 규칙적이고 예측가능한 패턴으로 훈련하는 경향이 있으며, 이는 또한 그들이 어떻게 전투에 투입되도록 되어 있는지를 알려준다. 연구와 개발은 어느 수준까지는 탐지되지 않지만, 시스템은 배치되기 이전에 테스트되어야 하기 때문에 정보수집 활동에 노출되지 않을 수가 없다.

미국 정보공동체가 미사일 부대에 대해 과대예측 또는 과소예측과 같은 실수를 한 점은 있지만, 소련의 전체 군사력은 상당히 세부적으로 알려져 있다. 어려운 목표를 추적하는데 큰 어려움을 겪지 않았다. 한 고위 군정보 관이 말했듯이, "소련은 우리가 완전히 파악하고 사랑하게 된 적국이었다." 어떤 사람들은 군 재고품 목록의 상당부분은 더 많은 국방예산을 정당화하기 위해 작성되었다고 주장하며, 소위 말하는 콩알 세기bean counting(통계에 치중하는 숫자놀음 - 역자 주)로 치부해버렸다('콩알 세기'는 외국 군대의 병력과 장비를 집계하는 정보생산물을 가리키는 다소 경멸적인 용어이다. 이러한 수치의 집계는 요구와 필요를 증가시키지만, 비판자들은 이 결과물이 통찰력이 있다거나 분석적이라고 보지는 않는다). 이 관점의 논리는 진전되기가 어려운데, 그 이유는 정보공동체가 더 규모가 큰 군사력을 보유하는데 대한 제도적 이해관계가 거의 없기 때문이다.

의도intentions - 적국의 계획과 목표 - 는 더 실체가 없는 주제이며 수집에 훨씬 많은 어려운 문제를 초래한다. 의도는 과시되거나, 실행되거나 미리 노출될 필요는 없으며, 심지어 정기군사훈련에 의해서도 드러나지 않을 수도 있다. 고립되어 있거나 멀리 떨어져 있는 수집 시스템은 상대방의 능력을 수집하는 데 유용할 수 있지만, 의도에 관해서는 아무 것도 수집하지 못할 수도 있다. 신호정보는 의도를 드러내는 데 도움이 될 수 있지만, 이 수집 업무는 간첩활동을 필요로 할 수도 있다.

1970년대 중반, 미국에서 소련에 관한 **능력 대 의도**의 논쟁이 일어났다. 대부분의 논쟁은 정책결정자들과 정부 이외의 영향력 있는 개인들 사이에서 전개되었지만, 정보공동체도 포함되었다. 미국의 정보기관은 소련의 군사 능력에 대하여 상당히 잘 알고 있었지만, 소련의 의도는 잘 알지 못했다. 문제는 이 의도가 중요한가의 여부였다. 미국 관리들은 다음과 같은 소련의 의도에 대하여 길고 때로는 뜨거운 논쟁을 벌였다. 첫째, 소련이 선제공격으로 또는 NATO와의 전쟁 발발 시 대규모의 재래식 작전을 수행하려고 계획하였는지, 둘째, 소련이 예비군을 동원하거나 추가 지원 없이 이미 배치되어 있는 병력과 물자만 가지고 사전 경고 없이 군사작전을 수행하려 했는지, 셋째, 소련이 핵전쟁을 하면 승리할 수 있다고 생각하였는지에 대한 논쟁이 계속되었다.

의도가 중요하다고 믿는 사람들은 단순히 군사력을 추적하는 것은 위협을 측정하는데 불충분하다고 주장한다. 단지 의도만이 실질적인 위협의 수준을 측정하는데 유용하다고 한다. 예를 들어, 영국은 실질적으로 핵무기를 보유하고 있지만 미국과 가까운 동맹이기 때문에 미국의 관심대상이 아니다. 소련의 의도를 고려함으로써, 미국은 소련 정책의 진정한 본질에 대해 더 명확한 그림을 그릴 수 있게 되었으며, 이것이 미국과 서방진영의 중요한 안보 관심사가 되었다. 이 관점에 찬성하는 사람들은, 의도가 국가평가의 항목이 아니었기 때문에, 소련의 위협이 과소평가되어 있다고 생각했다.

의도에 대하여 별로 관심을 갖지 않는 사람들은, 만약 적국이 품은 적대감의 수준과 능력을 인지하고 있다면, 구체적인 의도를 아는 것은 별로 중요하지 않다고 주장했다. 그들은 군사적 능력에 기초하여 평가를 하는 최악의 사례는 계획의 기준으로 적용될 수 있을 것이라고 주장했다. 결국, 의도(즉, 계획)는 의지에 따라 변화할 수 있으며, 이에 따라 매우 파악하기 어려운 대상이 될 수도 있다. 의도의 중요성에 대한 차이가 A팀-B팀의 경쟁적 분석을 끌어냈다. A팀-B팀 훈련은 포드 행정부1974~1977의 후반부 대통령해외정보자문이사회PFIAB: President Foreign Interlligence Advisory Board의 이사들이 CIA의 소련 프로그램에 대한 평가에 관심을 가지면서 시작되었다. PFIAB 이사들은 그 평가가 무기 프로그램을 강조한 것이지 그 뒤에 숨겨진 지정학적 전략을 강조하지는 않았다고 생각했다. 그들은 중앙정보국장 부시George Bush, 1976~1977로 하여금 정부의 분석팀(A팀)이 분석한 정보를 외부 전문가팀(B팀)이 관찰하는 경쟁적 분석을 실시하도록 하였다. 그러한 경쟁적 분석 훈련은 많은 이득을 가져다 줄 것으로 전망되었지만, B팀이 소련의 동기와 정보공동체의 분석에 대해서 의구심을 가진 전문가들인 매파로 구성되어 결과는 바람직하지 않은 방향으로 전개되었다. 놀랄 것도 없이, B팀의 결론은 연구를 촉발시켰던 PFIAB의 관심사와 동일하였다. B팀에서의 균형 부족은 미래에 이러한 유형의 훈련을 해야 할 필요성과 흥미를 감소시켰다.

소련의 의도를 추적한 기록은 훨씬 덜 확실하다. 예를 들어, 미국은 미국의 전략핵무기 규모를 설정하는데 기본이 되는 상호확실파괴MAD: mutual assured destruction의 핵 독트린에 동의했는지의 여부를 확인할 수 없었다. MAD의 취지는 핵무기의 사용은 참혹한 결과를 가져다 줄 것으로 예상되어 이를 거의 사용할 수 없도록 만들고, 미국과 소련은 이러한 이유로 서로 억제하게 된다는 것이다. 미국은 소련이 MAD의 중요성을 인식하도록 하기 위하여 초기의 전략무기통제협상을 여러 차례에 걸쳐서 가졌다. 소련은 단순히 협상을 지속하기 위한 수단으로 MAD의 아이디어에 동의하였거나 동의한 척 하였는가? 이와 비슷하게, 소련은 핵전쟁에서 이길 수 있다고 생각했을까? 그들은 서유럽 침략을 계획했을까? 소련의 독트린은 확실히 본국 영토에서 전쟁을 하지 않는 것을 강조했지만, 이는 다른 국가들의 경우에도 마찬가지이다.

거울 영상 만들기mirror imaging는 소련의 의도에 관한 논쟁 일부의 기초가 되었다. 미국 분석관들이 소련의 의도를 인지하는 대신에 자신들의 관점을 부과한 것일까? 다른 문제는 **최악의 사례 분석**worst-case analysis의 유용함에 대한 것이었다. 그것은 유용한 분석 도구인가? 국방 기획자에게, 그 답은 긍정이다. 그들이 전투에 병력을 파견하려고 한다면, 그들은 직면할지 모르는 최악의 위협을 측정할 수 있어야 한다. 다른 기획자와 분석관에게, 최악의 사례는 훨씬 덜 유용한 과대평가일지도 모른다.

마지막으로, 어떤 사람들은 정보생산물 자체가 정보과정에 영향을 미쳤는지 의문을 가진다. 매년 정보공동체는 소련의 전략적 군사 능력에 대한 국가적 평가를 완성했다(NIE 11-3-8). 미국 정책입안자들은 이 평가가 군대와 예산의 준비를 포함한 전략 기획에 필요한 것으로 간주했다. 그러나 연간 주요 평가의 준비도 정보활동에 영향을 미쳤는가? 그것은 정보를 일정한 패턴에 고정시킴으로써 정보분석의 변화나 전환이 이루어지는 것이 어렵게 만들었는가? 다시 말해, 일단 공동체가 NIE 11-3-8을 수년에 걸쳐 만들어 낸 이후, 분석관들이 이에 대해 반대되는, 도전적인, 완전히 새로운 견해를 제안하는 것이 과연 쉬웠는가? 이와 같은 결점이 발생할 가능성을 치유하는 방법 중의 하나는 A팀-B팀 훈련을 적극 실현하여 경쟁적인 분석체계를 만드는 것이었다.

합법적인 정보활동인 군사력의 직접적 비교는 종종 정치화된 분위기politicized atmosphere에서 수행되었다. 계승되는 행정부와 의회의 정책결정자들은 소련의 위협의 본질에 대해서 선입견을 갖는 경향이 있었고, 따라서 정보를 지지할 수 있는 것 또는 실수한 것으로 보았다. 그들은 무기 체계의 질(미국의 장점)과 양(소련의 장점)에 관한 긴 논쟁에 참여했다. 결론에 도달할 수 없는 성격의 논쟁은 많은 이들이 다른 비교 수단을 찾도록 만들었다. 한 가지 수단은 능력 뿐 아니라 의도의 신호로서도 간주되는 국방예산을 직접비용과 국방비에 할당된 국내총생산의 비율을 포함하여 분석하는 것이었다.

통계정보에 대한 강조

소련에 관해 생산된(수집된 것과는 반대로) 정보의 많은 부분은 다음과 같은 통계적인 것이었다.

- 병력과 모든 수준의 무기 측면에서 소련과 소련의 위성국 군사력의 규모
- 소련경제와 그 산출의 규모
- 국방에 할당된 소련경제의 양과 비율
- 소련에서의 생활에 관련된 여러 가지 인구학적 정보

모든 영역이 동일하게 성공적으로 조사된 것은 아니었다. 소련의 군사적 역량은 매우 잘 추적되었다. 소련경제의 분석은 덜 성공적이었다. 궁극적으로, 정보공동체는 소련경제의 규모를 과대평가했고, 국방비에 할당된 경제의 비율은 아마 연간 국내총생산GDP의 40% - 압도적인 수준 - 이었는데, 이를 과소평가했다. 1980년대 말과 1990년대 초의 인구학적 자료는 소

련 생활의 질에서 꾸준한 하락세를 보였다.

그 데이터가 중요한 만큼, 소련 문제를 계량화하려는 모든 노력은 그 자체적인 효과를 보이고 있다. 비록 이 문제의 대부분이 파악하기 어려웠지만, 정보공동체는 다양한 분야를 상세하게 추적하는 능력을 강조했다.

뒤돌아보면, 어떤 노력들은 다소 우스꽝스러웠음을 알게 된다. 예를 들어, 미국 정보공동체는 많은 시간과 에너지 - 아마 너무 많은 - 를 소련의 국방비 지출과 미국의 국방비 지출을 비교하는 다양한 수단에 써 버렸다. 어떤 분석관들은 미국 국방비 지출을 루블ruble(소련의 화폐 단위 - 역자 주)로 전환했다. 어떤 사람들은 소련 국방비의 확정된 금액에 대해 평가된 가치를 달러로 전환하였다. 이 방법들 각각은 인위적인 것이었으며, 그 각각에 대한 지지자들은 대체로 소련의 위협과 관련하여 변화되었다거나 좀처럼 믿을 수 없다는 내용으로 설교하는 것에 그쳤다.

상세하고 풍부한 자료에서 빠진 것은 감지할 수 없는 것들이었다. 그들은 소련 국가의 결속력, 일반 국민들의 국가에 대한 지지 정도, 그리고 위성국 국민들의 저항감 정도 등이다. 가까운 미래의 소련의 안정성이나 생존가능성에 대해 의문을 던지는 분석관은 거의 없었다. 소련의 붕괴 가능성에 대한 논쟁은 잠재적인 정책 문제라기보다는 대체로 가정적인 것이었다.

소련의 붕괴

소련에 관한 미국 정보 기록을 둘러싼 많은 논쟁은 갑작스런 소련의 붕괴에서 비롯된다. 정보활동 실적에 대한 비판자들은 그 몰락이 정보공동체를 매우 놀라게 했다고 주장했다. 정보공동체가 소련이라는 국가의 힘을 과대평가했고, 따라서 공동체의 역사에서 가장 중요한 주제에 대한 실패를 경험했다는 것이다. 어떤 사람들은 심지어 이 정보실패가 미국 정보기구 재조직의 충분한 이유가 되었다고 주장했다. 정보활동의 수행에 대한 방어자들은 공동체가 오랫동안 소련 체제의 내부적 부패를 보고해 왔으며 그 약점이 소련 국민과 위성국가들에 계속 침투되었다고 주장했다.

미국 정보활동에 대한 지지자들은 부분적으로 옳다. 정보는 소련 체제의 엄청난 비효율성에 대해 수많은 이야기를 제공했는데, 그 중 많은 것은 일화 같은 것이었지만 너무 많은 것들이 무시될 만한 것이었다. 1988년 소련의 중거리핵무기^{INF}에 대한 현지 사찰 개시와 함께 소련 체제의 슬픈 현실이 간파되기 시작하였다(미국과 소련은 1987년 중거리핵무기 폐기협정을 체결하였고, 이의 검증을 위하여 1988년에 현지 사찰을 시행하였다 - 역자 주). 이러한 상황에서도 소련이 거의 붕괴에 가까워지고 있다고 예상하는 분석관은 거의 없었다. 소련은 약화되었고, 심지어 비틀거리고 있었다. 하지만 어느 누구도 소련이 갑자기 - 그리고 가장 중요한 것은, 평화롭게 - 무대에서 사라져 갈 것이라고 예상한 사람은 아무도 없었다. 이에는 최소한 두 가지 요인이 작용했다. 첫째, 미국의 대부분 소련 분석관들은 자신들의 생계의 터전이 사라질 것에 대하여 우려를 하였고, 소련이 결과적으로 나타난 것만큼 정치적으로 약했다고 인정할 수 없었다. 그런 결론은 상상할 수 없었다. 그들은 개혁의 위험성이나 함정에 중점적으로 관심을 가졌지만 붕괴 가능성은 별로 고려하지 않았다. 또한, 소련(그리고 러시아) 정부의 과거의 잔인함을 감안하면, 상상하기에도 끔찍한 폭력적인 시나리오의 가능성이 높았지 평화적인 붕괴는 불가능한 것 같았다. 둘째, 분석관들은 인격의 역할, 특히 1985년에 소련 공산당 총서기(가장 큰 권력의 자리)가 된 고르바초프$^{Mikhail\ S.\ Gorbachev}$의 인격에 대하여 정확히 분석하는데 실패하였다.

고르바초프를 평가하는 데 있어서의 어려움이 과소평가되어서는 안 된다. 그는 공산당 정치국원의 일반적인 선정 절차를 거쳐 권력을 장악하였다. 과거의 다른 소련 지도자들과 마찬가지로 고르바초프는 권력에 오르면서 비효율적인 국가체제를 보다 효율적으로 만들기 위한 개혁을 약속했다. 고르바초프의 외무장관이었던 셰바르드나제$^{Eduard\ A.\ Shevardnadze}$는 어떠한 특정 시점에 이르러 고르바초프와 자신은 경제를 제대로 살리기 위해서는 비틀어내는 개혁 보다는 기본적인 변화를 추구하는 개혁이 필요하다는 것을 느꼈다고 밝혔다. 이러한 점에서 고르바초프는, 진정한 개혁은 개념상 혁명적이라는 점을 이해하지 못한 채, 소련이라는 국가의 기본적인 형태의 변화에만 집착하였다. 오랜 시간이 지나서야 그는 이러한 결론을 알게 되었지만, 그 궁극적인 함의를 받아들일 수가 없었다. 다시 말해서, 고르바초프는 그의 개혁이 어느 방향으로 나아가고 있는지 알지 못했다. 정보공동체는 고르바초프가 알고 있던 것 이상으로 알고 있었는가?

또한 많은 정보분석관들은 고르바초프의 외교정책 문제 - 군비통제, 앙골라, 심지어 아프가니스탄 문제 - 에 대한 접근법을 파악하는데 많은 시간을 소비하였다. 이 문제들은 더 압박하고 있는 국내 문제에 집중하도록 자유로워지기 위해 가능한 한 조속히 청산해야 할 문제들이었다. 많은 사람들이 동유럽 위성국들의 붕괴에 소련이 마지못해 동의할 것임을 정확히 분석하지 못했다. 몇몇 위성국 지도자들이 자유화의 노력을 기울임에 따라, 붕괴는 1989년에 평화롭게 일어났고, 이는 모든 위성국에서 구질서의 해체를 가져왔다. 체코슬로바키아는 그럴 수도 있었다. 하지만 동독은? 절대 아니고, 어느 정도까지 진척될지 불분명했다. 아이러니하게, 고르바초프는 케넌George Kennan이 40년 전에 제시한 **봉쇄정책**에 굴복하게 되었다. 해외에서 좌절한 고르바초프는 국내에서의 잡다한 문제에 직면해야 했다.

고르바초프의 생각이나 갑작스런 소련의 붕괴에 영향을 미친 요인은 알려져 있지 않다. 레이건Ronald Reagan 대통령 하의 미국 국방력 증강이 고르바초프에게 미국과 일종의 거래를 타결할 필요가 있다고 생각하게 했는가, 아니면 뒤처지고 과다 소비하여 보다 심각한 경제적 파멸을 맞게 될 것이라고 확신하게 했을까? 셰바르드나제는 그렇다고 시사한다. 어떤 사람들은 레이건 대통령이 추진한 전략방위구상SDI: Strategic Defense Initiative이 군비통제 협상을 시작하는데 있어서 중요한 자극제였다고 믿는다. 그 이유는 SDI가 군사력 균형의 단기적 변화에 영향을 미칠 수 있다는 점 때문이 아니라, 그것이 소련의 지도자들에게 소련이 기술, 컴퓨터, 경제력에 있어 약세임을 일깨워주었기 때문이다. 경제적 파멸을 피하는 방법 중 하나는 군비통제 협상을 타결하는 것이었다(SDI는 레이건 대통령이 핵 공격에 대한 방어책을 찾기 위해 추진한 노력의 캐치프레이즈였다. 레이건은 그런 방어적 능력이 모든 핵무기를 쓸모없게 만들 것이라고 믿었다).

소위 **레이건 독트린** – 반소 게릴라를 지원하는 미국의 노력 – 이 소련의 생각에 어떤 영향을 미쳤는지는 알려져 있지 않다. 니카라과 반정부 세력에 대한 지원은 레이건 행정부의 정치적 책임이 되었다. 그러나 아프가니스탄의 무자히딘에 대한 지원과 그 전쟁이 교착상태에 빠지게 되면서 소련 지도자들에게 충격을 주었다. 그들은 바로 국경 너머에서 치루는 전쟁을 이길 수 없었다. 소련 군대의 용맹은 의미 없는 것이었다. 어떤 분석관들은 모스크바의 참모부와 '아프간치Afgantsy' 사이의 갈등이 일어났다고 믿었는데, '아프간치'는 소련의 전투사령관들이었으며, 대부분은 1991년 8월 급진개혁에 반대하는 보수집단이 고르바초프를 축출하는 쿠데타를 일으켰을 때, 옐친Boris N. Yeltsin을 지지하며 그에게 집결하였다.

고르바초프는 해외에서, 그리고 심지어 동유럽에서 너무 높은 대가를 지불했다고 생각했음이 틀림없다. 서방측의 분석관들도 또한 고르바초프 자신도 이런 문제를 단편적으로 해결한다고 해서 소련을 구할 수 없다는 것을 이해하지 못했다.

정보와 소련 문제

어떠한 미국의 정보평가도 소련의 평화적 붕괴와 여러 독립 공화국들로의 해체를 과감하게 예측하지 못했다. 미국 정보는 소련이 아마도 더 약해지기는 하겠지만 여전히 그대로 계속될 것이라고 가정했다. 동시에 정보공동체는 소련이(알려지지 않은 기간에 걸쳐) 얼마나 비효율적이고, 체제가 약화되었으며, 오래 지속되기 어려울 것이라는 내용의 수많은 보고서를 생산했다.

두 가지 중요한 문제에 대한 답을 찾아야 한다. 정보는 더 잘 했어야 했는가? 정보는 냉전의 최종 승리에 있어 미국에게 중요했는가?

정보가 더 잘 했어야 한다고 주장하는 사람들은 소련이 미국 정보의 중심적 초점이었고, 50년간의 모든 전문적 지식과 예산이 투입되었기 때문에 실질적인 소련의 상황에 대해 보다 통찰력 있는 정보를 제공했어야 했다는 이유로 그렇게 주장한다. 그러나 한 국가가 근본적인 약점이 있음을 아는 것과 그 붕괴를 예상하는 것 사이에는 큰 차이점이 존재한다. 대체로 소련의 붕괴와 같은 사례는 역사적으로 거의 없었다(과거에 오스만 제국과 같이 몇몇의 거대한 제국은 오랜 기간에 걸쳐서 붕괴되었다. 게르만 제국, 오스트리아 제국, 제1차 세계대전 이후의 러시아 제국 등 다른 거대한 제국들은 갑작스럽게 붕괴되었으나, 대체로 전쟁에 의하여 붕괴되었다). 소련의 행동 - 과거 잔인한 면을 충분히 보여 주었던 - 을 볼 때 그 국가의 엘리트들이 아무런 투쟁도 하지 않고 순순히 권력을 상실할 것이라고 분석관들이 예상하도록 해 주는 것은 아무 것도 없었다. 아이러니하게도, 소위 소련의 권력 있는 부처들(군대, 군산복합체, KGB-국가안보위원회)이 시도한 고르바초프 축출 쿠데타가 소련 시스템 자체의 지지를 거의 받지 못하였다(고르바초프가 쿠데타에 대해 미리 알았거나, 자신의 반대세력을 고립시키는 수단으로 쿠데타를 부추겼다는 루머가 계속되었다).

냉전 마지막 단계에서 행한 미국 정보기관의 활동 실적에 관한 논쟁이 계속되고 있다. 몇몇 분석관들은 수많은 일화를 가지고 실질적인 소련의 권력구조 상황에 대한 그림을 그려야 했을지도 모른다. 그러나 1989년부터 1991년까지 일어난 많은 사건들은 미국 분석관들과 그 사건에 참여한 사람들에게도 알 수 없는 것이었다.

소련 문제에 관한 정보의 역할은 어떻게 총체적으로 평가될 수 있을까? 정보수집에 있어, 미국 정보활동은 멀고도 폐쇄적인 소련이라는 목표에 의해 만들어진 문제에 대해 기술적인 해결책을 찾아내며, 몇몇 주목할 만한 업적을 이루어 냈다. 분석에 있어서, 미국 정보활동은 소련의 군사의 수와 능력을 정확히 추적하였다. 이것은 일일 기반으로뿐 아니라, 1962년 쿠바에서와 같이 집중된 대립의 기간에 중요했다. 당시 케네디 John F. Kennedy 대통령은 미국과 소련의 군사력 균형의 상황을 제대로 알았기 때문에 확신을 가지고 행동할 수 있었다. 소련의 의도에 대한 논의는 정치적 영역으로 옮겨가서

매파와 비둘기파가 대등하게 논쟁을 함에 따라, 이 분야의 자료가 부족한 정보기관의 한계에서 벗어날 수 있었다. 활동의 측면에서 훨씬 더 정확한 기록을 냈다. 소련의 권력층 내에서 반란을 선동하려는 초기의 노력은 실패하였다. 소련의 팽창을 제한하려는 시도는 평탄하지 않았다. 미국의 정보활동은 서유럽, 과테말라, 이란에서는 성공적이었지만, 쿠바와 동남아시아에서는 실패였다. 니카라과의 콘트라 반군 전쟁은 영원히 결론 없이 오래 끌 수도 있었다. 그러나 아프가니스탄에서의 소련 군대에 대한 개입은 중요하고 확실한 성공이었다. 첩보활동에 있어서, 미국 정보는 성공과 실패를 모두 경험하였다. 펜코프스키Oleg Penkovsky 대령을 활용하여 소련에 대한 중요한 정보를 획득할 수 있었다. 반면, 수많은 소련의 침투로 고통을 받았는데, 그 중 일부, 주로 에임즈Aldrich Ames와 한센Robert Hanssen에 의해 수행된 활동은 소련과 소련 이후 러시아를 연결하면서 이루어졌다.

간단히 말하자면, 냉전 시대 정보활동의 기록은 혼재되어 있다. 아마 원래의 질문을 제기하는 더 좋은 방법은 다음과 같을지도 모른다. 미국은 냉전시대 동안 정보공동체가 없었다면 더 번영하거나 더 안전했을까?

마지막으로, 21세기 초반 정보공동체는 소련과의 관계에서 이룩한 실적에 의해 계속해서 영향을 받고 있다. 정보요구의 명확성과 원격기술정보수집, 군사능력, 기타 통계정보에 대한 강조는 모두 냉전시대 정보활동의 유산이다.

주요용어

능력 대 의도capabilities versus intentions
레이건 독트린Reagan Doctrine
마스키로프카maskirovka
봉쇄containment

최악의 사례 분석worst-case analysis
콩알 세기bean counting
포템킨 마을Potemkin villages

더 읽을거리

기대했던 바와 같이, 소련에 대한 미국의 정보관련 문헌은 풍부하다. 여기 소개되는 문헌들 중에는 역사적 가치를 가지는 과거의 것들도 포함되어 있다.

Berkowitz, Bruce D., and Jeffrey T. Richelson. "The CIA Vindicated: The Soviet Collapse Was Predicted." *National Interest* 41 (fall 1995): 36~47.

Burton, Donald F. "Estimating Soviet Defense Spending." *Problems of Communism* 32 (March-April 1983): 85~93.

Firth, Noel E. Soviet Defense Spending: *A History of CIA Estimates, 1950~1990*. College Station: Texas A&M University Press, 1998.

Freedman, Lawrence. "The CIA and the Soviet Threat: The Politicization of Estimates, 1966~1977." *Intelligence and National Security* 12 (January 1997): 122~142.

──. *U.S. Intelligence and the Soviet Strategic Threat*. Boulder, Colo.: Westview Press, 1977.

Koch, Scott A., ed. *Selected Estimates on the Soviet Union, 1950~1959*. Washington, D.C.: U.S. Central Intelligence Agency, History Staff, 1993.

Lee, William T. *Understanding the Soviet Military Threat*. New York: National Strategy Information Center, 1977.

Lowenthal, Mark M. "Intelligence Epistemology: Dealing with the Unbelievable." *International Journal of Intelligence and Counterintelligence* 6 (1993): 319~325.

MacEachin, Douglas J. *CIA Assessments of the Soviet Union: The Record vs. the Charges*. Langley, Va.: Central Intelligence Agency, Center for the Study of Intelligence, 1996.

Moynihan, Daniel Patrick. *Secrecy: The American Experience*. New Haven: Yale University Press, 1998.

Pipes, Richard. "Team B: The Reality Behind the Myth." *Commentary* 82 (October 1986): 25~40.

Prados, John. *The Soviet Estimate: U.S. Intelligence and Russian Military Strength*. New York: Dial Press, 1982.

Reich, Robert C. "Re-examining the Team A-Team B Exercise." *International Journal of Intelligence and Counterintelligence* 3 (fall 1989): 387~403.

Steury, Donald P., ed. *CIA's Analysis of the Soviet Union, 1947~1991*. Washington, D.C.: U.S. Central Intelligence Agency, History Staff, 2001.

──. *Intentions and Capabilities: Estimates on Soviet Strategic Forces,*

1950~1983. Washington, D.C.: U.S. Central Intelligence Agency, History Staff, 1996.

U.S. Central Intelligence Agency, History Staff. *At Cold War's End: U.S. Intelligence on the Soviet Union and Eastern Europe, 1989~1991*. Washington, D.C.: Central Intelligence Agency, 1999.

U.S. Congress. Senate Select Committee on Intelligence. *The National Intelligence Estimate A-B Team Episode Concerning Soviet Strategic Capability and Objectives*. 95th Cong., 2d sess., 1978.

U.S. General Accounting Office. *Soviet Economy: Assessment of How Well the CIA Has Estimated the Size of the Economy*. GAO/NSIAD-91-0274. Washington, D.C., September 1991.

U.S. National Intelligence Council. *Tracking the Dragon: National Intelligence Estimates on China during the Era of Mao, 1948~1976*. Washington, D.C.: National Intelligence Council, 2004.

12

새로운 정보 의제

정치학자 후쿠야마 Francis Fukuyama가 말했듯이, 냉전 종식은 역사의 종언 end of history이 아니었다(후쿠야마는 민주적 가치를 발전시키려는 투쟁이 지난 수 세기 간의 주요한 발전이었기 때문에, 소련의 붕괴가 '역사'에의 '종언' 'end' to 'history'을 가져올 것이라고 단정했다). 그러나 냉전 종식은 미국이 직면했던 가장 중요한 국가안보 문제를 제거하였다. 냉전 직후 정보의 역할과 미국정책결정자들의 지지로 정보가 추적되어야 한다는 이슈는 완전히 명확해 보이는 과세는 아니었다. 2001년 9월 11일 이후 테러리즘이 정보 의제에 새로운 일련의 의문을 제기하며 중요한 이슈가 되었다.

냉전 이후 국가안보정책

냉전은 쉽게 이해되는 참고사항을 미국안보정책에 제공하였다. 소련과의 근본적인 양자 대립의 결과로서 외교, 국방정책, 정보, 그리고 기타 모든 것들이 수반되었다. 미국에서는 소련 위협의 성격, 미국이 어떻게 외부로부터의 위협을 다루어야 하는지, 국방비 지출 수준, 군비통제 협상, 그리고 기타 양자 경쟁의 주요한 부분들에 대한 심각한 논쟁이 일어났다. 그러나 중요한 것은 적대적이고 호전적인 소련과의 관계가 미국 국가안보정책에서 중요한 이슈가 되었다는 점이다. 소련 문제의 모호한 측면들에 대한 미국의 분석은 상당한 결함을 지니기도 하였다(11장 참조). 그러나 정보공동체가 무엇을 왜 하고 있어야 하는지에 대한 문제에는 거의 이의가 제기되지 않았다.

　탈냉전 시기에는 그런 명확성이 없어졌다. 부시George Bush, 1989~1993와 클린턴Bill Clinton, 1993~2001 행정부는 냉전 이후의 미국 국가안보 관심사를 정의하는 데 실패했거나 정의를 내리려 하지 않았다. 부시 행정부는 신세계질서의 개념을 도입하려 했지만, 이는 전혀 명확히 정의되지 않았고 1992년 부시의 선거 실패 후 관심 밖으로 사라졌다. 클린턴 행정부는 정책을 수립하는 데 있어 좀 더 잠정적인 접근법을 취하며 신세계질서와 같은 과장된 개념 - 예방외교, 개입, 그리고 확대라는 개념으로 발전되었지만 - 을 피하려 하였다. 어떤 사람들은 대부분의 실천가들에게 유리하도록 모호한 국가안보의 개념은 다시 정의되어야 한다고 제안했지만, 구체적이고 유용한 제안을 한 사람은 거의 없었다. 즉, 미국 국가안보정책의 핵심은 1991년 소련 붕괴 이후 모호하게 남아 있었다. 이 모호함은 심지어 2001년 9월 공격 이후에도 불확실하게 남아 있던 미국 정보에 대해 여러 가지 질문을 제기했다. 정보공동체의 임무가 변화했는가? 정책결정자들과 정보관들은 지침이 되는 국가안보 개념이나 정책이 없을 때 어떻게 정보요구 - 그리고 그로부터 나오는 모든 것 - 를 만들어 내고 정의하는가? 테러공격은 이 질문들에 대해 완전히 대답하지는 못했다. 그 공격이 끔찍했지만, 테러리즘은 제2차 세계대전의 추축국이나 소련이 보여준 정도의 위협을 국가 존립에 보여주지는 않는다. 테러 행위는 앞으로 수년 간 국가안보의 주요 이슈가 될지 모르지만, 지금까지는 소련의 위협만큼 압도적으로 지배적인 위치를 가지지는 못했다. 따라서 위에 제기된 문제들은 중요하게 남겨져 있다.

　기본적인 수준에서, 정보공동체의 임무가 냉전 이후에 변화했느냐 라는 질문에 대한 대답은 아니no라는 것이다. 정보공동체의 임무는 과거와 마찬가지이다. 정책결정자들이 필요로 하는 첩보를 수집 및 분석하고, 합법적인 지시에 따라 비밀공작을 수행하는 것이다. 이 임무는 어떤 특정 목표, 관계 또는 위기에서 독립적이며 그래야 한다. 이는 정보공동체를 존속시키기 위한 이유이며, 국제정치의 예측 불허한 변동에 좌우되어서는 안된다. 미국의 정보 목표와 우선순위는 변했지만, 공동체의 임무는 변하지 않았다.

의제와 우선순위는 훨씬 더 민감한 논쟁점이다. 중앙정보국장이었던 게이츠Robert M. Gates, 1991~1993는 냉전이 최고조에 이르렀을 때, 약 50%의 정보 예산이 소련과 관련된 문제에 배당되었다고 추정했다. 다른 모든 것은 부차적인 것이었다. 그러한 명확한 우선순위는 없어지고 있다.

1991년부터 2001년까지 수많은 이슈들이 미국의 국가안보 의제에서 최우선순위를 놓고 겨루었다. 국제경제, 대량살상무기WMD의 확산, 마약, 국제범죄, 테러리즘, 건강과 환경문제, 러시아에서의 탈소련화, 평화유지활동, 다양한 지역 문제들 – 발칸, 중동, 중앙아프리카, 북한 등등 – 이 그러한 이슈들이었다. 이러한 이슈들 중 어느 한 가지가 어떤 시기 동안은 가장 중요할 수 있었지만, 정보 의제 내에서 한때 소련 문제만큼 지배적인 위치를 점한 것은 없었다.

냉전 종식 이후 명확한 초점의 결여는 정책결정자들과 정보관리자들에게 심각한 문제를 야기했다. 정보요구는 불명확했거나 급속한 전환에 좌우되었다. 더욱 다양한 재능이 요구되었다. 미국의 국가안보 의제에 새로운 이슈는 거의 없었다. 경제문제, 마약, 테러, 확산, 그리고 지역 안정은 모두 냉전 중에도 언급되고 있었다. 건강과 생태 문제는 다소 새로운 것이다. 이 모든 이슈들은 냉전 당시의 정치 군사 이슈보다 분석하기가 더 어려우며, 단순 숫자 비교에 훨씬 덜 민감하다.

대부분의 경우, 정책결정자들 또한 이러한 이슈들이 구소련 문제보다 더 다루기가 어렵다는 점을 알게 되었다. 냉전은 어떠한 측면에서는 행위와 대응의 안정적 패턴이라 할 수 있다. 미국과 소련은 각각 특정 행위를 통해 상대의 행동에 영향을 줄 수 있다고 생각했는데, 때로는 이러한 가정이 옳은 경우도 있었다. 많은 새로운 이슈들에 있어서 취해야 할 분명한 행위가 존재하지 않았고, 때로는 영향을 미치도록 기대되는 행위자도 없었다.

어떤 경우에는, 이용가능한 정보가 이용가능하거나 수용할 수 있는 정책 선택지를 넘어선다. 이는 종종 정책결정자 측을 당황케 하는데, 그 이유는 정책결정자들이 **행동할 수 있는 정보**actionable intelligence, 즉 그들이 그것으로 무엇인가 할 수 있는 정보를 찾기 때문이다. 그러나 그들이 무엇을 원하는지 모르면 이는 어렵게 된다.

결국, 여러 가지 이슈가 국내 영역 – 경제, 마약, 범죄, 테러 – 으로 확산되고 있으며, 따라서 많은 정보공동체의 활동을 축소시키고 정보와 법집행기관 간 혼란과 경쟁을 만들어 낸다. 이 문제는 미국에만 특이하게 나타난다. 대부분의 국가들, 심지어 다른 민주주의 국가들도 국내정보기관을 두고 있다(제15장 참조). CIA와 유사 기관들은 해외 정보 이슈에 대한 업무로 제한되어 있다. 연방수사국FBI은 국내 정보기관이 아니고, 범죄자나 스파이를 체포하고 그들을 성공적으로 기소하는 법집행기관이다. FBI는 2003년에 처음으로 정보 목적만을 위한 부서를 신설하기 시작했다. 이 부서는 2004년 정보개혁법을 통해 정보국으로서의 공식적 지위를 획득했으며, 현재는 더 큰 FBI 국가안보국FBI National Security Service의 일부이다. 이 기구의 역할에 대한 책임과 제한의 구분은 범인 인도로 알려져 있는 관행인 해외에 있는 개인의 체포로까지 확대되었다. 범인인도는 주로 정보활동이라 하더라도 인도 시에는 미국의 법 집행인이 있어야 한다(이러한 법적 요건은 체포된 알카에다 또는 탈레반 같은 전투 요원에게까지 적용되지는 않는다). 따라서 2001년 이후 테러 위협에 대응하는 데 있어 조직적 차이가 있었다.

2002년 국토안보부DHS의 신설에 문제가 있다는 것이 감지되었다. DHS에는 정보분석실Office of Intelligence and Analysis이 포함되어 있는데, 이는 국토안보에 관련된 모든 정보의 중심 부서이다. 여기서는 CIA, FBI, 그리고 다른 기관으로부터 테러리스트 관련 정보를 받고, 데이터 분석과 해외정보–국내정보 구분에서 중요한 항목을 빠뜨리지는 않았는지에 대한 확인을 책임지고 있다. CIA와 DHS는 DHS가 가공되지 않은 정보는 받지 않을 것에 동의했다. 이는 적어도 제일 먼저 하는 분석이 전통적인 기관에 의해 수행될 것임을 의미한다. 과거의 또 다른 관행을 깨면서, DHS는 특정 국토안보 위협에 대응하는 전략을 만들어내는 임무를 맡고 있다.

테러공격 위협 또한 CIA에 변화를 가져다 주었다. 테넷George J. Tenet, 1997~2004 중앙정보국장은 테러리스트를 정벌하는 데 주력하는 반테러센터Counterterrorism Center와 수집 및 분석된 데이터에 의거하여 가능한 테러리스트의 표적을 확인하려는 노력 사이에 구분이 이루어져야 한다고 결정했다. 따라서 테넷은 테러위협통합센터TTIC: Terrorism Threat Integration Center를 만들었다. TTIC의 이름이 암시하듯이, 그 활동의 주요 초점은 테러 관련 정보의 다른 요소들을 모두 함께 가져오는 것이었다. 9·11 위원회(미국에 대한 테러공격에 관한 국가위원회) 보고서 이후, 부시 대통령은 행정명령에 의한 국가대테러센터NCTC: National Counterterrorism Center의 설립에 동의했다. NCTC는 또한 2004년 정보법에서 제시되기도 했다. NCTC는 현재 새로이 만들어진 국가정보국장DNI 산하에 있는데, TTIC를 대체했고 국내 위협에 관한 것만 제외하고 테러와 반테러 관련 모든 정보의 분석 및 통합을 책임지고 있다. NCTC의 임무는 작전역할 지시를 포함한 반테러작전기획, 정보공유, 알려지거나 수배중인 테러리스트들과 그들의 목표, 전략, 능력, 네트워크, 지원에 대한 정보은행으로서의 기능을 포함하고 있다.

조직의 변화는 해결되지 못한 많은 문제를 남겼다. 분석 기능을 수행하는 국토안보부DHS는 어떠한가? 정보공동체는 미국이 예전에 수행하지 않았던 범위의 업무, 특히 새로운 분석의 대상을 맞고 있다. 원칙과 절차는 어떤가? 그리고 DHS는 필요로 하는 분석관들을 어디에서 찾을 수 있는가? 채용하는 데는 시간이 얼마나 걸릴 것인가? 분석관들을 어떻게 훈련시킬 것인가? 비록 많은 관찰자들이 2001년 이후 주요한 개선이 이루어졌음에 동의한다 하더라도, 정보공유에 관한 구체적인 사항들, 특히 CIA와 FBI 사이의 공유는 알려져 있지 않다. 마지막으로, NCTC에게 있어서, NCTC의 장과 국가정보국장DNI과의 관계, 그리고 NCTC와 CIA와의 관계 - 특히 많은 직원을 영입해 오는 CIA의 반테러센터Counter Trpporism Center와의 관계 - 는 명확히 설명되어야 할 필요가 있다. 전략작전기획을 수행하는 NCTC의 책임은 자체 활동의 본질과 범위, 그리고 DNI에 대한 NCTC의 관계에 대해서 많은 질문을 던진다. 이 센터는 작전기획에 관해 대통령에게 직접 보고하기 때문이다.

2003년 2월 부시George W. Bush 대통령이 국가안보정책지침(NSPD-26)에 서명하여 정보요구를 다루는 새로운 절차가 만들어졌다. 예상했던 대로, 좀 더 역동적인 시스템을 만들어 내면서, 국가정보우선순위구상National Intelligence Priorities Framework을 지휘하는 DCI에게 많은 부담이 주어졌다. 이 구상에 의하여 국가안보회의가 6개월마다 국가정보요구를 검토한다. 정보요구는 수집과 분석에 대한 자원분배지침으로 전환된다. 많은 관찰자들은 이것이 정보요구와 자원 사이에 형성된 가장 견고한 연결고리라고 믿는다. 이에 대한 책임은 자신의 필요에 따라 조직을 마음대로 구축할 수 있는 DNI에게 맡겨진다.

정보와 새로운 우선순위

탈냉전 시대에 우선순위로 떠오른 여러 가지 이슈들을 검토해 보면, 정보공동체가 직면하게 된 몇몇 어려움이 나타난다.

테러리즘. 2001년 9월 공격으로 테러리즘에 대응한 미국의 캠페인이 매우 증가하게 되었고, 이는 국가안보의 주요 이슈가 되었다.

테러리즘은, 미국의 정치체제가 미국이익에 대한 어떠한 대내외적인 테러도 용인하지 않을 것이라는 신념 때문에, 오랫동안 정보에 있어서 필수적인 이슈가 되어 왔다. 2001년 9월 공격에 대한 반응은 이러한 관점이 잘못된 것임을 증명했다. 비록 많은 사람들이 일반적인 그리고 그 공격에 관한 정보활동의 조사를 요구했고, 어떤 이들은 고위직의 사임을 요구했지만, 정보공동체가 치룬 초기의 정치적 비용은 놀라울 정도로 관대한 것이었다. 많은 사람들은 9·11 공격과 이라크 WMD 분석의 조합만이 정보개혁법에 필요한 자극이 되었다고 주장하였다.

테러행위를 추적하고 기선을 제하는 데 따르는 어려움을 이해하기 위해서는 냉전의 정보 유산을 상기해야 한다. 소련과 달리 테러단체들은 크고 쉽게 식별 가능한 기반구조를 통하여 활동하지 않으며, 광범위한 커뮤니케이션 네트워크에 의존하지 않는다. 미국의 정보출처와 방법이 공개적으로 알려지면서, 테러리스트들은 탐지를 피하기 위한 더 큰 노력을 해 왔다. 예를 들어, 알카에다의 지도자인 빈 라덴Osama bin Laden은 미국에 의한 추적을 피하려고 휴대전화와 팩스를 사용하지 않았다. 또한 테러단체들은 조직된 군대처럼 대규모의 반복되는 훈련을 실시하지 않는다. 따라서 테러리스트들의 가시적인 징후는 소련이나 다른 국가들의 징후보다 훨씬 작다. 그러나 정보공동체는 대규모 정치-군사 구조를 어느 정도까지는 추적하도록 개발된 냉전의 유산인 정보수집 시스템을 가지고 있다(확실히, 일부 정보 표적에는 여전히 이런 정보수집 능력이 요구된다).

분석관들은 때때로 테러에 관한 정보를 설명할 때 **잡담**chatter(잡담으로 번역하는 것은 사전적인 번역이지만, 정확하게 뜻을 전달하는 한글 단어는 찾기가 어려움 - 역자 주)을 참조한다. 잡담은 정의하기가 매우 어려운 용어이다. 이는 정확한 정보보다는 정보의 유형, 즉 알려지거나 의심받는 테러리스트의 통신과 움직임을 더 참조한다. 잡담이 늘어나거나 - 더 많은 메시지들, 심지어 공격을 직접 언급하지 않는 것들도 - 범인들이 갑자기 시야에서 사라지면, 공격 가능성에 있어 긴박감이 증가한다. 그런 의미에서, 잡담은 징후와 경고 I&W: indications and warning와 비슷하다. 즉 관찰된 유형에서 변화를 나타내는 어떤 것이라도 관심이 증가되는 주제이다. 그러나 잡담은 또한 부정확하며, 테러리스트들이 미국의 정보수집방식에 대해 더 잘 알게 됨에 따라, 잡담은 더 이상 활동을 진행하지 못하고 감소될 수 있다.

2001년 9월 공격 이후, 미국이 기술정보TECHINT에 지나치게 의존했고 인간정보HUMINT를 더 필요로 하게 되었다는 친숙한 주장이 제기되었다. 비록 이론적으로 HUMINT는 TECHINT가 할 수 없는 테러리스트 관련 정보를 수집할 수 있음에도 불구하고, 테러행위의 현실은 다시 검토되어야 한다. 테러단체들, 그리고 확실히 그들의 지도자 기초조직은 소규모이고 서로에게 잘 알려져 있는 경향이 있다. 그들은 미국이 접근할 준비가 되어 있지 않은 세계의 지역에서 작전을 펼쳐 왔다. 지역 언어에 능통한 훈련된 요원이 있고 그 요원이 어느 지역에 거류하는 그럴듯한 합리화가 제공되더라도, 테러조직에 침투하는 것은 많은 문제점을 안고 있다. 단순하게 카불에 나타나서, 알카에다 채용 사무소가 어디 있냐고 물은 다음, 최고책임자를 보기를 요청하는 것은 적절한 방법이 아니다(언론은 아프가니스탄에서의 미국인 린드[John Walker Lindh]의 이러한 측면의 활동상에 대해 많은 것을 다루었다. 린드는 알카에다가 아니라 탈레반을 위해 싸우다 체포되었다. 탈레반에 채용되는 것은 상당히 간단했다. 총을 소지할 수 있다는 의사를 보이고 스스로 무슬림이라 선언하면 그 조직에 들어갈 수 있었다. 이는 알카에다에 가입하는 것보다 훨씬 쉬운 일이었다). 마침내 HUMINT 침투가 성취된다면, 새로운 가입자는 대의에의 헌신을 증명하기 위해 작전에 참가하도록 요청받게 될 것이다. 이는 정보에 대해 도덕 및 윤리적인 측면에서 중요한 문제를 제기한다. 미국은 어느 정도까지 HUMINT 침투 – 테러행위에 참여함으로써 요원의 생명을 위험에 처하게 하며 – 를 계속 유지하려 할 것인가?

인간정보활동을 더 많이 해야 한다고 주장하는 사람들은 HUMINT를 숫자 문제로 취급하는 경향을 보였다. 즉, 충분한 요원이 보내진다면, 목표물에의 침투가 가능하다는 점이 증명될 것이라고 주장한다. 그런 시나리오는 HUMINT가 운영되는 방식과 테러리스트 목표의 본질에 대한 근본적인 오해를 보여준다. HUMINT는 집단 활동이 아니다. 그것은 정확성에 기초한다.

마지막으로, 소련에 대한 미국의 인간정보활동의 많은 부분이 소련 관리들이 주재하고 접근이 쉬운 소련 밖의 외교 거점에서 이루어졌다. 테러리스트들은 이와 같은 명백한 해외 출현이 없으며, 따라서 목표에 대한 접근이 더 좁은 편이다.

테러리스트에 대한 국가의 후원, 또는 적어도 묵인은 정보 이슈를 더 복잡하게 만든다. 정보공동체는 테러리스트 뿐 아니라 다른 정부와 그들의 정보기관에 대한 정보를 수집해야 한다. 다른 정부와 정보기관에 대한 수집은 보다 일반적인 정보 관행에 속하기 때문에 테러리스트에 대한 수집보다 쉬운 편이다. 그러나 이는 또한 정보자원에 더한 부담을 안겨준다. 협력관계는 그런 경우에 의문시될 수도 있다. 예를 들어, 파키스탄 정부는 아프가니스탄에서의 미국 작전을 지원해 왔지만, 파키스탄의 정보기관은 오랫동안 탈레반의 후원자였다.

테러단체들 간의 관계에 대한 훨씬 더 복잡한 문제가 국가의 후원에 밀접히 관련되어 있다. 예를 들어, 아일랜드공화국군IRA: Iridh Republican Army 일부가 콜롬비아 혁명군FARC: Fuerzas Armadas de Colombia과 유대관계를 가지다가 체포되었다. 그런 연결을 추적하거나 붕괴시키는 것은 중요하지만 어려운 일이다.

테러와의 전쟁은 다른 정보 부담을 가중시킨다. 군사작전에 대한 지원이 그것이다. 이 요구는 일상적인 군사 관련 지원과 새로운 활동 모두를 포함하고 있다. 예를 들어, 언론은 CIA가 공작국DO: Directorate of Operations에 탈레반과 알카에다에 대항하는 작전을 담당하는 특별활동과를 설치하였다고 보도했다. 비록 그 과에 대해서 공개적으로 알려진 것은 거의 없지만, 니카라과 반군이나 무자히딘 같은 토착단체들을 지지하는 데 있어서 특수군Special Forces과 DO의 준군사활동 간의 틈새에서 활동하고 있는 것으로 보인다. 또한, 무인항공기와 상업적 영상정보를 사용하는 영상정보IMINT에서 몇몇 중요한 발전이 이루어져 왔다.

2001년 9월 공격은 정보법을 집행하는데 있어서 조정과 협력에 관한 새로운 문제를 제기했다. 국토안보부DHS, 국가대테러센터NCTC, 연방수사국FBI의 새로운 국가안보원National Security Service은 모두 이런 문제를 다루기 위한 노력들이다. 2004년 정보개혁법은 모든 정보 분야에 있어서 중요한 첩보공유를 강조한다. 그러나 첩보공유는 우선적으로 첩보수집에 의존한다. 예를 들어, 9·11에 대한 조사는 그 사건에 대한 한 두 개의 정보가 그릇되거나 공유되지 않았다는 어떠한 증거도 발견해 내지 못하였다. 그런 증거는 수집되지도 않았고 수집할 수 없었을지도 모른다. 관리들은 또한 테러 활동의 한 부분으로서 미국에 대한 사이버공격의 우려를 제기했다. 주요 두려움은 그런 행동들이 미국 기간시설의 중요한 부분에 영향을 줄 수도 있다는 것이다.

테러와의 전쟁 수행은 그 미래에 대한 의문을 제기한다. 미국 관리들은 2001년 공격을 계획한 자들을 포함한 알카에다의 고위 지도부의 3/4이 사망했거나 수감되어 있다고 주장해 왔다. 이 결과가 알카에다에 미치는 효과는 뚜렷하지 않다. 사망과 체포가 늘어나면서 알카에다는 밀사를 더 많이 사용하는 등 더 은밀한 연락수단에 의지하기 시작하였다. 커뮤니케이션 능력은 많은 제한을 받게 되었지만, 탐지와 도청을 피하는 능력은 강화되었다. 어떤 사람들은 고위 지도부의 손실이 알카에다로 하여금 대체로 빈라덴에 의하여 지휘를 받는 조직으로부터 보다 여러 단체들이 가입된 프랜차이즈 조직으로 탈바꿈하였는지에 대하여 추측하였다. 프랜차이즈 조직의 의미는 일반적인 지침을 따르는 독립적인 하위단체들의 모임이고, 그들은 자체적인 계획수립과 활동을 할 수 있게 되어 있었다. 만약 이것이 사실이라면 알카에다의 조직을 추적하고 붕괴시키는 작업은 더욱 어렵게 될 것이 분명하다.

마지막으로, 2001년 이래 미국에 대해 어떤 중요한 공격이 없었던 것은 (2004년에 스페인 마드리드에서, 그리고 2005년에 영국 런던에서 테러공격이 일어났다) 무슨 이유에서인지에 대한 의문이 제기된다. 여러 가지 가능성이 있을 수 있겠지만, 가장 가능성이 높은 대답은 알카에다의 능력이 많이 감소되었을 것이라는 대답이다. 그들은 미국과 다른 국가들의 반테러 활동에 의하여 포위되고 억제되고 있다고 느낄 것이다. 또는 그들은 단지 장기적인 계획 순환의 중간에 있는지도 모른다. 테러와의 전쟁에서, 진척 상황을 측정하고 그 위협이 언제 해소될 것인지에 대한 감각을 가지는 데 있어 많은 어려움이 따르고 있다.

확산. 대량살상무기의 확산을 방지하는 것은 미국 정책의 오래된 목표

중의 하나였으나, 이제 그것이 포괄하는 범위가 확대되면서 더욱 중요한 이슈로 부상하였다. 핵의 치명적인 파괴력과 그것이 미·소 관계의 중심에 있었다는 점을 감안하여 미국은 항상 핵무기에 일차적인 중점을 두었다. 그러나 냉전시기에도 미국은 화학 및 생물 무기$^{CBW 혹은 CW와 BW: chemical and biological weapons}$의 확산을 막으려고 노력하였다.

탈냉전기 미국의 비확산정책에서 네 가지의 중대 변화가 일어났다. 첫째, 정책 결정자들과 정보관들은 CW와 BW에 대한 주의를 증대시켰다. 2001년 9월의 공격이 있은 후 얼마 지나지 않아, 탄저균 우편물들이 의회 의원과 유명방송인을 포함한 여러 수신인들에게 발송되는 일련의 사건이 일어나자 우려는 극적으로 고조되었다. 그러나 그 우편물들과 관련하여 아무도 구속되지 않았다. 둘째, 소련의 몰락은 '느슨한 핵무기$^{loose nukes}$'의 문제를 증대시켰는데, 느슨한 핵무기는 고유한 핵무기 능력의 보유를 갈망하는 국가나 테러리스트들에 의해 획득될 수 있는 구소련 국가들의 핵무기나 관련 전문 지식을 지칭하는 용어이다. 셋째, 1988년 인도와 파키스탄이 핵실험을 한 사건은 비확산정책의 후퇴를 의미하는 것이었으며, 두 나라 사이의 관계에 대한 새로운 우려를 야기했다. 넷째, 정보평가의 추정과 어긋나게, 이라크의 WMD 무기고를 찾으려는 노력이 실패한 일은 아마도 다음의 잠재적인 확산자와의 새로운 대결 이전에 요구되는 정보의 수준을 높여 놓았다. 미국 정책결정자들과 외국 정부들은 명백한 증거의 부재 시 이전보다 더 조심스러운 태도를 보일 것이고, 이러한 명백한 증거를 획득하는 것은 항상 어려운 작업이다.

이라크에서 WMD를 찾아내는데 실패한 일은 표면상으로 테러리즘과의 전투라는 이슈를 다루고 있는 2004년 정보법 제정을 추동한 주요 요소이다. 9·11과 이라크 WMD라는 두 이슈 중에서 정보공동체의 미래와 관련해서는 이라크 이슈가 훨씬 중대하다. 비행기의 사용 가능성을 포함한 알카에다의 적대행위에 대한 9·11 이전의 모든 경고들에 관해서는, 행동에 나서서 음모를 중단시킬 만큼 충분한 정보가 존재하지 않았다. 또한 공격 이전의 사회 분위기 속에서는 지금 작동하고 있는 안보 절차들을 실행시키는 것이 불가능했을 것이다. 반면, 이라크 WMD 이슈는 WMD 이슈뿐만이 아니라 여타 사안들 전반과 관련하여 정보분석 기술에 대한 중대한 문제를 제기한다. 상원 정보위원회는 집단사고의 문제에 초점을 맞추었지만, 더 많은 중대한 이슈들이 영향을 미치고 있었을지도 모른다.

- 분석관들에게 인간정보HUMINT 출처의 성격에 대한 더 나은 통찰력을 허용하지 않은 것의 효과.
- 현재의 가정을 지지거나 단순히 부정하는 것을 넘어, 진정한 대안적 가정을 산출할 수 있는 대안적인 분석적 질문을 제시할 수 있는 적절한 방법.
- 부인과 기만의 횡행에 대해 다시 한번 생각해볼 필요성(제6장을 볼 것).
- 보다 확대된 추정 과정(제6장을 볼 것).

이라크 WMD는 쿠바 미사일 위기나 몇 개의 다른 정보 관련 경험들과 마찬가지로 앞으로 수년 동안 정보분석에 대한 논쟁에서 시금석이 될 것이다(이라크는 또한 확산을 하고자 하는 다른 세력들에게 역설적이고 위험한 효과를 발휘할지도 모른다. 그들은 이라크의 운명으로부터 핵무기를 획득해야 한다는 교훈을 얻을 수 있다. 핵무기를 보유하고 있다고 끊임없이 위협하는 북한은 성과없는 수차례의 협상회담에 참여하고 있는 반면에, 무기가 없던 이라크는 침공 받았으며 침공세력은 이에 대한 제재를 받지 않았다).

WMD 정책 영역에서 정보의 역할은 상당히 명백하다. 즉, 완성되기 전에 확산 프로그램이 차단될 수 있게끔 일찌감치 감지해내는 것이다. 정보는 또한 대량살상무기 생산에 필요한 전문적인 물품에 대한 국제적 비밀 거래를 목표로 한다. 그러나 확산 프로그램들은 그 기본적인 성격 상 은폐되어 있다. 따라서 미국이 수행해야 하는 수집의 유형들은 정보공동체의 비밀스런 측면으로부터 오는 경향을 보이고 있다. 미국 정보기관이 초기 프로그램이나 완성된 프로그램에 대해 획득하는 증거는 모호할 수 있다. 불분명한 첩보는 정책결정자들이 잠재적 확산자들에 대해 자신감 있게 대항할 능력, 혹은 어떤 문제가 존재한다고 다른 나라들을 설득할 능력을 약화시킨다. 그러나 2003년 파키스탄인 칸A. Q. Khan의 핵 확산 네트워크의 발각이 보여주듯, 그렇게 하는 것이 불가능한 일은 아니다. 그러나 그것은 시간을 소모하며(Khan에 대항하는 노력은 수년 동안 계속되었음) 외교적으로 민감한 일이다. 칸 네트워크의 경우, 테러와의 전쟁에 대한 지지를 감안해 파키스탄의 민감성이 고려되어야 했다. 칸의 활동은 또한 핵 확산의 국제적인 성격을 확인시켜 주었다. 그의 사업은 세 개의 대륙에 걸쳐 있었으며 파키스탄과 리비아의 프로그램 이외의 프로그램에도 관련되어 있었을지 모른다. 그런데 이는 정보에 대한 또 하나의 도전을 보여주는 사례이기도 하다. 즉, 잠재적 확산자들과 잠재적 제공자 사이의 상호연계의 범위를 결정하는 것이 그것이다. 칸 네트워크를 붕괴시킨 것은 정보활동의 중요한 성공 사례이지만, 프로그램의 일부분은 칸의 지도 없이 작동을 계속할 수 있었다.

설득력 있는 증거를 모으는 문제를 넘어서면, 어떻게 잠재적 확산자의 활동을 중지시킬 수 있을 것인가라는 정책적 질문이 기다리고 있다. 선호되는 수단은 외교이지만, 이 영역에서 현재까지의 성적은 그다지 인상적이지 않다. 외교만으로는 그 어떤 국가도 핵무기 개발을 중단하도록 설득된 적이 없다. 미국은 그 영향력과 한 나라의 안보를 보장해줄 수 있는 힘을 수단으로 하여, 핵무기 개발을 단념하도록 국가들에 압력을 행사해왔다. 언론은 1980년대에 미국이 대만에 이 방법을 활용했다고 주장한다. 다른 나라들 각자의 고유한 이유 때문에 핵 프로그램의 폐기를 결정하였다. 일본과 스웨덴은 프로그램을 개발하지 않을 것을 선택하였다. 아르헨티나와 브라질은 서로의 초기적 노력을 폐기하기로 양자간에 합의하였다. 남아프리카의 백인 정부는 다수인 흑인들이 권력을 잡기 직전에 핵무기와 핵무기 생산 능력을 포기하였다. 그동안 부정해왔던 것과 달리 2003년에 자국이 여러 비밀 WMD 프로그램을 갖고 있다고 인정한 리비아의 행동은 다음과 같은 두 가지 요인의 결과였다. 첫째는 주로 리비아로 향하는 선적을 발각한 성공적인 인간정보HUMINT였고, 둘째는 이라크 전쟁 이후 미국의 잠재적인 행동에 대한 리비아의 우려 때문이었다. 리비아의 사례는 정보와 정책의 성공이었지, 외교의 결과가 아니었다. 이란, 이스라엘, 북한 등의 다른 나라들은 여전히 미국의 외교에 설득되지 않은 상태이다. 도의적 권고가 성공한 경우가 거의 없기 때문에, 어떤 이들은 실현 가능한 유일한 해결책은 이라크에 대해 이스라엘과 1991년 걸프전의 동맹국들이 그리하였듯이, 개발 능력을 파괴하기 위해 개입하는 적극적인 비확산정책뿐이라고 주장해왔다(분석상자 "이라크의 핵 프로그램 - 하나의 교훈적 이야기" 참조).

인도와 파키스탄의 핵실험은 비확산의 후퇴를 의미했다. 더욱이 인도의 실험은 정치적 징후가 무시되고 기술적 수집은 다른 곳을 향하고 있었다는 점을 고려할 때, 정보활동의 실패이기도 하였다.

'느슨한 핵무기loose nukes' 이슈는 새롭고 더 어려운 방식으로 비확산의 문제를 더욱 복잡하게 만든다. 소련은 그 자신이 잠재적 확산자들의 목표물이 될 수 있다는 것을 인식했기에 핵 비확산이라는 목표에 동의했다. 그러나 훨씬 두렵고 압도적인 것은 분량이 알려지지 않은 무기 제조가 가능한 수준의 핵물질(이에 대해 심지어 러시아나 다른 나라의 관계자들도 정확하게 파악하지 못하고 있음), 그리고 구소련 전문가들의 국제적 이동이다. 소련 몰락 이후의 경제적 붕괴와 과학자들이 한 때 누리던 특권적 지위의 종료가 잠재적 확산자들을 자극하는 요소가 되고 있다.

화학무기CW와 생물무기BW의 확산은 핵 확산보다 상당히 낮은 수준의 전문성과 기술력만을 필요로 한다. CW와 BW는 핵무기보다 훨씬 덜 정확하지만, 그것이 예고하는 마구잡이식 테러는 국가와 테러리스트들을 끌어들이는 유인의 하나로 작용하고 있다. 그러한 프로그램들은 핵 프로그램보다 식별하고 추적하기가 어렵다. 2001년 후반의 탄저균 공포는 이러한 사실들을 잘 드러내주었으며, 또한 이러한 유형의 공격을 사전에 감지하거나 혹은 그 진행을 차단하는 것이 얼마나 어려운 지를 암시해 주었다.

WMD 영역에서 2002년부터 2004년까지의 정보 경험은 혼합되어 있다. 이라크에서는 분석결과가 사실로 확인되지 않았다. 칸A. Q. Khan 네트워크의 발각은, 사건을 명백하게 할 정도로 충분한 정보가 수립되기까지 수년간의

· 이라크의 핵 프로그램 – 하나의 교훈적 이야기 ·

1980년대에 이라크는 핵무기 프로그램이 미국 전문가들에 의해 면밀히 감시되고 있던 여러 나라 중의 하나였다. 프로그램의 존재 자체는 의문시되지 않았고, 그 상태가 어떠한지가 관심사였다.

이후의 평가에 따르면, 1991년 걸프전 직전에 고려되고 있던 분석적인 판단은 이라크가 핵 능력을 획득하는데 최소한 5년이 걸릴 것이라는 내용을 담고 있었다. 이라크의 패배 이후 분석관들은 이스라엘이 몇 해 전 이라크의 시설들 일부를 공격하고 파괴하였음에도 이라크가 핵무기 개발 성공에 훨씬 근접해 있었음을 알게 되었다.

미국의 평가에서 무엇이 잘못되었을까?

이라크는 세계에서 가장 억압적이고 심하게 경찰의 통제를 받는 국가로서, 폐쇄된 목표였고 여전히 그러하다. 그러한 국가적 성격이 수집을 더 힘들게 하지만, 그것이 질문에 대한 대답이 되지는 않는다.

해답은 분석적 결함, 구체적으로는 거울 영상 만들기mirror imaging에 있다. 필요한 핵분열 물질을 생산하기 위해서 이라크는 미국이 제2차 세계대전 이후 핵 프로그램의 초기 과정에서 포기했던 방법을 선택하였다. 그 방법은 작동은 되지만, 핵분열 물질을 만들어내는 데 있어서 굉장히 느리고 지루한 방식이다.

그러나 이라크에게는 그것이 완벽한 방법이었다. 느리기 때문이 아니라, 외국의 분석관들이 그것을 고려에서 제외했기 때문이다. 그 방법은 이라크가 핵무기 프로그램의 진전 상황을 가리기 위해, 프로그램과 연관시키기 더 어려운 물질들을 입수하는 것을 가능하게 했다. 이런 종류의 프로그램은 또한 서방의 분석관들이 포착하기가 더 어려웠는데, 왜냐하면 그들은 이라크가 – 미국이나 다른 국가들이 그랬듯이 – 핵분열 물질을 가장 빠르게 생산할 수 있는 방법을 찾기 원할 것이라고 가정하고, 이라크가 택한 접근 방식을 곧바로 배제하였기 때문이다.

2003년에 시작된 이라크에 대한 미국의 군사적 행동의 과정 중에, 기대했던 이라크의 대량살상무기 프로그램이 발견되지 않았다. 어떤 이들은 분석관들이 다른 대안적 해석을 고려하지 않은 채 프로그램과 관련된 증거들을 과도하게 해석함으로써, 이전의 실수를 만회하려고 한 것은 아닐까 생각했다. 분석관들 스스로는 이러한 평가를 부정하였으며, 전쟁 후 실시 된 정보공동체의 업무 수행에 대한 조사 중 그 어떤 것도 과도한 해석을 실패의 요인으로 지목하지 않았다.

결정적인 분석과 네트워크에 침투하기 위한 고도로 성공적인 작전의 중요성을 보여준다. 리비아의 항복 또한 수년간의 수집, 분석, 그리고 몇 몇 고도로 성공적인 활동에 상당부분 기인한다. 요컨대 정보는 WMD 확산을 막기 위한 중요한 자산들을 가져다 줄 수 있으나, 그것은 항상 베일에 싸인 영역이자 분석적 과실을 야기할 수 있는 영역으로 남아있을 것이다.

마약. 마약 정책은 활동을 추진하기가 힘든 영역이다. 주요 목표는 다양한 수단들을 통해 정부가 중독성이 있고 위험하다고 판단되는 마약을 개인이 사용하지 못하도록 하는 것이다. 마약 정책을 담당한 적이 있는 거의 대부분의 사람들은 그것이 외교정책의 이슈가 아니라 국내적인 이슈라고 말해왔다. 또한, 개인들이 마약을 다양한 이유로 사용한다는 점을 감안할 때, 그 사용을 방지하는 것은 성취하기 어려운 목표이다. 현실적인 이유와 정치적인 이유 모두로 인해 마약은 일정 부분 외교정책의 문제가 되었다. 왜냐하면 미국은 해외에서의 불법적인 마약 생산을 감소시키고, 마약이 국내에 도착하기 전 혹은 도착하는 즉시 가로채려는 시도를 하고 있기 때문이다.

정보공동체는 마약의 불법적인 거래와 관련한 정보를 수집하고 분석할 능력을 갖추고 있다. 특정 마약을 만들어내는 식물은 세계의 몇몇 특정 지역에서만 다량으로 재배될 수 있다. 코카^{Coca}는 남아메리카의 안데스 산맥 인근에서 생산된다. 헤로인의 재료인 양귀비는 주로 아프가니스탄과 미얀마(과거 버마)를 중심으로 하는 남아시아의 두 지역에서 재배되고 있다. 이 식물들이 가공되는 지역들, 그리고 완성품을 소비 지역으로 운송하기 위해 관례적으로 활용되는 루트도 상당히 잘 알려져 있다.

실질적인 문제는 이러한 정보를 성공적인 정책으로 전환시키는 것이다. 작물을 제거하고 대체시키려는 노력은 지역 농부들이 맞닥뜨리는 단순한 경제적 선택 앞에서 어려움을 겪는다. 마약 작물들이 식량 작물들보다 더 수익성이 좋은 것이다. 가공 시설들은, 비록 미국 정보기관들이 그 위치를 찾아낼 수는 있으나, 규모가 작고 수가 많은 경향을 보인다. 마약은 많은 이익을 남겨주기 때문에 수송을 쉽게 할 수 있을 정도의 적은 양도 경제적으로 매력이 있다. 운송자들은 압력과 통상금지 시도에 대응하여 변경할 수 있는 다양한 루트를 활용한다. 마지막으로 마약과 관련한 활동들은 민간이건 군이건 경찰이건 지역의 권력자들을 부패시키기에 충분한 정도의 자금을 마련해준다.

경험 있는 모든 정책결정자들은 국내적 해답의 중요성을 지적한다. 만약 사람들이 불법적인 마약을 사용하는데 관심이 없다면, 재배, 가공, 수송, 그리고 심지어 가격을 포함한 다른 모든 것들은 문제가 되지 않는다. 마약은 가치 없는 상품이 되는 것이다. 그러나 성공적인 국내적 대응 방법을 찾기가 어렵기 때문에, 정책결정자들이 다시금 대외정책을 강구하게 되는 것이다(마약을 합법화하는 것은 수요를 제거하는 것과 동일한 효과를 생산과 분배에 미치지 못할 것이다. 왜냐하면 정부로부터 승인받은 공급자들과 경쟁하려는 암시장이 형성될 수 있기 때문이다).

마약 무역이 국제범죄나 테러리즘과 결합하면서, 이는 정보수집 및 정책결정과 관련한 새로운 차원의 문제를 불러 일으키고 있다. 마약 판매로부터 거둔 이익은 이제 그 자체가 목표로 설정되기보다는 새로운 목표를 위한 자금을 제공하는 수단이 되고 있다. 또한 테러리스트들과 범죄자들은 비밀리에 활동하기 때문에, 새롭고 더 어려운 요구들이 정보활동에 부과되고 있다. 미국은 개인과 단체 사이의 네트워크, 접촉, 관계 등에 대한 정보를 확립할 수 있어야 한다. 예를 들어, 콜롬비아의 게릴라와 우익 준군사단체들은 그들의 작전 예산을 조달하는데 코카인을 활용하였다. 역설적으로 아프가니스탄의 탈레반은 양귀비 작물의 감축으로 나아가는 일정한 진전을 이루어냈는데(반면 가공된 아편은 저장된 상태로 남아있었음), 이는 우선순위를 두고 벌어지는 경쟁의 고전적인 사례를 반복하면서, 후속 정권 하에서 예전으로 되돌려졌다. 몇몇 주에 대한 아프간 정부 권한의 한계는 마약 무역이 재등장하게끔 하였다.

마지막으로, 마약은 미국에서 해외와 국내 정보활동의 사이, 그리고 정보와 법 집행 사이에 확립된 경계를 넘나든다. 어떤 이슈가 한 기관에서 다른 기관으로 이전되는 지점은 항상 분명하지는 않으나 중요하며, 사건의 해결을 지연시킬 수도 있는 실질적이고 법적인 문제들을 야기한다.

경제. 경제는 여러 이슈들로 다시 나눠질 수 있는데, 해외에서 미국의 경제적 경쟁력, 미국의 무역 관계, **외국의 경제적 간첩활동**과 그에 대한 가능한 대응책, 그리고 미국 경제에 심각한 영향을 미칠 수 있는 중대한 국제적 경제 변화를 예보할 수 있는 정보공동체의 능력 등이 그것이다.

1980년대 동안 어떤 이들은 이 중 몇몇의 이슈들(해외 경쟁력, 무역 관계, 외국의 경제적 간첩활동, 기업들에 의한 **산업 간첩활동**, 그리고 이에 대한 가능한 대응책)은 부분적으로 정보기관과 미국 기업들 사이의 보다 긴밀한 연계를 통해 다루어질 수 있다고 주장하였다. 그러나 정보와 기업 사이의 협력을 주장하는 사람들 중, 그러한 협력이 제기하는 몇 가지 주요 질문들에 대해 본질적인 대답을 한 사람은 거의 없다(이것이 이러한 접근이 즉각적으로 거부되는 이유이다).

- 만약 정보공동체가 기업들과 정보를 공유해야 한다면, 첩보를 획득하는데 사용된 출처와 방법을 어떻게 보호할 것인가? 만약 첩보의 기초가 되는 출처와 방법이 공유되지 않는다면, 기업들이 정보를 받아들일 것인가?
- 어떤 기업과 정보를 공유할 것인가? 다시 말해, 무엇이 '미국 기업'을 구성하는가? 다국적 기업의 시대에 이 개념은 정의내리기 쉽지 않다.
- 모든 경제 부문이 여러 경쟁적 기업들로 구성되어 있는 점을 감안할 때, 공동체는 어떤 기업들에 정보를 제공해야 하는가? 정보를 받는 기업과 그렇지 않은 기업을 선정하는 기준은 무엇이 될 것인가?
- 정보를 제공하는 것이 정부에 의한 보상처럼 작용하여, 정보에 대한 접근의 대가로 어떤 행동은 해야 하고 어떤 행동은 하지 말아야 한다는 암묵적인 요구가 기업들에 전달될 것인가?

다른 국가들에 의한 해외 경제정보수집 또한 논쟁적인 주제였다. 기업에 더 많은 정보를 지원해야 한다고 제안하는 사람들에게 공격적인 수집 정책은 핵심적인 사안이었다. 이 정책을 지지한 사람들은 미국의 우방으로

상정하고 있던 프랑스와 같은 나라들이 그러한 활동에 연루되어 있던 것이 발각된 사례를 인용하였다. 공격적 수집의 옹호론자들은 미국에 의한 비슷한 행위를 눈에는 눈, 이에는 이로 대응하는 것과 같다고 보았다. 비판자들은 그렇게 하면 상대에 의한 최초의 적대행위가 정당화되고 말 것이라고 주장했다. 또한 그들은 그러한 첩보가 활용되는 방식의 한계에 대한 여러 주장들을 제기하였다. 그러나 CIA 국장이었던 게이츠Robert M. Gates, 1991~1993가 미국의 어떠한 정보요원도 '제너럴 모터스General Motors를 위해 죽으려 하지 않을 것'이라는 말을 통해 이를 가장 적절히 표현하였다.

미국의 경제적 간첩활동에 대한 주장들이 에셜론ECHELON이라 불린 국가안보국NSA: National Security Agency의 프로그램과 관련하여 1990년대 후반에 제기되었다(에셜론ECHELON 프로젝트는 미국, 영국, 캐나다, 호주, 뉴질랜드 등 5개 국가의 정보기관에 의하여 운영되고 있는 전 세계에 걸친 자동화된 정보수집과 전달시스템을 지칭한다. 에셜론은 전화, 이메일, 인터넷 다운로드, 위성송신 등을 포함하여 매일 30억 통신을 가로챌 수 있다고 알려져 있다 - 역자 주). 가장 간단히 말하면, NSA는 컴퓨터를 통해 키워드를 사용하여 수집된 신호정보SIGINT를 검색하는 데에 그 프로그램을 활용한다. 키워드 검색은 보다 많은 내용들이 처리되고 개발될 수 있도록 한다. 일부 유럽 관리들은 ECHELON이 선진 기술 관련 기밀을 훔친 후, 그것을 미국 기업들에 경쟁력 제고 목적으로 전달하는데 이용되고 있다고 주장하였다. 울시R. James Woolsey, 1993~1995 전임 CIA 국장은 한 기고문에서 ECHELON은 영업을 위해 외국 관리들을 매수하려는 유럽 기업들의 시도를 탐지하고, 슈퍼컴퓨터나 일부 화학물질들과 같이 상업적 용도나 WMD 용도 모두에 사용할 수 있는 이중 활용dual-use이 가능한 기술의 불법적인 이전을 적발하기 위해 활용되었다고 주장하였다.

미국의 정책결정자들은 대외 경제방첩활동을 대체로 논쟁의 여지가 없는 사안으로 보았다. 그들 대부분은 그것을 외국의 경제정보활동에 대한 적절한 대응이라고 보았다. 다만 문제의 심각성에 대해서는 의문이 제기되기도 하였다. 언론 보도들은 종종 똑 같은 진부한 사례들을 인용하면서, 반복을 통해 이 것이 거대한 문제라는 인상을 만들어내며 여론의 반향을 일으켰다. 그러나 이 문제는 보도되지 않을 수도 있는데, 기업들 중 다수는 스스로가 외국의 성공적인 정보 작전의 피해자가 되었음을 인정하려하지 않기 때문이다. 어떤 이들은 또한 대외 경제방첩활동이 필요한 활동이기는 하나 증상을 다스릴 뿐, 증상의 원인에 대처하는 것은 아니라고 한다. 그들은 경제정보수집 시도를 막는 것이 중요하다는 사실은 인정하지만, 이 이슈가 정치적 수준에서, 이를테면 국가들이 활동의 중단 혹은 대응조치를 선택하게끔 하는 협상의 방식으로 다루어져야 한다고 주장한다.

미국의 105대 의회[1997~1999]에서 통과된 법률은 기업 첩보 분야에 있어서 FBI 방첩활동의 역할을 확대시켰는데, 이는 논쟁의 대상이 되었다. 이 법률은 해외와 국내 정보활동 사이, 그리고 정보와 법 집행 사이의 회색지대로 FBI의 권한이 지속적으로 확장되어 가는 경향을 반영하였다.

마지막으로, 냉전 종식 이후 최소한 세 가지의 심각한 화폐 관련 위기들이 발생한 바 있다. 1995년에 멕시코는 페소화 가치의 대폭락을 경험했는데, 정보공동체는 정책결정자들에게 중대한 사전 경고를 보내는 등 이 사태에 적절히 대응하였다. 1998년에는 2년간의 태국 경제 위기가 인도네시아, 말레이시아, 필리핀, 한국을 포괄하는 아시아 경제의 전체적인 붕괴로 이어졌다. 이 위기에 대한 정보공동체의 대응에 대해서는 그다지 알려진 바가 없다. 2000년~2001년 아르헨티나의 재정적 붕괴는 이미 오래전부터 명백하였다. 앞으로 비슷한 위기가 발생할 가능성이 적지 않기에, 이 영역에서, 특히 세계 금융시장의 상호연계성이 증대된 현실을 감안한다면, 경제정보활동의 중요성은 크다고 할 수 있다.

건강과 환경. 건강과 환경이라는 이슈는 정보의제에서 상대적으로 새로운 사안들이다. 그들은 때때로 하나의 이슈로 다루어지기도 하고, 별개로 다루어지기도 한다. 건강 이슈는 에이즈[AIDS](후천성면역결핍증)의 확산, 보다 소규모로 퍼진 에볼라 바이러스나 동아시아에서의 사스[SARS](중증급성호흡기증후군) 등과 같은 치명적 질병들 때문에 이전보다 더욱 두드러지고 있다. 정보의 임무는 감염의 유형들을 추적하는 것이지만, 정보와 정책 사이에는 거대한 간극이 존재한다. 한 예로 에이즈를 들어보자. 에이즈의 원인, 감염 경로, 그리고 효과는 잘 알려져 있다. 비록 그 질병이 전 세계 사람들 모두를 겨냥하고 있지만, 일부 지역, 특히 동부와 중부 아프리카에 에이즈 발병 사례가 극히 집중되어 있다. 감염률과 치사율을 추적하는 정보 공동체의 능력은 어떠한 효과적인 국제정책에도 별다른 영향을 미치지 못한다. 가장 높은 수준의 감염률을 보이고 있는 아프리카의 많은 정부들은 다양한 이유로 자신들의 건강 위기를 무시하거나 부정하고 있다. 중국 정부도 마찬가지였으나, 이제는 에이즈 문제의 심각함을 인정하고 있다. 아프리카의 경우 지역 문화가 에이즈의 확산에 중대한 요소로 작용하고 있다. 일부다처제적인 관계의 용인, 예방 교육을 위한 최소한의 노력도 더욱 어렵게 만드는 높은 문맹률, 피임기구 활용의 미미함 등이 이러한 요소들에 해당한다. 또한 에이즈에 대한 치료방법이 부재한 상태에서 이 국가들이나 국제공동체가 무엇을 해야 하는지도 분명치 않다. 에이즈의 확산을 촉진하는 문화적 요소들을 변화시키려는 외부인들의 노력은 어려울 뿐만 아니라, 아마도 간섭으로 인식되어 저항을 받게 될 것이다.

건강 관련 위기를 둘러싼 중대한 이슈 중의 하나는, 다른 정보들과 대조해가며 외국 정부들의 공식적인 발언들을 점검하여, 건강 문제의 심각성 정도와 해당 정부의 개방성을 결정하는 것이다. 이는 사스와 관련하여 중국과 대립이 발생한 사안이기도 하다. 미국에게는 두 개의 이슈가 연관되어 있다. 하나는 테러리즘의 경우와 같이 위험을 알릴 의무, 즉 미국 시민들이나 기타 사람들에게 해외에서의 잠재적인 건강 위협에 대한 주의를 환기시키는 것이다. 다른 하나는 다른 정부의 행위를 파악하는 것이다. 이러한 종류의 이슈를 추적하는 일은 비밀 정보활동(예를 들어 외국 관리들 사이의 신호정보)과 공개출처(예를 들어 여행자들의 보고서, 병원의 입원환자 수, 일반적인 경우보다 많은 양의 약을 요청하는 문서 등)가 혼합된 양상으로 진행된다.

환경 이슈 또한 어느 정도 애매한 사안이다. 보다 건강한 지구 생태를 보존한다는 기본적인 목표는 실용성이라는 장애물에 부딪힌다. 에이즈에 대처하려는 국제적인 노력의 경우와 마찬가지로, 이 이슈의 중심에 있는 국가들은 각기 다른 이익과 선호를 지니고 있다. 국제공동체는 스스로가 열대 우림과 같은 일부 지역적인 생태 서식지를 보존하는데 대한 기득권을 지니고 있다고 생각할 수도 있다. 그러나 자신의 영토 내에 그런 서식지가 위치하고 있는 국가들은 세계의 생태 자원에 대한 책무보다는 경제 발전에 더 관심을 갖고 있을지도 모른다.

정보활동의 기본적인 임무는 환경에 대한 주요 위협들을 식별하고, 환경에 유해할지도 모르는 정책을 펼치는 국가들을 분간하고, 또한 환경의 중대한 변화를 파악하는 것이다. 이번에도 역시 정책결정자들이 해야 하는 일들로부터 정보를 분리시키는 간극이 존재한다. 환경정책에 대한 정보공동체의 관여는 냉전 후기에 와서야 의미 있는 수준으로 이루어지기 시작하였다.

건강과 환경 이슈에 대한 대부분의 정보활동은 공개출처를 수단으로 하여 이루어질 수 있다. 상업 적외선 위성은 환경의 변화를 추적할 수 있다. 질병의 확산 또한 공개적으로 추적할 수 있다. 이 이슈들에 대한 정보활동은 정책결정자들의 무관심, 또한 공개 정보수집 수단이 비밀 수단들보다 덜 발달되어 있다는 사실 때문에 어려움을 겪어왔다.

2001년 가을의 탄저균 공격은 건강 이슈와 관련하여, 질병의 자연 발생과 테러리즘을 구분하기 위해 질병의 발발 원인을 확정할 수 있는 능력 확보라는 새로운 문제를 제기하였다. 만약 그것이 테러리즘이라고 판단한다면, 공격의 출처를 찾아내고 미래의 공격을 예방하는 작업 역시 이루어져야 한다. 이는 매우 많은 노력을 필요로 하는 임무이며, 시간과 정치적 요건이라는 측면에서 극도의 압력이 가해지는 조건 하에 이루어질 수밖에 없을 것이다.

평화유지활동. 냉전 종식 이후, 국제 평화유지활동이 급격하게 확장되었다. 대부분 한 국가(혹은 구 국가)의 경계 내에서 분출되고 있는 지역적 폭력은 평화를 회복하고 유지하기 위해 외부 군대의 투입을 필요로 해 왔다. 외부군은 관례적으로 다국적 부대의 형태로 구성되어 왔다. 비록 이 나라들 중 다수가 최소한 훈련 수준으로라도 동맹 작전을 수행해 본 경험이 있음에도 불구하고, 참가국들의 구성은 대체로 과거 동맹국들을 포함하는 경우가 있다. 예를 들어, 보스니아에서 유엔이 위임한 병력은 북대서양조약기구NATO: North Atlantic Treaty Organization의 동맹국들(영국, 프랑스, 이탈리아, 스페인, 미국), 그리고 과거에 그들의 적이었던 구 바르샤바 조약기구Warsaw Pact 국가들(러시아, 우크라이나) 그리고 기타 국가들을 포함하고 있다. 비슷한 수준의 다양한 병력이 아프가니스탄에도 파견되었다. 성공적인 군사작전은 강력한 정보 지원을 필요로 하고, 다국적 작전은 정보의 공유를 필요로 한다. 그러나 냉전이 끝난 후에도 미국의 일부 정책결정자들과 정보관들은 과거 적들이나 비동맹국, 그리고 심지어 일부 동맹국들과의 정보공유를 꺼리고 있다. 책임감 있는 군사 및 민간 관리들은 성공적인 작전을 수행하기 위해서 함께 평화유지활동을 하고 있는 국가들에 필요한 정보를 제공해야 할 필요성과 평화유지활동이라는 제한적 영역을 넘어서도 출처와 수단을 타협해야 한다는 인식 사이에서 갈등을 겪게 될 것이다.

평화유지나 여타 국제적으로 허가받은 활동을 일방적인 정보활동의 목적으로 활용하는 문제가 1999년에 이슈가 되었다. 이라크 대량살상무기의 파기를 감시하는 책임을 맡은 바 있는 유엔특별위원회UNSCOM: United Nations Special Commission의 한 과거 회원국은 미국이 UNSCOM 조사단을 정보수집 기기를 설치하는 데 활용했다고 주장하였다. 일부는 미국의 행위를 적대국에 대한 불가피한 예방조치로 보았고, 다른 일부는 UNSCOM의 기본 임무를 위반한 것으로 보았다.

첩보 공작. 정보 의제들 중 아직까지 상대적으로 새로운 이슈인 첩보 공작information operation은 컴퓨터 기술을 활용하여 전쟁을 수행하고, 또 같은 종류의 공격으로부터 미국을 보호하는 문제를 다루고 있다. 걸프전은 이 작전 구상의 활용을 크게 촉진시켰다. 정보관들은 **첩보 공작**이 그들로 하여금 전투를 지원하는 역할을 넘어 전투원이 될 수 있도록 해준다고 생각한다.

첩보 공작의 범위는 아직까지는 완전히 규정되지 않았다. 통신과 기반 시설을 붕괴시키고, 허위 메시지를 보내고, 긴요한 첩보를 파괴하는 기술은 존재하지만, 그러한 기술을 활용하기 위한 확고한 작전 개념은 존재하지 않는다. 이는 화기, 탱크, 비행기 등, 다른 군사 기술들 거의 모두에 대해서도 마찬가지다. 오직 실제 작전을 통해서만 군 장교와 정보관들이 새로운 기술을 사용하고, 또 그에 대해 방어하는 최선의 방법을 배우게 된다.

컴퓨터 사용의 확산과 모든 국가와 그 군대들의 컴퓨터에 대한 의존이 증대하는 현상은 적을 약화시키고 전쟁에서 아군 사상자가 발생할 가능성을 낮추어 주는 첩보 공작의 매력과 위협을 더욱 뚜렷하게 만들어주고 있다.

교리적인 질문들은 현재 받아들여져서 통용되는 규칙의 수를 뛰어넘는다. 첩보 공작은 적대행위가 시작되기 전에 예방적 차원에서 활용되어야 하는가? 이는 일반적으로 잠재적인 외교적 해결책을 사전에 차단하게 될 것인데, 왜냐하면 외교적 해결은 각국 정부 사이에서 지도자와 외교관들이 권위 있게 소통할 수 있는 능력에 의존하기 때문이다. 외국과의 소통 라인을 유지하기 위해 첩보 공작을 사전에 막으려는 외교관들과 전자전쟁electronic battlefield에 대한 준비를 시작해야 한다고 주장하는 군사 장교들 사이의 과열된 논쟁을 쉽게 상상해볼 수 있을 것이다. 그러나 광범위하고 성공적인 첩보 공작은 적대국으로 하여금 위기 사태를 종료하는 데 동의하도록 유도할 수 있을 것이다. 그것은 고전적인 군사 공격과는 달리 민간인 사상자를 수반하지 않을 것이다. 그러나 미국은 스스로 이렇게 처신하기를 바랄 것인가? 미국의 지도자들은, 법적인 이유 때문에, 첩보 공작을 군사작전으로 보는 대신 대통령 명령presidential finding을 통해 시작되는 비밀 공작으로 간주할 것인가? 첩보전에 대해 일반적으로 책임을 지고 있는 국가안보국은 정보기관인 동시에 전투 지원 기관이기 때문에 간극을 어느 정도 좁히는 역할을 한다. 그러나 이 사실이 그 자체로 질문에 대답해주지는 않는다.

걸프전 때 중요한 정보 이슈로 부각된 전투피해평가BDA: battle damage assessment를 첩보 작전 중에 수행하기는 어려울 것이다. 걸프전 당시 공중 공격의 효율성에 대해서(대부분 CIA 소속인) 워싱턴 소재의 분석관들은 현장에 있는 분석관들과 의견을 달리했다. 첩보 공작이라는 보다 불투명한 영역에서는 어떻게 BDA를 수행할 수 있을까? 아군이 적의 컴퓨터 시스템을 성공적으로 붕괴시킨 것인지, 혹은 적이 곧 닥칠 공격을 감지하고 시스템을 폐쇄한 것인지 어떻게 판단할 수 있을까? 적이 백업 시스템을 갖추고 있는지 어떻게 알아낼 수 있을까? 첩보전에서의 성공적인 공격이 공개적인 군사작전의 필수조건이라고 한다면, 그 조건이 충족되었는지를 어떻게 판단할 것인가? 어느 정도의 붕괴가 일어나야 하는가? 적의 통신을 붕괴시키는 것은 유용하지만, 예를 들어 적군의 본부가 부대원들에게 적대행위의 중단을 명령하는 신호를 보낼 수 있는 능력을 사전에 배제해야만 하는가? 또는 적의 통신 능력을 붕괴시키고 난 후에는, 적대 행위를 중단하자거나 협상을 하자고 하는 적의 제안을 어떻게 검증할 것인가?

첩보 공작의 두 측면인 컴퓨터 네트워크 활용$^{CNE:\ computer\ network\ exploitation}$와 컴퓨터 네트워크 공격$^{CNA:\ computer\ network\ attack}$사이에는 긴장이 존재한다. 적대적이거나 잠재적으로 적대적인 컴퓨터 네트워크에 대해서 뚜렷이 구분되는 두 가지 선택이 가능하다. 하나는 누가 그 네트워크를 어떠한 목적으로 사용하고 있는지, 즉 누가 그것으로 통신을 하고 있는지 알아내기 위해서 네트워크에 침투한 뒤 유용한 정보를 추출해내고 가능한 경우 해당 네트워크를 사용하는 사람들을 조종하는 것이다. 이것이 CNE이다. 다른 하나는 네트워크를 공격^{CNA}하고, 그것이 지닌 모든 능력을 파괴하는 것이다. 그러나 네트워크가 공격받고 무너져 내린 후에는, 그것을 더 이상 활용할 수 없다. 따라서 누군가는 더 많은 정보를 수집하기 위해 네트워크를 유지시키는 것이 더 유용할지, 아니면 네트워크를 파괴하는 것이 더 나을지 판단해야 한다.

미국이 아프가니스탄의 경험을 통해 알게 되었듯이, 제3세계에는 첩보 공작이 무용하고 불필요한 목표물들이 존재한다. 탈레반의 통치 하에서 아프가니스탄의 컴퓨터통신 기반시설은 첩보 공작에 적합한 목표물이 거의 존재하지 않을 정도로 악화되었다.

　방어의 문제에 있어서, 특정 국가나 단체가 첩보 공작 공격에 책임이 있다는 것을 어떻게 입증할 것인가? 테러리즘과 보복의 경우와 마찬가지로 공격의 출처를 파악하는 것은 중요하다. 나아가 만약 그러한 공격을 받게 된다면, 무엇이 적절한 대응이 될 것인가? 보복을 컴퓨터를 통해 해야 하는가 아니면 무기를 통해 해야 하는가? 반복하자면, 정보 행위를 통한 대응인가, 아니면 군사적 행위를 통한 대응인가?

　압도적 전장 상황 인식. 보통 군사작전지원SMO: Support to Military Operations이라 불리는, 전투 작전에 동원된 군 병력에 대한 지원은 정보에 대한 가장 높은 수준의 요구이다. SMO의 핵심적인 한 측면이 **압도적 전장 상황 인식**DBA: dominant battlefield awareness 구상이다. 1995년 6월 국방대학교에서, 당시 CIA 국장이었던 도이치John M. Deutch는 DBA를 영상정보IMINT, 신호정보SIGINT, 그리고 인간정보HUMINT의 통합이라고 정의했다. 그리고 그 목표는 "사령관들에게 그들이 작전을 펼치는 전장에 대해 실시간, 또는 거의 실시간으로, 전천후의, 포괄적이고 지속적인 감시와 첩보"를 제공하는 것이다. "만약 달성된다면, 압도적 전장 상황 인식은 '전쟁의 안개fog of war'를 절대 완전히 제거하지는 못하더라도 일정하게 감소시킬 것이며, 전투에서 여러분 사령관들에게 전례 없는 이점을 제공할 것입니다." DBA는 모든 수준의 모든 사령관들이 이용할 수 있는 첩보의 총체성을 지칭한다. 그것은 한 가지 단일한 유형의 보고서나 활동이 아니다.

　DBA는 최소한 두 가지 경향을 반영한다. 첫째는 정보를 수집하여 현장의 군 사령관들에게 배포함에 있어 정보기관들이 이룩한 위대한 진전이다. 사령관들은 이 우위가 그들로 하여금 목표를 보다 빠르고 최소한의 사상자로 달성할 수 있도록, 병력을 더욱 효율적으로 사용하는 것을 가능하게 해준다고 생각한다. 둘째는 소위 걸프전에서 습득한 교훈으로, 이는 전장에 정보를 가져와서, 군 담당자에게 정확한 정보를 전해주는 것을 그 내용으로 한다.

　비록 도이치Deutch가 '전쟁의 안개'(19세기 프러시아 장군이자 군사 이론

가였던 클라우제비츠Karl von Clausewitz가 어떤 전투에서건 불가피한 혼란과 불확실성을 가리키기 위해 고안한 용어임)가 절대 제거되지는 않을 것이라고 주의를 주긴 했지만, DBA의 옹호자 다수는 그의 말을 듣지 못한 것처럼 보인다. 종종 DBA는 사령관들에게 거의 총체적인 정보를 제공할 수 있는 능력인 것처럼 과대 선전되곤 한다. 이러한 과장법은 정보가 보유하고 있지 않은 능력을 요구하는 상황을 초래한다. 비현실적으로 높은 기대는 사령관들이 전쟁의 안개를 대할 때 (제공되지 않을지도 모르는) 정보에 더욱 많이 의지 하고, 전투 사령관의 궁극적인 기술이라고 할 수 있는 개인적인 본능에 덜 의지하도록 할 수 있다(셔먼William T. Sherman 장군은 그랜트Ulysses S. Grant장군이 보다 우수한 사령관이라고 판단했는데, 그것은 그랜트 장군이 적이 시야 밖에 있을 때에는 그들이 무엇을 하고 있는지 신경을 쓰지 않았기 때문이다).

이 사안에 대한 국방부의 공식적인 발언은 다소 혼란스럽다. 두 개의 핵심적인 문서는 '공동비전 2010Joint Vision 2010'과 '공동비전 2020Joint Vision 2020'이다. 둘 모두 DBA의 중요성과 정보의 역할을 강조하지만, 정보와 첩보기술을 서로 교환 가능한 것처럼 사용하는 경향을 보인다. 그러나 첩보기술은 하나의 수단이며, 정보와 동일한 것으로 볼 수 없다.

DBA와 관련한 또 하나의 문제는, 그것이 약속하는 바를 실제로 이행하려면 정보공동체가 수집 자산의 많은 부분을 이 임무에 할당해야 하고, 이에 따라 세계 여타 지역에서 수행하는 중요한 업무들이 약화될 수 있다는 점이다. 군사작전지원SMO과 마찬가지로 "어느 정도가 충분한가?"라는 질문이 이 경우에도 적절하다. 마지막으로, 성공적인 DBA에 필수적인 한 가지 요소는 알맞은 유형과 양의 첩보를 알맞은 사용자에게 전해주는 일이다. 육군 사령관에게 필요한 정보는 보병 분대장이나 전투기 조종사가 필요로 하는 정보와 다르다. 일부 비판자들은 너무나 많은 정보들이 단지 입수 및 전달이 가능하다는 이유만으로 그것을 필요로 하지 않는 사용자들에게 보내지고 있으며, 그 결과 관련 없는 정보들의 홍수 속에 사람들이 갇혀 있다며 우려를 표명하고 있다. 이에 따라 그들의 직무는 더 힘들어지고 있다.

2003년에 시작된 이라크에 대한 군사작전은 DBA가 제시하는 밝은 전망과 문제점 둘 모두를 잘 보여준 사례이다. 미국과 동맹 세력은 압도적으로 우월한 전략정보와 전술정보를 통해, 상당히 소규모의 병력으로 바그다드로 돌격하기로 결정한 것을 포함하여 전반적인 작전 계획의 질을 향상시켰고, 또한 이라크 정규군에 대해 그 위치를 파악하고, 식별하고, 공격하는 능력을 향상시켰다. 그러나 전쟁은 또한 미국 군사 독트린의 진화(가끔은 군사업무의 혁명Revolution in Military Affairs 또는 RMA로 지칭됨)가 정보로 하여금 더 많은 지원을 하도록 지속적인 압력을 가하고 있음을 알게 해 주었다. 미군의 규모가 (기동력이나 치명적인 위협을 가하는 능력과는 대조적으로) 크게 증대되지 않을 가능성이 높다는 점을 감안하면, 점차 정보는 상대적으로 작은 병력으로 우세와 승리를 모두 쟁취할 수 있도록 해주는 요소로 기대를 받게 될 것이다. 얼마나 많은 지원이 수반되어야 하고, 정보기관의 형태와 실천에 그것이 어떤 의미를 갖는지는 완전히 명확한 상태가 아니다. 또한 새로운 국가정보국장DNI의 직위가 정보기관들 - 특히 국가지형공간정보국NGA이나 국가안보국NSA처럼 국가 차원의 기관인 동시에 전투 지원 기관으로 법에 명시되어 있는 기관들 - 과 국방부 사이의 관계에서 어떻게 스스로를 자리매김할지도 여전히 불분명하다. 특히 군대가 정보지원을 위해 의지하고 있는 그 어떤 기관에 대해서도 DNI가 통제권한을 지니고 있지 않기 때문에 상황은 어두운 편이다. 국방부는 국가 차원의 기관과 국방기관들로부터 정보지원을 받으려고 나서면서 DNI를 우회할지도 모른다.

결론

(1989년 베를린 장벽의 붕괴를 기준점으로 삼아 계산한) 냉전 종식 이후의 첫 십년 동안 미국의 국가안보 의제는 대체로 형성되지 않은 상태로 남아있었다. 그것은 어떤 이슈들이 중요한지 결정되지 않았다는 의미에서가 아니라, 어떤 것이 가장 중요하고(사건들에 대한 즉각적인 대응과 대비되는),

긴 시간 동안 어떤 것이 최우선 순위를 부여받을 것인지가 결정되지 않았다는 의미에서 그러하였다. 명확한 정의가 부족한 상황에서 정보공동체는 업무를 수행하는데 어려움을 겪었다. 정보관들은 정책결정자들의 선호와 즉각적인 이해관계에 대해 폭넓게 이해하고 있지만, 이것만을 토대로 투자, 수집체계, 인사 채용, 그리고 훈련에 대한 일관된 계획을 세울 수는 없다. 테러와의 전쟁은 한 이슈에 대해 다른 모든 이슈를 능가하는 우선순위를 부과했다는 점에서 상황을 어느 정도 명료하게 변화시키긴 했지만 구소련 이슈에 비길 정도는 아니었다. 나아가 테러리즘 이슈는 소련 이슈와는 여러 중요한 측면에서 차이가 있고, 이는 냉전의 유산이 정보공동체에서 차지하는 큰 비중, 그리고 이러한 유산이 극복되어야할 필요성을 부각시키는 사실이라 할 수 있다.

미국의 새로운 정보 의제들 중 상당수의 이슈들은 한 가지 중요한 특성을 공유한다. 즉 그들은 모두 정보를 제공할 수 있는 정보공동체의 능력, 그리고 문제에 대처하는 정책들을 만들어내고 정보를 활용하는 정책결정자들의 능력 사이의 간극을 다루고 있다. 이 간극은 심지어 테러와의 전쟁에서도 발견된다. 격차가 지속되면, 정보공동체와 정책 고객은 서로 등을 돌리게 될지도 모른다. 의뢰인들은 단순히 첩보를 전달받는 것을 넘어, 행동을 취할 수 있는 정보를 원한다(즉, 기회에 대한 분석을 제공받고자 한다). 정보 역시 단순히 수집과 정리를 위한 것이 아니라, 사람들이 결정을 내리거나 행동을 할 때 그들을 돕기 위한 것이다. 정보공동체가 미래 어느 시점에 갑자기 없어질 것이라는 전망을 내비치려고 이러한 이야기를 하는 것은 아니다. 그러나 정보공동체는 언젠가 덜 필요하고 덜 중요한 것으로 인식될지도 모른다. 흥미롭기는 하지만 이슈들의 본질이 변화하여 더 이상 과거만큼은 유용하지 않은 첩보를 제공하는 조직으로 전락될 가능성도 있는 것이다.

주요용어

산업첩보활동industrial espionage
압도적 전장 상황 인식dominant battlefield awareness
에셜론ECHELON
잡담chatter

전투피해평가battle damage assessment
첩보 공작information operations
해외경제첩보활동foreign economic espionage
행동할 수 있는actionable intelligence

더 읽을거리

탈냉전 정보 의제에 대한 저작물들은 이슈 영역에 따라 분산되어 있으며, 각 영역에서 논쟁점을 제기하고 있다.

일반

Colby, William. "The Changing Role of Intelligence." *World Outlook* 13 (summer 1991): 77~90.

Goodman, Allan E. "The Future of U.S. Intelligence." *Intelligence and National Security* 11 (October 1996): 645~656.

Goodman, Allan E., and Bruce D. Berkowitz. *The Need to Know*. Report of the Twentieth Century Fund Task Force on Covert Action and American Democracy. New York: Twentieth Century Fund, 1992.

Goodman, Allan E., and others. *In from the Cold*. Report of the Twentieth Century Fund Task Force on the Future of U.S. Intelligence. New York: Twentieth Century Fund, 1996.

Johnson, Loch K. *Bombs, Bugs, Drugs, and Thugs: Intelligence and America's Quest for Security*. New York: New York University Press, 2000.

Johnson, Loch K., and Kevin J. Scheid. "Spending for Spies: Intelligence Budgeting in the Aftermath of the Cold War." *Public Budgeting and Finance* 17 (winter 1997): 7~27.

U.S. National Intelligence Council. *Global Trends 2015*. Washington, D.C.: National Intelligence Council, 2000.

경제

Fort, Randall M. *Economic Espionage: Problems and Prospects*. Washington, D.C.: Consortium for the Study of Intelligence, 1993.

Hulnick, Arthur S. "The Uneasy Relationship between Intelligence and

Private Industry." *International Journal of Intelligence and Counterintelligence* 9 (spring 1996): 17~31.

Lowenthal, Mark M. "Keep James Bond Out of GM." *International Economy* (July-August 1992): 52~54.

Woolsey, R. James. "Why We Spy on Our Allies." *Wall Street Journal*, March 17, 2000, A18.

Zelikow, Philip. "American Economic Intelligence: Past Practice and Future Principles." *Intelligence and National Security* 12 (January 1997): 164~177.

첩보활동과 압도적 전장 상황 인식

Aldrich, Richard W. *The International Legal Implications of Information Warfare.* Colorado Springs, Colo.: U.S. Air Force Institute for National Security Studies, 1996.

Deutch, John M. Speech at National Defense University, Washington, D.C., June 14, 1995. (Available at www.fas.org/irp/cia/product/dci-speech-61495.html.)

법 집행

Hulnick, Arthur S. "Intelligence and Law Enforcement." *International Journal of Intelligence and Counterintelligence* 10 (fall 1997): 269~286.

Snider, L. Britt, with Elizabeth Rindskopf and John Coleman. *Relating Intelligence and Law Enforcement: Problems and Prospects.* Washington, D.C.: Consortium for the Study of Intelligence, 1994.

마약

Best, Richard A., Jr., and Mark M. Lowenthal. "The U.S. Intelligence Community and the Counternarcotics Effort." Washington, D.C.: Congressional Research Service, 1992.

평화유지

Best, Richard A., Jr. "Peacekeeping: Intelligence Requirements." Washington, D.C.: Congressional Research Service, 1994.

Johnston, Paul. "No Cloak and Dagger Required: Intelligence Support to UN Peacekeeping." *Intelligence and National Security* 12 (October 1997): 102~112.

Pickert, Perry L. *Intelligence for Multilateral Decision and Action.* Ed. Russell G. Swenson. Washington, D.C.: Joint Military Intelligence College, 1997.

테러리즘

Cilluffo, Frank J., Ronald A. Marks, and George C. Salmoiraghi. "The Use and Limits of U.S. Intelligence." *Washington Quarterly* 25 (winter 2002): 61~74.

Grimmett, Richard F. "Terrorism: Key Recommendations of the 9·11 Commission and Recent Major Commissions and Inquiries." Washington, D.C.: Congressional Research Service, August 11, 2004.

압도적 전장 상황 인식

Nolte, William. "Keeping Pace with the Revolution in Military Affairs." *Studies in Intelligence* 48 (2004): 1~10.

13

정보의 윤리적 · 도덕적 이슈

일부 사람들이 생각하는 만큼 '정보의 윤리적·도덕적 이슈'라는 어구가 모순적인 것은 아니다. 중요한 윤리적 기준과 도덕적 딜레마는 정보관들과 정책 관리들에게 도전을 하며 그 때문에 다루어져야 한다. 윤리나 도덕성을 논하는 모든 논의에서 볼 수 있듯이, 어떤 질문들에 대해서는 절대적인 혹은 합의가 이루어진 답이 없다.

보편적인 도덕적 질문들

정보활동과 정보이슈들의 특성, 그리고 그들이 형성되는 기초는 수많은 광범위한 도덕적 질문들을 제기한다.

비밀성. 제1장에서 정의된 정보가 비밀성 secrecy을 필요전제조건으로 포함하고 있지 않더라도, 대부분의 정보활동은 비밀리에 이루어진다. 이에 대하여 다음과 같은 질문이 제기된다. 비밀성은 정보에 필요한 조건인가? 그렇다면, 어느 정도의 비밀성이 필요한가? 그리고 어느 정도의 대가를 치를 것인가?

비밀성이 필요조건이라면, 그 필요를 유발하는 또는 이끄는 것이 무엇인가? 정부가 정보기관을 보유하는 것은 정부가 다른 방식으로는 얻을 수 없는 첩보를 필요로 하기 때문이다. 그러므로 정보기관이 하는 업무(수집과 비밀공작)에만 비밀성이 내재해 있는 것이 아니라 다른 이들이 당신에게 주지 않으려고 하는 첩보 자체에도 비밀성이 내재해 있다. 당신도 당신의 관심 분야가 다른 국가에 알려지는 것을 원하지 않는다. 이 두 번째 단계의 비밀성은 필요한 것인가? 결국, 당신에게 첩보를 주지 않는 상대편은 아마 당신이 그것을 원한다는 사실을 이미 알고 있거나 가정하고 있다. 이것이 당신에게 첩보를 숨기는 이유 중의 하나이다(많은 독재국가들은 첩보가 알려지면 체제에 위협이 된다는 이유로 모든 첩보에 대한 통제를 가하고 있다). 아니면 당신이 숨겨진 첩보에 접근하기 위해 시도를 하는 것에서 비밀성이 생겨나는 것인가? 비밀성은 첩보를 숨기려고 하는 이들에게 그들이 어느 정도는 실패했다는 사실을 알지 못하게 하려는 데서 나오는 것인가? 그것은 얼마나 필요한 것인가? 결국 당신은, 당신의 진정한 행동 동기를 숨기려고 하겠지만, 어쨌든 수집한 정보에 의거하여 행동할 것이다. 그러한 당신의 결정과 행동을 지켜보고, 당신의 상대자들은 당신이 그들이 지키고 있던 첩보에 접근했다는 것을 어느 정도 짐작할 수 있지는 않을까?

    비밀성의 동기 너머에는 그에 부과되는 비용이 있다. 여기서 말하는 비용은 정보의 배경 확인, 접근을 위한 통제 시스템 등에 소유되는 실질적인 재정적 비용을 들어 말하는 것이 아니다. 여기서의 이슈는 비밀 환경에서 활동을 하는 것이 사람들에게 어떤 영향을 끼치는가이다. 비밀성은 본연적으로 사람들이 비밀성에 가려지지 않았으면 용인하지 못했을 돈·노력·시간 등을 절약하기 위한 안이한 길이나 단계들을 밟게 하는 유혹으로 이끄는가? 이것은 비밀성에 가치를 두는 조직에서 일한다고 해서 수천 명의 사람들이 도덕적으로 타협하고 산다는 것을 의미하지 않는다. 하지만 정보활동 – 주로 수집과 비밀공작 – 의 일부 측면의 본질은, 그 활동들이 비밀리에 이루어진다는 사실과 결합하여 볼 때, 의문이 가는 활동에 대한 요원들의 꺼리는 마음을 어느 정도 완화할 수도 있을 것이다. 이러한 요인들은 정보요원의 신중한 선발과 훈련 그리고 엄격한 감독을 요구한다.

전쟁과 평화. 도덕적 철학자들과 국가들은 전쟁과 평화의 조건은 다르며, 다른 종류의 활동을 기반으로 한다고 오랫동안 가정해왔다. 전쟁기간 동안 일어나는 가장 명백한 활동은 다른 국가의 영토와 시민들을 향한 조직된 폭력이다. 평화시대에 공개적인 무력충돌은 배제된다. 평화기간과 전쟁기간 규범 간의 이 구분은 정보활동에까지 확장되는가? 적국의 정부를 뒤엎거나 전복하려는 시도들이 전쟁 기간동안에 받아들여지듯이 평화기간에도 받아들여질 수 있는 것인가?

평화의 시기에도 미국은 적대적인 국가들과 관계를 가진다. 미국과 소련 간의 냉전은 그러한 관계의 축약이었는지도 모른다. 실질적으로 거의 모든 수준에서 서로에게 적대적이지만, 두 주요 적수들 간의 공개적인 충돌까지는 가지 않는 정도의 관계이다(그들의 대리들 간의 관계는 공개적인 충돌까지 이르기도 한다).

냉전 대립국 간의 이러한 관계는 전쟁과 평화 사이의 회색 중간 지대에 놓인다. 정보수집과 비밀공작을 포함하는 정보활동은 두 국가로 하여금 서로를 공격할 수 있게 하는 주요 수단 중 하나가 되었다. 하지만 이러한 독특한 상황에서도 미국과 소련은 어느 정도의 한계를 수용했다. 양편 모두 상대국의 스파이를 체포하였을 때 스파이가 상대국적을 가진 자이면 그를 죽이지 않았다. 대신, 1957년에 미국에 감금되었던 소련 스파이 아벨Rudolf Abel 대령과 U-2 파일럿 파워즈Francis Gary Powers의 경우처럼, 스파이들을 감금하기도 하고 때로는 교환하기도 한다(로젠버그Julius Rosenberg와 펜코프스키Oleg Penkovsky 대령의 경우처럼 자국민이 적국을 위해 스파이 행위를 하다가 잡히면 처형될 수도 있다). 양 측의 국가 지도자들은 신체적인 공격으로부터 안전했다. 그렇지만 이러한 불문율은 필요한 경계선을 창조하였는가, 아니면 선전이나 전복을 포함하는 많은 다른 활동들을 허용하는 역할을 한 것인가?

한 국가가 전쟁을 일으키려고 위협하거나 전쟁이 곧 발발할 것으로 판단되면, 자위라는 개념이 국가들로 하여금 정보공작을 포함하는 특정 활동을 선제적으로 개시하는 것을 허용하는가? 첩보활동이 확대되고 있는 시대에 이러한 질문은 점점 더 중요성을 띤다. 2003년 부시 행정부는 이라크 전쟁을 시작한 이유의 일부로 선제전략preemptive strategy을 주장했으나, 대량살상무기WMD가 발견되지 않더라도 이러한 이유가 전쟁이 끝난 이후에도 계속 지지를 받을 수 있을지는 불명확하다.

목적 대 수단. "목적이 수단을 정당화하는가?"의 질문에 대한 일반적인 대답은 "아니다"이다. 하지만 목적이 수단을 정당화하지 않는다면, 무엇이 수단을 정당화 하는가? 수단과 목적이 충돌할 때 정책 결정자들은 어려운 선택을 해야 한다. 예를 들어, 냉전시대에 자유선거를 주장했던 미국이 1940년대 말에 공산당의 승리를 막기 위해 서유럽의 선거들에 개입했던 것은 적절한 행동이었는가? 어떤 선택이 더 바람직했을까? 도덕적 원칙을 고수하는 것이 나았을까, 아니면 정치적으로 바람직하지 않으며 위협적인 결과를 허용하는 것이 오히려 나았을까? 전쟁 이후 유럽의 선거들에 대한 미국의 개입은 아옌데Salvador Allende 정부를 붕괴시키기 위한 수단으로 칠레 경제를 파괴시킨 것과 비교하여 어떠한가?

미국의 정치적 경험에 따르면, 이러한 질문들은 현실주의정치realpolitik와 이상주의idealism의 뿌리 깊은 두 개념들을 나타낸다. 냉전 기간에 현실주의가 우세했다. 냉전의 윤리적 측면(서방 민주주의 사상 대 소련 공산주의)은 정책결정자들이 위에서 묘사되었던 것과 같은 결정들을 조금 더 쉽게 내릴 수 있도록 해주었다. 그러한 윤리적 강행규정이 부재한 냉전 이후의 세상에서도 정책결정자들은 같은 결정을 내릴까?

적의 본성. 거의 반세기 동안 미국은 계속해서 독일·일본·이탈리아 등 추축국들, 소련 그리고 그 위성 국가들로부터 전체주의 위협과 대립해왔다. 미국과 그 동맹국들이 수용한 가치와 행동 규범, 그리고 그 적국들이 수용한 가치와 행동 규범 간에는 엄청난 간극이 존재했다. 당신의 적국들의 행동이 당신이 선택할 행동에 영향을 미치는가? 그것은 행동 결정에 유용한 지침이 되는가?

"모든 것이 …의 관점에서 공평하다All's fair in …"는 하나의 반응이다. 한편으로, 자국의 파괴를 위해 적국이 쓰고 있는 무기나 전략을 자국에서 사용하도록 허용하지 않는 것은 어리석은 결정이다. 반면, 부도덕한 적국의 수준으로 하락하면 국가로서 무언가 중요한 것을 잃을 수 있지 않는가? 까헤John Le Carré는 스마일리George Smiley라는 스파이를 주인공으로 하는 그의 소설에서 냉전 기간 미국과 소련의 행동에는 별 차이가 없었고, 특정 윤리적 대등함이 존재했다고 주장했다. 까헤가 옳았던 것인가, 아니면 양국의 정보공작의 유형에는 비슷한 점들이 존재했지만, 두 국가 간의 도덕적 구분은 여전히 강하고 중요했는가?

국익. 국익national interest의 개념은 새로운 것이 아니다. 역사가들이 '초기 근대 유럽'이라고 일컫는 대략 17세기에는 모든 정치가들이 '국가의 이유raison d'etat, reason of state'가 그들의 행동에 지침이 된다는 것에 동의했다. 국가의 이유는 두 가지 의미를 함축했다. 첫째는 국가가 자체의 목적을 스스로 구현했다는 것을 의미하며, 두 번째로는 국가의 이익은 행동만을 위한 지침이었지, 원한, 감정 혹은 다른 주관적인 충동을 위한 것은 아니었다는 것을 의미하였다. 초기 근대 유럽에서 사용되었던 국가의 이유 개념은 한 국가의 다른 한 국가에 대한 음모의 사용과 무력의 사용이라는 최후의 제재 또한 함축했다.

17세기 말과 18세기에 국제관계는 정제된 허식 하에서 잔혹한 모습을 보였다. 어떤 이들은 유엔UN: United Nations과 같은 국제기구의 창설도 20세기 후반과 21세기 초에 국가들의 행위를 전환시키는 데에 별 도움이 되지 못했다고 주장하기도 한다. 예를 들어, 유고슬라비아 연방의 해체과정에 있어서 당사자들이나 캄보디아의 크메르 루주Khmer Rouge의 잔인함이 이를 입증하고 있다. 17세기의 국가의 이유raison d'etat로부터 21세기 국익national interest까지 일관되게 내려오는 흐름이 있음을 알 수 있다.

국익은 정보의 윤리성과 도덕성에 대한 충분한 지침이 되는가? 한편으로는, 유일한 지침이다. 합법적인 정부의 정책을 지원하기 위한 것이 아닌 다른 목적으로 수행된 정보활동은 좋게 말하자면 의미도 없을뿐더러 나쁘게 말하자면 위험하고 불량한 활동일 뿐이다. 다른 한편으로는, 합법적인 정부들도 – 심지어 민주적 이상과 원칙에 따르는 정부들까지도 – 때때로 윤리적이고 도덕적으로 의문을 가질 수 있을 만한 결정을 내리고 행동을 취하기도 한다.

그러므로 국익은 필수불가결의 것인 동시에 불충분하기도 한 어려운 지침이다.

도덕과 윤리의 변화. 도덕과 윤리는 시간이 지남에 따라 변한다. 예를 들어, 영국에서는 노예제가 1830년대까지 인정되었고, 미국의 일부지역에서는 1860년대까지, 브라질에서는 1880년대까지 노예제가 인정되었다. 수단에서는 1990년대 후반에 들어서도 노예제가 계속적으로 이어졌다. 백년도 채 안 된 1910년대까지도 여성의 선거권 문제가 영국과 미국에서 열띠게 논쟁되고 있었으며, 스위스에서는 이러한 논쟁이 1960년대까지 계속되었다.

정보활동이 합법적 권위에 기초하여 수행된다고 상정하게 되면, 정보활동은 도덕성과 윤리성의 변화에 보조를 맞춰야 하는가? 시민들은 그렇다고 대답하기를 원할 것이다. 그런데 누가 이러한 변화가 이루어질 때 누가 결정하는가? 윤리와 도덕의 변화는 얼마나 빨리 정책과 행동으로 연결되는가? 예를 들어, 냉전 기간 유럽에서 시행되었던 것과 같은 정치적 개입은 오늘날의 사회에서는 분명히 지지를 받지 못할 것이다(이라크의 정변을 유도하기 위해서 공적으로 자금을 충당했던 1998년의 이라크 해방법^{Iraq Liberation Act}은 주목할 만한 예외이다). 하지만 이러한 변화는 언제 온 것인가? 소련이 붕괴했을 때인가, 아니면 그 전인가? 1975년에 미국은 나토^{NATO: North Alliance Treaty Organization} 동맹국 가운데 하나인 포르투갈에 공산주의 정부가 선출되는 것을 지켜봐야 할 입장에 처했다. 미국 대사(포르투갈 선거에의 비밀 개입을 반대했던)와 국가안보좌관(개입찬성)간의 집요한 논쟁 끝에 미국은 포르투갈의 선거에 개입하지 않기로 결정했고, 공산주의자들은 선거에서 졌다. 미국의 이러한 결정은 새로운 도덕성에 기초한 것이 아니라,

그 선거가 진행되도록 그대로 두는 것보다 개입함으로써 노출되기라도 한 다면 잃을 것이 더 많다는 판단에 의거한 것이었다. 미국 대사가 주장했던 대로, 결과는 미국에게 유리하게 나왔다.

가치 변화에 따라 촉발되는 두 번째 중요한 문제는 새로 생겨난 기준이 이미 일어난 사실에 부과되어야 하느냐의 문제이다. 예를 들어, 냉전 기간 미국은 비민주적이거나 때로는 잔혹한 정권들을 지지하기도 했으나, 그 정권들은 반공산 정권들이었다. 미국 내 일부 인사들은 이러한 관계들에 불만을 표하기도 했지만, 대부분의 사람들이 그 명백한 필요성을 받아들였다. 1990년대 중반에 CIA국장이었던 도이치 John M. Deutch, 1995~1997는 CIA의 접촉과 공작들을 모두 검토하여 어느 것 하나라도 인권 침해로 이어지는 것이 있는지 알아보게 했다. CIA 내의 많은 이들은 이러한 검토, 그리고 CIA 지도층에 의해 몇몇 요원들에 대하여 취해진 일부 조치들이 기준을 소급하여 적용하는 불공정한 조치라고 보았다(헌법은 원칙적으로 법의 소급적용을 금하고 있다). 도이치의 그러한 조치는 과거 실수들을 깨끗하게 정리하기 위해 필요한 조치였는가, 아니면 과거의 기준 하에서는 성실하게 행동한 관료들에 대한 불공평한 새 기준의 강요인가? 2001년 9·11 공격의 여파 속에서 많은 사람들은 이러한 소위 도이치 규칙들로 인해 인간정보수집 HUMINT에 곤란한 제한이 생겼음을 느끼게 되었다. CIA는 그 규칙들로 인해 유용한 접촉선을 상실한 사례는 없다고 주장하였으나, 비판가들은 이 규칙의 존재 자체와 이후 처벌의 위협이 공작국 내에 극단적인 주의를 야기했다고 주장한다. 테러리스트 공격 이후에 그 도이치 규칙들은 폐기되었다.

울프 Markus Wolf는 수년간 동독의 정보공작을 전개해 왔으며, 총리실을 포함한 서독 정부 내 여러 기관에 대해 성공적으로 침투했었다. 동독이 붕괴되고 서독에 흡수되었을 때 독일 정부는 울프를 반역죄로 재판에 회부했다. 그렇게 한 당위성은 다음과 같았다. 서독의 헌법에 의하면 서독이 전체 독일의 유일 합법정부인데, 울프가 그 정부에 대항하여 반정부 스파이 행위를 했다는 것이었다(그러한 헌법규정에도 불구하고 서독은 동독을 외교적으로 승인하고 두 국가 간에 대사를 교환했었다). 울프는 자신이 분리된 다른 한 국가의 시민이었기 때문에 반역죄가 성립될 수 없다고 주장했다. 1993년에 울프는 간첩죄로 유죄 선고를 받았으나, 1995년에 독일 최고법정이 자기가 섬겼던 국가인 동독의 법을 위반하지 않았기 때문에 애초에 기소되지 않았어야 했다는 울프의 주장을 받아들여 불기소처분을 내렸다. 그의 지휘 하에 있던 공작원들이 수행한 납치사건들로 인한 죄에 대하여 집행유예 판결을 받은 이후, 울프는 1998년에 자신의 회고록 속에서 언급했던 공작원의 정체를 밝히기를 거부하여 수감되었다.

울프의 사례와 비슷하나 범상치 않은 반전이 있는 사례가 바로 폴란드 군의 참모장이었던 쿠클린스키Ryszard Kuklinski의 사례이다. 쿠클린스키는 1970년대 후반과 1980년대 초반에 바르샤바조약기구와 관련된 주요 정보를 미국에 제공하였는데, 이는 폴란드의 자유노조운동Solidarity 시위를 그치게 하기 위해 소련이 폴란드 침략 준비를 하고 있다는 1980년 12월의 경고도 포함했다. 이러한 정보는 미국으로 하여금 소련의 개입을 막는데 외교적 수단을 사용할 수 있게 하였다. 쿠클린스키는 계엄령이 선포되기 직전에 폴란드에서 빼내어졌다. 그는 부재중에 사형선고를 받았다. 하지만 바르샤바에서 공산주의 정권이 무너지고 나서도, 많은 폴란드 사람들은 쿠클린스키가 한 일에 대하여 용납하지 못하였다. 그는 소련에 대한 혐오와 폴란드에게 강요한 소련 체제에 대한 혐오를 동기로 하여 그런 행동을 하였다. 그러나 일부 폴란드 사람들은 소련의 관련성을 떠나서 쿠클린스키가 한 일은 폴란드에 대해 스파이 짓을 한 것이라고 느꼈다. 폴란드의 대통령으로서 바웬사Lech Walesa도 쿠클린스키의 사면을 거부했다. 1998년에 마침내 기소가 철회되었다.

정보수집과 비밀공작에 관련된 이슈들

수집과 비밀공작으로부터 많은 도덕적·윤리적 이슈들이 야기된다. 광범위한 도덕적 이슈들에서도 그랬듯이, 수많은 질문과 동의되지 않은 대답들이 있을 뿐이다.

인간정보수집. 인간정보HUMINT수집은 첩보의 잠재적인 출처로서 타인을 조종manipulation하는 것을 포함한다. 노련한 HUMINT 수집관이 되는데 필요한 기술은 시간이 흐르면서 훈련과 경험의 축적을 통해 획득된다. 그 기술들은 기본적으로 타인의 신뢰를 얻기 위해서 감정이입, 아첨, 동정심 등을 포함한 심리적 기법을 사용한다. 타인의 협력을 획득하기 위한 더욱 직접적인 방법으로는 뇌물, 협박, 섹스 등이 있다.

이 분야에서는 두 가지 이슈가 지배적이다. 첫 번째는 조종 그 자체의 도덕성이다. 앞서 언급한 다양한 심리기법들은 이미 조종하기 쉬운 사람을 대상으로 행해진다고 주장한다. 마음 내켜하지 않는 대상은 그 관계를 끊어버릴 것이다(자발적 첩보원walk-ins들은 애초에 자원한다는 점에서 근본적으로 다르다). 이러한 합법적인 활동들이 적국이던 아니던 간에 한 정부가 타국 시민에 대하여 할 일인가?

두 번째 이슈는 출처에 대한 첩보원을 포섭하는 정부의 책임이다.

- 정부의 책임은 어디까지인가?
- 포섭 과정에서 정부가 책임을 진다면, 어느 정도까지 책임을 지는가?
- 인간정보제공자가 위험에 빠진다면, 포섭자는 정보제공자의 안전을 지키기 위해서 어느 정도 선까지 할 수 있는가? 정보제공자의 가족에 대해서까지 책임을 져야 하는가?
- 정보제공자가 한동안 정보제공을 하지 못했다면 어떻게 해야 하는가? 그 관계가 유용성을 잃어버렸다면 정부는 정보제공자를 얼마의 기간 동안 보호해야 할 의무를 지는가?
- 정보제공자가 정보제공을 전혀 하지 못함이 입증되면 어떻게 해야 하는가? 정보제공자가 자신의 접근권과 능력을 잘못 전했을 수도 있다. 그럴 경우에도 의무는 존재하는가?

포섭된 첩보원들에 대하여 강력하고 지속적인 책임을 져야 한다는 주장에 찬성하는 가장 설득력 있는 논리 중의 하나는 도덕성이나 윤리성과는 별 상관이 없다. 현재의 혹은 과거의 첩보원들에게 그들이 필요로 하는 지원과 보호를 하지 않는다는 말이 새어나오기라도 하면 새로운 첩보원을 포섭하기가 어려워질 것이라는 더 실질적인 이유가 있는 것이다. 달리 말해서 첩보원을 보호하는 데 실패하는 것은 사업을 추진하는데 있어서 치명적이다.

또 하나의 이슈는 테러리즘이나 마약과 같은 특정 분야에 특화되는 경향이 있는데, 이 분야들은 양질의 정보수집을 위해 주로 HUMINT에 의지하게 된다. 이와 관련된 정보를 수집하기 위해서 미국 정보관들은 테러리스트 집단이나 마약밀매조직과 접촉선을 형성해야 하며 통상 그들에게 자금을 지원해야 한다. 그들이 바로 필요한 정보를 거머쥐고 있는 사람들이기 때문이다. 1995년에 카를로스Carlos로 알려진 테러리스트의 체포에 CIA에 매수된 정보제공자가 결정적인 도움을 줬다는 사실을 언론이 보도하면서 이러한 실제 사례가 알려졌다. 그 제보자 역시 테러리스트였고 카를로스 조직의 일원이었다('자칼'로도 알려진 카를로스는 1970년대와 1980년대에 활동했던 국제 테러리스트였고, 주로 급진적 아랍단체와 긴밀한 관계를 가지고 활동했다. 카를로스는 1994년 수단에서 체포되었고, 프랑스에서 종신형을 선고받았다). 요원이 테러집단에 침투하게 되면 테러활동에 참여하여 자신을 증명하는 과정을 필요로 할지도 모른다. 많은 이들은 건너기 어려운 선에 접근해야 될지도 모른다. 이러한 이해할만한 이유들로 인해 테러리즘에 대항한 HUMINT의 효능에 대한 가정을 면밀하게 검토할 필요가 있다.

어떤 이들은 미국의 이익에 반하는 행동에 동참했을지도 모르는 사람들과 관계를 형성하는 것 자체를 도덕적으로 문제가 있다고 보기도 한다. 정책과 정보 요원들은 다른 수단을 통해서는 얻을 수 없는 유용한 첩보에의 접근권과 테러리스트나 마약밀매조직에게 자금을 제공하는 불쾌한 입장 사이에서 어려운 선택을 내려야 한다.

수집. 정보관들은 정보제공자를 포섭하는 것 이외에도 정보를 수집하기 위해 다양한 기법을 사용하는데, 여기에는 일상에서는 불법인 물자의 탈취와 다양한 형태의 도청활동도 포함된다. 국가의 정보활동이라는 이름

하에 이러한 활동이 합법화되는 것은 어떻게 가능한가? 미국 내에는 정보관과 법 집행관들이 도청을 하거나 기타 기법을 사용하기 위해서는 법원의 영장을 소지할 것을 의무로 하며, 첩보수집에 있어서 합법적으로 거주하는 외국인들을 포함하는 범주인 '미국 시민'에 관한 첩보는 수집하지 않도록 하기 위한 절차도 있다.

잠재적 용의자가 확인되었을 경우에도 똑같은 문제가 방첩활동에서 발생한다. 다른 많은 나라와는 달리 미국에서 정보관이 스파이 용의자에 대한 활동을 수행하기 전에 반드시 법원 영장을 발부받을 것을 법으로 규정하고 있다.

수집분야에서 제기되는 또 하나의 도덕적 문제는 획득된 첩보에 대한 책임감의 문제이다. 정보관이나 정책결정자들은 정보를 입수하면 그에 대해 책임을 지게 되는가? 예를 들면, 제2차 세계대전 중 영국과 미국의 정보기관은 신호정보 SIGINT를 통해서 독일의 유대인 대량학살 사실을 알게 되었다. 동맹국들은 두 가지 이유로 군사행동(철도 및 수용소에 대한 폭탄투하)을 취하지 않았다. 하나는 군사목표에 대해서만 공격하는 것이 전쟁을 더 빨리 종식시킬 것이며, 따라서 수용소에 직접 공격을 하는 것보다 수용소에 있는 인명을 더 많이 구할 수 있을 것이라 판단되었기 때문이다. 또 다른 이유는 수용소에 대한 정보를 입수하게 해줬던 출처와 방법을 보호하는데 신경을 썼기 때문이다. 수용소에 대한 공격을 단념하기로 한 결정의 윤리적·도덕적 함의는 무엇인가?

2004년 영국의 전임 장관이 이라크 대량살상무기에 관한 2003년 안전보장이사회의 투표 이전에 영국과 미국이 유엔에서 간첩활동을 했다고 주장했다. 국제조약에 의거하면, 사실상 많은 국가들이 지키지 않는 것으로 널리 알려져 있음에도 불구하고, 원래 유엔에서는 어떠한 간첩활동도 해서는 안 된다. 예를 들어, 수년간 미국 관료들은 유엔 사무국의 소련 멤버들이 국제공무원이어야 함에도 불구하고 자신들의 모국을 위해 간첩활동을 하고 있다는 추측을 했다. 1978년 유엔 사무차장 중 한명이었던 셰브첸코 Arkardy Shevchenko

가 몇 년 간 미 CIA에 정보를 유출시키다가 미국으로 망명했다. 그는 소련이 정보를 수집하기 위해서 유엔을 이용했다는 사실을 확인해 주었다. 이란의 핵 프로그램에 대한 관심 때문에 미국이 국제원자력기구(IAEA: International Agency for Atomic Energy)에 대해서 정보수집을 했다는 주장도 있었다. 유엔처럼 IAEA도 원칙적으로 회원국의 정보수집 대상이 될 수 없다. 유엔이나 다른 국제기구들이 국가들에게 정보수집 대상으로서 매력을 가지는 것은 당연하다. 세계 거의 모든 국가들은 유엔에서 외교적인 존재로 활동하며, 다른 많은 국가들의 수도에서는 좀처럼 가능하지 않을 광범위한 접근 폭을 제공해 준다. 이는 외교관계를 갖고 있지 않은 국가와 그 외교적 존재가 세계적으로 제한되어 있는 국가에 대해 정보를 수집하는데 있어서 특히 더 중요할지도 모른다.

유엔의 대외적 지위는 일반 국가의 주권과 다를 것이 없다고 주장할 수도 있을 것이다. 결국, 자국의 영토 내에서 적대적인 정보수집을 허용하는 국가는 없다. 이것은 국가의 이유(raison d'etat)가 조약의 의무보다 선행되는 또 하나의 경우이다.

비밀공작. 비밀공작은 한 국가의 타국에 대한 내정간섭이다. 가장 기본적인 윤리문제가 되는 것은 그러한 공작의 합법성이다. 국익, 국가안보 그리고 국방의 개념들은 이러한 비밀공작을 지원하기 위해 가장 흔하게 사용된다. 하지만 극단적으로 보자면 모든 국가가 가해자가 될 수도 있고 대상이 될 수도 있어서, 홉스가 말한 무정부 상태를 창출해낸다. 현실적으로 많은 국가들이 타국에 대해 비밀공작을 수행할 능력도, 필요도 혹은 의지도 없다. 그러나 그러한 필요와 능력을 갖춘 국가들은 자국의 비밀공작이 합법적이라 믿는다.

비밀공작은 또한 개인의 목표와 신념과도 상충될 수 있다. 순수하게 정치적인 것(선거지원, 선전활동)에서부터 경제적 와해와 쿠데타까지 비밀공작의 범주 도처에서, 대상국의 무고한 시민들이 영향을 받거나 혹은 위험에 처할 수도 있다. 도시에 대한 대규모 폭격공습과 같이 전시에 시민들에 대한 군사적 공격은 오랫동안 합법적인 행동으로 여겨져 왔다. 평화 시의 비밀공작은 다른가?

선전공작은 미 정보기관이 외국 언론에 뿌린 허위 기사가 미국 언론망을 통해 발굴될 수 있는 '역수입'에 대한 관심을 미국 내에서 불러 일으켰다(제8장 참조). 만일 미 정보기관이 이러한 언론에 기사의 진실한 면을 알려준다면, 그것은 누설로 이어져 전체 작전이 아예 이루어지지 못하게 할 위험성이 있다. 역수입은 얼만큼 심각하게 고려해야 할 문제인가? 그것은 언론의 독립성에 중대한 위협이 되는가?

공작의 도덕적 한계는 무엇인가? 소련의 아프가니스탄 침공 당시 일부 소련군은 끝없는 전쟁에 사기가 저하된 상태에서 과거 미군이 베트남에서 그랬던 것처럼 손쉽게 마약에 접근하게 되었다. 미국은 반소 단체였던 무자히딘Mujaheddin에게 스팅어Stinger 미사일을 포함한 정교한 무기들을 공급하였다. 소련의 군사적 노력을 파괴하는 수단으로서 소련군의 마약사용을 증가시키는 조치가 합법적인 것으로 용인될 수 있었을까?

준군사작전 – 인정되는 국제법 규범을 넘어서는 범주에 속하는 대리군대를 통한 전쟁 수행 – 은 많은 윤리적·도덕적 문제를 야기한다. 그것들은 합법적인가? 이러한 공작은 무고한 시민들이 위험에 처하게 될 예상을 하게 한다. 준군사작전에는 제한이 있는가? 예를 들어, 전쟁 대상국 정권의 성격이 고려해볼 문제가 되는가? 억압적이고 비민주적인 정권에 대해서는 준군사작전이 합법적이지만, 그렇지 않고 더 수용할만한 형태의 정부들에 대해서는 비합법적인 것인가? 차이가 있다고 한다면, 어떤 정부가 합법적인 대상이 되고 안 되고는 누가 정하는 것인가?

인간정보HUMINT의 경우처럼 준군사작전은 전투원들에 대한 지원세력의 의무 문제를 불러일으킨다. 이것은 성공적이지 않았거나 결론이 나지 않은 듯 보이는 공작에서 특히 문제가 된다. 작전이 실패했을 경우 지원세력은 자신의 대리전투원들을 구출하여 안전한 피난처를 제공할 책임이 있는가? 결론이 나지 않은 작전의 경우에 이러한 선택은 훨씬 더 어려울 것이다. 지원국은 성공할 가망성이 별로 없지만 패배의 가능성도 없다는 것을 알기에 준군사작전을 계속

무한정으로 수행할 것이다. 지원국은 그 작전이 의미가 별로 없음에도 불구하고 계속 수행해야 할까? 아니면 그 작전을 종결시켜야 할 책임이 있는가? 만일 지원을 종결시키기로 결정한다면, 지금까지 지원해 온 전투원들을 철수시킬 책임이 있는가?

성공적인 공작에서조차 윤리·도덕적인 문제가 야기된다. 소련이 아프가니스탄에서 철수한 후 탈레반 세력이 국토의 대부분을 점령했다. 시민의 자유와 여성의 권리를 주장하는 서방 관념과는 충돌되게 탈레반은 아프가니스탄에 엄격한 무슬림 정권을 설립했다. 미국과 미국의 아프간 내 반소 동맹국(중국, 파키스탄, 그리고 사우디아라비아)은 탈레반이 강제한 규율을 조정하기 위한 시도를 할 책임이 있었는가? 결국 탈레반이 알카에다 지도자 빈 라덴Osama Bin laden과 손을 잡게 되면서, 이전 정책의 결과에 대해 더 많은 의문이 제기되었다.

암살. 대부분의 사람들은, 그리고 공식적인 미국 정책도 군사작전의 결과에 의한 희생자와 특정 개인을 대상으로 한 암살 희생자 간에는 구분을 둔다(암살에 관한 추가적인 논의와 그에 대한 미국 내의 금지에 대해서는 제8장을 참고할 것). 2001년 테러리스트 공격과 동시에, 그리고 이전에도 암살 금지에 대한 기존의 폭넓은 지지가 대중여론과 어느 정도 선까지는 언론에도 잠재되어 있었다. 이러한 태도의 변화는 아마도 냉전 종식 이래 미국이 자국의 의지를 부과하는데 직면했던 어려움의 일부를 반영했을 것이다.

그 금지조치가 선별적으로 해제될지라도 암살수행에 대해 얼마나 유용한 기준을 상정할 수 있을지는 상상하기 어려운 일이다. 어느 정도의 범죄와 적대행위가 사람을 암살의 합법적인 대상이 되게 하는가? 히틀러Adolf Hitler 암살에 관심이 있었던 영국의 예에서 볼 수 있듯이, 적절한 시기에 잠재적 암살 대상을 식별한다는 것은 쉬운 일이 아니다. 또한 과거의 파트너들이 잠재적인 암살 대상이 되기도 한다. 예를 들어, 후세인Saddam Hussein은 더 큰 문제로 여겨졌던 이란과의 전쟁 당시1980~1988에는 미국의 지지를 받았다. 그의 행위는 1990년에 이라크가 쿠웨이트를 침공한 이후에야 문제가 되었다.

오사마 빈 라덴과 다른 테러리스트 지도자들의 경우, 암살은 논쟁거리가 되지 못한다. 미국은 테러와의 전쟁을 선언하고 이 개인들을 합법적 군사 제거 대상으로 상정하였다.

암살은 또한 상당히 지저분한 도구이다. 희생자의 뒤를 이어서 누가 권력을 계승할 것인가와 후임자가 어떻게 행동할 것인지에 대한 절대 확신이 없이는 암살은 목전의 문제에 대한 해결을 보장하지 못한다. 2005년 레바논의 전임 수상 하리리Rafik Hariri의 암살 이후 레바논에 발생한 정치적 불안정은 교훈적이다. 하리리가 레바논에 지속되는 시리아의 군사 주둔을 반대했기 때문에 시리아에 의해 암살당했다는 것이 널리 추측되었다. 하리리의 죽음의 결과는 레바논 내에 확산된 시위와 시리아에 대한 국제적 비판을 불러일으켜 결국 그토록 지연되던 시리아 군대와 정보 요원들의 철수가 시작되었다.

암살 대상으로 고려되는 지도자들은 민주주의 체제 하에 있지 않다. 그들은 정치적 승계 절차가 분명치 않거나 경쟁의 여지가 많은 국가들에 있다. 기존의 독재자 대신에 단순히 다른 독재자가 그 자리를 차지하게 될 수도 있다. 그러므로 암살행위를 함으로써 얻는 것은 적으면서 국제적으로 명성을 잃을 위험은 굉장히 클 것이다.

암살은 또한 보복을 불러일으킨다. 규칙의 부재는 장단점이 있다.

인도와 고문. 테러와의 전쟁 이래 인도rendition가 증가하였다. 많은 경우에 해외에서 체포된 외국인들은 투옥 또는 취조를 위하여 본국으로 돌려보내진다(제5장 참조). 이렇게 이송된 용의자들의 본국으로부터 이들을 다루는 방식에 관한 약속을 미국이 받았음에도 불구하고, 이들 중 일부가 고문을 당했고 미국이 이에 연루되었다는 주장이 있다.

대부분의 국가에는 집행되던 안 되던 간에 고문에 대한 법적 제재가 규정되어있다. 미국에서는 제8차 헌법 수정안에 고문을 금지하는 구체적인 조항을 두고 있다. 그 조항은 '잔혹하고 유별난 처벌'을 금하고 있다. 하지만 테러와의 전쟁은 무엇이(가혹한 그리고 존엄성을 손상시키기까지 하는 취급에 반하여서) 고문을 구성하는지와 그것이 수용할 만한지에 대한 논쟁을 유발시켰다. 미군에 의해서 아부 그라입Abu Ghraib에 감금되어있는 이라크 포로들에 대한 미군의 학대 같은 경우로 인해 이러한 논쟁은 더욱 뜨거워졌다. 여러가지 윤리·도덕적인 문제가 야기된다. 첫째, 구류자가 곧 닥칠 테러 공격에 대한 정보가 있음을 확신할 때, 그 구류자로부터 필요한 정보를 얻어내는데 쓸 수 있는 수단에 제한이 있다면 무엇이 있는가? 공격을 피하고 많은 인명을 구할 수 있는 가능성을 준다고 해서 더 가혹한 심문이 허용할 만한 것인가? 둘째, 이러한 테러리스트 용의자들이 받을 취급에 대해 어느 정도로 투명성을 갖는 것이 좋은가? 이 질문은 목적과 수단의 이슈를 야기한다. 셋째, 가혹한 대우나 고문이 미국과 미국이 주창하는 테러와의 전쟁의 윤리적 목적에 어떤 영향을 미치는가?

이와 관련된 이슈는 2001년 테러공격을 계획했던 알카에다의 고위 기획자들을 포함하여 미국에 체포된 고위 테러리스들이 종국에 어떤 운명에 처하는가의 문제이다. 그들을 석방하는데 대해서는 우려의 목소리가 있으나, 그들을 얼마나 오랫동안 구류해 둘 수 있는지, 특히 어떠한 법적 절차도 없이 구류할 경우에는 문제가 된다. 특정 시점 이후 이미 그들이 알고 있는 것을 고백하였다든지 가지고 있던 첩보가 이미 구식이 되어버렸을 경우, 그들이 지닌 정보 가치가 퇴색해버린다. 이 테러리스트들은 적국의 전투원들로 취급되어 대립이 지속될 동안은 계속 구류할 수 있다. 하지만 분명한 끝이 없는 대립의 경우에는, 어떤 시점에 이르면 그들을 재판에 회부하거나 석방해야 하는 때가 오는 것은 아닌가?

공작윤리에 대한 마지막 고찰. '비밀공작은 정의로울 수 있다Covert Action Can Be Just'의 저자 배리James Barry는 정보활동에 대하여 도덕에 기초한 결정을 내리는 기준을 수립할 수 있다고 주장했다. 배리의 생각은 다음과 같다.

- 대의명분Just cause
- 정당한 의도Just intention
- 적절한 권위Proper authority
- 최후의 수단Last resort

- 성공 가능성 Probability of success
- 균형성 Proportionality
- 식별과 통제 Discrimination & control

 이론적으로 이것은 정책결정자가 공작수행을 결정하기 전에 고려해야 할 필수적인 체크포인트이다. 그러나 정책결정자들은 이론에 따라 행동하지 않는다. 그리고 일단 그들이 공작의 필요성에 대해 결정했다면 그들은 각각의 다음 단계를 합리화하는 방법을 강구한다.

정보분석 관련 이슈

 분석과 관련된 윤리적이고 도덕적인 문제들은 주로 분석관들이 보고서를 준비하면서, 또 그들이 정책결정자들과 상대하면서 직면할 수밖에 없는 수많은 타협점들에 중심을 두고 있다.

 정보는 '진실 말하기'인가? 정보에 대한 공통적인 묘사 중의 하나는 정보가 '권력에 대해서 진실을 말하는' 직업이라는 것이다(이는 상당히 고상한 표현 같지만 중세 유럽의 궁중광대들도 한때 그러한 역할을 했다는 것을 회고하는 것이 중요하다). 그러나 정보는 진실에 관한 것이 아니다(제1장을 참고할 것). 하지만 그 이미지는 여전히 남아 있으며, 그와 함께 몇 가지 중요한 윤리적 함의를 지니고 있다. 만약 '진실'이 정보의 대상이라면 그것이 분석의 중요성을 높이는가? 분석관들은 잘 알려진, 혹은 그들이 소망하는 바대로 성공적인 정책 이상의 것을 분석하는 것인가? 게다가 진실에 대한 목표는 나올법한 결과에 대한 그들의 시각을 추구하고 방어할 더욱 큰 재량권을 그들에게 허용하는 것인가?

 진실을 목표로 설정하는 문제는 그것이 끈질긴 성격을 띤다는 것이다. 대부분의 개인은 거의 항상 정직해야 하는 것의 중요성을 이해하고 있다(그리고 때때로 진실을 최소한 조금 가려줄 필요성도 인정한다). 만약 분석관의 목표가 '진실 말하기'라고 한다면 – 특히 진실을 듣고 싶어 하지 않는 권력자들에게 – 거기에는 타협의 여지도 없고 대안을 용인할 가능성도 없는 것이다. 결국 누군가가 진실을 가지고 있다면 그와 동의하지 않는 사람들은 다 거짓을 가진 것이다. 따라서 분석관은 견해가 조금이라도 다르면 다른 여타 분석관들과는 타협할 수 없다. 하물며 만약 권력자들이 자유재량으로 그의 분석을 받아들이길 거부해버리면 '진실의 대변자'는 어떻게 해야 할까? 일단 권력자가 진실을 받아들이기를 거부한다면 분석관들의 합법성이 위태로워지는가?

이러한 의문들은 엉뚱한 것처럼 보일지도 모르지만 실은 진실을 말하는 것에 의해 제기되는 문제점들을 강조하고 있는 것이다. 진실을 말하는 것은 목표로서는 고상하게 보일지 몰라도 실질적으로는 이미 복잡다단한 정보와 정책과정에 많은 새로운 문제점들을 일으키는 것이다.

분석의 압박. 정보의 역할이 진실을 말하는 것이 아니라 정책입안자들의 정책결정을 돕기 위해 정보분석 결과를 제공하는 것이라고 상정해보자.

이와 같은 부담감이 덜한 역할일지라도 분석관들은 자신들의 굳고 깊은 신념에 의거한 판단을 내릴 수 있다. 그들은 자신들이 내린 결론에 대해서뿐만 아니라, 자신들이 다룬 문제가 국가적으로 중요한 이슈라는데 대해서 확신을 가진다. 그들의 이러한 견해가 정책 고객들로부터 거부되고 소홀히 다루어지며 무시된다면 그들은 어떻게 해야 할까?

- 정책결정자의 특권으로 인해 발생한 상황이며 따라서 그 다음 문제로 넘어가는 것을 받아들여야 하는가?
- 정책결정자가 그 문제의 중요성과 분석 결과를 오해했을 가능성에 기초하여 그 문제를 정책결정자에게 다시 제기해야 할까? 특정한 사안이든 정기적으로든 간에 그렇게 하는 것이 분석관들에게 어느 정도까지 허용 되는가? 이러한 행동이 그들 자신의 신임도에 어떤 영향을 미칠 것인가?
- 자신들의 분석 결과를 원래 고객의 상관이나 또는 정책결정 과정의 여타 지휘자들과 같은 다른 정책결정자들에게도 제기해 보아야 할 것인가? 이러한 시도가 성공적이라면 분석관의 원래 고객과 다른 모든 정책 고객들

과의 관계에서 무슨 대가를 치러야 할 것인가?
- 사직할 것이라고 협박해야 하는가? 그 문제가 그토록 중요한가? 분석관들은 기꺼이 신뢰를 잃을 것을 무릅쓰고 위협을 실행할 의지가 있는가? 사직의 위협이 항의를 넘어서서 무엇을 달성할 수 있는가?

정보분석에 있어서 다각도(과별 및 부처별)로 행해지는 분석의 본질은 단체의 역동성에 관련한 많은 이슈들을 제기한다(제6장 참조). 분석이란 때때로 다양한 견해를 가진 많은 분석관들 사이에서 일어나는 협의와 타협의 산물이다. 분석관은 다양한 사항들을 고려해 보아야 한다.

- 분석관은 다른 분석관과 타협할 용의가 어느 정도까지 있어야 하는가? 어떤 종류의 교환이 수용할 만하며 어떤 것이 수용할 수 없는 것인가?
- 어느 선에 도달하면 타협이 원래 보고서의 본질을 흐리는가? 타협에 의해 보고서의 효용성과 본질이 훼손당할 지경에까지 이르게 되면 분석관은 이전의 타협을 철회하거나 안 지켜도 되는가?
- 분석관이 봤을 때 분석 결과가 지나치게 타협된 것이라면 정책결정자에게 분석관이 직접 경고를 할 수 있는가? 다시 말해서, 분석관은 다기관 multiagency 절차의 절차적 제약을 깨고 나가 과감하게 독불장군으로 행동할 의무를 어느 시점에서 느껴야 하는가? 어떤 종류의 이슈들 앞에서 이렇게 행동해야 하는가? 효율성의 가능성은 있는가? 자기 주장을 관철시키더라도, 이런 과정에서 분석관이 미래의 업무 관계라는 측면에서 치르게 되는 대가가 무엇인가? 가장 최상의 시나리오는, 피할 수 없고 대체할 수 없는 신뢰의 상실로 인해 이후의 모든 상호작용이 어렵게 된다는 것일까?

마지막으로 정보관과 정책결정자간 관계의 본질이 문제가 된다. 켄트 Sherman Kent가 분석관들이 자기 말에 귀 기울여주고 믿어 주는 것을 원한다는 이야기를 했을 때, 그는 주로 분석의 질에 대해 말하는 것이었다. 그러나 분석관의 접근성도 그러한 관계의 본질 그 자체에 의존하기도 한다.

- 분석관이 관계에 신경을 써야 한다면 어느 정도까지 관심을 가져야 하는가? 분석관은 최선의 의사소통 통로가 열려 있도록 하기 위하여 정책결

정자들을 멀어지게 할 만한 견해들은 피해야 하는가?
- 만약 분석관이 자신의 주장과 견해를 분명히 해야 한다고 굳게 믿는다면 어떻게 해야 하는가? 이러한 경우에도 정책결정자와의 장기적인 관계를 위해서 그 주장은 완화되어야 하는가?
- 분석관이 정책을 보다 지지하는 정보를 생산하라는 압력에 직면하게 되면 어떻게 해야 할까? 이러한 요구는 공개적이지 않고 미묘하게 할 수 있다. 이 때 정보관은 노골적으로 저항할 수 있고 저항해야 할까? 얼마나 많은 작은 타협들이 보고서를 정치화할 정도의 대규모 타협에 더해지는가? 정책결정자가 반대 견해를 가진 메모를 기록하여 보내고, 결국 이 견해가 받아들여질 것이라는 사실을 분석관이 안다면 어떻게 해야 할까? 분석관 스스로 이 논쟁에서 질 것과 중요 정책 고객에게의 접근성을 잃을 것을 알면서도, 그러한 부추김에 저항할 가치가 있는가?

많은 게임들이 동시에 진행되고 있다. 그 게임들에는 정보과정 자체, 정책과정, 그리고 정책결정자들에 대한 접근성을 증대시키고 싶은 정보관들의 희망, 예산 수준을 유지하고 가능하면 증가하게 하고픈 정보 요원들의 욕망도 포함된다. 추상적으로 정보과정의 통합이 가장 우선된다고 선언하기는 쉽다. 그러나 구체적인 현실에 있어서는 그러한 선언이 그렇게 당연하지도 호소력이 있지도 않다.

분석관의 선택. 정보분석관은 타협도 침묵도 불가능한 어떤 근본적인 문제가 이해관계에 얽혀 있다고 믿을 수 있다. 이러한 때 그가 선택할 수 있는 것으로는 무엇이 있을까? 결국 두 가지로 요약된다. 체제 내에서 계속해서 대항하여 투쟁하던지 사직하는 것이다(분석상자, "분석관들의 선택: 문화적 차이" 참조). 체제 내에서 투쟁을 계속하는 것은 그 사람의 직업적 기준이 보전된다는 점에서 매력적이다. 하지만 그것은 현실적인 선택인가 혹은 합리화인가? 관료주의 체제 내에서 자신의 관점을 위해서 계속해서 투쟁하는 것이 정말 가능성이 있는 일인가? 어떤 이유로든 그런 관점은 정보공동체나 정책결정자들 사이에서 지배적이지 못했다. 자기주장을 포기하지않으면, 그 분석관은 요구하는 바가 많은 사람이라는 꼬리표가 붙게 된다. 이

> · **분석관의 선택: 문화적 차이** ·
>
> 타협할 수 없음을 인식한 분석관들에게 있어서 두 가지 선택 사항 – 내부에서 투쟁하거나 사직 – 은 각각 영국과 미국의 관료제에서 다르게 풀려 나가는 경향이 있다. 영국에서는 항의의 표시로 사직하는 강한 전통이 있다. 고위 수준의 예를 들어보자면, 이든Anthony Eden 외무장관은 독일 나치에 대한 챔벌레인Neville Chamberlain 수상의 유화정책에 동의하지 않고 1938년 2월에 사임했다. 미국에서는 사임은 드물며, 대신 많은 개인들이 내부에서 투쟁하기로 선택한다. 이러한 차이를 결정적으로 설명할 수 있는 것은 없다. 하지만 보스니아 내전의 초기 단계 중 미국이 아무런 행위도 하지 않은데 대해 항의하기 위해서 많은 미국 공무원들이 사직하기도 했다.

문제에 대하여 그 분석관은 향후 얼마나 영향력을 갖게 될까? 아니면 분석관은 자기가 선택한 직장을 포기하고 싶지 않아서 포기한 것에 대해 단순히 최선의 겉치레를 하고 있을 뿐인가? 이러한 선택을 꼭 해야 한다면, 분석관은 자신의 선택이 중요한 의미를 가지는 문제에 대한 선택이기를 바랄 수 있을 뿐이다. 모든 문제가 이렇게까지 반응할 정도의 가치가 있지는 않다.

대안적인 선택으로 분석관들은 사직할 수 있다. 이 경우 명예와 직업상의 기준은 다 보전된다. 하지만 사직함으로써, 분석관들은 이후 정책결정과정에 영향을 끼칠 수 있는 모든 소망을 다 포기하게 된다. 물론 정부 밖에서 정책에 영향을 미치기 위한 시도를 해볼 수는 있지만, 이러한 시도가 효과적인 경우는 드물다. 사직한 분석관은 실상 그 분야를 자신과 다른 견해를 가진 이들에게 양보한 셈이 되는 것이다.

감시 관련 이슈

감시oversight에 대한 필요는 의회의 증인들과 의원 및 의회 직원들에게 윤리적 문제를 제기한다.

헬름즈 딜레마. 1973년 헬름즈Richard Helms, 1966~1973 CIA 국장은 처음에는 상원 대외관계위원회의 집행회의에서, 다음에는 상원 다국적 협력에 관한 대외관계 소위원회의 공개회의에서 증언하던 중 CIA가 칠레의 아옌데Allende 정부를 전복하기 위한 공작에 개입되어 있었는지에 대한 질의를 받았다. 헬름즈는 개입한 적이 없다고 대답했다. 이로 인해 1977년에 법무부는 헬름즈를 위증죄로 기소하는 문제를 고려했다. 협상 후 헬름즈는 경범죄를 인정하기로 했고 2,000 달러의 벌금형과 징역 2년의 집행유예를 선고받았다.

헬름즈는 닉슨 대통령이 이 시도에 대해서 알아도 될 사람을 극도로 제한(국무장관과 국방장관도 제외되었다)했기 때문에 자신은 바로 대답할 수 없었다고 믿었다. 헬름즈는 또한 자신의 증언이 정확하다고 믿었다. 왜냐하면 CIA가 아옌데의 당선 자체는 막으려고 했지만, 일단 그가 집권한 이후로는 그 정권을 전복하려는 음모에 동참하지 않았기 때문이었다. 비록 미세한 차이라 할지라도, 헬름즈가 칠레에서의 CIA 활동에 대한 질문을 받았을 때 달리 무슨 선택권이 있었겠는가?

당시의 국가안보법에 따르면 CIA 국장은 미국 정보의 출처와 방법들을 보호할 개인적인 책임을 가지고 있었다(이러한 책임은 이제 미국 국가정보국장에게 넘겨졌다). 헬름즈는 그러한 의무와 의회 앞에서 모든 것을 정직하게 증언해야 할 의무 사이에서 난처한 입장에 처하게 된 것이었다. 만일 그가 CIA가 어떤 식으로든 관련이 있었음을 시인했다면, 그는 공작내용을 공개청문회에서 발설한 셈이 되었을 것이다. 대신에 그가 그 질문에 대해 개인적으로 혹은 비밀회의에서 답하기를 원하는 소망을 내비쳤다면(그가 실제 비밀회의에서조차 대답을 하지 않았지만), 그것 자체로 CIA의 연관성을 시인하는 것과 같은 효과가 있었을 것이다. 결국, 만일 CIA가 개입되어 있지 않았다면, 왜 공개적으로 대답하지 않았을까? 헬름즈는 그 질문을 매우 좁은 범위에서 해석하고, 비밀을 엄수하면서, CIA의 개입을 부정하는 제3의 방법을 택했다. 제4의 선택이 있었을 수도 있다. 그는 공개적으로는 개입을 부정하는 입장 그대로 대답하고, 그 후에 개인적으로 비밀리에 상원의원들을 찾아가 CIA의 칠레 내 활동에 관하여 상의할 수도 있었다. 헬름즈는 이러한 선택을 고려하지 않았던 것으로 보인다. 1973년에 CIA 활동에 대한 상원의 감시는 외교관계위원회 위원들이 아닌 군사위원회의 소규모 그룹의 권한이었다. 따라서 헬름즈는 또한 그의 감시 관련 책임을 좁은 범주에서 해석했다.

헬름즈는 올바른 선택을 하였는가? 이러한 상황 하에서도 그는 위증죄로 기소되었어야 했는가? 공개회의에서 이러한 질문을 던진 상원들은 얼마나 책임이 있는 것인가(특히 사이밍턴Stuart Symington(민주당 미주리) 상원의원 또한 당시 CIA에 대한 감시권한을 가졌던 상원 군사위원회의 위원이었기 때문에 그 문제의 관련 사실을 알고 있는 사람이었다)?

토리첼리 사건. 1995년에 하원 정보관련 특별위원회 토리첼리Robert G. Torricelli(민주당 뉴저지) 하원의원은 클린턴Bill Clinton 대통령에게 서한을 보냈다. 그 편지에서 그는 CIA가 과테말라에서 행한 활동에 대해 의회를 속인 것과 인권침해의 혐의가 있는 과테말라 장교를 고용한 것에 대해 비난했다. 토리첼리는 또한 그의 서한을 뉴욕 타임즈가 입수할 수 있게 하였다. 그는 자신이 정보를 언론에 누설한 점은 인정했지만, 의원으로서 정부의 고결함을 보전해야 할 의무가 자신이 하원의원으로서 또 정보위원회의 위원으로서 비밀정보를 지키겠다고 맹세한 의무보다 더 크다고 주장했다. 또한 정보위원회 내에서 얻은 정보가 아닌 자기 개인 사무실에서 국무성 직원에게서 얻은 정보이기 때문에 그리고 그 정보가 기밀로 분류된 것인지 확실치 않았기 때문에 자신은 정보위원회의 규칙을 어긴 것이 아니라고 주장하기도 했다.

정보위원회 의장은 토리첼리에 대해 윤리의식에 문제가 있다고 제소했고 이 사건은 하원 윤리위원회에서 판결을 했다. 윤리위원회는 기밀문서를 다루는 것과 관련된 하원의 규칙이 모호하다는 결론에 이르렀고, 따라서 향후 의원들은 문서의 공개 이전에 기밀 분류 여부를 반드시 확인할 의무를 수행할 것을 지시했다. 이 위원회는 토리첼리가 정보를 공개한 시점에서 이러한 애매모호함이 이미 해결되어 있었더라면, 그는 하원의 규칙을 위반한 셈이 되어 유죄였을 것이라고 계속했다.

토리첼리는 자신의 의회 사무실에 근무하고 있던 국무성 직원에 의해 제공된 정보가 CIA의 이중성을 드러냈다고 믿었다. 대통령에게 서한을 쓰고서 뉴욕 타임즈에까지 정보를 공개할 필요가 있었을까? 그는 먼저 정보위원회 지도층에게나 자기 소속 당의 지도층에게 그의 관심사항을 알렸어야 했는가?

이 사건으로 유일하게 처벌을 받은 사람은 토리첼리에게 정보를 제공하였던 국무성 직원, 누치오Richard Nuccio였다. CIA 도이치 국장이 임명한 배심원단은 누치오가 적절한 인가 없이 정보를 제공하였다고 판단했다. 누치오는 비밀취급허가 자격을 상실했고 국무성에서 사임했으며, 결국 토리첼리의 사무실로 다시 돌아갔다. 토리첼리는 그 자신이 누치오에게 정보를 부탁했다고 증언하여 그를 구할 수 있었다. 하지만 그렇게 함으로써 토리첼리 자신은 순수하게 정보를 수령했을 뿐이라고 한 자신의 주장을 스스로 뒤집는 결과가 되었다.

1998년에 정보공동체 내부고발자법Intelligence Community Whistleblower Protection Act이 의회와 집행부의 열띤 논쟁 끝에 법제화되었다. 그 법은 정보공동체의 직원들이 불만사항이나 긴급 사안들을 보고할 수 있도록 절차를 확립했다. 직원들은 먼저 정보기관 내부의 채널을 통해야만 한다. 하지만 그 정보공동체가 특정 시간 내에 어떤 조치를 취해주지 않으면 자유롭게 정보위원회에 알릴 수 있다. 그 때에도 직원들은 의회에 간다고 집행부 관료들에게 알려야 하며, 적절한 보안 절차에 따라 첩보를 취급해야 한다.

미디어

기자들과 언론 매체들은 기사를 출판하기 위해 존재한다. 헌법 제1차 수정안은 "의회는 … 언론계의 … 자유를 빼앗는 … 어떤 법도 만들지 않는다"고 규정하여 언론계에 폭넓은 자유를 주고 있다.

정부로서는 언론이 입수한 첩보를 보도하는 것을 막을 방도가 없다. 하지만 '출판의 자유'는, 유혹적인 문구이기는 하나 헌법 어디에도 명시되어 있지 않은 '국민의 알 권리'와 같은 것이 아니다. 언론의 보도권 또한 정부 관료들로 하여금 첩보, 특히 비밀첩보를 제공해야 할 의무를 지우지는 못한다.

하지만 언론이 혹시 국가 안보와 관련이 있는 첩보를 입수하게 된다면 그에 대한 책임이 있는지, 그리고 있다면 어떤 책임을 져야 하는가? 언론 제한은 스스로 부과해야 하는가, 아니면 언론은 "줍는 사람이 임자다"라는 전제 위에 운영되어야 하는가? 윤리와 도덕이 다른 분야에서도 변하듯이 언론에서도 변한다.

과거에 언론은 정보활동에 대한 취재를 하여도 국가안보를 위하여 그와 관련된 기사는 쓰지 않기로 합의했었다. 예를 들어, 기자들은 피그 만 침공 이전에 플로리다에 쿠바 난민 훈련캠프들이 있음을 알아냈고, 침몰된 소련 잠수함을 CIA가 회수하도록 하기 위하여 휴즈Hughes기업이 만든 글로마 익스플로러Glomar Explorer호의 건조에 대해서도 알았다.

워터게이트 사건 이후 '수사 저널리즘'의 시대에(모든 저널리즘이 조사에 기반함을 볼 때, 멋진 문구이다) 많은 기자들이나 언론 매체들이 출판을 미루거나 기사를 아예 포기할 것을 상상하기란 어렵다. 1993년 미국의 TV 카메라 팀이 소말리아에 상륙하는 첫 미군을 상대로 인터뷰하려고 해안가에서 기다리고 있는 장면만 생각해 보아도 알 것이다.

그러나 여전히 의문점은 남는다. 첩보활동이나 정보의 비밀성을 지키기 위해서 기자들이 그들의 전문적·직업적 이익을 제쳐두어야 할 것인가? 그렇다면 어느 시점에서 그래야 하는 것일까? 언론은 자기들이 출판한 기사의 결과에 대해 책임이 있는가? 있다면 어떤 책임을 져야 하는가?

결 론

정보는 윤리 및 도덕적 딜레마로부터 자유롭지 못하며, 몇몇 딜레마들은 몹시 고통스럽기도 하다. 이러한 정보 차원의 딜레마가 존재한다는 것은 또한 정책결정자들이 때때로 윤리적·도덕적 면이 있는 결정들도 내려야함을 의미하기도 한다. 정보는, 어쩌면 다른 어떤 정부 활동보다도 더 용인할 수 있는 도덕성의 가장자리에서 운영되며, 때로는 정부나 개인생활의 다른 경우에서는 용납될 수 없는 기술을 다루기도 한다. 정보공동체가 규칙, 감시, 그리고 책임이라는 원칙 위에 운영이 되기만 한다면, 대다수의 시민들에게 윤리와 안보의 교환, 즉 윤리를 희생하고 안보를 강화하는 것은 용인할 수 있는 일이다.

더 읽을거리

Barry, James A. "Covert Action Can Be Just." *Orbis* 37 (summer 1993): 375~390.

──. *The Sword of Justice: Ethics and Coercion in International Politics*. New York: Praeger, 1998.

Erskine, Tom. "'As Rays of Light to the Human Soul?' Moral Agents and Intelligence Gathering." *Intelligence and National Security* 19 (summer 2004): 359~381.

Godfrey, E. Drexel. "Ethics and Intelligence." *Foreign Affairs* 56 (April 1978): 624~642. (See also the response by Art Jacobs in the following issue.)

Helms, Richard, with William Hood. *A Look Over My Shoulder: A Life in the Central Intelligence Agency*. New York: Random House, 2003.

Herman, Michael. "Ethics and Intelligence after September 2001." *Intelligence and National Security* 19 (summer 2004): 342~358.

Lauren, Paul Gordon. "Ethics and Intelligence." In *Intelligence: Policy and Process*. Ed. Alfred C. Maurer and others. Boulder, Colo.: Westview Press, 1985.

Levinson, Sanford, ed. *Torture: A Collection*. New York: Oxford University Press, 2004.

Masters, Barrie P. "The Ethics of Intelligence Activities." National War College, National Security Affairs Forum. Washington, D.C., spring-summer 1976.

Powers, Thomas. *The Man Who Kept the Secrets: Richard Helms and the CIA*. New York: Knopf, 1979.

Sorel, Albert. *Europe under the Old Regime*. Trans. Francis H. Herrick. New York: Harper and Row, 1947.

14

정보개혁

정보공동체를 개선하거나 변화시키거나 또는 재구조화하려는 노력은 정보공동체 자체만큼이나 오래되었다. 베스트Richard A. Best Jr..는 하원 정보위원회의 정보공동체 기능 검토 작업IC21(21세기의 정보공동체The Intelligence Community in the 21st Century)을 위해 준비된 의회조사국CRS: Congressional Research Service의 연구에서 1949년에서 1996년까지의 기간 동안 정보공동체의 변화와 관련하여 제출된 19개의 주요 연구, 검토, 제안들을 조사하였다. 공동체의 추종자나 비평가들에게 개혁은 일종의 가내 공업과도 같다. '이상한 나라의 앨리스'의 코커스 경주와 마찬가지로 정보개혁에 대한 논쟁은 시작도 끝도 없는 것처럼 보인다.

'**정보개혁**'은 정보공동체의 중대한 변화를 이끌어내기 위한 모든 종류의 시도를 포함하는 포괄적인 문구이다. 그러나 1970년대 중반, 처치 위원회Church Committee와 파이크 위원회Pike Committee가 수행한 조사의 여파 속에서 '개혁'은 보다 구체적인 의미를 띠기 시작했다. 즉 이 단어는 상기한 위원회들에 의해서, 또한 이전 슐레진저James Schlesinger 중앙정보국장DCI, 1973의 지시로 작성되었으며 중앙정보국CIA의 불법적인 활동을 설명하고 있는 '가족 보석Family Jewels' 보고서에 의해서 드러난 권한 남용이나 불법적 활동의 재발을 방지하기 위한 노력을 지칭하게 되었다(Family Jewels Report

는 1950년대부터 1970년대 까지 CIA가 행한 비합법적인 활동을 기록한 보고서이다 - 역자 주).

'개혁'이라는 단어의 사용은 그것이 단순한 향상이 아닌 무언가 고칠 필요가 있음을 암시한다는 점에서 여전히 문제가 있는 상태이다. 이 장에서 '개혁'은 남용의 교정correction이 아니라 보다 넓고 온화한 의미, 즉 개선improvement으로 읽혀야 한다.

개혁의 목적

개혁에 대한 제안들을 세밀하게 들여다볼 때, 한 가지 중요한 질문이 제기되어야 한다. 개혁의 목적이 무엇인가? 베스트Richard Best는 의회조사국CRS에서 수행한 그의 연구에서 개혁을 위한 제안들을 세 가지의 폭넓은 연대적 범주로 구분하였다.

- 냉전의 맥락 속에서 정보공동체의 효율성 제고를 위한 목적
- 피그 만 침공사건, '가족 보석' 보고서, 이란-콘트라 사건 등과 같은 구체적인 정보 실패나 부적절한 활동에 대응하기 위한 목적
- 정보공동체가 갖추어야 할 요건과 공동체의 구조를 탈냉전 시대에 맞게 재조정하기 위한 목적

세 번째 단계인 공동체의 구조를 최신화하려는 탈냉전 시대의 노력은 2004년 정보법의 통과와 함께 절정에 이르렀다. 이것이 정보개혁에 관한 논란이 완결되었음을 의미하는 것은 아니다. 정보공동체는 결코 최종적인 상태에 도달하지 않을 것이며 주기적으로 검토를 받고 조직적 변화를 겪게 될 것이다.

명백한 실패나 범죄적 행동을 교정하려는 노력은 이해하기 쉽다. 정보활동 자체를 개선하려는 노력은 평가하기가 더 어렵다. 정보활동을 평가하기 위한 신뢰할만한 가이드라인이 별로 없기 때문에 무엇이 효율성을 구성하고 어떻게 그것을 성취할 수 있는지 결정하기가 어려운 것이다. 수집이

나 공작보다는 분석에 있어 문제가 더 클 수 있다. 앞의 두 가지를 평가하는 작업은 간단하다. 목표물에 대한 정보를 수집할 수 있는 능력은 존재하거나 존재하지 않거나 둘 중의 하나일 수 밖에 없고, 만약에 존재한다면 수집은 이루어졌거나 이루어지 않은 것이다. 이와 유사하게 공작 역시 그 목적은 달성되었거나 달성되지 않았거나 둘 중의 하나이다. 니카라과 반군에 대한 미국의 지원처럼, 어떠한 공작은 별다른 결의 없이 지속될 수도 있지만, 그러한 결의의 부족은 그 자체로 궁극적인 성공의 가망을 보여주는 중요한 지표일 수 있다. 반면 분석은 보다 파악하기 어렵다. 본질적으로 지적인 과정에 있어서의 효율성이란 포착하기 어렵다. 보고서의 양이나 성공률은 유용한 측정방식이 아니다.

2001년의 테러 공격은 정보개혁에 대한 요구를 다시 불러 일으켰고, 이 중 가장 끈질긴 주창자들은 "지금이 아니라면 언제?"라는 주장을 내세웠다. 그렇다 해도 개혁의 목표는 완전히 명료하지가 않다. 모두가 상호간에 배타적이지만은 않은, 몇 가지 상이한 목표들을 구별해 볼 수 있다.

- 테러리즘 전반에 대한 정보공동체의 대응 능력 개선
- 미국에 대한 더 이상의 테러공격 방지
- 공격이 특정한 정보활동의 과실 때문에 발생하였는지, 만약 그러하다면 누구의 책임인지 규명
- 공격을 기회로 삼아, 공격이나 테러와의 전쟁과 관련 없이 정보개혁 구상을 추진

그러나 2004년 정보법에 근본적인 탄력을 제공한 이슈는 9·11 공격에 대한 조사가 아니라 이라크의 대량살상무기WMD에 대한 이슈였다. 전쟁 전의 예측과 2003년에 군사 행동이 시작된 이후로 이라크에서 발견된(혹은 발견되지 않은) 것 사이의 간극은 그동안 정해진 입장이 없던 많은 이들을 정보개혁의 진영으로 이동시키는데 일조하였다. 또한 이 요소는 왜 법안이 분석의 관리와 감시에 초점을 두고 있었는지 설명하는데 도움이 된다.

마지막으로 고려되어야 할 한 가지 요소는 24시간 연속되는 뉴스 미디

어가 다수 등장함에 따라 정보공동체가 불필요하게 될 것이란 그릇된 인식이다. 이러한 시각을 견지하는 이들은 공동체가 보다 경쟁력 있는 형태로 탈바꿈해야 한다고 생각한다.

저널리즘과 정보활동은 몇 가지 흥미로운 유사성을 지니고 있다. 신뢰할만한 첩보원의 필요성, 복잡한 이야기들을 이해가능하게 만들어야 할 필요성, 마감시간의 절대성이 그것이다. 그러나 중요한 차이점들 또한 존재한다. 마감시간은 정보공동체보다 뉴스 미디어 – 출판과 방송 모두 해당되나 특히 후자의 경우 – 에 더욱 절대적일 수 있다. 뉴스 방송은 그날의 사건들과 상관없이 계획되었던 대로 방영되어야 한다. 기자들은 이러한 운영상의 불가피함을 받아들이고 필요한대로 업데이트나 수정, 취소를 활용한다. 정보관리자들과 분석관들은, 가능한 경우 언제나, 사건을 정확히 혹은 수집된 정보의 범위 내에서 가능한 정확히 파악할 수 있을 때까지(가끔은 너무 오랫동안) 보고를 연기하려고 한다. 또한 위기상황을 다루지 않을 경우 뉴스 방송들은 보통 24시간에 걸쳐, 시간을 메우기 위한 보도나 반복되는 보도를 다량으로 내보낸다. 정보공동체 역시 보고를 해야 하지만, 24시간 연속적으로 할 필요는 없다. 이는 실로 구원의 은총이라 할 수 있다. 또한 정보공동체는 보고 이상을 하고자 한다. 부가가치가 붙여진 분석은 정보공동체의 생산물 중에 필수적인 부분을 차지한다. 이러한 분석은 뉴스 미디어, 특히 방송 미디어에서는 훨씬 덜 이루어진다. 또 그것이 이루어질 때는 분석이 의견 표출로 넘어가버릴 수도 있다. 24시간 뉴스 네트워크들 사이에서 누가 개혁적인 혹은 보수적인 편향을 지니고 있는지를 두고 벌어지는 언쟁들은 이러한 문제점을 확인시켜 준다.

그럼에도 불구하고 여전히, 심지어 일부 정책결정자들 사이에서도, 24시간 연속되는 뉴스의 공급자들이 정보공동체의 업무를 가로챌 것이라는 오인이 지속되고 있다. 그 둘이 경쟁관계에 있다는 그릇된 인식은, 비록 뉴스 미디어가 정보활동에 유용할 수도 있는 구상, 기술, 접근 방식을 사용할 수는 있지만, 둘 사이에는 근본적인 차이가 존재한다는 사실에 대한 불안정한 이해를 드러내는 것이라고도 할 수 있다.

정보개혁의 이슈들

정보개혁에 대한 토론은 대체로 구조 – 혹은 재조직화 – 와 과정이라는 두 개의 큰 범주로 나눠진다. 두 접근방식 모두 지지자들을 보유하고 있다. 이상적으로는 두 이슈가 함께 다루어져야 한다. 변화된 구조와 변화되지 않은 과정은 관료 조직 도표에서 몇 개의 상자를 옮기는 것 이상이 되기 힘들다. 구조의 변경 없이 과정만을 바꾸는 것은, 오래된 구조들이 새로운 과정에 저항할 것이기 때문에 의미 있는 결과로 이어지기 어렵다. 이어지는 내용은 이전의 일부 장들에서 언급된 바 있는, 정보개혁에서 가장 빈번히 토론되는 이슈들이다. 어떠한 이슈들은 새로운 법률에 의해 정리되기도 하였으나, 새 정보 구조가 작동하기 시작하고 정밀한 조사를 지속적으로 받게 되면서 나타날 미래의 논쟁들에 대한 시금석이 될 가능성이 높다.

DCI와 DNI의 역할. 정보공동체의 관리와 기능에서 가장 중심적인 이슈는 DCI(중앙정보국장)의 (광범위한) 책임과 (제한적인) 권한 사이의 간극이었다. 대통령 명령 12333(1981)에 의하면, DCI는 "국가의 해외정보에 관련하여 대통령과 국가안보회의NSC에 가장 중요한 조언자"였다. 그의 임무는 "국가의 해외정보의 생산과 유포에 대한 완전한 책임"을 포함하고 있었으며, 이는 CIA 이외의 기관에 업무를 부과할 수 있는 권한을 포괄하였다. 이러한 책임들은 DNI(국가정보국장)에게로 이전되었으나, 그의 권한에 대한 문제가 해결되었는지는 명확하지 않다.

DNI의 권한은 여전히 제한적이며 DCI의 경우보다도 더욱 많은 압력을 받을 수도 있다. 80% 정도의 정보기관과 그들의 예산이 국방장관의 직접적인 통제 하에 놓여있다. DNI에게 부여되는 어떠한 추가적인 권력도 국방장관으로부터만 나올 수 있으나, 이는 국방부가 새 법률의 형성 과정에서 취한 입장을 고려할 때 가능성이 없는 것으로 보인다. 권력에 대한 논쟁은 제로섬 게임이다. DCI가 자신들의 권한을 침해한다고 생각한 국방장관들은 거의 없었으나, 2004년 의회의 토의과정에서 국방부는 자신의 권한 전부를 보존하고자 함을 분명히 밝혔다. 국방부 관리들은 장관의 권한(흔히 미국 법전에 표기된 바에 따라 '표제 10 특권Title 10 prererogative'으로 지칭됨)과 군사작전에 대한 정보지원이라는 두 부분에 대해 우려하고 있다. 이 중 후자는 국방부의 지지자들이 2004년의 토의에서 주장한 핵심적인 논점이었다. 국방부에 추가하여, DNI는 새로운 중앙정보국장DCIA: Director of Central Intel- ligence Agency, 그리고 어쩌면 국가대테러센터NCTC: National Counterterrorism Center 국장과 일정한 수준의 갈등에 빠져들 가능성이 높다.

DCI의 권한과 관련한 문제들의 다수는 그 직위의 기원과 정보공동체가 발전한 방식으로부터 유래한 것이다. DCI란 호칭은 CIA의 창설보다 선행한다. 초기의 DCI들은 중앙정보그룹CIG: Central Intelligence Group을 지휘하였고, CIG는 이후 1947년의 국가안보법에 의해 CIA가 되었다. DCI 휘하에 CIA를 창설한 트루먼Harry S. Truman 대통령의 목표는 국무부와 군으로부터 전달되어 오는 상이한 분석들을 조정할 중앙조직을 갖추는 것이었다. 당시에는 누구도 CIA가 스스로 완성된 정보를 생산하고 정보활동을 지휘하는 모습을 상상하지 못하였다. 따라서 DCI에게 부여된 제한된 권한은 조정자로서의 그의 역할과 모순되지 않는 것이었다. CIA는 이러한 조정하는 역할을 지원하는 기관으로 여겨졌다.

CIA가 분석과 활동 영역 둘 모두에 존재하는 공백들을 채워나가기 시작하면서 DCI의 권력 기반은 점차 증대하였으나, 그것은 또한 공동체 전반에 대한 역할로부터 그의 관심을 돌리게끔 하였다. 이것이 새로운 법률이 수정하고자 하는 이슈이며, 그 방식은 DNI를 어느 한 기관의 운영으로부터 자유롭게 하여 큰 역할에 집중할 수 있도록 하는 것이다. 아직 남아 있는 이슈는 과거에 CIA가 DCI에게 제공했던 강력한 제도적 뒷받침 없이 DNI의 큰 역할이 어느 정도 달성될 수 있는가 하는 점이다. 전 DCI 대행(2004)이었던 맥러클린John McLaughlin이 제안된 법률에 대한 그의 증언에서 지적한 바와 같이, DCI들이 CIA에 의존한 이유는 그것이 그들이 통솔할 수 있는 유일한 기관이었기 때문이었다. DNI에게는 이 같은 기댈만한 기반이 존재하지 않을 것이다.

만약 그 직위에 국가해외정보프로그램(현재의 국가정보프로그램)에 대한 예산집행권한이 부여되었다면, DCI의 역할은 중대하게 강화될 수 있었을 것이다. 예산의 배분과 지출을 지휘하는 능력은 권력과 통제의 중요 원천이며, 이 때문에 국방부는 이러한 권력을 DNI로부터 지켜내기 위해 싸웠던 것이다. 그러나 이 진로를 선택하게 된 데에는 정치적 이슈도 결부되어 있었다. 국방부는 너무 관료적이었고, 중대한 변화를 모색하는 이들을 만족시키기에 충분히 극적이지 않았다. 나아가 일부 9·11의 희생자 가족들은 이 법안에 찬성하는, 효과적이고 반박하기 어려운 로비 세력으로 나타났다. 비록 일부 사람들이 희생자 가족들에 의해 국가안보구조가 결정되는 것이 적절한 것인지 의문을 제기하긴 했지만, 가족들은 막대한 정치적 영향력을 지니고 있었다.

DCI나 DNI에 예산지출 통제권을 넘기는 것을 반대하는 국방부의 주장은 그러한 변화가 군사작전에 대한 정보지원을 제약하는 위험을 지니고 있고, 국방부의 직접적인 통제 없이는 정보지원이 부족할 것이라는 판단에 근거하고 있다. 이러한 일이 발생할 가능성은 적어 보인다. 전시나 평시에 군대에 대한 충분한 정보지원을 하지 않을 때 초래될 정치적 위험을 무릅쓰고 DCI나 DNI가 그러한 일을 감행할 것이라 믿기는 어렵다. 이러한 상황은 군사적 후퇴나 사상자에 대한 비난을 피하기 위한 자기보호적인 이유에서만 벌어질 것으로 예상된다. 현대 정보공동체가 존재하기 시작한 이래 과거 60년 동안의 그 어떤 행태도 위의 주장을 뒷받침할만한 실제적인 근거를 제시해주지 못한다.

새로운 DNI 직위의 궁극적인 성공 혹은 실패는, 2005년 4월 첫 DNI로 인준받은 네그로폰테(John Negroponte)가 자신의 역할을 어떻게 인지하는지 그리고 그가 대통령으로부터 얼마만큼의 진정한 지원을 받는지에 달려있다.

이제까지 부시George W. Bush 대통령이 보내는 신호는 불분명하다. 한편으로 그는 아침 브리핑의 경우에서와 같이 DNI에 권한을 부여하기도 하였지만, 다른 한편으로 CIA에 그들의 역할이 감소하지 않았다며 안심시키기도 하였다. 1947년에 국방부장관 직위가 처음 창설되었을 때처럼, 법률은 그 결함이 발견되면 몇 년 후 수정되어야 할지도 모른다. DNI는 대중과 의회로부터 정보의 공유를 개선하고 정보공동체 전반에 걸친 결합의 응집성을 강화하라는 강한 압력과 감시 하에 놓이게 될 것이다. 법률이 이러한 업무를 위한 수단을 제공할지의 여부는 명확하지 않다. 또한 DNI는 만약 미국 내에서 테러리스트의 공격이 다시 발생할 시, 엄청난 정치적 압력을 받게 될 것이다. 새 법률의 지지자들은 어떠한 기관으로부터도 자유로운 DNI 직의 창설과 정보 공유에 대한 강조가 공격의 가능성을 낮출 것이라고 주장한다. 많은 정보관들과 일부 외부 관찰자들은 새로운 구조가 테러방지와 어떻게 연관되는지 이해하지 못한다. 왜냐하면 법은 대체로 테러리즘을 다루는 방식의 큰 변화 없이 또 하나의 층을 만든 것으로 보이기 때문이다.

난로연통. '난로연통stovepipes'이라는 용어는, 서로 경쟁하는 경향을 띠고 때로는 소모적이거나 어쩌면 위험한 정도로까지 경쟁하는, 비슷하거나 대응되는 업무(수집 또는 분석) 라인에 위치한 기관들을 지칭한다.

난로연통 이슈는 세 가지 큰 수집 방법INTs – 신호정보SIGINT: signals intelligence, 영상정보IMINT: imagery intelligence, 인간정보HUMINT: human intelligence – 과 관련하여, 특히 기술적인 정보활동(그 중에서도 SIGINT와 IMINT)과 관련하여 가장 자주 논의된다. 일부 사람들은 최소한 기술적인 정보활동들(SIGINT, IMINT, 그리고 징후계측정보 혹은 MASINTmeasures and signatures intelligence)을, 어떤 정보활동이 어떤 요구에 맞춰져야 하는지 결정할 수 있는 권한을 지닌 단일한 기관 밑에 두어, 필요하지 않거나 최적이 아닌 일부 수집을 제한하자고 주장한다. 이 해답은 그 자체에 대한 몇 가지 질문을 야기한다.

- 누가 그런 기관을 운영할 것인가? 그 사람이 민간인인지 군인인지 여부가

중요할까?
- 이 새 기관이 잘 다루어질 수 있을까?
- 국방부가 모든 기술적인 정보활동들을 통제하고 있는 현재의 상황이 이 기관의 도입 후에도 유지될 것인가? 그럴 경우와 그렇지 않을 경우 각각의 함의는 무엇인가?

중심적인 목표는 적당한 정도의 수집의 효율성과 개선된 자원 관리이다. 그러나 제안된 해답은 그 고유한 권력이 DNI에 필적할만한 거대한 실체를 만들어낼 것이다. 국가지형공간정보국 NGA과 국가안보국 NSA 사이의 협력은, 비록 합병의 단계까지는 아니지만 점차 증대되고 있다.

몇몇 사람들은 HUMINT의 두 구성 요소들인 CIA의 공작국 DO: Directorate of Operations과 국방인간정보서비스 DIA/Humint: Defense Humint Service of the Defense Intelligence Agency 역시 중복을 피하기 위해 합쳐져야 한다고 주장한다. 일부는 비슷한 맥락에서, 비밀 업무들(HUMINT와 비밀공작)이 관리 책임의 개선을 위해서 혹은 오염된 분석을 방지하기 위해서 별도의 기관이 될 것을 제안하였다. 그러나 앞으로 한 동안은 CIA와 국방인간정보서비스 사이에, 노력의 융합보다는 더 많은 경쟁이 나타날 것으로 보인다.

수집의 영역에서는 공개출처정보 OSINT: open-source intelligence가 구체적인 개혁 이슈이다. OSINT는 여전히 충분히 이용되지 않고 있으며, 강한 조직적 소재가 없다. 개혁가들은 OSINT 기관 내지 관직의 창설 혹은 보다 강력한 OSINT 부문을 도급 맡기는 것을 포함한 여러 가지 아이디어를 제시하였다. 공통적인 목표는 OSINT를 현재의 체계적이지 못한 상황과는 반대로 모든 분석관들에게 즉시 이용 가능한, 완전한 형태의 정보수집활동으로 한 단계 높이는 것이다. DNI의 우선적인 책무 중 하나는 의회에 OSINT의 미래, 그리고 별도의 OSINT 기관 창설 가능성을 보고하는 것이다. WMD 위원회는 CIA에 공개출처국을 신설할 것을 권고한 바 있다.

개혁 논의의 일부를 이루는 마지막 두 가지의 수집 관련 이슈는 이미 논의된 바 있다. 바로 HUMINT와 기술정보 TECHINT 사이의 균형, 그리고 개선된 TPEDs^{Tasking, Processing, Exploitation, and Dissemination}(착수, 처리, 개발 및 배포)의 필요성이다.

분석의 경우, 2004년 정보법에서 강조된 중요한 이슈들은 대안적 분석 alternative analysis의 촉진과 함께 시의적절성, 객관성, 분석의 질 등과 관련하여 DNI 수준에서 정보의 감독을 개선하는 방법들이었다. 비슷한 이슈들이 2005년 WMD 위원회의 보고서에서 논의된 바 있다. 비록 가치 있는 목표들이기는 하지만, 그러한 대책들 밑에는 정보분석의 배경을 이루는, 받아들여질 수 있는 관용의 정도에 대한 변화하는 시각이 깔려있다고 할 수 있다. 분석의 질을 평가할 수 있는 신뢰할만한 기준을 마련하는 것은 어려운 일이다(제6장 참조). 명백하면서도 경직적인 기준 하나는 "옳으냐 그르냐"이다. 이 기준의 문제는, 대부분의 분석적인 이슈들이 어떤 때에는 분석적 판단이 옳을 수 있고 어떤 때는 그를 수도 있는 일정한 시간 전반에 걸쳐있다는 점이다. 최종적으로 대차대조표를 만드는 것이 가능할 수 있지만, 그렇게 하는 것은 정책 목표들이 그 기간 동안 달성되었는지에 비해 이차적인 중요성만을 가질 것이다. 이와 관련하여, 정보공동체의 소련에 대한 경험은 교훈적이다. 소련에 대한 분석을 수행한 44년 동안, 정보공동체는 무수한 분석적 판단을 내렸다. 일부는 옳았고 일부는 틀렸다. 비록 문제가 있긴 했지만, 잘못된 분석들은 한 번도 미국의 안보를 위험에 처하게 한 적이 없었다. 하지만 보다 중요한 것은 정보에 의해 뒷받침된 미국의 정책은 성공하였고, 소련은 붕괴하였다는 사실이다.

그러나 예를 들어 9·11과 이라크 WMD는 보다 적나라한 상황을 반영한다. 알카에다의 적대감과 의도에 대한 몇 번에 걸친 경고에도 불구하고, 테러공격에 대해서는 정보에 기초한 구체적인 경고가 가능하지 않았다. 많은 이들이 오직 되돌아보는 시점 하에서만 정보의 가닥들이 의미를 갖게 된다는 점을 지적했지만, 한 부류의 의견은 9·11을 옳으냐 그르냐의 문제로 바라본다. 이라크 WMD에 대한 논의는 보다 견고한 바탕 위에 놓여 있다고 할 수 있다. 전쟁 상황은 전쟁 전의 예측을 반영하지 않았다. 테넷^{George J.}

Tenet CIA 국장이 2004년 조지타운 대학 연설에서 지적한 바와 같이 예측의 일부는 차후에 수정되기도 했으나, 과다 그리고 과소 예측에 기초한 판단들이 내려졌고, 전체적으로 분석은 정확하지 않았다. 그러나 이것이 옳으냐 그르냐 하는 기준의 수용 가능성이나 보다 폭넓은 효용을 주장하는 근거가 될 수 있는가? 정보공동체 일부에는 이제 절대적으로 옳은 분석 이외의 것들에 대해서는 관용을 기대하기 어렵고, 분석과 관련한 최근의 규정들이 이러한 시각을 반영하고 있다는 두려움이 퍼져있다. 만약에 그러한 두려움이 사실이라면, 정보공동체는 옳으냐 그르냐를 기준으로 삼는 제도 속에서는 성공할 수 없으므로, 결과적으로 그 실패가 예정되어 있다고 하겠다. 또한 분석관이 어느 정도로 옳을 수 있고 옳아야만 하는가에 대한 논의는, 어쩌면 필요할 수도 있지만 어려운 일이다. 답은 '가능하면 자주 옳게right as often as possible'이다. 그러나 이 대답의 핵심은 '가능한possible'이다. 정보분석에 대한 합리적인 기대 수준은 상실되었을 수 있고, 이를 다시 회복하기는 어려울 수도 있다.

9·11 위원회와 WMD 위원회의 보고서들 또한 공동체 전반에 걸쳐 분석관들을 최적으로 조직할 수 있는지에 관심을 맞추고 있다. 9·11 위원회는 모든 분석관들을 지역적 또는 기능적 국가정보센터들을 통해 조직할 것을 권고하였다. 위원회의 구상 속에서 센터들은 모든 출처에 기초한 분석을 수행하고, 정보활동을 계획하며, "어떤 부처나 기관인지에 상관없이 가장 적절한 곳에 자리를 잡게 된다." 센터 구상은 1980년대 말과 1990년대 초에 공동체가 국경을 넘나드는 초국가적인 이슈들에 대해 보다 중점을 두면서 일어나기 시작했다. 센터들은, 비록 CIA가 전체적으로 지배적이기는 했지만, 다양한 기관의 분석관들을 한데 모아두고 한 가지 이슈에 집중할 수 있게 하였다. 위원회의 아이디어는 여타의 기능적, 그리고 이제는 지역적인 이슈들에 대해서도 비슷한 작업이 이루어지도록 할 것이다.

2004년의 개혁법은 단지 한 개 센터인 국가대테러센터NCTC의 창설만을 지시하였지만, DNI가 의회에 비확산을 위한 센터의 창설에 대하여 보고할 것을 명기하였다. 이후 그러한 센터를 창설하도록 지시되었다. 법률에는 다른 센터들이 창설될 것으로 기대하고 있음이 명시적으로 나타나 있다. 이론적으로 센터들의 핵심적인 이점은, 그 센터들이 진정으로 공동체의 센터이고 어느 한 기관에 의해 지배되지 않을 경우, 한 이슈에 대해 여러 영역을 가로지르는 분석을 수행할 수 있다는 것이다. 그러나 센터들은 또한 불리한 점도 지니고 있다.

- 현재까지 센터들은 그 성격이 일차적으로는 기능적이다. 센터의 분석관들이 그들의 지역 동료들과 협의를 하기는 하지만, 이는 일정한 노력을 요구한다. 센터들은 가끔씩 그들의 기능적인 주제에 치중하고, 이 기능적인 이슈들이 등장하게 된 지역적이거나 국가적인 맥락은 덜 고려하는 경향이 있다. 센터를 중심으로 조직하는 것은 - 그것이 지역적이건 기능적이건 - 이러한 경향을 악화시킬 우려가 있다. 또한 센터들에 의해 다루어지는 몇몇 이슈들은 테러리즘과 마약의 경우와 같이 서로 긴밀한 관계를 맺고 있다. 이 같은 경계를 가로질러 분석을 공유하는 것 역시 어려워 질 수 있다. 다시 말해, 센터들은 그 자신의 분석적 난로연통을 만들어 낼 수 있는 것이다.
- 센터들이 한번 설립된 이후에는 자원을 그 외부로 끌어내는 것이 어렵다는 점이 입증된 바 있다. 비록 DNI가 변화를 가져올 수 있겠지만, 과거의 업무 수행 양상을 보면 센터들이 보다 민첩한 분석에 대한 기대와는 반대되는 방향으로 작동한다는 점을 알 수 있다.
- 센터들은 가장 압박감이 심한 이슈에 집중하는 경향이 있다. 센터에 기반을 두고 있는 공동체에서는, 우선순위에서 밀리는 사안들에 대해 일정 수준의 자원들을 할애하는 것이 이전보다도 더욱 어려워질 수 있다.

WMD 위원회는 비록 다른 정보센터들과 같은 방식으로 기능하지는 않을 것이지만, 국가확산대책센터NCPC: National Counterproliferation Center라는 하나의 새로운 센터의 창설을 권고하였다. 위원회는 또한 보다 중요한 주제나 이슈에 대한 수집과 분석 모두를 감독하기 위한 임무관리직mission manager의 창설을 권고하였다. NCPC는 스스로의 이슈에 대해서는 임무관리자로 기능하겠지만, 정보 자체의 생산자가 되지는 않을 것이다. 위원회의 보고서는 자원과 관련하여 임무관리자들 중 누가 결정을 내리게 될지에 대해서는 모호하다. 추측건대 DNI나 그의 참모 중 누군가가 지명이 될 것이다. 그러나 수집 자원, 그리고 분석관들이라는 자원에 대한 두 가지 중요한 결정은 비슷한 시간 범위 내에서 이루어지지 않는 경향이 있다는 점을 이해하는 것이 중요하다. 분석관들에 대한 결정은, 보다 높은 관심의 대상이 되는 특정 영역이 대두하는 시기 동안을 제외하고는 보다 장기간의 시간을 통하여 이루어지는 경향이 있다. 수집 자원에 대한 결정은, 수집의 우선순위 조정에 대한 요청이 보다 자주 이루어짐에 따라 더 전략적인 성격을 갖게 되는 경향을 나타낸다. 따라서 임무관리자 구상은 수집과 분석 모두에 익숙한 심판관adjudicator 없이는 제대로 작동하지 않을 것이다. 또한 정보공동체 내에 있는 기존의 구조들도 임무관리자 구상과 유사하다. 비록 그것들이 자원을 이동시킬 권한은 없었지만, 추측컨대 새로운 임무 관리자들도 그러한 권한을 행사하지는 못할 것이다.

분석단analytical corps의 유연성과 민첩함이라는 보다 오래된 이슈가 센터 문제와 밀접히 연관되어 있다. 분석기관들은 예비적인 역량을 보유하고 있지 못하고 위기대응 능력도 없다. 분석은 여전히 지역별 국局들과 주제별 국이라는 두 개의 기본적인 구조들 중심으로 조직되어 있다. 이들은 상호 배타적이지는 않지만, 세계의 그 어떤 정보기구도 그 내부를 조직하는 제3의 원리를 발견한 바 없다.

부분적으로 문제는 분석관들이 무엇인가에 전문가여야 하고, 이에 따라 그들이 업무를 수행할 수 있는 분야가 한정된다는 사실로부터 유래한다. 전문성이 없는 일반적인 정보분석단을 창설하는 것은 비현실적이고 위험하다. 그들은 많은 이슈들에 대해서 조금씩은 알지만, 어떠한 한 가지 이슈에 대해서는 많이 알지 못할 공산이 크다. 성공적인 정보분석은 전문성을 요구하며, 장기간의 전문성은 정보공동체의 주요 부가가치이다. 따라서 문제는 이 전문가 집단 내에서 일정한 수준의 유연성이나 위기대응 능력을 유지하는 것이다.

위기대응 능력은 위기 시에, 특히 낮은 우선순위에 있던 영역들에서 가장 중요하다. 특정 이슈나 국가에 대해서 낮은 우선순위를 부여함으로써 정책과 정보공동체들은 이미 거기에 많은 자원을 배분하지 않기로 결정한 것이다. 이미 직원으로 고용된 사람 중에 그 이슈에 대한 실질적인 지식을 지니고 있는 사람을 찾거나, 다른 사람들을 그에 대해 일하도록 강제하지 않는 이상, 내부적으로 할 수 있는 일은 별로 없다. 흔히 제시되는 개혁에 대한 제안은 위기시 분석관 집단을 증대시킬 수 있는, 전직 정보분석관들이나 외부 전문가로 구성된 전문가 집단인 정보 예비단의 창설과 활용이다.

의회는 1996년에 그러한 예비단을 창설하였으나, 정보공동체는 그것을 완전히 이행하지 않았다. 여기에는 보안을 포함한 여러 이슈들이 관련되어 있다. 많은 외부 전문가들은 비밀취급 허가를 가지고 있지 않으며, 그것이 부과하는 제약들을 받아들이려 하지 않을 수 있다. 따라서 그들이 정보공동체의 인적 자원에서 제외되거나, 아니면 정보공동체가 비밀 첩보를 드러내지 않으면서도 그들의 전문성을 끌어내 활용할 수 있는 방안을 찾아야 한다. 후자가 불가능한 것은 아니지만 보안에 대한 책임을 지고 있는 사람들은 몇 가지 반대 의견을 내놓을 가능성이 높다. 또 다른 문제는 비용이다. 국방부가 평화시에 전쟁시의 작전을 위한 예산을 책정하지 않듯이, 정보공동체 역시 우발적인 사태를 위해 예산을 책정하지는 않는다. 군과 마찬가지로 재분배, 보충 경비 같은 예산 메커니즘은 활용 가능하다. 가장 큰 장애는 정보공동체 내부의 태도인 것으로 보인다.

마지막으로 세 개의 모든 출처 all-source 기관들 – CIA, DIA, 국무부 정보조사국 – 사이의 중복성이라는 이슈가 존재한다. 이러한 의도적인 중복은 정보공동체의 두 가지 근본적인 활동 원칙으로부터 유래한다. 하나는 정보에 대한 고위 정책결정자들 각각의 고유한 요구이며, 다른 하나는 경쟁적 분석이라는 구상이다. 이 중 한 가지나 혹은 둘 모두를 포기하려 하지 않는 이상 중복에 따르는 비용을 받아들여야만 한다. 집행부서와 의회 모두 이

구상들을 포기할 것 같지는 않고, 더 급진적인 대안들 중 하나인 단일 분석 기관을 갖는 아이디어도 받아들이지 않을 것으로 보인다.

정보와 IT혁명. 개혁 아이디어의 중대하고 지속적인 원천은 현재의 정보기술IT: information technology 혁명이다. 어떤 아이디어들은 기술과 관련이 있고, 어떤 것들은 과정에 초점을 둔다.

IT혁명은 정보공동체에 흥미로운 효과를 미쳤다. 오랫동안 정보공동체의 내부 기술 – 즉 공동체가 완전히 내부에서 혹은 계약자들과 함께 개발한 기술 – 들은 공개 시장에서 제공되는 기술보다 훨씬 발전되어 있었다. 그러나 컴퓨터 혁명의 도래는 정보공동체의 잘못이 없었음에도 공개 시장이 정보공동체를 뛰어넘을 수 있게 해주었다. 공동체의 첫 번째 반응은 '여기서 개발되지 않음' 신드롬의 고전적인 사례로, 외부에서 개발된 기술에 저항하는 것이었다. 특별한 필요나 보안 요건을 포함한, 다양한 이유들이 거론되었다.

여전히 정보공동체가 (그리고 정부의 나머지 부문들 역시) 새로운 기술을 빠르게 도입하는데 있어 일부 문제를 지니고 있기는 하지만, 저항의 단계는 이제 지나갔다. 여기서 '기술'이란 단어가 컴퓨터 기술, 분석 도구와 기타 소프트웨어, 그리고 새로운 첩보 자원을 포함하여, 폭넓게 사용되고 있음에 주의해야 한다. 시장이 각자 능력에 대한 경쟁적인 주장을 펼치는 많은 기술과 도구들로 채워지기 시작하면서 문제는 더 어려워졌다. 현대의 여타 기업들과 마찬가지로 정보공동체는 자신의 특정한 필요사항에 가장 적합한 기술을 찾는다. 가능한 한 가장 많은 기술들을 시험해보고 구입 결정을 내릴 수 있는 뛰어난 탐사 능력이 요구된다. 1995년에 한 IT산업 전문가는 컴퓨터 기술이 매 18개월마다 변화하고 있지만 정보공동체는 컴퓨터 한 대를 구입하는데 2년에서 5년이 걸린다는 사실을 지적하였다. 따라서 분석관은 최소한 6개월은 뒤떨어진 컴퓨터를 제공받고 있었다. 상황은 오늘날 더 나아졌을 수 있지만, 최신 기술의 급속한 흡수는 여전히 문제로 남아있다.

과정은 더 어려운 문제이다. 일부 개혁 옹호자들은 네트워크의 집합과 더 유연한 조직으로 구성된 보다 느슨한 정보 구조를 제시한다. 다시금 민첩성이 핵심 목표이다.

정보에 대한 적용성은 확실치 않다. 분석단의 증대된 유연성은 대단한 개선이겠지만, 정보공동체는 분석관들에게 구조를 결정하도록 하는 식으로 완전히 무정형이 되지는 않을 것이다. 각기 다르고, 심지어 물리적으로도 떨어져 있는 분석관들을 불러 모아 긴급한 이슈들에 대해 공동 업무를 하도록 하고, 이후 해산시키거나 혹은 이슈들의 변화에 따라 새로운 그룹이 형성될 수 있도록 하는 능력을 갖추어야 한다는 주장이 많이 나오고 있다. 그러나 그러한 시나리오는, 요구사항을 전달하고 데드라인의 준수를 감독할 수 있는 감독자나 분석에 대한 검토를 하는 평가자 등, 일정한 관료 기구의 필요성을 배제하지는 않을 것이다. 핵심은 분석적 유동성을 방해하지 않으면서도 필요한 구조를 제공할 수 있는 길을 찾는 것이다. 비록 결과적으로 이 방식이 더 유용한 것으로 증명될 수도 있지만, 어떤 이들은 이같이 열의가 없어 보이는 해결책에 불만을 가질 수도 있을 것이다.

새로운 기술과 구상들은 그들이 실현할 수 있는 것보다 더 많은 약속을 하게 하여 과도한 부담을 부과해서는 안 된다. 이렇게 볼 때 2001년에서 2002년 사이 닷컴dot-com의 붕괴는 교훈적이다. 많은 예언가들이 새로운 경제의 시대, 그리고 물리적 형체를 갖고 있는 기업들에 대한 가상 기업들의 승리를 선언했다. 그러나 여전히 물리적 기업들은 발전되는 가운데 닷컴 회사들을 추려내는 급격하고 또 어느 정도 야만적인 과정이 일어났다. 문제는 수단과 목적의 혼동에 있었다. IT혁명은 최소한 정보에 있어서는 그 자체로 목적이 아니다. 그보다 IT혁명은 그것을 통해 정보공동체가 특정한 임무를 더 효율적으로 수행할 수 있게끔 하는 수단이고, 수단이어야 한다.

테러리스트의 공격과 합동 조사, 그리고 9·11 위원회의 조사는 IT 이슈에 대해 새로운 관심을 불러 일으켰다. 정보를 보다 잘 공유할 필요성이 더 증대되었다. 기술이 이러한 목적을 위한 수단이지기는 하지만, 기술은 그 자체로 공유가 되도록 할 수는 없다. 그러한 목적의 실현은 공유를 강제하고 그러지 않는 이들을 처벌하는 정책에 달려 있다. 그러한 정책들은 과거에 시행된 적이 없으며 또 집행하는 것이 쉽지는 않겠지만, 왜 기술이 효과를 발휘하지 못하는지 묻기 전에 실현될 필요가 있다. 필요한 정책들의 유형 중 한 가지 예는, 정보가 기다리고 있는 사용자에게 되도록 빨리 '밀어보내'져야 함을 역설하는 헤이든Michael Hayden 장군(지금은 국가정보국 제1부국장)이 NSA 국장 시절 지지했던 구상이다. 정보는 더욱 개발되고 분석된 후 다른 이용자들에게 보다 완성된 형태로 보내질 수 있지만, 헤이든의 기본적인 요점은 정보가 누군가에게 유용한 것이 되면 곧 바로 밖으로 보내져야 한다는 것이다.

기술에 대한 강조 밑에는 IT의 개선이 분석에 영향을 줄 수 있다는 설명하기 어려운 믿음이 깔려있을 수도 있다. 비록 미국인들이 역사적으로 기술의 힘에 대한 믿음을 간직해 오고 있긴 하지만, 기술이 정보 공유나 더 나은 분석을 사전에 배제하였음을 보여주는 실제적인 사례는 없다. 기관과 기관 사이에 호환이 되지 않는 IT 시스템에 대하여 언급되는 수많은 이야기가 있으나, 이는 동일한 이슈는 아니다. 어떤 면에서 이 믿음은 분석이 옳으냐 그르냐로 나눠진다는 믿음에 대한 기술 측면에서의 대응물이라고 할 수 있다. 현재까지는 개선된 분석 도구에 대한 추구는 별로 성공적이지 않았으며, 어떤 이들에게 그러한 추구는 성배Holy Grail에 대한 추적의 양상을 띠기도 하였다. 문제의 일부는 정보분석이 여전히 기계적인 과정이 아니라 지성적인 과정이라는 점에 있다. IT는 데이터를 축적하고, 대조하고, 가려내고, 데이터베이스 사이에 관계를 수립하는 등의 일에는 유용할 수 있지만, 그것이 통찰력 있고 경험 많은 분석관을 대체할 수는 없다.

2003년 이라크 지도자 후세인Saddam Hussein의 생포는 이 점에서 교훈적일 수 있다. 미국의 군 관계자들과 정보분석관들은 후세인이 숨어있는 동안 누군가로부터의 지원에 의존하고 있을 것이라고 추정하였다. 그들은 그의 최측근들에 초점을 맞추는 것으로 추적을 시작하였으나, 그러한 추적은 무익한 것으로 판명되었다. 그리하여 그들은 그들이 관심을 갖는 사람들의 그룹을 더 많은 친척들, 부족 동맹, 보다 낮은 직급의 관리들로 확대하였다. 그 결과 더 많은 기습, 구속, 심문이 이어졌고, 그에 따라 리스트는 더 확장되었다. 마침내 그들은 후세인의 은신처를 찾아냈다. 비록 IT가 이름들을 축적하고, 비교하고, 관련자들의 지도를 만들어내는 데에는 어느 정도의 역할을 했을 수 있지만, 핵심은 분석이었다.

개선된 IT 도구를 옹호하는 또 다른 주장은 분석관들이 첩보 속에서 허우적거리고 있다는 널리 퍼진 인식이다. 분석관들이 활용할 수 있는 데이터의 양에 있어서, 모든 것이 복사hard copy 방식이었던 20년 전과 오늘날을 비교할만한 실제적인 연구는 부재하다. 그러한 인식은 아마도 정보가 전달되는 수단인 IT와 전달된 양에 대한 혼동에 일부분 기초하고 있을 수 있다. IT는 프랑스 외무부나 중국 인민군의 업무 일과를 크게 증대시키지 않았다. IT가 있거나 없거나, 주어진 하루 동안 사람들은 일정량의 첩보만을 작업하고 생산할 수 있다. 기술적 수집가들은 과거에 자신들이 산출했던 만큼의 완성된 영상정보IMINT와 신호정보SIGINT를 생산해내기 위해 고군분투하고 있으므로, 그들이 첩보 홍수의 원천은 아니다. 각기 다른 출처로부터 같은 데이터가 들어옴에 따라 IT는 확실히 불필요한 잉여 정보를 만들어낸다. 그러나 이는 새로운 첩보의 홍수와는 다른 것이다. 역설적인 것은 사람들이 IT가 만들어낸 문제를 IT가 해결하기를 기대하고 있다는 사실이다.

행정개혁. 행정개혁은 작아 보이지만 중요한 이슈이다. 정보공동체는 개별적인 기관들로 구성되어 있기 때문에, 여러 가지 각기 다른 보안, 인사 정책, 교육 등의 과정들을 지니고 있다. 많은 이들에게 이는 낭비적이고 중복적으로 보일 것이다. 비록 암호 분석관, 영상 분석관, 조사관을 훈련시키는데 중대한 차이들이 존재하지만, 어떤 훈련들은 일정 정도까지는 일반적인 성격을 갖기도 한다. 이질적인 하부구조들은 불필요한 비용을 부과한다. 예를 들어, DIA에서 일하고 있는 테러리즘 분석관이 CIA에서 역시 테러리즘을 다루는 보다 나은 일자리를 찾는다면 단순한 전직轉職 이상의 과정이 요구된다. 이 분석관은 CIA에 지원하고, 보안을 위해 다시 한 번의 심사를 받고, DIA로부터 사직해야 한다. 분석관들을 보다 큰 통합된 집단으로 관리하는 것은 정보공동체의 개선책이 될 것이다. 이는 작아 보이지만, DNI가 실질적인 진전을 이루는 영역이 될 수도 있다.

기타 개혁 구상들. 정보개혁을 위한 다른 여러 가지 구상들 중, 시장에 기초한 정보공동체가 주창된 바 있다. 이의 지지자들은 현재 정보가 본질적으로 정책결정자들을 위한 대가 없는 혜택으로 존재하여, 그들에게 스스로의 가치를 낮추고 있다고 주장한다. 부분적으로 이 관점은 정책결정자들을 고객이나 소비자로 지칭하는 정보공동체의 관행으로부터 유래한 것일 수 있다. 그러한 단어 사용법은 관계의 긴밀함을 나타내기 위한 노력을 표현하는 것일 수 있지만 그것은 또한 적합하지 않은 관계를 함축한다. 정책결정자들은 고객이라기보다는 정보공동체에 사로잡혀서 듣기만하는 사람들일 수도 있다. 시장 지지자들은 '소비자'라는 단어를 글자 그대로 받아들인다. 그들은 만일 정책결정자들이 정보의 진정한 비용 – 수집, 분석 등과 관련한 – 을 보다 잘 파악한다면, 자신들이 바라고 곧 이어 그에 대해 비용을 부담할 특정 정보에 대해 보다 풍부한 근거에 기반한 판단을 내릴 수 있을 것이라 믿는다. 이러한 제안에는 정책 기관들이 스스로 적절하다고 판단하는 경우 사용할 수 있는 정보 지출 예산을 갖고 있다는 가정이 깔려있다. 이 제안의 변형된 형태로 혼합 경제가 제시되었다. 즉 정책결정자들은 일정한 양의 정보를 비용 부담 없이 받게 되지만, 더 많은 정보를 원한다면 그에 따르는 자원을 제공해야 하는 것이다.

이 아이디어의 지지자들은 아직 그것을 완전히 발전시키지 않았으므로, 그것이 일으키는 모든 의문점들을 고려하는 것은 불공평할 수 있다. 이 아이디어의 기본적인 전제 – 시장에서의 경쟁은 정보를 더 효율적이고 더 경쟁력 있게 만들 것이라는 전제 – 는 어떤 측면에서는 현재의 정책 의제에서 우선순위를 차지하고 있는 이슈들에 대하여 실제로 효력을 발휘할 수 있을지도 모른다. 그러나 예기치 못한 갑작스런 위기에 어떻게 대처할 것인지, 혹은 덜 급박한 사안에 대한 일정한 수준의 전문성을 어떻게 유지할 것인지는 분명히 드러나 있지 않다.

시장 구상은 또한 정보의 고유한 일부 측면들, 특히 수집에 대해 정면으로 배치되기도 한다. 특정 이슈에 대한 수집 비용을 결정하는 것은 불가능하지는 않더라도 어려운 일이다. 예를 들어, 이라크 상공의 신호정보SIGINT나 영상정보IMINT 위성은 군사작전을 지원하기 위하여, 혹은 확산이나 지역안정에 관한 정보를 수집하는 것일 수 있다. 이와 유사하게, 아프가니스탄의 상공에서도 군사작전을 위해, 혹은 테러리즘이나 마약에 대해 수집할 수 있다. 그렇다면 어떻게 한 이슈에 대한 공정한 비용을 결정할 수 있겠는가?

결 론

정보개혁에 대한 논쟁은 결론이 나지 않는 측면이 있는데, 이는 관련된 이슈와 선택의 어려움, 그리고 개혁 지지자들, 그 중에서도 특히 정보공동체 외부에 있는 이들의 끝없는 열정이 동시에 반영된 결과이다.

정보에 대한 개선은 틀림없이 이루어질 수 있지만, 본래부터 비효율적이고 지성적인 과정이 얼마나 효율적이 될 수 있는지는 쉽게 파악하기 어렵다. 현 상태를 대체로 인정하고 그에 따라 소규모의 변화를 제안하는 정부의 정보공동체에 대한 검토, 그리고 퇴역 정보공동체 인사들이 상당수를 차지하는 제도권 외부 인사들에 의한 신랄한 비판 사이에는 넓은 간극이 존재한다. 이러한 차이는 실재하는 것인가, 아니면 각자의 지위에 따른 편협한 편견을 반영하는 것일 뿐인가? 행정부는 대대적인 개혁에 열의를 보인 적이 거의 없다. 이에 대한 설명을 제공하는 요인들은 최소한 세 가지가 있다. 첫째, 대부분은 아니더라도 상당수의 정책결정자들은 그들의 가장 중요한 요구사항이 대체로 충족된다고 생각하고, 따라서 크게 불만을 갖지 않는다. 둘째, 개혁에 대한 여러 제안들은 정책결정자들의 보다 많은 관여를 필요로 할 것이고, 그들은 자신들이 이미 충분히 많은 일을 하고 있다는 이유 때문만으로도 이를 회피하려 할 것이다. 셋째, 많은 정책결정자들은 정보공동체의 일부 취약성을 이해하고 있으며 사태를 악화시킬 가능성에 대해 두려워한다.

나아가 정보활동은 정부의 활동임을 기억해야 한다. 혁명적인 제안은 대체로 무시되거나, 잘 해봐야 시행되기 전에 심하게 온건화 된다.

확실한 것은 정보개혁에 대한 논쟁은 계속될 것이라는 점이며, 이는 상당부분 논쟁 자체가 탄력을 받았기 때문이고 여기에 위기 시 또는 정보실패로 간주되는 사건 후 증대되는 관심 또한 결합하기 때문이다.

더 읽을거리

정보개혁에 대한 문헌들은 광범위하게 존재하나 균질적이지 않다. 많은 의견들과 제안들이 제시되고 있으나 그 모두가 현실성이 있는 것은 아니며, 몇몇은 어떤 이들이 집착하고 있는 것이기도 하다. 다음의 읽을거리들은 보다 최신의 연구들 중 일부이고, 정통한 관찰자들이 쓴 보다 사려 깊고 현실적인 작업들 중 일부를 포함하고 있다.

Berkowitz, Bruce, and Allen Goodman. *Best Truth: Intelligence in the Information Age.* New Haven: Yale University Press, 2000.

Best, Richard A., Jr. *Proposals for Intelligence Reorganization, 1949~1996.* Washington, D.C.: Congressional Research Service, 1996. (Appendix to *IC21: The Intelligence Community in the 21st Century;* see below.)

Betts, Richard K. "Fixing Intelligence." *Foreign Affairs* 81 (January-February 2002): 43~59.

Carter, Ashton. B. "The Architecture of Government in the Face of Terrorism." *International Security* 26 (winter 2001~2002): 5~23.

Commission on the Intelligence Capabilities of the United States Regarding Weapons of Mass Destruction [WMD Commission]. *Report to the President of the United States.* Washington, D.C., March 31, 2005.

Council on Foreign Relations. *Making Intelligence Smarter: The Future of U.S. Intelligence.* New York: Council on Foreign Relations, 1996.

Eberstadt, Ferdinand. *Unification of the War and Navy Departments and Postwar Organization for National Security.* Report to James Forrestal, secretary of the Navy. Washington, D.C., 1945.

Hansen, James. "U.S. Intelligence Confronts the Future." *International Journal of Intelligence and Counterintelligence* 17 (winter 2004~2005): 674~709.

Hulnick, Arthur S. "Does the U.S. Intelligence Community Need a DNI?" *International Journal of Intelligence and Counterintelligence* 17 (winter 2004~2005): 710~730.

Johnson, Loch. "Spies." *Foreign Policy* 120 (September-October 2000): 18~26.

National Commission on Terrorist Attacks Upon the United States [9·11 Commission]. *The 9·11 Commission Report.* New York: W.W. Norton and Company, 2004.

Quinn, James L., Jr. "Staffing the Intelligence Community: The Pros and Cons of Intelligence Reserve." *International Journal of Intelligence and Counterintelligence* 13 (2000): 160~170.

Treverton, Gregory F. *Reshaping National Intelligence for an Age of Information.* New York: Cambridge University Press, 2001.

U.S. Commission on National Security/21st Century. *Road Map for National Security: Imperative for Change.* Phase III Report. Washington, D.C., 2001.

U.S. Commission on the Roles and Responsibilities of the United States Intelligence Community. *Preparing for the 21st Century: An Appraisal of U.S. Intelligence.* Washington, D.C., 1996.

U.S. House Permanent Select Committee on Intelligence. *IC21: The Intelligence Community in the 21st Century.* 104th Cong., 2d sess., 1996. (Available at www.access.gpo.gov/congress/house/intel/ic21/ic21-toc.html.)

15

해외정보기관

다양한 외국에서 정보기관들이 어떻게 활동하는지를 살펴보는 것은 매우 유익한 일이다. 그러한 검토는 정보에 대한 대안적인 선택지를 조사하는 방법이자, 해외정보기관들이 제공하는 교훈으로부터 이득을 얻는 방법이 된다. 그러나 곧 바로 자료에 대한 문제가 발생한다. 어떠한 정보기관도 미국의 정보공동체가 받은 것과 같은 정밀한 조사를 받은 적이 없으며 이는 심지어 민주주의 국가들에서도 마찬가지이다. 해외정보기관들에 대한 신뢰할만한 문헌은 대부분 언론 그리고 대중석인 역사서로부터 끌어낸 것이다. 일반적으로 그러하듯이 이러한 저술들은 조직 구성과 보다 선정적인 활동들을 강조하는 경향이 있다. 다른 어떤 정보기관도 미국의 그것만큼 투명하지 않다.

거의 모든 나라들이 일정한 유형의 정보기관 – 민간과 군 모두가 아니면 적어도 군 정보기관 – 을 보유하고 있지만, 중요성과 활동의 폭을 고려할 때 영국, 중국, 프랑스, 이스라엘, 그리고 러시아 등 5개 나라의 기관들이 자세히 검토할만한 가치가 있다. 각 나라의 정보기관은 그 나라의 역사, 필요, 그리고 선호되는 정부 구조의 독특한 표현물이다.

영국

둘 사이의 유사성과 역사적 연계에도 불구하고, 영국과 미국의 정부구조 및 시민의 자유 사이에는 중대한 차이가 존재하며, 이는 정보활동의 실태를 이해하는 데 중요하다.

첫째, 영국의 집행부인 내각은 미국 대통령이 지니고 있는 것보다 더 많은 최고 권한을 지니고 있다. 내각은 임명권을 가지며 국가의 중요업무(선전포고, 평화제의, 조약체결 등)를 수행하는데, 내각은 하원의 과반수 세력에 의하여 구성되기 때문에 의회와의 협의 없이 이 업무를 수행할 수 있다. 한다. 둘째, 영국에서 해외정보와 국내정보 사이의 구분은 미국보다 덜 뚜렷하다. 셋째, 영국은 특정한 시민적 자유를 보호하고 있는 성문화된 권리선언을 갖고 있지 않다. 정보의 관점에서 가장 중요한 차이는 영국정부가 국가안보에 타격을 줄 수 있는 기사의 출판에 대해 사전에 제약을 부과할 수 있다는 점이다.

정보활동의 세 가지 주요 구성요소 - MI5, MI6, 그리고 GCHQ - 는 법령에 근거하여 작동한다. 안보부Security Service로 알려진 MI5는 국내정보기관이며, 테러, 간첩활동, 대량살상무기WMD 확산, 그리고 경제에 대한 위협 등을 포함하는 위협들에 대한 안보 제공, 그리고 법 집행 기관들에 대한 지원을 그 책임으로 맡고 있다. MI5는 비밀리에 조직된 위협들에 집중하고 있다. 집중하고 있던 일 중 중요한 하나는 북아일랜드와 브리튼 섬에서 아일랜드공화국군IRA: Irish Republican Army의 테러리즘에 대항하는 것이었다. 1990년대에 MI5는 조직범죄, 마약, 이민, 특혜 사기 등을 포함하도록 자신의 권한을 확장시키는데 대해 의회의 승인을 받아냈다. 법률은 전화와 우편에 대해 감시(둘 모두 내무장관으로부터 영장을 발부받아야 함)할 권한과 조직범죄 용의자들의 집이나 사무실에 들어갈 권한을 부여하고 있다. MI5는 내무장관home secretary의 권한 아래에서 활동하는데, 내무장관에 대응하는 직위가 미국에는 없다(내무부는 치안, 형사, 교도소, 이민, 그리고 기타 업무들을 관장한다). 1989년과 1996년에 제정된 안보기관법Security Service Acts들이 MI5의 활동을 규정한다. 2004년에 내무장관은 테러에 대한 점증하는 우려에 대응하기 위해 MI5를 50% 확대하고 1,000명의 새로운 분석관들을 고용하는 계획을 발표하였다. 강조된 분야 중 하나는 아랍권과 남아시아권의 언어들이었다.

MI6는 비밀정보부SIS: Secret Intelligence Service라고도 알려져 있다. 그 활동은 정부통신본부GCHQ: Government Communications Headquarters를 통제하기도 하는 1994년의 정보기관법Intelligence Services Act에 의해 관장되고 있다. MI6는 '영국 외부의 사람들의 활동이나 의도와 관련된 첩보'의 수집(인간정보HUMINT와 기술정보TECHINT를 통한)과 생산을 책임지고 있다. 그것은 또한 다른 관련된 임무를 수행하기도 하는데, 이는 미국의 국가안보법 내에 있는 모호한 CIA헌장을 상기시키는 법적 내용물이라고 할 수 있다. MI6는 외무장관의 권한 아래 있다. MI5와 마찬가지로 MI6는 특히 테러리즘과 WMD에 대한 대응을 하면서 성장의 시기로 접어들었다. 영국 언론의 추정에 따르면 MI6는 1990년대를 거치며 25% 정도 축소되었다.

GCHQ는 영국의 신호정보SIGINT를 담당하는 기관이며, 역시 외무장관 밑에서 운영된다. 서로 긴밀한 업무관계를 유지하고 있는 미국의 국가안보국NSA에 대한 영국의 등가물이다. NSA와 같이 GCHQ는 국내와 해외에 시설을 두고 있다. 통신전자기기보안그룹Communications Electronics Security Group의 기능은 그 이름에 반영되어 있다.

국방정보국장 하의 국방정보참모DIS: Defence Intelligence Staff는 국방장관에게 보고를 한다. DIS는 미국의 국가지형공간정보국NGA과 같이 지리학적인 생산물과 영상생산물을 만들어내는 국방지리영상국Defence Geographic and Imagery Agency을 통제한다.

영국에서 정보에 대한 집행부의 통제는 내각의 구조와 내각을 지원하는 내각실Cabinet Office에 기초하고 있다. 수상은 모든 정보 및 안보 이슈에 책임을 지며, 이와 관련하여 감독과 정책 검토 기능을 수행하는 '정보활동에 대한 각료위원회Ministerial Committee on the Intelligence Services'의 지원을 받는다. 수상이 이 위원회의 의장을 맡으며, 부수상을 비롯하여 내무장관, 국방장관, 외무장관, 재무장관이 참석한다. 내각의 각 부는 그 부의 고위 공무원인 상임차관permanent undersecretary을 보유하며, 차관은 행정과 예산 이슈에 대한 권한을 지니고 있다. 정보와 관련한 상임차관은 '정보기관 관련 상임장관 위원회Permanent Secretary's Committee on Intelligence Services'를 구성하며 위원장은 내각의 각료급이 임명된다. 이 위원회는 수집요구, 예산과 기타 이슈에 대한 정기적인 자문을 한다. 마찬가지로 직업 공무원인 '안보와 정보조정자'는 각료위원회를 지원하고, 정보예산을 다루는데 있어 상임차관들을 돕고, 합동정보위원회JIC: Joint Intelligence Committee와 내각실의 정보와 안보사무국 Intelligence and Security Secretariat을 감독한다. 따라서 영국의 정보관련 고위 관리자들은 정책결정자들과 매우 가까운 관계를 맺고 있고, 초당파적 기초 위에서 행정업무를 수행하기 위해 강력한 직업 공무원(이 경우 상임차관들)에 대한 영국의 독특한 발상에 의존하고 있다. 이러한 관계의 긴밀성은 정보요구와 자원배분을 결정하기 위해 미국에서 개발된 보다 공식적인 절차들의 일부를 배제한다.

영국 정보활동의 핵심적인 구성요소는 내각실의 일부이며, 관리, 감독, 생산, 해외연락 기능을 지니고 있는 합동정보위원회JIC이다. JIC는 우선순위를 수립하고 명령하기 위한 정책 결정자들과 정보기관들 사이의 연결고리 역할을 하며, 여기서 결정된 우선순위는 이후 각료들의 승인을 받는다. JIC는 또한 기관들이 이미 마련되어 있는 요구를 충족시키는데 얼마나 성공적인 활동을 했는지 주기적으로 검토한다. JIC의 평가단Assessments Staff은 핵심 이슈들에 대한 정보평가를 생산하며, 이는 대체로 미국의 국가정보평가national intelligence estimates와 유사하다. JIC는 또한 영국의 국익에 반하는 위협에 대한 감독과 경고 역할도 한다. JIC는 많은 측면에서 미국의 국가정보국장DNI의 관할에 속하는 것과 유사한 기능들을 보유하지만, JIC의 위원장은 그만한 직위나 권한을 보유하고 있지 않다.

1994년에 설립된 의회의 정보와 안보위원회Intelligence and Security Committee는 정보의 세 구성요소 모두를 감시한다. 위원회는 MI5, MI6, 그리고 GCHQ의 예산, 행정, 그리고 정책을 검토하지만, 그것의 감시 기능은 미국

의회의 위원회가 행사하는 기능만큼 강하지 못하다. 정보와 안보위원회는 수상에게 연례 보고서를 제출한다. 민감한 부분들을 삭제한 후에 보고서는 공개적으로 배포된다. 그 후 정부는 보고서에 대한 응답을 발간한다.

정보활동에 있어 영국과 미국의 긴밀한 관계는 GCHQ와 NSA 사이에서 가장 명백하게 나타나지만, 다른 곳에도 존재한다. 영국의 독립적인 영상정보IMINT 능력은 항공 플랫폼들에 국한되어 있으나, 미국으로부터 위성 영상을 수신한다. 수집과 분석 모두를 포괄하는 일정 범위의 정보생산물들이 또한 공유되고 있다. 영국의 인간정보HUMINT는 미국의 그것과 완전히 겹쳐지지는 않고, 영국은 영연방 국가들과 관련해서 일부 이점을 지니고 있다. 2005년의 WMD 위원회(대량살상무기에 관한 미국의 정보 능력에 대한 위원회Commission on the Intelligence Capabilities of the United States Regarding Weapons of Mass Destruction) 보고서는 두 HUMINT 체계가 어떻게 공동으로 활동하는지에 대해 약간의 암시를 해준다.

냉전기에 영국 정보기관은 소련의 간첩활동에 의해 여러 차례 침투 당했다. 필비Kim Philby가 가장 유명한 사례인데, 그는 다른 네 명의 케임브리지 대학 동료들과 함께 1930년대부터 소련을 위한 간첩활동을 시작했다. 필비는 소련 간첩으로서는 더없이 귀중한 자리인 MI6의 CIA 연락원이 되었다. 다른 소련 간첩들로는 비밀정보부SIS 요원이었던 블레이크George Blake와 GCHQ 직원이었던 프라임Geoffrey Prime을 들 수 있다. 알려진 영국 간첩들의 대부분은 금전적이 아닌 이데올로기적인 동기에서 활동에 나서게 되었다. MI5 부장이었던 로저 경Roger Hollis 이 간첩이라는 주장들이 제기되었으나, 그는 1974년에 조사를 받고 혐의를 벗었다.

영국의 기관들은 암살을 수행하지 않는다. 그러나 영국의 특수부대인 공군특수기동대SAS: Special Air Service나 해군특수기동대SBS: Special Boast Service 는 IRA에 대한 대테러 활동에 참여한 바 있는데, 일부 사람들은 이 활동이 암살활동이라고 비난하고 있다. 가장 유명한 것은 1988년에 지브롤터에서 SAS가 3명의 IRA 요원을 암살한 사건이다. 영국 정부는 IRA 요원들이 당시 현역으로 복무하고 있었으며, 일련의 폭탄 공격을 계획하고 있었다고 주장했다. SAS는 MI6를 위한 특수 작전을 수행했던 것이다.

영국의 기관들은 미국(그리고 호주)의 기관들과 마찬가지로 2003년 이라크 전쟁 발발 후 예상과 달리 WMD가 발견되지 않음에 따라 조사를 받게 되었다. 버틀러 경Lord Butler이 지휘한(그리하여 버틀러 보고서라고 알려진) 조사는 이라크에 대하여 영국의 정보가 생산된 방식에서 실질적인 결함을 발견하지 못했다. 그러나 이 보고서는 이라크에 대한 정보의 출처가 시간의 경과에 따라 점점 약해지고 덜 신뢰할만하게 되었으며, 사실이 적절하게 전달되지 못했음을 지목하였다. 또한 미국에서만큼이나 영국에서도 정보의 정치화가 심각한 이슈로 부각되었는데, 보고서는 여기에 대해서도 증거가 없다고 하였다. 정보의 출처에 관한 우려에 대응하여 MI6는 고위 품질관리관quality control officer을 신설하여 수집된 정보의 신뢰성과 정확성을 검토하도록 하였다. 이 새로운 관리는 보고관reports officer를 가리키는 의미에서 'R'이라고 알려져 있다 (MI6의 수장은 전통적으로 MI6의 첫 번째 수장이었던 커밍 경Mansfield Cumming에 대한 경의의 의미에서 'C'로 알려져 왔다).

영국 정보기관의 업무수행은 이전의 조사에서도 표적이 된 적이 있다. 포클랜드 전쟁(1982) 이후 프랭크스 경Franks이 수행한 조사는, 포클랜드 제도에 관한 아르헨티나의 정책 변화가 전쟁 전에 외교적인 출처와 공개적인 출처들을 통해 명확하게 파악될 수 있었다고 하였다. 비록 프랭크스 보고서가 전쟁 전에 포클랜드 이슈에 대해 충분한 관심을 갖지 않았다는 이유로 대처Margaret Thatcher 정부를 비판하기는 했지만, 아르헨티나의 침입이 예방될 수 있었는지에 대해서 명확한 해답을 내릴만한 근거는 제시되지 않았다.

중국

과거 몇 년 동안 언론은 중국의 정보활동에 대해 많은 기사들을 내보내왔는데 이는 대체로 중국이 미국에 대해 간첩활동을 펼치고 있다는 주장들로부터 유래한 것이었다. 모든 공산주의 국가들에서 그러하듯이 중국 정보활동의 목적은 반체제인사들에 대한 내부안보활동과 해외정보활동의 두 부분으로 구성되어 있다. 소련의 KGB^{Komitet Gosudarstvennoi Bezopasnosti}(국가안보위원회)의 경우와 마찬가지로, 내부 억압을 위한 기능은 중국의 정보기관과 미국이나 영국의 정보기관을 구분 짓는 중요한 요소이다.

중국의 정보기관들은 국가안보부^{Ministry of State Security}에 의해 운영된다. 그러나 다른 안보 이슈들과 마찬가지로 중국에서 가장 강력한 단체는 그 명칭이 암시하는 것보다 훨씬 큰 영향력을 발휘하는 공산당의 중앙군사위원회^{Central Military Commission}이다 (이 위원회에 대한 통제는 퇴임하는 장쩌민 주석과 그의 후계자인 후진타오 사이에서 갈등의 소지가 된 바 있다. 둘 사이의 다툼은 중국 정부 내에서 통제의 핵심적인 수단으로써 위원회의 중요성을 나타내준다). 국가안보부 내 세 개의 국이 정보활동에서 가장 중요하다.

- 제2국: 해외정보수집
- 제4국: 정보수집과 방첩활동을 위한 기술의 개발
- 제6국: 주로 해외 중국인 공동체를 겨냥한 방첩활동

비록 중국의 간첩활동에 대해서는 많은 논쟁이 있지만, 그것의 존재 자체는 의심의 대상이 아니다. 중국은 거대한 해외 중국 인구에 의존하는 잘 발달된 인간정보^{HUMINT} 프로그램을 갖추고 있다. 예를 들어, 친^{Larry Wu-tai Chin}은 1980년대에 발각되기 전까지 수십 년 동안 CIA를 위해 일했던 중국 간첩이었다. 보다 논쟁적이었고 궁극적으로 결론이 내려지지 않은 경우는 수천 쪽에 달하는 민감한 문건을 다운로드한 로스앨러모스 국립연구소^{Los Alamos Laboratory}의 과학자였던 리^{Wen Ho Lee}의 사례이다. 중국의 간첩활동은 민간과 군사 분야 모두의 과학적 목표물과 기술적 목표물에 대해 특별한 강조를 두고 있다. 이는 1999년 콕스 위원회^{Cox Committee}(중화인민공화국에 대한 미국의 국가안보 및 군사^{U.S. House Select Committee on U.S. National Security and Military}/상업적 우려에 대한 미 하원 특별위원회^{Commercial Concerns with the People's Republic of China})의 보고서가 초점을 맞춘 주요 활동들인데, 여기에서는 특히 중국이 핵무기와 위성관련 기술에 대한 정보들을 훔쳤다는 주장들이

주로 다루어졌다. 일부 관찰자들은 미국 대학과 대학원의 수많은 중국 학생들에 대한 우려를 표현하였는데, 그들 중 상당수의 인원이 국가안보와 연관된 기술 영역(물리학, 컴퓨터)으로 진출하였다.

HUMINT에 더해 중국은 지구본위 신호정보Earth-based SIGINT 플랫폼들의 진용을 갖추고 있고 향후 몇 년 내에 발사를 계획하고 있는 영상 위성을 개발 중이다.

미국과 중국의 정보 관계는 보다 넓은 정치 관계를 측정하는 척도가 된다. 1972년 닉슨Richard M. Nixon 대통령의 중국 방문 이전에 미국과 중국은 서로 적대적이었다. 닉슨의 중국 방문과 증대하는 소련의 힘에 대한 공통된 두려움이 일정 수준의 정보협력을 낳았다. 미국은 중국의 극서far western 지역에 대한 출입권을 얻음으로써 이란의 샤 정부 함락 이후 상실했던 소련 미사일 실험에 대한 추적 능력을 회복하였다. 중국과 미국은 또한 1980년대에 아프가니스탄에서 소련에 대항하는 무자히딘을 지원하면서, 작전 수준에서도 협력하였다. 소련의 몰락은 미국의 헤게모니에 대한 중국 측의 우려로 이어졌고, 이에 따라 미중관계는 악화되었다. 이후 중국이 미국에 대하여 취한 공세적인 자세로, 중국군 제트기와 충돌한 후 중국에 강제 착륙한 미국 정찰기의 승무원에 대한 장기화된 구류가 유발되었다. 이 사건은 1999년 5월 세르비아 베오그라드Belgrade의 중국 대사관에 대한 폭격 이후 발생한 것인데, 이는 대사관의 새로운 위치가 기록되어 있지 않은 베오그라드에 대한 구식 정보를 이용한 데서 비롯된 실수였다. 2002년 1월에는 미국이 중국의 국가주석을 태워오기 위한 준비가 진행 중이던 항공기에 여러 개의 도청장치를 설치해 두었다는 주장이 언론의 보도에서 제기되었다. 중국은 이러한 보도들을 중요하게 받아들이지 않았고, 이는 이러한 정보 관련 사건들이 일반적으로 미국과의 관계에 대한 관리들의 태도를 표현하는 한 가지 수단이라고 보는 시각을 강화시켜 주었다. 이후의 언론 보도에 의하면, 미국의 일부 분석가들은 도청 장치들이 중국에서 기원하는 것으로, 중국 내부 권력투쟁의 일환이라 믿고 있었다.

해외에서 중국은 정보를 적극적으로 수집하려는 노력을 계속하고 있는데, 특히 새로운 군사 그리고 민간 기술 분야에서 미국이 주요 수집 대상이다. 또한 대만의 미래를 둘러싼 미국과의 갈등의 가능성 역시 서태평양에서 미국의 군사 배치, 전략, 전술에 대한 지식의 중요성을 증가시키는 요소이다. 중국은 대만을 중국으로부터 이탈한 반역적인 성省으로 간주한다. 미국은 완전한 공식적인 외교 관계는 수립되지 않았지만 대만을 독립적인 국가와 비슷하게 대한다. 미국은 대만의 방위에 대해서 공식적인 의무를 지니고 있다.

프랑스

프랑스의 핵심적인 정보기관은 국방부의 감독 아래 있는 대외안보총국 DGSE: Directoire Générale de la Sécurité Extérieure이다. 1982년에 창설된 DGSE는 일련의 프랑스 정보기관들 중 가장 최근에 설립된 것이다.

네 개의 주요국局이 대체로 DGSE의 임무의 범위를 결정짓는다.

- 전략: 정책결정자들, 특히 외교부와 함께 정보요구를 수립하는 책임을 지고 있으며, 또한 정보활동에 대한 연구를 수행할 책임을 짐
- 정보: 특히 인간정보HUMINT를 비롯한 정보수집과 이렇게 수집된 정보의 배포에 대한 책임을 짐.
- 기술: 주로 몇 개의 지표 시설들에서 신호정보SIGINT를 수집함
- 작전: 비밀 작전에 대한 책임을 짐

국토감시국DST: Directoire de Surveillance Territoire은 방첩활동에 대한 책임을 지고 있다.

군사정보국DRM: Directoire du Renseignement Militaire은 몇 개의 기술정보TECHINT 조직을 통합하면서 1992년에 설립되었다. 그 이름이 암시하듯이 DRM은 군사 정보 및 영상 분석을 책임지고 있다. 프랑스는 독립적인 위성 영상 능력을 보유하고 있다. 몇몇 보고에 따르면 DRM은 DGSE가 책임을 지고 있던 정치 및 전략정보 분야로도 업무를 확장하고 있다.

국방 보호 및 안보국DPSD: Directoire de la Protection et de la Sécurité de la Défense은 군사 방첩활동을 맡고 있으며, 여기에 더해 군대의 정치적 신뢰성 확보를 목적으로 군대에 대한 정치적 감시를 유지하고 있는데, 이는 프랑스의 특유한 기능이라 할 수 있다. 이 기능은 프랑스 혁명으로부터 기원하는데, 이 당시 '특명 파견 대표representatives on mission'들은 정치위원의 역할을 맡으며 프랑스 사령관들을 감시하였다. 이는 또한 군대가 프랑스의 정치무대로 때때로 침입하거나 침입하리라 위협했던 사실을 반영한다. 그러나 이러한 사례는 프랑스의 지배에 대한 알제리의 반란1954~1962 발생한 적이 없다.

프랑스는 독립적인 IMINT와 SIGINT 능력을 보유하고 있으며, 이는 프랑스가 1996년에 이라크 군대의 움직임에 대한 미국의 주장에 이의를 제기할 수 있게 해 주었다. 이라크의 움직임은 클린턴 정부로 하여금 크루즈 미사일 공격을 통해 이라크에 경고를 보내게 하였다. 프랑스는 또한 독립적인 영상 능력을 수립하려는 유럽차원의 노력에서도 중심적인 역할을 하였다.

DGSE의 작전과Operations Division는 미국이나 영국의 비밀기관들에게 허용되는 것보다 넓은 범위의 활동을 한다. 이는 특정 목표물에 대한 폭력의 사용을 포함한다. 가장 유명한 사례는, 1985년 7월에 남태평양에서 이루어지고 있던 프랑스의 핵실험에 대해 항의하기 위해 그린피스Greenpeace 단체가 사용하고 있던 선박인 '레인보우 워리어rainbow warrior'호가 침몰한 사건이다. 프랑스 요원들은 레인보우 워리어 호가 뉴질랜드 오클랜드의 항구에 정박 중일 때 폭탄을 설치해 두었으며, 이로 인해 배에 타고 있던 한 명이 사망하였다. 프랑스는 최초에는 책임을 부정했으나 이후 인정했으며, 그 결과 국방장관이 사임하였고 DGSE의 기관장이 해임되었다. 2005년 DGSE의 전 기관장인 라코스테Pierre Lacoste 제독은 당시 프랑스 대통령이었던 미테랑François Mitterand이 배를 침몰시키는 것을 승인했다고 밝혔다.

프랑스는 서아프리카와 중앙아프리카 식민지들에서 군사력을 유지하고 있다. 프랑스 정보 관리들은 그곳에서 지역 정부들에 대한 자문역으로 자리 잡고 있다고 추정된다.

대외안보총국DGSE은 미국 회사들에 대한 활동을 포함하여 경제간첩행위도 활발히 벌이고 있다. 목표물들은 주요 프랑스 회사들과 경쟁하는 기업들로 보이며, 이는 프랑스 경제 일부의 반# 국가적인 성격을 반영한다. 프랑스의 명백한 경제간첩활동에 대한 응답의 일환으로써, 1993년 휴즈 항공사Hughes Aircraft는 자사가 명성 있는 파리 에어쇼에 참가하지 않을 것임을 발표하였다.

1990년대 후반 언론의 보도에 따르면 미국의 비공직 가장NOC: nonofficial cover 요원 한명이 파리에서 발각되었다. 그 요원이 집중한 분야는 경제였다. 2003년 프랑스 언론에 실린 기사들은 NOC 요원에 의해 유급 고용된 첩보원 중 한 명인 프랑스 정부 관리는 국토감시국DST의 요청에 의해 이중첩자가 되었음을 주장하였다. 전 CIA 국장인 울시R. James Woolsey, 1993~1995는 ECHELON(에셜론의 구체적 내용은 제12장 참조)에 대한 한 글에서, 미국에는 경제정보활동에 대한 두 가지의 주요 관심사가 있는데, 그것은 기업들에 불공정한 경제적 이득을 주기 위한 외국의 뇌물수수행위, 그리고 경제 방첩활동임을 언급하였다.

유럽연합EU의 회원국들이 유럽의 분명하고 뚜렷한 정체성과 역할을 조성하기 위해서 노력함에 따라, 정보협력의 이슈는 더 복잡해지고 있다. EU 외교정책 대변인이 지명되었고, 북대서양조약기구NATO로부터 분리하여 유럽차원의 군사력을 건설하려는 초기적인 노력이 이루어졌다. 그러나 미국의 경험을 통해 판단해 볼 때, 동맹국들과의 정보 공유는 그렇게 곧바로 진행되는 계획이 아니다. 모든 동맹국들이 동일하지는 않다. 2004년에 유럽연합 국가들의 법무부와 내무부 장관들은 테러리즘과 확산에 대해서만 초점을 맞추는 유럽정보기구European Intelligence Agency를 창설하려는 오스트리아의 제안을 거절한 바 있다.

이스라엘

이스라엘의 정보활동은 국가가 본질적으로 포위상태에 있다는 전제로부터 진행된다. 이스라엘은 모사드Mossad와 신베트Shin Bet라는 두 가지 주요 정보기관을 보유하고 있다. 모사드Ha-Mossad Le-Modin Ule-Tafkidim Meyuhadim(중앙공안정보기구)는 일련의 정보보고서 생산뿐 아니라 HUMINT, 비밀공작, 해외 연락, 대테러활동에 대해서 책임을 지고 있다. 신베트Sherut ha-Bitachon ha-Klali(국내안전부)는 방첩활동과 국내보안 기능을 갖고 있다. 세 번째 구성요소인 아만Aman: Agaf ha-Modi'in(군사정보부)은 각 기관들의 정보 구성요소와 별개이며, 국가평가national estimates를 포함한 일련의 정보보고서들을 생산해낸다. 크네셋Knesset(이스라엘 의회)의 외교문제 및 안보위원회Foreign Affairs and Security Committee가 이스라엘의 정보활동을 감시한다. 2004년에 사법부와 모사드는 모사드의 목적, 목표, 그리고 권한을 정의할 법률에 대한 작업을 시작하였다. 법률은 또한 정부에 대한 모사드의 종속, 감시 메커니즘, 모사드 기관장의 임기와 지명 방법을 명확히 하게 될 것이다.

기초적인 수준에서 볼 때, 이스라엘의 정보요구는 간단하다. 이스라엘은 적절한 외교 관계를 유지하고 있는 국가들과 적대국들의 한복판에 놓여 있다. 이 두 가지 종류의 국가들 모두와 요르단 강 서안 지구에 있는 이스라엘 점령지에는 이스라엘에 공공연하게 적대감을 표시하고 이스라엘의 존재를 거부하는 사람들이 다수 존재한다. 이것은 상당한 정도의 집중을 가능하게 하지만, 또한 지속적인 준비태세를 요구하기도 한다. 정보기관이 이와 비슷한 도전에 직면해 있는 또 다른 국가를 생각해내기는 쉽지 않다.

이러한 환경 속에서 이스라엘의 정보활동은 항상 상당히 넓은 행동 범위를 부여받아 왔으며, 전설적이 되었지만 동시에 많은 논쟁을 낳기도 하였다. 그동안 이집트와 시리아에 대한 여러 번의 성공적인 HUMINT 침투가 수행되었다. 그러나 1950년대 초반 이집트에 대한 한 작전은 발각되었고, 이스라엘 요원들 네 명의 죽음과 다른 수명에 대한 장기적인 감금이라는 결과로 이어졌다. 그 사건은 당시 국방장관이었던 라본Pinhas Lavon의 이름을 따서 라본 사건으로 알려지게 되었다.

보다 최근의 논쟁에는 폴라드Jonathan Pollard라는 미 해군 정보분석관이 연루되었다. 그는 미국이 이스라엘과 필수적인 정보를 공유하지 않고 있다는 우려로부터 동기를 부여받은 자발적 첩보원walk-in이었던 것으로 보인다. 그러나 폴라드는 무기 체계에 대한 정보 보고서, 영상, 첩보를 포함하여, 그가 제공한 정보들에 대한 대가로 현금과 선물을 받았다. 1985년에 그는 이스라엘 대사관 밖에서 체포되었고, 1987년에 무기징역을 선고받았다. 비록 폴라드 사건에 대한 후속 검토들이 최초 판결의 고려사항들을 뒷받침해 주었지만, 어떤 이들은 판결이 너무 가혹하다고 느꼈다.

처음에 이스라엘은 이 사건을 사기공작rogue operation이라고 하며 그냥 넘겨보려 시도했지만, 1998년 초에는 폴라드가 정규 요원으로 근무하고 있었음을 인정하였다. 그에게는 이미 이스라엘의 시민권도 부여되어 있었다. 폴라드 사건은 미국-이스라엘 관계에 지속적인 방해 요인이 되었는데, 이는 단지 그것이 낳은 적의 때문만이 아니라 이스라엘이 지속적으로 폴라드를 석방시키려 노력했기 때문이다. 가장 중요하게는, 클린턴Bill Clinton 대통령이 이스라엘과 팔레스타인인들을 함께 불러 모은 1998년 와이 강Wye River에서의 평화 회담 때, 네탄야후Benjamin Netanyahu 총리가 폴라드 문제를 제기한 바 있다. 클린턴은 폴라드의 석방에 대해 수용적인 태도를 보였다. 보도에 의하면 테넷George J. Tenet, 1997~2004 CIA국장은 폴라드가 사면되고 이스라엘로 풀려나면 사임할 것이라 위협하였고, 이에 클린턴은 폴라드 문제를 더 이상 언급하지 않게 되었다(폴라드의 지지자들은 1960년대에 미국이 소련간첩 아벨Rudolf Abel을 U-2 조종사인 파워즈Francis Gary Powers와 교환함으로써 선례를 남겼다고 주장한다. 그러나 비록 미국이 미국 정보관과의 교환을 대가로 외국 간첩을 송환시킬 의지가 있음이 드러나기는 했지만, 미국은 간첩 혐의로 유죄 선고를 받은 미국 민간인을 교환하지는 않는다). 폴라드 사건은 획득한 정보에 비해서 과도한 정치적 비용이 소모된 성공적인 침투의 고전적인 사례이다.

이스라엘의 해외정보수집에 대한 우려는 여전히 문제점이 있다. 2004년에 미국 연방수사국FBI은 이스라엘이 군사 장비 전시장에서 첩보를 수집하는데 지나치게 적극적인 태도를 취해왔음을 언급하였다. 관련된 첩보들은 기밀로 분류되어 있지는 않았지만, 특정 장비에 대한 질문을 계속하는 이스라엘인들의 집요함은 우려를 자아냈다. FBI는 또한 이스라엘에 첩보를 넘겨주었을지도 모르는 미국 국방부 관리에 대한 조사를 진행하고 있었다. 뉴질랜드는 불법적으로 뉴질랜드 여권을 획득하려고 한 혐의로 두 명의 이스라엘인들을 감금하고, 이후 추방시켰다. 뉴질랜드 정부는 그들이 모사드 요원이라고 비난하였다. 그들은 그러한 주장이 사실이 아니라고 했지만, 범죄 행위를 저질렀음은 인정하였다. 해외 여권의 확보는 정보기관들에 필수적이며, 해외로 파견된 요원들의 정체를 가장하기 위해 사용된다.

인간정보HUMINT의 중요성에 추가하여, 이스라엘은 독립적인 위성 영상 능력을 개발하였으며, 국가간 영상 협력의 선두에 있다. 언론 기사들은 이스라엘의 파트너 중 두 국가로 인도와 터키를 꼽는다.

이스라엘 정보기관은 납치와 암살을 포함한 다양한 종류의 비밀공작을 수행하였다. 가장 유명한 납치 사건은 1960년 아르헨티나에서 유괴된 나치 관리 아이히만Aldolf Eichmann을 대상으로 한 것이었다. 아이히만은 유대민족을 근절시키려는 히틀러의 '최후의 해결책final solution'의 이행에 대한 책임이 있었다. 그는 이스라엘로 이송되어 재판을 받고 처형되었다. 1986년에 이스라엘 정보기관은 디모나Dimona에 소재한 이스라엘의 비밀 핵 시설에서 일했던 바누누Mordechai Vanunu를 유괴하였다. 디모나를 떠나고 1년 후, 바누누는 런던의 선데이 타임즈Sunday Times를 통해 이스라엘의 핵무기 프로그램에 대한 세부 사실을 발표했다. 바누누는 런던에서 로마로 유인된 후 납치되었으며, 이스라엘에 송환되어 18년 형을 선고받았다.

이스라엘에 의한 암살은 이스라엘 외부나 이스라엘의 점령지에 존재하는 테러리스트들을 목표물로 삼아서 진행되었다. 이 목표물들에는 1972년 뮌헨 올림픽에서 이스라엘 선수들을 인질로 잡고 살해 한 테러리스트들이 포함되어 있었으며, 이 과정 중 노르웨이에서 죄 없는 아랍인 한명이 이스라엘 요원들에 오인 받아 살해되기도 하였다. 보다 최근의 일로, 이스라엘은 점령지역과 팔레스타인 통제 지역에서의 동요 와중에 다수의 테러리스트들을 살해하였다. 이스라엘은 이를 암살이나 군사적 보복이라 부르지 않고, 표적살해targeted killing 또는 요격interception이라 지칭한다. 이러한 작전들은 정보기관이나 군대에 의해 수행된 것으로 보인다.

미국이나 소련과 같이 이스라엘도 중대한 전략적 정보실패를 겪은 바 있다. 1973년 이집트와 시리아는 욤 키퍼 전쟁Yom Kippur War(제4차 중동전쟁)의 시작 단계에서 전략적 기습을 성공시켰다. 아직도 논쟁적으로 남아있는 전후 조사에서 아그라나트Agranat 위원회는 기습에 대해 주로 군 지도부와 아만의 책임을 물었다. 위원회는 공격이 곧 다가올 것임을 가리키는 징후가 많이 있었지만, 군이 자신들의 징후와 경고I&W: indications and warning 개념을 과도하게 따른 나머지, 모든 개념적 징후들을 관찰하지 않게 되었고 결국 중요한 징후들을 과소평가하였음을 발견하였다. 다시 말해 그들은 I&W 모델을 개발하였지만, 아랍의 행동들이 그 I&W 개념에 부합하지 않는다는 이유로 그들이 보고 있는 징후들에 반응하기를 거부하였다. 그리하여 징후와 경고 모델을 갖추었지만 그것을 가동시킬 수 있는 문턱이 너무 높이 설정되었던 것이다. 이 경험은 기습의 가능성에 대한 귀중한 교훈을 제공해 주었다. 전쟁 후 9년이 지나고, 정보에 대한 감시를 맡고 있는 크네셋Knesset 위원회의 간부 지도자는 그 기습에 대해 언급하며 다음과 같이 말한 바 있다: "[냉전기에] 미국은 지구의 모든 부분을 감시해야 했다. 우리는 우리의 적들이 누군지 알고 있다. 우리는 오직 여섯 또는 일곱의 국가들만을 감시하면 되지만 – 그럼에도 기습을 받았다."

러시아

미국의 정보활동을 제외하고는 러시아의 정보활동에 대해서 가장 많은 글들이 발간되었다. 비록 냉전기의 KGB와 CIA가 직접적으로 비교 가능하지는 않지만, 러시아의 정보 능력은 미국의 능력에 아마 가장 가깝게 필적했던 것으로 보인다.

지금은 해체된 KGB는 내부의 정치적 반대에 대한 대항을 주된 책임으로 하는 러시아 그리고 소련의 여러 정보기관들 중 마지막에 위치한다. KGB의 다음 국들은 해외정보 역할을 지니고 있었다.

- 제1최고국(해외): 모든 비군사 정보, 해외 방첩, HUMINT, 해외 선전, 그리고 역정보에 대한 책임을 짐
- 제8최고국(통신): 공격적 그리고 방어적 SIGINT, 후자는 제16국(통신안보)과 역할 공유

보다 광범위하고 중요한 내부 안보 역할에 대한 KGB의 효율성은 다소 문제가 있었던 것처럼 보인다. 소련의 소멸로 이어진 고르바초프Mikhail S. Gorbachev에 대한 1991년의 실패한 쿠데타에 KGB 지도부가 연루되어 있었다. 나아가 KGB는 위성국가들과 소련 내부의 반공산주의적 불만의 깊이를 명백히 잘못 읽었거나 혹은 보고하는데 실패하였다.

GRUGlavnoye Razvedyvatelnoye Upravlnie(중앙정보행정부)는 군사 이슈와 관련된 다양한 종류의 정보를 수집하는 데 대한 책임을 지고 있는 군사정보조직으로 여전히 남아있다. GRU는 HUMINT, SIGINT, 그리고 IMINT 능력을 갖추고 있다. 냉전기에 서방의 정보기관들은 GRU를 KGB에 대한 때때로의 라이벌로 바라봤다(펜코프스키Oleg Penkovsky 대령은 GRU의 관리였다).

다른 HUMINT 기관들과 같이 KGB와 GRU의 성적표에는 공과가 혼합되어 나타난다. 미국과 영국에 대한 성공적인 침투 사례로는 전자의 경우 CIA 요원인 에임즈Aldrich Ames와 FBI 요원인 한센Robert Hanssen이 있고, 후자의 경우 필비Philby, 블레이크Blake, 그리고 프라임Prime이 있다. 그러나 동시에 서방의 기관들도 소련, 그리고 분명하게 소련 몰락 후 러시아에서 간첩을 모집하였다. 펜코프스키는 가장 잘 알려진 사례의 하나이다. 또한 에임즈 – 그리고 어쩌면 동시에 한센 – 가 초래한 피해는 최소한 열두 명의 미국 요원들이 희생되었음을 지적하여야 한다. 나아가 한센의 체포는 러시아에 있는 미국의 첩보원으로부터 제공된 첩보의 결과로 이루어진 것으로 보인다.

소련의 다른 기관들과 마찬가지로, 정보기관들은 계획되지 않았던 변화를 강요받았다. KGB의 제1최고국은 SVR$^{Sluzhba\ Vneshnei\ Razvedki}$(대외정보국)으로 거듭났다. SVR은 정보 연락, 산업 간첩활동, HUMINT, 그리고 KGB 시기의 유산인 에임즈와 한센에 대한 처리를 책임지고 있다. SVR은 전신 기구보다 온화한 조직으로 평가받기 위해 노력하면서, 해외 파견을 감축한 사실을 크게 이용하였다. 그러나 일부 관찰자들은 이것이 대체로 표면적일 뿐이라고 생각한다. 러시아 자신이 소련보다 더 개방적이고 접근이 쉬워졌으며, 이에 따라 SVR이 해외보다 러시아 내의 요원들과 접촉하는 것이 더 쉬워졌다.

KGB의 방첩기능은 대내 방첩활동, 민간 대간첩활동, 그리고 국내안보를 책임지고 있는 FSB$^{Federal'naya\ Sluzba\ Besnopasnoti}$(연방안보국)으로 재출현하였다. 푸틴$^{Vladimir\ Putin}$은 1998년 7월부터 1999년 8월 총리 대리 직위로 격상되기 전까지 FSB를 지휘하였다. 2003년에 푸틴은 FSB에 국경경비대와 FAPSI$^{Federalnoe\ Agenstvo\ Pravitelstvennoi\ Sviazi\ I\ Informatsii}$(연방통신첩보국)에 대한 통제권을 부여했는데, FAPSI는 암호, SIGINT, 그리고 통신 부대를 책임지고 있던 KGB 제8최고국의 승계기관이었다. 이러한 기능들은 미국의 NSA의 기능과 대비되지만, FAPSI는 또한 대내 전자 통신을 통제하기 때문에 비교가 정확하지는 않다. FSB하에서 이루어진 이러한 통합으로 인해 일부 사람들은 KGB의 옛 권력이 재구성되는 것은 아닌지 우려하고 있다.

러시아로서는 옛 소련의 정보기구들을 완전히 폐기하고 새롭게 시작하는 것이 비합리적이고 불가능한 일이었을 것이다. 같은 관리들 중 일부는 부득이하게 다시 고용 되어야 했다. 러시아 정보활동에 대한 핵심적인 질문은 보다 큰 질문, 즉 러시아의 정부와 그 기관들에 의해 법과 권리가 존중받는 민주주의로 얼마나 나아갔는가라는 질문의 한 부분이라 할 수 있다. 러시아의 역사적 경험은 정보기관들이나 보다 넓은 사회에서 그러한 관행이 수립되는데 기여할만한 자원을 얼마 제공해주지 못한다. 또한 러시아는 많은 내부적인 문제 – 모스크바와 기타 지역에서의 테러 공격으로 이어진 러시아 지배에 대한 체첸의 반란이 전형적으로 보여주듯 - 들을 안고 있고, 따라서 보다 제한된 정보 기능만을 수행하는 데 어려움이 있다.

러시아의 기술정보TECHINT 능력은 비록 소련의 몰락 이후 이러한 능력이 약화되고 있다는 보고가 꾸준히 이루어지고 있지만, 미국의 능력에 가장 근접해 있다. 많은 언론 보도들이 이러한 수집 자산들에 영향을 미치는 재정적 제약을 지목한 바 있는데, 이는 궤도에 있는 위성들의 숫자의 측면과 지상 시설에 영향을 미치는 문제의 측면 둘 모두를 포함한다.

2001년 10월 푸틴 대통령은 러시아가 쿠바의 루데스Lourdes에 있는 핵심적인 신호정보SIGINT 시설을 폐쇄할 것임을 발표하였다. 보고에 따르면, 미국 영토로부터 100마일 내에 위치한 루데스 종합시설은 전화, 마이크로파, 그리고 통신위성 소통을 도청할 수 있으며, 러시아 스파이 위성을 관리하기 위해 사용되어 왔다. 그것은 미국-러시아 관계의 주요 방해물이었고, 미국-쿠바 관계에 추가적인 어려움을 준 요소였다. 이 시설의 폐쇄에는 경제적 고려가 주요 동기로 작용한 것으로 보인다. 러시아는 이 부지를 사용하기 위해 쿠바에 매년 2억 달러를 제공하였는데, 한 러시아 장관은 이 금액으로 '20개의 통신과 정보위성을 구입하고 100개의 현대적 레이더를 구입'함으로써 보다 잘 활용될 수 있다고 말하였다. 루데스 시설을 폐쇄하는 결정을 촉진한 두 개의 다른 요소들은 러시아 스파이 위성 함대의 쇠퇴 및 그에 따른 루데스의 중요성 감소, 그리고 미국 통신의 마이크로파로부터 광섬유 케이블로의 꾸준한 전환이었다. 일부 러시아 관리들은 미국이 러시아 근방에 있는 지상 SIGINT 시설, 특히 노르웨이의 바르도Vardo에 있는 시설을 폐쇄함으로써 답례할 것이란 희망을 표명하였다. 그와 동시에 러시아는 베트남 전쟁 때 미국의 주요 기지였던 베트남 캄 란Cam Ranh 만에 있는 자국 기지의 폐쇄를 발표하였다. 소련과 러시아 군은 그 기지를 정찰비행기를 위한 기지, 그리고 중국을 목표로 하는 SIGINT 시설로 활용해 왔다.

소련의 정보기구는 암살, 혹은 그들의 표현을 빌자면 '축축한 업무wet affairs'를 수행해 왔다. 가장 유명한 것은 1940년 멕시코 시에서 스탈린의 전

경쟁자였던 트로츠키Leon Trotsky가 암살된 일이다. 어떤 분석가들은 소련이 교황 요한 바오로 2세에 대한 암살 시도의 배후에 있었다고 믿고 있지만, 어떠한 결정적인 증거도 발견되지 않았다. 암살에 대한 러시아의 정책이 변화하였는지는 알려져 있지 않다.

러시아의 정보 능력은 소련의 힘이 정점에 달했을 때만큼 강력하지는 않지만, 여전히 온화하거나 힘없는 기관은 아니다. 무엇보다도 과거 소련의 정보문서들과 전 현직 러시아 정보 관리들의 머릿속에는 미국의 출처와 방법들에 대한 상당한 정보가 쌓여있다. '느슨한 핵무기loose nukes' 이슈(다른 WMD 확산 프로그램에서 사용되는 과거 소련의 핵무기들이나 핵에 대한 전문성)에 대응하는 문제로써, 일부 전직 소련 정보관들 – 핵과학자들과 마찬가지로 그 지위가 크게 하락한 – 이 그들의 지식을 사용하여 이득을 얻으려고 하지 않을까 하는 우려가 제기된 바 있다.

러시아의 기관들은 또한 과거의 중요한 '연락 파트너liaison partner'들을 잃었다. 과거 소련 위성국가들의 정보기관들은 실질적으로 하도급 업자로 기능하였다. 동독과 체코슬로바키아의 정보기관들은 모두 게릴라와 테러리스트 단체와 접촉을 하고 있었다. 폴란드 정보기관은 서방국가들에서의 산업 간첩활동에 이용되었다. 불가리아 정보기관은 때때로 암살에 활용되었다. 불가리아는 1978년 런던에서 마르코프Georgi Markov라는 자국 반체제 인사를 암살하였다. 동독은 더 이상 존재하지 않고, 폴란드와 체코는 이제 NATO의 일원이 되었다.

결론

서로 다른 정보기관들을 평가할 때에는, 대부분의 기관들이 다른 기관들과 연락 관계를 갖고 있고 이를 통해 능력을 증진시킨다는 점을 염두에 두고 있어야 한다. 이 관계들이 어느 정도로 상호 보완적이거나 겹치는지는 중요한 문제이다.

이제 명백해졌겠지만, 정보기관들을 서로 비교하는 일은 부정확하고, 또 어떤 면에서는 의미 없는 일이다. 각 기관들은 그 나라 정책결정자들의 고유한 정보요구에 부합하도록 구성되어 있거나 혹은 구성되어야 한다. 이 책 전반에서 논의된 정보과정은 어떠한 특정한 정보기관에 대해서도 대체로 포괄적으로 설명하고 있지만, 특정한 핵심 이슈들 – 예를 들어, 대내 대외 안보 기능, 국가의 상대적 안전성, 국제관계와 이익의 정도와 성격 등 – 은 정보기관들이 어떻게 기능하고 정책결정자들과 어떠한 관계를 맺는지를 결정한다. 어떤 구조들은 또한 각 국가 특유의 국가적 그리고 정치적 발전을 반영한다. 숙련도와 능력 또한 기관마다 차이가 존재한다. 어떤 정보기관을 평가하더라도 핵심적인 이슈는 이 책 전체에 스며들어 있는 바로 그 이슈이다. 그 이슈는 정보기관이 정책과정에 유용한 정보를 적시에 제공해 주는가의 문제이다.

더 읽을거리

해외정보기관에 대한 문헌들은 잘 해야 비균질적이다. 아래에 인용한 글들은 역사적인 접근을 하고 있는 것들도 일부 있지만, 대체로 그보다는 조직들의 현 상태에 강조점을 두고 있다. 이에 더해 미국과학자연맹Federation of American Scientists의 웹사이트인 www.fas.org는 이 장에서 논의된 모든 기관들과 기타 기관들에 대한 유용한 정보를 담고 있다.

영국

"Cats' Eyes in the Dark," *Economist*, March 19~25, 2005, 32~34.

Cradock, Percy. *Know Your Enemy: How the Joint Intelligence Committee Saw the World*. London, England: John Murray, 2002.

Falkland Islands Review. Report of a Committee of Privy Counsellors [Franks Report]. London, England: Her Majesty's Stationery Office, 1983. (Parliamentary paper Cmnd. 8787.)

Herman, Michael. "Intelligence and the Iraqi Threat: British Joint Intelligence after Butler." *RUSI Journal* (August 2004): 18~24.

Masse, Todd. "Domestic Intelligence in the United Kingdom: Applicability of the MI~5 Model to the United States." Washington, D.C.: Congressional

Research Service, May 19, 2003.

National Intelligence Machinery. London, England: Stationery Office, 2000.

Review of Intelligence on Weapons of Mass Destruction: Report of a Committee Privy Counsellors [Butler Report]. London, England: Her Majesty's Stationery Office, July 14, 2004.

Security Service (MI5), www.securityservice.gov.uk (This is the official Web site of the United Kingdom's security intelligence agency.)

Smith, Michael. *New Cloak, Old Dagger: How Britain's Spies Came In from the Cold*. London, England: Gollancz, 1996.

Smith, Michael. *The Spying Game: The Secret History of British Espionage*. London, England: Politicos Publishers, 2003.

West, Nigel. "The UK's Not Quite So Secret Service." *International Journal of Intelligence and Counterintelligence* 18 (spring 2005): 23~30.

www.cabinetoffice.gov.uk (British Cabinet Office Web site)

www.five.org.uk (This unofficial site is hostile to intelligence services but has some useful information on the legal basis of the British services.)

www.gchq.gov.uk (Government Communications Headquarters Web site)

www.mi5.gov.uk (MI5 Web site)

중국

Eftimiades, Nicholas. *Chinese Intelligence Operations*. Annapolis, Md.: Naval Institute Press, 1994.

U.S. House Select Committee on U.S. National Security and Military/Commercial Concerns with the People's Republic of China [Cox Committee]. 3 vols. 105th Cong., 2d sess., 1999.

프랑스

Direction Generale de la Securite Exterieure, www.dgse.org (This is an unofficial but useful site, in French.)

Porch, Douglas. "French Intelligence Culture: A Historical and Political Perspective." *Intelligence and National Security* 10 (July 1995): 486~511.

이스라엘

Black, Ian, and Benny Morris. *Israel's Secret Wars: A History of Israel's Intelligence Services*. New York: Grove Weidenfeld, 1991.

Katz, Samuel M. *Soldier Spies: Israeli Military Intelligence.* Novato, Calif.: Presidio Press, 1992.

Raviv, Dan, and Yossi Melman. *Every Spy a Prince: The Complete History of Israel's Intelligence Community.* Boston: Houghton Mifflin, 1990.

Thomas, Gordon. *Gideon's Spies: Mossad's Secret Warriors.* New York: St. Martin's, 1999.

www.mossad.il (This is the Mossad site for new applicants.)

러시아

Albats, Yevgenia. *The State within a State: The KGB and Its Hold on Russia—Past, Present, and Future.* Trans. Catherine A. Fitzpatrick. New York: Farrar, Strauss, and Giroux, 1994.

Albini, Joseph L., and Julie Anderson. "Whatever Happened to the KGB?" *International Journal of Intelligence and Counterintelligence* 11 (spring 1998): 26~56.

Andrew, Christopher, and Oleg Gordievsky. *KGB: The Inside Story of Its Foreign Operations from Lenin to Gorbachev.* New York: HarperCollins, 1991.

Knight, Amy. *Spies without Cloaks: The KGB's Successors.* Princeton: Princeton University Press, 1996.

Waller, J. Michael. *Secret Empire: The KGB in Russia Today.* Boulder, Colo.: Westview Press, 1994.

부록 1

추가적인 참고문헌과 웹사이트

주제에 따라 배열된 이 참고문헌 목록은 이 책 각 장 끝에 작성되어 있는 목록들에 추가적인 읽을거리이다. 이는 정보 관련 문헌들에 대한 포괄적인 참고목록이 아니다. 그 대신 여기에 나열된 글들은 이 책에서 전개된 주제들에 대한 연관과 확장을 고려하여 선택되었다. 어떤 글들은 비록 오래되긴 했지만, 여전히 매우 유용하다.

웹사이트의 목록은 원래 직업 정보관(미 공군)이었고, 오랫동안 정보에 대한 학사이자 선생으로 활동하였으며, 2001년에 세상을 떠난 매카트니 John Macartney에 의해 정리되었다.

참고서

Lowenthal, Mark M. *The U.S. Intelligence Community: An Annotated Bibliography.* New York: Garland, 1994.

U.S. Congress. House Permanent Select Committee on Intelligence. *Compilation of Intelligence Laws and Related Laws and Executive Orders of Interest to the National Intelligence Community, as Amended through January 3, 1998.* 105th Cong., 2d sess., 1998.

Watson, Bruce W., and others, eds. *United States Intelligence: An Encyclopedia.* New York: Garland, 1990.

개론서

Dearth, Douglas H., and R. Thomas Goodden, eds. *Strategic Intelligence: Theory and Approach.* 2d ed. Washington, D.C.: Defense Intelligence Agency, Joint Military Intelligence Training Center, 1995.

George, Roger Z., and Robert D. Kline. *Intelligence and the National Security Strategist: Enduring Issues and Challenges.* Washington, D.C.: National Defense University Press, 2004.

Hilsman, Roger. *Strategic Intelligence and National Decisions.* Glencoe, Ill.: Greenwood, 1956.

Johnson, Loch K., and James J. Wirtz. Strategic Intelligence: Windows on a Secret World. Los Angeles: Roxbury Publishing Company, 2004.

Kent, Sherman. *Strategic Intelligence for American World Policy.* Princeton: Princeton University Press, 1949.

Krizan, Lisa. *Intelligence Essentials for Everyone.* Washington, D.C.: Joint Military Intelligence College, 1999.

Laqueur, Walter. *A World of Secrets.* New York: Basic Books, 1985.

역사

Andrew, Christopher. *For the President's Eyes Only.* New York: Harper Perennial Library, 1995.

Montague, Ludwell Lee. *General Walter Bedell Smith as Director of Central Intelligence: October 1950-February 1953.* University Park: Pennsylvania State University Press, 1992.

Ranelagh, John. *The Agency: The Rise and Decline of the CIA.* New York: Simon and Schuster, 1987.

Troy, Thomas F. *Donovan and the CIA: A History of the Establishment of the Central Intelligence Agency.* Frederick, Md.: Greenwood, 1981.

분석 – 역사

McAuliffe, Mary S., ed. *CIA Documents on the Cuban Missile Crisis 1962.* Washington, D.C.: U.S. Central Intelligence Agency, Historical Staff, 1992.

Price, Victoria S. *The DCI's Role in Producing Strategic Intelligence Estimates.* Newport: U.S. Naval War College, 1980.

비밀공작 - 역사

Aguilar, Luis. *Operation Zapata*. Frederick, Md.: University Publications of America, 1981.

Bissell, Richard M., with Jonathan E. Lewis and Frances T. Pudlo. *Reflections of a Cold Warrior*. New Haven: Yale University Press, 1996.

Blight, James G., and Peter Kornbluh, eds. *Politics of Illusion: The Bay of Pigs Invasion Reexamined*. Boulder, Colo.: Lynne Rienner Publishers, 1998.

Draper, Theodore. *A Very Thin Line: The Iran-Contra Affairs*. New York: Hill and Wang, 1991.

Persico, Joseph. *Casey: From the OSS to CIA*. New York: Viking, 1990.

Thomas, Ronald C., Jr. "Influences on Decisionmaking at the Bay of Pigs." *International Journal of Intelligence and Counterintelligence* 3 (winter 1989): 537~548.

U.S. Senate Select Committee to Study Governmental Operations with Respect to Intelligence Activities [Church Committee]. *Alleged Assassination Plots Involving Foreign Leaders*. 94th Cong., 1st sess., 1975.

Wyden, Peter. *The Bay of Pigs: The Untold Story*. New York: Simon and Schuster, 1979.

정보 웹사이트

_ SEARCHABLE DATABASES
  ☞ intellit.muskingum.edu/intellsite/index.html (J. Ransom Clark, "The Literature of Intelligence: A Bibliography of Materials, with Essays, Reviews, and Comments," 2002.)

_ MULTIPLE SITE LINKS
  ☞ www.loyola.edu/dept/politics/intel.html (strategic intelligence)
  ☞ www.columbia.edu/cu/web/indiv/lehman/guides/intell.html (U.S. government documents, U.S. intelligence community)
  ☞ www.kimsoft.com/kim-spy.htm (intelligence and counterintelligence)

_ ARMED FORCES JOURNAL INTERNATIONAL
  ☞ www.afji.com.

_ CENTRAL INTELLIGENCE AGENCY
  ☞ www.odci.gov/csi (Center for the Study of Intelligence)
  ☞ www.foia.ucia.gov (Freedom of Information Act documents)

_ NATIONAL SECURITY ARCHIVE
  ☞ www.gwu.edu/~nsarchiv (declassified documents)

_ NEW YORK TIMES
  ☞ www.nytimes.com/library/national/index-cia.html

_ CONGRESSIONAL OVERSIGHT COMMITTEES
  ☞ www.senate.gov/index.htm
  ☞ intelligence.house.gov

_ HUMAN INTELLIGENCE
  ☞ www.fas.org/irp/wwwspy.html (Federation of American Scientists)

_ IMAGERY INTELLIGENCE
  ☞ www.fas.org/irp/wwwimint.html (Federation of American Scientists)
  ☞ www.fas.org/irp/imint/kh-12.htm (Federation of American Scientists)

_ MEASUREMENT AND SIGNATURES INTELLIGENCE
  ☞ www.fas.org/irp/program/masint-evaluation-rep.htm (Federation of American Scientists)
  ☞ www.fas.org/irp/congress/1996-rpt/ic21/ic21007.htm (Federation of American Scientists)

_ OPEN-SOURCE INTELLIGENCE
  ☞ www.fas.org/irp/eprint/oss980501.htm (Federation of American Scientists)
  ☞ www.fas.org/irp/wwwecon.html (Federation of American Scientists)

_ SIGNALS INTELLIGENCE
  ☞ www.fas.org/irp/wwwsigin.html (Federation of American Scientists)

_ COUNTERINTELLIGENCE
  ☞ www.ncix.gov (National Counterintelligence Executive)

- ☞ www.fbi.gov/hq/ci/cointell.htm (Federal Bureau of Investigation)
- ☞ www.dss.mil (Defense Security Service)
- ☞ www.loyola.edu/dept/politics/hula/hitzrept.html ("Abstract of Report of Investigation, The Aldrich H. Ames Case: An Assessment of CIA's Role in Identifying Ames as an Intelligence Penetration of the Agency," October 21, 1994.)

_ COVERT ACTION
- ☞ www.nytimes.com/library/national/cia-invismain.html (New York Times)

_ INFORMATION OPERATIONS
- ☞ www.infowar.com

_ CURRENT NEWS ARTICLES
- ☞ cryptome.org

_ INTELLIGENCE REFORM OF 1996
- ☞ www.access.gpo.gov/int/report.html (Report of the Aspin-Brown Commission: "Report of the Commission on the Roles and Capabilities of the United States Intelligence Community")

_ BUSINESS (COMPETITIVE) INTELLIGENCE
- ☞ www.lookoutpoint.com/index.html (Real-World Intelligence Inc.)
- ☞ www.scip.org (Society of Competitive Intelligence Professionals)
- ☞ www.stratfor.com (Stratfor)
- ☞ www.opsec.org (Operations Security Professionals Society)
- ☞ www.pcic.net (Professional Connections in the Intelligence Community)
- ☞ www.fas.org/irp/wwwecon.html (Federation of American Scientists)

_ FOREIGN INTELLIGENCE SERVICES
- ☞ www.csis-scrs.gc.ca (Canadian Security Intelligence Service)
- ☞ www.cse-cst.gc.ca/cse/english/home-1.html (Communications Security Establishment, Canada)
- ☞ www.asio.gov.au (Australian Security Intelligence Office)
- ☞ www.asis.gov.au (Australian Secret Intelligence Service)
- ☞ www.ona.gov.au (Office of National Assessments, Australia)
- ☞ www.defence.gov.au/dio (Defence Intelligence Organisation,

Australia)

_ SPECIAL REPORTS
- www.carnegie.org/deadly/0697warning.htm ("The Warning- Response Problem and Missed Opportunities in Preventive Diplomacy," New York: Carnegie Commission on Preventing Deadly Conflict, 1997.)
- www.fas.org/irp/congress/1998_cr/s980731-rumsfeld.htm (U.S. Senate, "The Rumsfeld Commission Report," Congressional Record, daily ed., 105th Cong., 2d sess., July 31, 1998.)
- www.seas.gwu.edu/nsarchive/news/19980222.htm ("Inspector General's Survey of the Cuban Operation and Associated Documents," Central Intelligence Agency (CIA) report on the Bay of Pigs)
- www.fas.org/irp/cia/product/jeremiah.html (Comments of Adm. David Jeremiah on his investigation into actions taken by the intelligence community leading up to the Indian nuclear testof 1998)
- www.fas.org/irp/cia/product/cocaine2/index.html (CIA inspector general report: "Report of Investigation: Allegations of Connections between CIA and the Contras in Cocaine Trafficking to the United States")
- www.washingtonpost.com/wp-srv/national/longterm/drugs/front.htm ("Special Report: CIA, Contras, and Drugs: Questions Linger," Washington Post.)

_ PRIVATE ORGANIZATIONS
- www.afio.com (Association of Former Intelligence Officers)
- www.nmia.org (National Military Intelligence Association)
- www.aochq.org (Association of Old Crows)
- www.opsec.org (Operations Security Professionals Society)
- www.afcea.com (Armed Forces Communications and Electronics Association)
- www.cloakanddagger.com/dagger (Cloak and Dagger Books) intelligence-history.wiso.uni-erlangen.de (International Intelligence History Association)

부록 2

정보에 대한 주요 검토와 제안

정보공동체의 변화를 위한 가장 중요한 검토와 제안을 나열하고 있는 이 부록은 베스트Richard A. Best Jr.가 작성한 "Proposals for Intelligence Reorganization, 1949~1996"이라는 제목의 1996년 의회조사국 보고서에 기초하고 있다. 이 개관은 여러 해 동안 제시된 주요 개념들에 대한 통찰을 제공해준다. 그러나 개인들이 제시한 제안들은 여기에 포함되어 있지 않다.

에버스타트 보고서 Eberstadt Report, **1945.** 1947년 국가안보법National Security Act의 초석을 놓음. 국가안보회의NSC: National Security Council, 법률상의 중앙정보국장DCI: director of central intelligence, 그리고 중앙정보국CIA: Central Intelligence Agency을 창설. 또한 전쟁성War Department와 해군성Navy Deprtment으로의 분리에 반대되는 통합된 국방 구조를 수립.

제1후버 위원회 First Hoover Commission, **1949.** CIA, 군, 국무부 사이의 조정 부족과 이에 따른 중복과 왜곡된 평가에 대한 우려를 제기함. 국가정보에서 CIA의 보다 중심적인 역할을 역설.

덜레스-잭슨-코레아 보고서 Dulles-Jackson-Correa Report, **1949.** 하급자가 일상적인 CIA 작전을 운영하고, DCI는 정보공동체 전반과 관련한 이슈들에 집중할 것을 권고.

두리틀 보고서 Doolittle Report, 1954. 소련의 위협에 대응하기 위해 더 효율적인 간첩활동, 대간첩활동, 그리고 비밀공작을 역설하고, 소련진영에서의 인간정보HUMINT: human intelligence에 대한 장애를 극복하기 위한 기술정보의 필요성을 언급함.

테일러 위원회 Taylor Commission, 1961. 피그만 침공에 대한 평가를 제공하면서, 관련된 모든 기관들, 작전의 계획과 구상, 그리고 부인의 그럴듯함plausibility of deniability을 비판하였음. 미래의 계획과 비밀공작의 조정에 관한 권고를 함.

커크패트릭 보고서 Kirpatrick Report, 1961. 피그만에 대한 CIA의 내부 검토서. 이 역시 작전의 계획자들을 비판함.

슐레진저 보고서 Schlesinger Report, 1971. 정보공동체의 규모 및 비용의 증대, 그리고 이에 대비되는 분석에 있어서의 뚜렷한 개선의 미약함을 문제 삼음. 또한 중복되는 수집 시스템들의 비용, 미래의 자원 배분을 위한 계획의 부족을 문제 삼음. 이 분야들에서 DCI의 역할을 강화하는 것을 권고함.

머피 위원회 Murphy Commision(**외교정책 수행을 위한 정부조직에 대한 위원회**Commission on the Organization of the Government for the Conduct of Foreign Policy), 1975. DCI의 책임 대 권한이라는 이슈를 제기하였으나, CIA 외부 기관들에 대한 DCI의 직접적 권한의 증대를 권고하지는 않았다. CIA의 관리는 부국장에게 위임하고 DCI는 공동체 전반의 이슈들에 보다 많은 시간을 쏟을 것을 주장.

록펠러 위원회 Rockefeller Commission(**미국 내 CIA 활동에 대한 위원회**Commission on CIA Activities within the United States), 1975. 부적절하거나 불법적인 CIA 활동의 폭로('가족 보석' 보고서'family jewels' report)에 의하여 형성되었고, 주로 재발을 방지하고 CIA가 오직 해외정보 활동에만 주목하게 하기 위한 제안들에 집중하고 있음.

처치 위원회 Church Committee(**정보활동에 관한 정부의 운용을 연구하기 위한 상원 특별위원회**Senate Select Committee to Study Governmental Operations with

Respect to Intelligence Activities), 1976. '가족 보석' 폭로의 영향으로 구성. 모든 정보기관들에 대해서, 그 역할과 금지된 활동들을 규정하는 입법적인 헌장을 갖출 것을 권고. 또한 국가정보 요구, 정보 예산, 정보활동의 지침 등을 수립할 권한을 갖추고, 해외정보활동에 대한 제1위의 조언자로서 기능하는 DCI의 역할을 법률적으로 인정할 것을 권고. 국가정보 예산이 기관장들이 아닌 DCI에게 주어질 것을 권고. 암살을 금지하는 것을 권고.

파이크 위원회 Pike Committee**(정보에 대한 하원 특별위원회**House Select Committee on Intelligence**), 1976.** 처치위원회에 대한 하원의 대응물이었다. 최종적으로 승인된 발표가 아닌 빌리지 보이스Village Voice 신문을 통해 유출된 형태로 권고를 제시. 공동체 전반의 이슈에 집중하게 하기 위해 DCI를 CIA로부터 분리시키는 것을 권고하였음. 또한 평화시 암살의 금지, 비밀공작에 대한 의회의 증대된 감시, 국가안보국NSA을 위한 헌장 입법, 전체 정보예산 규모의 발표, 그리고 국방정보국DIA의 폐지 및 그 기능을 국방부와 CIA 사이에 분할할 것을 권고.

타워 위원회 Tower Commission**(대통령 특별검토위원회의 보고서), 1987.** 이란-콘트라 사건의 최초 폭로 이후 구성. NSC 참모진들의 구성 및 기능의 개선, 비밀공작에 대한 제한된 고려를 위한 보다 정밀한 절차, 그리고 의회 내 합동 정보 위원회를 권고. 정보활동 과정에 대한 정책 결정자들의 영향에 대한 우려를 제기.

보렌-맥커디 Boren McCurdy**, 1993.** 상원과 하원 정보위원회의 의장들(각각 민주당 소속 오클라호마 의원인 보렌David L. Boren, 역시 민주당 소속 오클라호마 의원인 맥커디Dave McCurdy)의 권고를 제시. 정보공동체 전반에 대한 예산 계획 권한을 지닌 국가정보국장DNI: director of national intelligence 직의 창설. 한명은 분석과 평가, 다른 한명은 정보공동체의 이슈를 다루는 두 명의 국가정보부국장, DNI의 하위에 있는 별도의 CIA 국장, 그리고 분석적 요소들을 한 명의 국가정보부국장 하에 통합할 것을 권고.

애스핀-브라운 위원회 Aspin-Brown Commission**(미국 정보공동체의 역할과**

능력에 대한 위원회Commission on the Roles and Capabilities of the U.S. Intelligence Community), 1996. 냉전 후 정보공동체의 미래를 연구. 정보공동체가 기관 사이의 장벽을 넘어 보다 진정한 공동체처럼 기능해야 한다고 언급. 정보기관의 역할, 수집, 그리고 분석의 방향을 개선하기 위해 정보와 정책 사이에 보다 밀접한 연계를 권고함. 또한 정보공동체를 위한 두 번째 중앙정보부국장 임명, CIA를 책임지는 중앙정보부국장에 대한 고정된 6년의 임기 부여, DCI의 관할 하에 있는 총무부장을 통한 정보 예산의 재조정, 국방인간정보국Defense Humint Service이 비밀리에 수행하던 요원모집 업무의 CIA 공작국Directorate of Operations으로의 이전을 권고.

IC21: 21세기의 정보공동체The Intelligence Community in the Twenty-first Century, 1996. 애스핀-브라운과 동시에 진행된, 정보에 대한 하원 상설 특별위원회 직원들에 의한 연구. DCI가 수석 행정관으로 활동하는, 보다 집합적인 정보공동체를 수립하고자 함. 권고사항들에는 다음과 같은 내용이 포함되어 있다. 국방장관이 국가해외정보프로그램NFIP: National Foreign Intelligence Program의 국방기관을 임명할 시 DCI의 동의 획득 의무화, NFIP 기관들의 예산과 직원에 대한 DCI의 통제 강화, 공동체 관리를 위한 두 번째 CIA 부국장직 창설, 정보공동체 전체에 걸쳐 있는 관리 및 기반시설 기능들의 통합과 합리화, 신호정보, 영상정보, 징후계측정보를 관리하기 위한 '기술 수집 기구Technical Collection Agency'의 창설, 그리고 정보공동체 예비역의 창설.

대외관계 관련 독립 태스크포스에 대한 위원회Council on Foreign Relations Independent Task Force(정보활동을 더 영리하게 만들기Making Intelligence Smarter: 미국 정보활동의 미래The Future of U.S. Intelligence), 1996. 요구와 우선순위 과정의 개선을 권고함. 또한 익숙한 주제들과 광범위한 경향에 대한 장기적 예측에 부여하는 강조의 약화, 공개출처의 더 많은 활용, 정보 구성 요소들에 대한 DCI의 영향력 강화, 그리고 정보 예비역의 창설을 권고.

하트-러드만 위원회Hart-Rudman Commission(국가안보, 21세기에 대한 미국 위원회U.S. Commission on National Security, Twenty-first Century), 2001. 연구의 제2

단계에서, 국가정보회의National Intelligence Council가 국토안보와 비대칭위협의 이슈들에 대한 보다 많은 자원 할애 권고. 또한 국가 정보 우선순위를 수립하는 역할을 하는 전략적 기획국을 NSC가 설립할 것, DCI가 테러리즘에 대한 HUMINT 자원 모집에 더 많은 중요성을 부여할 것, 그리고 정보공동체가 경제, 과학, 기술안보적 관심 사안에 새롭게 주안점을 두고 또 공개출처 정보를 보다 많이 활용하는 한편, 동시에 이러한 활동들에 예산을 증가시킬 것을 권고.

9·11 위원회9·11 Commission**(미국을 겨냥한 테러 공격에 대한 국가 위원회** National Commission on Terrorist Attacks Upon the United States), 2004. 몇 가지 권고사항들은 2004년에 법으로 제정됨. 가장 중요하게는 어떤 기관과도 연계되지 않은 DNI를 통한 DCI의 대체, 그리고 부시George W. Bush 대통령이 이미 진행하고 있던 국가대테러센터National Counterterrorism Center의 창설을 들 수 있음. 또한 분석과 관련된 모든 노력들을 주제별로 조직하고, 국방부가 모든 준군사작전에 대해 책임을 맡을 것을 권고.

WMD 위원회WMD Commission**(대량살상무기와 관련한 미국의 정보 능력에 대한 위원회**Commission on the Intelligence Capabilities of the United States Regarding Weapons of Mass Destruction), 2005. 이라크의 대량살상무기와 다른 이슈들에 관한 정보기관의 업무수행을 조사하기 위해 구성. DNI가 최우선 이슈들에 대해 정보의 모든 측면에서 책임을 지는 임무 관리자 직위를 설립할 것을 권고함. 또한 DNI로 하여금 보다 통합된 수집 조직, 반反확산을 위한 수집과 분석을 조정할 국가확산대책센터National Counterproliferation Center, CIA 내 공개출처국, 그리고 방첩, 대테러 및 정보활동을 포함하는 연방수사국 내의 새로운 국가안보 부서를 설립할 것을 권고하였다. 2005년 6월에 부시 대통령은 74개의 권고사항 중 70개를 받아들였다.

찾아보기(인명)

ㄱ

게이츠(Robert M. Gates) 19, 171-172, 192, 266, 281, 325, 341
고르바초프(Mikhail S. Gorbachev) 316, 420; 고르바초프 축출 쿠데타 319; 고르바초프의 외교정책 317
고스(Porter J. Goss) 22
고어(Al Gore) 193
골드워터(Barry Goldwater) 293, 296
구즈만(Jacobo Arbenz Guzmán) 29
그랜트(Ulysses S. Grant) 349
기욤(Gunter Guillaume) 134
까헤(John Le Carré) 359

ㄴ

나스르(Osama Moustafa Hassan Nasr) 233
나폴레옹 158, 195
네그로폰테(John Negroponte) 42, 54, 389
네이던 헤일(Nathan Hale) 125
네탄야후(Benjamin Netanyahu) 417
노스(Oliver L. North) 227-228
노이슈타트(Richard Neustadt) 226
누치오(Richard Nuccio) 378
니체(Paul Nitze) 308
닉슨(Richard M. Nixon) 33, 248, 265, 376, 412; 닉슨 행정부 33

ㄷ

대처(Margaret Thatcher) 410

덜레스(Allen Dulles) 29, 31, 55, 222, 240
덜레스(John Foster Dulles) 55
도노반(William Donovan) 26
도이치(John M. Deutch) 58, 132, 348, 361, 378
듀얼퍼(Charles A. Duelfer) 274
드콘시니(Dennis Deconcini) 58

ㄹ

라본(Pinhas Lavon) 416; 라본 사건 416
라코스테(Pierre Lacoste) 414
럼스펠드(Donald H. Rumsfeld) 58, 62, 115, 239, 298-299
레이건(Ronald Reagan) 24, 34-35, 191-192, 227, 241, 259, 265, 290, 317; 레이건 독트린 318; 레이건 행정부 224, 279, 282, 298, 318
레이크(Anthony Lake) 281
로버츠(Pat Robert) 64, 295, 297
로저경(Roger Hollis) 409
로젠버그(Julius Rosenberg) 207, 209, 217, 357
록펠러(John D. Rockfeller Ⅳ) 295
록펠러(Nelson A. Rockefeller) 33
루즈벨트(Franklin Roosevelt) 26
르노(Janet Reno) 53
리(Wen Ho Lee) 212-213, 411; 리 사건 213
리슐리외(Cardinal Richelieu) 16
린드(John Walker Lindh) 330
링컨(Abraham Lincoln) 302

ㅁ

마르코프(Georgi Markov) 423
마스키로프카(maskirovka) 309
마타 하리(Mata Hari) 125
맥나마라(Robert McNamara) 29-30
맥러클린(John McLaughlin) 388
맥콘(John McCone) 31, 52, 263
메이(Ernest R. May) 191, 226
메이어스(Richard Meyers) 298
모사덱(Mohammad Mossadegh) 29, 242
모이니한(Daniel Patrick Moynihan) 293, 296
몬테스(Ana Belen Montes) 207, 217
몬테피오레(Simon Montefiore) 162
미테랑(François Mitterand) 414
밀로세비치(Slobodan Milosevic) 139

ㅂ

바누누(Mordechai Vanunu) 418
바웬사(Lech Walesa) 362
배리(James Barry) 370
버틀러 경(Lord Butler) 410
베라(Yogi Berra) 185
베스트(Richard A. Best Jr.) 383-384
베이커(James A. Baker III) 60, 255
베츠(Richard Betts) 3
보렌(David L. Boren) 282
볼란드(Edward P. Boland) 279; 볼란드 개정안 286
볼튼(John Bolton) 6
부시(George W. Bush) 22, 37-38, 42, 54, 62, 114, 138, 192, 216, 253-254, 256, 265-266, 271, 285, 290, 312, 324, 327-328, 390; 부시 행정부 38, 254, 302, 324, 358
브란트(Willy Brandt) 135
블레어(Tony Blair) 193
블레이크(George Blake) 207, 409, 420
빈 라덴(Osama bin Laden) 4, 37, 242, 332

ㅅ

사이밍턴(Stuart Symington) 29, 377

셔먼(William T. Sherman) 349
셰바르드나제(Eduard A. Shevardnadze) 316
셰브첸코(Arkardy Shevchenko) 365
소렌슨(Theodore Sorenson) 281
솔톤스톨(Leverett Saltonstall) 285, 292
슐레진저(James Schlesinger) 383
슐츠(George P. Shultz) 60, 190, 227
스마일리(George Smiley) 359
스미스(Walter Bedell Smith) 28
스벨드로브스크(Sverdlovsk) 30
스코우크로프트(Brent Scowcroft) 271
스탈린(Josef Stalin) 162, 194, 241

ㅇ

아벨(Rudolf Abel) 357, 417
아브람스(Elliot Abrams) 190
아스핀(Les Aspin) 80
아옌데(Salvador Allende) 230, 234, 243, 358, 376
아이젠하워(Dwight D. Eisenhower) 29-30, 97, 234-235, 271; 아이젠하워 행정부 30, 222, 265
아이히만(Aldolf Eichmann) 418
앵글턴(James Angleton) 212
에임즈(Aldrich Ames) 36, 128, 206, 271, 293, 134, 207-208, 212, 215, 217, 320, 420-421; 에임즈 스파이 사건 35
엘스버그(Daniel Elsberg) 281
와이즈(David Wise) 214
와인버거(Caspar W. Weinberger) 227, 248
울시(R. James Woolsey) 52, 58, 253, 266, 341, 415
울프(Markus Wolf) 361-362
워너(John W. Warner) 298
워싱턴(George Washington) 17, 290
월스테터(Robert Wohlstetter) 93
웹스터(William H. Webster) 53, 128, 266
이든(Anthony Eden) 375

ㅈ

장개석 191
장쩌민 411

제레미아(David Jeremiah) 95
제임스 본드(James Bon) 125
존슨(Lyndon B. Johnson) 32, 52, 263

ㅊ _

챔벌레인(Neville Chamberlain) 375
처치(Frank Church) 240
체니(Dick Cheney) 192, 263
체르노미르딘(Viktor Chernomyrdin) 193
친(Larry Wu-tai Chin) 205, 207, 411

ㅋ _

카드(Andrew Card) 54
카를로스(Carlos) 364
카산드라 195
카스트로(Fidel Castro) 30, 92, 234; 카스트로 암살계획 240
카터(Jimmy Carter) 24, 53, 167, 257, 265, 280, 290; 카터 행정부 222, 265
카트린느 대제(Catherine the Great) 309
칸(A. Q. Khan) 335; 칸 네트워크 335-336
케넌(George Kennan) 35, 307, 317
케네디(John F. Kennedy) 29, 31, 52, 235, 319; 케네디 행정부 31
케리(John Kerry) 24
케이시(William J. Casey) 58, 227, 266, 293, 296
켄트(Sherman Kent) 194-195, 252, 260, 308, 373
콕스(Christopher Cox) 213
콜비(William E. Colby) 224
콤베스트(Larry Combest) 295
쿠클린스키(Ryszard Kuklinski) 362
클라우제비츠(Karl von Clausewitz) 349
클린턴(Bill Clinton) 52, 253, 256, 266, 324, 377, 414, 417; 클린턴 정부 414; 클린턴 행정부 242, 284, 298, 324
키신저(Henry Kissinger) 204, 226

ㅌ _

탈레랑(Charles Maurice de Talleyrand) 195
테넷(George J. Tenet) 21-22, 52-53, 62, 77, 95, 99, 113, 171, 239, 252, 266, 277, 289-290, 327, 393, 417
토리첼리(Robert G. Torricelli) 377; 토리첼리 사건 377
트로츠키(Leon Trotsky) 423
트루먼(Harry S. Truman) 28, 58, 178, 189, 234, 388

ㅍ _

파워즈(Francis Gary Powers) 30, 357, 417
파월(Colin Powell) 175, 248
패튼(George S. Patten) 102
페이스(Douglas Feith) 260
펜코프스키(Oleg Penkovsky) 128, 130, 134, 320, 357, 420
펠톤(Ronald Pelton) 35, 207포드(Gerald R. Ford) 240, 271, 290; 포드 행정부 167, 312
포즈너(Richard Posner) 55
포템킨(Grigory Potemkin) 309
폴라드(Jonathan Pollard) 135, 204, 416; 폴라드 사건 417
표트르 대제(Peter the Great) 309
푸틴(Vladimir Putin) 421-422
푹스(Klaus Fuchs) 209
프라임(Geoffrey Prime) 409, 420
프리흐(Louis J. Freeh) 53
피노체트(Augusto Pinochet) 243
필비(Kim Philby) 207, 212, 409, 420

ㅎ _

하리리(Rafik Hariri) 369
하워드(Edward Howard) 213-214
한센(Robert Hanssen) 36, 128, 134, 204, 206-209, 211, 215, 217, 293, 320, 420, 421; 한센 스파이 사건 35
핼퍼린(Morton A. Halperin) 284
헌터(Duncan Hunter) 298
헤이든(Michael Hayden) 42, 399
헤이든(Mike Hayden) 57
헬름즈(Richard Helms) 16, 26, 51, 131, 147, 235, 266, 376-377; 헬름즈 딜레

마 376
호메이니(Ayatollah Ruhollah Khomeini) 34, 242
화이트(Byron White) 195
후버(Edgar J. Hoover) 212
후세인(Saddam Hussein) 38, 182, 274, 368, 399; 후세인의 은신처 400
후진타오 411
후쿠야마(Francis Fukuyama) 323
휴스(Thomas Hughes) 175
흐루시초프(Nikita Khrushchev) 31, 92, 97
히스(Alger Hiss) 207, 209, 217
히틀러(Adolf Hitler) 241

찾아보기(주제)

2_
2004년 정보개혁법(Intelligence Reform and Terrorism Prevention Act) 16, 28, 41, 44, 46, 50, 53, 55-57, 59-60, 64, 100, 138, 152, 171, 183-184, 216, 228, 248, 270, 278-288, 290- 291, 297, 326-327, 331, 333, 384-385, 393
2005년 정보승인법 64

9_
9·11 위원회 41, 171, 239, 277, 297, 327, 393; 9·11 위원회의 2004년 보고서 38
9·1 테러(2001년) 3-4, 38, 90, 132, 141, 152, 290, 302, 328-329, 331, 333, 368, 370, 385; 9·11 테러사건 41, 197, 242; 9·11 공격 273, 283, 361, 385; 9·11 테러공격 175-176, 271

C_
CIA(중앙정보국) 16, 22, 24, 26, 28, 30-32, 36-37, 39, 42-43, 49, 56, 61-63, 79, 82, 94, 125, 127-129, 132, 135, 138, 152-153, 161, 173, 187, 189, 192, 206, 209, 211-212, 214, 228, 233, 236, 238-239, 254, 265, 284, 287, 292-293, 297, 326-327, 331, 361, 364, 376, 379, 387-390, 396, 409, 411, 419; CIA 보고서 193; CIA 분석 32; CIA 업무 영역 44; CIA 은퇴 및 장애 제도 65; CIA의 권한 37; CIA의 인력 관리 36; CIA의 주요 사용자 43; CIA헌장 407
CIA 공작국(DO) 51, 213; DO의 특수활동과(Special Activities Division) 231
CIA 국장(DCIA) 17, 22, 28, 39, 43, 58, 100, 173, 184- 185, 191, 216, 228, 252, 265, 272, 280, 297, 328, 389; DCI와 대통령의 관계 52; DCI의 권위 51; DCI의 권한 44; DCI의 역할 389; DCI와 DNI의 역할 387; DCIA 49, 55, 61; DCIA 임명 64
CIA 대테러센터 172
CIA 정보분석국(DI: Directorate of Intelligence) 19, 50
CIA와 FBI 사이의 협조체제 36
CIA와 국방부 간의 경쟁 62
CIA의 방첩업무 211
CIA의 소련 프로그램 312
CIA의 준군사부대 231
CIA의 준군사작전 요원 232

E_
ECHELON 415

F_
FAPSI(Federalnoe Agenstvo Pravitelstvennoi Sviazi I Informatsii, 연방통신첩보국) 421
FBI(연방수사국) 6, 44, 48, 50, 61, 123,

128, 206, 211-214, 216, 317, 326, 331, 342, 417-418; FBI 국가안보국 326; FBI 국장 53; FBI와 CIA 간의 경쟁 61
FSB(Federal'naya Sluzba Besnopasnoti, 연방안보국) 421

G
GCHQ(영국 정보통신본부) 408-409
GRU(Glavnoye Razvedyvatelnoye Upravlnie, 중앙정보행정부) 420

I
INF 위성 구입 286
ISR(정보활동, 감시, 정찰) 89
IT혁명 397-398

K
KGB(국가안보위원회) 9, 210, 319, 419-421; KGB의 방첩기능 421; KGB의 효율성 420

M
MI5(영국 안보부) 48, 406-407
MI6(영국 비밀정보부, SIS) 407, 409-410

S
SVR(Sluzhba Vneshnei Razvedki, 대외정보국) 421

T
TPED(착수, 처리, 개발, 배포) 문제 81; TPEDs 91

U
U-2 정찰기 30

V
VENONA 프로젝트 209-210, 217

ㄱ
가로채기 121
가장(cover) 127; 가장신분 95

가족 보석(Family Jewels) 383; 가족 보석 보고서 384
가치가 부여된 정보 148
각료급위원회(PC) 54, 249
각주전쟁(footnote wars) 81
간접비용 209
간첩활동 8, 22-24, 26, 28, 36, 125-126, 212-213, 217, 301, 365, 406; 간첩활동의 정치적 비용 135
감시 25, 375; 감시 실패 292; 감시체제 303; 감시활동 25
개입주의 302-303
거부(denial) 102, 124; 거부목표(denied targets) 104
거울 영상 만들기(mirror imaging) 313, 337
거짓말탐지기(polygraph) 205-206
걸프전 336-337, 345-346, 348; 걸프전 이후 38
검증(verification) 33
게릴라 전쟁 234
경고 의무 181
경쟁적 분석(competitive analysis) 20, 171, 184, 187-189, 312, 396; 경쟁적 분석 시스템 81; 경쟁적인 분석체계 314
경제방첩활동 415
경제적 간첩활동 340-341
경제정보 204; 경제정보수집 342; 경제정보활동 341, 415
경제활동(economic activity) 229-230
고위 정보보고(SEIB) 83
고위분석직 161
고위정보관 6
고위정책결정자 4, 6
골드워터-니콜스 법안 173
공개 정보 수집 수단 344
공개출처국 138, 391
공개출처정보(OSINT) 104-105, 133, 135-136, 138, 264, 391; 공개출처정보 기관 창설 391; 공개출처정보 반사(echo) 현상 137; 공개출처정보 본부 138; 공개출처정보의 비율 136; 공개출처정보의 장점 136; 공개출처정보의 주요 단점

136; 공개출처정보의 중요성 139; 공개출처정보의 활용 136; 공개출처정보의 흐름 139
공군정찰프로그램 44
공군특수기동대(SAS) 231, 409
공대지 미사일 115
공동비전 2010 349
공동비전 2020 349
공동선택(co-option) 292
공산권의 붕괴 35
공수정찰대 49
공수체계(Defense airborne system) 49, 105
공으로 모여들기(swarm ball) 96, 100
공작: 공작 운영본부 131; 공작계획 23; 공작목표 23; 공작윤리 370; 공작의 실패 209; 공작지원체계 223; 공작지원활동 223; 공작환경 23
공작국(DO: Directorate of Operation) 22-23, 49, 125, 132-133, 331
공직 가장 127
공화당 23, 191, 193, 298, 302-303
과테말라 29, 132, 225, 230, 320, 377
과학·기술국(DS&T) 49
관료주의적 메커니즘 188
광학섬유 케이블 121
교신분석 119, 136
국가 차원의 정보체계 26
국가기술수단(NTM: national technical means) 33
국가대테러센터(NCTC) 42, 171-172, 327, 331, 388, 393; NCTC와 CIA와의 관계 327; NCTC의 장과 국가정보국장(DNI)과의 관계 327; NCTC의 책임 328
국가방첩집행관(NCIX) 42, 216
국가방첩처(NCIX) 51, 216
국가보안부 51
국가안보 5-6, 12, 17, 19, 21, 55, 73, 75, 106, 112, 114, 138, 141, 223, 235, 264, 276, 301-302, 323, 328, 366, 379, 406; 국가안보 법무차관 48; 국가안보과 50, 216; 국가안보구조 389; 국가

안보위협목록 216; 국가안보의 개념 324; 국가안보이익 288; 국가안보정책 73, 251; 국가안보조직 28, 206
국가안보국(NSA: National Security Agency) 28, 42, 44, 49, 51, 59, 94-95, 100, 116, 118, 123, 129, 206, 209, 341, 346, 350, 391, 407, 409
국가안보법(National Security Act) 28, 41, 221, 248, 290-291, 299, 376, 407; NSA 프로그램 36
국가안보보좌관 249, 270-271, 360
국가안보부 411
국가안보원(National Security Service) 48, 216, 331
국가안보회의(NSC: National Security Council) 28, 41-43, 54, 227-228, 242, 248-249, 287, 328; NSC의 정보프로그램실 270-271; NSC-68 308
국가영상지도 프로그램 65
국가영상지도국(NIMA) 44, 105, 111
국가의 이유(raison d'etat, reason of state) 359, 366
국가이익 226
국가정보 프로그램(NIP) 64
국가정보관(NIO) 50, 54, 174, 185; 국가정보관들(NIOs) 83
국가정보국장(DNI) 6, 27-28, 39, 41-46, 49-51, 56-57, 61, 63, 66, 75, 82, 92, 97, 101, 129, 138, 153, 171, 173, 183-185, 191, 216, 249, 253, 265-266, 270, 327-328, 350, 376, 387-390, 393-394, 401; DNI 직위의 신설 228; DNI와 대통령의 관계 51-52, 60; DNI와 CIA의 관계 53; DNI와 의회의 관계 58; DNI의 국가대테러센터(NCTC) 소장과의 관계 55; DNI의 권한 387; DNI의 역할 52; DNI의 전문성 52; 국가정보국장실(ODNI) 57, 152
국가정보력 16
국가정보센터 393
국가정보수집 자산 154
국가정보요구 328

국가정보우선순위구상(NIPF) 76-77, 82, 328
국가정보위원회(National Intelligence Council) 299
국가정보일일보고 83
국가정보자산 45
국가정보평가(NIE) 50, 83, 166, 169-170, 183, 187, 299-300, 408; 국가정보평가(NIEs) 284
국가정보프로그램(NIP) 42, 44-45, 65-66, 389
국가정보회의(NIC) 42, 50, 54, 63, 83, 178
국가정찰 프로그램 65
국가정찰국(NRO) 44, 49, 105, 118, 206
국가조사회의(National Research Council) 205
국가지형공간정보국(NGA) 44, 49, 59, 100, 105, 111, 114, 116, 118, 129, 350, 391, 407
국가테러방지센터 50
국가평가(national estimates) 416
국가해외정보프로그램(NFIP) 42, 389
국가확산대책센터(NCPC) 42, 171-172, 394
국가확산방지센터 52
국내 영상정보수집 116
국내정보 9, 41, 48
국무부 5, 50, 56, 59, 64, 190-191, 206, 287; 국무부 정보조사국(INR: Bureau of Intelligence and Research) 19, 59, 83
국무장관 5, 20, 47, 54-55, 114, 270; 국무장관과 DNI의 관계 55
국민당 191
국방 보호 및 안보국(DPSD) 414
국방부 5, 17, 27-28, 44, 49, 56, 62, 94, 116, 119, 186, 238, 287, 388-389, 396; 국방부 외사방첩 프로그램 65; 국방부 정보기관 27; 국방부 정책결정자 83; 국방부 조직 101; 국방부 직원보안검색센터 218; 국방부와 CIA 간에 경쟁 61
국방수사원 216

국방수집 프로그램 59
국방예산 56, 59, 64; 국방예산 형성과정 80
국방인간정보서비스(DHS, DIA/Humint) 49, 125, 391
국방장관 5, 20, 28, 44, 47, 54, 56, 59, 101, 114, 270, 387, 407; 국방장관과 DNI의 관계 56; 국방장관실OSD 57; 국방장관의 정치적 영향력 56
국방정보 58-59, 63; 국방정보 프로그램 57, 64
국방정보국(DIA: Defense Intelligence Agency) 20, 30, 42, 44, 59, 63, 83, 125, 129, 170, 187, 206, 396, 400; DIA의 정보분석국(DI) 50
국방정보기관 16, 58-59
국방정보에 대한 요구 57
국방정보요구 59
국방정보참모(DIS) 407
국방지리영상국 407
국익(national interest) 359-360, 366
국제 테러리스트 364
국제공동체 344
국제범죄 103, 129, 325, 339
국제원자력기구(IAEA) 366
국토감시국(DST) 413, 415
국토안보 7; 국토안보 위협 327
국토안보부(DHS) 48, 50, 248-249, 326-327, 331; 국토안보부(DHS)와 정보공동체의 관계 57; 국토안보부장관 54, 270
국토안보회의(HSC: Homeland Security Council) 41
군비통제 124, 182, 317; 군비통제 협상 317, 323
군사업무의 혁명(Revolution in Military Affairs 또는 RMA) 350
군사위원회 97
군사작전지원(SMO) 348-349
군사정보 21; 군사정보 분석관 32; 군사정보기관 27
군사정보국(DRM) 413

군사정보요약(MID) 83
군사첩보 8
궤도비행체계 99
그럴듯한 부인(plausible deniability) 235, 236-238, 272
그린피스 414
극단주의자 162
근거리(proximate)학파 21-23
글로벌 호크(Global Hawk) 114-115, 118
급진적 아랍단체 364
기록에 남기기 위한 질문(QFRs) 280
기만(deception) 33, 102, 111, 118, 124, 130, 136; 기만정보 129
기밀취급허가 286
기술수집체계 156
기술수집활동 94
기술적 수집 79, 90; 기술적 수집 프로그램 49; 기술적 수집방법 129-130, 133; 기술적 수집역량 103; 기술적 수집체계 49, 78, 80, 90-91, 93; 기술적 수집체계의 고비용 90; 기술적 수집체계의 효용성 90; 기술적 수집활동 130
기술적 정보 136; 기술적 정보수집방법 100; 기술적 정보수집방식(INTs) 310
기술적 체계 80
기술직인 징보활동 390-391
기술정보(TECHINT) 25, 329, 407; 기술정보수집 25; 기술정보활동 257
기습공격 4, 8, 32
기회 분석 181-182
끝없이 펼쳐져 있는 거울(wilderness of mirrors) 209

ㄴ
나노위성체 117
나이지리아 117
나치 독일 18, 26
난로연통(stovepipes) 129, 170, 390; 난로연통 문제 100, 159; 난로연통 속의 난로연통 101; 난로연통 심리 170
남북전쟁 24, 105, 302
내부보안문제 9

냉전 17-19, 23, 25, 28-29, 32, 76, 90-91, 103-104, 107, 122, 134-136, 139, 141, 149, 162-163, 179-180, 186, 217, 234, 236, 302, 307, 358, 360-361, 384, 409; 냉전 종식 8, 36, 218, 323, 325, 342, 350; 냉전 종식 이후 344; 냉전 후기 344; 냉전기 419; 냉전시대 종식 217; 냉전의 유산 329; 냉전의 윤리적 측면 358; 냉전의 정보 유산 329
노르웨이 418, 422
뉴질랜드 341, 414, 418
느슨한 핵무기(loose nukes) 333, 336, 423
능력 대 의도 311
니카라과 23, 34, 190, 225, 231, 279, 292; 니카라과 반군 227, 331; 니카라과 반군에 대한 미국의 지원 385; 니카라과 반정부 세력 318; 니카라과 콘트라 반정부세력 272; 니카라과의 산디니스타(Sandinista) 22; 니카라과의 콘트라 반군 236; 니카라과의 콘트라 반군 전쟁 320

ㄷ
다양한 수집방법 25, 92
다양한 정보기관 50
다중분광 영상정보(MSI) 106
당파주의 301
대간첩 기능 51
대간첩활동(counterespionage) 48, 212, 216, 218
대감시탐지시스템(CSRS) 118
대량살상무기(WMD) 37-38, 124, 274, 407; WMD 개발 172; WMD 보고서 300; 대량살상무기 생산 334; WMD 위원회 38, 62, 138, 172, 273, 391, 393-394, 409; WMD 위원회의 보고서 392; WMD 프로그램 172; WMD 확산 프로그램 423; 대량살상무기 관련 미국의 정보활동 능력 위원회 38-39; 대량살상무기 확산 124, 325, 332, 338, 406
대만 116, 217, 335
대상목표 100

대상발견 126
대상선정 26
대외 경제방첩활동 341
대외안보총국(DGSE) 413, 415
대외정보 8
대의민주주의 정부 25
대테러: 대테러 합동활동 55; 대테러과 216; 대테러리즘 55, 216; 대테러활동 416
대통령 20, 41, 43-44, 47, 187; 대통령 결정지침 35(PDD-35) 149; 대통령 승인서(presidential finding) 226, 228, 235-236; 대통령 아침 브리핑 54, 82-83, 152; 대통령 자문위원 82; 대통령에 대한 접근 51; 대통령의 예산안 67-68; 대통령의 일일 브리핑(PDB) 54, 82-83, 152; 대통령정보감시이사회(PIOB) 273; 대통령해외정보자문이사회(PFIAB) 271, 273, 312
대통신시스템 119
데이터 마이닝 155
도이치 규칙(Deutch rules) 132, 361
도청 2, 51, 364-365
독일 3, 116-118, 194, 358; 독일 통신망 27; 독일의 유대인 대량학살 365
동남아시아 4, 320
동독 423; 동독의 정보공작 361
동방정책(Ostpolitik) 135

ㄹ
러시아 3, 36, 99, 104, 134, 136, 204, 345, 422; 러시아 정보활동 16, 419, 421; 러시아의 간첩활동 36; 러시아의 기술정보(TECHINT) 능력 422; 러시아의 정보 능력 419, 423
레드 팀(red cells) 183-184, 188
레바논 369
레이어링(layering) 163
레인보우 워리어 414
로비스트 301
로스알라모스 국립연구소(Los Alamos National Laboratory) 212, 271, 411
루데스 종합시설 422

루블(ruble) 315
리비아 335; 리비아의 항복 338

ㅁ
마약 103, 124, 129, 149, 171, 325, 339, 364, 394, 402, 406; 마약 거래상 8, 132; 마약 정책 338; 마약밀매조직 364; 마약밀수업자 222; 마약의 불법적인 거래 338
말레이시아 117, 342
매직(MAGIC) 27
먼로 선언(Monroe Doctrine) 17
멕시코 118, 342
모든 출처 50; 모든 출처의 정보 92
모사드(Ha-Mossad Le-Modin Ule-Tafkidim Meyuhadim, 중앙공안정보기구) 416
모형화 기술 167
목적 대 수단 358
무기 개발 124
무기한 세출 승인 278
무시하는 제도(override mechanism) 249
무역봉쇄조치 230
무의미한 예산 허가 277
무인항공기(UAVs) 37, 49, 95, 105, 114-115, 117 331
무자히딘 224, 236, 243, 331, 367, 412
뮌헨 올림픽 418
미 국방부 펜타곤 4
미-영 정보협력 27
미국 3-4, 7, 11, 15, 17-20, 25-26, 29, 31, 35, 37, 39, 76, 82, 96, 99, 116-118, 121-123, 128, 130, 133, 141, 162, 169, 180, 204, 207, 210, 213, 217, 224-226, 228-229, 231-236, 240, 272, 335, 341, 345, 347, 365, 375, 417; 미국 국가안보 324; 미국 국방력 증강 317; 미국 내 테러리스트들 116; 미국 대사관 4; 미국 대통령 4; 미국 정치체제 197, 328; 미국 행동주의 302; 미국의 능력 31; 미국의 국력 4; 미국의 군사역량 217; 미국의 독립 11; 미국의 상업적 영상산업 114; 미국의 외교 336;

미국의 이익 328, 364; 미국의 인공위성 107; 미국의 헤게모니 412
미국 방첩 정책 211
미국 안보정책 18
미국 외교정책 217, 251
미국 정보; 미국 분석관 163; 미국 신호정보 122; 미국 정보관 4, 165, 364; 미국 정보기관 31-33, 35 95, 205, 208, 257, 334, 338; 미국 정보운영자 156; 미국 정보의 역사 16; 미국 정보의 최우선 과제 149; 미국 정보체계 15-16, 28, 32, 75, 100; 미국 정보활동 16, 38, 419; 미국의 기술적 수집활동 134; 미국의 수집역량 134; 미국의 신호정보 118; 미국의 정보 목표 325; 미국의 정보수집방법 103, 209; 미국의 정보평가 318
미국 정보기관 139, 311
미국 정보공동체 15, 26, 34, 45, 47, 79-80, 92, 98, 107, 113, 159, 179, 186-187, 310, 315, 405
미국 정책결정자 11, 19, 27, 29, 333, 341
미국 정책입안자 313
미국-이스라엘 관계 417
미국과 중국의 정보 관계 412
미국에 대한 테러리스트 공격에 관한 위원회 24
미국의 국가안보 18, 350; 미국의 국가안보 의제 325; 미국의 국가안보정책 247, 307, 323
미국의 동맹국 7
미국의 방첩 207
미국의 비밀공작 235
미국의 비밀분류 체계 98
미군함 콜(USS Cole)호 4
미러 이미지(mirror image) 11, 27, 161-162
미사일 격차(Missile Gap) 29-30, 193
미사일 시대 27
미사일 위기 257
미세위성체 116-117
미얀마 338
미합중국 애국자법(U.S.A. PATRIOT Act of 2001) 37
민간 정보기구 27
민간인의 군 통제 원칙 59
민주당 23, 193, 302-303
밀과 왕겨(wheat versus chaff) 136, 155, 158; 밀과 왕겨 문제 79, 93

ㅂ

바르샤바조약 136; 바르샤바 조약국 180; 바르샤바조약기구 362
반 정보주의자(anti-intelligence) 24
반미동맹 118
반전주의자 302
반테러센터 327
발칸 태스크포스 팀 171
방첩 19, 26, 36, 48, 51, 203-204, 212, 216, 222; 방첩 거짓말탐지 206; 방첩공작 211; 방첩과 216; 방첩요원 210; 방첩활동 218, 365; 방첩활동강화법 216
배포 71, 82; 배포과정 72
버틀러(Butler) 보고서 179, 273, 410
범지구적 담당범위 156
법무부 56, 211, 216, 248; 법무부 국가안보 담당 차관 216
법무장관 48, 270
법집행관 264
베트남 422; 베트남 전쟁 24, 32-33, 248, 303
베트콩 32; 베트콩의 공격 32
벨기에 116
보스니아 99, 345; 보스니아 내전 375
보직의 순환 160
복수 연도 세출승인 278
볼모(hostages) 284; 볼모잡기 284
봉쇄정책 24, 35, 308-309, 317
부인과 기만 334
부인조사 111
부처 이기주의 30
북대서양조약기구(NATO) 99, 117, 136, 139, 180, 311, 345, 360, 415
북부동맹(Northern Alliance) 60, 62, 232

북한 334, 336; 북한의 기습 남침 28; 북한의 핵무기 개발 129
분산된 주파수역 121
분석 5, 10, 19, 86, 154; 내용분석 119; 대안적 분석 50, 182-184, 392; 분석 담당 정보 부국장 152; 분석 체계 197; 분석과 생산 71-72; 분석과정 148, 177; 분석능력 161; 분석담당 운영자 153; 분석도구 161; 분석방법 171; 분석보고서 150; 분석비용 81; 분석상의 객관성 152; 분석상의 난로연통 문제 170; 분석상의 오류 240; 분석상의 통합성 50; 분석에 사용된 기술 50; 분석의 객관성 5, 50, 148, 191; 분석의 관리와 감시 385; 분석의 무기력함 178; 분석의 진실성 171; 분석의 질 392; 분석인력 172; 분석적 유동성 398; 분석지식 50; 분석집단 79, 81; 분석체계 82; 분석활동 28; 협조적 분석 171
분석관 8, 10-11, 20, 22-23, 79, 81, 92-93, 101, 111, 125, 131, 137-138, 150-151, 155, 157-163, 165, 169, 172, 174, 177-178, 180-183, 186, 188, 193-196, 262, 329, 371-373, 375, 386, 395, 398; 기능적 분석관 172; 분석관 관리 159-160; 분석관 훈련 157; 분석관의 경험 166; 분석관의 대체 가능성 155, 157; 분석관의 민첩성 156; 분석관의 사고방식 161; 분석관의 선택 374-375; 분석관의 훈련과 교육 156
분석국 20, 22-23
분석센터 20
불가리아 210; 불가리아 정보기관 423
불개입주의 302-303
브라질 116, 335
브리핑 151-152
비공직 가장(NOC) 127, 415
비국가 단체 7
비국가 행위자 8, 104
비군사 정보 420; 비군사 정보기관 27; 비군사정보 분석관 32
비무장지대(DMZ) 95

비밀 군사활동 62
비밀 정보 264; 비밀 정보요원 55; 비밀 정보활동 343
비밀개입 233
비밀경찰 기능 9
비밀공작 2, 12, 18, 22-23, 26, 28-29, 35, 54, 56, 62, 203, 221-222, 224-226, 228, 230-231, 234, 236-239, 261-262, 272-273, 285, 301, 366, 391, 416, 418; 비밀공작 감독 228; 비밀공작 결정과정 223, 226, 228; 비밀공작 계획 227; 비밀공작 사전통지 284; 비밀공작 역량 223, 225, 228; 비밀공작의 규모 235; 비밀공작의 기원 242; 비밀공작의 실패 224; 비밀공작의 정당성 234; 비밀공작의 효용성 242; 비밀공작활동 232
비밀군사활동 231
비밀등급 분류 96
비밀등급 제도 208-209
비밀분류 97-98; 비밀분류의 등급 97; 비밀분류체계 97
비밀성(secrecy) 3, 6, 25
비밀정보절차법 215
비밀첩보 8, 10
비합리적인 행위자 11
비확산 171; 비확산정책 333

ㅅ
사기공작(rogue operation) 417
사박(Savak) 257
사보타지 26
사스(SARS, 중증급성호흡기증후군) 342
사우디아라비아 368
사이버 공격 위협 78
사진 분석관 111
산디니스타(Sandinistas) 231; 산디니스타 정부 34
산업 간첩활동 340, 423
삼중첩자 211
상무관 49-50
상무부 49-50, 56, 248; 상무부 장관 114

상업 영상정보 264
상업위성 100; 상업 적외선 위성 344; 상업적 인공위성 104, 112-113
상업적 영상 114, 136; 상업적 영상정보 104, 107, 111-114, 331; 상업적 영상회사 114
상원 187; 상원 군사위원회 63, 285, 298; 상원 정무위원회(SGAC) 64, 297; 상원 정보위원회 38, 52, 58, 63-64, 163, 169, 193, 253, 263, 277, 281-284, 292, 295-298, 300
상자학(crateology) 107
상호확실파괴(MAD) 313
샐튼스톨(Saltonstall) 292
생물무기 336
생산 라인 82
생활방식 거짓말탐지 206
샤(shah) 29; 샤 정권 238, 34
서독 135, 361
서반구(Western Hemisphere) 17, 233
서방민주주의 국가 9
선데이 타임즈(Sunday Times) 418
선전(propaganda) 229; 선전공작 367; 선전활동 236
선제전략(preemptive strategy) 358
선택적 분석 21
선호도 255
세르비아 베오그라드(Belgrade)의 중국 대사관에 대한 폭격 412
세출 승인자 277
세출위원회 64
셔터 제어 112
소련 3-4, 18, 23, 29-31, 33-34, 36, 73, 90, 95, 102-103, 116, 122, 128, 134, 163, 167, 217, 224, 307, 309, 311, 316, 324, 358, 368; 소련 미사일 실험 412; 소련 붕괴 35, 73, 104, 204, 290, 315, 317, 319, 323-324; 소련경제 314; 소련의 국방비 167; 소련의 군사 능력 311; 소련의 군사력 141; 소련의 권력구조 319; 소련의 독트린 313; 소련의 동맹국 8; 소련의 몰락 412, 422; 소련의 무기 121; 소련의 생산 167; 소련의 소멸 420; 소련의 아프가니스탄 침공 367; 소련의 외교정책 97; 소련의 위협 29, 35, 90, 234, 312, 314, 323-324; 소련의 위협에 대한 정보 139; 소련의 의도 313; 소련의 전략군 93; 소련의 전략무기 31; 소련의 전략미사일 30; 소련의 전략적 군사 능력 313; 소련의 전략적 목표 183; 소련의 전술핵무기 31; 소련의 정보기관 209, 240; 소련의 핵 공격 6; 소련의 핵무기 독트린 188
소련정보관 217
소말리아 379
소형 인공위성 시범 프로젝트 117
손해 평가(damage assessment) 214, 216
수단 360
수사 저널리즘 379
수집 71-72, 80; 수집 시스템 310; 수집 우선순위 81, 94, 101, 258; 수집 이후 단계 80; 수집과 처리/개발의 관계 81; 수집과정 101; 수집능력 72; 수집방법 72; 수집방식의 선택 79; 수집비용 90, 139; 수집역량 78, 91-92, 97; 수집요구 77, 94; 수집유형 78; 수집지원 78; 수집활동 111; 수집활동의 시너지효과 92
수집관 105, 138, 170
수집우선순위체계 95
수집운영자 92
수집원 94
수집체계 78, 80, 82, 90-92, 95, 97, 100-102, 104-105, 133, 139, 156, 159; 수집체계비용 141
순환체계 88
스웨덴 165, 335; 스웨덴 정보기구 165
스위스 360
스코틀랜드 213
스텔스(UAVs) 115
스팅어(Stinger) 방공미사일 224, 367
스파이 혐의 215
스파이 활동 128, 217-218
스페인 116, 345
시리아 3, 416, 419

시민의 자유 302
시장에 기초한 정보공동체 401
신베트(Sherut ha-Bitachon ha-Klali, 국내안전부) 416
신원조회 211
신호도청 118
신호정보(SIGINT) 27, 49, 78, 93, 100, 102, 118-120, 122, 124, 129, 134, 136, 311, 341, 348, 365, 390, 400, 402, 413-414, 420-422; 신호정보 대상목표 123; 신호정보(SIGINT) 도청 209; 신호정보 인공위성 156; 신호정보의 약점 122
신호정보와 영상정보 간의 협력 118
싫증난 접근 165

O _
아그라나트(Agranat) 위원회 419
아르헨티나 335, 410, 418; 아르헨티나의 재정적 붕괴 342
아만(Aman: Agaf ha-Modi'in, 군사정보부) 416
아시아 234; 아시아 경제 342
아일랜드공화국군(IRA) 331, 406
아침 브리핑 153, 390
아침 정보 보고서 153
아프가니스탄 49, 60, 62, 110-111, 113, 224, 231, 236, 239, 243, 317-318, 320, 330-331, 338-339, 345, 347, 368, 402, 412; 아프가니스탄 군사작전 104, 112; 아프가니스탄 전쟁 125, 231
아프간치(Afgantsy) 318
안보기관법(Security Service Acts) 406
안전보장이사회 23, 365
알 필요(need to know) 208
알제리 117; 알제리의 반란 414
알카에다(al Queda) 37, 62, 110, 115, 177, 242-243, 326, 329-333, 368, 370, 392
암살 368, 418; 암살 금지 37
암호 121; 암호 해독자 120
압도적 전쟁상황 인식(DBA: dominant battlefield awareness) 구상 348- 350

앙골라 317
양귀비 338-339
억지(deterrent) 효과 206
언론인 가장 127
에너지부(DOE) 48, 50, 213; 에너지부장관 54, 270
에볼라 바이러스 342
에이즈(AIDS, 후천성면역결핍증) 342, 344
여호수아 125
역류(blowback) 236
역사의 종언 323
역스파이 204
역정보 139, 420
연락 파트너(liaison partner) 423
연방특별법원 215
연안경비대 48
영국 15, 17, 26, 117-118, 130, 169, 179, 207, 231, 273-274, 312, 341, 345, 360, 365, 375, 405; 영국 정보기관 118, 212, 241, 409-410; 영국 정보활동 26, 408; 영국의 분석관 179; 영국의 식민통치 10; 영국의 인간정보 409; 영국의 정책결정 179; 중앙 집중적인 영국의 정부조직 26
영상 도서관 94
영상분석관 110
영상인공위성 91
영상정보(IMINT) 49, 78, 93, 96-97, 100, 102, 104-106, 110-111, 113, 118-119, 125, 129, 136, 257, 264, 331, 348, 390, 400, 402, 409, 414, 420; 영상정보 발전 114, 116; 영상정보 역량 111; 영상정보 인공위성 105, 116-117; 영상정보 수집 107, 110; 영상정보수집 체계 114; 영상정보위성 282, 284, 298; 영상정보의 발전 114; 영상정보의 확산 117
영연방 99, 204
예산 과정 67
예산의 구심성 278
예측정보 28
오스만 제국 319

오스트리아 415
온건주의자 162
와이 강(Wye River)에서의 평화 회담 417
완전주기 85
외교정책 6, 17, 73
외교활동 222
외국 정보기구와의 협력 129
외국인 규제 및 보안법(Alien and Sedition Acts) 302
외무공무원 50, 248
요격(interception) 419
요구(requirement) 71, 255
요한 바오로 2세 423
욤 키퍼 전쟁(Yom Kippur War, 제4차 중동전쟁) 419
우선순위 71, 73-76, 78, 91-92, 94, 96, 149, 154; 우선순위 목록 149; 우선순위 서행 77; 우선순위 체계 77-78
우주개발 경쟁 29
우주기반 영상정보 116
우주활동 124
우크라이나 99, 345
우호국 7
운영예산실(OMB) 279
울트라(ULTRA) 27
워거 가족(Walker family) 35, 134
워커 간첩단(Walker spy ring) 207
워터게이트 265, 301; 워터게이트 사건 24, 33, 265, 379
원거리 기술수단 24
원거리(distance) 학파 21-22
원격기술정보수집 320
원격측정정보(TELINT) 119, 121
원자력발전소 116
위기대응 능력 395
위성공격용(ASAT; anti-satellite) 무기 117
위성수집 체계 49
위조지폐 230
위탁사항(TOR) 185
위험 대 이득 122
유고슬라비아 연방 359; 유고슬라비아의 분열 171

유럽연합(EU: European Union) 7, 415
유럽정보기구(European Intelligence Agency) 415
유엔(UN: United Nations) 123, 359, 365; 유엔 사무국 365; 유엔 사찰단 99; 유엔의 대외적 지위 366; 유엔특별위원회(UNSCOM) 274, 345
유인정찰기 30
유인책 128, 130
은밀한 인적정보(간첩활동) 79
의무 보고(reporting requirements) 282-283
의회 27, 36-37, 91, 127, 157, 206, 226, 248, 275, 282, 292-293, 298; 의회 감시 291, 293; 의회 청문회 59; 의회가 지시한 행동(CDA) 283; 의회와 정보 사이의 관계 299; 의회와 정보공동체 299; 의회의 감시기능 63; 의회의 예산안 68; 의회의 정보 감시 활동 25; 의회의 조사활동 35
의회조사국(CRS) 383-384
이그나리나 165
이라크 117, 170, 187, 238, 263, 274, 336, 350; 이라크 군대 414; 이라크 관련 정보 50; 이라크 대량살상무기(WMD) 38, 52, 99, 131, 163, 169, 175, 177, 182, 184, 193, 273-274, 280, 283, 300, 333-334, 365, 385, 392; 이라크 대량살상무기(WMD) 문제 52, 192; 이라크 대량살상무기(WMD) 정보 179; 이라크 대량살상무기(WMD)의 파기 345; 이라크 전쟁 52, 123, 176, 187, 260, 335, 358, 410; 이라크 무장해제 274; 이라크 사건 177; 이라크 정보실패 38; 이라크 해방 작전 99; 이라크에 대한 무력 사용 187; 이라크와의 전쟁 299; 이라크의 대량살상무기(WMD) 프로그램 299, 337; 이라크의 정변 360; 이라크의 쿠웨이트 침략 256; 이라크의 폭동 사태 254; 이라크의 핵 프로그램 337
이라크 해방법(Iraq Liberation Act) 233, 360

이라크조사그룹(ISG) 274
이란 117, 187, 230, 238, 274, 320, 336; 이란 콘트라 사건 192; 이란-콘트라 사건 34-35, 227-228, 384; 이란-콘트라 스캔들 279, 281; 이란의 대량살상무기 253; 이란의 핵 프로그램 366
이란의 샤(Shah) 412; 이란의 샤 정권 133, 187
이민 406; 이민귀화국 249
이반 황제(Ivan the Terrible) 16
이상주의 233, 358
이스라엘 3, 104, 116-117, 135, 204, 217, 228, 336-337, 416-418; 이스라엘 정보기관 240, 418; 이스라엘의 점령지 418; 이스라엘의 정보활동 415-416; 이스라엘의 해외정보수집 417; 이스라엘의 핵무기 프로그램 418
이스라엘-팔레스타인 협상 252
이중간첩 35, 36, 130
이중첩자 210, 215
이집트 3, 416, 419
이탈리아 26, 116, 229, 233, 345, 358; 이탈리아 정부의 불안정 76
인간수집방법 133
인간수집활동 94
인간정보(HUMINT) 37, 53, 56, 63, 90, 104, 122, 125-126, 129-134, 136, 203, 208, 210, 212, 217, 329, 334-335, 348, 361, 363-367, 390-391, 407, 412-413, 416, 418, 420-421; HUMINT 침투 330, 416; 인간정보 대상 133; 인간정보 보고서 131; 인간정보 역량 128, 134; 인간정보 요원 128, 130; 인간정보 지원 62; 인간정보 첩보원 131-132; 인간정보 출처 131; 인간정보수집 24, 121; 인간정보의 가치 134; 인간정보의 단점 129; 인간정보의 효용성 134; 인간정보활동 24-25, 330
인공위성 90, 95, 99, 104, 106, 114, 116-118, 120
인도 95, 116, 217, 333, 336; 인도 핵실험 133

인도(rendition) 232, 369
인도네시아 240, 342
인스턴트 메신저 121
인터넷음성패킷망(VoIP) 121
일반국방정보 프로그램 65
일본 4, 7-8, 27, 162, 217, 335, 358; 일본 통신망 27
일일정보보고서 147
임무관리직(mission manager) 394

ㅈ
자금이전 45
자기기만(self-deception) 103
자동변화추출 111
자발적 첩보원(Walk-ins) 127, 134, 363, 417
자유노조운동(Solidarity) 362
자칼 364
자포로츠키(Aleksander Zaporozhsky) 217
잠재적 확산자 334-336
잠재적인 첩보원 126
잡담(chatter) 329
장거리 신호정보 감지장치 122
장관조조요약(SMS) 83
장기 분석보고서 150
장기정보 81, 83, 150-151
재래식 군사력 31
재무부 56, 248, 279; 재무성 비밀검찰국 249; 재무장관 270
저널리즘과 정보활동 386
적극적인 비확산정책 336
적대적 정보기관 210
적시성 195
적외선 영상정보(IR) 106
적외선 카메라 114
전략 미사일 균형 30
전략무기 29; 전략무기 경쟁 33
전략무기감축조약(START) 282
전략무기제한협정(SALT I) 33-34, 191
전략무기제한협정(SALT II) 34
전략무기통제 33; 전략무기통제협상 313
전략방위구상(SDI) 317

전략적 경고 154
전략적 기습 3-4, 9, 27, 177
전략적 위협 9
전략적 정보 151
전략적 정보실패 419
전략정보 37, 350
전략정보국(OSS: Office of Strategic Services) 16, 18, 26-27, 105
전략지원부서 63
전략핵무기 발사 시스템 33
전복 8
전술적 기습(tactical surprise) 3-4, 177
전술적 수집의 중요성 49
전술적 인공위성(TacSat-1) 116
전술적 정보 151
전술적 통찰력 177
전술정보 37, 350; 전술정보활동(TIARA) 42, 65-66
전시 긴급 상황 16
전역정보자산 154
전자광학(EO) 106
전자전쟁 346
전자정보(ELINT) 118-119, 121
전쟁과 평화 357
전쟁의 안개(fog of war) 348
진체주의 국가 9, 전체주의 정권 133
전투대형(order of battle) 32
전투피해평가(BDA) 346
접근성 131
정보 가로채기 119
정보 우선순위 73, 91-92
정보 예비단 396
정보 접근성 208
정보감시 293, 302; 정보감시 시스템 283, 285; 정보감시위원회 34; 정보감시 체계 292, 301
정보분석 5, 11, 299-300, 334; 정보분석의 한계 260
정보분석관 34, 78, 194, 260
정보브리핑 22
정보사용자 196
정보생산물 71, 188, 313

정보소비자 21
정보손실 214
정보수집 25; 정보수집체계 93
정보실패 35, 133, 315
정보요구 5, 21, 320
정보운영자 47, 153
정보이익 19
정보자원 78
정보정책 23, 48, 265, 280, 301, 303
정보출처 148
정보개혁 383-385, 387, 402
정보공동체(intelligence community); 정보공동체 기능 45; 정보공동체 내부고발자법 378; 정보공동체 운영자 57; 정보공동체 자원 66; 정보공동체 지도자 254; 정보공동체 평가 194; 정보공동체에 대한 비판 35; 정보공동체의 구조 16; 정보공동체의 능력 351; 정보공동체의 대응 능력 385; 정보공동체의 명령 구조 37; 정보공동체의 미래 333; 정보공동체의 분석 169; 정보공동체의 상부구조 16; 정보공동체의 생산물 81, 83; 정보공동체의 실수 154; 정보공동체의 업무 337; 정보공동체의 업무수행 37; 정보공동체의 역량 148; 정보공동체의 역할 250; 정보공동체의 우선순위 74; 정보공동체의 윤리관 158; 정보공동체의 의회 증언 280; 정보공동체의 임무 324; 정보공동체의 자원 154; 정보공동체의 정보 수집 8; 정보공동체의 제도적 측면 51; 정보공동체의 활동 326; 정보공동체의 효율성 제고 384
정보공유 129; 정보공유의 등급 99
정보과정(intelligence process) 7, 25, 75, 85-87, 101, 166, 194, 203, 247, 313, 374, 424; 정보과정 모델 149; 정보과정의 통합 374
정보관 5-9, 12, 19, 74, 77-78, 94, 102, 131, 135, 148, 151-152, 154, 156, 175, 177, 190-192, 194-195, 215, 224-225, 231, 251, 254-257, 259, 261, 264-265,

280, 324-345, 351, 365, 374, 390; 정보관과 정책결정자간 관계 373
정보관리자 325, 386
정보국 50, 216
정보기관; 정보기관 운영자 138; 정보기관의 업무수행 37; 정보기관법 407
정보기구 73
정보기밀차단시설(SCIFs) 209
정보담당 국방차관(USDI) 44, 57-59
정보목표 45
정보배포 72
정보보고서 147, 159
정보분석 10, 22, 32, 147, 155, 166, 175, 187, 190, 308, 313, 373, 392-393, 395, 399; 정보분석 결과 372; 정보분석의 정확성 160
정보분석관 273, 317, 374, 396, 399
정보분석국(DI: Directorate of Intelligence) 22, 170, 216, 240
정보분석단 395
정보분석실 326
정보사용자 148, 163-164
정보생산 2, 9; 정보생산 과정 6; 정보생산물 12, 81, 84, 147-148, 150, 153, 166, 186, 196; 정보생산자 21, 83, 85, 164
정보소비자 159, 164; 정보소비자들 20
정보수단 45
정보수집 22, 78, 155, 170, 270, 413; 정보수집 시스템 329; 정보수집 자산 95; 정보수집능력 141; 정보수집에 대한 제한 34; 정보수집역량 96, 111; 정보수집요구 91; 정보수집활동 34, 138, 391
정보수집방식(INTs) 89, 96, 100
정보수혜자 2
정보실패 27, 403
정보업무수행평가 49
정보역량 98
정보예산 20, 42, 56, 64-65, 67, 90, 288, 293-294, 301; 정보예산승인 법안 63; 정보예산의 통제 44
정보와 분석국 48

정보와 안보사무국 408
정보와 안보위원회 408-409
정보와 정책 335; 정보와 정책 간의 경계 237; 정보와 정책의 분리 237
정보요구 46, 49, 71, 73-75, 77-78, 85-86, 91-92, 100-101, 133, 135, 139, 149, 153-155; 정보요구 계획 153; 정보요구 체계 77; 정보요구자 164
정보요원 205
정보운영자 46, 74, 77, 157, 165, 181
정보위원 294
정보위원회 64, 283, 286, 291-292, 294-297, 299, 377-378; 정보위원회의 청문회 280
정보의 객관성 52
정보의 결점 251
정보의 범위 8
정보의 불확실성 259
정보의 비밀성 30, 379
정보의 역사 17, 19, 30
정보의 역할 60, 372
정보의 유용성 250
정보의 적절성 262
정보의 정치화 6, 9, 192, 255, 273
정보의 중요성 17
정보의 취약점 12
정보의 필요성 17
정보자산 47, 59
정보자유법 288
정보정책 216, 222, 282, 294
정보제공자 364; 정보제공자 평가시스템 126
정보조사국(INR) 42, 47, 50, 170, 186-187, 190, 396; INR의 위상 60; INR의 중요성 60
정보조직 재조정 38
정보주기 85
정보지원 37, 45, 54, 154, 170, 191, 388
정보체계 15, 19-20, 26, 44
정보출처 17, 29, 42, 288
정보평가 167, 333
정보평가서 167

정보허가법 283
정보협력 99, 129
정보협력국(COI: Coordinator of Information) 16, 26
정보화 혁명 136
정보활동 15, 24-25, 29, 360, 364, 370, 379, 384, 406; 정보활동 세출 승인 278; 정보활동 평가 273; 정보활동에 대한 각료위원회 407; 정보활동의 타당성 273
정부기밀폭로협박 215
정부통신본부(GCHQ: Government Communications Headquarters) 123, 407
정찰기관 44
정책 선호도 5
정책-정보 관계 267
정책결과 5-6; 정책결정 과정 6, 9; 정책결정과정 27, 375; 정책결정기구 191
정책결정자: 정책결정자들의 능력 351; 정책결정자와 정보기관 사이의 관계 271; 정책결정자의 요구 80
정책결정체계 191
정책공동체 85, 225, 237, 250, 258; 정책공동체와 정보공동체 간의 경계 237; 정책공동체와 정보공동체 간의 의사소통 85
정책과 정보 265, 280
정책과정 3, 5, 374
정책관 264
정책기관 10, 20
정책목표 7
정책소비자 83, 175
정책의 우선순위 73
정책의 정당성 6
정책입안자 372
정치적인 임명 5
정치체제 162
정치화된 정보 21, 189, 191-193
정치활동(political activity) 229
정확성 196
제1의 옵션 222
제1차 세계대전 18, 105, 118, 302
제2의 옵션 222

제2차 세계대전 16, 18, 26-27, 102, 290, 302, 324, 337, 365; 제2차 세계대전 추축국 4
제3세계 307, 347
제3의 옵션 222
제네바협약(Geneva Convention) 239
제로섬(zero-sum) 94; 제로섬 게임 155, 258, 388
조간정보신문 83
조직범죄 406
주기적인 브리핑 152
주요판단(KJ) 187
주한 미군사령관 95
준군사작전(paramilitary operations) 23, 31, 62, 230, 236-238, 240, 272-273, 367; 준군사작전 역량 239
중거리 미사일 30
중거리핵무기(INF: Intermediate Nuclear Forces) 폐기협정 282, 284, 259, 316
중국 116-117, 191, 204, 213, 217, 343, 368, 413; 중국의 간첩활동 411; 중국의 정보기관 411
중앙보안국 51
중앙정보그룹(CIG) 189, 388
중첩된 분석 구조 19
시구본위 신호정보(Earth-based SIGINT) 412
지대공 미사일(SAM) 114
지명(nomination) 280; 지명절차 281
지부장(COS) 55
지브롤터 409
지오셀(Geocell) 118
직접비용 209
진공청소기(Vacuum Cleaner) 93, 100
진주만 3; 진주만 공격 8; 진주만 기습 19, 27
짐머만 전보 118
집단사고(groupthink) 20, 38, 81, 184, 187, 169; 집단사고의 역동성 300
징후계측정보(MASINT) 100, 106, 124-125, 136, 390
징후와 경고(I&W) 119, 179-181, 329, 419

짜르(tsars)시대 309

ㅊ
차관(USDI) 57
차관급위원회(DC) 54, 249
차세대 영상 인공위성 117
참모본부 173
책임부담구역(AOR) 154
처리 과정 79
처리와 개발(P&E) 71-72, 79-81, 86, 90, 93-94, 105, 136, 155, 258; 처리와 개발의 불균형 93; 처리와 개발의 옹호자 80
처치 위원회 240, 383
첩보 공작(information operation) 345, 347
첩보보증국 50
첩보수집 24
첩보원 94, 125-127, 130, 132, 363, 364; 첩보원 활용 주기 125; 첩보원의 개발 126
첩보의 민감성 97
첩보활동 125
청문회(hearings) 58, 279-280
체계개발 46
체르노빌 165
체첸의 반란 422
체코슬로바키아 317, 423
초극단주의자 162
초미세분광 영상정보(HSI) 106
최악의 사례 분석 313
추가 예산안 68
추경 세출 승인 279
추적사살임무 115
추적체계 119
추축국 18, 27, 324
축축한 업무(wet affairs) 422
출처보호 131
출처의 가치 23
취약성의 창 193
친 정보주의자(pro-intelligence) 24
칠레 230, 234, 358, 376

ㅋ

캄보디아 359
캐나다 15, 341
캠파일즈 134
컴퓨터 네트워크 공격(CNA) 347
컴퓨터 네트워크 활용(CNE) 347
케이블 도청 118
코린토(Corinto) 292, 296; 코린토 사건 293
코소보 공중전 139
코소보 사태 139
코카(Coca) 338
코카인 339
콕스 위원회(Cox Committee) 213, 217, 411
콘트라(contras) 22; 콘트라 반군 23, 34, 190, 227-228, 286; 콘트라 전쟁 231, 292
콜롬비아 339; 콜롬비아 혁명군 331
콩알 세기(bean counting) 311
쿠데타 230, 234, 242, 256
쿠르드 117, 238
쿠바 30, 217, 225, 230, 234, 257, 320, 422; 쿠바 미사일 위기 31, 92, 334
크네셋(Knesset, 이스라엘 의회) 416; 크네셋 위원회 419
크루즈 미사일 117, 242
크메르 루주(Khmer Rouge) 359
클라이언티즘(clientism) 163
키워드 검색 121

ㅌ

탄도탄 요격미사일(ABMs: atiballistic missiles) 33
탄저균 공격 344
탄저균 공포 336
탄저균 우편물 333
탈냉전 90, 98, 103-104, 136, 140, 217, 302, 324, 328, 384
탈레반(Taliban) 60, 62, 243, 326, 330-331, 339, 368
태국 117; 태국 경제 위기 342
태양동기궤도(sun-synchronous orbit) 100
터키 116
테러 50, 103, 129, 406; 테러공격 25, 37,

177, 303, 370, 392, 421; 테러공격 위협 327; 테러 용의자 37; 테러 위협 326; 테러 행위 324; 테러와의 전쟁 25, 37, 49, 60, 62, 115-116, 122, 129, 232, 239, 331-332, 335, 351, 369-370, 385; 테러조직 330; 테러활동 364
테러단체 110, 122, 329; 테러단체들 간의 관계 331
테러리스트 4, 8, 18, 60, 90, 104, 115-116, 118, 122, 132, 149, 163, 177, 180, 222, 232, 242-243, 326-327, 329, 331, 361, 364, 370, 398, 418; 테러리스트 단체 117, 132; 테러리스트 목표 330; 테러리스트 용의자 370; 테러리스트 조직 133; 테러리스트 집단 364; 테러리스트의 공격 181, 390
테러리즘 9, 55, 73, 110, 123, 141, 149, 171, 180, 216, 232, 323-324, 325, 328, 333, 339, 343-344, 348, 364, 385, 390, 394, 402, 406-407, 415; 테러리즘과의 전쟁 37
테러방지 390; 테러방지 이슈 50
테러위협통합센터(TTIC) 171, 327
텍스트 마이닝 155
통신 인공위성 119
통신수단 121
통신전자기기보안그룹 407
통신정보(COMINT) 118-123
통합 암호 프로그램 65
투쟁으로의 초청(invitation to struggle) 285
특명 파견 대표 414
특별사안들 77; 특별사안의 횡포 78
특별정치활동(SPA) 221
특수국가정보평가(SNIEs) 83
특수작전부대 231
특수작전사령부(SOCOM) 62, 66, 231, 239

ㅍ

파이크 위원회 383
파키스탄 331, 333, 335-336; 파키스탄의 정보기관 331
펜타곤 보고서 281

평가(estimates) 126, 184, 186; 평가 기초자(drafter) 185; 평가 생산과정 185, 187; 평가의 적시성 187; 평가의 효용성 187
평화유지활동 344
포르투갈 360
포클랜드 전쟁 410
포트폴리오 155
폴란드 210, 362; 폴란드 정보기관 423
표적살해(targeted killing) 419
품질관리관 410
프랑스 11, 26, 116, 204, 217, 229, 341, 345, 364, 413; 프랑스 대외안보총국(DGSE)의 작전 414; 프랑스의 영상정보 117; 프랑스의 정보활동 16
프랜차이즈 조직 332
프랭크스 보고서 410
프레데터(Predator) 114-115
플러드(Flood) 273; 플러드 보고서 274
피그 만(Bay of Pigs) 23, 231, 240, 272; 피그 만 공작 243; 피그 만 비밀공작 235; 피그 만 사건 30; 피그만 침공 379; 피그만 침공사건 384
피드백 71-72, 86; 피드백 메커니즘 151
피루스의 승리(Phyrrhic Victory) 255
피해 평가(damage assessment) 36
필리핀 342

ㅎ

하원 군사위원 64; 하원 군사위원회 80, 298
하원 윤리위원회 377
하원 정보위원회 58, 64, 91, 173, 187, 279, 282, 293-296, 383; 하원 정보위원회의 관할권 64
하위 첩보원 126
한국 117, 342
한국전쟁 28, 308
합동군사정보프로그램(JMIP) 42, 65-66
합동정보공동체위원회(JICC) 49, 270-271
합동정보위원회(JIC) 408; JIC의 평가단 408
합동조사보고서 290

합동참모본부 27, 31, 173; 합참의장 20, 27, 54, 249, 298
합법적인 권위체 12
해군특수기동대(SBS) 231, 409
해안경비대 249
해외 경제정보 수집 340
해외 방첩 420
해외 연락관 300
해외방송청취기관 138
해외정보 48, 387; 해외정보기관 405; 해외정보수집 61; 해외정보와 국내정보 사이의 구분 406
해외정보감시법(FISA) 123, 215; 해외정보감시법 법원 215
해저 케이블 118
핵 프로그램의 폐기 335
핵 확산 335; 핵 확산 네트워크 335
핵무기 141; 핵무기 개발 335; 핵무기 확산 방지 95
핵확산 149

행동할 수 있는 정보 326
행정개혁 400
행정명령(EOs) 273
헤로인 338
헤즈볼라 117
헬파이어 미사일 115
현대언어협회 122
현상유지 18
현실주의 358
현용정보 72, 81, 83, 150-151, 153, 158; 현용정보 생산물 151
호주 15, 117, 273, 341
혼합정보 92
화학 및 생물 무기 333
화학무기 336
확산 222; 확산 프로그램들 334
환경정책 344
황제 치하 독일(Kaiserine Germany) 18
휴즈 항공사 415

번역자 소개

김계동

연세대학교 정치외교학과 졸업
영국 옥스퍼드 대학교 정치학 박사

연세대학교 교수
국가정보대학원 교수, 교수실장
한국국방연구원 연구위원
연세대, 고려대, 경희대, 성신여대, 국민대, 숭실대, 숙명여대,
통일교육원 강사 역임

국가정보학회 부회장/ 한국전쟁학회 회장/ 한국정치학회·
한국국제정치학회 이사
국가안보회의(NSC)/ 민주평통 자문회의/ 국군기무사 자문위원

E-mail_ kipoxon@hanmail.net

〈저서 및 역서〉 *Foreign Intervention in Korea* (Dartmouth Publishing Company)
『한반도의 분단과 전쟁: 민족분열과 국제개입·갈등』 (서울대출판부)
『현대유럽정치론: 정치의 통합과 통합의 정치』 (서울대출판부)
『남북한 체제통합론: 이론·역사·정책·경험』 (명인문화사)
『한반도 분단, 누구의 책임인가?』 (명인문화사)
『한국전쟁: 불가피한 선택이었나』 (명인문화사)
『북한의 외교정책과 대외관계: 협상과 도전의 전략적 선택』 (명인문화사)

『국제관계와 세계정치』 (역서, 명인문화사)
『동북아정치: 변화와 지속』 (역서, 명인문화사)

『현대외교정책론, 제2판』 (명인문화사, 공저)
『한국현대사의 재조명』 (한국전쟁학회, 명인문화사, 공저)

『남북한 비교론』(체제통합연구회, 명인문화사, 공저)
『한미관계론』(명인문화사, 공저)
『북한의 체제와 정책』(명인문화사, 공저)

『한반도의 평화와 통일』(체제통합연구회, 백산서당, 공저)
『동북아 신질서』(국가정보대학원, 백산서당, 공저)
『세계외교정책론』(을유문화사, 공저)
『유럽연합체제의 이해』(국제지역연구소, 백산서당, 공저)
『유럽질서의 이해: 구조적 질서와 변화』(국제지역연구소, 오름, 공저)
『탈냉전시대 한국전쟁의 재조명』(한국전쟁학회, 백산서당, 공저)

『정치학개론: 권력과 선택』(명인문화사, 공역)
『비교정부와 정치』(명인문화사, 공역)
『국제기구의 이해: 글로벌 거버넌스의 정치와 과정』(명인문화사, 공역)
『세계화와 글로벌 이슈』(명인문화사, 공역)
『테러리즘: 개념과 쟁점』(명인문화사, 공역) 외 다수

〈주요논문〉 "한미동맹관계의 재조명: 동맹이론을 분석틀로"(국제정치논총)
"한반도 분단과 전쟁에 대한 주변국의 정책: 세력균형이론을 분석틀로"(한국정치학회보)
"국제평화기구로서 유엔역할의 한계"(국제정치논총)
"다자안보기구의 유형별 비교연구: 유럽통합과정에서의 논쟁을 중심으로"(한국정치학회보)
"한반도 평화체제 구상"(국방정책연구)
"한국의 안보전략구상"(국가전략)
"북방정책과 남북한관계 변화"(통일문제연구)
"북한의 대미정책: 적대에서 협력관계로의 전환모색"(국제정치논총)
"북한의 대외개방정책: 여건조성과 정책방향"(국방논집)
"강대국 군사개입의 국내정치적 영향: 한국전쟁시 미국의 이대통령 제거계획"(국제정치논총)
"South Korea's Nordpolitik and its Impact on Inter-Korean Relations" (*East Asian Review*)
"The Legacy of Foreign Intervention in Korea: Division and War" (*Korea and World Affairs*) 외 다수